MODERN DEEP LEARNING
FOR TABULAR DATA:
NOVEL APPROACHES TO COMMON MODELING PROBLEMS

现代深度学习
在表格数据中的应用

常见建模问题的新方法

[美]安德烈·叶（Andre Ye）
[美]王子安（Zian Wang）　著

王建设　译

北京理工大学出版社
BEIJING INSTITUTE OF TECHNOLOGY PRESS

版权专有 侵权必究

图书在版编目（CIP）数据

现代深度学习在表格数据中的应用：常见建模问题
的新方法／（美）安德烈·叶，（美）王子安著；王建设
译. -- 北京：北京理工大学出版社，2025. 1.
ISBN 978 - 7 - 5763 - 5036 - 4

Ⅰ. TP317. 3
中国国家版本馆 CIP 数据核字第 20251ZU316 号

北京市版权局著作权合同登记号 图字：01 - 2024 - 5066
First published in English under the title
Modern Deep Learning for Tabular Data: Novel Approaches to Common Modeling Problems
by Andre Ye and Andy Wang, edition: 1
Copyright © Andre Ye and Zian Wang, 2023
This edition has been translated and published under licence from
APress Media, LLC, part of Springer Nature.
APress Media, LLC, part of Springer Nature takes no responsibility and shall not be made liable for the
accuracy of the translation.

责任编辑： 钟　博	**文案编辑：** 钟　博		
责任校对： 刘亚男	**责任印制：** 李志强		

出版发行 ∕ 北京理工大学出版社有限责任公司
社　　址 ∕ 北京市丰台区四合庄路 6 号
邮　　编 ∕ 100070
电　　话 ∕ （010）68944439（学术售后服务热线）
网　　址 ∕ http://www.bitpress.com.cn

版 印 次 ∕ 2025 年 1 月第 1 版第 1 次印刷
印　　刷 ∕ 三河市华骏印务包装有限公司
开　　本 ∕ 787 mm×1092 mm　1/16
印　　张 ∕ 46. 5
彩　　插 ∕ 8
字　　数 ∕ 1004 千字
定　　价 ∕ 188. 00 元

图书出现印装质量问题，请拨打售后服务热线，负责调换

推荐序 1

在人工智能蓬勃发展的当下，深度学习已成为推动各领域进步的核心力量，从图像识别到自然语言处理，其成果令人瞩目。然而，在表格数据处理这一关键领域，深度学习的应用曾经被忽视。表格数据广泛存在于生物科学、医学、金融等诸多行业，蕴含着巨大的价值，传统基于树的模型虽然在一定程度上能处理表格数据，但面对日益复杂的表格数据和多样化的需求，其逐渐显露出局限性。

本书聚焦于现代深度学习技术在表格数据中的应用，填补了相关领域的重要空白。本书系统地阐述了从机器学习基础到深度学习架构，再到模型优化和可解释性的全面知识体系，为读者提供了深入理解和实践操作的宝贵指导。无论是对深度学习持怀疑态度的表格数据处理专家，还是渴望将深度学习应用于自身领域的从业者，本书都极具研究和实用价值。

深度学习在表格数据处理领域仍处于快速发展阶段，面临诸多挑战，如模型的可解释性、对复杂数据的适应性等。本书正视这些问题，并积极探索解决方案，鼓励读者进行批判性思考和创新性实践。相信本书的出版将有力地推动深度学习在表格数据处理领域的广泛应用，激发更多的研究和创新，为相关行业的发展注入新的活力。期待读者能从本书中汲取营养，在深度学习与表格数据处理的交叉领域取得新的突破，将相关知识高效地用于自身的工作领域。

辉羲智能联合创始人、前蔚来汽车自动驾驶助理副总裁

推荐序 2

我们正处在一个算法颠覆各个产业的时代。深度学习凭借其在图像识别、自然语言处理等领域的革命性突破，已然成为人工智能浪潮的旗手。然而，当我们把目光投向更加广泛的商业智能、金融风控、科学研究、售后服务等无数领域赖以生存的基础——表格数据时，一个有趣的问题浮现出来：在结构化数据领域，深度学习如何能在非结构化数据领域那样开辟全新的认知疆域？对结构化数据实现更深层次理解与模式挖掘的突破不仅是技术的进步，更是开启全新应用领域、释放巨大潜在价值的关键钥匙。

长期以来，基于树的模型被视为处理表格数据的"黄金标准"，那么深度学习在表格数据处理方面究竟扮演何种角色？仅是现有方法的补充，还是蕴藏着颠覆性的潜力？本书正是对这一核心问题的深度探索与解答。它并非简单地将深度学习模型生搬硬套于表格数据之上，而是深刻认识到表格数据独特的挑战与机遇——特征间的复杂交互、类别与数值特征的混合、数据稀疏性以及对模型可解释性的高要求。

本书的独到之处在于其系统性与前瞻性，它不仅回顾了经典的机器学习范式和必要的数据工程技术，更重要的是，它深入探讨了将卷积、循环结构、注意力机制、自编码器等前沿机制应用于表格数据场景，并探索了神经网络与决策树融合的新思路，是对"如何让深度学习真正理解并服务于表格数据"这一根本问题的多维度思考。本书面向的读者包括希望在 Kaggle 竞赛中寻求突破的数据科学家、致力于提升业务模型精度的工程师、渴望站在人工智能研究前沿的学生与学者。

本书是进行表格数据算法相关研究必读的书，感谢译者王建设先生的专业翻译，他将这本优秀著作引入中文世界。希望每一位翻开本书的读者都能从中获得解决实际问题的能力。

吉利汽车人工智能研究部部长

蒋由林

译者序

在人工智能时代，应用深度学习技术挖掘数据中的宝藏

我们正处在一个由数据驱动的人工智能时代，深度学习算法已成为推动科技进步和社会发展的核心技术力量。从智能手机的个性化推荐到自动驾驶汽车的智能导航，从生成式智能机器人到金融市场的风险评估，深度学习算法的身影无处不在，它们正以前所未有的速度改变着我们的工作和生活方式。以下是表格数据和深度学习算法在不同领域的部分应用示例。

应用领域	深度学习算法的作用
个性化推荐	通过分析用户行为数据，提供定制化的内容和服务
自动驾驶	利用传感器数据进行环境感知，实现安全的导航和决策
生成式智能机器人	模仿人类的语言和行为，提供自动化的客户服务和虚拟助理
风险评估	分析历史数据，预测金融市场的波动和潜在风险
舆情监测	监测和分析社交媒体上的公众意见，以识别趋势和潜在危机

在机器学习领域，利用深度学习技术对表格数据建模是一种新颖的思路和创新方法。本书旨在提供一个全面的理论框架和实践指导，帮助读者理解并掌握这些关键技术。通过结合表格数据与深度学习算法的建模能力，读者将能够更有效地应对实际问题，开发出更加智能和高效的解决方案。译者调研市场上现有的相关书籍后发现：一些书籍过于偏重理论，而另一些书籍则过于偏重代码实现。对于初学者和实践者而言，找到一本既能够深入浅出地讲解理论知识，又能提供实际代码示例的书籍并非易事。因此，上海笃然智能科技有限公司作为一家长期在一线从事机器学习和深度学习技术开发、技术咨询、技术服务的

公司决定与北京理工大学出版社合作推出本书。

本书从内容上来说，比较全面地介绍了机器学习、数据准备、特征处理、神经网络和深度学习的知识，同时附有源代码（源代码地址为 https://github. com. Apress/modern – deep – learning – tabular – data），方便读者将理论学习和动手实践结合，适合有一定数学背景的大中专学生及本科学生入门学习，也适合在职的工作人员从零基础开始学习，还适合进一步深造的硕士博士研究生学习。

本书全面介绍了机器学习的基础理论、数据处理和特征工程的技巧，以及深度学习算法，包括12章及附录部分。其中，第一部分为"机器学习和表格数据"，包括第1章"经典的机器学习原理和方法"、第2章"数据准备和特征工程"；第二部分为"应用深度学习架构"，包括第3章"神经网络与表格数据"、第4章"将卷积结构应用于表格数据"、第5章"将循环结构应用于表格数据"、第6章"将注意力机制应用于表格数据"、第7章"基于树的深度学习方法"；第三部分为"深度学习设计及其工具"，包括第8章"自编码器"、第9章"数据生成"、第10章"元优化"、第11章"多模型组合"、第12章"神经网络的可解释性"；最后是附录部分，介绍 NumPy 和 Pandas 包。

我个人希望通过翻译这本书，能够为国内机器学习和深度学习领域的发展贡献自己的一份力量，为行业的大厦添砖加瓦。当然，在翻译过程中，由于我个人的专业水平及时间有限，难免出现疏漏，还请各位读者在阅读过程中多多指教，及时与我交流，您的反馈会使我们共同进步。我的个人邮箱是 wjsduran@ 163. com，微信号是 744167916。各位读者在阅读过程中遇到任何问题都可以随时与我联系。

祝你们阅读愉快，并由此开启通过机器学习和深度学习对表格数据建模的探索之旅！

译 者

致 谢
（原著）

没有这么多专业人员的帮助和支持，本书是不可能完成的。我们要向马克·鲍尔斯（Mark Powers）表达最大的感激之情，他作为协调编辑，推动了本书的开发工作，还要感谢 Apress 的所有其他出色员工，他们的不懈努力让我们能够专注于写出最好的书。我们也要感谢我们的技术审稿人 Bharath Kumar Bolla，以及作为第三至第六个校对人的 Kalamendu Das、Andrew Steckley、Santi Adavani 和 Aditya Battacharya。最后，我们很荣幸能够邀请 Tomas Pfister 和 Alok Sharma 撰写序言。

在我们的个人生活中，许多人也给予了我们支持，我们非常感激我们的朋友与家人的坚定支持和鼓励。虽然他们可能不像之前提到的专业人员那样参与技术方面的事务（我们在晚餐桌上已经多次被问到"你的书到底是关于什么的？"），但是如果没有他们，那么我们在这本书的编写中和生活中设定的目标是无法实现的。

序言1
（原著）

表格数据是现实世界人工智能中最常见的数据类型，但直到最近，表格数据问题几乎都是采用基于树的模型解决的。这是因为基于树的模型在表格数据的表示效率、可解释性和训练速度方面非常高效。此外，传统的深度神经网络（DNN）架构不适用于表格数据——它们的参数化程度过高，导致它们很少能够找到表格数据流形的最优解。

那么，深度学习对于表格数据学习有什么帮助？其主要吸引力在于显著的性能提升，特别是对于大型数据集——正如在过去十年中在图像、文本和语音中所展示的那样。此外，深度学习提供了许多其他好处，例如进行多模态学习，消除对特征工程的需求，在不同领域之间进行迁移学习、半监督学习、数据生成和多任务学习——所有这些都促进了其他数据类型的重大人工智能进展。

这促使我们开发了 TabNet，这是专门为表格数据设计的第一个 DNN 架构之一。与其他数据类型中的规范架构类似，TabNet 通过端到端训练而无须进行特征工程。它使用顺序注意力来选择在每个决策步骤中从哪些特征进行推理，从而实现可解释性和更好的学习，因为它的学习能力用于最显著的特征。重要的是，我们能够证明 TabNet 优于树模型或与之相当，并能够通过无监督预训练实现显著的性能提升。这导致了更多的深度学习在表格数据中的应用。

重要的是，深度学习在表格数据上的提升从学术数据集延伸到现实世界中的大规模问题。我在 Google Cloud 的工作中，观察到 TabNet 在许多组织的十亿级实际数据集上实现了显著的性能提升。

当安德烈联系我分享这本书时，我很高兴能写一篇序言。这是我接触过的第一本专门介绍将深度学习应用于表格数据的书。本书适用于任何只了解一点 Python 的人，配有有用的代码示例和 Jupyter Notebook 代码。它在覆盖基础知识和讨论更前沿的研究（包括可解释性、数据生成、稳健性、元优化和集成模型等）之间取得了良好的平衡。总体而言，这是一本适合数据科学家类型的读者开始学习深度学习表格数据的好书。我希望它能鼓励和促进更多成功的深度学习表格数据的实际应用。

Tomas Pfister

Google Cloud AI 研究主管

TabNet 论文作者（第 6 章介绍）

序言 2
(原著)

近三十年前，支持向量机（SVM）的出现给机器学习范式带来了一场风暴。SVM的影响深远，涉及许多研究领域。自那时以来，数据的复杂性和硬件技术都扩展了多倍，需要更复杂的算法。这种需求促使我们开发了最先进的深度学习网络，如卷积神经网络（CNN）。

人工智能（AI）工具如深度学习技术的发展势头正强劲，并延伸到无人驾驶汽车等行业。高性能图形处理器（GPU）加速了深度学习模型的计算。因此，更深层次的网络正在不断发展，推动着工业创新和学术研究。

一般来说，视觉数据占据了深度学习技术领域，而表格数据（非视觉数据）在这个领域中常被忽略。许多研究领域，例如生物科学、材料科学、医学、能源和农业，产生大量的表格数据。

本书试图利用深度学习技术探索研究较少的表格数据分析领域。最近，一些令人兴奋的研究已经进行，这可能把我们带入将深度学习技术广泛应用于表格数据的时代。

安德烈和安迪毫无疑问已经涉及了这个领域，并全面提出了对于新手和专家读者都易于理解的重要而相关的工作。他们描述了将表格数据与深度学习技术联系起来的核心模型。此外，他们还建立了详细易懂的编程语言代码，提供Python脚本和必要数据，以供读者重新实现这些模型。

尽管最现代的深度学习网络在许多应用中表现非常出色，但它们也有局限性，尤其是在处理表格数据时。例如，在生物科学中，像多组学数据（multi–omics data）这样的表格数据具有非常高的维度，但样本数量却很少。深度学习模型具有迁移学习能力，可以在表格数据上大规模使用以挖掘隐藏的信息。

安德烈和安迪的工作值得赞扬，他们将这个至关重要的信息整合到了一部作品中。这是所有人工智能探索者必读的书！

阿洛克·夏尔马
日本理化学研究所综合医学科学中心研究员
深度洞察论文（第4章中涉及）的作者

介　绍
（原著）

深度学习已经成为人工智能的公共和私人代表。当人们在派对上与朋友、在街上与陌生人，或在工作中与同事随意谈论人工智能时，几乎总是谈论那些能够生成语言、创造艺术、合成音乐等令人兴奋的模型。规模巨大并且设计复杂的深度学习模型为这些令人兴奋的机器功能提供动力。然而，许多从业者正义正言辞地对深度学习的技术炒作提出反对意见。虽然深度学习很"酷"，但它绝对不是建模的全部和终极解决方案。

虽然深度学习无疑在高维度的专业数据形式（如图像、文本和音频）中占据主导地位，但普遍共识是，在表格数据中其表现相对较差。因此，在表格数据领域，那些对深度学习反感甚至怨恨的人们会提出自己的观点。以前流行的做法是发表深度学习论文，这些论文提出看似微不足道，甚至科学上可疑的修改。这是对深度学习研究文化的一种抱怨方式——但现在在这些少数人中流行的趋势是批评"刚刚走出校门的新一代数据科学家"过于迷恋深度学习，他们应该推崇相对更经典的基于树的方法作为表格数据的"最佳"模型。这种观点无处不在——在精彩的研究论文、以人工智能为导向的社交媒体、研究论坛和博客文章中。的确，反文化常常像主流文化一样时尚，不管是嬉皮士还是深度学习。

这并不是说不存在支持基于树的方法胜过深度学习的优秀研究——确实存在[1][2]。但太常见的情况是，这种细致入微的研究被误解并被当作一般规律，而那些不喜欢深度学习的人经常会像许多推进深度学习的人一样，坚持同样有问题的信条：在一般定义良好的一组限制条件下获得的结果被故意推广到超出这些限制条件的方面。

那些主张基于树的模型优于深度学习模型的人最明显的短视在于问题域空间。对于表格型深度学习方法的普遍批评是它们看起来像"技巧"，即它们是一次性方法，只偶尔能工作，而不像可靠的高性能树方法。无论在性能、一致性还是其他指标上，Wolpert 和 Macready 经典的"没有免费午餐"定理所让我们思考的智力问题是：哪个问题空间的子集具有普遍优越性？

那些广受关注的研究调查和更为非正式的研究表明，深度学习在表格数据上的成功优于基于树的模型的数据集通常是一些常见的基准数据集，例如森林覆盖数据集（the Forest Cover dataset）、希格斯玻色子数据集（the Higgs Boson dataset）、加利福尼亚房屋数据集（the California Housing dataset）、葡萄酒质量数据集（the Wine Quality dataset）等。即使对这些数据集进行数十次评估，这些数据集也无疑是有限的。毫不夸张地说，在所有的数据形式中，表格数据是最多变的。当然，我们必须承认，使用行为不佳、多样化的数据集进行评估调查比使用更同质的基准数据集更困难。然而，那些将这些研究结果视为神经网络在处理表格数据方面能力的普遍结论的人忽略了应用机器学习模型的表格数据领域的纯粹广阔。

随着从生物系统中可获取的数据信号数量的增加，生物数据集的特征丰富度相比一二十年前有了显著提高。这些表格数据集的丰富性展示了生物现象的超级复杂性——由大量尺度上的细节到全局范围内的相互作用形成的复杂模式。深度神经网络几乎总是用于对代表复杂生物现象的现代表格数据集建模。另外，需要精心和高容量建模能力的复杂领域，如内容推荐，几乎普遍采用深度学习解决方案。例如，Netflix 在实施深度学习时提到"根据离线和在线指标的双重衡量而言，我们的推荐有了大幅提升"[3]。同样，谷歌公司一篇关于深度学习重构的文章作为 YouTube 推荐的动力范例表明："与谷歌公司的其他产品领域相结合，YouTube 已经在使用深度学习作为几乎所有学习问题的通用解决方案方面，发生了根本性的范式转变"[4]。

只要我们留心，就可以发现更多例子。许多表格数据集包含文本属性，例如一个包含文本评论以及以表格形式存储的用户和产品信息的在线产品评论数据集。最近的房屋列表数据集包含与标准表格信息相关的图像，例如平方英尺①、浴室数量等。或者考虑股票价格数据，除了以表格形式呈现的公司信息外，还捕获时间序列数据。如果我们想要在这个表格数据和时间序列数据之外添加前十个金融头条以预测股票价格，该怎么办？据我们所知，基于树的模型不能有效地解决任何这些多模态问题。另外，深度学习可以用来解决这些问题（这三个问题以及更多问题将在本书中探讨）。

事实是，自 20 世纪头 10 年以来，数据已经发生了变化，这些年许多基准数据集被用于研究深度学习和基于树的模型之间的性能差异。表格数据比以往任何时候都更具细粒度和复杂性，捕捉到了一系列极为复杂的现象。在表格数据的背景下，将深度学习作为一种非结构化、稀疏和随机成功的方法，这显然是不正确的。

然而，在对表格数据建模时，原始的监督学习并不是一个单一的问题。表格数据通常很嘈杂，我们需要去噪声的方法或者开发出对噪声具有鲁棒性的方法。表格数据经常是不断变化的，因此我们需要能够轻松地在结构上适应新数据的模型。我们经常会遇到许多不同的数据集，它们具有基本相似的结构，因此我们希望能够将知识从一个模型迁移到另一个模型。有时表格数据是不足的，我们需要生成逼真的新数据。或者，我们希望能够利用非常有限的数据集，开发出非常健壮且具有很强泛化能力的模型。据我们所知，基于树的模型要么不能完成这些任务，要么在完成这些任务时很困难。另外，神经网络在适应计算

---

① 1 平方英尺（ft²）≈0.0929 平方米（m²）。

机视觉和自然语言处理领域的表格数据后，可以成功完成所有这些任务。

当然，对于神经网络也存在一些重要的、合理的一般性反对意见。

其中一个反对意见认为深度神经网络比树模型的解释性差。解释性是一个特别有趣的概念，因为它更多地是人类观察者的属性，而不是模型本身的属性。使用数百个特征操作的梯度提升模型是否真的比在同一数据集上训练的多层感知器（MLP）更具内在的解释性？基于树的模型确实构建了易于理解的单个特征分裂条件，但这本身并没有太大价值。此外，像梯度提升系统这样的流行树集合中的许多或大多数模型并不直接对目标进行建模，而是对残差进行建模，这使得直接的解释性更加困难。我们更关心的是特征之间的相互作用。为了有效地抓住这一点，基于树的模型和神经网络模型都需要外部的解释方法，以将决策的复杂性简化为关键的方向和力量。因此，在复杂数据集上，基于树的模型是否比神经网络模型更具有内在的解释性尚不清楚。

注：（1）事实上，神经网络模型的可微分性/梯度访问使得决策过程的解释性相对于模型的复杂性得到了改善，这是值得相信的。

（2）"复杂"的前提很重要。在相对简单的数据集上训练的决策树具有少量特征，当然比神经网络更容易解释，但在这类问题中，决策树无论如何都比神经网络更可取，因为它更轻量级，并且可以实现相似或更好的性能。

第二个主要反对意见是调整神经网络元参数比较烦琐困难。这是神经网络的一个不可调和的特性。鉴于极其多样化的可能配置和架构、训练过程、优化过程等，神经网络在本质上更接近思想，而不是的具体算法。需要注意的是，相较于表格数据，这在计算机视觉和自然语言处理领域中更是一种很明显的问题，而且人们已经提出了减小这种影响的方法。此外，需要注意的是，基于树的模型也有大量元参数，通常需要系统的元优化。

第三个反对意见是神经网络无法有效地预处理数据，以反映特征的有效含义。流行的基于树的模型能够以更有效的方式解释异构数据的特征。然而，这并不妨碍将深度学习与预处理方案结合应用，这可以使神经网络在访问表达性特征方面与基于树的模型处于同等地位。我们在本书中花费了大量篇幅介绍不同的预处理方案。

所有这些都是为了挑战基于树的模型比深度学习模型优秀，甚至基于树的模型始终或普遍优于深度学习模型的观念。当然，也并不是说深度学习模型通常优于基于树的模型。本书提出以下声明。

（1）深度学习模型在一定定义明确的问题领域中取得了成功，就像基于树的模型在另一个定义明确的问题领域中一样成功。

（2）深度学习模型可以解决许多基于树的模型无法解决的问题，例如对多模态数据（图像、文本、音频和除表格数据外的其他数据）建模、去除噪声数据在数据集之间传递知识、在有限的数据集上成功训练以及生成数据。

（3）深度学习模型确实容易遇到一些困难，例如可解释性和元优化。不过，在这两种情况下，基于树的模型也存在同样的问题，在足够复杂的情况下，深度学习模型至少会取得某种程度的成功。此外，我们可以尝试通过使用预处理管道和深度学习模型相结合的方法来弥补神经网络模型的弱点。

　　本书的目标是通过提供将深度学习应用于表格数据问题的理论和工具来证实以上主张。这种方法是常识性和探索性的，尤其是考虑到许多这方面的工作大都是新颖的。您并不需要接受所有内容或大多数内容的正确性或成功性。相反，本书更像对各种想法的处理，其主要目标是呈现广泛的研究思路。

　　本书面向两类读者（如果您觉得自己不属于其中任何一类，我们当然也欢迎您）：有经验的表格数据怀疑论者和寻求可能将深度学习应用于其领域的领域专家。对于前者，我们希望您会发现本书所呈现的方法和讨论，无论是原创的还是从研究中综合出来的，即使不令人信服，至少也很有趣并值得思考。对于后者，我们已经按照一定的结构来编写本书，即对必要的工具和概念提供足够详细的介绍，希望我们的讨论能够帮助您对您的专业领域问题进行建模。

本书章节组织

（原著）

全书共 12 章，分为三个部分。

第一部分是"机器学习和表格数据"，包括第 1 章"经典的机器学习原理和方法"和第 2 章"数据准备和特征工程"。本部分介绍了与后续章节相关的机器学习和数据概念。

第 1 章"经典的机器学习原理和方法"涵盖了重要的机器学习概念和算法。本章演示了几个基础机器学习模型和深度学习表格模型竞争对手的理论和实现，包括梯度提升模型。本章还讨论了经典机器学习和深度学习之间的桥梁。

第 2 章"数据准备和特征工程"广泛阐述了操作、管理、转换和存储表格数据（以及其他可能需要进行多模式学习的数据形式）。本章讨论了 NumPy、Pandas 和 TensorFlow 数据集（原生和自定义）；分类、文本、时间和地理数据的编码方法；归一化和标准化（及其变体）；特征变换，包括通过降维实现；特征选择。

第二部分是"应用深度学习架构"，包括第 3 章"神经网络与表格数据"、第 4 章"将卷积结构应用于表格数据"、第 5 章"将循环结构应用于表格数据"、第 6 章"将注意力机制应用于表格数据"和第 7 章"基于树的深度学习方法"。这部分是本书的主体，展示了各种神经网络架构在其"原生应用"中的功能，以及它们如何以直观和非直观的方式被用于表格数据。第 3 ~ 5 章分别集中介绍了深度学习的三个已经成熟的（甚至是"传统的"）领域——人工神经网络、卷积神经网络和循环神经网络以及它们与表格数据的相关性。第 6 章和第 7 章共同涵盖了将深度学习应用于表格数据的两个最显著的现代研究方向——注意力/Transformer 方法和基于树的神经网络方法。其中，注意力/Transformer 方法的灵感来自建模跨词/标记关系和建模跨特征关系的相似性，而基于树的神经网络方法则试图以某种方式模拟基于树的模型的结构或功能。

第 3 章"神经网络与表格数据"介绍了神经网络理论的基础知识，包括多层感知机、反向传播推导、激活函数、损失函数和优化器，以及用于实现神经网络的 TensorFlow/Keras 函数式 API。此外，本章还讨论了相对较为先进的神经网络方法，如回调、批量归一化、dropout、非线性架构和多输入/多输出模型。本章的目的是提供一个重要的神经网络理论基础，帮助读者理解神经网络，同时提供实现用于建模表格数据的功能神经网络的工具。

第4章"将卷积结构应用于表格数据"，首先演示了卷积和池化操作，接着介绍如何构建和应用标准卷积神经网络来处理图像数据。本章探讨了将卷积结构应用于表格数据的三种方法：多模态图像与表格数据集、一维卷积和二维卷积。本章与生物学应用尤为相关，因为这些应用通常采用本章中的方法。

第5章"将循环结构应用于表格数据"，与第4章类似，首先演示了三种循环模型变体——基础的循环层（"vanilla"循环层）、长短期记忆（LSTM）层和门控循环单元层——如何捕获输入中的序列属性。循环模型被应用于文本、时间序列和多模态数据。最后，提出了将循环层直接应用于表格数据的推测性方法。

第6章"将注意力机制应用于表格数据"，介绍了注意力机制和 Transformer 模型系列。注意力机制被应用于文本、多模式文本和表格数据上下文。本章详细讨论并实现了四篇研究论文，介绍了 TabTransformer、TabNet、SAINT（自注意力和样本间注意力Transformer）和 ARM‑Net。

第7章"基于树的深度学习方法"，侧重介绍三种主要的基于树的神经网络——树结构神经网络（这些神经网络试图在神经网络的结构或架构中复制基于树的模型的特性）、堆叠和提升神经网络以及蒸馏模型，将树结构的知识转移到神经网络中。

第三部分是"深度学习设计及其工具"，包括第8章"自编码器"、第9章"数据生成"、第10章"元优化"、第11章"多模型组合"和第12章"神经网络的可解释性"。本部分利用较短的章节展示了神经网络如何被用于和理解超出监督建模的原始任务。

第8章"自编码器"，介绍了自编码器架构的特性，并演示了它们如何用于预训练、多任务学习、稀疏/鲁棒学习和去噪。

第9章"数据生成，"介绍了如何将变分自编码器（Variational Autoencoder）和生成对抗网络（Generative Adversarial Networks）应用于有限数据环境的情况并生成表格数据。

第10章"元优化"，演示了如何使用 Hyperopt 的贝叶斯优化，以自动化优化元参数，包括数据编码管道和模型架构，以及神经网络架构搜索的基础知识。

第11章"多模型组合"，展示了神经网络模型如何动态集成和堆叠在一起，以提高性能或评估实时模型预测质量。

第12章"神经网络的可解释性"，介绍了三种用于解释神经网络预测的方法，包括与模型无关的和特定于模型的方法。

本书的所有代码都可以在 Apress 的 GitHub 上的存储库中找到（https://github. com/apress/modern‑deep‑learning‑tabular‑data. ）。

我们非常乐意与您讨论本书主题和其他主题。您可以通过邮箱 andreye@ uw. edu 联系安德烈，安迪的邮箱是 andyw0612@ gmail. com。

我们希望本书发人深省、有趣，最重要的是，能激发您对深度学习和表格数据之间关系的批判性思考。祝您阅读愉快，感谢您加入我们的探索之旅！

祝好

安德烈和安迪

目　录

第二部分　应用深度学习架构

第一部分　机器学习和表格数据

第 **1** 章

经典的机器学习原理和方法

真正的智慧是由看到模式的人获得的，他们在这些模式与其他模式的联系中理解这些模式——从这些相互关联的模式中学习生命的密码——从学习生命的密码中成为与上帝的共同创造者。

——亨德里斯·范隆·史密斯（Hendrith Vanlon Smith Jr.），作家和商人

本书的重点是表格数据的深度学习（别担心，你读对了！），但首先建立对经典机器学习的扎实理解是很有必要的。

首先建立对经典机器学习的扎实理解有许多充分的理由，因为深度学习依赖并建立在经典机器学习的基本原理之上。在许多情况下，现代深度学习体系的公理和行为与传统机器学习不同，对这些范式转变将进一步进行讨论和探索。尽管如此，要直观地理解和应用深度学习，经典机器学习的深厚知识是必不可少的，就像学习微积分需要掌握基本的数学知识，即使在新的、陌生的无穷环境下，依然需要建立对代数的扎实理解一样。

此外，对于寻求将深度学习应用于表格数据的人来说，理解经典机器学习甚至比寻求将深度学习应用于其他类型的数据（图像、文本、信号等）更重要，因为许多经典机器学习都是针对表格数据构建的，后来才适应其他类型的数据。经典机器学习的核心算法和原理通常假设存在某些数据特征和属性，这些特征和属性通常只存在于表格数据中。要理解表格数据的建模，必须理解这些特征和属性，以及为什么经典机器学习算法可以对它们进行假设和建模，还有如何通过深度学习对它们进行更好的建模。

此外，尽管人们对深度学习大肆宣传，但深度学习并不是一个通用的解决方案，也不应该被视作通用的解决方案！在专门的数据应用中，通常唯一可行的解决方案是基于深度学习的。然而，对于涉及表格数据的问题，经典机器学习可能提供更好的解决方案。因

此，了解这套经典方法的理论和实现非常重要。在本书中，你将继续磨炼你的判断力，以确定哪种技术最适用于您需要解决的问题。

本章将对经典机器学习原理、理论和实现进行广泛的概述。本章分为四个部分："建模的基本原理"，通过直觉、数学、可视化和代码实验探索关键的统一概念；"指标和评估"，提供常用模型评估方法的概述和实现；"算法"，涵盖了各种基础和流行的经典机器学习算法的理论和实现（从头开始手写和从现有库调用模式）；"超越经典机器学习的思考"，过渡引入新的深度学习领域。本章假设读者已具备 Python 和 NumPy 的基本知识，但介绍了建模库 scikit-learn 的基本用法。要深入了解 NumPy 以及 Pandas 和 TensorFlow 数据集的概念和实现，请参阅第 2 章。

建模的基本原理

在本部分，我们将探讨建模的几个基本思想、概念和原则，特别是在与表格数据相关的情况和背景下。即使您对这些主题很熟悉或有经验，您也可能发现对新的概念方法或框架的讨论，以巩固和推动您的理解。

什么是建模

一般来说，建模通常超越了数据科学领域，是指建立适当的"较小"近似值或"较大"现象的表示的过程。例如，时尚模特的角色是展示时尚品牌的关键元素和趋势。当设计师选择时尚模特穿什么衣服时，设计师不能让他们穿上时尚品牌的每一件衣服——他们必须选择最具代表性、最能体现品牌的精神、性格和哲学的单品。在人文科学和社会科学（哲学、社会学、历史学、心理学、政治学等）中，一个模型（或类似的"理论"）作为一个统一的框架，将思想和经验观察联系起来。心理学中的爱情理论不能解释或包括爱情发生的所有可能原因和条件，但通过探索爱情的一般轮廓和动力，我们可以大致了解爱情并近似它。

同样，科学模型阐明了一个概念，这个概念对其来源的任何环境具有普遍影响。尽管自然界是嘈杂的，科学模型是近似的，但模型可以用来推导有用的近似预测。哥白尼的太阳系模型表明，太阳是宇宙的中心，地球和其他行星以圆形轨道围绕太阳运行。这个模型可以用于理解和预测行星的运动。

在化学动力学中，稳态近似是一种通过假设所有状态变量都是常数来获得多步化学反应速率定律的模型；反应物的生成量等于反应物的消耗量。这抓住了模型的另一个主题：因为模型是泛化的，所以它们必须做出某些假设。

稳态近似和哥白尼模型以及所有模型都不能完美地工作，但在"大多数"情况下"足够好"。

正如简要探讨的那样，模型在各种领域都很有用。在这些情况下，相对于被建模现象的"大"，模型的"小"主要体现在表示大小上。例如，哥白尼模型使我们能够在某些假设和简化的情况下预测行星的轨迹，而不是等待宇宙（被建模的现象）的发展并观察结果。换句话说，它们很有用，因为它们更容易理解。人们可以在不观察现象本身的情况下操纵和理解现象的表现（我们不想通过实际观察到流星撞击地球来知道流星正在撞击地球——至少我们希望如此）。然而，在数据科学和计算机科学的背景下，"小"还有另一个关键属性：模型创建和部署的简便性。

对于设计师来说，精心挑选一名时尚模特的服装需要花费大量的时间和精力，对于心理学家来说，收集不同的思想并将它们统一为人类思维理论也需要耗费大量的时间和精力，而对于科学家来说，从经验数据中开发模型也需要大量的时间和精力。相反，我们希望有一种方法可以自动将观察结果统一到一个模型中，从而推广对这些观察结果的现象的理解。在这种情况下，自主意味着"在创建模型的过程中没有显著的人类干预或监督"。在本书中，以及在数据科学的背景下，建模这个术语通常与某种程度自动化关联。

自动化建模需要采用计算机、数学和符号方法来"理解"和概括一组给定的观察结果。在撰写本书时，计算机是人类已知的最强大和可扩展的自动化工具。即使是行为最复杂的人工智能模型——通常是语言或视觉动态建模——也是建立在数学单元和计算的基础之上的。

此外，由于自动化需要采用计算机、数学和符号方法，所以观察结果本身必须以数定量形式进行组织。大部分科学数据都是数定量的，而人文领域中的"数据"（也许更恰当地称之为"思想"）则更多地是定性和文本形式的。这是否意味着自动化建模无法处理大多数人文领域的数据或任何没有以原始定量形式呈现的数据？不是的，这仅意味着我们需要另一个步骤将数据转换为数定量的形式。我们将在后面的小节中对这个问题进行更详细的讨论。

我们可以给自动化建模的概念取一个名称：学习。在这个上下文中，学习是指在给定关于某个概念或现象的一组观察结果时，自动开发出该概念或现象的表示形式的过程，而不需要另一个生物（通常是人类）大量参与，来对它们进行概括。

学习模型

学习方式一般有两种：监督学习和无监督学习。需要注意的是，我们将探索更复杂的学习范式，特别是在深度学习方面，因为其独特的框架和动态允许更高的复杂性。

监督学习很直观：给定一些输入 x，模型试图预测 y。在监督学习机制中，我们试图捕捉各种影响因素（特征）如何影响输出（标签）的变化。数据必须相应地组织起来：我们必须有一个特征集（简称为"x"），以及一个标签集（简称为"y"）。特征集中的每一"行"或"项"都是从同一事物实例中提取出来的特征（例如，来自同一图像的像素、来自同一用户的行为统计数据、来自同一人的人口统计信息），并与标签集中的标签关联（见图 1-1）。标签通常也称为"真实值"。

为了完成对给定一组输入建模的任务，模型必须理解输入的特征在产生特定输出时如何相互影响和关联。这些关联可以很简单，例如相关特征的加权线性和，也可以很复杂，涉及多个重复和连接，以建模所提供特征与标签的相关性（见图 1-2）。输入和输出之间的关联复杂程度取决于模型和所建模的数据集/问题的固有复杂程度。

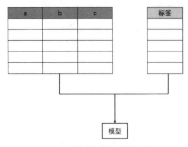

图 1-1　监督学习中数据和
模型之间的关系

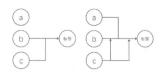

图 1-2　特征和标签之间关系的
不同复杂度水平

以下是来自不同领域和不同复杂度水平的一些监督学习的例子。

● 评估糖尿病风险：给定患者信息数据集（年龄、性别、身高、病史等）和相关标签（是否患有糖尿病、糖尿病的严重程度或类型），该模型会自动学习特征和标签之间的关系，并预测新患者患糖尿病的概率、严重程度或类型。

● 预测股票：提供最近一段时间的数据窗口（例如，过去 n 天的股价）和相应的标签（第 $n+1$ 天的股价），模型可以将数据序列中的某些模式关联起来，以预测下一个值。

● 人脸识别：给定一个人脸的一些图像（特征是图片的像素）和相应的标签（人的身份，可以是任何类型的个人标识符，如唯一编号），模型可以制定并识别面部特征，并将其与该人关联。

注释： 虽然在早期的介绍性上下文中，我们将执行学习和预测的算法都称为"模型"，但在每个上下文中使用的模型类型差异很大。本章的"算法"部分会更深入地探讨不同的经典机器学习算法。

无监督学习则更为抽象。无监督学习的目标是在没有标签集合的情况下，对数据集的信息和趋势进行建模（见图 1-3）。因此，无监督模型或系统的唯一输入是特征集合 x。

同学习特征与标签之间的关系不同，无监督学习特征集本身的特征相互作用（见图 1-4）。这是监督学习和无监督学习的本质区别。与监督学习类似，这些相互作用可以从简单到复杂不等。

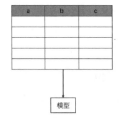

图 1-3　无监督学习中数据和
模型之间的关系

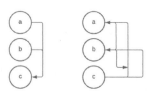

图 1-4　探索特征之间关系的
不同复杂度水平

以下是一些无监督学习的例子。

- 用户分群：一个企业拥有一个包含描述用户行为特征的数据集。虽然它们没有特定的标签或目标，但是企业想要识别客户群体的关键细分或集群。企业使用无监督的聚类算法将客户分成几组，其中同一组中的客户具有相似的特征。

- 可视化高维特征：当数据集中只有一两个特征时，可视化是简单的。然而，增加其他维度会使可视化任务变得复杂。随着新特征的增加，必须添加更多分离维度（例如颜色、标记形状、时间）。在某个数据集维度上，无法有效地可视化数据。降维算法将高维数据投影到较低维空间（用于可视化的二维空间），以最大化数据的"信息"或"结构"。这些算法是数学定义的，并不需要标签特征的存在。

本书主要关注监督学习，但我们将看到在许多情况下，无监督学习和监督学习被结合起来，创建了比任何一个单独部分更强大的系统。

定量数据表示：回归和分类

之前我们已经讨论过，数据必须以某种定量形式才能被自动学习模型使用。有些数据以定量形式"自然"或"原始"地出现，例如年龄、长度或图像中的像素值。然而，还有许多其他类型的数据，我们希望将其纳入模型，但其原始形式不是数字。这里的主要数据类型是分类数据（基于类或标签的数据），例如动物类型（狗、猫、龟）或国家（美国、智利、日本）。基于类别的数据的特点是离散的元素，元素之间没有内在的排名。也就是说，我们不能像 5 比 3 大一样把"狗"放在比"猫"高的位置（尽管许多狗主人可能不同意）。

当特征或标签集中只有两个类别时，它被称为二元的。我们可以将其中一个类别简单地定量表示为"0"，将另一个类别定量表示为"1"。例如，考虑样本数据集中"动物"的一个特征，它只包含两个唯一的值："狗"和"猫"。我们可以将数值表示"0"赋予"狗"，将数值表示"1"赋予"猫"，使数据集转换如图 1-5 所示。

你可能会指出，我们将"猫"标签放在比"狗"标签高的位置，因为 1 大于 0。然而并不是如此，当我们将数据形式定量表示时，请注意定量测量不总是（而且通常不是）意味着相同的事情。在这种情况下，新的特征应该被解释为"这个动物是猫吗？"，而不再是"动物"，其中 0 表示"否"，1 表示"是"。我们还可以形成一个定量表示，表示"这个动物是狗吗？"，其中所有"狗"的值被替换为"1"，所有"猫"的值被替换为"0"。这两种方法都包含了与原始数据相同的信息（即动物类型之间的区分）（见图 1-6），但它们是以定量方式表示的，因此可以被自动学习模型读取和兼容。

	动物	年龄
0 ←	狗	3
1 ←	猫	5
0 ←	狗	7
1 ←	猫	6

图 1-5 类别特征"动物"的
定量转换/表示示例

猫?	年龄	狗?	年龄
0	3	1	3
1	5	0	5
0	7	1	7
1	6	0	6

图 1-6 分类变量的
等价二进制表示

然而，当特征或标签中有超过两个唯一值时，情况变得更加复杂。在第 2 章中，关于建模表格数据，我们将更深入地探讨如何有效地表示、操作和转换数据。在本书中，我们的探索将面临的一个挑战是，如何将各种形式的特征转换为更易读和信息更丰富的表示形式，以实现有效的建模。

监督学习问题分为回归问题和分类问题，具体取决于所需输出或标签的形式。如果输出是连续的（例如房价），则问题是回归问题。如果输出是离散的（例如动物类型），则问题是分类问题。对于有序输出——符合定量/离散/分类，但本质上是排序的特征，例如成绩（A+、A、A−、B+、B 等）或教育水平（小学、中学、高中、本科、研究生等）——回归和分类之间的区别更多地取决于所采取的方法，而不是问题本身。例如，如果通过为教育水平赋予有序整数（小学为 0，中学为 1，高中为 2 等）将其转换为定量形式，并且该模型的输出为该有序整数（例如，输出"3"表示模型预测了"本科"教育水平），则该模型正在执行回归任务，因为输出为连续输出。另外，如果将每个教育水平指定为其自己的类别，而没有固有的排序（请参考第 2 章→"数据编码"→"独热编码"），则该模型正在执行分类任务。

许多分类算法，包括本书主要研究的神经网络，输出的是输入样本属于某一类的概率，而不是自动为输入分配一个标签。例如，模型可能返回 0.782 的概率，表示一张猿类动物的图片属于"猿"这个类别，0.236 的概率表示它属于"长臂猿"这个类别，以及其他所有可能类别的概率更低。然后，我们将具有最高概率的类别解释为指定的标签，在这种情况下，模型正确地决定使用标签"猿"。虽然从技术上讲，输出是连续的，因为它几乎从不是整数 0 或 1，但这种连续性的统计意义并不大。在实践中，理想行为/预期的标签是整数 0 或 1，因此这个任务是分类而不是回归。

理解您的问题和方法是执行分类还是回归任务，是构建有效建模系统的基本技能。

机器学习数据循环：训练集、验证集和测试集

一旦我们将模型拟合到数据集中，即可评估其性能如何，以确定适当的后续步骤。如果模型表现非常糟糕，则在部署之前需要进行更多实验。如果它在给定领域内表现良好，则可以将其部署在应用程序中。如果它表现太好（即完美表现），结果可能好得令人难以置信，则需要进行进一步的调查。未能评估模型的真实性能，在最好的情况下可能带来麻烦，在最坏的情况下可能带来危险。例如，考虑部署一个医疗模型，为真实人员提供诊断，若模型本来并不准确却表现得完美适应数据，则可能在实际运行时产生严重的后果。

如前所述，建模的目的是表示一个现象或概念。但是，由于我们只能通过观察和数据来获取这些现象和概念，所以我们必须通过对从这些现象产生的数据建模来近似这些现象。换句话说，由于我们无法直接对现象建模，所以我们必须通过记录下来的信息来理解现象。因此，所以我们需要确保这种逼近和最终目标是相互对齐的。

考虑一个孩子正在学习加法。他的老师给他上了一节课并提供了六张练习卡（见图 1-7），并告诉他明天会进行一次测验，以评估他对加法的掌握情况。

老师可以在测验（测验 1）中使用相同的问题来问学生，或者可以编写一组不同的问

题，这些问题没有明确地给学生，但难度和概念是相同的（测验 2）（见图 1-8）。哪一种更能真实地评估学生的知识水平呢？

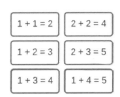

图 1-7 闪卡的"训练数据集"示例
[特征（输入）是加法提示（例如，
"1+1""1+2"）；标签（期望输出）是和
（例如，"2""3"）]

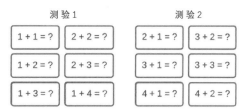

图 1-8 两个可能的测验［与训练数据集
相等（左）或表示相同概念，
但略有不同（右）］的例子

如果老师给了测验 1，则学生通过简单地记忆"$x+y$"这样一个提示和答案"z"之间的六个关联词，就可以得到完美的分数。这表明近似目标不一致：测验的目标是评估学生对加法的掌握程度，但这种近似却评估了学生是否能够记住六个任意的关联词。

另外，仅记忆了六个给定的问题和答案的学生在测验 2 中的表现会很差，因为尽管测验 1 和测验 2 在概念上非常相似，但它们的问题在形式上截然不同。测验 2 展示了近似目标的一致性：只有学生理解了加法的概念，他们才能在测验中取得好成绩。

测验 1 和测验 2 的区别在于，测验 2 中的问题并没有呈现给学生。这种信息的分离使老师能够更真实地评估学生的学习情况。因此，在机器学习中，我们总是希望将模型训练所使用的数据与模型评估/测试所使用的数据分开。

有关"记忆"和"真正学习"这些概念的更严格的探索，请参阅本章"偏差-方差权衡"小节。

在（监督/预测）机器学习问题中，我们经常遇到以下数据设置（见图 1-9）：一个带标签的数据集（即一个特征集和一个与之关联的标签集），以及一个未标记的数据集。后者通常由残余数据组成，其中特征可用，但标签尚未附加，这可能是有意为之或出于其他目的。

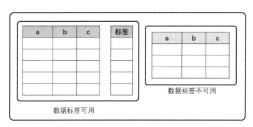

图 1-9 数据类型层次结构示例

在机器学习中，模型进行学习（"研究"）时接触到的数据集称为训练集。验证集是模型进行评估的数据集，包含与特征关联的标签集，但这些数据没有被展示给模型。验证集用于在结构层面上建模时调整模型，例如确定使用哪种类型的算法或算法应该多么复杂。

测试集存在争议，有两种主要定义。一种定义如下：测试集是模型用于获取预测结果的数据集；测试集包含特征，但没有与任何标签关联，因为目标是通过模型预测来获得标签的。另一种定义如下：测试集用于对模型进行"客观评估"，因为它不会以任何方式（无论是通过训练还是通过结构调整）用于开发模型。

例如，考虑一个电子商务平台的机器学习模型，该模型预测客户是否会购买特定产品（见图 1 – 10）。该电子商务平台拥有所有先前客户信息的数据库（即特征），以及他们是否购买了该产品的信息（即标签），这些信息可以输入预测机器学习模型。该电子商务平台还拥有来访者的数据，他们尚未购买任何物品。该电子商务平台希望确定哪些来访者可能购买特定产品，以便针对其特定偏好量身定制营销活动（测试集）。

图 1 – 10　电子商务平台的数据集层次结构示例

该电子商务平台将客户数据随机分成训练集和验证集（在本示例中，采用 0.6 的"训练集拆分"，表示将带有标签的原始数据集的 60% 放置在训练集中）。他们在训练集上训练模型，并在验证数据集上评估模型的性能，以获得一个准确的报告（见图 1 – 11）。如果他们对模型的验证结果不满意，则他们可以调整建模系统。

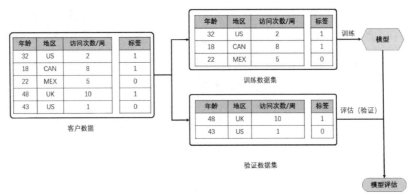

图 1 – 11　将完整数据集分为训练集和验证集

当模型获得令人满意的验证性能时，该电子商务平台就会在访客数据上部署模型以识别有前景的客户（见图 1 – 12）。基于以前的客户数据，该电子商务平台针对那些被模型确定为有高购买概率的客户，启动定制化的营销活动。

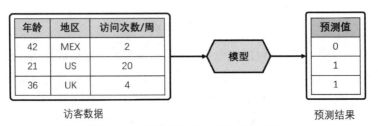

图 1 – 12　训练数据集与模型关联示例

注释：在其他资源中，你经常会看到将验证集称为"测试集"的用法。有些人可能将"验证"和"测试"视为同义词。本书使用"训练""验证"和"测试"来指代三个单独的由相关标签和用例定义的数据类型。使用这种命名方法很有用，因为它提供了一种有意义的方法，来引用现代数据管道的主要组成部分——训练、评估和部署。

在 Python 中，将数据集拆分为训练集和验证集的最快且最常用的方法之一是使用 scikit-learn 库。让我们先使用虚拟数据集创建 Pandas 数据框（见代码清单 1-1 和图 1-13[①]）。

代码清单 1-1 将虚拟数据集加载为 Pandas 数据框

```
ages = [32, 18, 22, 48, 43]
regions = ['US', 'CAN', 'MEX', 'UK', 'US']
visitsWeek = [2, 8, 5, 10, 1]
labels = [1, 1, 0, 1, 0]

data = pd.DataFrame({'Age': ages,
                     'Region': regions,
                     'Visits/Week': visitsWeek,
                     'Label': labels})
```

	Age	Region	Visits/Week	Label
0	32	US	2	1
1	18	CAN	8	1
2	22	MEX	5	0
3	48	UK	10	1
4	43	US	1	0

图 1-13 数据框形式的完整数据集示例

现在，我们可以将数据分成特征（简称为 X/x，或模型的"独立变量"）和标签（y，即"因变量"）（见代码清单 1-2）。

代码清单 1-2 将数据集拆分为特征集和标签集

请注意，可以通过 data. drop（'Label'，axis = 1）更有效地索引特征集——这将返回除"dropped"列之外的所有列的集合。

```
features = data[['Age', 'Region', 'Visits/Week']]
label = data['Label']
```

sklearn. model_selection. train_test_split 函数（请注意，scikit-learn 将"测试集"用于指代验证集）有三个重要的参数：特征集、标签集和训练集的大小（见代码清单 1-3）。它返回四组数据——训练特征集（见图 1-14）、验证特征集（见图 1-15）、训练标签集（见图 1-16）和验证标签集（见图 1-17）。

————————————

① 为了体现与代码的对应关系，这里相关图片并未翻译，后续类似情形不再重复说明。

	Age	Region	Visits/Week
3	48	UK	10
1	18	CAN	8
4	43	US	1

图 1-14　X_train 结果示例

	Age	Region	Visits/Week
0	32	US	2
2	22	MEX	5

图 1-15　X_val 结果示例

```
3    1
1    1
4    0
Name: Label, dtype: int64
```

图 1-16　y_train 结果示例

```
0    1
2    0
Name: Label, dtype: int64
```

图 1-17　y_val 结果示例

代码清单 1-3　将数据集拆分为训练集和验证集

```
from sklearn.model_selection import train_test_split as tts
X_train, X_val, y_train, y_val = tts(features, label, train_size = 0.6)
```

请注意,scikit-learn 会对数据集进行随机排序和分割,以确保训练集和验证集包含类似的"主题"或"数据类型"。如果原始数据集已经被随机化,那么再次随机化也不会有影响;如果原始数据集是有序的(这种情况很常见,例如按字母顺序或日期排序),则训练集可能无法最优地代表验证集中的数据。随机化只能起到帮助作用。

train_test_split 函数接受标准的 Python 数据形式,包括原生 Python 列表和 NumPy 数组,只要它们以连续列表格式排列,每个项都是数据实例即可。请注意,特征集和标签集必须具有相同的长度,因为它们需要相互对应。

还可以使用 NumPy "手动"实现训练集-验证集拆分。考虑以下示例数据集,其中特征是一个整数,标签为 0 或 1,对应偶数(0)或奇数(1)(见代码清单 1-4)。

代码清单 1-4　虚拟数据集构建示例

```
x = np.array([1, 2, 3, 4, 5, 6, 7, 8, 9])
y = np.array([1, 0, 1, 0, 1, 0, 1, 0, 1])
```

如果手动输入基于简单模式的数据让您感到比较麻烦,那么也可以使用逻辑结构来表达数据(见代码清单 1-5)。

代码清单 1-5　虚拟数据集构建的另一个示例

```
x = np.array(list(range(1, 10)))
y = np.array([0 if i % 2 == 0 else 1 for i in x])
```

我们将使用以下过程来随机拆分数据集(见代码清单 1-6)。

(1) 将特征和标签数据集压缩在一起。在 Python 中,压缩操作会将来自不同列表的相同索引的元素配对组合在一起。例如,压缩列表 [1, 2, 3] 和 [4, 5, 6] 将产生 [(1, 4), (2, 5), (3, 6)]。压缩的目的是将各特征和标签关联起来,以防止在洗牌过程中它们"脱钩"。

(2) 对特征-标签对进行洗牌(配对已通过压缩操作完成)。

（3）解压缩特征 – 标签对。

（4）获取"拆分索引"。这时所有前面的元素都将成为训练集的索引，所有剩下的元素都将成为验证集的索引。索引的计算方法是将训练集大小比例（如 0.8 表示 80%）乘以数据集大小，然后从结果中减去 1 以解决零索引的问题。

（5）使用"拆分索引"对 x 训练集、x 验证集、y 训练集和 y 验证集进行索引。

代码清单 1 – 6　使用 NumPy 手动实现训练集 – 验证集拆分

```
train_size = 0.8
zipped = np.array(list(zip(x, y)))
np.random.shuffle(zipped)
shuffled_x = zipped[:, 0]
shuffled_y = zipped[:, 1]

split_index = round(len(x) * train_size) - 1
X_train = shuffled_x[:split_index]
y_train = shuffled_y[:split_index]
X_valid = shuffled_x[split_index:]
y_valid = shuffled_y[split_index:]
```

请注意，在通常情况下，训练集的大小要大于验证集的大小，这样模型在训练时能够访问大部分数据。

在训练集 – 验证集拆分阶段经常犯的一个潜在错误通常是数据泄露，但只有在模型训练后才会注意到。当训练数据的一部分出现在验证数据中时，就会发生数据泄露，反之亦然。这破坏了训练集和验证集之间的完全拆分，导致不诚实的度量结果。

例如，考虑一种情况，你正在处理多个训练阶段。这可能是大型模型（如重型神经网络），需要很长时间进行训练，因此需要在几个会话中进行训练，或者已经训练好的模型正在团队成员之间传递以进行微调和检查。在每个会话中，数据被随机分成训练集和验证集，模型继续在这些数据上进行微调。经过几个会话后，评估模型的验证表现，令人震惊的是，它非常完美！

你挥舞着拳头，与队友击掌。然而，你的热情是徒劳的——你已经成了数据泄露的受害者。因为在每个会话中都会重新运行训练集 – 验证集拆分操作，并且这个操作是随机的，所以每次训练集和验证集都不同（见图 1 – 18）。这意味着在所有会话中，模型几乎可以看到整个数据集。因此，得到高的验证性能是微不足道的，它只是简单的记忆任务，而不是更难且更重要的泛化和"真正的学习"任务。

在多次会话中训练集和验证集的不同划分也会导致指标结果的差异。在一组训练集上从头开始拟合的模型可能与在另一个训练集上从头开始拟合的模型的执行略有不同，即使训练数据的形成是随机的。这种微小差异可能在比较模型结果时引入误差。

为了避免这些问题，我们使用随机种子。通过在程序中设置随机种子，任何随机过程每次运行时都会产生相同的结果。要使用随机种子，在 scikit – learn 的 train_test_split 函数中传入 random_state = 101（或其他值），或者在自定义实现的程序开头使用 np. random. seed

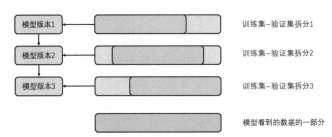

图 1-18　重复的训练集-验证集拆分操作导致的数据泄露问题

（101）以及其他可能接受随机种子参数的 numpy. random 函数（请参阅 NumPy 文档）。

此外，对于小数据集而言，随机划分训练集和验证集可能无法精确反映模型的性能。当样本数量很少时，所选择的验证集样本可能不能够准确地在训练集中表现出来（即表现得"太好"或"不够好"），从而导致模型性能指标存在偏差。

为了解决这个问题，可以使用 k-fold 评估（见图 1-19）。在该评估模式下，数据集被随机分成 k 折（大小相等的集合）。对于 k 折中的每一折，我们从其他 $k-1$ 折中重新训练一个模型，并在该折数据上评估它。然后，我们对该评估模式下的每个验证性能求平均值（或通过其他方法进行聚合）。

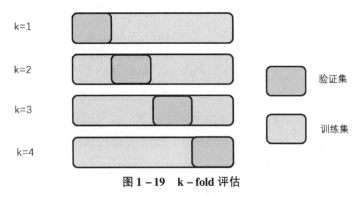

图 1-19　k-fold 评估

该方法允许我们获取"整个"数据集的模型验证性能。但是请注意，训练 k 个模型可能很昂贵——另一种方法是将数据集随机拆分为训练集和验证集，不考虑将哪些特定的数据分配到任何一个集合中，然后重复给定次数的这个过程。

k-fold 评估也被称为 k 折交叉验证，因为它可以让我们在整个数据集上验证我们的模型。scikit-learn 提供了 sklearn. model_ selection. KFold 对象，通过返回每折中用于训练和验证的适当索引，帮助实现 k 折交叉验证（见代码清单 1-7）。

代码清单 1-7　使用 scikit-learn 的 k 折交叉验证方法在小数据集上评估模型的模板代码

```
n = 5
from sklearn.model_selection import KFold
folds = KFold(n_splits = n)
```

```
performance = 0
for train_indices, valid_indices in kf.split(X):
        X_train = X[train_indices]
        X_valid = X[valid_indices]
        y_train = y[train_indices]
        y_valid = y[valid_indices]

        model = InitializeModel()
        model.fit(X_train, y_train)
        performance += model.evaluate(X_valid, y_valid)
performance /= n
```

在选择 k 和训练集–验证集拆分大小方面需要取得平衡——我们需要足够的数据来正确地训练模型，但也要在验证集中留出足够的数据以便正确地评估模型。在"指标和评估"部分，你将进一步了解不同的指标和评估方法。重点是评估远非客观操作，模型没有"真正的性能"。像机器学习中的大多数方法一样，我们需要在操作环境中做出不同选择，尽可能全面地理解模型。你获得的任何数字作为指标都只显示了一个多边、复杂模型的一面！

偏差–方差权衡

考虑以下五个点（见图 1 – 20），你会如何绘制一条平滑曲线来对数据集建模？

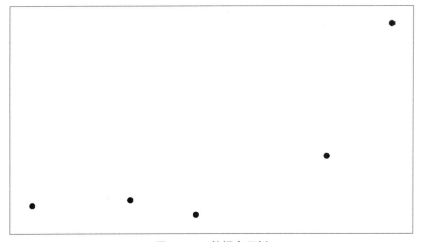

图 1 – 20 数据点示例

有许多可能的方法可以采用（见图 1 – 21）。最简单的方法可能只是在点集的"中间"沿着大致的方向画一条直线。另一种方法是用一条轻微的曲线连接点，这样导数就不会发生突然的变化（即二阶导数保持接近零）。更复杂的方法是连接这些点，但在每个点之间画出大的、夸张的波峰和波谷。

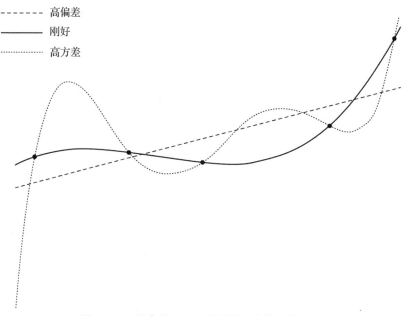

图 1 – 21　拟合图 1 – 20 中的数据点的可能曲线

　　哪个模型能最好地模拟给定数据集？在这种情况下，大多数人基于直觉会同意第二个选择（在图 1 – 21 中以连续线条的形式表示）是最"自然"的模型。第二个曲线很好地对给定的训练数据进行了建模（即它穿过了每个点），它对于其他中间位置的"预测"似乎也很合理。第一条曲线似乎太不准确了，而第二条曲线则通过了所有训练数据，但在中间值上偏差较大。

　　做出这种直觉性的选择通常不容易，因此形式化这种直觉是很有帮助的。在建模的情境中，我们所处理的问题比连接点要困难得多，必须建立数学/计算模型，而不是简单地绘制曲线。偏差 – 方差权衡可以帮助我们比较不同模型在数据建模时的表现。

　　偏差是指模型识别数据集总体趋势和想法的能力，而方差是指模型对数据进行高精度建模的能力。由于我们将偏差和方差视为误差，所以偏差或方差越低越好。偏差 – 方差关系通常被形象化为在靶心上投掷飞镖的集合（见图 1 – 22）。理想的投掷集合是一群落在中心目标环周围的命中点，这是低偏差（中心区域不会偏移或有偏差）和低方差（命中点的集合聚集在一起，而不是散开，表明性能一直很好）。

　　另外，高偏差、低方差的命中点高度集中，却远离理想的中心目标环；低偏差、高方差的命中点则集中在理想的目标中心环附近，但存在较大的差异；高偏差、高方差的命中心既未正确处于中心区域，还十分分散。

　　给定一个参数 θ 的点估计量 $\hat{\theta}$（简单来说，就是对一个未知参数值的估计值），偏差可以定义为参数的期望值与真实值的差：

$$\text{Bias} = E[\hat{\theta}] - \theta$$

　　如果参数的期望值等于真实值（$E[\hat{\theta}] = \theta$），则偏差为 0（因此完美）。我们可以将模型解释为"无偏差"——参数的真实值反映了它"应该"具有的值。

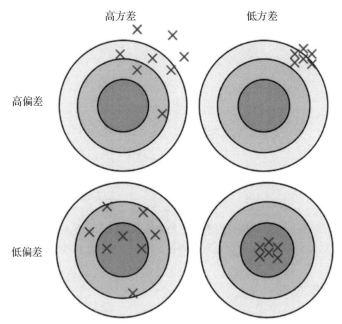

图 1 - 22　偏差 - 方差权衡的靶心表现形式（理想模型既要求方差低，又要求偏差低，在这个理想的中心目标环中所有飞镖集中在一起）

方差被定义为预期估计参数值与真实参数值差异的平方的期望值：Variance = $E[(E[\hat{\theta}] - \hat{\theta})^2]$。

如果参数值差异波动很大，则方差就会很高。另外，如果差异更加一致，则方差就会很低。

根据这些定义，我们可以证明均方误差（MSE）$(y - \hat{y})^2$（其中 y 是真实值，$\hat{y}$ 是预测值）可以表示为偏差和方差的关系：MSE = Bias^2 + Variance（该式的数学证明可以很容易地获得，但超出了本书的范围）。偏差 - 方差分解表明，可以将模型的误差理解为偏差和方差的关系。

偏差 - 方差关系与欠拟合和过拟合的概念密切相关。当模型的偏差过高，而方差过低时，模型会欠拟合。在这种情况下，模型对于训练集的某些实例不能够适应或弯曲，从而无法很好地拟合训练集。另外，当模型的偏差过低，而方差过高时，模型会过拟合。在这种情况下，模型对于所呈现的具体数据实例非常敏感，甚至会经过每个数据点。

过拟合的模型在训练集上表现得非常出色，但在验证集上表现得非常差，因为它们"记住"了训练集，而没有泛化。

在通常情况下，随着模型复杂度的增加（可以粗略地用法参数数量来衡量，虽然其他因素也很重要），偏差会降低，而方差会升高。这是因为增加的参数数量使模型具有更大的"移动"或"自由度"，以适应给定的训练集的细节（因此，具有更多系数的高阶多项式通常与更高方差的过拟合行为相关，而具有较少系数的低阶多项式通常与高偏差的欠拟合行为相关）。

对于一个问题来说，理想的模型通过权衡偏差和方差来最小化总体误差（见图 1 - 23）。

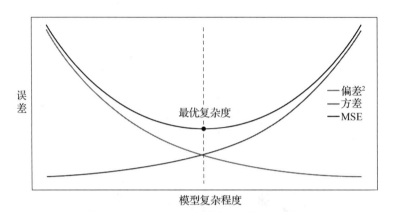

图 1 – 23　偏差 – 方差权衡曲线表示（随着偏差的降低，方差升高，反之亦然。偏差平方和与方差之和为模型总误差。最好的模型是成功权衡这种关系的模型）

特征空间和维度诅咒

当讨论更多数学概念和建模表示时，不仅将数据集看作跨列组织的行的集合，而且看作位于特征空间中的点的集合，这非常有用。

例如，下面的数据集（见表 1 – 1）可以位于三维空间中（见图 1 – 24）。

表 1 – 1　一个包含对应三个维度的三个特征的数据集示例

x	y	z
0	3	1
3	2	1
9	1	2
8	9	6
5	8	9

特征空间在建模概念中非常有用，因为可以将建模看作在特征空间中寻找点之间的空间关系。例如，某些二元分类模型为每个数据点赋予"0"或"1"的标签，从概念上可以被认为在空间中绘制超平面来分隔空间中的点（见图 1 – 25）（在本章的"算法"部分可以了解更多关于这类模型的知识）。

有了特征空间的概念，就可以了解模型在任何输入下的一般行为，而不仅局限于可用的数据点。低维特征空间相对容易建模和理解。

然而，高维空间的数学特性变得非常奇怪，常常违反我们的直觉——我们的直觉经过精心磨炼，适用于我们所存在的低维空间，但在理解更高维度的动态时则能力较差。为了证明这一点，让我们考虑一个常见，但相当简单的变体，通过探索体积与维度之间的关系，从数学的角度解释奇异的高维行为——超立方体随着维度的变化而变化。

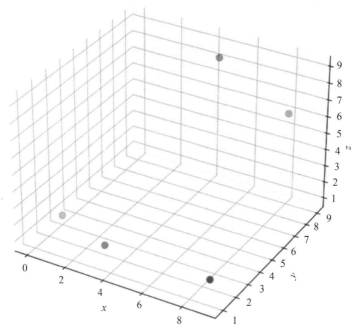

图 1 - 24　表 1 - 1 中数据的特征空间表示

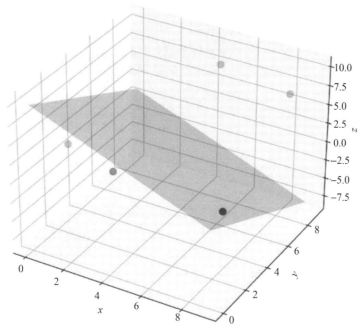

图 1 - 25　包含表 1 - 1 中数据的特征空间中的超平面分隔示例

超立方体是将三维立方体推广到所有维度的概念。二维超立方体是一个正方形，一维超立方体是一条线段。我们可以定义一个超立方体，其一个角位于原点，边长为 l，由所有满足 $0 \leqslant x_1 \leqslant 1$，$0 \leqslant x_2 \leqslant l$，$\cdots$，$0 \leqslant x_n \leqslant l$ 的 n 维点组成。也就是说，每个维度上的点都在一定的范围内（范围的长度相同），独立于所有其他维度。与其他几何概念（如超球体）相比，使用超立方体进行计算会更简单，因为超立方体的定义基于轴/维度之间的交互。

可以在原始超立方体内绘制一个较小的超立方体，使较小的超立方体的边长是原始超立方体的90%。在原始超立方体的整个空间内，生成均匀的随机点，并计算有多少点落在内部超立方体中，以获得其体积的近似值。图1–26显示了一维、二维和三维特征空间中较小（内部）和较大（外部）超立方体的示例。

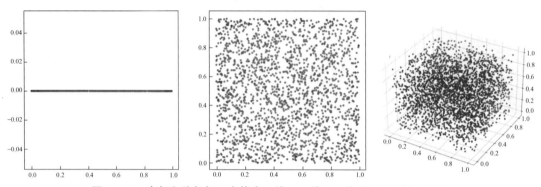

图1–26　内部和外部超立方体在一维、二维和三维特征空间中可视化

为了生成可视化结果，需要导入 NumPy 和 matplotlib 库，可以通过代码 import numpy as np 和 import matplotlib. pyplot as plt 进行导入。这段代码将成为向更高维度的超立方体进行推广的基础（见代码清单1–8 ~ 代码清单1–10）。

代码清单1–8　生成一维嵌套超立方体集合的代码［见图1–26（左）］
请注意，由于一维空间相对于其他高维空间更紧凑，所以可以生成相对较少的点

```
# 设置生成点的数量
n = 500

# 在特征空间中生成随机点
features = np.random.uniform(0, 1, (500))

# 根据条件判断其标签为'blue'或'red',区分为内部点和外部点
labels = np.array(['blue' if i < 0.05 or i > 0.95 else 'red' for i in features])

# 在一维超立方体上展示
plt.figure(figsize = (10, 10), dpi = 400)
plt.scatter(features, np.zeros(n), color = labels, alpha = 0.5)
plt.show()
```

代码清单1–9　生成一个二维嵌套超立方体集合［见图1–26（中）］

```
# 设置生成点的数量
n = 2000

# 在特征空间中生成随机点,使用二维数组表示坐标
```

```
features = np.random.uniform(0, 1, (2, n))

# 根据条件判断其标签为'blue'或'red',以区分内部点和外部点
labels = np.array(['blue' if (features[0, i] < 0.05
                              or features[0, i] > 0.95)
                          or (features[1, i] < 0.05
                          or features[1, i] > 0.95)
                   else 'red' for i in range(n)])


# 在二维超立方体上展示
plt.figure(figsize = (10, 10), dpi = 400)
plt.scatter(features[0], features[1], color = labels, alpha = 0.5)
plt.show()
```

代码清单 1 – 10　生成三维嵌套超立方体集合［见图 1 – 26（右）］

```
# 设置生成点的数量
n = 3000


# 在特征空间中生成随机点,使用三维数组表示坐标
features = np.random.uniform(0, 1, (3, n))
# 根据条件判断其标签为'red'或'blue',区分为内部点和外部点
labels = np.array(['red' if (features[0, i] < 0.05
                             or features[0, i] > 0.95)
                         or (features[1, i] < 0.05
                         or features[1, i] > 0.95)
                         or (features[2, i] < 0.05
                         or features[2, i] > 0.95)
                   else 'blue' for i in range(n)])


# 在三维超立方体上展示
fig = plt.figure(figsize = (10, 10), dpi = 400)
ax = fig.add_subplot(projection = '3d')
ax.scatter(features[0], features[1], features[2],
           color = labels)
plt.show()
```

跟踪外部点（即落在内部超立方体之外的点）的数量占总点数的百分比随着超立方体维度的增加或者内部和外部超立方体体积差的增加的变化（见图 1 – 27）。

在低维度下，比率似乎合理并且证实了我们的直觉：在一维超立方体中为 0.01，在二维超立方体中为 0.01，在三维超立方体中为 0.04，在五维超立方体中为 0.05。内部超立方体的边长是外部超立方体的 90%——多数点落在内部超立方体中是合理的，因此外部点占总点数的比率很低。

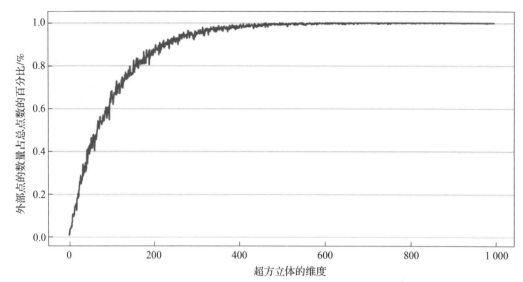

图1-27 外部点与总点数的比率（以用于计算比率的超立方体的维度为横轴绘制。不规则或噪声是由采样中的随机性引起的）

　　然而，在一个200维的超立方体中，该比率约为0.85，在400维时几乎接近1。这意味着在400维的超立方体中，基本上每个点都落在内部超立方体的外部，内部超立方体的长度由外部超立方体边长的90%来定义。

　　使用超球体也会得到类似的结果。一个常见的解释是，在一个非常高维的橙子中，几乎所有的质量都在果皮中，而不是在果肉中！

　　注释： 你可能想知道为什么要进行采样并计算有多少点落在内部超立方体之外，而不是使用简单的数学体积公式来确定比率。虽然后者是一种方法，但通过采样我们能够将研究结果推广到更复杂的形状中，在这些形状中，定义形状的边界很简单，但计算体积却困难得多，例如超球体。

　　有很多方法可以理解高维空间中的奇异和反直觉的行为。首先，对于超立方体这个特定例子，数学支持了这些观察结果。给定超立方体的维度 d、外部超立方体的边长 s 和表示内部超立方体边长与外部超立方体边长比率的比例常数 p，可以计算体积的比例：

$$\text{Volume Proportion} = \frac{\text{inner volume}}{\text{outer volume}} = \frac{(p \cdot s)^d}{s^d} = p^d$$

　　由于 $0 < p < 1$，所以有 $\lim\limits_{d \to \infty} p^d = 0$ – 任何在 0 和 1 之间的分数值，如果被重复指数化，则将不可避免地向零逐渐逼近。

　　通过执行生成曲线的实现代码（见代码清单1-11），也可以得到类似的理解。在每个点上，循环遍历该点的每个维度，并随机生成该维度的值。如果该随机生成的值满足必须落在一定范围内的条件，则它将"通过"该维度，然后继续评估下一个维度。如果它没有"通过"（即它落在内部超立方体边长之外），则将该点标记为外部点并评估下一个点。

代码清单 1 - 11　嵌套超立方体示例中计算外部点占总点数的比例的通用函数

```
def hyperCube(dims = 1, num = 500, prop = 0.99):

    outsidePoints = 0

    for point in range(num):
        for dim in range(dims):
            randPos = np.random.uniform(0, 1)
            if randPos < (1 - prop) /2 or randPos > (1 - (1 - prop) /2):
                outsidePoints += 1
                break
    return outsidePoints /num
```

随着采样点的维度增加，一个点作为外部点的条件会被评估更多次。这相当于反复对介于 0 和 1 之间的值 p 进行幂运算。因此，在高维特征空间中，更均匀地采样点能够满足外部点的条件，因此分布在外部超立方体附近。当在高维特征空间中定义表面时，必须考虑这种翘曲效应。在高维特征空间中，"皮层"变得如此之大，以至于它的体积在大多数情况下超过"果肉"。

这种现象，连同其他高维特征空间的数学和经验观察结果被称为"维度诅咒"。简单来说，在高维特征空间中，点的密度/分布与低维特征空间有很大不同。这对如何测量距离有着重要的影响。

欧几里得距离或 L2 范数指两个点 $(a_1, a_2, \cdots, a_n)$ 和 $(b_1, b_2, \cdots, b_n)$ 之间的距离，定义为 $\sqrt{(a_1 - b_1)^2 + (a_2 - b_2)^2 + \cdots + (a_n - b_n)^2}$。这是两个点之间的距离给我们的最"直观"或本能的感觉。然而，在高维特征空间中，欧几里得距离变得非常稀疏和"模糊"，以至于它不再有用。

考虑一个 n 维单位超立方体。观察超立方体两个角之间的第二长距离和最长距离的差是如何随着 $n \to \infty$ 而变化的（见代码清单 1 - 12 和图 1 - 28）。从原点 $(0, 0, \cdots, 0)$ 开始，最远的点可以通过将所有维度从 0 翻转到 1 来找到：$(1, 1, \cdots, 1)$。第二远的点可以通过任意地将除一个维度以外的所有维度从 0 翻转到 1 来找到：$(0, 1, \cdots, 1)$。从原点到最远点的距离为 $\sqrt{\underbrace{(0-1)^2 + (0-1)^2 + \cdots + (0-1)^2}_{n}} = \sqrt{n}$，而从原点到次远点的距离为 $\sqrt{(0-0)^2 + \underbrace{(0-1)^2 + (0-1)^2 + \cdots + (0-1)^2}_{n-1}} = \sqrt{n-1}$。两个距离的差为 $\sqrt{n} - \sqrt{n-1}$。

代码清单 1 - 12　绘制随着维度增加，两个选定点在超立方体上距离差异的示例

```
# 指定中文字体为宋体
plt.rcParams['font.family'] = 'SimSun'
plt.rcParams['font.weight'] = 'bold'
# 创建一个包含 500 个点的一维数组,范围为 1 ~ 100
features = np.linspace(1, 100, 500)
# 计算两个相邻点之间的距离差异,然后将结果存储在 labels 中
```

```
labels = np.sqrt(features) - np.sqrt(features - 1)

plt.figure(figsize = (10, 5), dpi = 400)

plt.plot(features, labels, color = 'red')

axes = plt.gca()
axes.yaxis.grid()
plt.ylabel('距离 ( $ \sqrt{n} - \sqrt{n-1} $ )')
plt.xlabel('维度 ( $ n $ )')
plt.show()
```

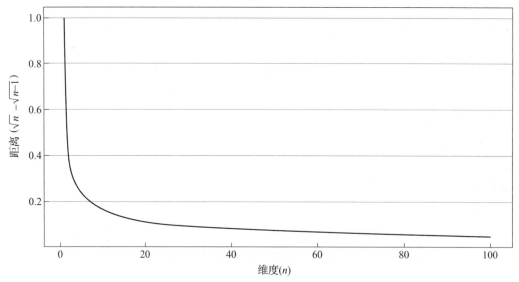

图 1 – 28　在超立方体上，从原点到最远点的距离和从原点到
次远点的距离之间的距离差，随着维度 n 的增加的变化

我们可以发现 $\lim\limits_{n\to\infty}\sqrt{n} - \sqrt{n-1} = \lim\limits_{n\to\infty}\dfrac{n - (n-1)}{\sqrt{n} + \sqrt{n-1}} = \lim\limits_{n\to\infty}\dfrac{1}{\sqrt{n} + \sqrt{n-1}} \to \dfrac{1}{\infty} \to 0$。因此，随着超立方体维度的增加，最远点和次远点到原点的距离实际上变得相同。事实上，在高维特征空间中，原点和所有其他点之间的距离趋近相同的值，因为在上下文中一般化的 $\lim\limits_{n\to\infty}\sqrt{n} - \sqrt{n-k} = 0$（其中 $k < n$，表示原点和第 $k+1$ 远点之间的距离）成立。这使传统直观定义的几何形状中的距离分布具有极化和翘曲的效果。

　　虽然对几何距离最直观的理解是欧几里得距离，但可以将其推广到不同的范数（见表 1 – 2、代码清单 1 – 13 和图 1 – 29）。第 k 范数距离是 $\sqrt[k]{\sum\limits_{i=1}^{n} |a_i - b_i|^k}$。曼哈顿距离使用 L1 范数（$k = 1$），其行为就像在每个维度上绝对差异的总和一样。它的名字来自曼哈顿网格状布局——严格沿着与维度平行的路径测量距离，就像在繁华都市的街区中导航一样。另外，切比雪夫距离使用 L – 无穷范数（$k = \infty$），仅返回任意维度的最长距离，因为

它将最大差异项提高到"无穷大","超过"了所有其他项。切比雪夫距离通常用于计算其他范数距离成本过高的情况（即仅在非常高维特征空间中使用）。

表 1 – 2　在不同范数下点（0，0）和（2，1）之间的距离示例

范数	（0，0）和（2，1）之间的距离
$\dfrac{1}{2}$	5.83
1（曼哈顿距离）	3
$\dfrac{3}{2}$	2.45
2（欧氏距离）	2.24
3	2.08
4	2.03
5	2.01
10	2.002
∞（切比雪夫距离）	2

代码清单 1 – 13　在不同范数下绘制（0，0）和（2，1）之间的距离

```
features = np.linspace(0.5, 10, 500)
labels = np.power((2 ** features) + 1, 1/features)

plt.figure(figsize = (10, 5), dpi = 400)
plt.plot(features, labels, color = 'red')
axes = plt.gca()
axes.yaxis.grid()
plt.ylabel('L $ n $ 距离 $(0,0)$ 和 $(2,1)$ 之间的距离')
plt.xlabel('距离范数 $ n $')
plt.show()
```

除 L2 范数之外的其他范数在高维特征空间中变得更有用，因为它们可以利用这些环境距离的特性更好地"建模"或"处理"。正如你将在稍后的算法讨论中看到的那样，许多机器学习模型需要对"距离"进行明确定义，但在它们经常操作的高维特征空间中，不一定必须采用欧几里得距离（参考"算法"→"K – 近邻算法"）。

维度诅咒是一个强大的理论工具，当我们思考神经网络（它无疑是当前流行的最高维机器学习算法）如何泛化和学习时，它将变得尤为重要。

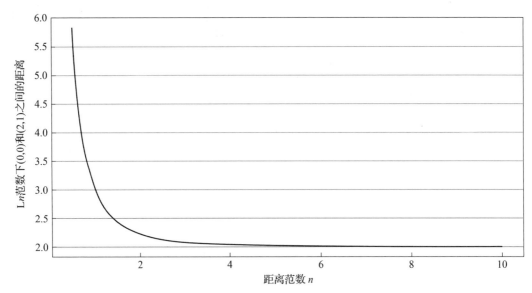

图 1-29 用范数 n 计算 (0, 0) 和 (2, 1) 之间的距离

优化和梯度下降

监督机器学习模型（即给定输入，预测输出的模型）通过优化其参数来"学习"。每个算法都有一组参数，这些参数确定模型如何处理或"解释"输入以产生输出。例如，一个简单线性回归模型 $f(x_1, x_2, x_3) = \beta_0 + \beta_1 x_1 + \beta_2 x_2 + \beta_3 x_3$ 的参数为 $\{\beta_0, \beta_1, \beta_2, \beta_3\}$。在这个非常基础的机器学习模型中，每个参数的具体值决定了每个输入 $\{x_1, x_2, x_3\}$ 对最终输出的影响程度。

为了找到"最佳"参数集，首先需要定义"最佳"的含义。损失函数需要接收两个输入——预测输出（来自模型）和真实输出（理想期望，基准真相），并返回一个数字，表示模型性能的好坏（更复杂的损失函数可以考虑更多输入）。由于"损失"大致等同于"误差"，所以损失越小越好。在接下来的"指标和评估"部分，我们将进一步加深对损失函数的理解。

在优化过程中，模型通常按照以下步骤进行操作。

（1）参数开始用随机值初始化。根据所使用的初始化方案/策略，可以将全部参数设置为零，从正态分布中随机抽取，或通过其他过程进行初始化。有时统计数据或领域知识可以提供初始化值。

（2）通过损失函数评估模型的损失。

（3）根据模型表现的糟糕程度（通过损失函数反映），优化算法对参数进行修改。

（4）重复进行第（2）和第（3）步（对于简单问题需要十几次迭代，而对于更复杂的问题则需要数百万次迭代），直到达到停止条件。这个条件可以基于计数（达到一定数量的迭代）、基于时间（自训练开始以来经过了 x 小时），或基于性能（模型已获得一定的令人满意的验证分数）。

从概念上来说，可以这样理解这个过程：从一个错误的"猜测"开始，通过损失空间地形图上的损失函数反馈，迭代地改进参数集。损失空间是一个 $n+1$ 维特征空间，其中 n 是模型中参数的数量。该地形图将模型可能采用的每种参数值组合（n 个维度）与该参数集的模型会产生的损失（附加维度）关联。

例如，图 1-30 所示为可视化损失空间地形图示例，在该模型中，假设只有一个参数，当参数值为 4 时，会产生略低于 2 的损失（单位并不重要，重要的是比较损失的高低）。图 1-30 还表明，该模型的最佳参数值约为 -1.5，因为它使损失最小化（该位置标有"×"）。

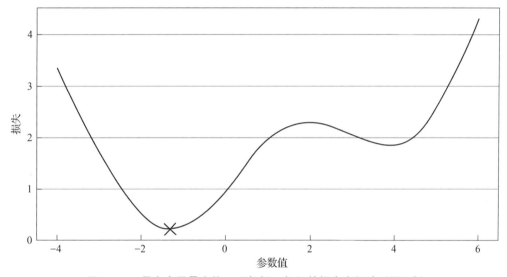

图 1-30　具有全局最小值（理想解）标记的损失空间地形图示例

在优化过程中，可以将模型看作"穿越"损失空间地形图，寻求最低海拔的地方（见图 1-31）。每次通过损失函数评估其误差时［步骤（2）］，模型都会评估自己在损失空间地形图中的"高度"。每次更新参数时［步骤（3）］，模型都会改变自己在损失空间地形图中的位置，以最终达到全局最小值，即损失空间地形图中具有最小损失的点。

在深度学习中，决定更新策略（即模型如何在损失空间地形图中改变位置）的代码和数学计算称为优化器。存在多种不同类型的优化器，它们具有不同的优、缺点。

在深度学习中，最流行的优化框架是梯度下降。梯度下降的基本思想是使用我们试图最小化的函数的梯度或导数来确定移动方向。如果当前位置的导数为正，则意味着向前移动会增加成本函数，而向后移动会减少成本函数。另外，如果导数为负，则向前移动会减少成本函数，而向后移动会增加成本函数。由于目标是总体减少成本函数，所以我们希望沿着导数符号的相反方向移动。同时，如果某个位置的梯度较大，则我们希望采取更大的步长，如果梯度较小，则采取较小的步长，以便更有效地得到解决方案，并避免得到过度解决方案（因为在局部最小值附近，导数接近零）。

可以将这个想法用数学表示如下：在每个步骤实例中，通过 $-\alpha \cdot c'(x)$ 或成本函数的负导数乘以学习速率参数 α 来更新当前位置 x。α 是一个正常数，决定每个步骤的步长大小。

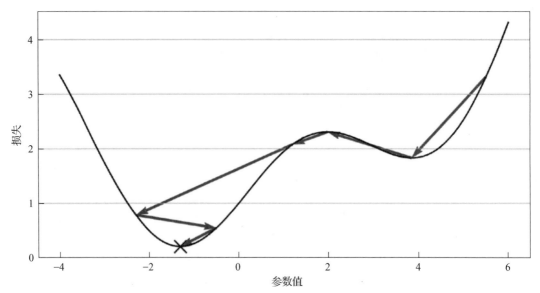

图 1 – 31　从初始参数值约为 5.5 下降到理想解的参数值约为 – 1.5 的示例

我们来考虑如何最小化函数 $c(x) = \sin x + \dfrac{x^2}{10} + 1$。该函数的导数 $c'(x)$ 是 $\cos x + \dfrac{2x}{10}$。经过几次迭代后，位置会收敛（即到达一个位置，该位置不再显著改变），非常接近真实的最小值，大约为 $x = -1.037$（见代码清单 1 – 14 和图 1 – 32 ~ 图 1 – 34）。

代码清单 1 – 14　使用梯度下降最小化 $c(x)$

```
cost = lambda x: np.sin(x) + x**2 /10 + 1
gradient = lambda x: np.cos(x) + 2*x /10
learn_rate = 0.5
curr_x = -4

for iteration in range(10): c
    urr_x += -learn_rate * gradient(curr_x)
```

有许多机制来解决这个简单的梯度下降问题——从简单到非常复杂。后续与神经网络相关的章节将更深入地探讨这些机制。

还应该注意的是，虽然在这些示例中，为了可视化目的，损失空间地形图是二维的（即表示一个参数和损失之间的关系），但它通常具有更高的维数和更复杂的形式。由于成功的机器学习模型至少具有多个参数（在非平凡问题中），所以损失空间地形图就会受到维度诅咒的影响。这里的理论问题涉及使用梯度下降时陷入局部最小值的情况。

注释： 使用梯度下降存在陷入局部最小值的理论问题。然而，由于维度诅咒，这个问题可能没有人们预期的那样严重。正如安德鲁·斯泰克利（Andrew Steckley）所评论的那样，有人猜测这是因为大多数潜在的陷阱点往往是鞍点，而不是局部最小值点，从而为梯度下降过程提供了一条逃脱的路径。因此，尽管高维度对深度学习的许多方面是一种诅咒，但在处理使用梯度下降时陷入局部最小值的问题时，高维度也可能是一种拯救。这是

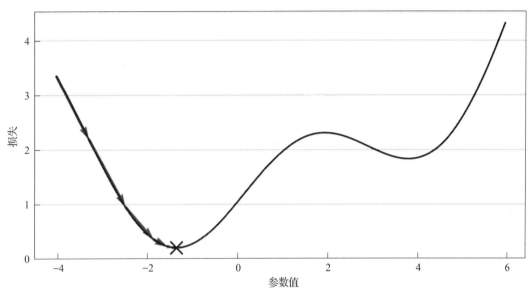

图 1 - 32　从初始参数值 - 4 开始梯度下降到最优解的损失空间地形图 [无法访问完整的成本函数 (如果有成本函数足够简单，根本不需要使用梯度下降) ，因此可能出现初始化比较差的情况]

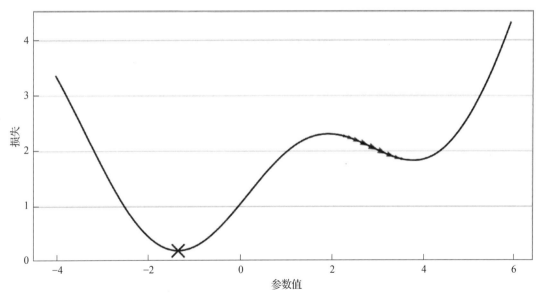

图 1 - 33　从初始参数值为 2 开始的梯度下降过程所提供的损失空间地形图

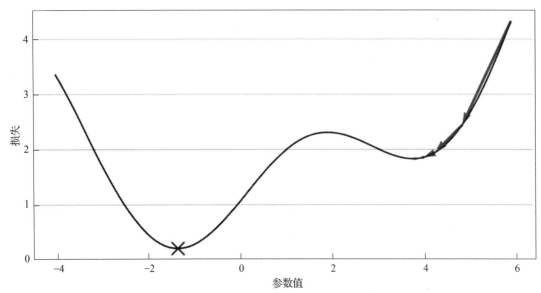

图 1 - 34 从初始参数值为 6 开始的梯度下降过程所提供的损失空间地形图

因为在高维度特征空间中，我们面临的是相同的概率乘法，这使得一个点更有可能落在超立方体（或超球体）的外层，损失函数在所有维度的曲率符号并不完全相同，因此它们更倾向于是鞍点，而不是全部最小值（full minima）点。于是，在高维度特征空间中找到的最小值更有可能是真正的全局最小值（global minimum）。

让我们探索另一个用于建模的梯度下降的示例。有一个数字序列 $[0, 2, 5, 6, 7, 11]$，其中每个数字都与一个时间步骤关联：$[0, 1, 2, 3, 4, 5]$。由于该序列似乎与时间步长呈线性关系，因此可以构建一个简单的逼近模型，该模型从时间 0 的预测值 0 开始，在随后的每个时间步骤简单地添加一个常数 β。例如，如果 $\beta = 3$，则生成的序列为 $[0, 3, 6, 9, \cdots]$。换句话说，我们正在构建一个 $y = \beta x$ 的线性模型，它没有截距。

我们的目标是最小化损失函数。在这种情况下，我们将使用 MSE（有关更详细的介绍，请参考本章的"指标和评估"部分），其被定义为预测值和真实标签的差的平方。因此，$c(\text{params}) = (y_{\text{true}} - \text{prediction}(\text{params}))^2$，或 $c(\beta) = (\beta x - y)^2$。对 β 进行微分得到 $c'(\beta) = 2(\beta x - y) \cdot x$。由于在这种情况下 x 和 y 都是数组，所以需要对每个样本中的所有梯度取平均，并通过这个平均值更新参数 β。

定义 x 和 y 数据集（见代码清单 1 - 15）。

代码清单 1 - 15 初始化用于线性回归拟合的样本 x 和 y 数据集

```
x = np.array([0,1,2,3,4,5])
y = np.array([0,2,5,6,7,11])
```

使用两个函数 predict 和 gradient，它们分别在给定 β 参数和输入集的情况下返回预测值，以及在给定 β 参数、输入集和真实值的情况下返回平均梯度（见代码清单 1 - 16）。

代码清单 1 - 16 定义预测值和梯度函数

```
def predict(beta, x):
    return beta * x
```

```
def gradient(beta, x, y):
    diffs = predict(beta, x) - y
    gradients = 2 * diffs * x
    return np.mean(gradients)
```

接着，使用梯度下降迭代地优化 β 参数（见代码清单 1 – 17、图 1 – 35 和图 1 – 36）。

代码清单 1 – 17　迭代更新 β 参数

```
learn_rate = 0.005
curr_beta = -0.1
for iteration in range(100):
    curr_beta += - learn_rate * gradient(curr_beta, x, y)
```

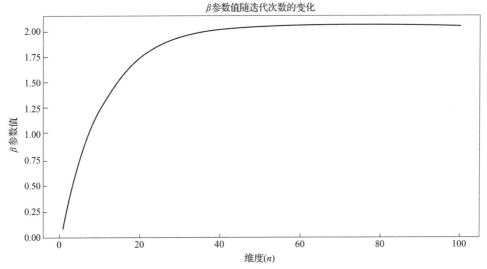

图 1 – 35　通过梯度下降在每次迭代中优化 β 参数的值

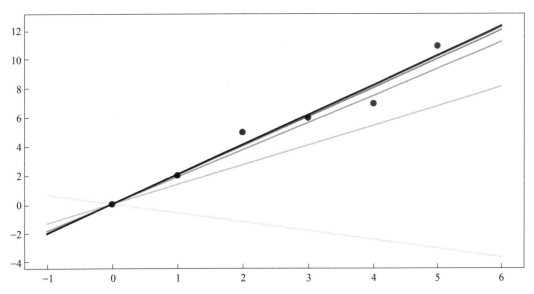

图 1 – 36　线性回归的梯度下降优化随时间变化的过程（采样线在优化过程中变得越来越不透明）

β 参数很快收敛到 2.05 左右，很好地模拟了这个序列。

梯度下降是一种强大的思想，是许多现代机器学习应用的基础——从最简单的统计模型到最先进的神经网络系统。

指标和评估

通常来说，指标是设置标准和评估模型性能的工具。在机器学习和数据科学领域，仅获得一个可用的模型是远远不够的。我们需要开发方法和评估指标，以确定模型在给定任务中的表现如何。在机器学习中使用的指标是进行具体定量测量的公式和方程，用以评估开发的模型在给定数据上的性能。评估是通过比较指标区分模型好坏的过程。

正如前一部分所述，通常描述大多数数据集的有两类问题：回归和分类。由于针对每种类型的问题，模型产生的预测差异很大，所以分类指标和回归指标之间存在明显的区别。回归指标评估连续值，而分类处理离散值。然而，这两种类型的评估方法都需要两种类型的输入：真实值（期望的正确预测）和模型输出的预测值。

与评估指标类似，损失函数也实现了评估指标相同的目标。它们衡量某些模型预测的性能或误差。虽然损失函数可以用作评估指标，但当我们提到损失函数时，它通常表示可微分函数，即基于梯度的可用于训练的模型。如前所述，梯度下降利用损失函数的可微性使模型收敛到局部最优解。损失函数的目标是提供一个信息丰富的公式，以描述模型的误差，这个误差可以被梯度下降所利用。它通常最适合梯度下降，但从我们的角度来看不一定完全直观。另外，评估指标优先考虑模型在给定任务中表现的直观解释，而不是针对梯度下降优化的公式所设计的。

正如我们将在本部分后面看到的那样，由于不可微分，有些指标根本不能充当损失函数。虽然有时损失函数在人类尺度上很容易解释，有些指标可以因其可微性而被视为损失函数，但损失函数和指标通常被视为具有相似功能的不同工具。

MAE（平均绝对误差）

最常见的回归指标之一是 MAE。简单来说，它计算模型预测值与真实值的差异，并对所有预测结果求平均值：

$$\text{MAE} = \frac{\sum_{i=1}^{n} |y_i - \hat{y}_i|}{n}$$

例如，假设一个班级有 50 名学生参加了一场满分为 100 分的考试。根据过去的课堂表现，老师对每个学生的预期成绩进行了估计。在批改试卷之后，老师发现他的预测并不完全正确。老师想知道学生实际获得的分数。在直觉的指导下，老师简单地计算了预测值与学生实际成绩的差异。老师发现了解每个学生的偏差很有帮助，但他也希望得到一个总体层面的认识，即预测值通常有多少偏差。老师通过求出每个误差的平均值来达到这个目的（见图1-37）。

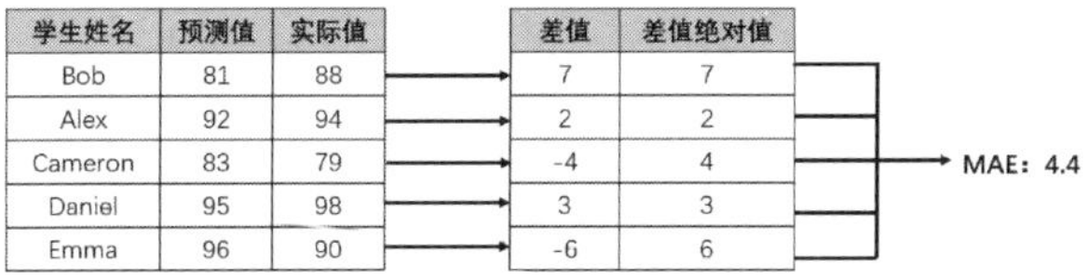

图1-37　以学生成绩为例的MAE

虽然通过每次预测的误差来判断结果是有帮助的，但如果将这些误差平均化为一个值，结果会更易于解释。这就是MAE。

这种方法简单明了，容易理解，它表明标签和模型预测之间的平均差异。然而，在处理某些类型的预测/数据时，它可能引起一些问题，我们将在本部分稍后讨论这些问题。

虽然Python库scikit-learn提供了易于使用的实现，但了解每个指标的细节非常重要，因为只有在直观地理解算法/公式的过程时，才能完全利用它。因此，对于以下介绍的每个指标，都将提供scikit-learn实现和仅使用NumPy库从头开始实现的完整步骤说明。

在编写具体代码之前，我们简要介绍NumPy数组。简而言之，NumPy数组是Python列表，因为NumPy库的基础是用C语言编写的，它们的操作速度显著提高。NumPy数组的一个主要用途是执行线性代数操作，将嵌套的一维列表构建成结构化矩阵。在定义函数时，假设输入、模型预测和真实标签是一维NumPy数组，其形状为数据中的条目数。对于每个真实标签，必须存在一个模型预测。

首先，定义函数及其参数y_true和y_pred，分别表示真实标签和模型预测；然后，写一个assert语句来确保两个输入的形状相同，因为在预处理数据和/或获取模型预测时可能出现错误（见代码清单1-18）。

代码清单1-18　函数的基本定义

```
import numpy as np
def mean_absolute_error(y_true, y_pred):
    # 检查确认 y_true 和 y_pred 的形状是否相同
    assert y_pred.shape == y_true.shape
```

理解这些嵌套的返回语句时，从内部开始并逐步向外是极其有帮助的。回顾MAE的公式，第一步是计算每个元素在真实标签和模型预测之间的差异，这在代码中体现为y_pred-y_true。然后，对结果数组中的每项取绝对值，表示为np.absolute(y_true-y_pred)。最后，输出的平均值是通过首先求所有元素的和np.sum，然后除以数组的长度len(y_pred)，即数据中的条目数来计算的（见代码清单1-19）。请注意，我们在顶部导入NumPy并缩写为np，因此在提到np时，我们正在调用NumPy库中的函数。

代码清单1-19　NumPy中的MAE函数

```
import numpy as np
def mean_absolute_error(y_true, y_pred):
    # 检查确认 y_true 和 y_pred 的形状是否相同
```

```
assert y_pred.shape == y_true.shape
return np.sum(np.absolute(y_true - y_pred))/len(y_pred)
```

如前所述，Python 库 scikit-learn 提供了方便的一行代码（函数）来计算 MAE，可以像我们自己从头实现的那样使用（见代码清单 1-20）。

代码清单 1-20 scikit-learn 中的 MAE 及其用法（其中 y_reg_true 代表真实标签，y_reg_pred 代表模型预测值）

```
# 在 Scikit-Learn 实现 MAE
from sklearn.metrics import mean_absolute_error
# 函数的使用方式
mean_absolute_error(y_reg_true, y_reg_pred)
```

MSE（均方误差）

MAE 可能很简单，但也存在一些缺点。MAE 的一个主要问题是它不会惩罚异常预测。考虑两个样本 A1 和 A2，模型的绝对误差分别为 1% 和 6%（绝对误差除以总可能域值）。使用 MAE，A2 的权重比 A1 高 5%。现在，考虑另外两个样本 B1 和 B2，模型的绝对误差分别为 50% 和 55%。使用 MAE，B2 的权重比 B1 高 5%。我们应该问自己：模型从 1% 的误差恶化到 6% 的误差是否与模型从 50% 的误差恶化到 55% 的误差相同？50%~55% 的误差变化比 1%~6% 的误差变化更糟糕，因为在后一种情况下，模型仍然表现良好。

可以使用 MSE 来不成比例地惩罚较大的错误：

$$MSE = \frac{\sum_{i=1}^{n}(\hat{y}_i - y_i)^2}{n}$$

正如其名称所示，MSE 将模型预测值与真实标签的差异平方，而不是取绝对值。

为了进一步说明这一点，继续使用之前的学生考试成绩示例。老师预测学生 Cameron 的分数为 58 分，而其真实分数为 79 分。使用 MSE 的公式，得到 MSE 为 107.8（见图 1-38）。然而，我们并没有很好地了解模型的具体错误。由于将结果平方而不是取绝对值，所以得到的分数并不适用于考试分数的范围——平均误差为 107.8 对于一个 100 分的考试是不可能的。为了解决这个问题，可以对结果进行开平方以"反转"平方的操作，将误差调整到实际特征的取值范围内，同时强调任何异常预测。这个指标是均方根误差（RMSE）：

$$RMSE = \sqrt{\frac{\sum_{i=1}^{n}(y_i - \hat{y}_i)^2}{n}}$$

学生姓名	预测值	实际值		差值	差值平方		
Bob	81	88		7	49		
Alex	92	94		2	4		
Cameron	58	79		21	441		MSE: 107.8
Daniel	95	98		3	9		
Emma	96	90		-6	36		

图 1-38 MSE 示例

使用上述公式，得到学生考试成绩示例的 RMSE 为 10.38。另外，如果使用 MAE，则得到其值为 7.8。在不查看任何预测的情况下，RMSE 提供了更多有关极端错误预测的信息。

MSE 和 RMSE 的实现与 MAE 非常相似。正如我们在函数中看到的，使用双星号将真实标签和模型预测之间的差异提高到 2 次方。最后，使用 np. sum 和 len(y_ pred) 分别对数组中的所有元素求和，然后除以总长度（或数组中的元素数量）来计算得到平均值。要获取 RMSE 的值，只需要像之前展示的那样对 MSE 的结果开平方即可。我们将从 MSE 输出的结果提高到 $\frac{1}{2}$ 次方或将取其平方根（见代码清单 1 - 21）。

代码清单 1 - 21　MSE 和 RMSE 实现

```
def mean_squared_error(y_true, y_pred):
    assert y_pred.shape == y_true.shape
    return np.sum((y_pred - y_true) ** 2)/len(y_pred)
# 均方根误差 RMSE
def root_mean_squared_error(y_true, y_pred):
    assert y_pred.shape == y_true.shape
    mse = mean_squared_error(y_true, y_pred)
    return mse ** 0.5
```

scikit - learn 仅提供了 MSE 的实现。对于 RMSE，只需要像之前一样对结果进行开平方运算（见代码清单 1 - 22）。虽然还有其他回归指标，如 Tweedie 偏差或决定系数，但 MAE、MSE 和 RMSE 是最重要的回归指标。其他回归指标都围绕前面提到的指标的思想展开。

代码清单 1 - 22　scikit - learn 中实现 RMSE 和 MSE（其中 y_ reg_ true = 真实标签，y_reg_ pred = 模型预测）

```
# sklearn 中导入 mean_squared_error 函数
from sklearn.metrics import mean_squared_error


# MSE 使用方法
mean_squared_error(y_reg_true, y_reg_pred)


# RMSE 使用方法
mean_squared_error(y_reg_true, y_reg_pred) ** (1/2)
```

混淆矩阵

正如回归指标依赖 MAE 的概念的一样，大多数分类指标依赖混淆矩阵的概念。混淆矩阵通过简便的可视化描述了模型的错误数量和错误类型。混淆矩阵包括四个组成部分，描述了模型预测与真实标签的差异，它们是真正类（TP）、假正类（FP）、真负类（TN）和假负类（FN）。让我们解释一下这些术语：第一个词"模型预测"表示模型预测是否正确（如果正确则为"真"，否则为"假"）；第二个词表示真实标签的值（标签 1 为"正类"，标签 0 为"负类"）。

让我们通过现实生活中的例子更好地理解这些概念。假设医生根据筛查结果诊断出可能的癌症患者。如果医生推断真正患有癌症的患者确实患有癌症，这就是一个真正类的例子。当模型（在本例中是医生）预测为正类（阳性）并且实际的真实标签表明患者最终也是正类（阳性）时，这被称为真正类。然而，医生的诊断并不是每次都准确。当医生预测患者没有癌症，而实际上患者却患有癌症时，这就是一个假负类（假阴性）的例子。当医生断定患者患有癌症，但实际上患者健康时，这就是一个假正类（假阳性）的例子。如果患者健康，而医生也预测患者健康，这就是一个真负类（真阴性）的例子。

共有 10 个样本	真实正类	真实负类
预测正类	真正类 6	假正类 1
预测负类	假负类 2	真负类 1

图 1-39 混淆矩阵示例

用数字语言总结这些概念如下。

- 当模型预测为 1 且真实标签为 1 时，它是真正类。
- 当模型预测为 1 但真实标签为 0 时，它是假正类。
- 当模型预测为 0 且真实标签为 0 时，它是真负类。
- 当模型预测为 0 但真实标签为 1 时，它是假负类。

在确定了模型预测与真实标签之间的所有情况后，可以方便地将这些值组织成矩阵形式，称之为混淆矩阵（见图 1-39）。

准确率（Accuracy）

评估分类模型性能的最简单方法之一是使用准确率。准确率简单来说就是模型正确预测值的百分比。用更具技术性的术语来说，准确率是真正类的数量加上真负类的数量除以所有预测值的数量：

$$准确率 = \frac{TN + TP}{TP + FP + TN + FN}$$

准确率可能很方便且直观，但它有代价。想象一下，有 100 个样本，其中 90 个属于正类，另外 10 个属于负类。如果模型对所有样本的预测结果为正类，并且没有其他有关数据的信息，它将获得 0.9 的准确率，即 90% 的正确率。考虑另外一个完善的模型，对于 90 个正类样本，它正确预测了 81 个样本；另外，对于 10 个负类样本，它正确预测了 9 个样本。显然，第二个模型对数据有更好的理解，而不像第一个模型那样，但它们都获得了相同的准确率 0.9。当数据中一个类的样本数量显著多于另一个类时，称为不平衡数据。因此，在处理不平衡数据时，准确率不是一个反映性的指标。

NumPy 实现准确率的代码非常简单：y_true == y_pred。它返回一个布尔数组，指示数组中的元素是否匹配。在 Python 中，布尔值可以解释为整数，因此计算数组中所有元素的平均值，因为从技术上讲，每个布尔值都代表该元素的准确率（见代码清单 1-23）。

代码清单 1-23 准确率的实现

```
def accuracy(y_true, y_pred):
    assert y_true.shape == y_pred.shape
```

```
# 返回一个布尔数组(由 1 和 0 组成),指示数组中的两个元素是否匹配
return np.average(y_true == y_pred)
```

scikit-learn 提供了一个简单的函数来计算准确率,我们可以像使用自己实现的准确率评分一样使用它,只需输入模型预测和真实标签即可(见代码清单 1-24)。

代码清单 1-24　scikit-learn 实现的准确率(其中 y_class_true 是真实标签,y_class_pred 是模型预测)

```
from sklearn.metrics import accuracy_score
accuracy_score(y_class_true, y_class_pred)
```

精确率(Precision)

相反,精确率考虑了数据中的类别不平衡问题。精确率仅计算所有预测的正类样本的准确率,即真正类的数量除以真正类与假正类之和。这将惩罚在具有大量负类样本的不平衡数据集中表现不佳的模型:

$$精确率 = \frac{TP}{TP + FP}$$

精确率提供了模型在正类样本上的准确性,并解决了类别不平衡的准确性问题。精确率在许多现实生活数据集中非常有用,例如在疾病诊断中,负类样本数量压倒了正类样本数量,精确率可以提供有意义的洞察力,以判断模型预测罕见的正类(阳性)的准确性。

根据精确率的公式,首先找到真正类的数量。前面的真正类是指模型对正类的正确预测。在代码中,(y_pred == 1)&(y_true == 1)返回两个数组都为 1 的元素。然后,可以通过使用 sum 函数来计算真正类的数量,并除以所有预测的正类数量,通过对预测数组求和可以获得所有预测的正类数量,因为所有负预测都用 0 表示,不会对总和产生影响(见代码清单 1-25)。

代码清单 1-25　精确率的实现

```
# 精确率
# 正确分类的正类样本数量/所有预测的正类样本数量
def precision(y_true, y_pred):
    assert y_true.shape == y_pred.shape
    # 计算预测为正类且实际也为正类的样本数量
    return ((y_pred == 1) & (y_true == 1)).sum() / y_pred.sum()
```

在 scikit-learn 中,可以从 sklearn.metrics 导入 precision_score 函数,并和我们自己实现的方式一样使用它(见代码清单 1-26)。

代码清单 1-26　通过 scikit-learn 实现精确率(其中 y_class_true = 真实标签,y_class_pred = 模型预测)

```
from sklearn.metrics import precision_score
precision_score(y_class_ture, y_class_pred)
```

召回率

召回率（Recall Score）[或真正类率（True Positive Rate）]与精确率略有不同。它不是计算模型预测为正类的准确性，而是返回正类的整体的准确性。召回率通过只计算正类中的正确性或所有正类中的真正类的百分比来巧妙地解决准确性问题。当我们只关心模型预测正类的准确性时，召回率指标非常有用。例如，在诊断癌症和大多数疾病时，若在资源有限的情况下无法开发完美的模型，则避免出现假负类（假阴性）比避免出现假正类（假阳性）更为重要。在这种情况下，我们将进行优化以得到更高的召回率，因为我们希望模型尽可能准确地预测正类。

$$召回率 = \frac{TP}{TP + FN}$$

与精确率的实现非常相似，NumPy 中召回率的实现只有一个小的更改：要找到所有的真实正类值，因此不是使用 y_pred. sum，而是使用 y_true. sum（见代码清单 1 - 27）。

代码清单 1 - 27 使用 scikit - learn 和 NumPy 实现召回率（其中 y_class_true = 真实标签，y_class_ pred = 模型预测）

```
# 定义召回率 recall
# 正确分类的正类数量/所有真正类的数量
def recall(y_true, y_pred):
    assert y_true.shape == y_pred.shape
    return ((y_pred == 1) & (y_true == 1)).sum( ) /y_true.sum( )


# 在 scikit - learn 中实现召回率
from sklearn.metrics import recall_score
recall_score(y_class_true, y_class_pred)
```

在 scikit - learn 中，从 sklearn. metrics 中调用 recall_score 函数即可实现召回率。

F1 分数

F1 分数的基本概念是创建一个通用的度量指标，同时具有精确率和召回率的优点，来衡量正类分类的正确性。因此，F1 分数是精确率和召回率之间的调和平均数。请注意，这里使用调和平均数，是因为精确率和召回率均以百分比的形式表达：

$$F1\ 分数 = 2 \cdot \frac{精确率 \cdot 召回率}{精确率 + 召回率} = \frac{TP}{TP + \frac{1}{2}(FP + FN)}$$

F1 分数通常比精确率和召回率更好地反映了正类分类的正确性。F1 分数可以推广为 F - β 分数，其中 β 代表对精确率和召回率的权重或关注程度。当 $\beta = 1$ 时，它等效于 F1 分数：

$$F - \beta\ 分数 = (1 + \beta^2) \frac{精确率 \cdot 召回率}{(\beta^2 \cdot 精确率) + 召回率}$$

将 β 设置小于 1 会给精确率赋予更高的权重，意味着在计算调和平均数时，精确率将更受重视。相反，将 β 设置为大于 1 会强调召回率。这为精确率和召回率的组合提供了更大的灵活性，因为可以根据具体情况调整关注度的大小。

在代码清单 1-28 中，实现了 F1 分数，因为在大多数情况下 F1 分数不是其他 F-β 分数变体。然而，它可以很容易地扩展到 F-β 分数。根据调和平均的公式，F1 分数的倒数等于观测数量 2 的倒数乘以每个观测数量的倒数之和（即精确率的倒数加上召回率的倒数）。请注意，该公式及其实现与先前提到的公式不同，因为我们简化了表达式，使其以一个分数的形式表示。可以使用之前实现的精确率和召回率函数：在分子中，将精确率和召回率的乘积乘以 2，在分母中将它们相加，并将它们相除以计算两者之间的调和平均数。

代码清单 1-28　F1 分数实现

```
# F1 分数
# 精确率和召回率的调和计算
def f1_score(y_true, y_pred):
    num = (2 * precision(y_true, y_pred) * recall(y_true, y_pred))
    denom = (precision(y_true, y_pred) + recall(y_true, y_pred))
    return num / denom
```

在 scikit-learn 中，可以使用 f1_score 函数实现相同的结果（见代码清单 1-29）。

代码清单 1-29　使用 scikit-learn 实现 F1 分数（其中 y_class_true 为真实标签，y_class_pred 为模型预测）

```
from sklearn.metrics import f1_score
f1_score(y_class_true, y_class_pred)
```

接收器操作特性曲线下面积（ROC-AUC）

尽管 F1 分数考虑了精确率和召回率的优点，但它仅衡量正类。F1 分数与精确率和召回率的另一个主要问题是对输入的二元值进行评估。这些二元值由阈值确定，通常在模型预测过程中将概率转换为二元值。在大多数情况下，选择 0.5 为阈值，将概率转换为二元目标。这不仅可能不是最佳阈值，而且会减少从输出获得的信息量，因为概率也显示了模型对其预测的置信度。接收器操作特性（ROC）曲线巧妙地解决了这些问题：它绘制了各种阈值下的真正率（True Positive Rate，TPR）与假正率（False Positive Rate，FPR）之间的关系图：

$$\text{TPR}/召回率 = \frac{\text{TP}}{\text{TP}+\text{FN}},$$

$$\text{FPR} = \frac{\text{FP}}{\text{TN}+\text{FP}}$$

TPR 或召回率给出了在所有正类预测中有多少是正确的，或者说当预测为正类时，模型正确的概率。假正率计算了负类预测中的假负类样本数量。从某种意义上说，它给出了模型在预测为负类时错误的概率。ROC 曲线巧妙地解决了这些问题：它绘制了不同阈值下的 TPR 与 FPR，生成一个图形，在该图形中可以看到哪个阈值给出了最佳的 TPR/FPR（见图 1-40）。

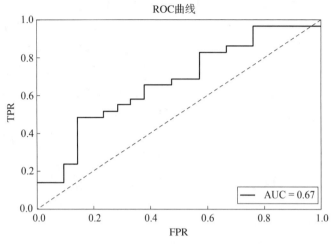

图 1-40　一个 ROC 曲线的示例（其面积 = 0.67）

此外，计算 ROC 曲线下面积（AUC）可以提供一个衡量模型对类别的区分程度。面积为 1 表示完美区分类别，因此产生了正确的预测。面积为 0 表示完全相反的预测，即所有预测都在 1 和 0 之间（标签 -1）被颠倒。面积为 0.5 表示完全随机的预测，即模型完全不能区分类别（见图 1-41）。

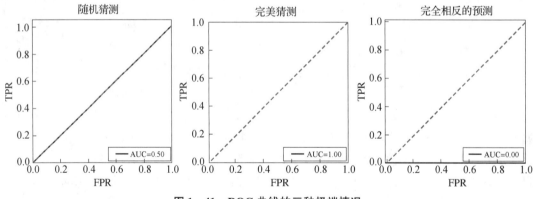

图 1-41　ROC 曲线的三种极端情况

ROC 曲线下面积的计算略微复杂，因为首先需要绘制 ROC 曲线，然后计算其下的面积。代码清单 1-30 所示函数首先检索真正类、假正类、真负例和假负例的数组，然后计算 TPR 和 FPR，并将它们作为单独的数组返回。

代码清单 1-30　计算 TPR 和 FPR 的函数

```
def get_tpr_fpr(y_pred, y_true):
    tp = (y_pred == 1) & (y_true == 1)
    tn = (y_pred == 0) & (y_true == 0)
    fp = (y_pred == 1) & (y_true == 0)
    fn = (y_pred == 0) & (y_true == 1)
```

```
tpr = tp.sum() /(tp.sum() + fn.sum())
fpr = fp.sum() /(fp.sum() + tn.sum())

return tpr, fpr
```

为了绘制 ROC 曲线，需要获取不同阈值下的 TPR 和 FPR。在前面的函数中，我们在 0 ~ 1 中选择 100 个等间隔的阈值。对于每个所选的阈值，该函数基于模型提供的预测概率计算该特定阈值下的 TPR 和 FPR，然后将每个阈值添加到单独的列表中，最后返回包含所需阈值的 TPR 和 FPR 的两个列表（见代码清单 1 – 31）。

代码清单 1 – 31　ROC 曲线函数

```
def roc_curve(y_pred, y_true, n_thresholds =100):
    fpr_thresh = []
    tpr_thresh = []
    for i in range(n_thresholds + 1):

        threshold_vector = (y_true > = i/n_thresholds)
        tpr, fpr = get_tpr_fpr(y_pred, y_true)
        fpr_thresh.append(fpr)
        tpr_thresh.append(tpr)


    return tpr_thresh, fpr_thresh
```

使用前面函数返回的点，可以绘制 ROC 曲线，其中 x 轴为 FPR，y 轴为 TPR。直接使用积分计算 ROC 曲线下面积是困难的，因为没有一个确切的函数能够代表每次用不同的 TPR 和 FPR 绘制的曲线。但是，可以通过在图形下面分割矩形区域，然后将这些矩形的面积相加来估计该区域的面积。随着切割的矩形越来越多，每个矩形变得越来越窄，其面积之和越来越接近曲线下面积的精确值（见图 1 – 42）。这种估计 ROC 曲线下面积的方法称为黎曼求和。

为了计算 ROC 曲线下面积，可以将两个点之间的间隙想象成矩形的宽度，而将高度设置为图形底部的点。尽管矩形顶部和 ROC 曲线之间会有微小的间隙，但随着点数或矩形数的增加，这个间隙将变得可以忽略不计。在前面的函数中，我们获得了包含不同阈值的 TPR 和 FPR 列表，列表中的每个值都会循环，并计算相应的矩形面积（见代码清单 1 – 32）。当阈值数大于 10 000 时，得到的 ROC – AUC 分数往往接近 scikit – learn 实现的分数。

代码清单 1 – 32　求 ROC 曲线下面积

```
def area_under_roc_curve(y_true, y_pred):
    fpr, tpr = roc_curve(y_pred, y_true)
    rectangle_roc = 0
    for k in range(len(fpr) - 1):
        rectangle_roc += (fpr[k] - fpr[k + 1]) * tpr[k]
    return 1 - rectangle_roc
```

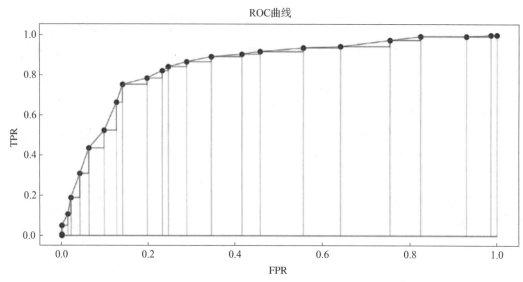

图 1-42 曲线下面积计算示例

scikit – learn 的实现非常简单，只需调用 roc_auc_score 函数，输入模型预测值和真实标签即可（见代码清单 1-33）。

代码清单 1-33 在 scikit – learn 中实现 ROC – AUC 分数

```
from sklearn.metrics import roc_auc_score
print(f"Scikit – Learn implementation of ROC – AUC: {roc_auc_score(y_class_
true, y_class_pred)}")
```

算法

在深入学习任何与深度学习相关的主题之前，理解经典机器学习算法非常重要，其中许多算法是深度学习模型的竞争对手。这些经典机器学习算法有些已经存在了长达 70 年之久，如果使用得当，它们的性能与各种深度学习方法相比非常高，而且计算速度惊人地高。

直到今天，经典机器学习算法在现代工业和机器学习相关竞赛中仍然扮演着重要角色。这些算法不仅训练速度比深度学习方法高，而且如梯度提升（Gradient Boosting）这样强大的算法，在表格数据上也比标准的深度学习方法效果更好。此外，像极端梯度提升（Extreme Gradient Boosting，XGBoost）和轻量级梯度提升机（Light Gradient Boosting Machine，LGBM）等模型仍然是基准表格数据集最受欢迎的通用选择。经典机器学习的许多进步为现代深度学习技术奠定了基础。神经网络——深度学习的基础——依赖线性回归和梯度下降的概念与数学基础。因此，在深入研究深度学习之前，了解和实现这些方法至关重要。在本节中，你将学习六种流行且重要的经典机器学习算法，包括 K – 近邻算法（K – Nearest Neighbors，KNN）、线性回归、逻辑回归、决策树、随机森林和 Gradient Boosting。

KNN

KNN 是最简单和最直观的经典机器学习算法之一。KNN 最初是由 Evelyn Fix 和 Joseph Lawson Hodges Jr. 在 1951 年为美国空军进行技术分析时提出的。该算法在当时是独特的，因为它是非参数化的，对数据的统计特性没有做任何假设。尽管由于工作的机密性质，相关论文从未被公开发表，但它奠定了第一种非参数分类方法的基础。KNN 的优点在于其简单性，与其他大多数算法不同，KNN 不包含训练阶段。由于该算法是基于内存的，所以它可以轻松地无缝纳入额外的数据，并适应任何新数据。70 多年后，KNN 仍然是一种流行的分类算法，围绕它的创新仍在不断提出。

KNN 只是一个算法概念。虽然它最初是用于分类任务的，但它也可以适用于回归任务。KNN 的一个主要缺点是速度较低。随着样本数量的增加，推断所需的时间显著增加。如前所述，维度诅咒也会影响 KNN 的性能：随着数据特征数量的增加，KNN 难以正确预测样本。然而，由于 KNN 易于实现，只有一个超参数且具有互操作性，所以它是最好的算法之一，可以快速掌握，并在相对较小的数据上进行快速预测。

理论和直观理解

KNN 的主要原理是将未标记数据点与现有的标记数据点分组，并根据它们与标记数据点之间的距离对数据进行分类。当输入未标记数据点时，计算它们与其他训练数据点之间的距离。然后，新数据点的模型预测值就是其最接近的训练数据点的标签值。可以通过一个简单的二维示例（见图 1–43）来可视化这个过程。

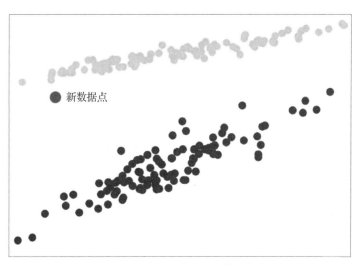

图 1–43 直观理解 KNN 的可视化

假设带有标签的数据集有两个特征，它们具有相同的尺度，根据其特征绘制每个数据点，其中一个特征在 x 轴上，另一个特征在 y 轴上。在这里，不同的标签用不同的颜色区分。当输入一个新的未标记数据点时，首先根据其特征绘制数据点，然后计算新数据点到每个已标记数据点的距离。一旦获得了与数据集中每个相关已标记数据点的距离列表，就按升序对列表进行排序，并选择前 K 个元素。K 是可以调整以提高其性能的超参数。关于 K 的选择将在后面讨论。最后，对新数据点的标签进行多数投票，以确定最终预测。KNN 利用了具有相同标签的数据点很可能包含相似特征这一事实。这个想法可以进一步扩展到高维或具有超过两个特征的数据集中。

在深入探讨 KNN 的实现之前，先讨论可用于该算法的距离函数。许多距离公式的基础方程式是闵可夫斯基距离，如下所示：

$$D(\boldsymbol{x}, \boldsymbol{y}) = \left(\sum_{i=1}^{n} |x_i - y_i|^p \right)^{\frac{1}{p}}$$

对于向量 $\boldsymbol{x}$ 和 $\boldsymbol{y}$，n 表示向量的维度，每个样本的特征值为 $(x_1, x_2, x_3, \cdots, x_n)$ 和 $(y_1, y_2, y_3, \cdots, y_n)$。将两个向量之间对应特征值的绝对差取 p 次方，然后对它们求和后取 p 次方根。对于不同的 p 值，该函数将得出不同形式的距离。当 $p=1$ 时，该函数成为曼哈顿距离；当 $p=2$ 时，该函数成为欧几里得距离；当 $p \to \infty$ 时，该函数成为切比雪夫距离。为了让结果反映传统上对距离的理解，p 应大于或等于 1。

如前所述，曼哈顿距离的灵感来自纽约曼哈顿街道的形状，其中每条街道都是从一个点到另一个点的直角路径。两点之间的曼哈顿距离可以被解释为在一个 n 维网格上，两个点之间最短直角路径的距离（见图 1 – 44）。

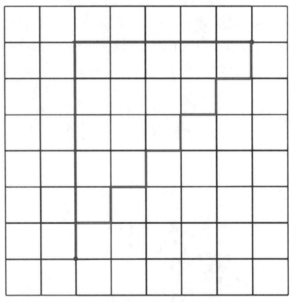

图 1 – 44　二维曼哈顿距离（红线和绿线都展示了曼哈顿距离，其距离值相同）（附彩插）

曼哈顿距离是当 $p=1$ 时的闵可夫斯基距离，即两个向量之间每个值的绝对差值之和。曼哈顿距离通常描述在特征值内可能实际采取的路径。在二元/离散特征的情况下，它比 KNN 中使用的更流行的欧几里得距离更可取。但是请注意，当进行更高维度的计算时，曼哈顿距离会变得不太可理解，并且随着空间维度的增加，计算出的距离值会显著增大：

$$D(\boldsymbol{x}, \boldsymbol{y}) = \sum_{i=1}^{n} |x_i - y_i|$$

欧几里得距离是 n 维空间中两点之间的最短距离，它是 KNN 中最常用的距离公式。欧几里得距离是勾股定理在高维空间中的扩展（见图 1 – 45）。

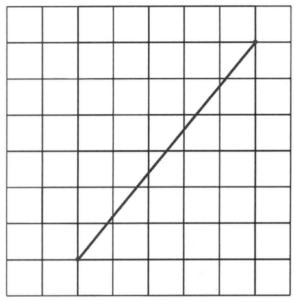

图 1 – 45　二维欧几里得距离

欧几里得距离是当闵可夫斯基距离中 $p = 2$ 时的结果。它也可以被视为用于在高维空间中寻找斜边长度的勾股定理。欧几里得距离的一个主要缺点在之前描述的维度诅咒中体现出来——当数据的维度增加时，欧几里得距离变得越来越没有意义：

$$D(\boldsymbol{x}, \boldsymbol{y}) = \sqrt{\sum_{i=1}^{n} |x_i - y_i|^2}$$

将闵可夫斯基距离中的 p 值增加到接近无穷大时，得到切比雪夫距离：

$$\lim_{p \to \infty} \left(\sum_{i=1}^{n} |x_i - y_i|^p \right)^{\frac{1}{p}} = \max_i (|x_i - y_i|)$$

其中，i 表示向量的维数；x_i 和 y_i 是向量中每个特征的值。如前所述，切比雪夫距离是单轴上两点之间的最大距离。在二维空间中，切比雪夫距离也可以理解为国际象棋中国王棋子从一个点移动到另一个点所需的步数：

$$D(x, y) = \max_i (|x_i - y_i|)$$

在 KNN 中切比雪夫距离很少使用，因为在各种情况下，它大多数时候都在性能上被其他距离超越。在 KNN 中，切比雪夫距离计算两个数据点之间在所有特征上的最大值差。这引发了一个重要问题，即两个数据点除了一个特征外，在每个特征上都非常相似，因此它们属于相同的类别，但在另一个特征上差异很大，基于该特征，切比雪夫距离将输出一个大的值，这可能导致模型预测错误。

选择 KNN 时，需要考虑一些关键点。首先，所有特征必须处于相同的尺度上。具体而言，在计算数据点之间的距离时，一个特征上的距离必须对于所有其他特征都具有相同的意义。建议在应用 KNN 之前，对数据进行标准化或归一化处理。归一化是将特征的值更改为处于共同尺度上的过程。标准化是缩放特征的过程，它完成两件事：将数据的平均值更改为 0，并确保所得到的分布具有单位标准偏差。根据数据的情况，标准化可以用于确保数据呈现高斯分布，而归一化可以将数据限制在某个范围内，减小异常值的影响。根据数据集的大小，由于维度诅咒和计算速度等因，最好将特征数和样本数保持在较低的水平上，两种方法都有用。

KNN 代码的实现和使用

使用 NumPy 从头开始实现 KNN 涉及两个主要组成部分，计算距离和选择前 K 个 "邻居"，并通过多数投票进行预测。在编写任何代码之前，始终将算法的步骤流程列出是一个好习惯，如下所示。

（1）获取训练数据或带有标签的样本；获取测试数据或未带标签的样本。

（2）使用选择的距离函数计算测试数据点与每个训练数据点之间的距离。

（3）对所得距离进行排序，从最近点到最远点进行排序，并选择前 K 个值。

（4）进行多数投票以确定最终预测结果。

（5）对所有测试数据点重复上述过程。

可以假设训练数据和测试数据都是形状为（num_samples, num_features）的 NumPy 数组，而训练数据的标签是形状为（num_samples, 1）的 NumPy 数组。按照前面的步骤，可以定义一个函数，计算单个测试数据样本与每个训练数据样本之间的距离。

在代码清单 1 - 34 所示函数中，将整个训练数据数组和一个测试样本作为输入。然后，遍历训练数据的每一行，应用一个预定义的距离函数，将其称为 "distance_function"。现在将其输入设为 x 和 y，并将得到的结果值附加到列表中供以后使用。一旦循环遍历整个训练数据，就简单地返回包含距离函数产生的所有值的列表。现在，已经完成了先前提到的 KNN 的第一个主要组成部分。对于第二个主要组成部分，定义另一个函数，对列表进行排序，选择前 K 个元素，并执行多数投票以确定预测。

代码清单 1 - 34 函数的基本定义

```
def calculate_distance(train_data, single_test):
    distances = []

    for single_train in train_data:
        single_distance = distance_function(single_train, single_test)
        distances.append(single_distance)
    return distances
```

代码清单 1 - 35 所示函数将 KNN 中的两个主要组成部分结合起来，对单个测试数据样本进行操作。首先，使用 list(range(len(y_train))) 将 calculate_distance 生成的距离值组织成一个 Pandas 序列，其中索引为 y_train 的索引。然后，按升序对列表进行排序，并选择前 K 个最近的 "邻居"，同时保留早先分配的索引。对于每个距离值，通过使用排序后系列中的索引对 y_train 进行索引，以找到它对应的标签。最后，使用 Python 库 collections

中的 Counter 对象进行多数投票，确定测试数据样本的最终预测，并将其作为单个值返回。

代码清单 1 – 35　KNN 中用于预测单个测试数据样本的函数

```
from collections import Counter
def knn_predict_single(distances, y_train, k = 7):
    # 将距离转换为序列,索引为 y_train 的索引
    distances = pd.Series(distances, index = list(range(len(y_train))))
    # 对值进行排序,并选择前 K 个元素,同时保留索引
    k_neighbors = distances.sort_values()[:k]
    # 创建计数器对象,每个"k_neighbor"都有标签
    counter = Counter(y_train[k_neighbors.index])
    # 通过多数投票在列表中得出预测标签
    prediction = counter.most_common()[0][0]
    return prediction
```

在前面的函数中，循环遍历了整个测试数据数组，并在每个单独的测试数据点对 KNN 进行转换。对于每个测试数据点，首先使用函数 calculate_distance 检索距离列表，然后使用函数 knn_ predict_single 进行预测。之后，将单个预测附加到一个数组中，该数组将存储来自测试数据的所有预测。最后，返回该数组（见代码清单 1 – 36）。

代码清单 1 – 36　KNN 函数

```
def knn_pred(X_train, y_train, X_test, distance_function, k):
    predictions = np.array([])
    # 循环遍历每个测试样本
    for test in X_test:
        distances = calculate_distance(X_train, test, distance_function)
        single_pred = knn_predict_single(distances, X_train, y_train, k)
        predictions = np.append(predictions, [single_pred])
    return predictions
```

对于距离函数，实现带有可调参数 p 的闵可夫斯基距离。然而，这个距离函数可以是任何其他具有输入 x 和 y 的距离函数（见代码清单 1 – 37）。

代码清单 1 – 37　闵可夫斯基距离

```
# p = 2,欧氏距离
def Minkowski_distance(x, y, p = 2):
    return (np.abs(x - y) ** p).sum(axis = 1) ** (1/p)
```

可以在鸢尾花数据集上测试 KNN 的实现。该数据集旨在根据鸢尾花的物理特征（萼片长度、萼片宽度、花瓣长度和花瓣宽度）对鸢尾花的类型进行分类——山鸢尾、杂色鸢尾或维吉尼亚鸢尾。可以方便地从 scikit – learn 中加载数据集，然后使用 train_test_split 函数将其拆分为训练集和测试集。然后，只需要调用 knn_ pred 函数并输入相应的参数（见代码清单 1 – 38）。为了评估模型的性能，可以使用 scikit – learn 中的准确率分数。当 k 设置为 5 时，模型在数据上表现完美，达到了 1.0 的准确率。

代码清单 1 – 38 KNN 应用案例

```
from sklearn import datasets
iris = datasets.load_iris()
# 制作数据集 X(特征值)和 y(目标值)
X = iris.data
y = iris.target
from sklearn.model_selection import train_test_split
X_train, X_test, y_train, y_test = train_test_split(X, y, test_size = 0.3,
random_state = 42)
# 使用 KNN 进行预测
predictions = knn_pred(X_train, y_train, X_test, minkowski_distance, k = 5)
from sklearn.metrics import accuracy_score
# 返回准确率为 1.0
accuracy_score(y_test, predictions)
```

如前所示，scikit – learn 提供了一个开箱即用的 KNN 实现：只需创建 KNeighborsClassifier 对象，然后在测试数据上调用 fit 和 predict 函数（见代码清单 1 – 39），得到与自己手写实现相同的结果，当 n_neighbors 或 k 设置为 5 时，准确率达到 1.0。

代码清单 1 – 39 scikit – learn 中 KNN 的实现

```
from sklearn.neighbors import KNeighborsClassifier
# 创建 KNeighborsClassifier 对象
neigh = KNeighborsClassifier(n_neighbors = 5)
# 在训练数据上拟合训练
neigh.fit(X_train, y_train)
# 在测试数据上进行预测
sklearn_pred = neigh.predict(X_test)
# 返回准确率为 1.0
accuracy_score(y_test, sklearn_pred)
```

请注意，没有一种给定的方法可以找到最佳的 K 值。在大多数情况下需要进行尝试和调整，以找到最佳的 K 值，以获得最佳性能。通常，用于搜索在训练数据和潜在测试数据上都表现良好的最佳 K 值的常见技术称为"肘部法"。肘部法指出，当将 KNN 的性能根据不同 K 值绘制成图时，会出现一个拐点，在这个拐点处，KNN 的性能最佳。请注意，通常将肘部法与交叉验证一起使用，并针对验证集来衡量性能。这种选择方法的示例如图 1 – 46 所示。

在前面的任意数据集的示例中，最佳的 K 值为 4，因为性能最陡峭的增长发生在 3 和 4 之间。这种方法可以用于任何衡量预测性能的指标，无论目标是最小化还是最大化。KNN 可能很简单易用，但要记住它的局限性，例如不能扩展到更大的数据集和需要较长的计算时间。后面的章节会介绍一些算法来更好地处理这个问题，这些算法通常表现更好。尽管 KNN 是最简单的机器学习算法之一，但它的缺点通常多于优点，这使其对大多数数据科学家来说仅是一个快速的脏数据测试算法。

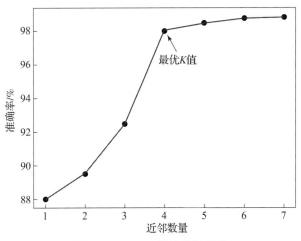

图 1-46　KNN 算法的肘部法

线性回归

大多数人可能对线性回归这个术语很熟悉，因为它是统计学中用于对变量之间关系进行建模的一种常用技术。线性回归的最早形式是最小二乘法线性回归，由 Adrien - Marie Legendre 于 1805 年首次发表，然后由 Carl Friedrich Gauss 在 1809 年再次发表。两位科学家都用它来预测天体的轨道，特别是围绕太阳运行的天体。后来，在 1821 年，高斯发表了他关于最小二乘理论的后续研究。然而，回归这个术语直到 19 世纪末才由 Francis Galton 首次使用。Galton 发现了母子种子质量之间的线性关系跨越多个世代。对 Galton 来说，回归仅是一个用于描述生物现象的术语。直到 Udny Yule 和 Karl Pearson 将这种方法扩展到更一般的统计学观点，才真正奠定了回归分析的基础。

直到今天，线性回归已经演变出许多变种和求解方法，但它的实用性仍然保持不变。线性回归不仅在机器学习和数据科学领域得到应用，还在流行病学、金融学、经济学等领域得到应用。实际上，任何涉及连续变量之间关系的情况，线性回归都可以对这种关系进行建模。一般来说，线性回归的应用包括基于相关的解释性特征进行预测以及对某些响应变量进行预测。线性回归也可以用于量化或测量两个变量之间的线性关系，并确定数据集中可能存在的冗余或误导性特征。

理论和直观理解

线性回归模型描述了一个响应变量（或目标变量）与一个或多个特征变量（或解释变量）之间可能存在的线性关系。这些解释变量可能与目标变量存在相关性。仅使用一个特征变量描述目标变量的线性回归，称为简单线性回归；使用多个特征变量描述目标变量的线性回归，称为多元线性回归。线性回归的目标是找到一个函数，该函数能够产生一条最佳拟合直线，最好地描述特征变量和目标变量之间的关系。有许多方法可以确定最佳拟合直线，但是最常见和最成功的方法是本章前面提到的梯度下降。

让我们从一个简单的例子开始，这是一个只有两个变量的简单线性回归问题：解释变量是一个人的脚的尺寸，目标变量是这个人的身高（见图 1 – 47）。在这种情况下，我们的目标是基于脚的长度预测身高。这里有一些数据样本，我们的任务是编写一个函数，生成一条最能模拟这两个变量之间关系的线。

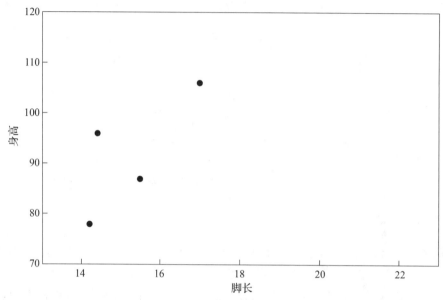

图 1 – 47　基于脚的长度预测身高的示例数据

在观察数据后，可以假设一个函数进行估计，该函数能够模拟两个变量之间的关系。在二维图形中，直线的一般方程可以表示为斜率 – 截距形式：

$$y = \beta x + \varepsilon$$

其中，β 是斜率，ε 是 y 轴截距。在机器学习和数据科学领域，将斜率称为模型的权重，将 y 轴截距称为模型的偏置。在估计可能适合数据的线性方程之后，例如 $y = 5x + 3$，我们希望通过某种方法计算估计性能。用于优化线性回归的最常用的指标是 MSE。计算误差时，将每个数据点的真实数据样本的 y 值（在本例中是身高）和每个数据点在 x 处回归计算的 y 值（模型预测）之差做平方，然后加在一起。这种误差也被称为残差平方和。

在图 1 – 48 中，蓝色线显示了模型的估计，作为输入的函数。图中的绿线表示每个点与预测值之间的误差。将每个差值相加，将得到最终的误差。将差值平方求和就可以得到残差平方和。在梯度下降的过程中，MSE 被称为模型的代价函数或损失函数。重申一下，MSE 的公式如下所示：

$$\text{MSE} = \frac{1}{n} \sum_{i=1}^{n} (\hat{y}_i - y_i)^2$$

我们的目标是通过找到一个更准确的线性函数来表示数据，这将提高模型的性能。可以通过暴力搜索调整权重和偏差的值来找到这条线，以基于错误进行调整，但是当样本或特征数量增加时，这种方法很快就会失败。这就是梯度下降的作用。梯度下降的概念类似暴力搜索，它是根据先前的值产生的误差调整权重和偏置的值，不过梯度下降是通过公式进行的。

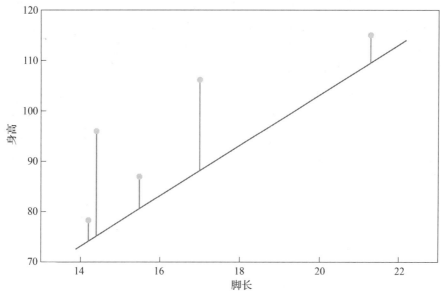

图 1 – 48　估计线和数据点之间的 MSE 计算（附彩插）

假设绘制不同的权重和偏置与损失函数值之间的关系图，将能够直观地看到权重和偏置如何影响损失函数值。这个可视化结果将出现在一个三维空间中。可以考虑通过这个三维空间切一个平面（例如将偏置设为 0），然后可视化一个更简单的二维情况，仅考虑权重，如图 1 – 49 所示。

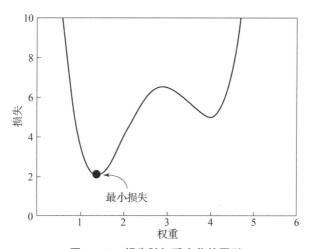

图 1 – 49　损失随权重变化的图形

最小的损失值位于损失函数的最低点，或者函数的导数为 0 点。有人可能认为，将函数的导数设为 0 会提供最优的权重。对于 MSE 这样的凸函数，这将起作用；然而，对于前面显示的示例损失函数，这样做是不行的，因为该函数有多个导数为 0 的点。正如之前介绍的，机器学习中常用的一种技术是使用梯度下降来找到函数的全局最小值。梯度下降利用梯度或其偏导数，采取适当的步骤向全局最小值下降。梯度下降谨慎地朝着全局最小值迈进，并且通过正确的超参数，可以"加速"穿过局部最小值，达到期望的全局最小值。这些技术和参数将在第 3 章中讨论。回想"优化和梯度下降"一节，其中展示了梯度下降如何寻找函数的全局最小值的简单示例。线性回归对梯度下降的适应需要一些额外步骤，因为还需要优化偏置，并且成本函数的导数不是非常直观的。请注意，在后续章节中不需要理解以下推导。相同的思路也适用于逻辑回归的梯度下降版本。

正如本章前面提到的，该算法使用损失函数的负梯度来确定下降的方向，而学习率 α 则决定了算法将采取多大的步长。然而，与本章前面的方程不同的是，这里有一个偏置项 ε。因此，我们不会将损失函数的导数乘以 α，而是将其关于权重的偏导数乘以 α，其中 c 是损失函数 MSE。通过前述方程计算得到的值取负数加到当前权重上，从而成为另一次迭代的新权重。请注意，在 MSE 中，$\hat{y}$ 项是由线性模型 $y = \beta x + \varepsilon$ 计算出的模型预测值，它在求导过程中会替换 $\hat{y}$：

$$-\alpha \cdot \frac{\delta}{\delta \beta} c(\beta, \varepsilon)$$

在梯度下降结束时区分权重和偏置项，先只对权重进行求导，并在梯度下降的过程中将偏差设置为 0。对成本函数 c 关于 β 进行求导，有以下公式：

$$c(\beta, \varepsilon) = \frac{1}{n} \sum_{i=1}^{n} (\beta x_i + \varepsilon - y_i)^2$$

把括号中的表达式视为一个独立的函数，并将其作为一个复合函数来求导，其中

$$f(\beta, \varepsilon)_i = \beta x_i + \varepsilon - y_i;$$

$$c(\beta, \varepsilon) = \frac{1}{n} \sum_{i=1}^{n} (f(\beta, \varepsilon)_i)^2$$

应用链式法则，有

$$\frac{\delta}{\delta \beta} c(f(\beta, \varepsilon)_i) = \frac{\delta}{\delta \beta} c(\beta, \varepsilon) \frac{\delta}{\delta \beta} f(\beta, \varepsilon)_i$$

计算每个函数的导数，得

$$\frac{\delta}{\delta \beta} c(\beta, \varepsilon) = \frac{2}{n} \sum_{i=1}^{n} f(\beta, \varepsilon)_i$$

$$\frac{\delta}{\delta \beta} f(\beta, \varepsilon)_i = x_i$$

$$\frac{\delta}{\delta \beta} c(f(\beta, \varepsilon)_i) = \frac{\delta}{\delta \beta} c(\beta, \varepsilon) \frac{\delta}{\delta \beta} f(\beta, \varepsilon)_i = \sum_{i=1}^{n} f(\beta, \varepsilon)_i x_i = \frac{2}{n} \sum_{i=1}^{n} (\beta x_i + \varepsilon - y_i) x_i$$

将这个值代入 $\frac{\delta}{\delta \beta} c(\beta, \varepsilon)$，然后乘以 $-\alpha$ 来更新权重。

最后，可以通过将其设置为没有偏差的预测值与经过梯度下降训练后的真实值之间的平均差异来估算偏差的值：

$$\varepsilon = \frac{1}{n} \sum_{i=1}^{n} \beta x_i - y_i$$

代码实现和使用

继续使用之前的示例数据集和公式，可以编写如下代码（见代码清单 1-40）。

代码清单 1 – 40　实现线性回归

```
# 定义示例数据集
foot_size = np.array([14.2, 21.3, 17, 15.5, 14.4])
height = np.array([78, 115, 106, 87, 96])

# foot_size 是 'x',而 height 是实际值'y_true'

# 定义 MSE 损失函数
def mse_loss_func(y_true, y_pred):
    return np.sum((y_pred - y_true) ** 2) /len(y_pred)

# 预测函数,即线性方程 y = beta * x + epsilon
def predict(beta, epsilon, x):
    return beta * x + epsilon

# 计算权重的偏导数
def weight_deriv(beta, epsilon, x, y_true):
    error = predict(beta, epsilon, x) - y_true
    return np.mean(2 * error * x)

# 计算偏置项
def calculate_bias(beta, x, y_true):
    return np.mean(y_true - beta * x)
```

参考之前在"优化和梯度下降"一节介绍过的梯度下降方程式,并结合本节前面介绍的公式,可以编写以下代码(见代码清单 1 – 41)。

代码清单 1 – 41　梯度下降方程

```
def gradient_descent(beta, epsilon, x, y_true, alpha):
    weight_derivative = weight_deriv(beta, epsilon, x, y_true)
    new_beta = -alpha * weight_derivative
    return new_beta
```

最后,迭代进行梯度下降过程,根据函数更新权重。使用之前定义的示例数据集,可以使用 MSE 计算成本,以查看每次迭代时有多大改进(见代码清单 1 – 42)。

代码清单 1 – 42　基于梯度下降的线性回归

```
epsilon = 0
beta = 1
# 学习率通常设置在 0.001 和 0.0001 之间效果较好
alpha = 0.0001
# 可以调整迭代次数以改变模型性能,通常迭代越多越好,但并非总是如此
iterations = 200
```

```
for i in range(1, iterations + 1):
    beta += gradient_descent(beta, epsilon, foot_size, height, alpha)
    # 每 20 次迭代评估一次输出 mse
    if i % 20 == 0:
        pred = predict(beta, epsilon, foot_size)
        mse = mse_loss_func(height, pred)
        print(f"Error at iteration {i}: {mse}")


# 计算偏差
epsilon = calculate_bias(beta, foot_size, height)
final_pred = predict(beta, epsilon, foot_size)
final_mse = mse_loss_func(height, final_pred)
print(f"Final Prediction with bias has error: {final_mse}")
```

beta 或权重可以随机初始化或设置为特定值以产生确定性结果。在本例中，将权重设置为 1，得到最终的 MSE 约为 46。将结果绘制成"最佳拟合线"，可以看到得到的拟合线比最初的拟合线更好地符合数据的趋势（见图 1 - 50）。

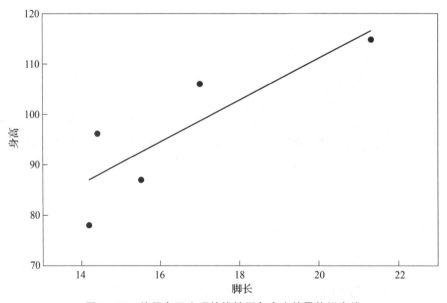

图 1 - 50   使用自己实现的线性回归产生的最佳拟合线

scikit - learn 的线性回归实现起来比较容易，并且由于计算权重和偏差的方法略有不同，所以与自己实现的线性回归相比，scikit - learn 的线性回归将获得（略微）更好的结果。

注意，在下述代码中，foot_size 上使用了 reshape（-1，1），因为在 scikit - learn 的实现中，例子中只有一个特征，数据必须是形状为（num_samples,1）的，而 reshape（-1，1）正好可以做到这一点（见代码清单 1 - 43）。调用 fit 函数并输入特征和标签执行训练过程，使用 predict 并输入特征以输出预测结果。

代码清单 1 – 43　使用 scikit – learn 实现线性回归

```
from sklearn.linear_model import LinearRegression


lr = LinearRegression()
lr.fit(foot_size.reshape( -1,1), height)
# 获取权重和偏置参数
beta = lr.coef_
epsilon = lr.intercept_


# 预测函数
lr_pred = lr.predict(foot_size.reshape( -1,1))
```

我们自己实现的线性回归模型还远非完美。在损失函数为凸函数（如 MSE 损失函数）的情况下，使用普通最小二乘法（OLS）可能产生稍好的结果。本质上，OLS 通过将损失函数的导数设置为 0，一步获得最优结果。这确保了计算获得的参数是损失景观全局最小值处的值。可以实现的另一个改进是尝试与权重相同的方式更新偏置，这样可能产生更好的结果。

其他简单线性回归的变体

如前所述，多元线性回归是指具有多个特征或解释变量的回归。可以将特征视为具有长度为"特征数量"的向量，并将整个训练数据视为形状为"样本数量×特征数量"的矩阵。相应地，权重不再是单一的值，而是长度为特征数量的向量（它被视为列矩阵，以便与 X 相乘）。因此，在维数高于 2 维的情况下，线或超平面的方程应为

$$y = X\beta + \varepsilon$$

其中，X 是特征矩阵，β 是权重向量。如果将其视为矩阵进行求导，而不是逐项求导，则最终得到的导数变成

$$\frac{\delta}{\delta\beta}c(\beta,\varepsilon) = \frac{2}{n}(X\beta + \varepsilon - y)X^{-1}$$

要实现多元线性回归，只需对之前编写的代码进行一些微小的修改（见代码清单 1 – 44）。

代码清单 1 – 44　用于多元线性回归的改进的梯度下降函数

```
# MSE 损失函数
def mse_loss_func(y_true, y_pred):
    return np.sum((y_pred - y_true) ** 2) /len(y_pred)


# 预测函数，即线性方程 y = beta * x + epsilon
def predict(beta, epsilon, x):
    return np.dot(x, beta) + epsilon


# 计算权重的偏导数
def weight_deriv(beta, epsilon, x, y_true):
```

```
    error = predict(beta, epsilon, x) - y_true
    return np.mean(2 * np.dot(x.T, error))
```

```
# 计算偏置项
def calculate_bias(beta, x, y_true):
    return np.mean(y_true - np.dot(x, beta))
```

请注意，所有乘号都已更改为 np.dot，以反映矩阵之间的点积。在 weight_deriv 函数中，x.T 转置了矩阵 x。类似地，如果仍然使用之前的示例数据集，则梯度下降过程需要进行调整，因为需要将特征重新调整为向量和矩阵形式的正确形状（见代码清单 1 – 45）。

代码清单 1 – 45　用于多元线性回归的改进的梯度下降过程

```
epsilon = 0
beta = np.array([1.]).reshape(1, -1)
# 学习率参数通常在 0.001 和 0.00001 之间的值效果较好
alpha = 0.00001


iterations = 200
for i in range(1, iterations + 1):
    beta += gradient_descent(beta, epsilon, foot_size.reshape(-1, 1), height, alpha)
    # 每 20 次迭代评估一次并输出误差 mse
    if i % 20 == 0:
        pred = predict(beta, epsilon, foot_size.reshape(-1, 1))
        mse = mse_loss_func(height, pred)
        print(f"{epsilon}, {beta}")
        print(f"Error at iteration {i}: {mse}")


# 计算偏置项
epsilon = calculate_bias(beta, foot_size.reshape(-1, 1), height)
final_pred = predict(beta, epsilon, foot_size.reshape(-1, 1))
final_mse = mse_loss_func(height, final_pred.flatten())
print((f"Final Prediction with bias has error: {final_mse}")
```

当在 reshape 函数中传入 -1 时，表示设置数组的其他维度，-1 维度必须满足数组的原始形状。flatten 函数的作用是将数组压缩扁平化为单维度向量。需要注意的是，scikit – learn 的实现可以自动兼容多元线性回归，因此不需要进行任何更改，只有当特征数量大于 1 时，才不需要使用 reshape（-1, 1）。

在实际的机器学习应用中，很少有单个变量能够与目标变量形成完美的线性关系。大多数情况涉及数十甚至数百个特征，因此多元线性回归是许多数据科学家的默认选择。

线性回归的其他变种包括 LASSO（最小绝对值收缩和选择算子）回归、Ridge 回归和 ElasticNet 回归，它们引入了一个正则化项，以防止对训练数据过度拟合从而导致在测试数据上表现不佳。

Ridge 回归在 MSE 损失函数上引入了 L2 正则化项：

$$c(\boldsymbol{\beta}, \boldsymbol{\varepsilon}) = \frac{1}{n} \parallel X\boldsymbol{\beta} + \boldsymbol{\varepsilon} - y \parallel_2^2 + \lambda \parallel \boldsymbol{\beta} \parallel_2^2$$

这些正则化项起着惩罚的作用，如果模型的权重过大，损失函数的值将根据 λ 参数增加。Ridge 回归通过降低模型的复杂性来减少过拟合。

LASSO 回归则在均方误差代价函数上引入了 L1 正则化项：

$$c(\boldsymbol{\beta}, \boldsymbol{\varepsilon}) = \frac{1}{n} \parallel X\boldsymbol{\beta} + \boldsymbol{\varepsilon} - y \parallel_2^2 + \lambda \parallel \boldsymbol{\beta} \parallel_1$$

这个 L1 正则化项可以使某些系数为 0，从而降低过拟合的风险，同时能够实现特征选择。

ElasticNet 回归同时引入 L1 和 L2 正则化项，实现了 LASSO 回归和 Ridge 回归的两个目标，进一步对模型进行正则化，防止过拟合。

$$c(\boldsymbol{\beta}, \boldsymbol{\varepsilon}) = \frac{1}{n} \parallel X\boldsymbol{\beta} + \boldsymbol{\varepsilon} - y \parallel_2^2 + \lambda_1 \parallel \boldsymbol{\beta} \parallel_1 + \lambda_2 \parallel \boldsymbol{\beta} \parallel_2^2$$

三种回归模型的 scikit – learn 实现方法与线性回归相同，只需在对象初始化时指定 λ 参数即可（见代码清单 1 – 46）。

代码清单 1 – 46 scikit – learn 中的正则化线性回归

```
from sklearn.linear_models import Ridge, Lasso, ElasticNet

# alpha 是参数 lambda 值
ridge = Ridge(alpha=1.0)
lasso = Lasso(alpha=1.0)

# alpha 是两者的惩罚项,而 l1_ratio 控制对 L1 的惩罚有多大权重,
# 靠近 1 表示更高的 L1 权重,只有 L1 正则化
elr = ElasticNet(alpha=1.0, l1_ratio=0.5)

# 正常拟合和预测,其中 X 和 y 分别是训练特征和训练目标
# 用自己的数据替换 X 和 y
# ridge.fit(X, y)
# lasso.fit(X, y)
# elr.fit(X, y)
# ridge.predict(X_test)
# lasso.predict(X_test)
# elr.predict(X_test)
```

线性回归的另一个重要变体是逻辑回归。简单来说，逻辑回归改变了线性回归的损失函数，将输出限制在 1 和 0 之间，为分类任务生成二元预测。下一节将更详细地介绍逻辑回归。

线性回归是数百上千名数据科学家的入门算法，原因在于，不仅梯度下降广泛用于许

多机器学习算法，而且基于特征建模的数据趋势是机器学习至今最重要应用之一，在预测、商业、医学等领域都有应用。

逻辑回归

逻辑函数首次出现在 Pierre Francois Verhulst 于 1838 年发表的《数学和物理通信》（*Correspondance mathmematique et physique*）中。后来在 1845 年，他发表了更详细的逻辑函数版本。然而，这种函数的第一个实际应用直到 1943 年才出现，当时 Wilson 和 Worcester 在生物测定中使用了逻辑函数。在接下来的几年里，逻辑函数产生了各种进展，但最初的逻辑函数用于逻辑回归。逻辑回归模型不仅在生物学相关领域得到应用，而且在社会科学领域也有广泛应用。

在许多变体中，逻辑回归的总体目标仍然保持不变：根据解释变量或提供的特征进行分类。它利用了线性回归的基本原理。

理论和直观理解

逻辑函数是一个广义术语，指具有各种可调参数的函数。然而，逻辑回归只使用一组参数，便可将函数转化为所谓的 sigmoid 函数：

$$S(x) = \frac{1}{1 + e^{-x}}$$

众所周知，sigmoid 函数具有图 1 – 51 所示的 S 形曲线，在 $y = 1$ 和 $y = 0$ 处有两个水平渐进线。换句话说，任何输入函数中的值都将被"挤压"在 1 和 0 之间。

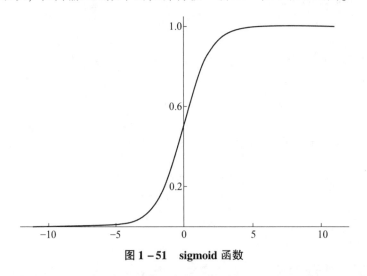

图 1 – 51　sigmoid 函数

虽然存在其他类型的 S 形函数，可以将输出限制在不同的范围内，例如双曲正切函数，它将输出值限制在 – 1 到 1 之间，但是逻辑回归中的二分类问题使用的是 sigmoid 函数。

逻辑回归的工作原理与线性回归相同，找到一个方程，绘制数据的"最佳拟合线"。在这种情况下，"最佳拟合线"采用 sigmoid 函数的形状，而标签是二元标签，分别位于

$y = 0$ 或 $y = 1$ 处。

二分类的目标是预测输出为 1（正）或 0（负）。一个例子是基于提供的毛发特征的数值数据来预测一个动物是否是猫。逻辑回归的预测将通过 sigmoid 函数输入，并输出介于 0 和 1 之间的概率，该概率表示模型对某个数据样本属于某类别的置信度（见图 1–52），然后可以通过设置阈值将概率转换为二元输出。在通常情况下，选择 0.5 作为阈值，但是如果阈值选择不当，则模型的性能可能有所变化。有关更多细节，请参考"指标和评估"部分的 ROC 曲线下面积。

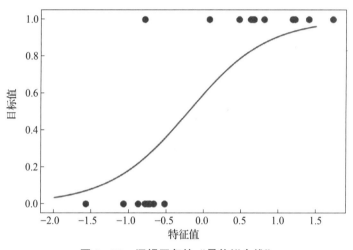

图 1–52　逻辑回归的"最佳拟合线"

虽然逻辑回归的梯度下降过程与线性回归相同，但其损失函数有所不同。MSE 用于在类似回归的情况下计算两个值之间的差异。虽然 MSE 在分类问题中也可以学习，但在分类问题的情况下有更好的损失函数。

请回顾前面的 sigmoid 函数，其中 x 项将是从线性函数 $y = X\beta + \varepsilon$ 输出的模型的预测输出，因此逻辑回归的预测函数变为：

$$y = \frac{1}{1 + e^{-(X\beta + \varepsilon)}}$$

该函数的输出范围是从 0 到 1 的概率值，而标签是离散的二元结果值。损失函数不再是 MSE，而是对数损失（Log Loss），有时也被称为二元交叉熵（BCE）：

$$\text{Logloss/BCE} = -\frac{1}{n}\sum_{i=1}^{n} y_i \cdot \log(\hat{y}_i) + (1 - y_i) \cdot \log(1 - (\hat{y}_i))$$

其中，$\hat{y}_i = \dfrac{1}{1 + e^{-(x_i\beta + \varepsilon)}}$。

请注意，在以上对数损失中，变量 x 或特征是单个值，而不是矩阵。该概率表示预测为 1 的可能性；反之，（1 – 概率）是预测为 0 的可能性。根据标签，损失函数计算每个样本模型预测的负对数似然，然后这些值的平均值是最终的损失。

为了最小化这个损失函数，采取与线性回归完全相同的方法，即使用梯度下降。与线性回归不同的是，在梯度下降之后无法计算偏置项。因此，同时对权重和偏置项求导，并以相同的方式进行更新。

既然已经熟悉了梯度下降，将直接进入多元逻辑回归，或者训练数据具有多个特征的逻辑回归。提醒一下，特征 X 将以矩阵的形式出现，如多元线性回归中提到的"样本数量 × 特征数量"形式的矩阵。真实值或标签将是一个长度为样本数量的向量；权重或 β 将是一个长度为特征数量的向量；最后，不会对损失求总和，而是只是取结果的平均值，这不会影响微分求导。

首先对权重进行求导，得到：

$$c(\boldsymbol{\beta},\boldsymbol{\varepsilon}) = -\left[\,\boldsymbol{y}\cdot\log(\hat{\boldsymbol{y}}) + (1-\boldsymbol{y})\cdot\log(1-(\hat{\boldsymbol{y}}))\,\right]$$

这里 $\hat{\boldsymbol{y}} = \dfrac{1}{1+\mathrm{e}^{-x}}$

把这个 sigmoid 函数称为 $s(\boldsymbol{\beta},\boldsymbol{\varepsilon})$，其中 $x = X\boldsymbol{\beta} + \boldsymbol{\varepsilon}$。

把这个预测函数 $x = X\boldsymbol{\beta} + \boldsymbol{\varepsilon}$ 称为 $p(\boldsymbol{\beta},\boldsymbol{\varepsilon})$，表示预测结果。使用链式法则，损失函数的导数变成

$$\frac{\delta}{\delta\boldsymbol{\beta}}c(\boldsymbol{\beta},\boldsymbol{\varepsilon}) = \frac{\delta}{\delta s}c(\boldsymbol{\beta},\boldsymbol{\varepsilon})\frac{\delta}{\delta p}s(\boldsymbol{\beta},\boldsymbol{\varepsilon})\frac{\delta}{\delta\boldsymbol{\beta}}p(\boldsymbol{\beta},\boldsymbol{\varepsilon})$$

分别对每个函数求偏导：

$$\frac{\delta}{\delta s}c(\boldsymbol{\beta},\boldsymbol{\varepsilon}) = -\left[\frac{\boldsymbol{y}}{s(\boldsymbol{\beta},\boldsymbol{\varepsilon})} - \frac{1-\boldsymbol{y}}{1-s(\boldsymbol{\beta},\boldsymbol{\varepsilon})}\right]$$

$$\frac{\delta}{\delta p}s(\boldsymbol{\beta},\boldsymbol{\varepsilon}) = \frac{-\mathrm{e}^{-p}}{(1+\mathrm{e}^{-p})^2} = \frac{-1}{1+\mathrm{e}^{-p}}\left(1-\frac{1}{1+\mathrm{e}^{-p}}\right) = -s(\boldsymbol{\beta},\boldsymbol{\varepsilon})\cdot\left[1-s(\boldsymbol{\beta},\boldsymbol{\varepsilon})\right]$$

$$\frac{\delta}{\delta\boldsymbol{\beta}}p(\boldsymbol{\beta},\boldsymbol{\varepsilon}) = X$$

将导数代回：

$$\frac{\delta}{\delta\boldsymbol{\beta}}c(\boldsymbol{\beta},\boldsymbol{\varepsilon}) = \left[\frac{\boldsymbol{y}}{s(\boldsymbol{\beta},\boldsymbol{\varepsilon})} - \frac{1-\boldsymbol{y}}{1-s(\boldsymbol{\beta},\boldsymbol{\varepsilon})}\right]\cdot s(\boldsymbol{\beta},\boldsymbol{\varepsilon})\cdot\left[1-s(\boldsymbol{\beta},\boldsymbol{\varepsilon})\right]\cdot X$$

下面是最终的结果：

$$-\left[s(\boldsymbol{\beta},\boldsymbol{\varepsilon}) - \boldsymbol{y}\right]\cdot X = -\left[\frac{1}{1+\mathrm{e}^{-(X\boldsymbol{\beta}+\boldsymbol{\varepsilon})}} - \boldsymbol{y}\right]\cdot X$$

偏置项的求导结果如下：

$$\frac{\delta}{\delta\boldsymbol{\varepsilon}}c(\boldsymbol{\beta},\boldsymbol{\varepsilon}) = \frac{\delta}{\delta s}c(\boldsymbol{\beta},\boldsymbol{\varepsilon})\frac{\delta}{\delta p}s(\boldsymbol{\beta},\boldsymbol{\varepsilon})\frac{\delta}{\delta\boldsymbol{\varepsilon}}p(\boldsymbol{\beta},\boldsymbol{\varepsilon})$$

$$\frac{\delta}{\delta s}c(\boldsymbol{\beta},\boldsymbol{\varepsilon}) = -\left[\frac{\boldsymbol{y}}{s(\boldsymbol{\beta},\boldsymbol{\varepsilon})} - \frac{1-\boldsymbol{y}}{1-s(\boldsymbol{\beta},\boldsymbol{\varepsilon})}\right]$$

$$\frac{\delta}{\delta p}s(\boldsymbol{\beta},\boldsymbol{\varepsilon}) = \frac{-\mathrm{e}^{-p}}{(1+\mathrm{e}^{-p})^2} = \frac{-1}{1+\mathrm{e}^{-p}}\left(1-\frac{1}{1+\mathrm{e}^{-p}}\right) = -s(\boldsymbol{\beta},\boldsymbol{\varepsilon})\cdot\left[1-s(\boldsymbol{\beta},\boldsymbol{\varepsilon})\right]$$

$$\frac{\delta}{\delta\boldsymbol{\varepsilon}}p(\boldsymbol{\beta},\boldsymbol{\varepsilon}) = 1$$

$$\frac{\delta}{\delta\boldsymbol{\varepsilon}}c(\boldsymbol{\beta},\boldsymbol{\varepsilon}) = \left[\frac{\boldsymbol{y}}{s(\boldsymbol{\beta},\boldsymbol{\varepsilon})} - \frac{1-\boldsymbol{y}}{1-s(\boldsymbol{\beta},\boldsymbol{\varepsilon})}\right]\cdot s(\boldsymbol{\beta},\boldsymbol{\varepsilon})\cdot\left[1-s(\boldsymbol{\beta},\boldsymbol{\varepsilon})\right]\cdot 1$$

偏置项的导数为

$$-\left[\,s(\boldsymbol{\beta},\boldsymbol{\varepsilon})-\boldsymbol{y}\,\right]\cdot 1 = -\left[\frac{1}{1+\mathrm{e}^{-(\boldsymbol{X}\boldsymbol{\beta}+\boldsymbol{\varepsilon})}}-\boldsymbol{y}\right]$$

可以根据梯度下降的公式更新权重和偏置项：

$$新\,\boldsymbol{\beta} = -\alpha\cdot\frac{\delta}{\delta\boldsymbol{\beta}}c(\boldsymbol{\beta},\boldsymbol{\varepsilon})+\boldsymbol{\beta}$$

$$新\,\boldsymbol{\varepsilon} = -\alpha\cdot\frac{\delta}{\delta\boldsymbol{\varepsilon}}c(\boldsymbol{\beta},\boldsymbol{\varepsilon})+\boldsymbol{\varepsilon}$$

代码实现和使用

逻辑回归的代码结构与线性回归非常相似，只需根据前面展示的方程式相应地修改代价函数和导数即可（见代码清单 1 – 47）。

代码清单 1 – 47　逻辑回归的函数

```
#使用 scikit – learn 实现对数损失
from sklearn.metrics import log_loss

# sigmoid 函数
def sigmoid(x):
    return 1 /(1 + np.exp( -x))

# 对数损失/BCE 损失函数
def bce_loss_func(y_true, y_pred):
    return log_loss(y_true, y_pred)

# 预测函数,即线性方程,y = sigmoid(beta * x + epsilon)
def predict(beta, epsilon, x):
    linear_pred = np.dot(x, beta) + epsilon
    return sigmoid(linear_pred)

# 计算权重的偏导数
def weight_deriv(beta, epsilon, x, y_true):
    error = predict(beta, epsilon, x) - y_true
    return np.mean(np.dot(x.T, error))

# 计算偏置项的偏导数
def bias_deriv(beta, epsilon, x, y_true):
    error = predict(beta, epsilon, x) - y_true
    return np.mean(np.sum(error))
```

梯度下降过程与线性回归非常相似，只是更新了偏置项（见代码清单 1 – 48）。

代码清单 1 – 48　　逻辑回归梯度下降

```
def gradient_descent(beta, epsilon, x, y_true, alpha):
    # 更新权重
    weight_derivative = weight_deriv(beta, epsilon, x, y_true)
    new_beta = beta - alpha * weight_derivative

    # 更新偏置项
    bias_derivative = bias_deriv(beta, epsilon, x, y_true)
    new_epsilon = epsilon - alpha * bias_derivative

    return new_beta, new_epsilon
```

综合以上内容，逻辑回归的实现如下所示。可以使用 scikit – learn 的函数创建一个具有单个特征和 20 个样本的分类示例数据集（见代码清单 1 – 49）。

代码清单 1 – 49　　逻辑回归的实现

```
from sklearn.datasets import make_classification

X, y = make_classification(n_samples = 20, n_features = 1, n_informative = 1, n_
redundant = 0, flip_y = 0.05, n_clusters_per_class = 1)
epsilon = 0
beta = 1
# 通常在 0.001 和 0.0001 之间的值效果较好
alpha = 0.0001
iterations = 200
for i in range(1, iterations + 1):
    beta, epsilon = gradient_descent(beta, epsilon, X, y, alpha)
    # 每 20 次迭代评估一次
    if i % 20 == 0:
        pred = predict(beta, epsilon, X)
        bce = bce_loss_func(y, pred.flatten())
        print((f"Error at iteration {i}: {bce}")

final_pred = predict(beta, epsilon, X)
final_bce = bce_loss_func(y, final_pred.flatten())
print(f"Final Prediction has error: {final_bce}"))
```

由于实现上的差异，scikit – learn 的逻辑回归的结果更好。其使用方法很简单，只需实例化对象并调用 fit 函数（见代码清单 1 – 50）。这里需要注意一点，在我们的实现中，predict 函数返回 sigmoid 函数的原始概率，而 scikit – learn 的 predict 函数返回二元标签。为了检索概率，需要调用 predict_proba 函数。

代码清单 1 – 50　使用 scikit – learn 实现逻辑回归

```
from sklearn.linear_model import LogisticRegression

lr = LogisticRegression()
lr.fit(X.reshape( -1, 1), y)

# 获取权重和偏置项
w = lr.coef_
b = lr.intercept_

#返回概率
pred_prob = lr.predict_proba(X)

#返回二元标签
pred_binary = lr.predict(X)
```

逻辑回归的其他变体

L1 和 L2 正则化都可以应用于逻辑回归，并执行与线性回归相同的任务，以防止过拟合。scikit – learn 支持 L1、L2 和 ElasticNet 正则化。它使用一个名为 C 的参数，该参数控制逆正则化强度，或者表示为 $C = 1/\lambda$，其中 λ 是 L1 和 L2 正则化中的超参数。特定类型的正则化可以通过惩罚参数指定（见代码清单 1 – 51）。

代码清单 1 – 51　scikit – learn 中的正则化逻辑回归

```
regularization_lr = LogisticRegression(penalty = "L1", C = 0.5)
# Penalty(惩罚参数)可以是 'L1'、'L2'、'elasticnet' 或 'none'
```

另一个重要的变体称为多元逻辑回归。通常，二元逻辑回归或我们一直在处理的逻辑回归的概念处理包含两个类别的数据。然而，在多元逻辑回归中，标签以"多类形式"给出，其中存在多于两个的类别。举个例子，模型可能不是在猫和狗之间进行预测，而是要预测 10 种不同类型的动物。

多类分类中的标签以"样本数×类别数"的形式给出。接下来，权重是具有"特征数×类别数"维度的矩阵。在通常情况下，会在将权重和偏置项插入 $y = X\beta + \varepsilon$ 中后使用 sigmoid 函数。然而，由于多类分类的性质，输出向量长度不是样本数，而是一个形状为"样本数 × 类别数"的矩阵。因此，sigmoid 函数不适用。相反，应使用 softmax 函数。softmax 函数输出预测矩阵，其中每个类别包含自己的概率，最终类别是具有最高概率的类别：

$$\mathrm{softmax}(x) = \frac{\mathrm{e}^x}{\sum_{i=1}^{n} \mathrm{e}^{x_i}}$$

在 scikit – learn 中，在实例化对象时，使用 multi_class = "multinomial" 参数来定义多元逻辑回归（见代码清单 1 – 52）。

代码清单 1 – 52　用 scikit – learn 实现多元逻辑回归

```
regularization_lr = LogisticRegression(penalty = "l1",C = 0.5,multi_class =
'multinomial')
```

与更复杂的深度学习方法相比，线性回归和逻辑回归都有明显的缺点，这些缺点在许多真实世界数据集中超过了它们自己的优点。线性回归假定特征和标签之间存在线性关系，而逻辑回归假定特征与目标之间存在对数概率关系，这为许多真实世界数据集设置了一个主要的限制，因为大多数数据集不能仅用线性或对数关系建模。特别是对于逻辑回归，线性可分数据在真实场景中很少出现。稍后将介绍一些新的经典机器学习算法，它们引入了全新的概念，克服了回归方法的一些缺点。

决策树

决策树的概念出现在 20 世纪 60 年代的心理学领域，用于模拟人类学习的概念，通过直观地呈现可能的结果来预测潜在情况。当时，人们发现决策树在编程和数学领域也非常有用。第一篇在数学上发展决策树概念的论文是由 William Belson 于 1959 年发表的。1977 年，来自加州大学伯克利分校和斯坦福大学的多位教授开发了一个名为分类回归树（CART）的算法，正如其名，该算法包括分类和回归树。时至今日，CART 仍然是数据分析中的重要算法。在机器学习领域，决策树是解决现实世界数据科学问题最流行的算法之一。

理论和直观理解

决策树是一种工具，以直观可解释的格式对观察结果进行建模。它由节点和分支组成，从根节点开始生长。考虑以下一系列选择的例子。第一个问题"硬币是什么颜色？"称为树的根。问题的每个可能结果都表示在从根节点延伸出来的节点下。掷硬币有两种可能的结果：正面朝上或反面朝上。根据所提问题的结果"银色"，可以通过问另一个问题"硬币的大小是多少？"继续分裂过程。对于不是根节点的问题，它们被视为父节点。一旦回答了所有可能的问题并创建了每个节点及其可能的结果，最后的节点就称为叶子节点（见图 1 – 53）。

从某种意义上说，决策树可以根据它的属性存储和组织数据。机器学习中的决策树概念利用这种直观理解，根据其特征的模式对数据进行分类。通过根据与决策树相关的特征拆分样本，可以对决策树进行训练以学习数据中的不同模式。使用这种方法，决策树可以轻松处理高维数据，因为这种方法与 KNN 和回归方法有很大不相同。决策树相对于回归方法的主要优点之一是它的互操作性，如前所述。在高维数据上可视化梯度下降过程很困难，但在决策树上不是这样。

决策树通过特征和目标，用最佳的顺序寻找最佳"问题"并拆分为与目标分配的数据相似的数据。例如，以泰坦尼克号数据集为例，它包含有关乘客的特征，例如他们的年龄、性别、所住舱房、所购票价等。目标是根据给定的属性预测某个人是否幸存。决策树会按照以下方式分割数据（见图 1 – 54）。

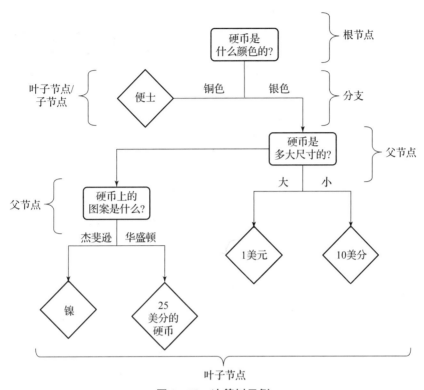

图 1-53　决策树示例

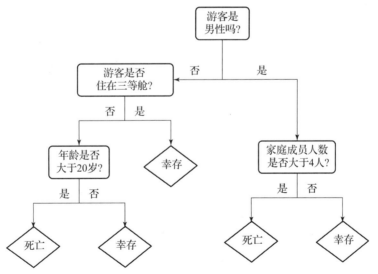

图 1-54　泰坦尼克号数据集上的决策树示例

（1）选择一个最佳的特征来分割数据。

（2）针对该特征，选择一个阈值，使数据按照标签被最佳地分割。对于一个分类特征，阈值可以是真/假，或者如果该特征包含多个类别，则将其转换为表示每个类别的数字，并将其视为连续特征。

（3）对于每个由分割产生的节点，重复上述步骤，直到数据被完全分割，也就是每个节点恰好包含一个类别，或者达到用户定义的最大分割深度。

仅说"选择最佳特征来分割数据"是不够的。决策树利用衡量数据"不纯度"的指标，这决定数据分割的程度。如果数据样本只包含一类，则为纯净的；另外，如果数据样本包含一半的一类和一半的另一类并介于两者之间，则为不纯净的。在决策树中用于确定不纯度的两个常见指标是基尼不纯度（Gini Impurity）和熵（Entropy），如下所示。

$$基尼不纯度 = 1 - \sum_{i=1}^{n} p_i^2$$

$$熵 = - \sum_{i=1}^{n} p_i \cdot \log_2 p_i$$

在这两个方程中，p 表示类别 i 的概率，或者在分割后节点中属于类别 i 的样本的百分比。基尼不纯度的取值范围为 $[0, 0.5]$，而熵的取值范围为 $[0, 1]$。然而，两者之间的差异很小，如下所示。当将基尼不纯度的值乘以 2（以与熵匹配的尺度）并将其与熵绘制在类别概率上时，在输入范围为 $[0, 1]$ 时，它们的输出变化很小（见图 1 – 55）。

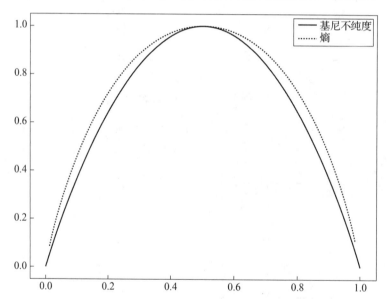

图 1 – 55　基尼不纯度与熵的比较（实线表示基尼不纯度乘以 2，虚线表示熵）

然而，从计算角度来看，熵更加复杂，因为它需要使用对数运算，所以在决策树中通常使用基尼不纯度作为衡量标准来确定划分点。在每个节点的分隔过程中，将特征的唯一值视为一个阈值，遍历所有阈值，并计算其相应的基尼不纯度。对每个特征执行前述的过程，然后确定最佳分隔基尼不纯度，根据其阈值划分数据。如前所述，分割过程会一直进行，直到每个节点都是纯净的，或者达到用户指定的超参数"深度"。

深度超参数决定决策树中应该有多少个"层级"节点。从技术上讲，决策树越深，性能越高，因为分割会变得更具体。尽管增加深度可以提高性能，但在大多数情况下它只适用于训练数据，因为树在深度较高时容易过拟合，导致在未见过的测试数据上性能变差。

代码实现和使用

在这里需要注意的是，循环遍历每个特征的每个特定阈值并计算其基尼不纯度是非常缓慢的，因为它的时间复杂度为 $O(N^2)$。相反，可以对特征进行排序，并将每个唯一值视为阈值，然后在计算基尼不纯度作为左、右分割阈值之间的加权平均值，同时跟踪记录分割阈值两侧每个类别的样本数。移动到下一个分割阈值后，可以增加/减少分割阈值两侧的类别计数。更多细节参见代码清单1－53。在决策树的实现中，定义类而不是独立的函数，因为这样做可以使工作更容易。

代码清单 1－53 决策树类

```python
class DecisionTree:
    def __init__(self):
        pass


    def fit(self, X, y):
        self.num_features = X.shape[1]


    # 返回最佳特征的索引和该特征的最佳分割阈值
    def find_best_split(self, X, y):
    # 如果样本只有1个,则无法继续分割
    if y.size <= 1:
        return None, None


    # 用于跟踪最佳分割阈值和索引
    best_index, best_thresh = None, None


    # 获取当前节点中正、负样本的数量
    num_pos, num_neg = (y == 1).sum(), (y == 0).sum()


    # 计算当前节点的基尼不纯度,如果没有其他分割阈值优于这个结果,则不会执行进一步的分割
    best_impurity = 1 - ((num_pos/len(y)) ** 2 + (num_neg/len(y)) ** 2)


    for i in range(self.num_features):
        # 对特征值及其相应标签进行排序
        # 分割阈值与其索引关联
        threshold = pd.Series(X[:, i]).sort_values()


        # 获取与分割阈值顺序对应的标签
        labels = y[threshold.index]
```

```python
# 将分割阈值转换为 numpy 数组
threshold = threshold.values

# 使用矩阵跟踪分割阈值两侧的正、负样本数量,[[left_pos, right_pos],
# [left_neg, right_neg]]
classes_count = np.array([[0, num_pos], [0, num_neg]])

# len(X)样本数量
for j in range(1, len(y)):
    # 获取当前样本的标签
    curr_label = labels[j-1]

    # 相应地更改类计数
    classes_count[curr_label, 0] -= 1
    classes_count[curr_label, 1] += 1

    # 计算分割阈值两侧的基尼不纯度,然后与加权平均值结合,其中权重是每一侧的样本
    # 数量,
    # 这巧妙地给提供了分割阈值的基尼不纯度
    left_gini = 1 - ((classes_count[0, 0]/j)**2 + (classes_count[1,
0]/j)**2)
    right_gini = 1 - ((classes_count[0, 1]/(len(y)-j))**2 +
(classes_count[1, 1]/(len(y)-j))**2)
    gini_combined = left_gini * (j/len(y)) + right_gini * ((len(y)-
j)/len(y))

    # 确保没有使用相同的阈值
    if threshold[j] == threshold[j-1]:
        continue

    # 如果基尼不纯度比最佳基尼不纯度更高,则将最佳分割阈值设置为当前阈值
    if gini_combined < best_impurity:
        best_impurity = gini_combined
        best_index = i
        best_thresh = (threshold[j-1] + threshold[j])/2


return best_index, best_thresh
```

　　每次调用 find_best_split 函数时，它都基于节点的数据执行分割，使用上一级节点中的样本分割作为当前节点的输入。然后，定义一个节点类，该节点类将跟踪所有数据、阈值和分割特征，并可以递归地构建决策树（见代码清单 1–54）。

代码清单 1 – 54 节点类

```
class Node:
    def __init__(self, best_feature, best_threshold):
        self.best_feature = best_feature
        self.best_threshold = best_threshold
        # 代表分割阈值的左侧和右侧的节点
        self.left = None
        self.right = None
```

请注意以下方法将在 DecisionTree 类中（见代码清单 1 – 55）。

代码清单 1 – 55 递归构建决策树的拟合（fit）和其他方法

```
    def __init__(self, max_depth):
        self.max_depth = max_depth

    def fit(self, X, y):
        self.num_features = X.shape[1]
        self.decision_tree = self.split_tree(X, y, 0)
        return self

    def split_tree(self, X, y, current_depth):
        # 首先找到主要类别
        num_pos, num_neg = (y == 1).sum(), (y == 0).sum()
        majority_class = np.argmax(np.array([num_neg, num_pos]))

        best_ind, best_thresh = self.find_best_split(X, y)
        curr_node = Node(best_ind, best_thresh, majority_class)

        if current_depth < self.max_depth and best_ind is not None:
            right_split = X[:, best_ind] > best_thresh
            X_right, y_right, X_left, y_left = X[right_split], y[right_split],
X[~right_split], y[~right_split]

            curr_node.left = self.split_tree(X_left, y_left, current_depth + 1)
            curr_node.right = self.split_tree(X_right, y_right, current_depth + 1)

        return curr_node
```

对于预测方法，沿着决策树继续向下走，根据分割的情况选择适当的一侧，直到到达没有左侧或右侧节点的叶子节点为止。只需返回 majority_class 作为预测结果（见代码清单 1 – 56）。_predict 方法也将属于 DecisionTree 类。在 _predict 方法中，根据训练好的阈值对数据进行分割，而在 predict 方法中，遍历整个 X 数据集对每个样本进行预测。

代码清单 1 – 56 预测函数

```
def _predict(self, X):
    curr_node = self.decision_tree
    while curr_node.right:
        if X[curr_node.best_feature] > curr_node.best_threshold:
            curr_node = curr_node.right
        else:
            curr_node = curr_node.left

    return curr_node.majority_class


def predict(self, X):
    return np.array([self._predict(i) for i in X])
```

要使用实现的决策树代码，只需要实例化对象，并使用各自的数据集调用 fit 方法，然后调用 predict 方法进行推理（见代码清单 1 – 57）。

代码清单 1 – 57 决策树的使用方法

```
dt = DecisionTree(max_depth = 12)
dt.fit(X, y)
predictions = dt.predict(X)
```

用 scikit – learn 实现决策树（见代码清单 1 – 58）的方法与我们自己的实现完全相同。

代码清单 1 – 58 用 scikit – learn 实现决策树

```
from sklearn.tree import DecisionTreeClassifier
dt = DecisionTreeClassifier(max_depth = 6)
dt.fit(X, y)
dt.predict(X)
```

之前编写的代码不支持多类别分类。然而，scikit – learn 的实现原生支持多类别分类，无须指定任何额外参数。scikit – learn 还提供了一个回归树实现，用于预测连续值（见代码清单 1 – 59）。回归树的原理与分类树完全相同，唯一的区别是在评估每个分割点的好坏时，回归树使用 MSE，而不是基尼不纯度，并且每个节点的预测值由数据样本的平均值确定。

代码清单 1 – 59 用 scikit – learn 实现回归树

```
from sklearn.tree import DecisionTreeRegressor
dt = DecisionTreeRegressor(max_depth = 6)
dt.fit(X, y)
dt.predict(X)
```

随机森林

随机森林（Random Forest）是一种算法，它对决策树的设计作了一些关键改进。简单来说，随机森林是许多较小的决策树组成的集合，它们一起工作。随机森林利用了众人的智慧总是比一个强大的个体更好的概念。通过使用相关性较低的小决策树集合，它们的预测集合可以胜过任何单个决策树。随机森林用于集成较小决策树的技术称为装袋（Bagging）。装袋也称为自助聚合（Bootstrap Aggregation），是从训练数据中有放回的随机抽取不同的子集，并通过多数投票决定最终的预测结果。

随机森林从整个训练数据中选择数据子集，并分别在每个数据子集上训练决策树，然后根据多数投票或平均值将结果进行组合，用于分类或回归问题（见图 1 - 56）。在构建随机森林时，应注意并非每个特征都被选中用于构建决策树，以在解决维度诅咒问题的同时创造多样性。多个决策树的集合使随机森林在性能方面非常稳定。然而，随机森林也有一些缺点，如解释性较差且比决策树慢得多。在对较小的数据集进行快速测试时，通常选择决策树，因为它的速度更高且具有互操作性。当不需要互操作性并且处理大型数据集时，随机森林是一个合适的选择。

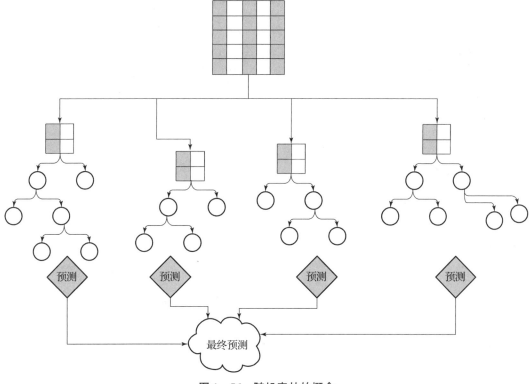

图 1 - 56　随机森林的概念

这是一个有趣的想法：在不添加任何新数据、知识或独特学习算法的情况下，可以通过向系统中引入随机性，提高模型的性能。训练一个模型的集合，其中每个模型都在随机选择的数据子集上进行训练。训练完成后，这个集合的预测结果被聚合起来形成最终的预测。

有趣的是，在大多数情况下，随机森林的性能通常优于决策树。尽管人们常常使用"多样性"和"众多思考者比一个思考者更好"来解释，但如果它实际上并没有引入独特的新学习结构，那么很难解释为什么装袋可以提高性能。

决策树通常是高方差算法（回顾"建模的基本原理"部分中讨论的偏差 - 方差权衡）。一个未经调节的决策树将继续构建节点和分支，以适应具有噪声的数据，但很少努力进行泛化或识别广泛趋势。可以直观地理解决策树的行为，类似图 1 - 57 所示的非常嘈杂的正弦波。

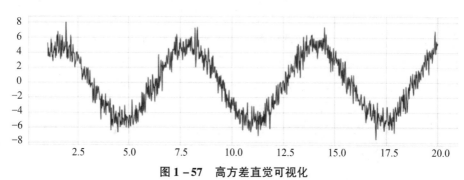

图 1 - 57　高方差直觉可视化

现在，绘制 10 个自助采样的正弦波。每个自助采样的正弦波（以透明形式显示）由原始正弦波中随机抽取的 20% 的数据点组成。然后，将这些自助采样的正弦波"聚合"在一起，形成一个"装袋"正弦波，其中每个点的值是通过对自助采样波形中相邻值取平均值得到的。最终得到的波形明显更平滑，与引入装袋之前相比，它更像一个更广义和稳定的曲线（见图 1 - 58）。

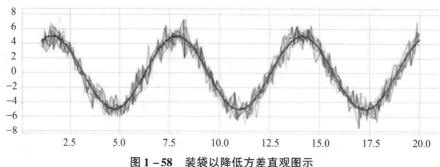

图 1 - 58　装袋以降低方差直观图示

因此，可以理解装袋是通过引入偏差效应来减小基础模型的方差。通过这一点，还可以推断出，装袋在已经存在高偏差的模型上通常效果不佳，这确实已经在实践中观察到。

scikit - learn 中的随机森林的实现见代码清单 1 - 60。

代码清单 1 - 60　scikit - learn 中的随机森林的实现

```
from sklearn.ensemble import RandomForestClassifier
# n_estimators 是需要训练的决策树的数目
rf = RandomForestClassifier(n_estimators = 30, max_depth = 12)
rf.fit(X, y)
predictions = rf.predict(X)
```

随机森林和决策树这样的算法为经典机器学习领域带来了多样性，因为它们在解决之前算法中的许多问题时采用了完全不同的技术。基于树的方法是最快的高性能算法之一，其概念已经被应用到更好的算法中，包括梯度提升和一些深度学习算法。第二部分的最后一章专门介绍了受到基于树的模型启发的深度学习模型。

梯度提升

梯度提升描述了一种建模技术，该技术基于各种不同的算法。第一个成功使用梯度提升的算法是由 Leo Breiman 在 1998 年提出的 AdaBoost（自适应梯度提升）。1999 年，Jerome Friedman 将当时涌现的各种提升算法（如 AdaBoost）推广为一种方法——梯度提升机（Gradient Boosting Machines）。很快，梯度提升机的思想变得非常流行，并在许多现实应用的表格数据集中表现出很高的性能。时至今日，各种梯度提升算法（如 AdaBoost、XGBoost 和 LGBM）仍是许多操作大型、复杂数据集的数据科学家的首选。

理论和直观理解

梯度提升基于与随机森林相似的思想，使用一组较弱的模型来构建一个强大的预测模型。梯度提升与随机森林的不同之处在于，它构建的模型基于其他模型的错误来不断提升性能，而不是独立的、不相关的模型。

假设要组建一个由 5 个人组成的团队，代表其学校、组织或国家参加一场关于音乐、历史、文学、数学、科学等多个主题的问答竞赛，获胜的团队需要回答最多的问题。那么你会采取什么策略？你可以选择 5 个对可能涵盖的大多数主题有广泛和重叠知识的人（这是一种类似随机森林的集成方法）。也许更好的方法是选择一个在某个领域非常擅长的 A，然后在 A 不是专家的领域中选择并训练 B，接着在 B 不是专家的领域中选择并训练 C，依此类推。通过不断地提升学习者的能力，我们可以构建复杂和适应性强的集成模型。

梯度提升的概念可以适用于许多不同的机器学习模型，例如线性回归、决策树，甚至深度学习方法。然而，梯度提升最常见的用法是与决策树或基于树的方法结合使用。虽然已经出现了各种流行的梯度提升模型，但它们的最初和核心思想基于相同的算法，因此，下面分析原始的梯度提升过程，同时简要介绍每种具体类型的梯度提升模型的差异。

梯度提升可以适应回归和分类问题。可以先从理解回归问题开始分析，见图 1-59。

（1）假设目标变量是连续的，用目标的平均值创建一个叶子节点，它代表对标签的初步猜测。

（2）基于第一个叶子节点的误差构建一个回归树。具体步骤如下。

①计算每个样本的初始预测和真实标签的误差，称为伪残差。

②构建回归树，以预测具有限制条件的样本的伪残差叶子数。将多个标签的叶子替换为所有标签的平均值，这将是该叶子的预测值。

（3）使用训练好的决策树预测目标变量，具体步骤如下。

①从初始预测开始，即所有标签的平均值。

②使用训练的决策树预测伪残差。

③将预测值乘以学习率，然后加到初始预测值上，得到最终的预测值。

（4）基于前一个模型的预测计算新的伪残差。

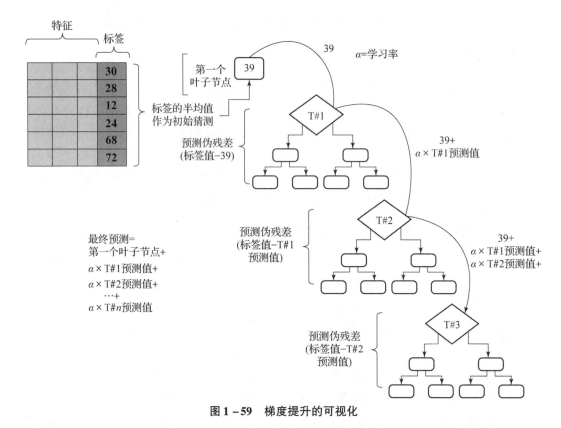

图 1-59 梯度提升的可视化

（5）构建一棵新的回归树来预测新的伪残差，重复步骤（2）～（4）。对于步骤（3），只需将新树的预测值与之前迭代中创建的其他树的学习率相乘，然后添加到初始预测中。

（6）重复步骤（2）～（4），直到达到最大指定模型或预测开始恶化。

梯度提升分类的方法与回归非常相似。在第一次"猜测"中，计算标签的对数概率，而不是标签的平均值。为了计算伪残差，使用 sigmoid 函数将对数概率转换为概率：

$$\log 概率 = \log\left(\frac{正样本数}{负样本数}\right)$$

在二元标签中，将正样本视为 1，将负样本视为 0。然后，用它们分别从各自的标签减去计算出的概率，以获得伪残差。与回归类似，构建一棵基于特征的树来预测伪残差。同样，由于叶子的值是由概率导出的，而预测是在对数概率中进行的，所以需要使用以下常用公式对叶子的预测进行转换。求和符号表示相同叶子中所有值的总和，如果有的话。P 指的是前一棵树或叶子的预测概率。

$$\frac{\sum 叶子\ i\ 的预测值}{\sum P_i(1-P_i)}$$

更新每个叶子的预测值之后，基本上执行了与回归相同的过程，不断地根据先前的误差构建树，直到达到用户指定的参数或预测停止改进为止。之前描述的方法是许多基于梯度提升的算法的一般化。接下来的几节简要介绍一些最流行的算法及其各自的实现。

AdaBoost

AdaBoost 是最早的梯度提升形式之一，它是在梯度提升机被提出之前发布的。AdaBoost 的主要思想在于使用加权树桩来组合最终预测。树桩是一种只有根和两个叶子的决策树。训练 AdaBoost 模型的过程如下。

（1）为每个样本分配相同的权重，即$\dfrac{1}{样本数}$。

（2）使用只有一个分割的树桩或决策树进行训练，如上所述，预测目标变量。

（3）计算训练好的树桩所产生的误差量。误差量被定义为所有错误分类样本的权重之和。

（4）计算训练好的树桩的权重，定义如下。

$$权重 = \frac{1}{2}\log\left(\frac{1-误差量}{误差量}\right)$$

在实践中会额外添加一小部分误差量，以防止分母为 0。

（5）根据训练数据相应地调整样本权重。对于每个错误分类样本，将其样本权重增加到原始样本权重$\cdot e^{树桩的权重}$。另外，对于每个正确分类样本，将其样本权重减少到原始样本权重$\cdot e^{-树桩的权重}$。

（6）调整或归一化样本权重，使其总和为 1。将每个样本权重除以所有样本权重的总和。

（7）使用加权基尼不纯度重复步骤（2）~（6）训练树桩，直到达到用户指定的参数或模型性能停止提升。

（8）在进行预测时，最终的预测结果由对一个类进行分类的树来决定，该树的权重总和大于对另一个类进行分类的树的权重总和。

scikit - learn 中的 AdaBoost 的实现见代码清单 1 - 61。

代码清单 1 - 61　scikit - learn 中的 AdaBoost 的实现

```
from sklearn.ensemble import AdaBoostClassifier
from sklearn.datasets import make_classification
X, y = make_classification(n_samples = 1000, n_features = 4, n_informative = 2,
n_redundant = 0, random_state = 42)
# n_estimators 是树桩的数量
clf = AdaBoostClassifier(n_estimators = 100, random_state = 0)
# 模型训练和预测
clf.fit(X, y)
clf.predict(X)
```

如果在 AdaBoost 中将树桩替换为回归树桩（regression stumps），那么 AdaBoost 也可以执行回归任务。scikit - learn 中的 AdaBoost 回归器（AdaBoost Regressor）的实现见代码清单 1 - 62。

代码清单 1 – 62 scikit – learn 中 AdaBoost 回归器的实现

```
from sklearn.ensemble import AdaBoostRegressor
from sklearn.datasets import make_regression
X, y = make_regression(n_samples = 1000, n_features = 4, n_informative = 2, n_
redundant = 0, random_state = 42)

# n_estimators 是树桩的数目
clf = AdaBoostRegressor(n_estimators = 100, random_state = 0)
# 模型训练和预测
clf.fit(X, y)
clf.predict(X)
```

XGBoost

XGBoost 是在 21 世纪前 10 年作为梯度提升机的一种正则化变体而开发的。XGBoost 的发展始于陈天奇作为分布式机器学习社区的一个研究项目。后来在 2014 年的 Higgs Boson 机器学习竞赛中，XGBoost 逐渐为机器学习和数据科学社区所广泛采用。相比 AdaBoost，XGBoost 在速度和性能上进行了更多优化，并且与梯度提升机的原始方法非常相似。

训练 XGBoost 模型的一般步骤如下。

（1）初始化一个随机预测值，它可以是任意数值，不考虑分类或回归，通常使用 0.5 作为初始值。

（2）类似梯度提升，构建一个决策树来预测伪残差。

①从具有所有伪残差的单个叶子节点开始，使用以下公式计算所有残差的相似度得分，其中 r_i 为第 i 个伪残差，λ 为正则化项：

$$\frac{\left(\sum_{i=1}^{n} r_i \right)^2}{n + \lambda}$$

②找到与决策树类似的最佳分割点。然而，用于评估分割效果的评估标准与基尼不纯度不同。选择产生最大"增益"（gain）的分割点，增益的计算公式为左侧叶子节点相似度得分加上右侧叶子节点相似度得分减去根节点相似度得分，如下所示：

$$增益 = (相似度得分_{左叶子} + 相似度得分_{右叶子}) - 相似度得分_{根}$$

③继续构建树，直到达到用户指定的参数为止。

④指定一个修剪参数 γ，如果分割的增益小于 γ，则删除某些节点。这有助于正则化处理。

（3）使用以下公式计算每个叶子节点的预测输出：

$$预测输出 = \frac{\sum_{i=1}^{n} r_i}{n + \lambda}$$

（4）与梯度提升类似，最终预测是初始叶子节点加上定义的学习率乘以树的输出。在构建第一棵树后，其预测将用于计算新的残差并构建新的树，直到满足用户指定的参数为止。

XGBoost 有自己的库，提供与 scikit – learn 模型类似的功能和语法结构（见代码清单 1 – 63），而不是使用 scikit – learn 来实现。

代码清单 1 – 63　XGBoost 的实现

```
import xgboost as xgb
X, y = make_regression(n_samples = 1000, n_features = 4, n_informative = 2, n_
redundant = 0, random_state = 42)

# 划分训练集和测试集
from sklearn.model_selection import train_test_split
X_train, X_test, Y_train, Y_test = train_test_split(X, y, test_size = 0.2)

# 转换数据为 xgboost 数据类型
dtrain = xgb.DMatrix(X_train, label = Y_train)
dtest = xgb.DMatrix(X_test, label = Y_test)

# 通过 map 指定参数
param = {
    'max_depth': 4,
    # 学习率参数
    'eta': 0.3,
    #修剪系数 gamma
    'gamma': 10,
    # 正则化系数 lambda
    'lambda': 1,
    # subsample 选择用于训练每棵树的样本百分比
    'subsample': 0.8,
    # 一些常见的任务类型包括 reg:squarederror(回归),regression with squared loss
#(平方损失回归),
    # multi:softmax(使用 softmax 的多分类),binary:logistic()二元分类
    'objective': 'binary:logistic',
    # 使用 GPU
    'tree_method': 'gpu_hist',
}

# 树的数量
num_round = 200
# 训练模型
```

```
bst = xgb.train(param, dtrain, num_round)
# 进行预测
preds = bst.predict(dtest)
```

LGBM

LGBM 是一种优化的梯度提升，旨在减少内存使用和提高速度，同时保持高性能，由微软公司于 2016 年开发。LGBM 由于上述优势以及在 GPU 上进行并行计算处理大规模数据的能力而受到欢迎。

LGBM 与其他类似的梯度提升的一个主要区别是，在 LGBM 中，决策树以叶子为基础进行生长，而在其他情况下，决策树以层级为基础进行生长。相比而言，以叶子为基础生长的方式更好地处理了过拟合问题，并且在处理大型数据集时速度更高。此外，以层级为基础生长的方式会产生许多不必要的叶子节点。相反，以叶子为基础生长的方式仅扩展性能较高的节点，从而保持决策节点数量不变。

此外，LGBM 使用了称为基于梯度的单边采样（Gradient – based One – Side Sampling，GOSS）和独占性特征捆绑（Exclusive Feature Bundling，EFB）的新技术对数据集进行采样，这可以在不影响性能的情况下减小数据集的大小。GOSS 对数据集进行采样，旨在使模型关注误差较大的数据点。根据梯度下降的概念，梯度较小的样本产生较小的训练误差，反之亦然。GOSS 选择绝对梯度较大的样本。需要注意的是，GOSS 也会选择梯度相对较大的样本，以保持 GOSS 之前的输出数据分布。

EFB 的目标是消除特征，或更准确地说是合并特征。EFB 将相互排斥的特征捆绑在一起，这意味着它们永远不能同时具有相同的值。然后，将捆绑的特征转换为单个特征，从而减小数据集的大小和降低其维度。

最后，LGBM 对连续特征进行分箱处理，以减少决策树构建过程中可能的分割点数量，进一步提高了算法的运行速度。

微软公司提供了自己的库来实现 LGBM，并提供了简单且类似 scikit – learn 的语法，见代码清单 1 – 64。

代码清单 1 – 64　scikit – learn 中的 LGBM 的实现

```
import lightgbm as lgbm
X, y = make_regression(n_samples = 1000, n_features = 10, n_informative = 10,
random_state = 42)

# 划分训练集和测试集
from sklearn.model_selection import train_test_split
X_train, X_test, y_train, y_test = train_test_split(X, y, test_size = 0.2)
train_set = lgbm.Dataset(X_train, label = y_train)
params = {
                # 叶子节点数量
                'num_leaves': 15,
```

```
          # 最大深度,在训练数据较小,但树仍然以叶子为基础生长时,可以用来防止过拟合
          'max_depth': 12,
          # 用于分割连续特征的最大箱数
          'max_bin': 200,
          # 任务类型,其他常见任务类型有 binary(二分类)、multiclass(多分类)、
#regression_l1(回归)
          'objective': 'regression',
          # 可以更改为'gpu',从而可在 GPU 上训练
          'device_type': 'cpu',
          # 学习率
          'learning_rate': 0.01,
          # 日志输出
          'verbose': 0,
          # 设置随机种子以便复现
          'random_seed': 0
}
model = lgbm.train(params, train_set,
                   # 树的数目
                   num_boost_round = 100,)
predictions = model.predict(X_test)
```

算法总结

算法总结见表 1 – 3。

表 1 – 3　算法总结

算法名称	描述	优点	缺点
KNN	根据 K 个最近邻居的值确定最终分类	简单, 不需要训练阶段	在处理大型数据集时表现较差, 需要较长时间进行训练和找到最佳的 K 值
线性回归	找出给定回归数据集的线性关系, 也称为最佳拟合线	简单易懂、可解释性强	无法对复杂的非线性关系建模
逻辑回归	找到适合给定分类数据集的最佳拟合线	简单易懂、可解释性强	无法对复杂的非线性关系建模
决策树	根据属性拆分数据以得到结果	不受维度诅咒影响, 能够对非线性关系建模	容易过拟合并且需要大量的超参数调优

算法名称	描述	优点	缺点
随机森林	由多个较小的决策树组成的集成模型	不受维度诅咒影响，能够对非线性关系建模，并且具有良好的泛化能力	训练时间较长，并且需要大量的超参数调优
梯度提升	由多个弱学习器组成的集成模型，每个学习器都试图纠正前一个学习器的错误	不受维度诅咒影响，可以模拟非线性关系，并在建模方面具有灵活性	对异常值敏感，需要大量的超参数调优

超越经典机器学习的思考

本章全面地探讨了许多经典机器学习原理、概念和算法。这些原理、概念和算法在自动化学习的众多重要应用中起着重要的作用，涉及广泛的学科领域，并为不断发展的自学习计算机愿景奠定了重要基础。

然而，在某个阶段，经典机器学习对于雄心勃勃的新方向和想法变得过于局限。随着图像和文本等更复杂的数据形式越来越丰富，需要有效地对这些高维专业数据形式进行建模，而经典机器学习无法满足这种需求。

从广义上讲，深度学习是对神经网络的研究。神经网络更多地是一种思想或指导概念，而不是具体的算法（第3章专门探讨了标准前馈神经网络的技术细节以及如何将其应用于表格数据）。由于神经网络的通用性和可操作性，自21世纪前10年计算能力和数据可用性提升后，快速实验成为可能，在新的应用和研究方向上深度学习从未缺席。

深度学习推动了许多重要的应用，例如以下应用领域。

（1）目标识别：深度学习模型可以识别物体的存在或者图像中的多个对象。这在安全领域（自动检测不需要的实体）、自动驾驶汽车和其他机器人技术、生物学（识别非常小的生物对象）等方面得到应用。

（2）图像字幕：应用程序（如 Microsoft Word）可以为放入文档中的图像提供自动的字幕描述。为图像添加标题时，深度学习模型需要从图像中提取视觉信息，建立图像的内部表示，然后将该表示转化为自然语言。

（3）图像上色：在彩色摄像机发明之前，世界上的照片都是黑白的。深度学习可以通过从图像中推断颜色来"复活"这些灰度图像，还可以执行类似的任务，如修复受损图像或纠正损坏照片。

（4）艺术品生成：深度学习可以通过几种不同的、有充分记录的方法，在几乎没有人类参与的情况下创建有意义的计算机生成艺术品。

（5）蛋白质折叠预测：蛋白质是由氨基酸链组成的，在生物体中起着重要的生物学作用。蛋白质的功能取决于其形状，这是由序列中单个氨基酸连接排斥或吸引彼此形成复杂的蛋白质折叠的方式决定的。了解蛋白质的形状可以为生物学家提供关于其功能以及操作方法的巨大信息量（例如，禁用恶意蛋白质或设计蛋白质以禁用其他恶意生物对象）。在 DeepMind 于 2020 年发布 AlphaFold 模型之前，蛋白质折叠是一个未解决的问题，该模型在预测以前未知蛋白质的形状方面获得了极高的准确性。

（6）文本生成：神经网络可以生成文字，以提供信息和娱乐。对话模型的一个应用是会话式聊天机器人，例如基于人工智能的治疗服务，它提供了一个自然的界面来给予咨询和陪伴，其可能比与真人交谈更谨慎和无忧无虑。对话模型还可以帮助开发人员进行编码，通过推断开发人员的意图自动补全代码，有时可以一次性完成几行代码（参考 Kite 和 Github Copilot）。

深度学习被用于解决现代、困难和极其复杂的问题。相应地，深度学习模型通常非常庞大。对于图像识别模型来说，起码有成千上万个参数，而最先进的自然语言模型则达到了数千亿个参数。在这些情况下，参数的数量通常几乎总是远远多于训练数据集中的样本数量。在更低维度空间中（尽管技术上不合适，但有一定的说明性），可以尝试在两个数据点上拟合一个十维多项式。

这些深度学习模型变得非常庞大，这让它们在基准数据集上获得了非凡的验证性能。此外，人们观察到，增加深度学习模型的大小几乎总是会提高其验证性能。这与经典机器学习中的偏差－方差/过拟合－欠拟合范式冲突，后者认为持续增加模型中的参数数量将导致过拟合，从而导致泛化能力较差。这里到底发生了什么呢？

为了扩展理论以解释或纳入这些观察结果，OpenAI 的研究人员提出了深度双重下降理论。该理论认为，臭名昭著的偏差－方差 U 形曲线（见图 1-23）只在经典范畴中说明了泛化和模型复杂性的关系，而它只是更完整曲线的一部分。如果我们沿着 x 轴向前走足够远，随着模型复杂度的逐渐增加，我们达到了模型性能再次变好的点（见图 1-60）。

深度双重下降是许多被观察到的模式之一，表明了经典模式和现代模式之间发生了根本性转变。鉴于这种分歧之大，跨越这两个范式似乎是不太合适的。本书的主题——用于表格数据的深度学习——弥合了这两者之间的鸿沟：深度学习是对现代范式的研究，而表格数据一直被认为最适合采用经典范式的技术进行建模。

这种观点之所以被广泛接受，主要是因为它是有道理的，而且在相当长的一段时间内，它已经被经验验证。在表格数据上训练神经网络几乎从来没有像梯度提升等算法那样表现出色。对此主要（可以说是事后的推理）的解释是，与高维图像和文本数据相比，表格数据的复杂性较低，数量少得多。神经网络具有庞大且强大的参数，根据偏差－方差权衡似乎其过于复杂，会导致过拟合（即泛化能力差）。

然而，在近期深度学习的发展中已经证明，在表格数据方面，深度学习具有与机器学习相当，甚至在某些情况下更优秀的潜力。深度双重下降表明神经网络可能不受相同的经典机器学习范式的限制，如果我们足够努力并朝着正确的方向努力，我们可能达到比我们之前想象的更好的境地。

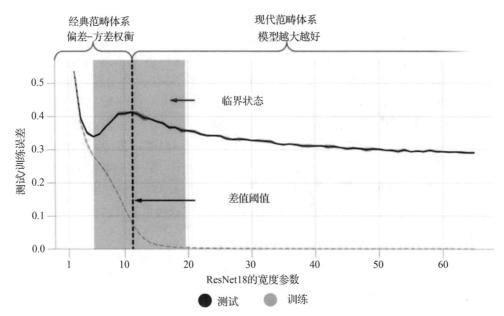

图 1 – 60　偏差 – 方差 U 形曲线（来自 Nakkiran 的论文《深度双下降》）

　　本书致力于探索表格数据与深度神经网络之间的非典型结合，希望将深度学习确立为标准数据科学家工具包中的有力竞争者，而不仅是专门用于构建图像、语言和信号的应用。这是一次将现代与经典结合的尝试，重新理解深度学习前沿的专业发展，以及它们在结构化数据应用中的实用性。你将发现，与标准的经典机器学习工作流程相比，使用深度学习在许多方面更加自由、不那么僵化。随着数据科学的发展，我们使用的工具也必须跟上时代的脚步。

关键知识点

　　本章讨论了经典机器学习的几个关键原理、概念和算法。

　　（1）在机器学习的背景中，建模是从数据中开发对现象表示的自动化过程。

　　（2）当模型在接受训练以将输入与标签关联起来时，它使用监督学习。另外，当模型被训练以在没有任何标签的数据本身中寻找关联时，它使用无监督学习。

　　（3）回归问题针对目标是连续值的情况，而分类问题针对目标为离散值的情况。

　　（4）训练集是模型训练拟合所适应的数据；验证集是模型在训练过程中进行评估但不参与训练的数据；测试集是模型进行预测的数据（没有相关的真实标签）。

　　（5）方差过高的模型对其所呈现的特定数据实例非常敏感，并调整/"弯曲"其整体预测能力以精确表示提供的数据，这称为过拟合。另外，偏差过高的模型在很大程度上不会将其一般预测能力调整/"弯曲"到数据集的特定实例，这称为欠拟合。在经典机器学习范式中，参数数量的增加（"自由度"的增加）通常与过拟合行为相关。模型的最佳大小位于欠拟合和过拟合之间。

（6）维度诅咒描述了高维空间中的距离、表面和体积等现象，这些现象与人们在低维空间中的直觉矛盾。

（7）梯度下降是机器学习优化中的重要概念，其中参数按与参数相关的损失函数的导数方向进行更新。这样做是为了使模型朝着最小化损失的方向移动。梯度下降的一个弱点是最终收敛结果往往严重依赖初始化，这通常可以通过更高级的机制来克服。

（8）深度双重下降试图通过将经典的偏差 – 方差 U 形曲线扩展为一条下降的单脊曲线来解释高度参数化的深度学习模型相比传统机器学习模型的巨大优势。当模型复杂度足够高时，误差会减小。这一现象表明，深度学习中的许多操作范式和原理与机器学习有着根本的不同。

（9）深度学习的现代发展为表格数据提供了有前景的应用。

第 2 章将介绍重要的表格数据存储、操作和提取方法，以实现成功的建模管道。这些技能将帮助你处理本书其余部分所需的不同形式的数据。

参 考 文 献

［1］Gorishniy Y, Rubachev I, Khrulkov V, et al. Revisiting deep learning models for tabular data ［J］. Advances in Neural Information Processing Systems, 2021, 34: 18932 – 18943.

［2］Grinsztajn L, Oyallon E, Varoquaux G. Why do tree – based models still outperform deep learning on typical tabular data? ［J］. Advances in Neural Information Processing Systems, 2022, 35: 507 – 520.

［3］https://ojs. aaai. org/aimagazine/index. php/aimagazine/article/view/18140.

［4］Covington P, Adams J, Sargin E. Deep neural networks for youtube recommendations［C］// Proceedings of the 10th ACM conference on recommender systems. 2016: 191 – 198.

第**2**章
数据准备和特征工程

将数据转化为信息，将信息转化为洞察力。

——卡莉·菲奥莉娜，惠普公司前首席执行官

将数据准备或数据预处理定义为：为了更好地表示信息而直接对数据源收集的原始数据进行的一种或多种变换。这样做是为了更好地进行建模（见图 2-1）。

图 2-1 从原始数据到模型的数据预处理流程

深度学习与数据准备或数据预处理之间有复杂的关系。众所周知，传统的机器学习或统计学习算法通常需要进行大量的数据预处理才能取得成功。使用神经网络建模能够可靠地从原始数据中学习，这是其最令人兴奋的优势之一。神经网络具有比标准机器学习算法更强大的预测能力。因此，从理论上讲，神经网络可以学习到一套最佳的数据预处理方案，相比人类选择或设计的方案，该方案的效果将与之相等或更好。

然而，这并不意味着深度学习不需要进行数据预处理。尽管理论上不需要数据预处理，但在实践中，基于领域知识或应用上复杂的数据预处理方案仍然可以提高神经网络的性能。理论上存在这种状态，即深度学习模型可以表示最佳的数据预处理方案，但这并不意味着深度学习模型在训练期间可以可靠地收敛到这种状态（在第 10 章"元优化"中，我们将看到利用本章讨论的技术，通过机器学习优化神经网络的数据预处理流程的应用）。

无论是使用传统的机器学习算法还是使用深度学习算法，数据预处理仍然是处理表格

数据时非常重要的技能。当机器学习算法从数据中提取关联时，最好的情况是关联已经相对清晰或至少没有模糊的数据。本章的目标是提供实现这一目标的想法和工具。

　　大致而言，可以将数据预处理划分为三个主要组成部分：数据编码、特征提取和特征选择（见图 2 - 2）。这些组成部分之间有一定的相互关系：数据编码的目标是使原始数据既可读又"符合其自然特征"；特征提取的目标是从数据空间中识别出抽象化或相关性更高的特征；特征选择的目标是确定哪些特征与预测过程无关并且可以被去除。在通常情况下，数据编码优先于后两个组成部分，因为在人们尝试从数据中提取特征或选择相关特征之前，数据必须是可读且可以表示信息的。

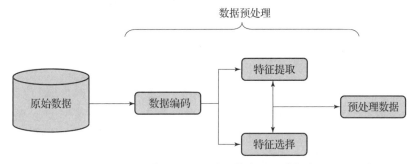

图 2 - 2　数据预处理流程的主要组成部分

　　本章首先讨论各种存储和操作表格数据集的库和工具，特别关注大型和难以存储的数据，然后讨论数据预处理的三个主要组成部分（数据编码、特征提取和特征选择），并将其应用到几个示例表格数据集中。

数据存储和操作

　　本部分探讨 TensorFlow Datasets——这是一个强大的子模块，用于数据集的存储、管道的处理和操作——以及几个用于加载大型表格数据集的库。

　　本章和本书的其余部分假定读者具备 NumPy 和 Pandas 的基本知识。如果您对这些库不熟悉，请参见附录，以了解它们的详细介绍。

TensorFlow Datasets

TensorFlow Datasets 对于图像和文本表格数据尤其重要，因为它们是非常高维的专业数据，会占用大量的空间。表格数据通常更加紧凑，因此在许多情况下，使用 Pandas 和 NumPy 就足够了，没有必要使用 TensorFlow Datasets。但是，对于高频率的表格数据（例如高精度的股票市场数据），TensorFlow Datasets 具有显著的加速和空间效率优势。

创建一个 TensorFlow 数据集

要创建一个 TensorFlow 数据集，首先必须有数据源。

如果已经将数据存储在内存中，例如 NumPy 或 Pandas 数组，则可以使用 from_tensor_slices 函数将信息复制到 TensorFlow 数据集中（见代码清单 2 - 1）。

代码清单 2 - 1　从 NumPy 数组创建 TensorFlow 数据集

```
arr1 = [1,2,3]
data1 = tf.data.Dataset.from_tensor_slices(arr1)


arr2 = np.array([1,2,3])
data2 = tf.data.Dataset.from_tensor_slices(arr2)
```

当调用 data1 的值时（例如打印它），得到的结果是 < TensorSliceDataset shapes：( )，types：tf. int32 >。但是，打印 data2 的结果是 < TensorSliceDataset shapes：( )，types：tf. int64 >。请注意张量中数据类型的不同，这些张量在理论上应该是相同的类型，这是怎么回事呢？

当 TensorFlow 处理原始整数时，在默认情况下会将它们转换为 32 位整数。然而，NumPy 在默认情况下将原始整数转换为 64 位整数；当 TensorFlow 接收 64 位整数的 NumPy 数组时，保留了数组的表示形式，并将它们存储在 tf. int64 类型下。当数据在不同的容器中传递时，注意这种"隐藏"的数据转换非常重要。

可以通过在数据源中进行类型转换或设置来控制 TensorFlow 数据集元素的表示方式，TensorFlow 将会忠实地保留它们，或使用其 tf. cast 类型。

你可能还注意到，所有创建的 TensorFlow 数据集中显示的形状似乎都是空的。创建一个形状为（2，3，4）的多维数组，并将数据传递给 from_tensor_slices 函数（见代码清单 2 - 2）。

代码清单 2 - 2　从多维 NumPy 数组创建 TensorFlow 数据集

```
arr = np.arange(2 * 3 * 4).reshape((2,3,4))
data = tf.data.Dataset.from_tensor_slices(arr)
```

输出结果是 < TensorSliceDataset shapes：(3，4)，types：tf. int64 >。这是因为 from_tensor_slices 函数创建了一个 TensorSlice Dataset，该数据集按切片的存储进行组织，所示的形状是每个切片的大小。可以将切片片段视为以列表形式排列的数据样本或项。例如 from_tensor_slices 函数将把形状为（2，3，4）的输入数据解释为两个形状为（3，4）的数据样本。这种数据存储机制明确捕捉区分数据样本之间维度的维度，而 NumPy 数组则没有。

如果要标准的类似数组的存储方式，或者希望以更自由的格式处理 TensorFlow 存储的数据（TensorSlice Dataset 的可修改性不太强，因为它们已经"准备好"被输入模型），则可以使用 TensorDataset。TensorDataset 不是存储切片，而是存储原始张量（见代码清单 2 - 3）。

代码清单 2 - 3　从多维 NumPy 数组使用 from_tensors 函数而不是 from_tensor_slices 函数创建 TensorFlow 数据集

```
arr = np.arange(2 * 3 * 4).reshape((2,3,4))
```

```
data = tf.data.Dataset.from_tensors(arr)
```

代码清单 2 – 3 产生的结果是 < TensorDataset shapes：(2，3，4)，types：tf. int64 >。

在通常情况下，人们会将 TensorSliceDataset 输入模型，而不是 TensorDataset，因为它们专门设计用于有效地捕获数据样本之间的分离。TensorFlow 模型将接收像这样正确设置的数据集：model. fit（data，other parameters…）。

TensorFlow 提供了许多实用程序，可以将文件（例如 vsv 文件）或存储在其他实用程序（例如 Pandas 数据框）中的数据转换为与 TensorFlow 兼容的形式。可以在 TensorFlow 输入/输出（tf. io）文档页面上探索这些内容。

一般来说，对于表格数据建模，TensorFlow 数据集只对非常大的数据集才是必要的（例如在几十年的时间内每隔几秒钟收集的高精度股票市场数据）。在本书的示例中，不会将 TensorFlow 数据集用作默认值，因为它对大多数表格数据并不必要。

TensorFlow 序列数据集

传统的 TensorFlow 数据集配置要求一次性将所有数据整理成一个紧凑的数据集对象，然后将其传递到模型进行训练，这往往是相当严格和不灵活的。特别是在处理大型数据集，或者处理多输入和/或输出的复杂数据集时，这些数据集不能一次性全部加载到内存中。

TensorFlow 序列数据集是 TensorFlow 和开发人员之间的一种更灵活的协议：开发人员同意在 TensorFlow 请求时提供数据集的部分内容，而不是被迫一次性汇总和处理整个数据集。这些数据集由于其灵活的结构和相应的数据管道开发的便利性而非常有价值。

自定义的序列数据集（见代码清单 2 – 4 和图 2 – 3）继承自 tf. keras. utils. Sequence 类，必须具有两个实现的方法：len( ) 和 __getitem__（index）。前者指定数据集中的批次数，可以计算为 $\frac{\#样本点}{批次大小}$。后者返回与索引对应的 x 和 y 数据子集，该索引指示模型请求的批次。在模型训练期间，模型将请求最大索引为 __len__( ) – 1。还可以添加一个 __on_epoch_end__( ) 方法，该方法在每个 epoch 结束后执行。如果想在整个训练过程中动态地更改数据集参数或以自定义方式测量模型性能，则此功能非常有用。如果熟悉 PyTorch，则可能发现这种自定义的 TensorFlow 数据集结构反映了 PyTorch 模型所需的数据集定义。

代码清单 2 – 4 继承自 tf. keras. utils. Sequence 类的 TensorFlow 序列数据集的一般结构

```
class CustomData(tf.keras.utils.Sequence):
    def __init__(self):
        # 设置内部变量


    def __len__(self):
        # 返回批次数


    def __getitem__(self, index):
        # 返回请求数据块
```

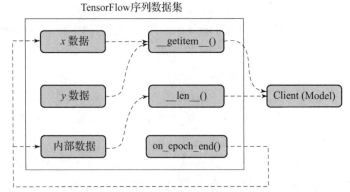

图 2-3 状态（x 数据、y 数据和内部数据）与行为（__getitem__( )、
__len( )__和 on_epoch_end( )函数）之间关系的多种组合之一

通常，自定义序列数据集包含以下特征（请见代码清单 2-5 中的示例）。

● 内部数据参数在初始化时设置并且在训练期间保持不变，例如批处理大小（常量）、图像增强强度以及模糊核大小或亮度（常量或动态）。

● 用于跟踪当前 epoch 的变量，每次 on_epoch_end( )调用后更新。

● 存储数据集或数据集引用的内部 x 和 y 字段。例如，如果数据集相对紧凑，则可以将数据本身存储在自定义序列数据集中，并在模型请求时仅索引并返回所需批次的数据。相反，它可能存储图像路径、文本文件或在__getitem__（index）调用中加载其他形式的引用。

● 用于跟踪训练和验证索引的字段（假设这不是在数据集之外处理的）。

代码清单 2-5 构建成功的 TensorFlow 序列数据集的填充代码示例

```
class CustomData(tf.keras.utils.Sequence):

    def __init__(self, param1, param2, batch_size):
        self.param1 = param1
        self.param2 = param2
        self.batch_size = batch_size
        self.x_data = …
        self.y_data = …
        self.train_indices = …
        self.valid_indices = …
        self.epoch = 1

    def __len__(self):
        return len(self.x_data) // self.batch_size

    def __getitem__(self, index):
```

```
        start = index * self.batch_size
        end = (index + 1) * self.batch_size
        relevant_indices = self.train_indices[start:end]
        x_ret = self.x_data[relevant_indices]
        y_ret = self.y_data[relevant_indices]
        return x_ret, y_ret


    def on_epoch_end(self):
        self.param1 = update(param1)
        self.epoch += 1
```

如果想跟踪模型的性能随时间的变化，请定义一个数据集来初始化模型对象，并在每个训练周期（或每个周期的倍数）上评估模型在内部数据集上的性能，实现的伪代码见代码清单 2 - 6。

代码清单 2 - 6　一种在自定义数据集内部跟踪历史记录的方式

```
class CustomData(tf.keras.utils.Sequence):


    def __init__(self, model, k, …):
        self.model = model
        self.epochs = 1
        self.k = k
        self.train_hist = []
        self.valid_hist = []
            …


    def on_epoch_end(self):
        if self.epochs % k == 0:
            self.train_hist.append(model.eval(train))
            self.valid_hist.append(model.eval(valid))
        self.epochs += 1
```

我们将在第 4 章和第 5 章中看到 TensorFlow 序列数据集的示例，当构建需要同时将表格和图像输入两个输入头的模型时，这些示例会提供很多帮助。

处理大型数据集

生物医学数据占据了现代表格数据的很大一部分，例如包含 RNA、DNA 和蛋白质表达等遗传信息的数据集。由于数据的精度较高，所以典型的生物医学数据集的数据量通常非常大。因此，使用 Pandas 数据框在内存中操作数据通常很困难或不可能。

使用 TensorFlow 序列数据集，将已经加载到内存中的数据集转换为紧凑的模型数据馈送器比较简单。另外，使用序列数据集，可以根据需要从内存或磁盘加载选定的数据部分。然而，还有其他处理大型表格数据的工具，这些工具可能比 TensorFlow 序列数据集更方便。下面以两种方式探讨如何处理大型数据集——首先探索适合放入内存的数据集，然后探索不适合放入内存的数据集。

适合放入内存的数据集

适合放入内存的数据集可以直接加载到会话中。然而，由于硬件限制，使用大型模型进行训练等进一步操作往往会导致内存溢出（Out Of Memory，OOM）错误。以下方法可用于减少几乎占用整个内存的数据集的内存占用。它允许对数据集进行复杂的操作，而无须担心内存问题。

Pickle

将大型内存中的 Pandas 数据框转换为 Pickle 文件是减少任何 CSV 数据集文件大小的通用方法。Pickle 文件使用“. pkl”扩展名，它是一种 Python 特定的文件格式。也就是说，任何 Python 对象都可以按照代码清单 2 - 7 所展示的 Pandas 数据框的方式保存。对于基于 scikit - learn 的模型，Pickle 通常是保存和加载这些模型的默认方法（因为没有对保存和加载功能的基本支持）。由于 Pickle 采用高效的存储方法，所以它不仅可以减少原始 CSV 文件的大小，而且可以比 Pandas 数据框高 100 倍的速度加载。

代码清单 2 - 7 使用 Pickle 文件保存和加载 Pandas 数据框

```
import pickle
# 保存
with open("path/to/file", "wb") as f:
        pickle.dump(dataframe, f)
# 加载
with open("path/to/file", "rb") as f:
        loaded_dataframe = pickle.load(f)
```

另外，Pickle 文件也可以使用 pd. load_pickle 进行加载。

SciPy 和 TensorFlow 稀疏矩阵

如果数据集特别稀疏——常见的情况是存在许多独热编码列，则可以使用 SciPy 或 TensorFlow 稀疏矩阵存储对象。

SciPy 提供了几种不同的稀疏矩阵方法。压缩稀疏行（CSR）格式支持高效的行切片，可以有效访问样本的数据存储对象。可以利用 from scipy. sparse import csr_array 导入 CSR 对象，并将其用作其他数组对象（例如 NumPy 数组、元组或列表）的包装器。此外，csc_array 支持高效的列索引。在幕后，非零元素按其索引、列和值存储。稀疏矩阵支持高效的数学运算和转换。在 scipy. sparse 中还有 5 种更复杂的稀疏数组/矩阵类型可用于实例化过程。有关更多信息，请参阅 SciPy 稀疏文档。请注意，大多数 scikit - learn 模型都接收 SciPy 稀疏矩阵作为输入。

SciPy 稀疏矩阵确实很高效并且与许多其他操作兼容，但是如果不做额外工作，它们无法直接传递到 TensorFlow/Keras 模型中。TensorFlow 支持一种稀疏张量格式，可以从 tf. sparse. from_dense 调用。与 SciPy 类似，稀疏张量被存储为 3 个标准（密集）张量的包：索引（位置）、值和张量形状。这提供了存储稀疏数据所需的必要信息。可以使用标准的 tf. data. Dataset. from_tensor_slices 将稀疏张量转换为 TensorFlow 数据集，该数据集仍保留稀疏性并可用于更节省内存的训练。

不适合放入内存的数据集

无法一次性在单个会话中加载无法放入内存的数据集。可以批处理加载大型图像数据集，因为每个单独的图像都存储在自己的文件中。使用 TensorFlow 中预定义的管道（我们将在未来的章节中看到），可以轻松地从磁盘中加载小量图像。但是，大多数表格数据集不是按样本方式结构化的。相反，整个数据集通常存储在一个文件中。下面探讨能够在将整个数据集预加载到磁盘的同时通过典型手段访问数据的方法。

Pandas 分块器

如果有一个 CSV 文件太大而无法直接加载到内存中，则可以通过指定 iterator = True 参数来使用迭代器。可以指定块的大小，这决定了每次迭代将加载多少行。可以直接将其构建为一个自定义 TensorFlow 序列数据集，如代码清单 2 – 8 所示，其中迭代器被保留为数据集内部变量，每次调用索引数据都返回下一个块。请注意，虽然 TensorFlow 将使用索引，但该索引与函数中编写的代码无关。这意味着每个块只能被调用一次，在下次调用时，将返回下一个块。

代码清单 2 – 8　使用 Pandas 分块器创建自定义 TensorFlow 序列数据集

```
class CustomData(tf.keras.utils.Sequence):
    def __init__(self, filename, chunksize):
        self.csv_iter = pd.read_csv(filename,
                                    iterator = True,
                                    chunksize = chunksize)


    def __getitem__(self, index):
        for chunk in self.csv_iter:
            return chunk
```

这使我们能够通过直接从文件读取数据，以更小的内存占用将数据有效地传入模型。

h5py

当数据集过大而无法一次性加载到内存中时，人们希望能够按需加载其中的部分数据。然而，说起来容易做起来难。例如，无法直接将大型 CSV 文件加载到 Pandas 数据框中，因此很难按需分块加载。之前介绍的 Pandas 分块器只能作为迭代器使用，每次按顺序返回一个分块。对于许多其他类型的大型数据也是如此。

　　Python 库 h5py 提供了以分层数据格式（h5）保存和加载文件的能力。与 CSV 文件相比，h5 是一种更加压缩的存储格式，无法被常见的电子表格/文档程序解释/打开。h5py 库通过程序和磁盘之间的变量创建直接的引用，允许程序直接索引和访问存储在磁盘中数据集的选定部分（通常比内存量大得多）。在本质上，一旦在程序中定义的变量和存储在磁盘中的数据集之间建立了引用链接，就可以像对待任何其他 NumPy 数组一样处理链接的变量。为了理解和对 h5 文件应用操作，首先要使用 create_dataset 方法实例化一个 h5 数据集。该方法需要两个参数：①文件中数据集的名称；②数据的形状。例如，在代码清单 2 – 9 中，我们编写了一个 h5 文件，其中有两个组，分别命名为 group_ name1 和 group_ name2。这两个组都包含一个形状为（100，100）的二维矩阵。

代码清单 2 – 9　创建一个 h5 数据集

```
import h5py
import numpy as np
# hdf5 扩展名只是指 h5 格式的第 5 个版本
with h5py.File("path/to/file.hdf5", "w") as f:
group1 = f.create_dataset("group_name1", (100, 100), dtype = "i8") # int8
group2 = f.create_dataset("group_name2", (100, 100), dtype = "i8") # int8
# 可选参数"data"用于从 np 数组创建数据集
```

　　要将数据集插入空数据集，可以使用类似 NumPy 的索引符号访问数据集的特定部分（或对整个数据集使用"［:］"）（见代码清单 2 – 10）。

代码清单 2 – 10　在 h5 数据集中插入内容

```
group1[10, 10] = 10
group1[2, 50:60] = np.arrange(10)
```

　　可以以类似的方式读取一个 h5 文件并访问其"数据集键"（见代码清单 2 – 11）。

代码清单 2 – 11　读取一个 h5 文件

```
f = h5py.File("path/to/file.hdf5", "r")
```

　　之前创建的"数据集键"（group1 和 group2）可以被视为字典中的键值对。可以通过 f. keys（）来访问 h5 文件中存在的键的列表。注意，键可以是嵌套的，这意味着在顶级键下可能有更多的键对应的数据。与从 Python 字典中检索值的方式相同，可以通过键检索键下的值（例如为 group1 和 group2 定义的（100，100）矩阵）（见代码清单 2 – 12）。

代码清单 2 – 12　从 h5 文件的键中检索值

```
# 使用键值对访问数据集
f["group1"][:]
# 从 group1 中检索所有内容
```

　　索引的值将被加载到内存中。可以将其与 TensorFlow 数据集结合使用，以便训练大型表格数据集。

　　h5py 库提供了方便且通用的解决方案，用于加载不适合放入内存的数据，并显著减小文件的实际大小。有关操作 h5 文件的更多详细信息，请参阅 h5py 库文档。

NumPy 内存映射

NumPy 内存映射可以被看作 h5 的一种快速而简单的替代方案，用于将程序中的变量映射到存储在磁盘中的数据。通过使用 np. memmap 将文件路径包装起来，可以在分配给 np. memmap 返回值的变量和存储在磁盘中的文件之间创建一个链接。np. memmap 接收的两种常见文件是".npy"和".npz"，它们分别用于存储 NumPy 数组和 SciPy 稀疏矩阵。具体而言，使用 NumPy 内存映射的简单方法为"arr = np. memmap("path/to/arr")"。变量 arr 将包含由 memmap 调用指定的存储在磁盘中的文件的引用。有关其他可选参数的详细信息，请参阅 NumPy 内存映射文档。

数据编码

将数据编码定义为：使数据仅对后续可能应用于数据集的算法可读的过程（特征提取、特征选择、机器学习模型等），如图 2 - 4 所示。这里，"可读性"不仅意味着"定量性"（如第 1 章所讨论的，机器学习模型需要以某种方式进行数值表示的输入），而且意味着"代表数据的本质"。例如，从技术上讲，可以通过将一个国家与一个唯一的数字随机关联，使包含世界国家的特征"可读"，确保不会出现代码运行错误——将美国关联到 483.23、将加拿大关联到 -84、将印度关联到 $e - i \sum_{j=0}^{\infty} j$，等等。然而，这种任意的数值转换并不代表该特征的本质，因为表示之间没有反映所表示事物之间的相关关系。特征的数值表示要"可读"，必须忠实于其属性。

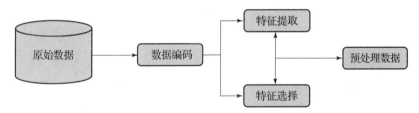

图 2 - 4　数据预处理流程管道中的数据编码组件

离散数据

将离散数据定义为理论上只能取有限值集的数据。这些数据可以是二元特征（例如"是"或"否"的响应）、多类特征（例如动物类型）或有序数据（例如教育成绩或分层特征）。有许多不同的机制可以表示离散数据所包含的信息，这称为分类编码。本节探讨这些方法的理论和实现。

下面将使用 Ames Housing 数据集的一部分（见图 2 - 5）来演示这些分类编码方法。可以按照以下方式加载它（见代码清单 2 - 13）。

代码清单 2 - 13　读取并选择 Ames Housing 数据集的部分内容

```
df = pd.read_csv('https://raw.githubusercontent.com/
hjhuney/Data/master/AmesHousing/train.csv')
```

```
df = df.dropna(axis =1, how ='any')
df = df[['MSSubClass', 'MSZoning', 'LotArea', 'Street',
         'LotShape', 'OverallCond', 'YearBuilt',
         'YrSold', 'SaleCondition', 'SalePrice']]
```

	MSSubClass	MSZoning	LotArea	Street	LotShape	OverallCond	YearBuilt	YrSold	SaleCondition	SalePrice
0	60	RL	8450	Pave	Reg	5	2003	2008	Normal	208500
1	20	RL	9600	Pave	Reg	8	1976	2007	Normal	181500
2	60	RL	11250	Pave	IR1	5	2001	2008	Normal	223500
3	70	RL	9550	Pave	IR1	5	1915	2006	Abnorml	140000
4	60	RL	14260	Pave	IR1	5	2000	2008	Normal	250000
...	...	...	...	...	...	...	...	...	...	...
1455	60	RL	7917	Pave	Reg	5	1999	2007	Normal	175000
1456	20	RL	13175	Pave	Reg	6	1978	2010	Normal	210000
1457	70	RL	9042	Pave	Reg	9	1941	2010	Normal	266500
1458	20	RL	9717	Pave	Reg	6	1950	2010	Normal	142125
1459	20	RL	9937	Pave	Reg	6	1965	2008	Normal	147500

1460 rows × 10 columns

图 2 - 5　可视化展示 Ames Housing 数据集的部分数据

　　该数据集具有许多分类特征。虽然只会将分类编码一致应用于一个分类特征，但鼓励尝试使用数据集中的每个不同特征进行试验。

标签编码

　　标签编码可能是编码离散数据最简单、最直接的方法之一，因为每个唯一的类别与一个整数标签关联（见图 2 - 6）。这不应该是分类变量的最终编码，因为以这种方式附加编码会迫使人们做出任意的决策，导致具有某种意义的结果。如果将类别值"狗"关联到1，而将类别值"蛇"关联到2，则模型可以获得明确编码的定量关系，即类别值"蛇"在大小上是类别值"狗"的2倍，或者类别值"蛇"比类别值"狗"更大。此外，与将类别值"狗"标记为2，将类别值"蛇"标记为1相比，没有充分的理由必须将类别值"狗"标记为1，将类别值"蛇"标记为2。

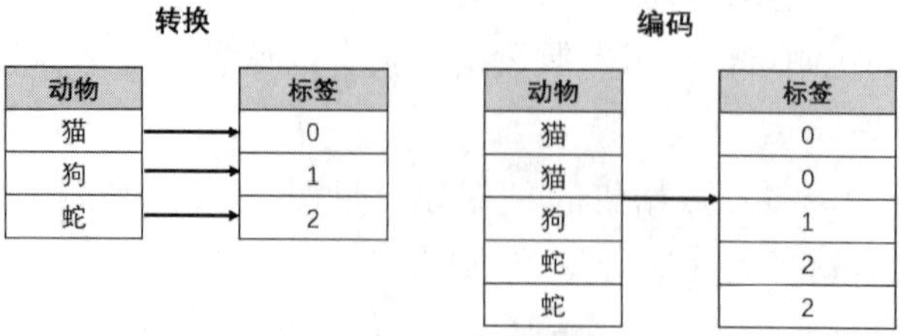

图 2 - 6　标签编码

然而，标签编码是许多其他编码可以应用的基础/主要步骤。因此，了解如何实现标签编码是很有用的（见代码清单 2 – 14）。

可以通过使用 np. unique 收集唯一元素，将每个唯一元素映射到索引，然后将该映射应用于原始数组中的每个元素来实现标签编码。为了创建映射关系，利用字典推导这一 Python 的优雅特性，它使得人们可以快速构建具有逻辑结构的字典。通过 enumerate 函数进行循环遍历，该函数接收一个数组并返回一个元素和它们各自索引 "捆绑" 在一起的元素列表（例如，enumerate（['a', 'b', 'c']）返回 [（'a', 0），（'b', 1），（'c', 2）]）。这个列表可以被拆解并重新组织成一个字典，从而创建所需的映射关系。

代码清单 2 – 14 手动实现标签编码

```
def label_encoding(arr):
    unique = np.unique(arr)
    mapping = {elem:i for i, elem in enumerate(unique)}
    return np.array([mapping[elem] for elem in arr])
```

将自己实现的标签编码应用于数据集的 LotShape 特征，得到了令人满意的结果（见代码清单 2 – 15）。

代码清单 2 – 15 应用标签编码

```
lot_shape = np.array(df['LotShape'])
# 数组(['Reg', 'Reg', 'IR1', …, 'Reg', 'Reg', 'Reg'])


encoded = label_encoding(lot_shape)
# 数组([3, 3, 0, …, 3, 3, 3])
```

然后，可以使用编码后的特征更新/替换原始的数据框，代码为 "df['LotShape'] = encoded"。

scikit – learn 提供了标签编码的实现方式（见代码清单 2 – 16）。这种方式比自己实现标签编码更高效和便捷，通常足够满足需求，除非需要使用非常专门的编码方法。

在 scikit – learn 中，使用 sklearn. preprocessing. LabelEncoder 对象来存储编码过程的信息。初始化该对象后，可以使用 . fit（feature）将其拟合到给定的特征上，然后通过 . transform（feature）来转换任何给定的输入。另外，可以使用 . fit_transform（feature）将这两个步骤合并成一个命令。

代码清单 2 – 16 使用 scikit – learn 进行标签编码

```
from sklearn.preprocessing import LabelEncoder
encoder = LabelEncoder()
encoded = encoder.fit_transform(df['LotShape'])
```

这种面向对象的设计非常有帮助，因为它允许额外的可访问功能，例如逆向编码，即从编码表示中获取原始输入：classes = encoder. inverse_transform（encoded）。当有一个编码形式的预测结果（例如 "2"），并且想通过 "逆向转换/编码" 来解释它（例如 "cat" 被编码为 "2"）时，逆向转换 "2" 将得到 "cat"。

另一个更轻量级的函数是 pandas. factorize（feature），它缺少这种额外的反转功能。

独热编码（One – Hot Encoding）

在分类变量的情况下，如果没有明确的定量标签，通常最简单且令人满意的选择是使用独热编码。如果有 n 个唯一的类别，则会创建 n 个二进制列，每列代表该项是否属于该类别（见图 2 – 7）。因此，对于每行，每列都有一个 "1"（其他所有列都为 "0"）。

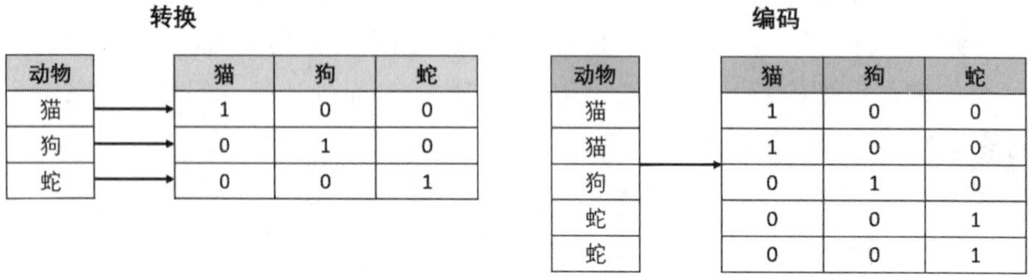

转换

动物
猫
狗
蛇

猫	狗	蛇
1	0	0
0	1	0
0	0	1

编码

动物
猫
猫
狗
蛇
蛇

猫	狗	蛇
1	0	0
1	0	0
0	1	0
0	0	1
0	0	1

图 2 – 7　独热编码

可以将独热编码视为先应用标签编码，为每个项获取某个整数标签 i，然后生成一个矩阵，其中与每个项关联的向量的第 i 个索引被标记为 "1"（其他索引为 "0"，见代码清单 2 – 17）。这可以通过初始化一个形状为（项目数量，唯一类别数）的零数组来实现。对于每个项，索引适当的值并将其设置为 "1"。处理完所有项后，返回编码后的矩阵。

代码清单 2 – 17　手动实现独热编码

```
def one_hot_encoding(arr):
    labels = label_encoding(arr)
    encoded = np.zeros((len(arr), len(np.unique(arr))))
    for i in range(len(arr)):
        encoded[i][labels[i]] = 1
    return encoded
```

编码的结果使我们能够表示与原始列中相同的信息，而无须将具有影响的定量假设传递给任一可能处理它的模型或方法：

```
[[0. 0. 0. 1.]
[0. 0. 0. 1.]
[1. 0. 0. 0.]
...
[0. 0. 0. 1.]
[0. 0. 0. 1.]
[0. 0. 0. 1.]]
```

由于独热编码很常用，所以许多不同的库都提供了实现。

- pandas. get_dummies(feature)接收表示分类特征的数组，并自动返回相应的独热编码。函数名中的 "dummies" 指的是编码结果中的虚拟变量/特征，它们在某种程度上被 "人为地创建"，使我们能够以定量形式准确地捕捉数据。Keras 深度学习库（使用 pip install keras 安装）也提供了类似的轻量级函数：keras. to_categorical(feature)。该函数虽然使用方便，但其缺点是无法访问更高级的功能，例如解码功能。

• sklearn. preprocessing. OneHotEncoder 是 scikit – learn 提供的独热编码实现方式。与标签编码器类似，它必须进行初始化，并可以根据输入数据进行拟合，使用 encoder. fit_ transform（features）一次性进行编码。encoder. inverse_transform(encoded)可用于将独热编码数据转换回其原始的分类单一特征表示。

• TensorFlow/Keras 针对文本数据提供了独热编码。请参阅本章的"文本数据"部分以了解更多信息。

然而，使用独热编码可能出现一个问题，即多重共线性。多重共线性指的是多个特征之间高度相关，以至于一个特征可以可靠地被其他特征的线性关系预测出来。在独热编码中，每行的特征值之和始终为 1。如果已知某行的所有其他特征的值，也就知道了剩余特征的值。

这可能带来问题，因为每个特征不再是独立的，而许多机器学习算法（例如 KNN 和回归算法）都假设数据集的每个维度与其他维度不相关。尽管多重共线性可能对模型性能产生较小的负面影响（通常可以通过正则化和特征选择来解决，参见本章的"特征选择"部分），但更大的问题是它对参数解释的影响。如果线性回归模型中的两个独立变量高度相关，那么训练后得到的参数几乎没有意义，因为线性回归模型可以用另一组参数表现得同样好（例如两个参数的交换、解的模糊多样性）。高度相关的特征起到了近似重复的作用，这意味着相应的系数也减半了。

在解决独热编码中的多重共线性问题时，一个简单的方法是随机删除编码特征集中的一个（或多个）特征。这样做的效果是在每行破坏了均匀的 1 的总和，同时仍然保留每个项目的唯一值组合（其中一个类别将被定义为全零，因为原本标记为"1"的特征已被删除）。其缺点是编码中的类别表示不再平衡，这可能干扰某些机器学习模型，尤其是那些利用正则化的模型。为了获得最佳性能，需要注意选择正则化 + 特征选择或者特征删除中的一种方法，但不要同时选择。

在 scikit – learn 中，可以通过在初始化 OneHotEncoder 对象时传入"drop = 'first'"将特征列删除。另外，可以使用 encoded [:, 1:] 对具有形状（项目数量，唯一类别数）的独热编码数组进行索引，这将删除第一个独热编码列。

另一个问题是稀疏性：信息与空间的比率非常低，每个唯一值都会创建一个新的列。一些机器学习模型难以在这样稀疏的数据上学习。

在现代深度学习中，独热编码是一种被广泛接受的标准形式（许多库，例如我们将用于神经网络建模的 Keras/TensorFlow，为了类别的区分而接受标签编码输入，并在后台执行独热编码）。如今神经网络通常足够深且强大，可以有效地处理独热编码。然而，在许多情况下，尤其是对于传统的机器学习模型和浅层神经网络，替代分类编码技术可能表现得更好。

二进制编码（Binary Encoding）

二进制编码可以解决或至少改善独热编码的两个弱点——稀疏性和多重共线性。分类特征采用标签编码（即每个唯一的类别与一个整数关联）；标签被转换为二进制形式并被传递到一组特征中，其中每列都是一个位值（见图2-8）。也就是说，为二进制表示的每个数字位创建一个列。

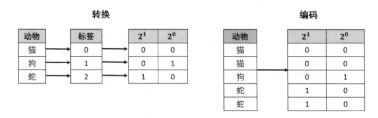

图2-8 二进制编码

由于使用二进制表示法，而不是为每个唯一类别分配一列，所以更紧凑的方式表示相同的信息（即相同类别在特征上具有相同的"1"和"0"的组合），但代价是降低了可解释性（即不清楚每列代表什么）。此外，表示分类信息的每个特征之间没有可靠的多重共线性。

可以通过以下步骤从头开始实现二进制编码：首先获取给定数组的标签编码，然后将其转换为二进制形式（见代码清单2-18）。下面是逐步给出的伪代码。

（1）获取数组的整数标签编码。

（2）找到二进制表示的"最大位数"（这是需要分配的最大位数），用于存储标签的二进制表示。例如，数字"9"表示为1001（$1 \cdot 2^3 + 0 \cdot 2^2 + 0 \cdot 2^1 + 1 \cdot 2^0$），这意味着需要4位来表示它。需要找到最大位数来确定编码矩阵的大小：（元素数量，最大位数）。这可以通过计算$\lfloor v \rfloor$得到，其中v是标签编码整数的列表。对v取以2为底的对数的下取整，返回最大的2的幂，该幂小于v的值。加1是因为考虑到$c \cdot 2^0$占用的额外位数。

（3）分配一个形状为（元素数量，最大位数）的零数组。

（4）对数组中的每个项目进行以下操作。

①获取关联的标签编码。

②对从最大位到0的每个位（倒数计数）进行以下操作。

a. 执行当前标签编码值除以2的当前位数的整数除法。这将得到0或1，表示当前标签编码值是大于2还是小于2的当前位数。这个值将在关联的编码矩阵中标记。

b. 将当前标签编码值设置为除以2的当前位数所得的余数。这样可以"去除"当前位数，专注于"下一个"位数。

代码清单2-18 手动实现二进制编码

```
def binary_encoding(arr):
    labels = label_encoding(arr)
    max_place = int(np.floor(np.math.log(np.max(labels), 2)))
    encoded = np.zeros((len(arr), max_place +1))
    for i in range(len(arr)):
        curr_val = labels[i]
```

```
    for curr_place in range(max_place, -1, -1):
        encoded[i][curr_place] = curr_val //(2 ** curr_place)
        curr_val = curr_val % (2 ** curr_place)
return encoded
```

对样本数组 ['a', 'b', 'c', 'c', 'd', 'd', 'd', 'e'] 进行二进制编码的结果如下所示。

```
array([[0.,0.,0.],
       [1.,0.,0.],
       [0.,1.,0.],
       [0.,1.,0.],
       [1.,1.,0.],
       [1.,1.,0.],
       [1.,1.,0.],
       [0.,0.,1.]])
```

category_encoders 库支持二进制编码（见代码清单 2 – 19 和图 2 – 9）。

代码清单 2 – 19　使用 category_encoders 库进行二进制编码

```
from category_encoders.binary import BinaryEncoder
encoder = BinaryEncoder()
encoded = encoder.fit_transform(df[ʹLotShapeʹ])
```

	LotShape_0	LotShape_1	LotShape_2
0	0	0	1
1	0	0	1
2	0	1	0
3	0	1	0
4	0	1	0
...	...	...	...

图 2 – 9　对 Ames Housing 数据集中的一个特征进行二进制编码

频率编码

标签编码、独热编码和二进制编码各自提供了反映每个唯一类别的"纯粹身份"的编码方法。也就是说，它们设计了一种定量的方法为每个类别分配唯一的标识。

然而，既可以为每个类别分配唯一的值，又可以同时传达有关每个类别的额外信息。为了对特征进行频率编码，用该类别在数据集中出现的频率替换每个分类值（见图 2 – 10）。频率编码传达了该类别在数据集中出现的频率，这对于处理该数据的任何算法可能是有价值的。

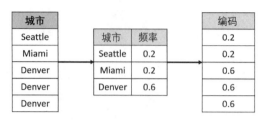

图2-10　频率编码（其中 Seattle、Miami、Denver 分别为
美国城市西雅图、迈阿密、丹佛）

与独热编码和二进制编码类似，频率编码为每个类别附加了一个唯一的定量表示（尽管频率编码并不能保证唯一的定量表示，特别是在小数据集中）。然而，使用频率编码表示的实际值位于一个连续的刻度上，频率编码之间的定量关系不是任意的，而是传达了一些信息。在前面的例子中，"丹佛"是"迈阿密"的"3 倍"，因为它在数据集中出现的次数是"迈阿密"的 3 倍。

当数据集具有代表性且没有偏差时，频率编码的效果最好。如果不是这种情况，实际的定量编码可能是无意义的，即在建模过程中无法提供相关和真实/具有代表性的信息。

要实现频率编码（见代码清单 2-20），可以首先使用 np. unique(arr, return_counts = True)获取提供的特征中的唯一标签以及它们出现的频率。然后，对频率进行缩放，使其在 0 和 1 之间，并构建一个映射字典，将每个标签映射到一个频率下。接下来，创建一个映射函数来应用这个字典，并将数组传递给一个向量化的映射函数。

代码清单 2-20　手动实现频率编码

```
def frequency_encoding(arr):
    labels, counts = np.unique(arr, return_counts = True)
    counts = counts /np.sum(counts)
    mapping_dic = {labels[i]:counts[i] for i in range(len(counts))}
    mapping = lambda label:mapping_dic[label]
    return np.vectorize(mapping)(arr)
```

可以对 df['LotShape'] 调用 frequency_encoding，得到的结果是 array([0.63, 0.63, 0.33, …, 0.63, 0.63, 0.63])，其中使用了 np. round(arr, 2)将值四舍五入后保留两位小数。

类别编码器库 category_encoders（使用 pip install category_encoders 安装）包含类似 scikit-learn 风格的实现，用于其他分类编码方案（例如频率编码）。其语法看起来很熟悉，见代码清单 2-21。

代码清单 2-21　使用 category_encoders 库进行频率编码

```
from category_encoders.count import CountEncoder
encoder = CountEncoder()
encoded = encoder.fit_transform(df['LotShape'])
```

以上代码的运行结果是一个包含一列的数据框（见图 2 - 11）。这是使用 category_encoders 库的一个优点：它被设计为可以接收和返回多种常见的数据科学存储对象。因此，可以传入一个数据框列，并返回一个数据框列，而不需要在之后将编码的 NumPy 数组与原始数据框集成。如果希望得到一个 NumPy 数组输出，可以在编码器对象的初始化中设置 "return_df = False"（默认为 True）。

	LotShape
0	925
1	925
2	484
3	484
4	484
...	...

图 2 - 11　对 Ames Housing 数据集中的特征进行频率编码

请注意，category_encoders 库中的频率编码实现不会将频率缩放到 0 和 1 之间，而是将每个类别与其在数据集中出现的原始计数关联。如果要强制进行缩放，则在 CountEncoder 初始化时传入 normalize = True 参数。

还可以将整个数据帧传递给 encoder. fit_transform 或 encoder. fit。如果不希望自动对所有分类列进行频率编码，则通过 "cols = ['col_name_1 ', 'col_name_2 ', …]" 指定要编码的列名。

目标编码（Target Encoding）

频率编码通常不令人满意，因为它通常不能直接反映与使用该类别的模型直接相关的类别信息。目标编码试图通过将每个类别替换为该类别的 y 的平均值或中位数（分别）来更直接地对分类类别 x 和待预测的因变量 y 之间的关系进行建模。目标编码通过将每个类别替换为该类别的 y 的平均值或中位数，从而更直接地建模分类变量 x 与要预测的因变量 y 之间的关系。假设目标类别已经以定量形式存在——目标不一定只有是连续的（即回归问题）才能用于目标编码。例如，对于二分类标签，其取值为 0 或 1，取平均值可以得到数据集中与该类别关联的类别为 0 的项目的比例（见图 2 - 12 和图 2 - 13）。这可以被解释为在仅基于一个独立特征的情况下，该项目属于目标类别的概率。

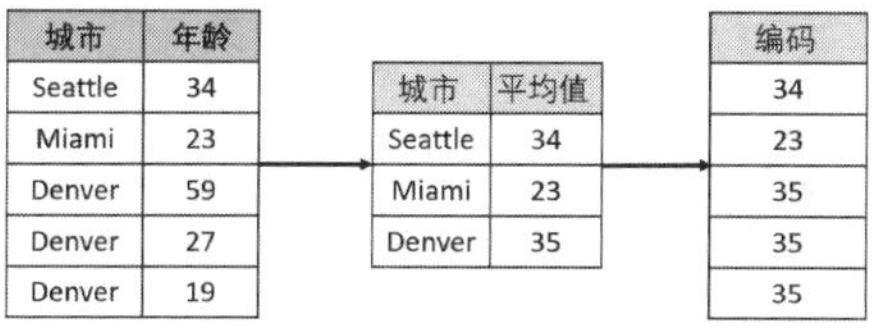

城市	年龄
Seattle	34
Miami	23
Denver	59
Denver	27
Denver	19

城市	平均值
Seattle	34
Miami	23
Denver	35

编码
34
23
35
35
35

图 2 - 12　使用平均值进行目标编码

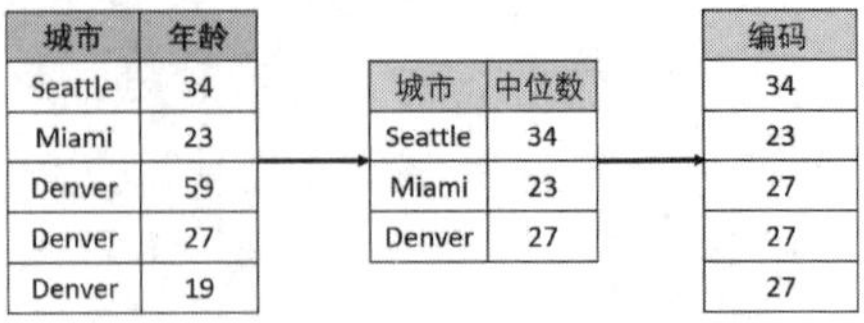

图 2 – 13 使用中位数进行目标编码

请注意，如果在训练集和验证集拆分之前进行编码，则目标编码可能导致数据泄露，因为平均函数结合了来自训练集和验证集的信息。为了防止这种情况发生，应在拆分后分别对训练集和验证集进行编码。如果验证集数据量较小，独立地对验证集进行编码可能产生偏斜、不具代表性的编码结果。在这种情况下，可以使用训练集中每个类别的平均值作为编码结果。这种形式的"数据泄漏"本质上没有问题，因为这是使用训练数据指导对验证集的操作，而不是使用验证数据指导对训练集的操作。

为了实现目标编码（见代码清单 2 – 22），需要接收分类特征（将其称为 x）和目标特征（将其称为 y）。创建一个映射字典，将每个唯一的分类值映射到与该分类值对应的 y 中所有值的平均值或中位数。然后，定义一个函数，使用该映射返回给定类别的编码，并将其应用于给定的特征 x 的向量形式。

代码清单 2 – 22 手动实现目标编码

```
def target_encoding(x, y, mode = 'mean'):
    labels = np.unique(x)
    func = np.mean if mode == 'mean' else np.median
    mapping_dic = {label:func(y[x == label]) for label in labels}
    mapping = lambda label:mapping_dic[label]
    return np.vectorize(mapping)(x)


target_encoding(df['Lot Shape'], df['SalePrice'])
# 返回数组([164754.82, 164754.82, 206101.67, …])
```

category_encoders 库也支持目标编码（见代码清单 2 – 23 和图 2 – 14）。

代码清单 2 – 23 使用 category_encoders 库进行目标编码

```
from category_encoders.target_encoder import TargetEncoder
encoder = TargetEncoder()
encoded = encoder.fit_transform(df['LotShape'], df['SalePrice'])
```

请注意，这个实现提供了更高级的功能，包括支持多分类目标。要编码的特征将被替换为给定某个标签的目标的后验概率和所有数据上目标的先验概率的组合。可以将其视为将分类值与连续目标之间的关系表示为将每个分类值替换为该标签的"期望值"的泛化概念。

与所有 category_encoders 库的编码对象一样，如果提供带有 cols = […] 的数据框，则可以选择要编码的列，并使用 return_df = True/False 确定返回类型。这个特定的编码器提

	LotShape
0	164754.818378
1	164754.818378
2	206101.665289
3	206101.665289
4	206101.665289
...	...

图 2 - 14 使用 category_encoders 库进行目标编码的结果

供了两个额外的参数设置：①min_samples_leaf，它是考虑类别平均值所需的最小数据样本数量（将其设置为较大的值，以理想地消除数据点表示不足的负面影响）；②平滑，它是大于零的浮点值，控制分类目标的平均值和先验值之间的平衡（较大的值会更强烈地调整平衡，在通常情况下不需要调整这个值）。

留一法编码（Leave - One - Out Encoding）

基于平均值的目标编码可能非常强大，但它会受到异常值的影响。异常值会使平均值发生偏斜，其影响会遍及整个数据集。留一法编码是目标编码的一种变体，它在计算该类所有项目的平均值时，不考虑"当前"项目/行（见图 2 - 15）。与目标编码一样，留一法编码应在训练集和验证集上分别进行，以防止数据泄漏。

城市	年龄		计算		编码
Seattle	34	→	(23+36)/2	→	29.5
Seattle	23		(34+36)/2		35
Seattle	36		(34+23)/2		28.5
Denver	59		(27+19)/2		23
Denver	27		(59+19)/2		39
Denver	19		(59+27)/2		43

图 2 - 15 使用平均值的留一法编码

留一法编码可以被解释为 k 折数据分割方案的一种极端情况，其中 k 等于数据集的长度，因此"模型"（在这种情况下是一个简单的平均函数）被应用于除一个之外的所有相关项（见代码清单 2 - 24）。

代码清单 2 - 24 手动实现留一法编码

```
def leave_one_out_encoding(x, y, mode = 'mean'):
    labels = np.unique(x)
    func = np.mean if mode == 'mean' else np.median
    encoded = []
    for i in range(len(x)):
        leftout = y[np.arange(len(y)) != i]
        encoded.append(np.mean(leftout[x == x[i]]))
    return np.array(encoded)
```

category_encoders 库支持留一法编码（见代码清单 2 – 25 和图 2 – 16）。

代码清单 2 – 25 使用 category_encoders 库进行留一法编码

```
from category_encoders.leave_one_out import LeaveOneOutEncoder
encoder = LeaveOneOutEncoder()
encoded = encoder.fit_transform(df[LotShape], df[SalePrice])
```

	LotShape
0	164707.475108
1	164736.695887
2	206065.643892
3	206238.521739
4	206010.778468
...	...

图 2 – 16 对 Ames Housing 数据集中的一个特征进行留一法编码的结果

James – Stein 编码

目标编码和留一法编码假设每个分类特征与因变量之间存在直接且线性的关系。可以采用更复杂的方法，通过将特征的整体平均值和每个类的特征的个体平均值合并到编码中，进行 James – Stein 编码（见图 2 – 17）。它是通过定义一个类别的编码作为整体平均值 y 和每个类别的个体平均值 y_i 的加权和来实现的，其中权重参数 β 受到 $0 \leqslant \beta \leqslant 1$ 的限制：

$$编码类别\ i = \beta \cdot y + (1 - \beta) \cdot y_i$$

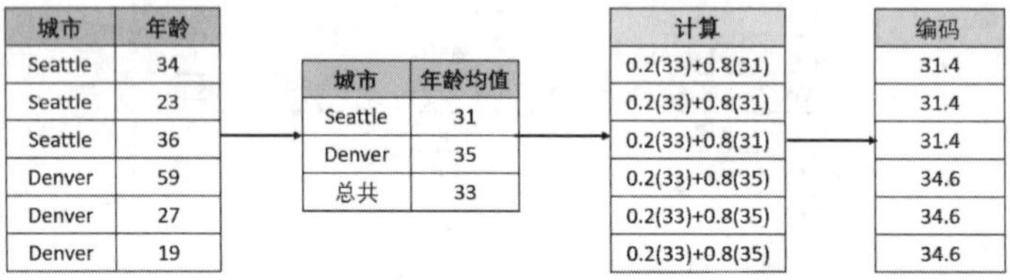

城市	年龄
Seattle	34
Seattle	23
Seattle	36
Denver	59
Denver	27
Denver	19

城市	年龄均值
Seattle	31
Denver	35
总共	33

计算
0.2(33)+0.8(31)
0.2(33)+0.8(31)
0.2(33)+0.8(31)
0.2(33)+0.8(35)
0.2(33)+0.8(35)
0.2(33)+0.8(35)

编码
31.4
31.4
31.4
34.6
34.6
34.6

图 2 – 17 James – Stein 编码

当 $\beta = 0$ 时，James – Stein 编码与基于平均值的目标编码相同。而当 $\beta = 1$ 时，James – Stein 编码将列中的所有值替换为平均因变量值，而不考虑各类别的值。

斯坦福大学的统计学家和教授 Charles Stein 提出了一个公式来确定 β，而不是手动调整它。群组方差是相关类别中因变量的方差，而总体方差是不考虑类别的因变量总体方差。Charles Stein 的公式如下：

$$\beta = \frac{群组方差}{群组方差 + 总体方差}$$

方差对于理解平均值作为类别代表的不确定性或有效性至关重要。当对某个类别的平均值的代表性不确定时，在理想情况下，希望设置较大的 β。这样可以使整体因变量的平均值比特定类别的平均值具有更高的权重。同样，当某个类别的平均值的不确定性较低时，希望 β 较小。Charles Stein 的公式定量地表示了这一点：如果群组方差明显低于总体方差（即特定类别的值变动较小，因此对该类别的平均值的代表性更加"确信"／"确定"），则 β 接近 0，否则 β 接近 1。

James – Stein 编码在 category_encoders 库中实现（见代码清单 2 – 26 和图 2 – 18）。

代码清单 2 – 26　使用 category_ encoders 库进行 James – Stein 编码

```
from category_encoders import JamesSteinEncoder
encoder = JamesSteinEncoder()
encoded = encoder.fit_transform(df['LotShape'], df['SalePrice'])
```

	LotShape
0	167097.685845
1	167097.685845
2	201579.625847
3	201579.625847
4	201579.625847
...	...

图 2 – 18　对 Ames Housing 数据集中的特征进行 James – Stein 编码

证据权重（Weight of Evidence，WoE）编码

证据权重技术起源于信用评分领域，用于衡量在一组群体 i 中（例如客户位置、历史等），好客户（按时还款）和坏客户（违约）之间的"可分性"。

$$群体\,i\,的证据权重 = \ln\ln\frac{群体\,i\,中的良客户（\%）}{群体\,i\,中的坏客户（\%）}$$

例如，假设在那些每天至少刷牙 3 次的客户子集中（不考虑借贷者如何获取这些信息），有 75% 的客户按时还款（好客户），有 25% 的客户违约（坏客户）。那么，关于"每天至少刷牙 3 次"的特征/属性，其权重证据为 $\ln\ln\dfrac{75}{25} = \ln\ln 3 \approx 1.09$。这是一个中等偏高的证据权重，意味着该特征/属性很好地区分了好客户和坏客户。

这个概念可以用作具有二元分类目标变量的分类特征的编码方法：

$$类值\,i\,的证据权重 = \ln\ln\frac{特征\,i\,且目标值=0（\%）}{特征\,i\,且目标值=1（\%）}$$

证据权重通常用于表示证据对假设的支持或削弱程度。在分类编码的背景下，这里的"假设"是选择的分类特征能够清晰地将类别区分开，以便可以可靠地预测一个项目属于哪个类别，只需根据其是否属于或不属于组 i 的信息，而"证据"就是在特定的组 i 中目标值的实际分布。

也可以通过计算每个类别的证据权重将这个概念推广到多类别问题。在这种情况下，"类别 0"表示"在类别中"，而"类别 1"表示"不在类别中"。可以通过对各类别的证据权重进行聚合来计算整个数据集的证据权重，例如取平均值。

使用多类别的证据权重逻辑，也可以将证据权重应用于连续目标/回归问题，方法是将目标离散化成 n 个分类桶。这将连续目标转换为分类目标。这些分类桶可以通过等长范

围——$a \leqslant x < a + b \rightarrow$ 类别 1，$a + b \leqslant x < a + 2b \rightarrow$ 类别 2，$a + 2b \leqslant x < a + 3b \rightarrow$ 类别 3，等等——构建。或通过等尺寸的分箱构建，即第 0 ~ 10 个百分位数在类别 1 中，第 10 ~ 20 个百分位数在类别 2 中，等等。

category_encoders 库支持证据权重编码，但是目标变量必须是二元分类的。如果想将证据权重编码应用于多类别或连续目标变量的情况，需要自行进行所需的数据预处理。

显而易见的是，在训练集和验证集拆分之后进行证据权重编码通常效果不佳——无法对一个组进行准确的证据权重编码，除非该组拥有数量可观且具有代表性的样本。因此，最好在整个数据集上进行证据权重编码，然后进行训练集和验证集的拆分。为了防止数据泄露，category_encoders 库的实现引入了额外的正则化方案（见代码清单 2 – 27 和图 2 – 19）。

代码清单 2 – 27 使用 category_encoders 库进行证据权重编码

这里使用 "Street" 列，因为它是二元分类的，并根据函数要求使用映射将其编码为整数。

```
from category_encoders.woe import WOEEncoder
encoder = WOEEncoder()
y = df['Street'].map({'Pave':0, 'Grvl':1})
encoded = encoder.fit_transform(df['LotShape'], y)
```

	LotShape
0	-0.013101
1	-0.013101
2	-0.284931
3	-0.284931
4	-0.284931
...	...

图 2 – 19　对 Ames Housing 数据集中的一个特征进行证据权重编码

连续数据

连续数据通常已经处于技术上可读的状态，但许多算法假设还需要满足特定的形状或分布。

最小 – 最大缩放

最小 – 最大缩放通常指对数据集的范围进行缩放，使其介于 0 和 1 之间——数据集的最小值为 0，最大值为 1，但数据点之间的相对距离保持不变。

数组 x 的缩放版本为 $x_{\text{scaled}} = \dfrac{x - x_{\min}}{x_{\max} - x_{\min}}$。其中分子部分 $x - x_{\min}$ 将数据集移动，使最小值为 0，最大值为 $x_{\max} - x_{\min}$。除以最大值得到的结果使最小值仍然为 0，而最大值为 1。因为缩放只是在数组中移动、拉伸/收缩元素，所以不会改变数据点之间的相对距离。由于机器学习算法基于数据点之间的相对距离进行工作（例如，通过特征空间绘制边界和地形），所以保留了数据集的建模信息容量。然而，没有明确地对数据进行中心化和稀疏破坏，而是控制端点。

可以使用 NumPy 实现最小 – 最大缩放，表示为 $min\_max(arr) = lambda\ arr:(arr - np.min(arr))/(np.max(arr) - np.min(arr))$。

scikit – learn 还支持使用 MinMaxScaler 对象实现最小 – 最大缩放。可以传入自定义的范围（默认范围为 $[0,1]$，包括 0 和 1），以适应特定情况，例如标准图像缩放，它使用 $[0,255]$ 的整数范围（见代码清单 2 – 28）。对于已经以 0 为中心的分布，将范围缩放为 $[-1,1]$ 而不是 $[0,1]$ 可能更明智，以保持 0 为中心。

代码清单 2 – 28　使用 scikit – learn 进行最小 – 最大缩放

```
from sklearn.preprocessing import MinMaxScaler
scaler = MinMaxScaler(feature_range=(lower, higher))
scaled = scaler.fit_transform(data)
orig_data = scaler.inverse_transform(scaled)
```

可以通过可视化对均值为 5、标准差为 1 的随机分布应用最小 – 最大缩放（见代码清单 2 – 29 和图 2 – 20）。

代码清单 2 – 29　可视化原始数据分布与最小 – 最大缩放归一化后数据的分布对比

```
arr = np.random.normal(loc=5, scale=1, size=(250,))
adjusted = (arr - arr.min())/(arr.max() - arr.min())

plt.figure(figsize=(10, 5), dpi=400)
axes = plt.gca()
axes.yaxis.grid()
sns.histplot(arr, color='red', label='Original', alpha=0.8, binwidth=0.2)
sns.histplot(adjusted, color='blue', label='Normalized', alpha=0.8,
binwidth=0.2)
plt.legend()
plt.show()
```

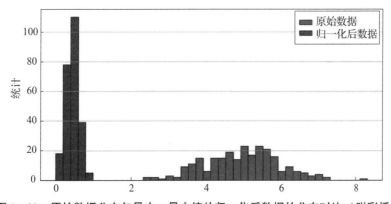

图 2 – 20　原始数据分布与最小 – 最大缩放归一化后数据的分布对比（附彩插）

鲁棒缩放

从最小 – 最大缩放的公式中可以看到数据集的每个缩放值直接受到最大值和最小值的影响。因此，异常值会显著影响缩放操作。可以通过在先前的平均值为 5、标准差为 1 的示例分布中引入 5 个值为 30 的实例来展示它们的影响（见代码清单 2 – 30 和图 2 – 21）。

代码清单 2 – 30 将异常值添加到正态分布中

```
arr = np.random.normal(loc =5, scale =1, size =(250,))
arr = np.append(arr, [30] *5)
```

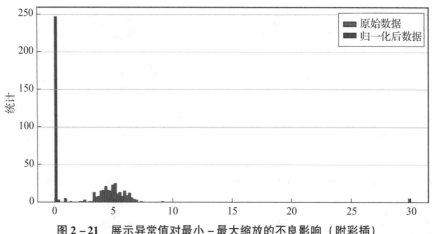

图 2 – 21　展示异常值对最小 – 最大缩放的不良影响（附彩插）

进一步放大以更好地理解添加少数异常值的影响，发现整个分布的剩余部分被压缩到一端，以使整个数据集适应 [0，1] 的范围（见图 2 – 22）。

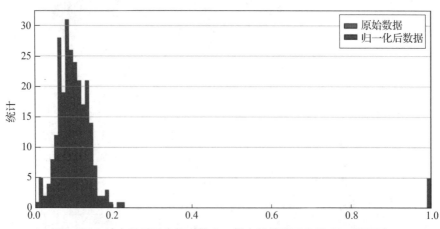

图 2 – 22　放大展示异常值对最小 – 最大缩放的不良影响（附彩插）

然而，有时并不需要值严格地将整个数据集限制在 0 和 1 之间，而只想让数据集位于特定的局部范围内。为了使缩放方法对异常值不那么敏感，可以使用数据集中更"内部"的元素而不是"外部"的元素进行操作，例如使用第一、第二和第三四分位数：

$$x_{\text{robust scaled}} = \frac{x - \text{median } x}{\text{3rd quartile } x - \text{1st quartile } x}$$

其中，robust scaled 表示鲁棒缩放，median 表示中位数，3rd quartile 表示第三四分位数，1st quartile 表示第一四分位数。

鲁棒缩放将数据集中的所有值减去中位数，然后除以四分位数间距（见图 2 - 23）。

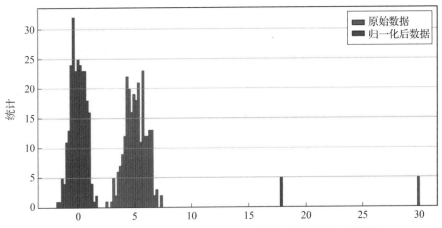

图 2 - 23　原始数据分布与鲁棒缩放后的数据分布对比（附彩插）

放大主要分布的"核心"或"主体"部分，可以看到鲁棒缩放大致将分布集中在 0 附近，而且值相对均匀分布，不受异常值的影响。尽管异常值相对于分布的主要"主体"仍然是异常值，但鲁棒缩放后的分布不再完全依赖少数异常值（见图 2 - 24 和图 2 - 25）。

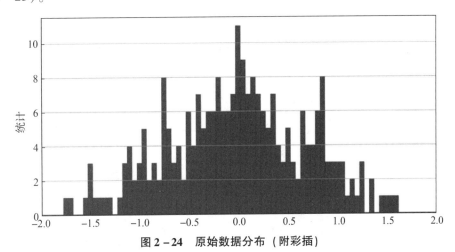

图 2 - 24　原始数据分布（附彩插）

可以使用 NumPy 实现鲁棒缩放，表示为 robust（arr）= lambda arr：（arr - np. median（arr））/（np. quantile（arr, 3/4）- np. quantile（arr, 1/4））。

scikit - learn 支持使用 RobustScaler 对象进行鲁棒缩放（见代码清单 2 - 31）。

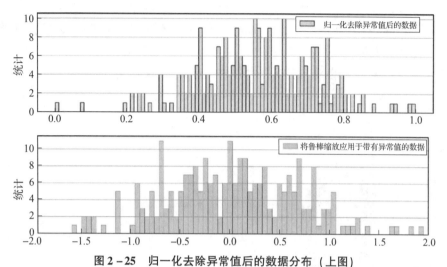

图 2－25　归一化去除异常值后的数据分布（上图）
与将鲁棒缩放应用于带有异常值的数据（下图）的比较

代码清单 2－31　使用 scikit－learn 实现鲁棒缩放

```
from sklearn.preprocessing import RobustScaler
scaler = RobustScaler(feature_range=(lower, higher))
scaled = scaler.fit_transform(data)
orig_data = scaler.inverse_transform(scaled)
```

标准化

更常见的情况是机器学习算法假设数据是标准化的，即呈现为具有单位方差（标准差为 1）和平均值为 0（以 0 为中心）的正态分布。假设输入数据已经在某种程度上服从正态分布，则标准化操作会从数据集中减去平均值，并除以数据集的标准差。这会将数据集的平均值移到 0，并将标准差缩放到 1（见图 2－26）。

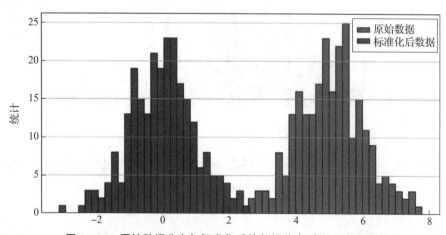

图 2－26　原始数据分布与标准化后的数据分布对比（附彩插）

首先，证明从数据集中减去平均值 $\mu = \sum\limits_{i=1}^{n} \dfrac{x_i}{n}$ 可以得到新的平均值 0：

$$\mu_{\text{scaled}} = \sum_{i=1}^{n} \frac{x_i - \mu}{n} = \sum_{i=1}^{n} \frac{x_i}{n} - \sum_{i=1}^{n} \frac{\mu}{n} = \sum_{i=1}^{n} \frac{x_i}{n} - \mu = \mu - \mu = 0$$

标准差的定义如下：

$$\sigma = \sqrt{\frac{\sum\limits_{i=1}^{n} (x_i - \mu)^2}{n}}$$

然而，当将数据集除以标准差时，平均值已经通过在前一步中减去均值而被转移到 0。因此，可以将公式重新写成如下形式（假设 $x_i' = x_i - \mu$，即已经进行了平移）：

$$\sigma = \sqrt{\frac{\sum\limits_{i=1}^{n} x_i'^2}{n}}$$

当将每个已平移的元素 x_i' 除以标准差 σ 时，得到的标准差（和方差）为 1：

$$\sigma_{\text{scaled}} = \sqrt{\frac{\sum\limits_{i=1}^{n} \left(\dfrac{x_i'}{\sigma}\right)^2}{n}} = \sqrt{\frac{1}{\sigma^2} \cdot \frac{\sum\limits_{i=1}^{n} x_i'^2}{n}} = \frac{1}{\sigma} \cdot \sqrt{\frac{\sum\limits_{i=1}^{n} x_i'^2}{n}} = \frac{1}{\sigma} \cdot \sigma = 1$$

可以使用 NumPy 实现标准化，表示为 standardize (arr) = lambda arr： (arr − np. mean (arr))/np. std(arr)。

scikit – learn 支持 StandardScaler 对象的标准化（见代码清单 2 – 32）。

代码清单 2 – 32　使用 scikit – learn 中的 StandardScaler 对象实现标准化

```
from sklearn.preprocessing import StandardScaler
scaler = StandardScaler(feature_range =(lower, higher))
scaled = scaler.fit_transform(data)
orig_data = scaler.inverse_transform(scaled)
```

需要注意的是，标准差和平均值的估计可能受到异常值的影响而出现偏差，这使鲁棒缩放成为标准化的一个很好的替代方法。在鲁棒缩放中，使用了抗异常值的统计替代方法：中位数替代平均值，四分位数间距替代标准差。

文本数据

人类自然地通过文本和语言进行交流，因此非分类文本在许多表格数据集中占据重要地位。文本可以是客户评价、推特传记或网站数据等形式。

注释："非分类文本"是指无法通过分类编码方法将文本编码为定量形式的文本，因为文本样本彼此之间差异太大（即存在太多独特的类别或每个类别的样本太少）。

人们希望将文本数据的信息纳入模型。后续章节将演示如何构建高级的多模态多头模型，该模型同时考虑文本输入和其他形式的数据。然而，本节探讨各种定量表示（向量化）方法，以及如何将其与第 1 章 "算法" 部分介绍的经典机器学习模型结合使用。

本节使用加州大学尔湾分校机器学习库（UCIMLR）的著名短信垃圾邮件收集数据

集。它可以在 Kaggle 上找到，网址为 www.kaggle.com/uciml/sms – spam – collection –
dataset，也可以在 UCIMLR 网站上找到，网址为 https://archive.ics.uci.edu/ml/datasets/
SMS + Spam + Collection。

经过初步清洗后，数据集应该存储在一个名为 data 的 Pandas 数据框中，其中包含两
列，即"isSpam"（是垃圾）和"text"（文本）（见图 2 – 27）。

	isSpam	text
0	0	Go until jurong point, crazy.. Available only ...
1	0	Ok lar... Joking wif u oni...
2	1	Free entry in 2 a wkly comp to win FA Cup fina...
3	0	U dun say so early hor... U c already then say...
4	0	Nah I don't think he goes to usf, he lives aro...
...	...	...

图 2 – 27   短信垃圾邮件收集数据集的部分可视化

（左侧"isSpam"列用于判断某邮件是否是垃圾邮件，右侧"text"列为文本）

由于将评估使用不同文本编码方案训练的模型的结果，所以还需要进行训练集 – 验证
集拆分（见代码清单 2 – 33）。

代码清单 2 – 33　短信垃圾邮件收集数据集的训练集 – 验证集拆分

```
from sklearn.model_selection import train_test_split as tts
X_train, X_val, y_train, y_val = tts(data['text'], data['isSpam'],
                                     train_size = 0.8)
```

请注意，后续将介绍处理文本的简化方法。尽管通常应该使用更彻底的方法，如深入
的清洗、词形还原、停用词移除等，但深度学习模型通常足够复杂，可以处理这些细节，
因此这些考虑因素不是必需的。读者将在第 5 章（将循环结构应用于表格数据）和第 6 章
（将注意力机制应用于表格数据）中亲自应用深度学习处理文本数据。

关键词搜索

获得文本数据定量表示的最简单方法之一是确定某些预定关键字是否出现在文本中
（见代码清单 2 – 34）。这是一种非常简单、有限和朴素的方法。然而，在适当的情况下，
它可能足够并且可以作为一个良好的基准模型。

一些经常出现在垃圾邮件中，试图推销产品的关键词包括"购买（buy）""免费
（free）"和"赢取（win）"。可以构建一个简单的模型来检查这些关键词是否出现在给定
的文本样本中。如果出现了这些关键词，则文本样本被标记为垃圾邮件；否则，文本样本
被标记为正常邮件（安全邮件）。

代码清单 2 – 34　一个简单的关键词搜索函数示例

```
def predict(text):
    keywords = ['buy', 'free', 'win']
    for keyword in keywords:
        if keyword in text.lower():
```

```
        return 1
    return 0
```

可以通过评估这样一个模型的准确率，以了解其性能（见代码清单 2 – 35）。

代码清单 2 – 35 评估简单的关键词搜索模型的准确率

```
from sklearn.metrics import accuracy_score
accuracy_score(data['isSpam'], data['text'].apply(predict))
```

最终的准确率约为 88.1%，这看起来似乎不错。然而，一个始终返回 0 的模型（predict = lambda x：0）的准确率约为 86.6%。由于数据集不平衡，所以 F1 分数是一个更具代表性的指标（见代码清单 2 – 36）。

代码清单 2 – 36 评估简单的关键词搜索模型的 F1 分数

```
from sklearn.metrics import f1_score
f1_score(data['isSpam'], data['text'].apply(predict))
```

关键词搜索模型的 F1 分数约为 0.437，而对于任何实例预测标签为 0 的模型得分为 0（结果符合预期）。

原始向量化 （Raw Vectorization）

原始向量化可以被认为是文本的"独热编码"，它是对文本所包含信息的显式定量表示（见图 2 – 28）。与为每个文本分配唯一的类别不同，文本通常被向量化为语言单位的序列，例如字符或单词。这些语言单位也被称为标记（tokens）。每个单词或字符被视为唯一的类别，可以进行独热编码。然后，一段文本就是一系列独热编码的序列。

唯一标记 （token）

	"the"	"dog"	"jumped"	"over"	"second"
"the"	1	0	0	0	0
"dog"	0	1	0	0	0
"jumped"	0	0	1	0	0
"over"	0	0	0	1	0
"the"	1	0	0	0	0
"second"	0	0	0	0	1
"dog"	0	1	0	0	0

"the dog jumped over the second dog"

图 2 – 28 原始向量化

考虑以下小型示例文本数据集，其已去除标点符号并转换为小写（见代码清单 2 – 37）。

代码清单 2 – 37 收集文本样本数组

```
texts = np.array(['the dog jumped over the second dog',
                  'a dog is a dog and nothing else',
                  'a dog is an animal'])
```

代码清单 2 – 38 介绍了一种可能的实现方式：循环遍历每个项目，并使用在"离散数据"一节定义的 one_hot_encoding 函数对列表逐个进行独热编码；然后，对文本数组中的每个文本应用 raw_vectorize 函数，并将 NumPy 数组转换为列表；利用列表推导式，将独热编码聚合为一个嵌套列表，然后将其转换回 NumPy 数组。

代码清单 2 –38 尝试将原始向量化应用于文本样本

```
def raw_vectorize(text):
    return one_hot_encoding(text.split(' '))
```

```
raw_vectorized = np.array([raw_vectorize(text).tolist() for text in texts])
```

当运行此代码时，收到一个 VisibleDepreciationWarning 警告，这应该引起警觉：

```
/opt/conda/lib/python3.7/site-packages/ipykernel_launcher.py: 11:
VisibleDeprecationWarning: Creating an ndarray from ragged nested sequences (which
is a list-or-tuple of lists-ortuples-or ndarrays with different lengths or
shapes) is deprecated. If you meant to do this, you must specify 'dtype=object'
when creating the ndarray # This is added back by InteractiveShellApp.init_path()
```

该警告表示数组中的每个元素的长度不相同，标准的 n 维数组只支持具有相同形状的元素。因此，NumPy 将数据存储为一个列表对象数组，以适应不同的元素大小，这种存储方式相对不太合理。

进一步调查后，发现第一个元素使用了 5 个二进制特征进行表示：len(raw_vectorized[0][0])的返回值为 5。在这里，raw_vectorized[0]是文本的第一个元素的编码，而 raw_vectorized[0][0]是第一个元素的第一个标记的编码。第二个元素使用了 6 个二进制特征进行表示，而第三个元素再次使用 5 个二进制特征进行表示。如果向量表示不能使用相同数量的特征来表示每个样本，则它是错误的。

注释： 尽管使用不同数量的二进制特征表示每个文本样本是有问题的，但每个文本样本具有不同的形状并不是一个问题。这是因为不同的文本样本本质上具有不同数量的标记；虽然希望确保在所有文本样本中以相同的方式表示标记，但标记的数量不同是可以接受的。后面的章节将讨论可以处理可变大小序列输入的模型（循环模型）以及处理向量化样本长度可变性的技术，例如填充，它会在短序列的末尾添加"空白"标记。

错误在于逐个文本样本确定映射，但每个文本样本的词汇表不太可能代表整个文本的词汇表。这不仅导致了使用不同数量的二进制特征来表示每个标记（这是问题所在），而且更重要的是，这会导致每个唯一令牌与唯一二进制列的匹配存在差异。在一个文本样本中，标记"dog"可能在一个元素的独热编码矩阵的第三列中以"1"表示，但在另一个元素中可能在第二列中标记。这种列代表的不一致性完全破坏了整个数据集的信息价值。

为了解决这个问题，首先将所有文本汇集在一起，得到全局的词汇表，并创建一个适用于所有元素的统一映射字典（见代码清单 2 –39）。

代码清单 2 –39 获取每个标记与整数之间的映射

```
complete_text = ' '.join(texts)
unique = np.unique(complete_text.split(' '))
mapping = {i:token for i, token in enumerate(unique)}
```

这种向量化方法在深度学习中很受欢迎，因为神经网络的复杂性和能力能够处理和理解这些高维度的文本表示。然而，传统的机器学习算法，例如第 1 章介绍的算法，很难产生好的结果（除非在文本样本很短，或词汇量/唯一语言单位的数量很小的罕见情况下）。

TensorFlow/Keras 提供了使用 Tokenizer 对象进行一键编码的实现（见代码清单 2 - 40）。Tokenizer 会自动去除停用词（在语义上是"无意义"的词，例如"a""an""the"等，它们对语法/惯例的贡献大于内容）并执行其他数据预处理。在这种实现中，每个令牌与一个整数关联，而不是该整数的独热表示（即一个由 0 组成的数组，其中一个元素被标记为"1"）。如果需要，可以通过一些代码明确地进行独热编码，但是通常可以使用可以处理原始向量化文本的深度学习库自动执行此转换，因此顺序表示就足够了。

代码清单 2 - 40　使用 TensorFlow/Keras 的文本处理工具自动执行原始标签编码

```
from tf.keras.preprocessing.text import Tokenizer
tk = Tokenizer(num_words = 10)
tk.fit_on_texts(texts)
tk.texts_to_sequence(texts)

'''
Returns:
 [[3,1,5,6,3,7,1],
 [2,1,4,2,1,8,9],
 [2,1,4]]
'''
```

词袋模型（Bag of Words，BoW）

为了减少原始向量化文本表示的绝对维度和大小，可以使用词袋模型来"压缩"原始向量化表示。在词袋模型中，计算每个语言单元在文本样本中出现的次数，同时忽略语言单元的具体顺序和上下文（见图 2 - 29）。

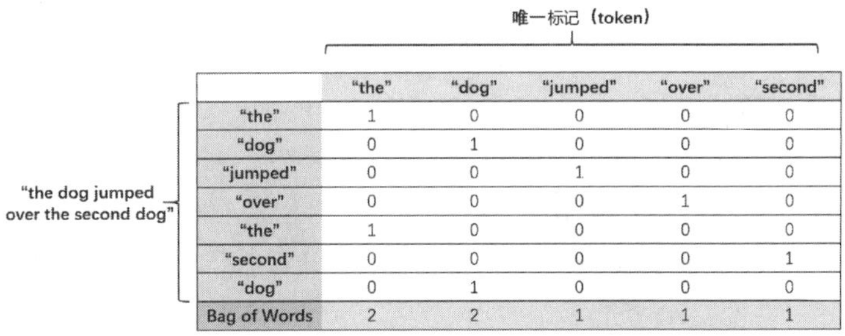

	唯一标记（token）				
	"the"	"dog"	"jumped"	"over"	"second"
"the"	1	0	0	0	0
"dog"	0	1	0	0	0
"jumped"	0	0	1	0	0
"over"	0	0	0	1	0
"the"	1	0	0	0	0
"second"	0	0	0	0	1
"dog"	0	1	0	0	0
Bag of Words	2	2	1	1	1

"the dog jumped over the second dog"

图 2 - 29　词袋模型是沿序列轴进行原始向量化的总和

可以通过调用 np. sum(one_hot, axis = 0) 来实现词袋模型，假设原始向量化已经计算并存储在名为 one_hot 的变量中。这将对标记出现次数进行求和。然而，存在许多更好的选项。

scikit - learn 实现了一个易于使用的 CountVectorizer 对象，用于执行词袋模型编码，其语法与其他编码方法类似（见代码清单 2 - 41）。与 Keras Tokenizer 类似，可以设置最大词汇大小/特征。如果未指定，则 scikit - learn 将包括所有检测到的单词作为词汇表的一部分。请注意，在转换文本数据后，调用 toarray，因为转换的结果是一个 NumPy 压缩稀疏数组格式，而不是标准的 n 维数组。此外，注意 CountVectorizer 没有 inverse_transform 函数，与许多其他 scikit - learn 编码器不同，因为词袋模型变换是不可逆的；多个不同的文本序列仍然可以被编码为相同的词袋模型表示形式。

代码清单 2 - 41 使用 scikit - learn 应用词袋模型

```
from sklearn.feature_extraction.text import CountVectorizer
vectorizer = CountVectorizer(max_features = n)
encoded = vectorizer.fit_transform(X_train).toarray()
```

Keras 的 Tokenizer 对象也提供了词袋模型的功能，可以使用 texts_to_matrix 函数并设置参数 mode = 'count' 来实现（见代码清单 2 - 42）。还可以设置 mode = 'freq' 以反映词频。

代码清单 2 - 42 使用 Keras Tokenizer 进行词袋模型编码

```
from keras.preprocessing.text import Tokenizer
tk = Tokenizer(num_words = 3000)
tk.fit_on_texts(X_train)
X_train_vec = tk.texts_to_matrix(X_train, mode = 'count')
X_val_vec = tk.texts_to_matrix(X_val, mode = 'count')
```

使用最大词汇量为 3 000 个标记（数据集中有更多独特的单词）来展示在原始向量化数据上模型的性能。首先对训练和验证文本样本进行编码（见代码清单 2 - 43）。请注意，在 x 训练数据集上构建了 Tokenizer 的词汇表，并直接将其应用于 x 验证数据集，以忽略验证文本语料库中不在训练文本语料库中的任何单词。虽然这并非理想情况（希望能表示所有单词），但在评估验证集时，必须保持与训练集上的编码技术相同。

代码清单 2 - 43 使用 scikit - learn 将词袋模型应用于短信垃圾邮件收集数据集

```
from sklearn.feature_extraction.text import CountVectorizer
vectorizer = CountVectorizer(max_features = 3000)
X_train_vec = vectorizer.fit_transform(X_train).toarray()
X_val_vec = vectorizer.transform(X_val).toarray()
```

使用随机森林模型来评估向量化方法（见代码清单 2 - 44）。它基于决策树的高精度适应非线性空间的特点，通过装袋（如第 1 章"随机森林"一节所讨论的）来减少过拟合行为。

代码清单 2 - 44 在原始向量化数据集上训练随机森林分类器

```
model = RandomForestClassifier()
model.fit(X_train_vec, y_train)
pred = model.predict(X_val_vec)
f1_score(pred, y_val)
```

使用原始向量化的文本数据训练的随机森林模型的 F1 分数约为 0.914，这比关键字搜索有了显著的提高。请注意，虽然这个性能并不差，但神经网络可以更好地理解稀疏的、高维度的数据。

N – Grams

可以使用比词袋模型更加复杂的方法，即计算独特的两个单词组合或二元组（bigram）的数量。这有助于揭示词语的上下文和多义性。例如，在剥离了标点符号和大写字母的文本中，除了"paris france"之外的"paris"和"paris hilton"中的"paris"是非常不同的。可以将每个二元组视为一个独立的术语，并进行相应的编码（见图 2 – 30）。

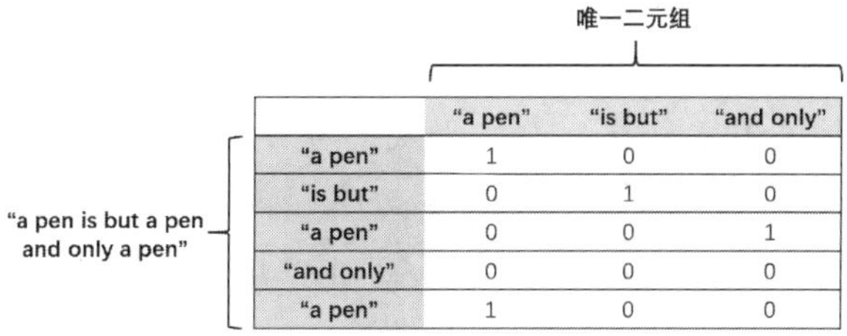

	"a pen"	"is but"	"and only"
"a pen"	1	0	0
"is but"	0	1	0
"a pen"	0	0	1
"and only"	0	0	0
"a pen"	1	0	0

左侧："a pen is but a pen and only a pen"；顶部：唯一二元组

图 2 – 30 统计二元组（在这里实际上涉及更多二元组，但为了简化表示，没有对它们进行计数）

可以将二元组推广为 n 元组，其中每个单元由 n 个连续的单词组成（见代码清单 2 – 45）。在增加 n 时，会遇到一个重要的权衡：精度提高，但编码变得更稀疏。3 元组比单个词可以表达更精确、更具体的概念，但在文本中具有该特定三元组的实例较少。如果编码变得过于稀疏，则由于唯一的 n 元组可用的样本数量较少，模型很难进行泛化。可以在表 2 – 1 中观察到这些动态。

代码清单 2 –45　在 n 元组数据上训练随机森林分类器

```
model = RandomForestClassifier()
vectorizer = CountVectorizer(max_features = 3000,
                             ngram_range = (1, 2))
X_train_vec = vectorizer.fit_transform(X_train).toarray()
X_val_vec = vectorizer.transform(X_val).toarray()
```

表 2 – 1　使用 n 元组训练的随机森林模型的性能［其中包括 n 元组的范围（行）和上限范围（列）。请注意，最佳性能出现在从 1 到 4 的较低到较高的 n 元组的范围内，这是最广泛的范围］

	1	2	3	4
1	0.914	0.903	0.890	0.898
2		0.822	0.822	0.794
3			0.658	0.601
4				0.580

TF – IDF

词袋模型的另一个缺点是，单词在文本中出现的次数可能不是衡量其重要性或相关性的好指标。例如，在这个段落中，单词"the"出现了 7 次，比其他任何单词都多。这是否意味着单词"the"是最重要的或最具意义的呢？

答案是否定的，单词"the"主要是语法/句法结构的一部分，反映了很少的语义含义，至少在通常关注的上下文中是如此。通常在对语料进行编码之前，会从中删除所谓的"停用词"来解决文本中饱和的句法令牌问题。

然而，在停用词筛选后还会保留许多具有语义价值的单词，但它们也面临着另一个由单词"the"引起的问题：由于语料库的结构，某些单词在整个文本中经常出现。这并不意味着它们更重要。以顾客对夹克的评论为例，自然而然地，单词"jacket"会经常出现（例如，"I bought this jacket..." "This jacket arrived at my house..."），但实际上它与分析并不太相关。语料库是关于"jacket"的，而人们更关心的是那些可能出现较少，但含义更重要的单词，例如"bad"（例如"This jacket is bad."）、"durable"（例如"Such a durable jacket!"）或者"good"（例如"This is a good buy."）。

可以通过使用词频 – 逆文档频率（Term Frequency – Inverse Document Frequency，TF – IDF）编码来形式化这种直觉。TF – IDF 编码的逻辑是，更关注在一个文档中频繁出现的术语（词频），但在整个语料库中不太常见的术语（即逆文档频率）。TF – IDF 通过权衡这两种效应来计算：

$$TFIDF = TF(t, d) \times IDF(t)$$

词频 $TF(t, d)$ 是术语 t 在文档/文本样本中出现的次数 d。虽然有很多计算逆文档频率 $IDF(t)$ 的方法，但一种简单而有效的方法是 $\log \dfrac{total\#docs}{number\ of\ docs\ with\ term\ t}$（total#docs 表示所有的文档数，number of docs with term t 表示包含术语 t 的文档的数量）。考虑一个在文档中频繁出现，但在整个语料库中非常罕见的单词。其词频会很高，因为该单词在文档中频繁出现；其逆文档频率也会很高，因为包含该术语 t 的文档数量很少（即分母很小）。因此，整体的 TF – IDF 编码值将很大，表示其具有很高的重要性或独特性。另外，一个单词在文档中频繁出现并且在整个语料库中也很常见的情况下，其 TF – IDF 编码值较小。

scikit – learn 支持 TF – IDF，并且具有与词袋模型类似的最大特征功能（见代码清单 2 – 46）。

代码清单 2 – 46 使用 scikit – learn 应用 TF – IDF

```
from sklearn.feature_extraction.text import TfidfVectorizer
vectorizer = TfidfVectorizer(max_features = 3000)
X_train_vec = vectorizer.fit_transform(X_train).toarray()
X_val_vec = vectorizer.transform(X_val).toarray()
```

使用 TF – IDF 向量化数据训练的随机森林模型在验证数据集上获得了 0.898 的 F1 分数，略低于词袋模型的表现。这更多地反映了数据集的特性，而不是编码方法的性能；对于这个短信垃圾邮件收集数据集来说，引入逆文档频率项并根据术语在整个语料库中的出现情况对其进行加权可能没有带来好处。

还可以传递一个 ngrams_range 参数来考虑由多个单词组成的术语，即不同的 n 值。

情感提取

在某些问题中，使用更具体的文本编码可以带来益处。情感提取是将定量标签与表示情感的各种特性（如情绪或客观性）的文本关联。如果构建经典的机器学习模型，可以将文本编码为定量的情感表示，或将语义提取作为其他文本编码方法的一组特征。需要注意的是，对于深度学习模型来说，情感提取通常不太可能增加太多价值，因为这些模型通常具有足够强大的内部语言理解机制，比人工手动定义和选择的情感提取函数更复杂和相关。

textblob 库提供了一个简单的情感提取实现。首先，使用想获取情感的短语或句子初始化一个 textblob. TextBlob 对象（见代码清单 2 – 47）。

代码清单 2 – 47 创建一个 TextBlob 对象

```
from textblob import TextBlob

text = TextBlob("Feature encoding is very good.")
```

接着调用 sentiment 方法来获取情感分析结果，该结果包括极性（负面或正面情绪，范围为 – 1 ~ + 1）和主观性（短语是表达意见还是更接近事实，范围为 0 ~ 1）。例如，在代码清单 2 – 47 中对给定示例调用 text. sentiment，得到的极性为 0. 909 9，主观性为 0. 780 0。这意味着 textblob 库情感分析实现将句子 "Feature encoding is very good. " 关联为非常积极的极性和适度的主观性。这是一个公正的评估。

可以创建返回输入字符串的极性和主观性的函数，这些函数可以应用于 NumPy 数组、Pandas 序列、TensorFlow 数据集等（见代码清单 2 – 48）。

代码清单 2 – 48 从文本中提取极性和主观性情感成分

```
def get_polarity(string):
    text = TextBlob(string)
    return text.sentiment.polarity


def get_subjectivity(string):
    text = TextBlob(string)
    return text.sentiment.subjectivity
```

textblob 库使用语义标签来确定文本样本的极性，每个相关的单词都与某种固有的极性关联（例如，"bad" 与 – 0. 8 极性相关，"good" 与 + 0. 8 极性相关，"awesome" 与 + 1 极性相关）。整体极性是这些单个极性的聚合。

否定词如 "not" 或 "no" 会反转受影响的相关单词的极性。句子 "Feature encoding is not very good. " 的极性为 – 0. 269 2。

textblob 除了考虑字母数字字符外，还考虑了标点符号和表情符号。例如，"Feature encoding is very good!" 相比没有感叹号的情况下，极性为 + 0. 9，有感叹号时极性为 + 1. 0。

如果一个句子是中性的，例如 "Feature encoding is a technique. "，textblob 库会给出接近或等于 0 的极性和主观性。

textblob 库通过强调修饰词（如"very"）的存在来确定主观性。

虽然 textblob 库在简单情况下表现良好，但该算法相当简单和有限。因为它不考虑跨多个单词的上下文以及影响极性和主观性的更复杂的句法和语义语言结构。

VADER（Valence Aware Dictionary for sEntiment Reasoning）是一个模型，与 textblob 库的功能类似，通过将给定的文本样本与极性和主观性（也称为强度）关联来进行情感分析。VADER 模型像 textblob 库一样，也通过聚合个体情感来计算极性和强度。然而，它更为复杂。它考虑了否定缩写（例如"wasn't"与"was not"）、高级标点使用、大小写（例如，全大写与全小写）、俚语和首字母缩略词（例如"lmao""lol""brb"）。VADER 模型经过社交媒体数据的优化，因此具有比大多数其他情感分析器更广泛和现代的词汇表。

可以使用 pip install vaderSentiment 来安装 vaderSentiment 库。使用方法如下（见代码清单 2 – 49）。

代码清单 2 – 49　使用 VADER 模型获取文本的极性

```
import vaderSentiment
from vaderSentiment.vaderSentiment import SentimentIntensityAnalyzer
analyzer = SentimentIntensityAnalyzer()
sentence = "Feature encoding is very good"
scores = analyzer.polarity_scores(sentence)
```

情感分数（在这个示例中，存储在 scores 中）表示为一个字典，其中键 'neg' 'neu' 'pos' 和 'compound' 分别代表文本样本的消极、中性、积极和整体情感（一个综合得分）的评级，分值介于 0 到 1 之间。消极、中性和积极分数之和等于 1。VADER 模型与其他文本情感模型的区别在于，将中性作为其自己的语义类别，而不是介于消极和积极之间。

如果寻找更复杂的特征，可以考虑使用 Flair，这是一个强大的自然语言处理框架（可以使用 pip install flair 进行安装）。Flair 包含了一种称为 TARS（Task – Aware Representation of Sentences for Generic Text Classification）的文本分类实现。TARS 具有一个令人兴奋的特性，称为零样本学习，这意味着它可以学习将文本与它零接触的某些标签和类关联（见图 2 – 31 ～ 图 2 – 34）。

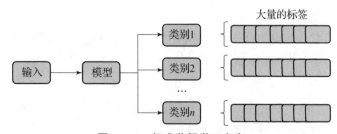

图 2 – 31　标准监督学习方案

这意味着可以定义自己的类别，而 TARS 会自动为给定的文本分配一个属于任何类别的概率。类别需要使用描述类别代表的自然语言字符串来定义。TARS 能够"解释"这个定义并将其用作一个类别。

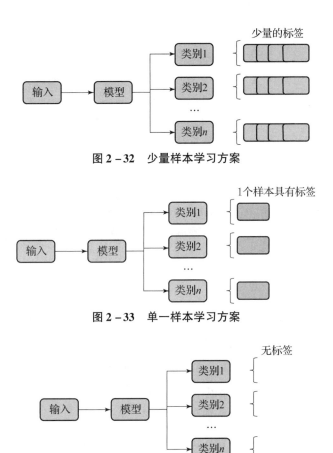

图 2 - 32　少量样本学习方案

图 2 - 33　单一样本学习方案

图 2 - 34　零样本学习方案（请注意，这反映了零学习系统的理想行为，而不是它的训练方式）

首先创建一个 TARS 分类器模型。需要加载模型的权重，这可能需要大约 1 min 的时间，具体时间取决于环境条件。然后，创建一个 flair. data. Sentence 对象并定义一个自定义类别的列表。最后，对语句对象和自定义类别运行 TARSClassifier 的 predict_zero_shot 函数。

例如，可以定义两个类别 positive 和 negative，以执行类似 textblob 库和 VADER 模型的功能（见代码清单 2 - 50）。

代码清单 2 - 50　使用 Flair 中的 TARS 进行深度情感分析提取

```
import flair
from flair.models import TARSClassifier
from flair.data import Sentence
tars = TARSClassifier.load('tars - base')
sentence = Sentence("Feature encoding is very good")
classes = ['positive', 'negative']
tars.predict_zero_shot(sentence, classes)
```

模型预测会自动修改句子对象并将其与句子标签关联。可以通过打印原始的句子对象来查看这些信息。在这个例子中，Flair 将该句子分配给 positive 类别，并给出了 0.972 6 的概率。

可以使用 Flair 定义更复杂的自定义类别，例如量化文本的"焦虑""紧张""兴奋""矛盾""中立""共情""悲观"或"乐观"程度。还可以使用更具描述性的类别定义，例如"乐观但谨慎"。此外，可以评估文本的内容是否超出情感范围。例如，要评估文本是否涉及某种动物，可以请求 TARS 分配句子属于描述为"动物"的类别的概率。它的效果很好，例如，"小狗非常可爱"的概率很高，而"植物非常可爱"的概率很低。

这些是 TARS 能够解释和量化的更复杂的想法。由于 TARS 是一个深度学习模型，而不是基于规则的系统（像 textblob 和 VADER 使用的那种），它通常更能反映文本样本的特征和内容，当用户对文本的哪些特征与预测相关有很强烈的想法时，它就成为文本的一个强大的编码器。

Word2Vec

之前关于编码方法的讨论主要集中在通过尝试提取一个维度或视角来捕捉文本样本含义的相对简单的尝试。例如，词袋模型通过计算一个单词在文本中出现的频率来捕捉含义。TF – IDF 编码方法试图通过平衡一个单词在文本中的出现次数和它在完整语料库中出现的次数来定义一个稍微复杂的意义水平，从而改进这个方案。在这些编码方案中，总有一个文本的视角或维度是被遗漏的，根本无法捕捉到。

然而，通过深度神经网络，可以捕捉文本样本之间更复杂的关系，例如单词用法的细微差别（例如"Paris""Hilton"和"Paris·Hilton"有着完全不同的含义）、语法例外、惯例、文化意义等。Word2Vec 算法系列将每个单词与表示潜在（"隐藏的""隐含的"）特征的固定长度向量关联（见图 2 – 35）。

Token	F1	F2	F3	...	FN
"airplane"	0.4	2.4	9.6	...	-9.2
"car"	1.5	2.3	-0.9	...	5.6
"peace"	-0.1	-8.9	9.7	...	4.2

图 2 – 35　Word2Vec 学习到的假设嵌入/向量关联

神经网络通过将标记映射到嵌入，并使用学习到的嵌入来执行任务来学习嵌入。具体的嵌入任务各不相同，但所有嵌入任务都要求网络以某种方式理解文本的内部结构。一个常用的嵌入任务是填充序列标记中的缺失标记。例如，"He was so < masked token > that he threw the deep learning book on the ground and stomped on it."应该输出类似"angry"或"upset"的标记。为了完成这个嵌入任务，网络需要学习与每个标记关联的最佳潜在特征集，然后从网络中提取嵌入层（见图 2 – 36）。学习到的嵌入可以非常复杂，从而捕捉语言中的语法、文化和逻辑关系（阅读第 6 章以获取有关掩码语言建模作为预训练任务的更详细的描述）。

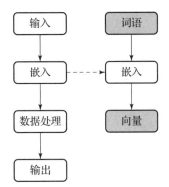

图 2 – 36　在神经网络模型中学习嵌入并提取学到的嵌入以获得 Word2Vec 表示的过程

Word2Vec 的一个缺点是失去了可解释性。在词袋模型表示中，可以知道向量化中的每个数字代表什么以及为什么出现。即使使用情感提取或使用 TARS 进行零样本分类等方法，也可以知道向量化应该表示什么，即使其推导过程更复杂。然而，对于 Word2Vec，既不知道确切地如何获得向量表示，也不知道这些数字本身的含义。

注释：当然，可以知道它们是通过某些技术过程获得的，但缺乏清晰直观或简单的理解。

流行的 genism 库提供了一个方便的界面来访问 Word2Vec。下面从安装开始并导入它，以及用于文本清理和检索的其他相关库（见代码清单 2 – 51）。

代码清单 2 – 51　安装和导入相关的库

```
import gensim
! pip install clean - text
from cleantext import clean
import urllib.request
```

使用列夫·托尔斯泰所著的《战争与和平》进行 Word2Vec 训练。从项目 Gutenberg 加载一个经过清洗的完整文本，存储为单个字符串。

代码清单 2 – 52　从项目 Gutenberg 的文本文件中读取《战争与和平》

```
NUM_LINES = 25_000
wnp = ""
data = urllib.request.urlopen('https://www.gutenberg.org/files/2600/2600 -0.txt')
counter = 0
for line in tqdm(data):
    if counter == NUM_LINES:
        break
    wnp += clean(line, no_line_breaks =True)[1:] + " "
    counter += 1
```

由于这个文本非常长，所以创建一个生成器类，逐句生成文本样本的部分（见代码清单 2 – 53）。另一种方法是一次性将所有句子加载到列表中，这样会占用大量内存且对速度造成负担。

代码清单 2 – 53   创建一个生成器类，逐句生成文本样本的部分，以确保内存的可行性

```python
class Sentences():
    def __init__(self, text):
        self.text = text

    def __iter__(self):
        for sentence in wnp.split('.'):
            yield clean(wnp.split('.')[0], no_punct = True).split(' ')
```

要在数据生成器上训练 Word2Vec 模型，首先实例化数据生成器，然后实例化一个 Word2Vec 模型，构建词汇表，最后在数据集上训练模型（见代码清单 2 – 54）。

代码清单 2 – 54   在数据生成器上训练 Word2Vec 模型

```python
sentences = Sentences(wnp)
model = gensim.models.Word2Vec(vector_size = 50,
                               min_count = 50,
                               workers = 4)
model.build_vocab(sentences)
model.train(sentences,
            total_examples = model.corpus_count,
            epochs = 5)
```

可以通过 model. wv 来访问词向量。例如，可以这样获取单词"war"的潜在特征：

```python
model.wv['war']
```

```
array([ 0.39098194, -2.5320148 , -1.9733142 , 0.5213574 , -1.2734774 ,
        1.8427355 , 1.7073737 , 0.62725115, -1.4480844 , 0.3382644 ,
        0.70060515, 2.1146834 , -1.7749621 , -0.06704506, -0.48678803,
        1.1092212 , 0.4158653 , 0.8432404 , 0.68553066, -0.60199624,
        0.6334864 , -2.5865083 , 1.0051454 , 2.1787288 , -1.643258 ,
       -0.1480552 , 0.13485388, 1.7048551 , -1.6034617 , 0.86792046,
       -0.04222116, -0.55365515, -0.47291237, -3.26655 , 2.2691224 ,
       -1.2338068 , 0.40476575, -2.0867212 , -0.30338973, 1.663073 ,
        0.20157905, -0.12529533, -1.8289042 , 0.38934758, 1.2312702 ,
        2.0223777 , 0.49417907, -2.7465372 , 0.67504585, -0.5818529 ],
      dtype = float32)
```

单词"peace"的潜在特征如下：

```python
model.wv['peace']
```

```
Out[141]:
array([ 1.5082303e+00, -2.4013765e+00, 1.8905263e+00, 8.9056486e-01,
       -4.0251561e-02, 1.2571076e+00, -1.0280321e+00, -1.4973698e+00,
```

```
          -2.8854045e-01, -1.5057240e+00, 7.9542255e-01, 6.1033070e-01,
           5.5785489e-01, 1.4599910e+00, -2.3478435e-01, 1.3725284e+00,
           1.1054497e+00, 1.8628756e+00, 8.6687636e-01, 2.7426331e+00,
          -9.0635484e-01, -2.1095347e+00, -8.1300849e-01, 7.9262280e-01,
          -3.9320162e-01, -4.6035236e-01, -2.0904967e-01, 2.5718777e+00,
           9.7089779e-01, -5.6960899e-01, -1.8032173e+00, -3.3043328e-01,
          -4.5295760e-01, -2.6447701e+00, -1.0341860e+00, -1.7019720e+00,
           7.6734972e-01, -1.8100220e+00, -8.8125312e-01, -1.6304412e-03,
           1.4674787e-01, -1.4068457e+00, 4.1266233e-01, -2.2529347e+00,
           1.2005507e+00, 1.2053030e+00, 9.5373660e-01, -1.5332963e+00,
           6.0380501e-01, -1.3509953e+00], dtype=float32)
```

嵌入还可以用来计算单词之间的相似度，这是通过找到与每个单词关联的嵌入表示的坐标点之间的距离来实现的：

```
model.wv.similarity('war', 'peace') -> 0.35120293
```

然后，可以使用此查找方法对文本进行向量化。

在第 4 章的"多模态图像和表格模型"一节和第 5 章的"循环模型理论"部分看到类似的嵌入技术示例，这些章节将详细介绍文本处理。

时间数据

时间/时序数据经常出现在实际的表格数据集中。例如，一个包含在线客户评论的表格数据集可能有精确到秒的时间戳，表示评论发布的准确时间。另外，一个包含医疗数据的表格数据集可能与数据收集的日期关联，但不包含具体的时间。一个包含公司季度盈利报告的表格数据集将包含按季度的时间数据。时间是一种动态和复杂的数据类型，具有许多不同的形式和大小。幸运的是，由于时间既包含丰富的信息又易于理解，所以相对而言，对时间或与时间相关的特征进行编码是相对容易的。

有几种方法可以将时间数据转换为定量表示，使其对机器学习和深度学习模型可读。最简单的方法是将时间单位分配为基本单位，并将每个时间值表示为从起始时间开始的基本单位的倍数。基本单位通常应该是与预测问题最相关的时间单位。例如，如果时间以月、日期和年份存储，并且任务是预测销售额，那么基本单位可以是一天，将每个日期表示为距离起始日期的天数（一个设定的起始位置，例如 1900 年 1 月 1 日，或设定为数据集里最早的日期）。另外，在物理实验室中，由于需要高精度，所以可能需要一个纳秒的基本单位，时间为自某个确定的起始时间以来的纳秒数。

下面看一下亚马逊美国软件评论数据集，其中包含了客户对软件产品的评论（这是亚马逊评论数据集的一个子集）。在加载和处理数据之后，发现想要量化/编码的日期列如下：

```
0          2015-06-23
1          2014-01-01
2          2015-04-12
```

```
3          2013 - 04 - 24
4          2013 - 09 - 08
             ...
341926    2012 - 09 - 11
341927    2013 - 04 - 05
341928    2014 - 02 - 09
341929    2014 - 10 - 06
341930    2008 - 12 - 31
Name: data/review_date, Length: 341931, dtype: datetime64[ns]
```

对日期特征调用 min 将得到 1998 - 09 - 21，即该列中的第一个日期。dates - dates. min 返回日期列与第一个日期之间的天数差。这将使每个日期与自第一个日期以来经过的天数关联：

```
0          6119 days
1          5581 days
2          6047 days
3          5329 days
4          5466 days
             ...
341926    5104 days
341927    5310 days
341928    5620 days
341929    5859 days
341930    3754 days
Name: data/review_date, Length: 341931, dtype: timedelta64[ns]
```

尽管这种方法很明确，但它假设任何新数据都将落在给定的范围内。例如，如果数据集包含从 2015 年 1 月 1 日到 2021 年 12 月 31 日的客户评价，则不应该期望将该模型应用于 2015 年 1 月 1 日之前或 2021 年 12 月 31 日之后的任何客户评价。这是因为此处的时间表示将模型对特征的理解/解释限制在提供的领域内。如果对该领域之外的任何时间进行采样，则不应该期望模型能够扩展到模型不熟悉的数据域（见图 2 - 37）。

通常，对时间数据中的周期性模式感兴趣。时间充满了周期和单位：1 min 有 60 s，1 h 有 60 min，1 天有 24 h，1 周有 7 天，等等。捕捉时间的周期性特征的一种简单方法是将时间表示为多个有界特征的组合。还有其他循环方法可以跟踪时间的重要属性（见代码清单 2 - 55 和图 2 - 38）。

代码清单 2 - 55 从日期特征中提取年份、月份和日期

```
year = dates.apply(lambda x:x.year)
months = dates.apply(lambda x:x.month)
day = dates.apply(lambda x:x.day)
pd.concat([year, months, day], axis =1)
```

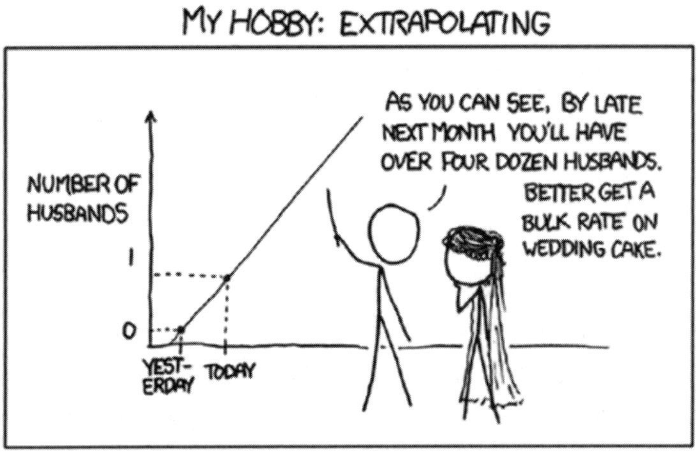

图 2-37 "我的爱好：逻辑推理"（由 Randall Munroe 在 xkcd.com 上发布）

注释：本漫画表达了昨天（横坐标为 0 处）没有丈夫，今天有 1 个丈夫。如果按照此线性模型推理下去，到下个月将会有超过 4 打（一打为 12，4 打为 48）个丈夫，那么购买婚礼蛋糕时可以考虑批发价格。这是以一种幽默的方式来表达模型最好在限定时间领域内使用。

	data/review_date	data/review_date	data/review_date
0	2015	6	23
1	2014	1	1
2	2015	4	12
3	2013	4	24
4	2013	9	8
...	...	...	...
341926	2012	9	11
341927	2013	4	5
341928	2014	2	9
341929	2014	10	6
341930	2008	12	31

图 2-38 从原始日期对象中提取年份、月份和日期作为单独的特征

当构建机器学习模型来学习这个数据集时，很可能会删除"年份"列，因为它不是周期性的。虽然可以预期收集到的任何新数据样本都可以通过月份和日期列进行合理表示（例如，12 月份和日期 7 在整个时间范围内多次出现），但不能假设年份也是如此，因为年份不会重复。如果将年份列作为机器学习模型的输入信号，则必须确保模型在评估新数据时，新数据的时间范围在它训练的时间数据范围之内。

另一个周期性特征是一周中的哪一天。Python 时间对象的 weekday 属性返回一个 0~6 的整数，其中 0 代表星期日，6 代表星期六：weekdays = dates. apply(lambda x:x. weekday)。

另一个可能的特征是包括日期是否为节假日。Pandas 提供了时间序列功能，其中包含

观察到的假日列表（见代码清单 2 – 56）。有关如何指定自定义或更高级的假期规则，请
参阅 Pandas 文档。

代码清单 2 – 56 判断日期是否为节假日或非节假日

```
from pandas.tseries.holiday import USFederalHolidayCalendar
cal = USFederalHolidayCalendar()
allHolidays = cal.holidays(start = dates.min(),
                           end = dates.max()).to_pydatetime()
isHoliday = dates.apply(lambda x:x in allHolidays)
```

时间数据有很大的灵活性来编码领域知识。其他技术包括标记季节、相关商业事件
（例如光棍节、黑色星期五）、白天与晚上、工作时间和高峰时段。另一种方法是识别或获
取离散化的时间表示，并应用分类编码，例如按一天中的某个小时或一周中的某天进行
编码。

此外，要考虑数据集中不同时区的影响。在某些情况下，重要的是时间数据在所有值
中使用相同的通用系统（例如 UTC）。在其他情况下，使用本地时间更有益。一种将模型
暴露于通用时间和本地时间的技术（假设有时区数据可用）是同时包括本地时间和与所采
集本地时间的时区相关的通用时间偏移量。

地理数据

许多表格数据集都包含地理数据，其中数据集以某种方式指定了位置。类似时间数
据，地理数据可以包含具有不同实际意义的数据范围，例如大陆、国家、州/省、城市、
邮政编码、地址或经度和纬度等。由于地理数据具有信息丰富且高度依赖上下文的特性，
所以地理数据的编码并没有全面的指导准则。然而，可以在这里利用许多先前讨论过的编
码工具和策略。

如果数据集以分类形式包含地理数据，例如按国家或州/省划分，则可以使用先前讨
论过的分类编码方法，例如独热编码或目标编码。

纬度和经度是已经以定量形式表示的精确地理位置指示符，因此不需要进一步编码。
然而，可能会发现从纬度和经度会派生出与位置相关的抽象信息，这对数据集很有价值，
例如位置信息包含其属于哪个国家。

在处理具体地址时，可以提取多个相关特征，例如国家、州/省、邮政编码等。还可
以从地址推导出精确的经度和纬度，并将其作为连续的定量表示附加到数据集中，表示地
址的位置。

特征提取

特征提取是从现有特征集中推导出新特征的过程，旨在通过对数据集提供潜在可能有
用的解释来协助模型（见图 2 – 39）。尽管许多人认为特征提取已经被神经网络自动化或

替代（即神经网络已经能够自动地执行特征提取，或者说神经网络的设计和训练过程不再需要手动进行特征提取的步骤），但在实践中，对表格数据执行复杂的特征提取通常有助于提高性能。

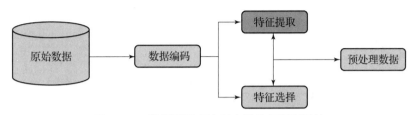

图 2 - 39　数据预处理流程中的特征提取组件

单特征和多特征变换

统计学习管道的一个重要组成部分是对特征进行变换，以更好地反映和放大它们的相关性。其中最简单的变换是单特征变换，即将单个特征的值映射到另一组值（见图 2 - 40）。例如，如果一个函数在它的值增加时对目标变量有指数影响，则可以用指数函数 $f(x) = e^x$，或者用领域知识修正过的指数函数进行变换。也可以应用三角函数模拟周期性关系，应用对数或平方根函数模拟递减关系，或者应用二次函数模拟双边关系（即在相关范围的两个"端点"或"极端值"处的值对应一种结果，而更"中间"的值则对应不同的结果）。特征可以单独转换，也可以附加到原始数据集中（见图 2 - 41）。

Boston Housing Dataset 是一个著名的基准数据集，来源于美国人口普查局，由 Harrison 和 Rubinfeld 在 1978 年编制，用于估计波士顿地区住房市场对清洁空气的需求。该数据集最初发表于《经济学与管理》杂志第 5 卷的文章《享受价格和对清洁空气的需求》中，该数据集已经被纳入主要的数据科学和机器学习库中，例如 scikit - learn 和 TensorFlow。

该数据集中的一些特征如下。

- CRIM：城镇的人均犯罪率。
- INDUS：城镇非零售业务的比例。
- PRATIO：校区的师生比例。
- CHAS：城镇是否靠近查尔斯河，1 代表是，0 代表否。
- NOX：氮氧化物浓度。
- PART：颗粒物浓度。
- B：1 000 $(Bk - 0.63)^2$，其中 Bk 是城镇中非裔美国人的比例。

最后一个特征 B 备受关注。不用说，如果住房数据集中包含种族特征，则将产生许多伦理和公平问题。现在，大多数支持或使用该特征的数据科学库和教材都包含警示内容，指出该数据集存在有问题的特征，并建议使用其他更合适的住房数据集，例如 Ames Housing 数据集和 California Housing 数据集。B 特征是一个有趣的案例，可以展示如何通过特征变换放大不公平的社会情况，并为特征校正带来问题。

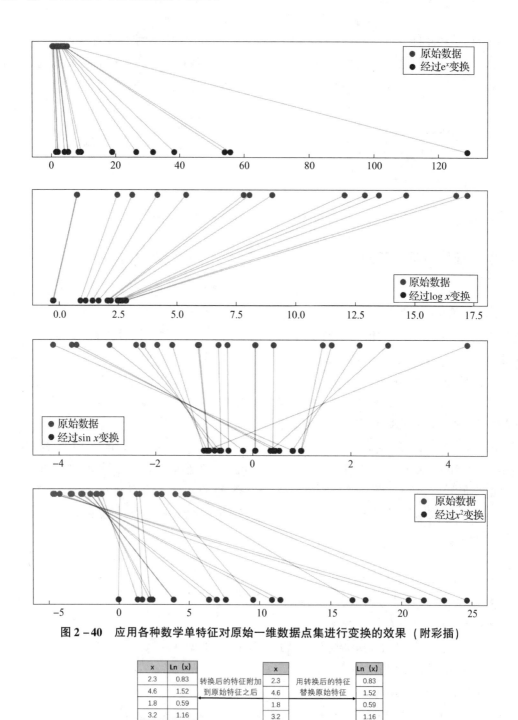

图 2 – 40　应用各种数学单特征对原始一维数据点集进行变换的效果（附彩插）

x	Ln (x)		x		Ln (x)
2.3	0.83	转换后的特征附加	2.3	用转换后的特征	0.83
4.6	1.52	到原始特征之后	4.6	替换原始特征	1.52
1.8	0.59		1.8		0.59
3.2	1.16		3.2		1.16
3.1	1.13		3.1		1.13

图 2 – 41　特征转换的两个选项：用转换后的特征替换原始特征或将其附加到原始特征之后

　　请注意，B 特征是另一个特征"每个城镇非裔美国人的比例"的单一特征变换。这种变换使用一个抛物线，其顶点/对称轴位于 Bk = 0.63 处。在 Bk = 0.63 处，B 特征最低，B 特征会以二次函数的方式向两个方向逐渐增加（见图 2 – 42）。Harrison 和 Rubinfeld 应用这种变换尝试模拟系统性种族主义。在城镇中非裔美国人的比例较低或适中时，Harrison

和 Rubinfeld 认为白人邻居会认为 Bk 的增加是受欢迎的，因此会对住房价值产生负面影响。在 Bk 值较大时，Harrison 和 Rubinfeld 指出市场歧视会导致更高的住房价值。因此，Harrison 和 Rubinfeld 假定城镇中非裔美国人比例与住房价值之间呈抛物线关系，并选择 0.63 作为"贫民区点"，即在该点上，Bk 开始增加，而不是降低房屋价值。

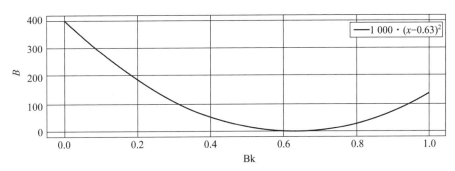

图 2-42 可视化用于转换 Bk 变量的二次单特征变换

Harrison 和 Rubinfeld 选择这种特征转换的目的是模拟社会/体制化种族主义对房屋价值与城镇中非裔美国人比例之间关系的影响。因此，任何使用该数据集进行训练的模型都将采用这些转换后的数据，并根据 Harrison 和 Rubinfeld 试图表达的逻辑进行决策。

因此，近年来有人致力于更加深入地研究该特征，以了解将其包含在数据集中的价值。首先，那些调查该特征的人需要知道原始的、未转换的特征值（即城镇中非裔美国人的比例，而不是 B 特征）。然而，B 特征是使用不可逆函数进行转换的，这意味着多个输入可以映射到相同的输出，这会破坏部分原始数据（见图 2-43）。

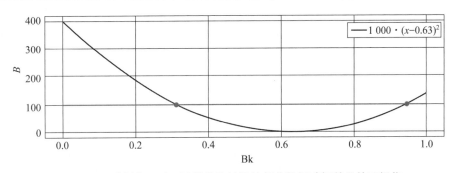

图 2-43 采用非一对一函数作为转换的部分数据破坏效果的可视化

这表明了替代原始特征的特征转换的一个重要特性：如果仅发布不可逆转换的特征，则可能无法恢复数据。因此，强烈建议所有学科的数据集创建者将原始数据集与随后应用的任何特征转换分开发布。

随后，研究人员和独立调查人员能够获取原始特征，并使用原始的美国人口普查数据将其映射到数据集中，虽然有些困难（因为映射需要逆向工程 Harrison 和 Rubinfeld 的数据聚合过程）。

尽管在统计建模中，单个特征转换可以放大特征的相关方面，但还可以对多组特征应用转换，以放大特征交互作用的相关方面。

许多多特征转换使用基本操作，例如添加、减去、乘以和除以特征集（见图 2-44）。例如，可能有用的是包含来自一组可比较列的平均分数或值的特征，例如每年的收入回报。为了使多特征转换在统计学习和传统机器学习管道中有效，了解多特征转换的目的非常重要。如果只是为了把两列加在一起而把两列加在一起，就不应该指望模型可以从新特征中理解什么新特征。简单的模型通常更容易因为复杂、难以解释的特征而变得更加"困惑"/扭曲。

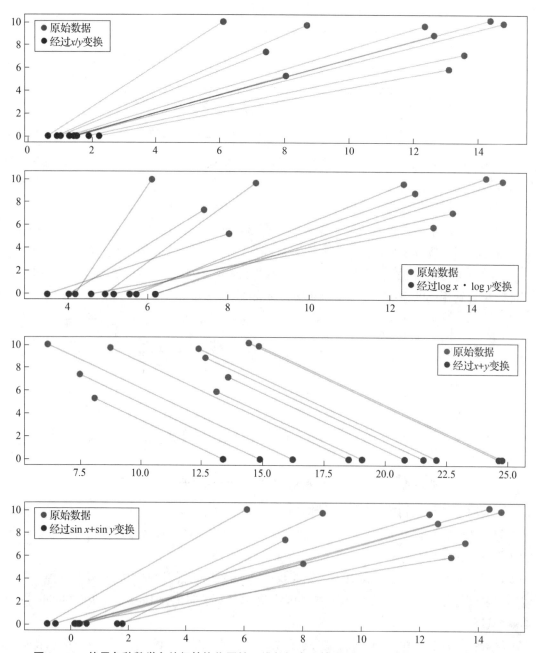

图 2-44　使用各种数学多特征转换将原始二维数据点集转换为单个新特征的效果（附彩插）

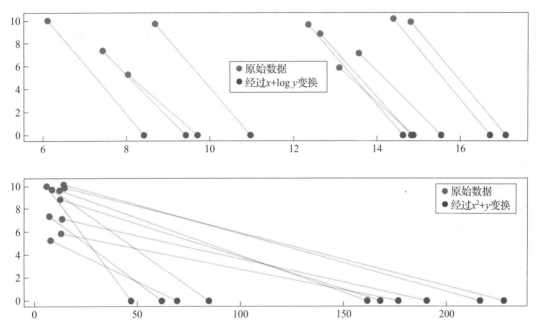

图 2－44　使用各种数学多特征转换将原始二维数据点集转换为单个新特征的效果（续）（附彩插）

简单的单特征和多特征转换是统计学习和经典机器学习的重要组成部分，但在深度学习的背景下，它们通常是多余的。因为神经网络可以自己学习这些转换，而且它们通常可以学习比手动设计更好和更复杂的转换。这是深度学习优雅和强大的一部分。

然而，如果所使用的人工操作的特征方法足够引人注目，并且可以提供非常有意义的价值，尤其是在表格数据的背景下。这并不意味着人工操作的特征工程在深度学习中没有用武之地。接下来将探讨将有用的输入信号引入深度学习数据集的各种技术。

主成分分析（PCA）

特征工程和特征提取也可以通过检索信息的形式出现，这些信息可以在较低的维度上重建原始数据。降维技术可以减少数据量和缩短训练时间，同时综合原始数据中不容易获取的见解。

降维技术有许多优点。当应用于训练数据时，它可以减少维度诅咒对模型性能的影响。在数据预处理和分析过程中，理解和可视化数据非常重要，因为这有助于发现相应的模式来建立模型。然而，许多现代数据集包含数百甚至数千个特征，因此不可能以人眼可视化。即使最简单的数据集，例如鸢尾花数据集，也包含无法一次完全查看的 4 个特征。通过降低数据的维度，可以使用人类可解释的可视化方式查看数据集的复杂结构。此外，在大多数情况下，可以保留数据集在高维度上所具有的关键信息。

最流行和最有效的降维方法之一是主成分分析（PCA）。PCA 已经从其最初的设计发展为许多用途和变体，成为探索性数据分析的便捷工具。

执行 PCA 就像为一本长篇书写摘要一样。在能够总结之前，需要理解正在阅读的内容并掌握最关键的组成部分。同样，PCA 可以在数学上确定数据集的哪一部分对其最终的

"摘要"做出了最大的贡献。

通过一个现实世界中的例子更容易理解这一点。假设购买了 3 本页数不同的书，目标是通过观察它们的厚度来区分它们。如果第一本书有 50 页，第二本书有 200 页，第三本书有 500 页，那么很容易确定它们的厚度有明显的差异，因此可以轻松地区分它们。另外，如果第一本书有 100 页，第二本书有 105 页，第三本书有 110 页，那么很难从厚度上将它们区分开来，因为它们的厚度很相似。在这种情况下，当这 3 本书的页数分布更广时，它们提供的信息更多，因此方差也更大。相反，当数据更加接近时，它包含的信息更少，方差也更小。后面的"特征选择"部分将介绍方差的更多技术细节，因为本书将基于这个概念来选择特征。

基于上面的例子，可以将方差理解为数据集提供的信息或者分散程度。PCA 过程会保留方差最大的变量。可以用一个简单的数据集演示这个概念。

PCA 不仅是移除或选择特征。如前所述，这两个特征具有相似的方差（见图 2 - 45）。与原始数据相比，删除任意一个特征都会显著减少信息。然而，PCA 并不仅考虑变量本身的方差。除了观察纵轴和横轴，可以注意到对角线轴包含了与纵轴和横轴不相上下的方差。

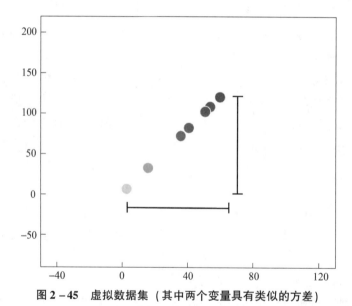

图 2 - 45　虚拟数据集（其中两个变量具有类似的方差）

PCA 会基于原始数据的组合来创建两个不同的变量。在这里的例子中，根据对角线和垂直于对角线的直线来转换数据，作为两个新坐标轴（见图 2 - 46）。

将这两个新变量称为主成分。从图中，可以清楚地看到 PC1 比 PC2 具有更多方差（见图 2 - 47）。PC1 将保留原始数据中的大部分方差或信息，这正是 PCA 所做的。如果深入挖掘该例子，会发现 PC1 完全解释了原始数据中的所有方差。然而，情况并非总是如此。可以使用陡坡图（Scree Plot，见图 2 - 48）来直观地表示每个成分解释了多少方差。

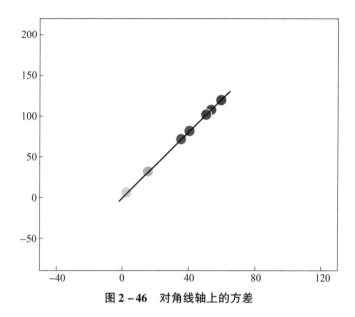

图 2 − 46　对角线轴上的方差

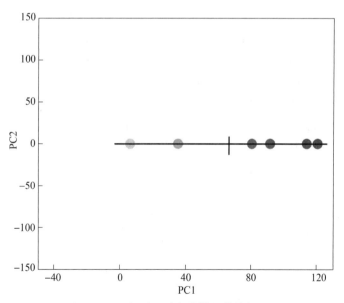

图 2 − 47　相对于对角线轴旋转的数据

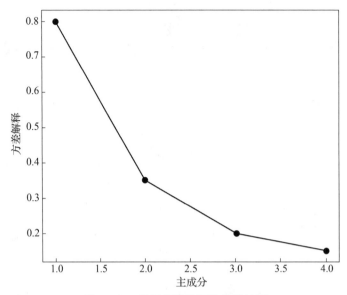

图 2 - 48 使用虚拟数据集的陡坡图

该图表显示了每个主成分解释的方差占总方差的比例。在之前的示例中，显示了 4 个主成分；第一个主成分解释了原始数据集中 80% 的总方差。

使用 PCA 作为特征选择技术存在一个主要缺点，即转换后每个个体数据点之间的尺度或距离。在搜索主成分并将它们转换为新变量时，只是旋转轴并改变数据点的方向。但是，当开始删除维度时，一维空间的限制将通过它们的欧几里得距离相互关联的方式来影响每个数据点。这个问题可能在某些情况下影响模型性能，而在其他情况下可以忽略。使用 PCA 是否对用例有帮助，答案只能通过经验和测试来确定。

使用 PCA 进行特征提取有两种方法。第一种是设置算法将数据减少到某个特定数量的成分，从而得到一个保留原始数据中大部分信息的较小数据集。第二种是添加新特征。在某些情况下，不仅使用 PCA 提供的特征，而是将一定数量的 PCA 成分作为新特征添加，这可能更有益。在某些情况下，使用 PCA 创建更多特征可以为模型提供更多信息，但这些信息可能并不是必要的。对于模型来说，主成分是一种更加紧凑地存储必要信息的方式，而且在需要时，模型也可以使用原始特征，因为这些特征会包含最准确的值。

以下使用 scikit - learn 演示了 PCA 在特征工程/提取中的两种用途（见代码清单 2 - 57）。在执行 PCA 之前，对数据进行标准化非常关键，因为数据的新投影和新轴将基于原始变量的标准偏差。当一个特征的标准偏差高于其他特征时，可能导致分配给不同特征的权重不均匀。

代码清单 2 - 57 使用 PCA 选择主成分的示例

```
# 旨在预测乳腺癌诊断的虚拟数据集
from sklearn.datasets import load_breast_cancer
# 导入 PCA
from sklearn.decomposition import PCA
# 导入标准化包
```

```
from sklearn.preprocessing import StandardScaler
breast_cancer = load_breast_cancer()


breast_cancer = pd.DataFrame(data = np.concatenate([breast_cancer["data"],
breast_cancer["target"].reshape(-1,1)],axis =1),
          columns = np.append(breast_cancer["feature_names"],"diagnostic"))


# 标准化预处理
scaler = StandardScaler()
breast_cancer_scaled = scaler.fit_transform(breast_cancer.drop("diagnostic", axis =1))
# 数据最初有 30 个特征,为了以后的可视化,只保留两个主成分
pca = PCA(n_components = 2)
# 使用主成分变换特征
new_data = pca.fit_transform(breast_cancer_scaled)
# 重新构建 Pandas 数据框
new_data = pd.DataFrame(new_data, columns = [f"PCA{i +1}" for i in range(new_
data.shape[1])])
new_data["diagnostic"] = breast_cancer["diagnostic"]
```

为了更好地添加计算得到的主成分,可以像下面的示例(见代码清单 2 – 58)所示那样操作。

代码清单 2 – 58 将通过 PCA 提取的特征与原始数据合并

```
# 将目标列放入 new_data,而不是原始数据,以保持列的顺序
combined_data = pd.concat([new_data.drop("diagnostic", axis = 1), breast_
cancer], axis =1)
```

最后,PCA 对于在高维数据集下可视化和分析模式是至关重要的。可以通过在二维或三维中绘制两个或三个主成分来进行分析。此外,对于每个数据点,可以根据它们的标签对其用不同的颜色进行着色,以便更好地进行可视化分析(见代码清单 2 – 59)。

代码清单 2 – 59 展示主成分的代码

```
plt.figure(figsize = (6, 5), dpi =200)
plt.xlabel("PCA1")
plt.ylabel("PCA2")
plt.scatter(new_data.PCA1, new_data.PCA2, c = new_data.diagnostic, cmap =
'autumn_r')
plt.show()
```

通过观察图形,可以注意到标签是根据颜色区分的(见图 2 – 49),就像两个标签在两个可分离的簇中。这种现象表明,只用两个主成分或两个特征就已经解释了相当大的方差。从这个可视化可以得出结论,在降低模型复杂性的同时,将数据集的维度显著降低仍将保留大量信息。还可以通过调用已拟合的 PCA 对象上的 explained_variance_ratio_ 来获取每个成分的解释方差的确切值。

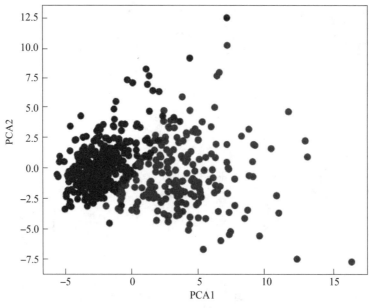

图 2 - 49 主成分的可视化（附彩插）

主成分分析有时非常有用，可以降低模型的复杂性，同时可以提高模型的性能，但像许多其他特征提取技术一样，它也有其缺点。因此，数据科学家必须决定如何应用适合这种情况的算法，同时尽量降低计算成本。

t - 分布随机邻居嵌入（t - distributed Stochastic Neighbor Embedding，t - SNE）

如前所述，许多现代数据集都是高维的。可以使用诸如 PCA 之类的算法将数据集降到较低的维度。然而，PCA 仅对线性可分的数据表现良好。对于非线性可分的数据，PCA 很难将其投影到较低的维度，同时保留有助于模型区分标签的大部分信息。

流形（Manifold）是一类降维技术，主要针对非线性可分数据（见图 2 - 50）。具体而言，t - SNE 是其中最常用和有效的算法之一。

t - SNE 是用于高维可视化的最受欢迎的无监督算法之一。虽然 t - SNE 不一定用于特征选择，但它是许多复杂深度学习管道的重要步骤，并且常用于神经网络解释。与 PCA 不同，t - SNE 专注于局部结构，保留点之间的局部距离，而不是优先考虑全局结构。该算法将原始空间中的关系转换为 t 分布，或具有较小样本大小和相对未知标准差的正态分布。

t - SNE 不依赖方差来确定有用信息，而是专注于将局部聚类的数据分组。t - SNE 使用 K - L 散度（Kullback - Leibler 散度）——一种用于联合概率统计距离的度量——作为数据间分离度的度量。梯度下降被应用于优化该度量。

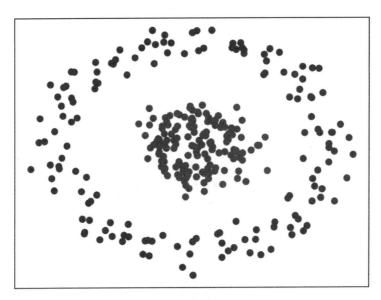

图 2 - 50　非线性可分数据（附彩插）

在 t - SNE 中，转换后数据的困惑度（perplexity）可以通过用户指定的超参数进行调整。该参数显著影响最终的可视化结果，因此在使用 t - SNE 时应该进行调整和考虑。困惑度可以解释为 t - SNE 用于投影数据的最近邻数。人们希望看到稀疏的可视化结果，即更小的困惑度，反之亦然。

scikit - learn 提供了 t - SNE 的实现，如下所示。可以生成一个示例三维瑞士卷数据集，这是一个非线性可分数据的经典示例（见代码清单 2 - 60）。数据集生成器还返回一个值数组，表示每个样本在主维度上的单变量位置。可以根据这个返回的值数组对每个点进行着色，并根据它来评估 t - SNE 的性能（见图 2 - 51）。

代码清单 2 - 60　生成三维瑞士卷数据集并训练 t - SNE 的代码

```
# 以瑞士卷形状生成非线性可分离数据
# 三维
swiss_roll, color = datasets.make_swiss_roll(n_samples = 3000, noise = 0.2,
random_state = 42)
fig = plt.figure(figsize = (8, 8))


# 可视化原始数据, 结果如下所示
ax = fig.add_subplot(projection = "3d")
ax.scatter(swiss_roll[:, 0], swiss_roll[:, 1], swiss_roll[:, 2], c = color, cmap =
plt.cm.Spectral)


# t - SNE 训练
from sklearn.manifold import TSNE
embedding = TSNE(n_components = 2, perplexity = 40)
```

```
X_transformed = embedding.fit_transform(swiss_roll)

# 可视化 t – SNE 结果,如图 2 – 51 所示
plt.scatter(X_transformed[:, 0], X_transformed[:, 1], c = color)
```

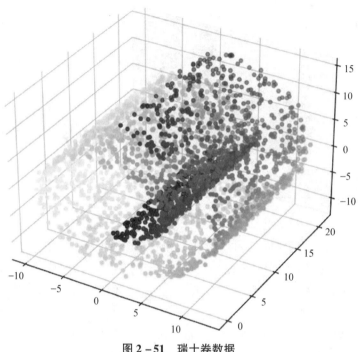

图 2 – 51　瑞士卷数据

相比之下，t – SNE 将数据降低到二维，同时保留了原始数据中存在的大部分结构，将不同的颜色分离得很好（见图 2 – 52）。

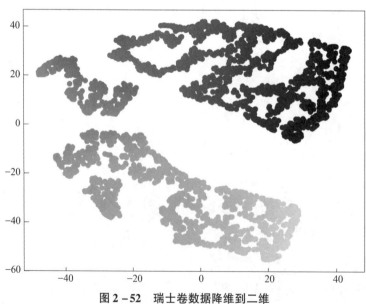

图 2 – 52　瑞士卷数据降维到二维

尽管 t-SNE 处理非线性数据的能力优于 PCA，但它仍有一些需要考虑的主要缺点。由于 t-SNE 中梯度下降采用随机初始化，所以初始化种子的选择可能影响结果。此外，t-SNE 的计算成本非常高。当 t-SNE 运行在包含数百万个样本的数据集上时，它的运行时间比 PCA 要长得多。

如果 t-SNE 用于特征选择，则可以像 PCA 一样使用它。在通常情况下，t-SNE 在模型解释和特征提取方面扮演着重要角色，但不适用于特征选择。一些常见的用途包括将图像数据转换为表格数据以及可视化各种深度学习算法。

线性判别分析（LDA）

PCA 是一种无监督算法，即在转换数据时不考虑标签。PCA 基于这样一个假设：大的方差包含更多信息，因此将高维数据投影到较低维空间中时，大方差将更好地表示原始数据。另外，LDA 旨在最大化标签簇之间的分离程度。看起来 LDA 似乎只能用于分类，但由于它是一种监督学习算法，所以它可能比 PCA 更好地将高维数据转换为人类易于理解的可视化形式。

需要注意的是，LDA 也可以用作分类数据集的算法，但这超出了本书的目的范围。本书只关注 LDA 的降维和特征选择部分。对于二元分类任务，LDA 尝试最大化每个标签簇中心点之间的距离。相反，在多类分类中，LDA 将最大化簇与整体中心点之间的距离。

LDA 假设特征符合正态分布，并且每个特征的方差相似。具体来说，LDA 的过程可以总结为以下三个步骤。

（1）计算每个标签的类间方差。类间方差衡量每个标签簇的平均值之间的距离。

（2）计算每个标签的类内方差。类内方差是该标签簇中每个样本与其平均值之间的距离。

（3）根据指定的超参数确定保留的成分个数，然后将数据投影到该维度上。该投影应该最大化类间方差，同时最小化类内方差。这可以通过奇异值分解或使用特征值实现。

scikit-learn 提供了 LDA 的实现，其语法与 PCA 类似（见代码清单 2-61）。请注意，在降维过程中，可以保留的最大成分数量受到限制，最大为（num_classes-1, num_features）。

代码清单 2-61　使用 LDA 进行降维

```
# 旨在预测乳腺癌诊断的虚拟数据集
from sklearn.datasets import load_breast_cancer
# 导入 LDA
from sklearn.discriminant_analysis import LinearDiscriminantAnalysis
# 导入标准化包
from sklearn.preprocessing import StandardScaler

breast_cancer = load_breast_cancer()
breast_cancer = pd.DataFrame(data = np.concatenate([breast_cancer["data"],
breast_cancer["target"].reshape(-1, 1)], axis =1), columns = np.append(breast_
```

```
cancer["feature_names"],"diagnostic"))

    # 标准化
    scaler = StandardScaler()
    breast _ cancer _ scaled  =  scaler.fit _ transform ( breast _ cancer.drop
("diagnostic", axis =1))
    # 数据最初有30个特征,为了以后的可视化目的,只保留2个主要成分
    lda = LinearDiscriminantAnalysis(n_components =1)
    # 使用 LDA 进行特征变换
    new _ data  =  lda.fit _ transform ( breast _ cancer _ scaled, breast _ cancer
["diagnostic"])
    # 重新构建 Pandas 数据框
    new_data = pd.DataFrame(new_data, columns =[f"LDA{i +1}" for i in range(new_
data.shape[1])])
    new_data["diagnostic"] = breast_cancer["diagnostic"]
```

　　如果将转换后的数据绘制出来,并按颜色分离类标签,则 LDA 仅在一个维度上就很好地完成了类别的分离(见图2-53)。

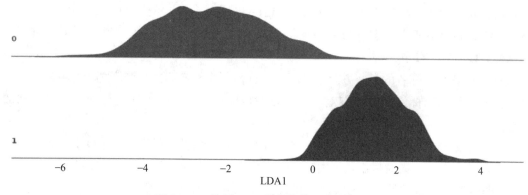

图 2-53　使用 LDA 进行降维(降到一维)

　　LDA 在现代机器学习领域中通常不常用,无论是作为分类算法还是降维技术。正如之前提到的,LDA 的一个主要缺点是它假设所有特征都具有正态分布,并且它们具有相似的方差。此外,PCA 和 LDA 都是线性降维算法,这意味着它们只能处理线性可分的数据。

　　与 PCA 相比,LDA 更难使用,是一种不太流行的降维算法。LDA 更适用于多类别分类问题,因为标签超过两个类别,这意味着降维后的数据仍将具有两个以上的维度,从而保留了更多的原始数据信息。此外,由于 LDA 是一种监督学习算法,所以 LDA 的性能可能比 PCA 好。

基于统计的特征工程

　　特征工程的核心目的在于从原始特征集中提取有价值的信息,从而为模型提供帮助。

这可以通过应用"单特征和多特征变换"一节所讨论的变换来实现。特征提取也可以通过推导样本的统计特性来实现。可以获得每个样本在整个行中的统计量，从而创建新的特征。然而，此方法仅适用于特征的取值范围在相同尺度上的特征集，只有这样从这些特征产生的统计量才有实际意义，并能够为模型提供有用的信息。

此外，这种技术为模型提供了理解数据的不同视角。统计方法不是提供从特征到目标的相关性或增加其相关性的特征，而是让模型将每个样本视为自己的样本，而不是更大数据集的一部分。

可以计算每个样本的简单统计量指标，例如平均值、中位数或众数。然而，计算与分布相关的任何统计信息，例如标准偏差或偏度，都会对模型产生更大的积极影响。可以在一个基因数据集上演示这样的概念，该数据集包含约 250 个基因组序列作为特征，同时基于其基因序列预测细菌类型。

加载数据后（见代码清单 2 – 62），可以根据该行中每个样本的特征值来可视化每个样本的分布（见图 2 – 54）。

代码清单 2 – 62　加载数据

```
# 只取前 2 000 行,因为整个数据集太大
gene_data = pd.read_csv( "../input/cleaned - genomics - data/cleaned.csv",
nrows =2000)
```

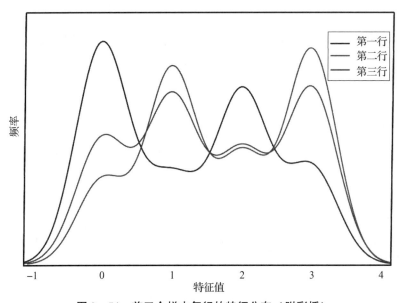

图 2 – 54　前三个样本每行的特征分布（附彩插）

根据每行的特征分布，可以计算每行的标准差、偏度、峰度、平均值和中位数（见代码清单 2 – 63）。

代码清单 2 – 63　计算每行的统计信息

```
gene_feature = gene_data.drop(["Unnamed: 0", "label"], axis =1).columns.to_list()

for stats in ["mean", "std", "kurt", "skew", "median"]:
```

```
gene_data[f"{stats}_feat"] = getattr(gene_data[gene_feature], stats)(axis = 1)
```

应用转换后，可以观察到不同类之间这些度量的差异，而模型可能发现其中的模式并将其与目标关联，从而提高性能。

请记住，组合在一起的特征及其计算的属性值必须在相同的范围内，并且在使用组合时，它们必须具有实际意义。也就是说，特征必须是同质的。读者将在后面的章节中看到某些技术需要或假设特征内的同质性。在本书的例子中，可以很自然地组合每个氮键，因为它们形成了一个 DNA 序列。在不是每个特征都相互适合并且它们的分布在一起没有用的情况下（即特征异质性），可以尝试对相似的特征进行分组，并计算每个组的统计度量。

这种将每个样本视为一个组而不是特征中的一个数据点的想法可以扩展，例如根据领域知识或简单的反复试验计算每行的总和或跨行的乘积。当特征数量较少时，也可以使用每个样本的总和或乘积，并且计算与单个样本上所有特征分布相关的度量作为额外信息。

根据数据集的大小，当特征数量较多时，使用深度学习方法优于经典机器学习方法，这是本书的精髓，也是该方法取得大部分成功的基础。两者的用法将在后面的章节中进行演示。

特征选择

特征选择是指从数据集中过滤或移除特征的过程（见图 2 - 55）。进行特征选择有两个主要原因——去除冗余特征（非常相似的信息内容）和过滤掉与目标无关的特征（对目标没有价值的信息内容），以避免降低模型性能。特征提取和特征选择的区别在于，特征选择减少特征数量，而特征提取创建新的特征或修改现有特征。特征选择的通用方法通常包括获取每个特征的"有用性"度量，然后消除不符合阈值的特征。请注意，无论使用哪种特征选择方法，最佳结果往往需要通过试错实现，因为最佳技术和工具因数据集而异。

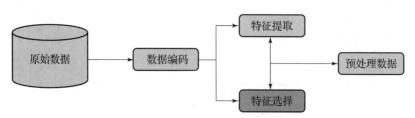

图 2 - 55　数据预处理流程中的特征选择组件

信息增益（Information Gain）

信息增益与 KL 散度（Kullback - Leiber Divergence）相同，可以定义为某个特定特征对目标类别的影响程度的度量。需要注意的是，在讨论它在特征选择中的用法之前，信息增益可以与基尼不纯度（Gini Impurity）和熵（Entropy）一起作为决策树中寻找最佳分割的另一个指标。信息增益在决策树中的一个主要缺点是，它倾向于选择具有更多唯一值的特征。一个例子是，如果数据集包含一个像日期这样的属性，则在通常情况下，决策树不会利用这种特征，因为它的值与目标无关。然而，信息增益可能为日期特征计算一个得分，该得分可能比其他特征更有用。此外，在处理分类特征时，信息增益倾向于具有更多类别的特征，这可能并不理想。虽然在某些情况下，信息增益在决策树分割中作为指标可能有用，但在大多数情况下由于其缺点，信息增益不被考虑使用。

从技术角度讲，信息增益指的是转换前后的熵差。当应用于分类特征选择时，它计算两个变量之间的统计相关性，或者说它们共享多少信息，这有时也被称为互信息。在统计学中，"信息"这个术语是指某个事件的惊奇程度。当某个事件的概率分布均衡，即熵更高时，它被认为比其他事件更惊奇。熵根据属于类的样本的概率分布来衡量数据集的"纯度"。例如，一个目标完全均衡（50 – 50 分布）的数据集将产生值为 1 的熵，而一个目标不均衡（90 – 10 分布）的数据集将产生较低的熵。信息增益通过将其按照其中每个唯一值进行划分来评估它对纯度的影响。从根本上讲，它根据特征如何将目标分割来评估一个特征与目标之间的有用性。信息增益的方程式如下所示：

$$\text{Information Gain}(D, X) = \text{Entropy}(D) - \text{Entropy}(X)$$

第二个熵的计算是在数据集 D 中特征 X 的条件熵，其定义为

$$\text{Entropy}(X) = \sum_{v \in X} \frac{D_v}{D} \text{Entropy}(D_v)$$

针对求和公式中的每个项，按照该特征中的唯一值 v 对数据集进行划分，计算该子集的熵 D_v，然后乘以该子集占整个数据集的比例（D_v 中的样本数除以数据集 D 中的总样本数），并将所有这些子集的结果求和。最后，计算开始熵和最终熵之间的差异。结果越大，该特征提供的目标信息就越多。

可以通过以下示例在虚拟数据集上对这种特征选择方法进行实现，该示例基于各种属性对葡萄酒类型进行分类（见代码清单 2 – 64）。

代码清单 2 – 64　加载数据集

```
from sklearn.datasets import load_wine
# 加载虚拟数据集
wine_data = load_wine()
#得到数据集 X 和 y
X = wine_data["data"]
y = wine_data["target"]
```

加载数据集后，可以首先在没有特征选择的情况下训练决策树，以便稍后进行比较（见代码清单 2 – 65）。

代码清单 2 – 65　使用决策树训练基线模型

```
# 在没有特征选择的情况下,在数据集上训练一个简单的决策树
from sklearn.tree import DecisionTreeClassifier
from sklearn.model_selection import train_test_split as tts

# 对训练数据集进行拆分,以便评估在未知测试数据集上的性能
```

```
X_train, X_test, y_train, y_test = tts(X, y, test_size = 0.3, random_state = 42)

# 决策树模型
dt = DecisionTreeClassifier(max_depth = 5)
dt.fit(X_train, y_train)

# 在未知数据集上进行预测
predictions = dt.predict(X_test)

# 评估性能
from sklearn.metrics import classification_report
print(classification_report(y_test, predictions))
```

得到的总体准确率为 0.94，但有一个小问题：类别 1 的性能明显比其他类别低。可以使用信息增益来处理对模型没有积极影响的特征，从而进一步改进结果（见代码清单 2 – 66）。

代码清单 2 – 66 使用信息增益进行特征选择

```
# 性能已经足够,但通过特征选择可以更好吗?
from sklearn.feature_selection import SelectKBest
from sklearn.feature_selection import mutual_info_classif

# 互信息分类:计算两个变量之间的互信息,即信息增益
# 根据提供的特征选择方法,选择前 k 个特征
# 选择前 8 个特征
X_new = SelectKBest(mutual_info_classif, k = 8).fit_transform(X, y)
```

使用信息增益选取了排名前 8 的最佳特征，得到一个 X_new 数组。现在使用相同的训练集 – 测试集和相同的参数训练一个新的决策树模型（见代码清单 2 – 67）。

代码清单 2 – 67 重新训练决策树并评估性能

```
# 使用特征选择的决策树
# 训练集 – 测试集拆分,以便评估在不可见测试数据上的性能

X_train, X_test, y_train, y_test = tts(X_new, y, test_size = 0.3, random_state = 42)

# 决策树模型
dt = DecisionTreeClassifier(max_depth = 5)
dt.fit(X_train, y_train)

# 在未知数据集上进行预测
predictions = dt.predict(X_test)

# 评估性能
```

```
from sklearn.metrics import classification_report
print(classification_report(y_test, predictions))
```
更高的性能!

可以看到，在使用信息增益进行特征选择后，准确率提高到了惊人的 0.98，类别 2 的性能相较于之前没有进行特征选择的模型高得多。

信息增益作为一种特征选择技术，它对于相对较小的数据集非常有用，但对于具有更多唯一值的特征的更大的数据集来说，其计算成本会急剧升高。

方差阈值（Variance Threshold）

特征选择的一个关键目标是删除不能为预测目标提供实际用途的冗余信息。因此，删除它们可以减小模型的规模，同时提高模型的性能。统计量方差表明特征分布的可变性。简单来说，它衡量数据的分散程度。通常当有更多的唯一值或者数据包含与平均值不同的值时，该特征对目标包含更多有用的信息。例如，具有恒定值的特征标准差为 0，因此方差为 0：数据没有变化。因此，目标是删除方差较小的特征。然而，测量某些特征的方差并没有考虑特征与目标的相关性。它假设具有更多可变性的唯一值通常比具有较少可变性的特征表现更好，这是常见的情况。数据集的方差定义如下，其中 x 是所有观测值或其平均值，n 是观测值的数量：

$$方差 = \frac{\sum (x_i - x)^2}{n - 1}$$

与信息增益相比，方差阈值提供了一种明显更快、更简单的特征选择方法，并在模型上获得了相当不错的改进。方差阈值通常用作基线特征选择器，过滤掉不合适的特征，而不会产生巨大的计算成本。下面展示了使用方差阈值选择特征的简单示例。请注意，在使用方差阈值选择特征时，比较且删除超过某个值的数据列，所有列的值必须处于相同的尺度。不同尺度的值产生的方差只能与它们自身的尺度进行比较。在下面的示例中，使用 MinMaxScaler 在计算方差之前对所有特征进行了缩放（见代码清单 2-68）。

代码清单 2-68　加载乳腺癌数据集并进行缩放

```
# 可以只使用 Pandas 示例数据集执行方差阈值
# 使用患者的数据来预测他们的乳腺癌诊断

from sklearn.datasets import load_breast_cancer
breast_cancer = load_breast_cancer()
breast_cancer = pd.DataFrame(data = np.concatenate([breast_cancer["data"],
breast_cancer["target"].reshape(-1, 1)], axis = 1), columns = np.append(breast_
cancer["feature_names"], "diagnostic"))


# 诊断是目标栏


# 在计算前缩放数据
```

```
from sklearn.preprocessing import MinMaxScaler

# 获取所有特征的名称
features = load_breast_cancer()["feature_names"]

scaler = MinMaxScaler()
breast_cancer[features] = scaler.fit_transform(breast_cancer[features])
```

在对数据进行缩放后，训练了一个最大深度为 7 的决策树作为基线模型比较（见代码清单 2-69）。分类器达到了 0.94 的准确率，但负类的准确率可能低至 0.90。

代码清单 2-69　基线模型

```
from sklearn.model_selection import train_test_split as tts
from sklearn.metrics import classification_report
from sklearn.tree import DecisionTreeClassifier

X_train, X_test, y_train, y_test = tts(breast_cancer[features], breast_cancer
["diagnostic"], random_state=42, test_size=0.3)

rf = LogisticRegression()
rf.fit(X_train, y_train)
predictions = rf.predict(X_test)
print(classification_report(y_test, predictions))
```

通过去除小方差的特征，可以看到模型表现有所改善（见代码清单 2-70）。

代码清单 2-70　使用移除的特征重新训练模型

```
# 返回每列的方差,方差大于 0.015
var_list = breast_cancer[features].var() >= 0.015
var_list = var_list[var_list == True]

# 从数据集中选择这些特征
features = var_list.index.to_list()

from sklearn.model_selection import train_test_split as tts
from sklearn.metrics import classification_report
from sklearn.tree import DecisionTreeClassifier

X_train, X_test, y_train, y_test = tts(breast_cancer[features], breast_cancer
["diagnostic"], random_state=42, test_size=0.3)

rf = LogisticRegression()
rf.fit(X_train, y_train)
predictions = rf.predict(X_test)
```

```
print(classification_report(y_test, predictions))
```

可以观察到准确率略有提高，达到 0.95，而对于真负类预测的精度提高到 0.92。根据阈值的不同，可能产生更差或更好的结果。最佳值只能通过试错确定。

然而，有时方差阈值提供的结果并不令人满意，因为它不考虑特征和目标之间的相关性。由于其特征表示的性质，分类和二元特征往往具有极小的方差。整个数据集可能只包含少量唯一值，但这些值对于预测目标至关重要。因此，在执行方差阈值时建议排除分类或二元特征。此外，一些数据集由具有高可变性的特征组成，但不一定对预测目标有用，这促使人们认识到方差阈值没有考虑目标和特征之间的关系，因此它是一种无监督的特征选择技术。

选择确定"截止值"的阈值取决于所使用的数据集。有些数据集可能在整个特征上具有大方差。在这种情况下，使用方差阈值将是徒劳的。因为确定阈值没有通用规则，最佳值是通过试错确定的。

高相关性方法

确定某些特征是否足以作为目标指标的最简单的方法之一是相关性。在统计学中，相关性定义了两个变量之间的相关性，这通常会产生一个度量值，用于说明这两个变量之间的关联程度。特征与目标之间的关系可以说是决定训练模型是否能够良好地预测目标的最重要因素。与目标相关性低的特征将呈现为噪声，可能降低训练模型的性能。使用皮尔逊相关系数计算两个变量之间的线性相关性经常用于衡量两个变量之间的紧密程度或它们的相关性。其方程式如下所示，其中 $\underline{x}$ 和 $\underline{y}$ 分别表示变量 x 和 y 的均值：

$$皮尔逊相关系数 = \frac{\sum (x - \underline{x})(y - \underline{y})}{\sqrt{\sum (x - \underline{x})^2 \sum (y - \underline{y})^2}}$$

皮尔逊相关系数产生一个介于 −1 和 1 的值，−1 表示两个变量之间呈完全负相关，而 1 表示完全正相关。值为 0 表示变量之间没有相关性。一般来说，当值大于 0.5 或小于 −0.5 时，两个变量被认为具有强的正或负相关性。

以前面介绍过的波士顿住房数据集为例，可以将每个特征与目标之间的相关性可视化，绘制成热力图（见图 2−56）。

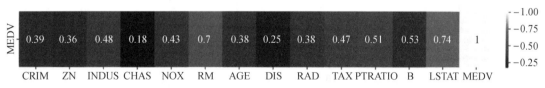

图 2−56 波士顿住房数据集的特征与目标之间的相关性

目标列"MEDV"代表自住房屋的中位数，单位为数千美元。可以看到 LSTAT 与目标之间的相关性极高，为 0.74。其次，"INDUS""RM"和"PTRATIO"列的相关值均大于或等于 0.5。合理地说，代表人口社会地位百分比的 LSTAT 特征与目标的相关性最高，因为在大多数情况下，社会地位在一定程度上反映了财务状况。

利用相关系数值，可以删除与目标相关性较低的特征。为了系统地删除这些特征，选择了阈值为 0.35，舍弃相关系数小于此阈值的任何特征。使用一个简单的 KNN 回归器模型，邻居数（k 值）为 3，比较有无这些特征时的模型性能（见代码清单 2–71）。

代码清单 2–71 使用高相关性方法筛选特征示例

```python
# 不删除相关性低的特征的 KNN 回归

from sklearn.neighbors import KNeighborsRegressor
from sklearn.model_selection import train_test_split as tts
from sklearn.metrics import mean_absolute_error

features = ["CRIM", "ZN", "INDUS", "CHAS", "NOX", "RM", "AGE", "DIS", "RAD",
"TAX", "PTRATIO", "B", "LSTAT"]
target = ["MEDV"]
X_train, X_test, y_train, y_test = tts(boston_data[features], boston_data
[target], random_state = 42, test_size = 0.3)
knn = KNeighborsRegressor(n_neighbors = 3) knn.fit(X_train, y_train) no_corr_
pred = knn.predict(X_test)
print(mean_absolute_error(y_test, no_corr_pred))
# 3.9462719298245608

# 删除相关性低于 0.35 的特征
lowly_corr_feat = ["CHAS", "DIS", "B"]

# 删除这些特征
features = list(set(features) - set(lowly_corr_feat))
X_train, X_test, y_train, y_test = tts(boston_data[features], boston_data
[target], random_state = 42, test_size = 0.3)

knn = KNeighborsRegressor(n_neighbors = 3)
knn.fit(X_train, y_train)
no_corr_pred = knn.predict(X_test)
print(mean_absolute_error(y_test, no_corr_pred))
# 3.7339912280701753
```

移除 3 个与目标变量相关性最低的特征后，可以观察到 MAE 提高了约 0.212。然而，如果开始提高阈值以删除更多特征，则模型性能将急剧下降，这表明删除了模型在学习过程中所使用的关键特征。没有选择最佳的通用阈值的完美方法，只能通过试错即反复试验来进行选择。

虽然线性相关性可以作为衡量特征效果的有用工具，但其复杂性相对于其他方法而言较低。此外，皮尔逊相关系数只能在数据服从高斯分布时使用。当数据不符合高斯分布时，应使用秩相关性。秩相关性不是使用特征的实际值，而是计算两个变量之间的序数关联：将每组相似的值替换为"秩"或"顺序"，并且不假定任何数据分布。秩相关性产生的值与皮尔逊相关系数具有类似的趋势，但可以用于附合任何分布的数据，因此有时被称为非参数相关性。波士顿住房数据集的相关性值使用 Spearman 秩系数的结果如图 2-57 所示。

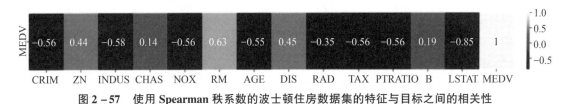

图 2-57 使用 Spearman 秩系数的波士顿住房数据集的特征与目标之间的相关性

无论使用哪种相关性过滤方法，高相关性并不总是意味着一个特征对目标变量的因果关系。基于其值来测量相关性和过滤特征是有用的。然而，许多现代大型数据集建模的关系比线性甚至二次关系更为复杂。因此，在这些情况下，相关性过滤方法可能被认为是无用的。

计算这些值仍然可以呈现良好的视觉效果，并且提供一个和有关目标变量直接相关的基本概念，但是否能提高模型性能取决于模型产生的结果。

注释： 波士顿住房数据集包含一个问题特征 B。请参考前面对 B 特征意义的探讨。不建议在现实世界的应用中使用在波士顿住房数据集上训练的模型。

递归特征消除（Recursive Feature Elimination，RFE）

在前面的章节中，所有介绍的特征选择技术都是测量与每个特征相关的某些个体属性，然后根据它们的"测量"来确定特征删除的形式。这些方法是通用的，可以使用相同的管道和过程应用于任何数据集。但是归根结底，特征选择的目的是提高模型性能，因此观察每个特定特征对模型性能的贡献非常重要。RFE 是一种基于特征对训练模型的贡献程度来移除特征的过程。

由于其有效性和灵活性，RFE 是最常用的特征选择算法之一。RFE 不是单一的算法或工具，而是一个包装器，可以根据用例适应任何模型。在下面的示例中，使用随机森林作为特征选择的模型，但它可以被替换为任何其他模型以提高性能。

与之前介绍的波士顿住房数据集类似，森林覆盖数据集是用于基准测试表格分类模型的另一个流行数据集。该数据收集自科罗拉多州罗斯福国家森林中的 4 个荒野地区。定义为 30 m×30 m 区域的制图数据用于预测每个观测值的森林类型。该数据集包括 54 个特征和 7 个类别，共有 581 000 个样本，因此它被构建为一个多类分类问题。

首先使用随机森林建立基线模型，并使用 ROC-AUC 衡量性能。然后，使用 RFE 移除特征，以降低模型的复杂度，同时提高模型的预测能力（见代码清单 2-72）。

代码清单 2-72 使用随机森林的基线模型

```
# 需要联网来获取数据集
from sklearn.datasets import fetch_covtype
from sklearn.ensemble import RandomForestClassifier
```

```
from sklearn.metrics import roc_auc_score
from sklearn.model_selection import train_test_split as tts


# 加载数据
forest_cover = fetch_covtype()
forest_cover = pd.DataFrame(data = np.concatenate([forest_cover["data"],
forest_cover["target"].reshape(-1,1)], axis =1))
    # 重新命名目标列
forest_cover = forest_cover.rename(columns ={54:"cover_type"})
    # 特征名是从 0 到 53
features = range(54)
X_train, X_test, y_train, y_test = tts(forest_cover[features], forest_cover
["cover_type"], random_state =42, test_size =0.3)


rf = RandomForestClassifier(max_depth =7, n_estimators =50, random_state =42)
rf.fit(X_train, y_train)
predictions = rf.predict_proba(X_test)
print(roc_auc_score(y_test.values, predictions, multi_class ="ovr"))
```

在初始建模后，使用所有 54 个特征得到的 ROC – AUC 分数约为 0.939。从这里开始，可以通过迭代建模和比较性能来递归地删除特征。对于每个特征，训练模型会根据训练结果分配一个权重或特征重要性值。对于不同的算法，确定这个特征重要性值的方法是不同的。例如，在回归算法中，特征重要性值就是权重乘以与之相关联的特征。回归算法中的系数充当了权重，表明每个特征对最终预测的贡献程度。另外，在决策树和随机森林等基于树的方法中，特征重要性值被计算为引入一个特征后所带来的标准准则的总减少量。

在 scikit – learn API 中，可以通过在已经拟合的模型上调用 coef_ 或 feature_importances_属性来获取模型的特征重要性值。通过对特征重要性值进行排序并通过条形图将其可视化（见图 2 – 58），可以删除对模型贡献不大的特征（见代码清单 2 – 73）。但是，每次删除一个特征后，系数或特征重要性值都会发生变化。因此，需要逐个删除特征，并重新训练模型再次计算特征重要性值。

代码清单 2 – 73 获取特征重要性值并绘制条形图的代码

```
    # 前 10 个重要特征
feat_import = pd.DataFrame(zip(rf.feature_importances_, features), columns =
["importance", "feature"]).sort_values("importance", ascending =False)
feat_import_top = feat_import[:10].reset_index(drop =True)


    # 绘制条形图
plt.figure(figsize =(8, 6), dpi =200)
sns.barplot(x = feat_import_top.importance, y = feat_import_top.feature, data =
feat_import_top, orient ="h", order = feat_import_top["feature"])
```

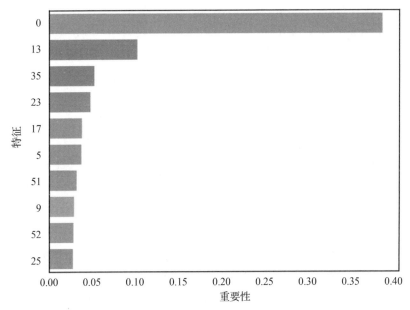

图 2 – 58　前 10 个重要特征

　　为了执行 RFE，scikit – learn 实现了一个名为 RFE 的包装器类（见代码清单 2 – 74）。该对象使用类似 scikit – learn 的模型和各种超参数进行实例化。RFE 的一个主要缺点是它的计算成本很高，这也是它不能在任何数据集中使用的原因。对于 RFE 的每次迭代，都会使用完整的数据集训练一个新模型，这会导致较长的计算时间和较高的成本。RFE 通过参数步骤略微改进：它定义了每次迭代要删除多少个特征。如果需要缩短训练时间，则可以同时删除多个特征，而不是逐个删除特征。

代码清单 2 – 74　使用 RFE 重新训练随机森林模型

```
from sklearn.feature_selection import RFE
# 通过逐步删除 3 个重要性低的特征选择前 20 个特征
rfe = RFE(estimator = RandomForestClassifier(max_depth = 7, n_estimators = 50,
random_state = 42), n_features_to_select = 20, step = 3)
rfe.fit(X_train, y_train)


# 所有保留的特征
X_train.columns[rfe.support_]


# 使用删除后的特征重新评估性能


X_train_rfe = rfe.transform(X_train)
X_test_rfe = rfe.transform(X_test)


rf = RandomForestClassifier(max_depth = 7, n_estimators = 50, random_state = 42)
```

```
rf.fit(X_train_rfe, y_train)
    predictions = rf.predict_proba(X_test_rfe)
    print(roc_auc_score(y_test.values, predictions, multi_class = "ovr"))
```

通过保留前 20 个特征并删除其他 34 个特征，ROC – AUC 分数没有降低，甚至增加到了 0.94！但是，RFE 的问题显而易见：对于一个只有 50 个特征和几十万个样本的数据集，训练时间已经非常长。这表示很难将 RFE 扩展到包含数千个特征和数百万个样本的更大的数据集中。即使使用现代 GPU，一次迭代训练的时间也可能长达数小时。

应该考虑并保持性能和训练时间之间的权衡。有时，RFE 会消耗大量的计算能力和时间，而使用更快的算法可以稍微降低准确性，但速度高得多。这取决于数据科学家根据实际情况做出的决策。

排列重要性

排列重要性可以看作计算特征重要性的另一种方法。排列重要性和特征重要性都衡量了一个特征对整体预测的贡献程度。然而，排列重要性的计算与模型无关，这意味着无论使用哪种机器学习模型，算法都保持不变。排列重要性的速度取决于模型预测速度，但相对于其他特征选择算法如 RFE，它仍然相对较快。

排列重要性产生了一个从特征到目标的相关性度量。从逻辑上讲，具有低排列重要性的特征可能对模型是不必要的，而具有较高排列重要性的特征可能对模型更有用。

该算法首先对验证数据集中一个特征的行进行打乱。在打乱之后，使用训练好的模型进行预测，并观察打乱对性能的影响。从理论上讲，如果一个特征对模型至关重要，那么它将显著降低模型预测的准确性。另外，如果打乱的特征对模型预测的贡献不大，那么它对模型的性能影响也不大。通过计算与真值相比的损失函数，可以通过从打乱的特征中得出的性能下降程度来获得特征重要性的度量。

仍然使用来自 RFE 的森林覆盖数据集来比较特征重要性，可以使用以下代码作为基线模型（见代码清单 2 – 75）。

代码清单 2 – 75　基线模型代码

```
# 获取数据需要联网
from sklearn.datasets import fetch_covtype
from sklearn.ensemble import RandomForestClassifier
from sklearn.metrics import roc_auc_score
from sklearn.model_selection import train_test_split as tts


# 加载数据集
forest_cover = fetch_covtype()
forest_cover = pd.DataFrame(data = np.concatenate([forest_cover["data"],
forest_cover["target"].reshape(-1,1)], axis =1))
    # 对目标列名重新命名
forest_cover = forest_cover.rename(columns ={54:"cover_type"})
```

```
# 特征列名是从 0 到 53
features = range(54)
X_train, X_test, y_train, y_test = tts(forest_cover[features], forest_cover
["cover_type"], random_state = 42, test_size = 0.3)
rf = RandomForestClassifier(max_depth = 7, n_estimators = 50, random_state = 42)
rf.fit(X_train, y_train)
predictions = rf.predict_proba(X_test)
print(roc_auc_score(y_test.values, predictions, multi_class = "ovr"))
```

scikit – learn 没有提供排列重要性的朴素实现；相反，可以使用与 scikit – learn 兼容的 eli5 库。

要计算并显示排列重要性，可以分别调用 fit 和 feature_importances_（见代码清单 2 – 76）。

代码清单 2 – 76 使用 eli5 库实现排列重要性的方法

```
import eli5
from eli5.sklearn import PermutationImportance
from sklearn.metrics import make_scorer

# 将指标转换为 eli5 的评分器
scocer_roc_auc = make_scorer(roc_auc_score, needs_proba = True, multi_class = "ovr")
perm = PermutationImportance(rf, scoring = scocer_roc_auc, random_state = 42).
fit(X_test, y_test)

# 前 10 个重要特征
feat_import = pd.DataFrame(zip(perm.feature_importances_, features), columns =
["importance", "feature"]).sort_values("importance", ascending = False)

feat_import_top = feat_import[:10].reset_index(drop = True)
# 绘制条形图

plt.figure(figsize = (8, 6), dpi = 200)
sns.barplot(x = feat_import_top.importance, y = feat_import_top.feature, data =
feat_import_top, orient = "h", order = feat_import_top["feature"])
```

与 RFE 中的随机森林计算的特征重要性进行比较，可以发现其重要性的顺序遵循相似的模式，但并不完全相同（见图 2 – 59）。为了与 RFE 及其计算的特征重要性进行比较，选取前 20 个特征并重新训练随机森林模型（见代码清单 2 – 77）。

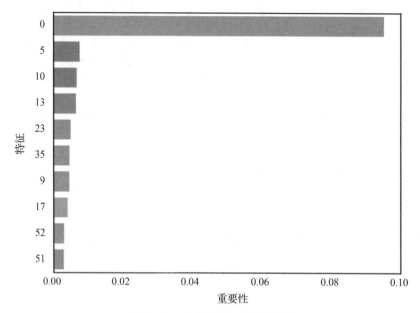

图 2 - 59　使用前 10 个重要特征

代码清单 2 - 77　使用选定的前 20 个特征重新训练随机森林模型

```
#使用前 20 个特征重新训练模型
rf = RandomForestClassifier(max_depth = 7, n_estimators = 50, random_state = 42)
X_train_permu = X_train[feat_import[:20]["feature"].values]
X_test_permu = X_test[feat_import[:20]["feature"].values]

rf.fit(X_train_permu, y_train)
predictions = rf.predict_proba(X_test_permu)
print(roc_auc_score(y_test.values, predictions, multi_class = "ovr"))
```

得到的 ROC - AUC 分数约为 0.941 6，略高于使用 RFE 时的分数。在算法方面，RFE 和排列重要性非常相似，但它们的正确使用情况是非常不同的。排列重要性要求测试数据有标签，并且特征的打乱是随机的。有时确定性结果可能比计算成本更重要，相反，有时在计算时间不易获得的情况下，排列重要性提供了一种更快的特征选择方法，其结果是具有竞争力的。

LASSO 系数选择

在线性回归中，每个特征都被赋予一个系数，作为决定该特征对最终预测的贡献程度的权重。在理想情况下，完美训练的回归模型也应具有完美的系数，因此具有完美的特征重要性。正如 RFE 和排列重要性所展示的概念一样，可以根据特征重要性来选择和删除特征。那些权重较小或为零的特征是不重要的或对预测没有贡献的，因此不需要对它们进行训练，因为它们只会延长训练时间，甚至可能降低模型的性能。LASSO 回归正是这样做的。根据可调节的超参数，不重要特征的权重将被缩小到 0。

正如前一章中提到的，LASSO 回归为线性回归添加了一个惩罚项以进行正则化：

$$c(\boldsymbol{\beta},\boldsymbol{\varepsilon}) = \frac{1}{n} \parallel \boldsymbol{X\beta} + \boldsymbol{\varepsilon} - \boldsymbol{y} \parallel_2^2 + \lambda \parallel \boldsymbol{\beta} \parallel_1$$

LASSO 回归将某些特征的权重缩小到 0，可以将其作为特征选择技术，删除那些具有 0 权重的特征。λ 参数控制着缩小的程度。λ 越大，正则化越有可能导致 0 权重。

LASSO 回归本身可能不适合在数据集上预测，因为它过于简单，无法对每个复杂数据集中存在的复杂关系建模。然而，可以利用其系数选择有用的特征，并使用另一个更适合数据集的模型训练这些特征。该过程与 RFE 和排列重要性相同：训练一个基线模型，执行特征选择，然后重新训练模型并观察改进（见代码清单 2–78）。

代码清单 2–78　基线模型

```python
# 获取数据需要联网
from sklearn.datasets import fetch_covtype
from sklearn.ensemble import RandomForestClassifier
from sklearn.metrics import roc_auc_score
from sklearn.model_selection import train_test_split as tts

# 加载数据集
forest_cover = fetch_covtype()

forest_cover = pd.DataFrame(data = np.concatenate([forest_cover["data"],
forest_cover["target"].reshape(-1, 1)], axis =1))

# 对目标列重新命名
forest_cover = forest_cover.rename(columns ={54:"cover_type"})

# 特征列是从 0 到 53 列
features = range(54)
X_train, X_test, y_train, y_test = tts(forest_cover[features], forest_cover
["cover_type"], random_state =42, test_size =0.4)

rf = RandomForestClassifier(max_depth =7, n_estimators =50, random_state =42)
rf.fit(X_train, y_train)
predictions = rf.predict_proba(X_test)
print(roc_auc_score(y_test.values, predictions, multi_class ="ovr"))
```

在训练基线模型后，使用某个值作为 λ，对数据进行 LASSO 回归模型训练。随着 λ 的增大，越来越多的特征权重会变为 0。除了反复试错以外，没有找到 λ 的最佳方法。在下面的示例中，将 λ 设置为 0.005，在训练后删除了 26 个特征（见代码清单 2–79）。

代码清单 2–79　使用 LASSO 回归进行特征选择，并在选择后重新训练

```python
from sklearn.linear_model import Lasso
```

```
lasso = Lasso(alpha = 0.005) lasso.fit(X_train, y_train)

# 将所有权重转换为正值
# 特征重要性
feat_import_lasso = abs(lasso.coef_)

# 选择系数大于 0 的特征
features = np.array(features)[feat_import_lasso > 0]

# 使用选定的特征对模型进行重新训练
X_train, X_test, y_train, y_test = tts(forest_cover[features], forest_cover
["cover_type"], random_state = 42, test_size = 0.4)

rf = RandomForestClassifier(max_depth = 7, n_estimators = 50, random_state = 42)
rf.fit(X_train, y_train)
predictions = rf.predict_proba(X_test)
print(roc_auc_score(y_test.values, predictions, multi_class = "ovr"))
```

示例中的模型将 ROC – AUC 分数提高到大约 0.940 6，仅使用了原始 54 个特征中的 28 个特征。请记住，通过调整超参数 alpha 或 λ，可以进一步改善结果。最后，可以使用条形图可视化由 LASSO 回归计算出的一些最重要的特征。

请注意，在图 2 – 60 中，与随机森林在 RFE 和排列重要性中产生的特征相比，顶部特征有些不同。随机森林和 LASSO 回归之间的一个主要区别是它们对数据的关系进行建模的能力。LASSO 回归只能建模线性关系，而随机森林可以处理关系是非线性的数据。LASSO 回归可能无法解释现代数据集中的复杂关系，但它的速度与其他算法相比非常高，

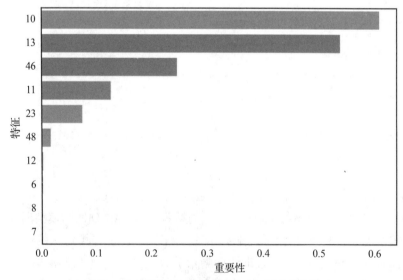

图 2 – 60 使用 LASSO 回归的 10 个重要特征

包括信息增益、RFE 和排列重要性等算法。LASSO 系数选择通常可以作为快速了解特征选择的工具，或者作为基线选择工具。但是，应该谨慎使用它，因为它可能删除可以模拟非线性关系的模型的重要特征。

关键知识点

本章讨论了数据准备和特征工程的几个关键组成部分：TensorFlow Datasets、数据编码、特征提取和特征选择。

- TensorFlow Datasets 用于神经网络模型的大型数据集，这使其在内存方面可行。TensorFlow 序列数据集是用户定义的数据加载类，在数据加载和传递到模型的方式上提供了灵活性。

- 并非所有表格数据集都是小型且方便操作的，特别是与生物医学领域相关的现代表格数据集。本章介绍了 5 种方法，以减少数据集的大小，或者避免将整个数据集文件加载到内存中。

- Pickle 文件是 Python 的特定文件。将 Pandas 数据框保存到 Pickle 文件中可以缩短加载时间并减小文件的大小。

- SciPy 和 TensorFlow 稀疏矩阵都是压缩稀疏数据的方法。这使用户可以更轻松地操作数据集，而不必担心 OOM 错误。

- Pandas Chunker 允许将 Pandas 数据框作为迭代器加载，并设置用户指定的块大小。它可以与 TensorFlow Datasets 结合使用，一次性加载批量数据。

- 将数据存储在 h5 文件中并以二进制格式压缩数据。Python 库 h5py 可以在程序内定义的变量和存储在磁盘中的文件之间创建链接。它与 Pandas Chunker 相比更加灵活，因为它可以访问任何数量或部分的数据。

- NumPy 内存映射提供了与 h5py 库相似的功能，用于在程序和存储在磁盘中的数据之间创建引用。但是，NumPy 内存映射可以在一行中完成，而无须使用 h5py 语法。

- 通常收集的原始数据不适合模型训练。数据的主要先决条件是它必须是定量的，但人们还希望数据的定量形式能代表其性质或属性（即希望将数据的属性编码为模型所看到的属性）。

- 离散数据编码策略：标签编码（每个类别与一个整数任意关联）；独热编码（独热向量中对应类别的一个位置标记为 1，其余位置标记为 0）；二进制编码（使用每个类别的标签编码的二进制表示）；频率编码（将类与数据集中该类别的频率关联）；目标编码（将类别与该类别的项目的聚合目标值关联）；留一法编码（目标编码，但当前行不考虑在聚合计算中）；James – Stein 编码（类似目标编码，但同时考虑整体平均值和每个类别的个体平均值）；证据权重编码（使用证据权重公式确定一个类别对区分目标有多大帮助）。

- 连续数据编码策略：最小 – 最大缩放（将数据缩放，使最小值为 0，最大值为 1 或其他一些边界值）；鲁棒缩放（类似最小–最大缩放，但使用第一和第三四分位数作为相关分布标记，而不是最小和最大值）；标准化（数据在减去平均值后除以标准差）。

- 文本数据编码策略：关键字搜索、原始向量化（将每个单词/标记视为一个类别，并进行独热编码）；词袋模型（计算序列中的单词/标记数量）；n 元组（计算序列中 n 个单词/标记的顺序组合的数量）；TF – IDF（平衡术语在文档中出现的频率与整体频率之间的相关性）；情感提取（文本情感质量的量化标记）；Word2Vec（通过神经网络学习的嵌入，作为执行语言任务的最佳嵌入）。

- 编码时间/时态序列数据策略：将每个时间表示为从起始时间开始的基本单位数（仅用于插值），提取时间的周期特征（季节、月份、星期、小时等），并检测是否为重要的日期/时间（假期、高峰时间段等）。

- 地理数据编码策略：获取国家或州/省等位置的定量抽象子组件，并获取纬度和经度。

- 特征提取/工程方法是在应用任何模型之前必须考虑的关键技术。特征提取算法旨在找到原始数据的较低维度表示，以保留最多信息。

- PCA 和 t – SNE 等算法是无监督的降维技术，它们将数据投影到较低的维度，同时尽可能地保留数据的整体结构。

- 与 t – SNE 相比，PCA 速度更高，但不关注点之间的局部距离。虽然 t – SNE 更关注局部点之间的距离，但它的计算负担极重，并且在特征提取方面很少使用，后面将会说明，在深度学习管道中，t – SNE 在模型解释方面扮演着重要角色。

- LDA 是有监督的，并假设数据是正态分布的，且具有相似的方差。LDA 是一种分类算法，但也可以用作降维技术，其中所保留的组件数量等于或小于类的数量。同样，当用于特征提取时，LDA 不如 PCA 流行，但在大多数情况下表现相当不错。

- 基于统计的工程通过提取数据集中每行的高阶统计量来创建新特征。这有助于模型查看每个单独特征与目标的关联，以及每个样本的特征作为整体如何影响目标。

- 特征选择方法不仅可以提高模型性能，同时通过减小数据集的大小来缩短训练时间。大多数特征选择方法都遵循两个基本步骤：获取某个指标的值，然后根据该指标的阈值选择特征。

- 诸如方差阈值、高相关性方法和 LASSO 系数选择等算法执行速度高，即使在大型数据集上也能操作。然而，这些方法都不是针对特定模型的，也就是说，它们适用于任何数据集，不管使用哪个模型进行训练。

- RFE 和排列重要性等特征选择技术是针对特定模型的，因为它们依赖训练模型的输出。它们往往比之前提到的方法表现更好，但是需要多次迭代进行模型训练，因此计算开销显著增大。

- 信息增益相比于方差阈值和高相关性方法能够提供更好的结果，但与那些针对特定模型的方法一样，它的计算成本很高。

下一章将探索神经网络的深度学习。

第二部分　应用深度学习架构

第**3**章
神经网络与表格数据

所有技术的基础是火。

——艾萨克·阿西莫夫，作家和波士顿大学教授

深度学习算法与前面介绍的经典机器学习算法完全不同。神经网络是深度学习的核心和基础，解决了第 1 章末尾讨论的经典机器学习的许多弱点。本章介绍了深度学习的核心理论和数学原理，它与大多数经典机器学习的范式不同，同时使用流行且易于上手的深度学习框架 Keras 进行相应的实现。

本章从数学的角度介绍神经网络以及在流行且易于上手的深度学习框架 Keras 中的相应实现。本章首先探索神经网络是什么以及使它们具有表示能力的结构。读者将学习如何定义和训练 Keras 模型，但也会发现它们的性能远未达到它们的潜力。随后，本章更深入地探讨前馈和反向传播过程背后的理论和数学原理。除此之外，读者还将了解激活函数的细节以及它们在释放神经网络的全部潜力中所扮演的关键角色。本章的第二部分深入研究更高级的神经网络用法和操作，包括训练回调、Keras 函数式 API 和模型权重共享。最后，本章回顾几篇研究论文，展示如何通过简单的机制提高神经网络在表格数据上的性能。

本章为本书后续内容的深度学习奠定了基础。接下来的章节依赖本章所讨论的理论知识和工具。

神经网络究竟是什么?

机器学习的核心思想是泛化（Generalization）。能够适应和学习相似但不完全相同的情况，这是机器学习与硬编码算法的区别。

以我们自己为例：如果向我们展示两张看起来都像猫的图片，即使这两张图片在外观上稍有不同，我们仍然能够自信地说它们都是猫。我们的大脑可以区分这两张图片，同时确定它们都是猫——这就是一种泛化。大脑通过学习我们一生中遇到的模式来实现这一功能。机器学习模仿了这个概念：算法通过学习数据并识别模式，以便对它们从未见过的数据进行泛化。

人脑由数以亿计的神经元通过突触相互连接而成，形成一个非常庞大的网络，控制我们的思维并指导我们的行动。我们的感觉器官接收信息并将其传递给大脑。神经元通过电脉冲和化学信号在彼此之间处理和传递信息。随后，数据通过我们的身体传递到神经系统，对输出的信息进行操作。

我们身体中的每个神经元都接收输入并输出其经过处理的信息。感知机是一种数学模型，其灵感来自信息处理的神经元模型，由 Frank Rosenblatt 在 1958 年提出（远在现代超级计算机时代之前）。然而，由于当时的技术限制，感知机的全部潜力并未被发现。直到20 世纪 80 年代，当人工智能和机器学习的研究更加深入时，感知机网络的概念才出现。现在被称为人工神经网络（见图 3 - 1）。

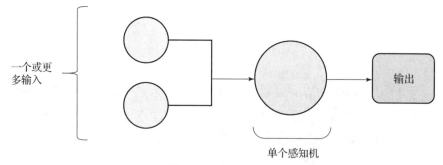

图 3 - 1   感知机网络

神经网络的核心概念模仿人类神经元对信息的连接和处理。与电脉冲不同，可以想象每个神经元存储一个值，该值表示它向其他邻近神经元传递信息的能力和强度（见图 3 - 2）。

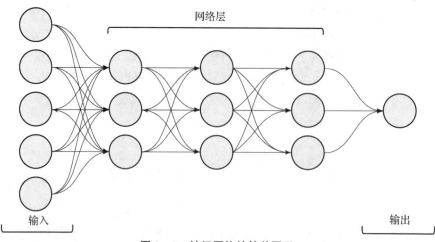

图 3 - 2   神经网络的简单图示

　　网络分为多个层结构，第一层接收输入，最后一层输出结果。在通常情况下，每个层中的每个神经元与前一层和后一层的每个神经元连接。信息从第一层向前传递到第 n 层。每个连接都与其他连接不同；有些神经元可能对最终预测有更大的贡献，而另一些神经元可能只对预测产生很小的影响。信息从输入到输出逐层传递。神经网络的训练通过一种称为反向传播的过程进行，这将在后面的部分详细讨论。

神经网络理论

　　标准或所谓的"经典"神经网络有许多变体。本书介绍其中一些变体，而其他变体则留给读者自行探索。支持所有这些变体的基础称为人工神经网络（Artificial Neural Network，ANN）。ANN 的其他名称包括多层感知机（Multilayer Perceptron，MLP）和全连接网络（Fully Connected Network，FCN）。本书中将交替使用这些术语。理解和学会利用 ANN 是进入深度学习无尽领域的先决条件。

从单个神经元开始

　　首先从最简单的神经元数学模型开始理解神经网络，即具有两个输入和一个输出的单个感知机。该神经元代表某种函数，它将两个输入信息组合起来并输出有意义的结果（见图 3 – 3）。

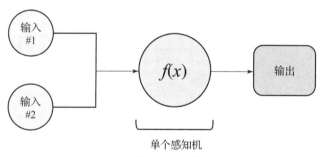

图 3 – 3　单个感知机模型示例

　　实际上，单个感知机模型可以通过某种方法从错误中学习并修正输出值。可以引入可调整的权重，这些权重与每个输入值相乘，最终的输出将由每个输入乘以其权重的和确定。该模型的权重可以迭代地更新，以产生正确的预测值。权重更新的过程对于当前的上下文来说并不重要（本章后面将讨论权重如何更新）。还可以实施一项额外的改进，即可训练的偏置值。通过将加权和的输出进行适当的偏移，可以确保网络能够达到各种值，从而能够对更复杂的函数进行建模（见图 3 – 4）。

　　可以将通过单个感知机模型产生输出的概念扩展为一个数学公式，其中 x_i 表示特征，n 表示特征的数量，w_i 表示权重，b 表示偏置：

$$输出 = b + \sum_{i=1}^{n} x_i w_i$$

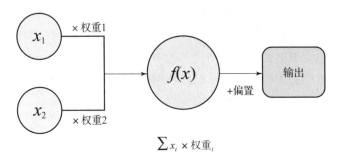

图 3 - 4　带有权重和偏置的单个感知机模型

有些人可能意识到，与前面描述的感知机模型相比，线性回归使用了类似的概念。线性回归的能力非常有限，它只能模拟和理解变量之间的线性关系，就像前面描述的简单感知机模型一样。这就是神经网络中的"网络"发挥作用的地方。神经网络将数百个神经元堆叠成几十个层，每个层处理数据的不同部分，识别局部模式，并将每个层或神经元获取的信息进行组合。

前馈操作

从单个神经元的概念扩展，转向多层感知机模型或 ANN（见图 3 - 5）。

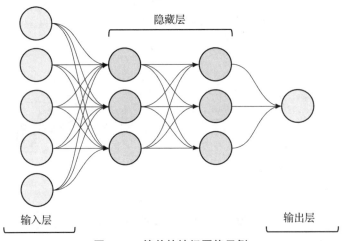

图 3 - 5　简单的神经网络示例

将神经网络中的每一列神经元视为网络的一层，其中第一层接收输入，最后一层输出预测结果。特征的数量或数据集的维度对应输入层中的神经元数量。在回归问题中，输出层将包含一个单独的神经元，用于生成预测值。同样，对于二元分类，输出层只有一个神经元，但这时它的值将由激活函数限制在 1 和 0 之间。激活函数将在后续章节中进行更详细的探讨。暂时可以将激活函数视为帮助神经元调整其值以适应输出范围的工具。例如，分类任务要求输出在 [0, 1] 范围内，可以使用 sigmoid 激活函数将原始输出值转换为 [0, 1] 范围内的值。

输入层和输出层之间的层被称为"隐藏层"。在之前展示的图示中，有两个隐藏层，每个隐藏层有 3 个神经元。隐藏层和神经元的数量是可以调整的超参数，可以用来改善神经网络的性能。

可以想象神经网络通过将数据分解成不同的部分进行分析。此外，可以将每个权重值解释为一个助手，它对输入数据/上一层的中间结果进行调整，以适应每个神经元所训练的识别任务。例如，第一个隐藏层中的每个神经元可以被训练来发现数据中的某些潜在统计分布，而第二个隐藏层则处理从第一个隐藏层传递下来的信息，并为最后一个隐藏层生成中间结果，用于计算预测。

根据输入层的权重，第一个隐藏层中的每个神经元可以接收原始输入的"修改"版本，从而能够以不同的角度解释数据集（见图 3 – 6）。如果将每个权重或连接都看作可训练的参数，那么简单的 4 层网络（具有 5 个输入和 1 个输出）将具有 $5 \times 3 + 3 \times 3 + 3 \times 1 = 27$（个）参数。然而，请记住，在每个神经元之前的权重求和后，还添加了一个偏置。因此，上面的示例网络中的总参数为 $27 + 3 + 3 + 1 = 34$（个）。

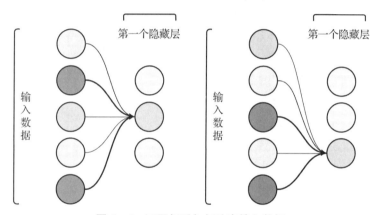

图 3 – 6　不同权重如何改变输入数据

前馈操作是将信息从第一层传递到最后一层的过程。它不仅是神经网络训练的起点，也是进行预测的方法。训练神经网络的一般过程可以概括为 5 个步骤。

（1）初始化随机的权重和偏置。

（2）通过前馈操作计算初始预测值。

（3）基于可微的度量标准计算网络的误差，从根本上表明网络在数据上的表现如何。

（4）根据反向传播计算误差调整权重和偏置的值。

（5）重复执行上述步骤，直到达到期望的准确度。

在深入探讨神经网络如何使用前馈和反向传播进行学习数学原理（复杂又迷人）之前，通过一个具体的示例在 Python 中构建一个简单的神经网络，熟悉之前介绍的概念。暂时将反向传播过程视为一种根据误差调整网络参数以提高性能的算法。

Keras 介绍

Keras 是由 Francois Chollet 创建的流行深度学习库，它可以直接实现从简单到复杂的各种神经网络模型。由于其出色的易用性和性能，本书选择 Keras 作为开发和演示深度学习概念的框架。

Keras 在法语中的意思是"号角",它取自《奥德赛》中的文学形象。Keras 最初作为 ONEIROS(开放式神经电子智能机器人操作系统)的研究项目被开发,后来迅速扩展到提供深度学习领域的通用用途和支持。Keras 通过专注于"渐进式复杂性披露"的理念,提供与任何现代标准媲美的性能和强大功能。Keras 框架在全球范围内得到广泛应用,包括 NASA 和谷歌等知名公司都在使用它。虽然可以通过清晰的流程实现高级建模和工作流程,但简单快捷的想法也可以用最少的努力来实现。

Keras 本身是一个高级库,设计用于在诸如 TensorFlow、Theano 和 Cognitive Toolkit 等低级深度学习包上运行。Keras 的核心动机是提供一个易于使用的接口,更好地连接思想和实现。在默认情况下,Keras 是基于谷歌公司开发的深度学习平台 TensorFlow 构建的。在早期版本中,TensorFlow 为开发深度学习模型提供了详细但复杂的系统和类。到了 2.0 版本,Keras 的流行使其成为 TensorFlow 的官方 API。虽然 Keras 仍然是一个独立的库,但 TensorFlow 可以填补 Keras 在低级训练控制方面的不足。建议安装 TensorFlow 而不是 Keras 的独立软件包,以充分利用 TensorFlow 的无尽定制能力以及与 Keras 的结合(见代码清单 3 – 1)。

可以通过在命令行中使用 pip 命令安装 TensorFlow,也可以直接在 Jupyter Notebook 中通过在命令之前添加感叹号(!)来安装。请注意,在 Jupyter Notebooks 中,在任何行之前添加感叹号(!)相当于在命令行中运行该命令。

代码清单 3 – 1 安装 TensorFlow

```
! pip install tensorflow
import tensorflow as tf # 导入整个 TensorFlow
from tensorflow import keras # 仅导入 Keras
```

使用 Keras 进行建模

在开始建模之前,请记住,到目前为止并未解释所有的数学概念和神经网络组件。然而,读者并不需要理解所有内容,就可以在 Keras 中构建一个可运行的网络。在这个简要介绍之后,下面详细解释神经网络在幕后的工作原理。

考虑 Fashion MNIST 数据集。该数据集包含 70 000 个灰度图像,分辨率为 28 像素 × 28 像素。Fashion MNIST 数据集用于一个多类分类任务,它将各种服装图像分为 10 个类别(见图 3 – 7)。

该数据集已经随着 TensorFlow 自动安装,可以通过 Keras API 的 tf. keras. datasets. fashion_ mnist. load_data 函数导入,它返回训练图像、训练标签、测试图像和测试标签,都以 NumPy 数组的形式返回(见代码清单 3 – 2)。与其他常用的基准数据集相比,Fashion MNIST 数据集提供了多样性和相对具有挑战性的任务。

代码清单 3 – 2 获取 Fashion MNIST 数据集

```
# 获取 Fashion MNIST 数据集(需要互联网连接)
(X_train,y_train),(X_test,y_test) = tf.keras.datasets.fashion_mnist.load_
data()
```

类别标签	类别描述
1	T-shirt/top
2	Trouser
3	Pullover
4	Dress
5	Coat
6	Sandal
7	Shirt
8	Sneaker
9	Bag
10	Ankle boot

图 3 – 7　Fashion MNIST 的类别描述

通过调用 matplotlib 库的 imshow 函数，可以将数据显示为图像，其中每个值表示该像素的亮度（见代码清单 3 – 3）。

代码清单 3 – 3　使用 matplotlib 库可视化数据

```
# 标签值描述
targets = ['T - shirt/top', 'Trouser', 'Pullover', 'Dress', 'Coat', 'Sandal',
'Shirt', 'Sneaker', 'Bag', 'Ankle boot']


# 在 3 ×3 的网格上显示图像
plt.figure(figsize = (8,7), dpi = 130)
# 9 = 3 ×3
for i in range(9):
    # 将图像放置在 3 ×3 网格的第 i 个位置
    plt.subplot(3,3,i +1)
    plt.xticks([])
    plt.yticks([])
    plt.grid(False)
    # 从训练图像中提取数据,显示为灰度
    plt.imshow(X_train[i], cmap = "gray")
    # 获取图像的相应目标
    plt.xlabel(targets[y_train[i]])
plt.show()
```

请注意，图像以三维数组的形式存储，每个样本有 28 列和 28 行像素，总共有 60 000 张 28 像素 ×28 像素的训练图像（见代码清单 3 – 4 和图 3 – 8）。

代码清单 3 – 4　训练数据的形状

```
X_train.shape
# (60000, 28, 28)
```

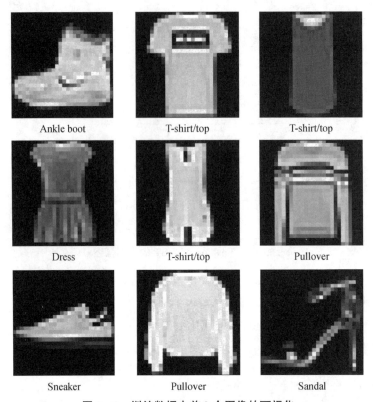

图3-8 训练数据中前9个图像的可视化

ANN 只能处理一维输入。输入层将每行视为一个单独的样本。通过将每个二维数组展平并重塑为一行，可以获得全连接神经网络输入所需的形状（见代码清单3-5）。这样做会牺牲原本存在于二维图像中的结构信息，但对于这里的 ANN 上下文来说，这是一个可行的解决方案。专门设计用于图像识别任务的模型以及如何将它们应用于表格数据将在第4章中讨论。现在将 Fashion MNIST 视为具有 784 个特征的表格数据集。

代码清单3-5 将二维数组展平为一维

```
# 将形状转换为(num_samples,784)
X_train = X_train.reshape(X_train.shape[0], 28 * 28)
# 将形状转换为(num_samples,784)
X_test = X_test.reshape(X_test.shape[0], 28 * 28)
```

每个图像中的像素值介于 0 和 255 之间，其中 0 表示最暗的黑色，255 表示最亮的白色。一种常见的做法是将这些值归一化到 1 和 0 之间，以提高模型的收敛速度并稳定训练（见代码清单3-6）。

代码清单3-6 数据归一化

```
X_train = X_train /255.
X_test = X_test /255.
```

Keras 的建模过程遵循 3 个基本步骤：首先定义架构，然后使用附加参数进行模型编译，最后使用提供的数据进行训练和评估（见图3-9）。

图 3 - 9　Keras 的建模过程

定义模型结构

由于展平的图像数据包含 784 个输入特征，所以第一层输入层将有 784 个神经元，每个特征对应一个神经元。可以通过使用 keras. models 中的 Sequential 类来初始化模型。Keras 的顺序工作流允许以有序的方式线性地将层堆叠在一起（见代码清单 3 - 7）。对于像 Fashion MNIST 这样的简单预测任务，这种构建神经网络的方法被认为是足够和方便的。

代码清单 3 - 7　实例化 Keras 顺序模型

```
# 导入全连接层(Dense)和输入层(Input)
from keras.layers import Dense, Input
# 导入顺序模型(Sequential)
from keras.models import Sequential
# 初始化模型
fashion_model = Sequential()
```

初始化模型后，通过调用顺序模型对象的 add 方法来添加层（见代码清单 3 - 8）。首先添加输入层，指定输入数据的形状。

代码清单 3 - 8　添加输入层到顺序模型

```
# 添加输入层,指定一个样本的输入形状为元组
# 在本示例中,它是(784,),因为它是一维的
fashion_model.add(Input((784,)))
```

接下来添加隐藏层。为了简化架构，本示例中的模型将有两个隐藏层，每个隐藏层有 64 个神经元（见代码清单 3 - 9）。读者可以尝试使用这些参数并观察对模型的可能改进。回想之前的内容，在 ANN 中，每个隐藏层中的每个神经元与前一层和后一层中的每个神经元相连。这样的层被归类为全连接层，可以通过 keras. layers 作为密集层导入。

代码清单 3 - 9　通过在密集层调用中指定神经元数量添加网络中的全连接层

```
fashion_model.add(Dense(64))
fashion_model.add(Dense(64))
```

最后，输出层包含 10 个神经元，与类别数量对应。和隐藏层类似，输出层也是一个密集层。在理想情况下，模型应该能够输出一个介于 1 到 10 的整数，其中每个数字对应 Fashion MNIST 数据集中的一个类别。然而，所有神经网络和现代机器学习模型都输出连续值。因此，可以插入一个激活函数，将值归一化到输出范围内。在多类分类任务中，常

用的激活函数是 softmax。在输出层的 10 个神经元中，从逻辑上讲，本示例中的神经网络在预测时将输出一个包含 10 个值的数组。然后 softmax 函数将这些值转换为介于 1 到 0 的概率，用于表示预测的图像属于每个类别的可能性，而所有概率之和为 1（与 sigmoid 函数不同，sigmoid 函数中的每个输出神经元被解释为单个概率，与其他输出没有关系）。最终的预测可以通过找到这些值中的最大值来确定，最大值所在的位置将被作为预测的结果，它是一个介于 1 到 10 的数字（见图 3 – 10）。再次强调，关于激活函数的细节将在后面的章节中进行探讨。

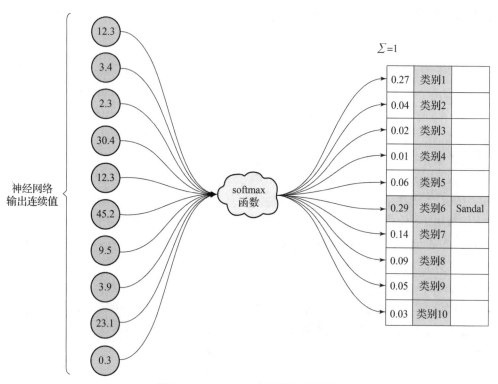

图 3 – 10 　softmax 函数的直观理解

因此，定义简单网络架构的完整代码见代码清单 3 – 10。

代码清单 3 – 10　定义简单网络架构

```python
# 导入全连接层和输入层
from keras.layers import Dense, Input
# 导入顺序模型
from keras.models import Sequential
# 创建初始顺序模型
fashion_model = Sequential()

# 添加输入层,将一个样本的输入形状指定为元组
# 在本示例中,它是(784,),因为它是一维的
fashion_model.add(Input(shape =(784,)))
```

```
# 添加密集层作为隐藏层,唯一需要关注的参数
# 是神经元的数量,将其设置为 64
fashion_model.add(Dense(64))
fashion_model.add(Dense(64))

# 添加输出层激活函数 softmax ,可以通过 activation 参数指定
fashion_model.add(Dense(10, activation = 'softmax'))
```

编译模型

在训练之前，模型需要一些额外的设置来指定训练的方式。在编译过程中，有 3 个关键参数需要定义。

- 优化器（optimizer）：通过指导反向传播如何调整权重和偏置的值来控制学习过程的方法。不同的优化器可以影响训练的速度和结果。在默认情况下，使用 Adam（自适应动量估计）优化器。在学习反向传播后会更好地理解优化器背后的原理。
- 损失函数（loss Function）：可微分的函数，用于衡量模型的性能。正如在第 1 章中解释的那样，指标和损失函数的关键区别在于损失函数必须是可微分的，以便与梯度下降兼容。然而，指标不一定满足可微分性，它只是一种用于评估模型性能的正确性度量。对于多类分类，通常使用分类交叉熵作为损失函数，而均方误差通常用于回归任务。适用于相同任务的不同损失函数可能产生不同的训练结果。
- 指标（Metrics）：与损失函数不同，神经网络的训练不依赖指标，它只是用于更好地监控模型性能的另一种工具。指标通常可以从与损失函数不同的角度提供对模型的理解。在某些情况下，指标和损失函数可以是相同的。

代码清单 3 – 11 中使用 Adam 优化器、分类交叉熵损失和准确率作为指标来编译模型。分类交叉熵损失是经过修改的经典二分类交叉熵损失，适用于多类分类任务。关于损失函数的更多内容将在“损失函数”一节中介绍。

代码清单 3 – 11　编译模型

```
# 导入损失函数
from keras.losses import SparseCategoricalCrossentropy
# SparseCategoricalCrossentropy 损失函数将独热编码的向量(网络的输出结果)
# 转换为概率最高的索引位置(实际目标)。这样做是因为 y_train 不是
# 独热编码的概率值,而是用数字 1 ~10 表示目标类别。
# 如果目标是独热编码的(例如,在本示例的情况下,它的形状是(60000,10)),
# 那么只使用"CategoricalCrossentropy"就可以了。
fashion_model.compile(optimizer = "adam",
                      loss = SparseCategoricalCrossentropy(),
                      metrics =["accuracy"])
```

训练和评估

编译完成后，模型已经准备好进行训练。同样，在训练过程中有几个关键参数需要考虑。

- 训练数据：它作为 x 和 y 传递给模型和方法，类似 scikit-learn 模型中 x 和 y 的位置可以是 NumPy 数组或 Pandas 数据框。

- 迭代轮次（epoch）：这是模型循环遍历训练数据的次数。更具体地说，它表示网络将被评估的次数，因为每次遍历数据集为一个轮次（epoch），并且在每个 epoch 结束时，将在网络中计算选定的指标以跟踪性能。该参数通过 epoch = num_epochs 传递。

- 批次大小（batch size）：该参数控制每个训练步骤中处理的样本数量。模型的批次大小为 1，意味着为了完整遍历整个数据集一次，需要进行 60 000 个学习步骤，因为训练集中有 60 000 个样本。对于较大的批次，训练速度将显著提高，通常较大的批次不仅可以提高训练速度，还可以改善相对较小的批次的性能。这种模式因不同的数据集而异，没有确定的方法来计算训练的理想批次大小。请注意，较大的批次可能导致内存溢出。该参数通过 batch_size = num_batch 传递。

虽然还有许多其他参数可以影响训练或减少过拟合，但这 3 个关键参数是最重要的考虑因素，其余的将在后面的部分讨论。代码清单 3-12 和代码清单 3-13 显示了训练的代码和结果，以及以进度条形式显示的结果。请记住，每次调用 fit 函数时，训练结果可能略有不同，因为每次神经网络都会使用随机权重进行初始化。

代码清单 3-12 模型训练代码

```
# 这里随机选择 batch_size 为 1024,
# 读者可以更改它并观察训练结果的变化
fashion_model.fit(X_train, y_train, epochs = 15, batch_size = 1024)
```

代码清单 3-13 模型训练结果

```
Epoch 1/15
10/10 [==============================] – 0s 6ms/step – loss: 2.0185 – accuracy: 0.3140
Epoch 2/15
10/10 [==============================] – 0s 6ms/step – loss: 1.1346 – accuracy: 0.6298
Epoch 3/15
10/10 [==============================] – 0s 6ms/step – loss: 0.8539 – accuracy: 0.6997
Epoch 4/15
10/10 [==============================] – 0s 6ms/step – loss: 0.7443 – accuracy: 0.7387
Epoch 5/15
10/10 [==============================] – 0s 6ms/step – loss: 0.6778 – accuracy: 0.7676
Epoch 6/15
10/10 [==============================] – 0s 6ms/step – loss: 0.6344 – accuracy: 0.7867
Epoch 7/15
10/10 [==============================] – 0s 6ms/step – loss: 0.6000 – accuracy: 0.7967
```

```
Epoch 8 /15
10 /10 [==============================] - 0s 6ms /step - loss: 0.5769 - accuracy: 0.8060
Epoch 9 /15
10 /10 [==============================] - 0s 6ms /step - loss: 0.5625 - accuracy: 0.8083
Epoch 10 /15
10 /10 [==============================] - 0s 6ms /step - loss: 0.5420 - accuracy: 0.8153
Epoch 11 /15
10 /10 [==============================] - 0s 6ms /step - loss: 0.5271 - accuracy: 0.8226
Epoch 12 /15
10 /10 [==============================] - 0s 5ms /step - loss: 0.5145 - accuracy: 0.8246
Epoch 13 /15
10 /10 [==============================] - 0s 6ms /step - loss: 0.5060 - accuracy: 0.8268
Epoch 14 /15
10 /10 [==============================] - 0s 8ms /step - loss: 0.5015 - accuracy: 0.8253
Epoch 15 /15
10 /10 [==============================] - 0s 6ms /step - loss: 0.4942 - accuracy: 0.8291
```

可以观察到模型的准确率在第 15 个训练周期缓慢收敛到约 0.82，而损失值为 0.49。模型可以通过 fashion_model. predict (x_testdata) 进行预测。验证数据或测试数据的性能指标可以通过 fashion_model. evaluate (x_test, y_test) 完成。性能是通过在编译时传入的损失函数和指标来计算的。

随着对神经网络知识的深入了解，可以通过调整学习率、添加激活函数等方法来改进模型，这不仅可以提高训练性能，还可以改善验证结果。

在深入探索 Keras 及其在构建神经网络和开发深度学习流程中的能力之前，回过头来更加深入地了解神经网络的数学原理。在接触 Keras 之前，神经网络被介绍为这些组件，它们通过相乘和相加数值来进行预测，并通过反向传播来调整权重和偏置，从而提高性能。除了实际的学习过程，本章还会直观地介绍损失函数、激活函数和优化器，并通过数学视角全面理解它们对网络的贡献。

损失函数

第 1 章简要介绍了损失函数，并与指标进行了比较。这两个术语都定义了一个函数，用于衡量模型预测与真实数据之间的性能。损失函数和指标之间的区别在于函数的可微性。

严格来说，在深度学习的背景下，损失函数是可微的，或者说损失函数在某定义域的任意点上都有导数。可以利用其可微性进行梯度下降，以有效且有序地搜索损失函数的空间。

在此强调，损失函数需要两个输入，即模型的预测值和真实值，并输出一个度量指标作为预测值，用于衡量预测的好坏程度。与回归方法类似，神经网络学习背后的核心概念依赖梯度下降。反向传播的目标是通过梯度下降的迭代过程，最小化高维非凸损失函数。

理论上，损失函数可以在参数数量和添加维度代表实际损失值的维度中可视化。但是，与神经网络的数百万个维度相比，人类的感官和视觉能力限制了人类在三维可视化中的观察能力。能够在训练过程中看到网络穿越的实际"景观"是有帮助的，其有以下几个原因。首先，已知某些网络会产生"更平滑"或总体上更容易训练的损失函数，对损失"景观"有视觉感知能力可以帮助人们更好地理解神经网络结构与训练结果之间的关系。其次，比较损失"景观"可以作为评估模型性能和其拟合数据能力的另一种工具，根据损失"景观"的复杂性来评估模型的能力。除了评估模型的能力，可视化还在模型解释和理解方面起到很大的作用。解释像神经网络这样复杂的模型是有益的，因为它能让人们洞察训练的进展以及模型"学习"的方式。

有几种方法可以可视化神经网络中的损失"景观"。其中，Hao Li、Zheng Xu、Gavin Taylor、Christoph Studer、Tom Goldstein 在他们的论文《可视化神经网络的损失景观》[1] 中提出的技术被证明是有效和具有视觉吸引力的。他们使用了一种称为"滤波器归一化"的方法，通过具有与神经网络参数对应的范数的随机高斯方向向量生成损失函数的图形。可以将这种方法应用于之前使用 Fashion MNIST 数据集训练的网络。

通过 Landscapeviz 库，可以使用 3 行简单的代码实现上述论文中提出的绘图方法。具体过程如代码清单 3 – 14 所示。

代码清单 3 – 14 模型训练结果

```
# https://www.kaggle.com/datasets/andy1010/landscapeviz
# 使用的库链接如上,原始代码由 Artur Back de Luca 在 github 上提供
# (https://github.com/artur - deluca/landscapeviz),
# 经过修改以提高计算速度
import landscapeviz
landscapeviz.build_mesh(fashion_model, (X_train, y_train), grid_length = 40,
verbose = True, eval_batch_size = 1024)
landscapeviz.plot_3d(key = "sparse_categorical_crossentropy", dpi = 150,
figsize = (12, 12))
```

请注意，由于时间和内存限制，图 3 – 11 所示的图形仅基于训练数据的前 10 000 个样本进行训练。整个训练集的实际损失"景观"可能与此处显示的有所不同。

颜色的梯度代表图中的不同数值，蓝色代表最小值，红色代表最大值。网络参数的最优值位于图中的最低点。请记住，绘制的图形只是实际三维"景观"的投影，数字与神经网络中的实际最优值无关。这里唯一有意义的轴是 z 轴，表示损失值，而 x 轴和 y 轴是任意的参数值。这样的可视化是为了进行分析和解释。通过修改网络的架构，损失"景观"的网格会发生变化。图 3 – 12 所示为相同数据的损失"景观"，但网络的结构从两层每层 64 个神经元变为只有一层 512 个神经元。

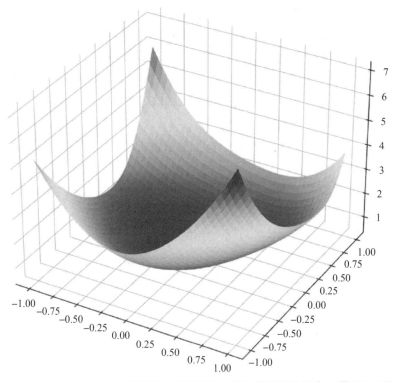

图 3 – 11　在 Fashion MNIST 数据集的部分数据上训练的模型的损失"景观"（附彩插）

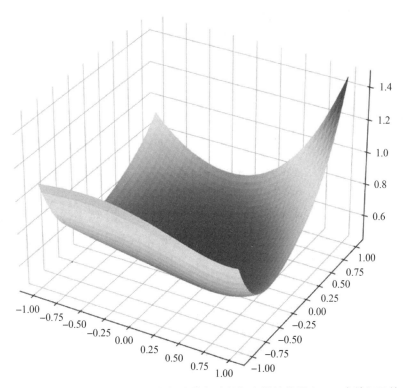

图 3 – 12　在 Fashion MNIST 数据集的部分数据上训练的具有 512 个神经元的
单层模型的损失"景观"（附彩插）

解释模型与理解模型背后的机制同样重要：不仅能够学习和理解模型的工作原理，还能看到各组成部分如何相互作用和改变结果，也可以提供关键的见解。请注意，具有 512 个神经元的单隐藏层网络，相对于每个隐藏层具有 64 个神经元的两层网络，产生了一个相对平坦和温和的损失"景观"。这可能表明，具有两个隐藏层的网络在模型收敛方面更快、更优。请记住，可视化仅是简要了解和解释模型可能采取的一般训练路径的工具，而不是关于全局最小值在哪里的详细指南。

除了在 Fashion MNIST 示例中使用的分类交叉熵损失外，下面是训练神经网络中常用的一些损失函数。

- 二元交叉熵（Binary Cross – Entropy）：可以在 Keras 中使用字符串"binary_cross_entropy"作为损失参数的替代项。该损失函数用于二元分类，计算预测值和标签之间的对数损失。二元交叉熵的数学原理与第 1 章介绍的逻辑回归中的函数相同。

- 分类交叉熵（Categorical Cross – Entropy）/稀疏分类交叉熵（Sparse Categorical Cross – Entropy）：可以在 Keras 中使用字符串"categorical_cross_entropy"/"sparse_categorical_cross_entropy"作为损失参数的替代项。这两个损失函数用于多类分类，它们计算预测值和标签之间的交叉熵损失或对数损失。稀疏分类交叉熵与非稀疏分类交叉熵的区别在于，稀疏分类交叉熵仅在目标值不是独热编码时使用。对于将类别独热编码为表示每个类别的单独列的情况，应使用分类交叉熵。

- MAE/MSE：可以在 Keras 中使用字符串"mean_squared_error"/"mean_absolute_error"作为损失参数的替代项。MAE 和 MSE 都是用于回归任务的常见损失函数。由于其简单性和易于解释性，无论是在表格数据还是图像数据上，MSE 和 MAE 在大多数情况下均表现良好。

前馈操作背后的数学原理

之前有关前馈（Feed – Forward）的解释更多是基于直觉而非技术性的。可以用线性代数的语言表述输入、权重和偏置之间的计算过程。

回想一下，第一层中的神经元数量等于输入特征的数量。每个特征都与一个神经元相连。将输入层的值组织成一个形状为 $1 \times n\_features$ 的列向量。然后，将权重排列成一个矩阵，其中行数是第一个隐藏层中的神经元数量，列数是输入层中的神经元数量。注意，权重矩阵的每行对应从输入层到下一层特定神经元的每个神经元的权重。在感知机模型中，输出是通过前馈过程计算得出的，其中输入层中的每个神经元与其权重相乘，然后权重与每个其他神经元相乘，最后加起来得到输出。这个总和加上偏置成为下一层中一个神经元的输入。因此，通过特征向量和权重矩阵，计算过程就变得简单，只需要将权重矩阵与特征向量进行点乘，并为下一层中的每个神经元添加一个偏置向量（见图 3 – 13）。

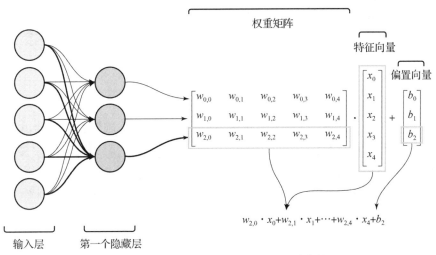

图 3 - 13　输入层和第一个隐藏层中展示的前馈操作

该操作在第一个隐藏层和第二个隐藏层之间、第二个隐藏层和第三个隐藏层之间等依次进行，直到达到最后一层。为了得到更简洁和易读的方程，可以将权重矩阵表示为 W，特征向量表示为 X，将偏置向量表示为 b。但是，特征向量只存在于通过输入层时的第一层。对于层的输出，将其表示为 $L^{(n)}$，其中 n 表示从左到右的层号。因此，第一层的值定义为形状为 $n_{\text{neurons}} \times one$ 的向量（n 个神经元 $\times 1$ 的向量）；输出可以通过 $L^{(1)} = W^{(0)} \cdot X + b^{(0)}$ 获得。每一层都包含连接每个神经元的不同权重和偏置，因此用同样的方式区分不同的权重和偏置集合。

对于每个后续的层，它的输出将通过 $L^{(n)} = W^{(n-1)} \cdot L^{(n-1)} + b^{(n-1)}$ 计算得出。这个前向传播的操作将继续进行计算，直到到达网络的末尾，产生最终的输出（见图 3 - 14）。

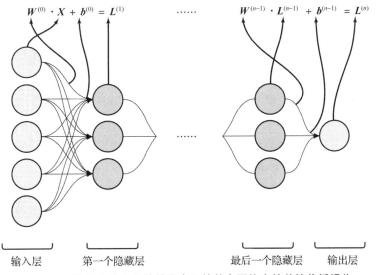

图 3 - 14　使用之前定义的符号表示的整个网络中的前馈传播操作

然而，在大多数现代神经网络中，在前馈传播操作以及整个网络结构中还缺少一个重要的组成部分。在神经网络中，成百上千个神经元堆叠在多个层中，当涉及单个神经元的计算时，它仍然是一个线性方程，但数据常常是非线性的，因此引入激活函数为模型添加非线性。

激活函数

激活函数应用于网络中每个神经元的输出端。通过修改或限制最终的输出值，模型能够更好地预测非线性可分数据。

直观地说，激活函数可以被看作控制每个神经元"活跃程度"的开关，而与其权重和偏置无关。在生物学的背景下，只有当树突传来的信号达到一定阈值时，神经元才会将信息传递给下一层。从技术上讲，之前构建的神经网络在每个神经元的每一层都包含激活函数。但是，激活函数并不是任何复杂的非线性函数，而是简单的 $y = x$。因此，它被称为"线性激活函数"。

非线性激活函数对网络提供了几个关键的改进。

（1）添加非线性。这提高了模型在复杂数据集上的性能。堆叠神经元和神经元层并不会改变每个神经元本身是一个仿射变换的基本事实。仿射变换的组合仍然是一个仿射变换，无法建模任何变量之间的复杂关系。通过使用标量作为基本示例，可以证明线性函数的组合仍然是一个线性函数。假设 $f(x) = ax + b$ 和 $g(x) = cx + b$，则 $(f{\circ}g)(x) = a(cx + b) + b = (ac)x + ab + b$。$a$，$b$ 和 c 都是标量，因此，最终的方程仍然是形式上的 $y = ax + b$。同样的概念也适用于矩阵运算。假设 $f(\boldsymbol{x}) = \boldsymbol{Ax} + \boldsymbol{b}$ 和 $g(\boldsymbol{x}) = \boldsymbol{Cx} + \boldsymbol{b}$，则 $(f{\circ}g)(\boldsymbol{x}) = (\boldsymbol{AC})\boldsymbol{x} + \boldsymbol{b}$。由于 $\boldsymbol{A}$ 和 $\boldsymbol{C}$ 都是可逆矩阵，所以 $\boldsymbol{AC}$ 也必须是可逆的。因此，$(f{\circ}g)(\boldsymbol{x})$ 仍然是一个仿射变换。没有激活函数，多层网络基本上会坍缩为一个只有单层的网络，因为最终数百个仿射变换合并成一个单一的仿射变换。另外，在神经网络中引入非线性提高了表示能力。

（2）解决梯度问题。某些将值限制在特定范围内的激活函数可以解决梯度消失和梯度爆炸的问题。在每次迭代中，反向传播根据梯度下降得到的指标来改变神经网络的参数。在某些情况下，梯度下降得到的指标可能过小或过大，后面的章节所讨论的计算会提到。在第一种情况下，网络参数几乎不会改变，网络无法达到接近最优值的值。在第二种情况下，参数值可能迅速增长，导致溢出或产生"无限"的损失。一些专门设计的激活函数可以同时解决梯度爆炸和梯度消失的问题，同时为网络增加非线性。

（3）限制输出值。如第一个示例所示，在分类任务中，神经元的输出值必须在 ［0，1］ 的范围内。sigmoid 函数将任何输入限制在 0 和 1 之间，而 softmax 函数将所有输出值限制在 0 和 1 之间，并保持它们的总和为 1（适用于多类分类）。双曲正切函数将值限制在 -1 和 1 之间，并在循环模型中使用（参见第 5 章）。在大多数回归任务中，使用线性激活函数作为输出值，因为输出值不受限制。

通过添加激活函数，前馈操作稍微修改。在每个神经元与其权重相乘并加上偏置项之后，对每个层应用一个激活函数。因此，从输入开始计算的神经网络的第 n 层的方程变为 $L^{(n)} = \sigma(W^{(n-1)} \cdot L^{(n-1)} + b^{(n-1)})$，其中 $\sigma(x)$ 表示某个激活函数。

在接下来的内容中，将介绍 5 种常用的激活函数。

sigmoid 函数和双曲正切函数

sigmoid 函数主要用于限制输出值，而不是在神经元之间增加非线性性。如第 1 章所述，sigmoid 函数是逻辑回归中使用的逻辑函数。由于梯度消失问题更常见，所以不建议在隐藏层之间使用 sigmoid 函数。再次强调，梯度消失会导致神经网络几乎不更新其参数，从而无法从数据中学习任何内容。

与 sigmoid 函数类似，图 3 – 15 所示的双曲正切函数（tanh）也不建议用作隐藏层之间的激活函数，更推荐将它用于限制输出值的范围。

$$\tanh(x) = \frac{(e^x - e^{-x})}{(e^x + e^{-x})}$$

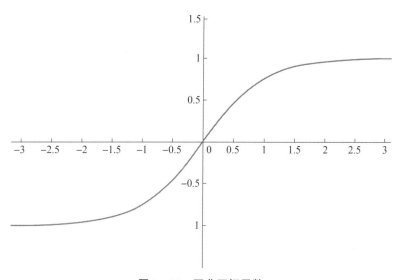

图 3 – 15　双曲正切函数

与 sigmoid 函数相比，双曲正切函数在隐藏层之间的使用效果更好，因为它是以 0 为中心的函数，而 sigmoid 函数的输出值被限制在 0 和 1 之间。但是，双曲正切函数和 sigmoid 函数都在很大程度上受到梯度消失问题的影响，在几乎所有情况下，应该选择像修正线性单元（Rectified Linear Unit，ReLU）这样的激活函数。

ReLU 函数

ReLU 是向网络中引入非线性的最简单的激活函数之一。它的目的是为网络添加复杂性，并解决梯度消失的问题。ReLU 函数如图 3 – 16 所示。

$$\text{ReLU}(x) = \max(0, x)$$

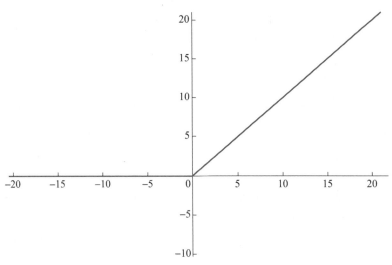

图 3 - 16　ReLU 函数

尽管 ReLU 函数很简单，但它解决了梯度消失问题，并添加了非线性。与其他激活函数相比，ReLU 函数占用的空间较小，并且具有相对较低的时间复杂度。然而，由于负输入的尾部被拉平，所以有时会导致太多的权重和偏置没有发生变化，从而出现"死亡" ReLU 问题。尽管已经证明了由 ReLU 函数引起的神经网络中的稀疏性（当大部分激活值为 0 时）可以提高性能，但在某些情况下，这可能导致收敛问题。ReLU 函数不能解决梯度爆炸问题。

LeakyReLU 函数

LeakyReLU 函数是对 ReLU 函数的修改，具有可调参数 α，与 ReLU 函数的扁平性相比，它在曲线下方创建了一个向下的尾部。LeakyReLU 函数解决了 ReLU 函数中的一些问题，但也有一些缺点（见图 3 - 17）。

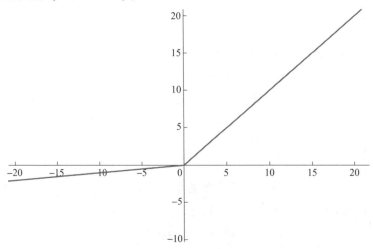

图 3 - 17　$\alpha = 0.1$ 的 LeakyReLU 函数

$$\text{LeakyReLU}(x) = \begin{cases} x, x > 0 \\ \alpha x, x \leqslant 0 \end{cases}$$

当 α 大于 0 时，"死亡" ReLU 问题得到解决，因为对于任何小于 0 的输入，其值被调整以避免恒定为 0，从而能够通过微小的变化更新网络参数。超参数 α 通常在 0 到 0.3 之间选择。然而，LeakyReLU 函数并不能解决梯度爆炸问题。此外，为了实现最佳性能，需要手动调整参数 α。

Swish 函数

Swish 是一种较新且更有效的激活函数（见图 3 – 18），由 Google Brain[2] 的研究人员开发，它在图像识别任务中表现出色，后来也在表格数据预测中展现出优秀的性能。

$$\text{Swish}(x) = x \times \text{sigmoid}(\beta x) = \frac{x}{1 + \mathrm{e}^{-\beta x}}$$

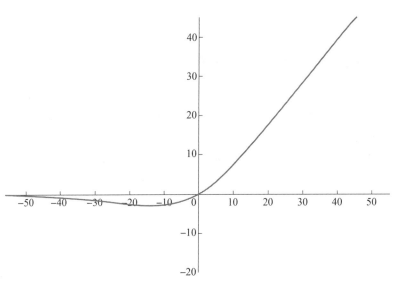

图 3 – 18　Swish 函数

与 ReLU 函数类似，Swish 函数在上方是无界的，即当函数的定义域趋近正无穷时，$f(x)$ 会趋近无穷（$\lim\limits_{x \to \infty} f(x) = \infty$）。然而，与 ReLU 函数不同的是，Swish 函数结合了 sigmoid 函数，因此其图像是光滑的，没有突变或拐点，避免了输出值的不必要跳跃。更重要的是，由于没有界限，它避免了由反向传播产生的梯度消失问题，进而缩短了训练时间。

从视觉上看，Swish 函数基本上是 ReLU 函数的"更平滑"版本，带有一个"凸起"，正如原始论文所示，在训练过程中，大多数输出值在经过激活之前都落在"凸起"的定义域范围内，这表明了相比于其他类似形状的激活函数（例如 ReLU 函数）添加"凸起"的重要性。这个向下的"凸起"的重要性在于函数的可微性。Swish 函数是非单调的，这意味着其导数中没有连续的负值或正值。Swish 函数的这个特性解决了梯度消失问题，因为在反向传播过程中，梯度值不会因为某个限制或界限的约束而变得极小。

通过调整超参数 β，可以观察到当 $\beta = 0$ 时，Swish 函数变成了一个缩放的线性激活函

数 $f(x) = x/2$，而当 β 趋近无穷大时，Swish 函数中的 sigmoid 部分变得接近 0 - 1 函数，使得整个 Swish 函数的形状类似 ReLU 函数（见图 3 - 19）。

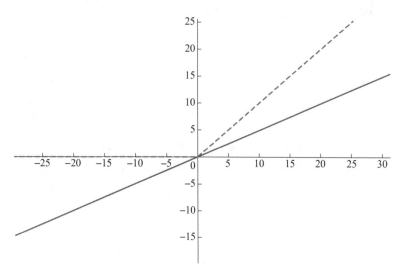

图 3 - 19 β 值的比较（虚线代表 $\beta = 10\,000$ 时的 Swish 函数，实线代表 $\beta = 0$ 时的 Swish 函数）

因此，Swish 函数可以被视为线性激活和 ReLU 激活之间的非线性插值，其中量由超参数 β 控制。在通常情况下，β 在整个训练过程中被设定为固定值。然而，它也可以作为一个可训练的参数在训练过程中进行调整。

最后，Swish 函数也被证明具有良好的泛化能力，这得利益于其平滑性以及在处理更深层网络和更大批量大小时相比 ReLU 函数更高的优化能力。

激活函数的非线性和可变性

通过一个简单的演示可以进一步证明激活函数之间的非线性和差异性。想象一下最简单的神经网络：一个输入神经元、一个隐藏层（有两个神经元）和一个输出神经元。使用一个神经网络来逼近二次函数 $f(x) = x^2$。线性函数无法完成这个任务。

该网络将在 Swish 函数上进行训练，Swish 函数目前是结构化数据集中表现最好的函数之一。然后，把网络的激活函数从 Swish 函数更改为 ReLU 函数、sigmoid 函数、线性（无激活函数）等。将网络在输入数据集范围内对 $f(x) = x^2$ 函数的预测结果绘制出来，以进行可视化比较。下面是一个简单的代码示例（见代码清单 3 - 15）。

代码清单 3 - 15 定义数据集

```
# 演示激活函数对神经网络的非线性作用
# 用简单的数据集模拟二次函数
demo_x = np.array([i for i in range( -10, 11)])
# 平滑数据点以便后续绘图
demo_x = np.linspace(demo_x.min(), demo_x.max(), 300)
```

```
demo_function = lambda x: ((1/2) * x) ** 2
demo_y = np.array([demo_function(i) for i in demo_x])
```

与前一部分中的网络一样，首先通过定义 Sequential 对象开始，然后添加密集层，指定神经元的数量，并将激活函数设置为 Swish 函数。在编译模型之后，它将被训练 20 个 epoch，使用 MAE 作为损失函数，因为它直观地展示了目标值相比模型预测值产生的误差（见代码清单 3 - 16）。

代码清单 3 - 16　使用 Swish 函数定义网络

```
# 构建一个带有两个神经元和激活函数的简单单隐藏层网络
# 导入密集层和输入层
from keras.layers import Dense, Input
# 导入 Sequential 模型对象
from keras.models import Sequential
# 导入优化器,暂时不用担心
from tensorflow.keras.optimizers import Adam


# 带有激活函数的模型
nonlinear_model = Sequential()
nonlinear_model.add(Input((1,)))
# 在这种情况下,β 参数是可学习的
nonlinear_model.add(Dense(2, activation = "Swish"))
nonlinear_model.add(Dense(1, activation = "linear"))
# 学习率将在后面讨论
nonlinear_model.compile(optimizer = Adam(learning_rate = 0.9), loss = "mean_absolute_error")


nonlinear_model.fit(demo_x, demo_y, epochs = 20, verbose = 0)
print(f" Nonlinear model with Swish activation function results: {nonlinear_model.evaluate(demo_x, demo_y)}")
```

最终的 MAE 约为 1.128 7。考虑到数据集的范围以及神经网络的简单性，该模型的性能相当不错。接下来，可以将神经网络绘制为一个函数，其中输入是输入值的范围，输出是产生的预测（见代码清单 3 - 17）。可以将这个图像与函数图像进行比较，以近似 $f(x) = x^2$，通过可视化直观地评估模型的性能（见图 3 - 20）。

代码清单 3 - 17　绘制 $f(x) = x^2$ 与使用 Swish 函数训练的神经网络的图像

```
nonlinear_y = nonlinear_model.predict(demo_x)
plt.figure(figsize = (9, 6), dpi = 170)
plt.plot(demo_x, demo_y, lw = 2.5, c = sns.color_palette('pastel')[0], label = "x²")
plt.plot(demo_x, nonlinear_y, lw = 2.5, c = sns.color_palette('pastel')[1],
label = " network trained with Swish ")
```

```
plt.title(' Swish activation ')
plt.legend( loc = 2 )
```

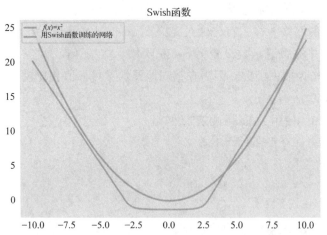

图 3 - 20　$f(x) = x^2$ 与使用 **Swish** 函数训练的神经网络的图像 (附彩插)

　　训练好的神经网络仅使用 2 个神经元和 7 个可训练参数 (不包括 Swish 函数中的参数) 就能较好地模拟 $f(x) = x^2$ 的抛物线形状。在神经网络中的权重相同的情况下，可以将激活函数替换为其他函数，甚至将其删除，并观察结果 (见图 3 - 21)。

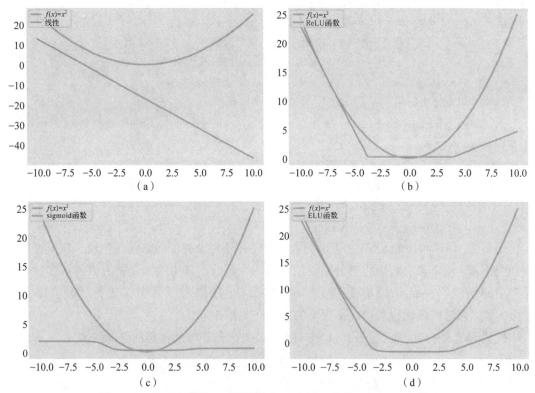

图 3 - 21　使用在线性 (无激活函数)、**ReLU** 函数、**sigmoid** 函数和
ELU 函数上训练的神经网络的图像 (附彩插)

(a) 线性 (无激活函数)；(b) ReLU 函数；(c) sigmoid 函数；(d) ELU 函数

注释：ELU 代表指数线性单元，是另一种激活函数，不像 ReLU 函数和 Swish 函数那样常见。它的定义是 $ELU(x) = x$，如果 $x > 0$，则 $ELU(x) = \alpha(e^x - 1)$，其中 α 通常是一个在 0.1 和 0.3 之间的超参数。ELU 函数具有 ReLU 函数在 $x > 0$ 时的优点，并解决了 $x \leq 0$ 时的"死亡"ReLU 问题。然而，与其他激活函数相比，ELU 函数的计算成本较高，而 α 值是根据训练结果手动调整的。

从视觉效果来看，ReLU 函数似乎表现最好，其次是 ELU 函数，然后是 sigmoid 函数，最后是没有使用激活函数训练的神经网络。正如前面的部分所述，无论有多少个神经元，没有激活函数的神经网络会坍缩成一个线性函数。大多数（不是全部）现实生活中的数据集无法通过简单的线性关系来建模。

观察到 Swish 函数和 ELU 函数的图像都包含平滑的曲线，在绘图中没有尖锐的转折点，而 ReLU 函数则具有顶点和角度，导致输出值出现突变。Swish 函数和 ELU 函数的平滑性使它们在逼近包含曲线和柔和转折的函数时具有优势。鉴于许多现实世界的数据集的值是逐渐变化而不是突然跳跃的，在这些情况下，Swish 函数和 ELU 函数往往表现更好。

激活函数的种类远远超出了本部分介绍的范围；在大多数情况下，使用 ReLU 函数或 Swish 函数就足够了，但选择特定的激活函数并没有严格的规定，这个选择将留给数据科学家决定。

好奇的读者可能会发现，在本章的"选定研究"部分讨论的 SELU 函数是这一系列激活函数中的一个有趣的补充。

神经网络学习的数学原理

在神经网络训练的步骤中，首先进行前馈传播操作，随机初始化权重和偏置，然后将其与输入数据一起通过神经网络。由于神经网络的参数是随机生成的，所以它们不适合输入数据。因此，需要告诉神经网络它的表现不好，并提供调整参数以改善性能的方法。

损失函数完成了第一部分，而梯度下降完成了第二部分。为了计算神经网络的损失，简单地使用前馈传播操作的结果，考虑到随机生成的参数，这些结果在初始化时很可能是无意义的。然后，算法将其作为初始的预测，计算与目标之间的损失。在计算损失之后，使用梯度下降来优化损失函数，尝试在神经网络中可能的数百万个参数中搜索全局最小值。

神经网络中的梯度下降

回顾第 1 章的内容，梯度下降旨在搜索非凸函数中的全局最小值。通过反复采取越来越小的步长朝着最陡下降的方向前进，最终可以达到全局最小值或接近理论上的全局最小值在损失曲面中的点。

注释：对于凸函数的全局最小值，可以将该函数的导数设定为 0 并解出其参数。这种寻找全局最小值的方法即 OLS，许多线性回归算法使用这种方法而不是梯度下降，因为它的计算成本较低且可以产生更准确的结果。然而,这种方法难以处理神经网络问题。

　　在神经网络的背景下,由于神经网络通常包含数百万个可以调整和优化的参数,所以目标不再是在二维或三维图像中搜索全局最小值,而是在一个超曲面上找到最低点(见图 3-22)。

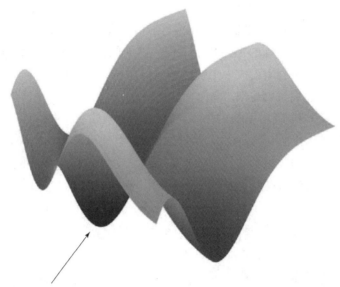

图 3-22　梯度下降在一个以三维空间展示的超曲面上搜索最低点

　　该算法旨在搜索一组参数,将损失函数的值减到最小。在沿着损失函数图像下坡的过程中,该算法试图调整参数,使函数值朝"下降"的方向移动。微积分表明,取函数的梯度会得到最陡的"增加"的方向。直观地说,取梯度的相反数给出了"减少"的方向,即损失"景观"中的下坡方向。

　　取函数的负梯度简单地得到一个梯度向量,该向量表明如何根据损失函数对网络参数的变化敏感程度改变网络参数,从而带入损失"景观"中的"下降"方向。反向传播是指计算与神经网络中数百万个参数相关的损失函数的梯度。

反向传播算法

　　可以从一个简单的模型开始演示反向传播,这是一个具有 1 个输入神经元、2 个隐藏层(每层有 1 个神经元)和 1 个输出神经元的神经网络。这个小型神经网络总共有 6 个参数、3 个权重和 3 个偏置(见图 3-23)。

图 3-23　简单的 4 层神经网络

　　如前所述,在调整网络的参数之前,需要生成一个初始预测,并计算其代价,以了解神经网络的性能有多差,从而为优化提供一个起点。可以将每个神经元——在本示例的情况下基本上是每层——表示为 $a^{(L-n)}$,其中 $a^{(L)}$ 是最后一层,$a^{(L-1)}$ 是倒数第二层,依此类推（见图 3 – 24）。反向传播从末端或输出开始，然后向前推进。在通过随机权重生成初始预测后，可以计算预测值与真实标签之间的损失。在本示例中，MSE 被用作损失函数。

图 3 – 24　神经网络中的层的符号表示

可以进一步展开 $a^{(L)}$ 的值，即最后一个神经元的输出：

$$a^{(L)} = \sigma(z^{(L)})$$
$$z^{(L)} = w^{(L)} a^{(L-1)} + b^{(L)}$$

在上述方程中，$\sigma(z^{(L)})$ 表示最后一层的激活。$z^{(L)}$ 是当前层的权重 $w^{(L)}$ 乘以前一层的激活输出 $a^{(L-1)}$ 产生的加权和，然后加上当前层或神经元的偏置 $b^{(L)}$。将损失函数表示为 C，前馈传播后神经网络的损失可以定义为 $C(\cdots) = (a^{(L)} - \bar{y})^2$。请注意，损失函数的输入是网络中的所有参数，输出是实际的损失或预测与真实标签之间的"代价"。

为了获得表明如何调整神经网络的权重和偏置的"指标"，需要计算损失函数关于该层权重的导数。从 $w^{(L)}$ 开始，可以知道改变权重也会改变 $z^{(L)}$ 的值。然后，$z^{(L)}$ 的微小变化会影响 $a^{(L)}$ 的值，进而直接改变损失函数 C 的值（见图 3 – 25）。

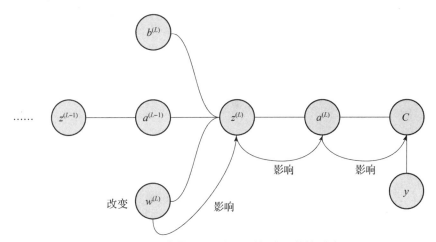

图 3 – 25　改变最后一层权重对损失函数的影响

展开损失函数对最后一层权重的导数，使用链式法则，得到

$$\frac{\partial C}{\partial w^{(L)}} = \frac{\partial z^{(L)}}{\partial w^{(L)}} \cdot \frac{\partial a^{(L)}}{\partial z^{(L)}} \cdot \frac{\partial C}{\partial a^{(L)}}$$

需要注意的是，在本示例中，计算的导数仅适用于一个特定的训练样本。为了获得在所有训练样本上的完整导数，需要计算每个单独导数的平均值。同样的概念也适用于对成本函数关于偏置的求导：

$$\frac{\partial C}{\partial b^{(L)}} = \frac{\partial z^{(L)}}{\partial b^{(L)}} \cdot \frac{\partial a^{(L)}}{\partial z^{(L)}} \cdot \frac{\partial C}{\partial a^{(L)}}$$

这个过程可以迭代地应用于神经网络中的每层。对于在神经网络中向后进行的每个

"步骤"或层，导数上会增加一个"链"。

例如，倒数第二层 $(L-1)$ 的权重的导数可以表示为

$$\frac{\partial C}{\partial w^{(L-1)}} = \frac{\partial a^{(L-1)}}{\partial w^{(L-1)}} \cdot \frac{\partial C}{\partial a^{(L-1)}}$$

它表明，$w^{(L-1)}$ 的变化会影响 $a^{(L-1)}$ 的值，而 $a^{(L-1)}$ 的变化直接影响损失函数。像之前一样，可以使用链式法则展开导数，以获得完整的方程。

可以将示例扩展到每层具有多个神经元的神经网络，如图 3－26 所示。

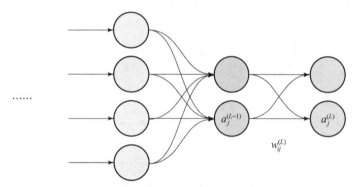

图 3－26　具有多个层和神经元的神经网络

为了便于解释，只关注 L 层和 $L-1$ 层；对于每个后续的 $L-n$ 层，应用相同的计算概念。请注意，对于每层，神经元用下标表示，其中 i 表示 L 层的神经元，j 表示 $L-1$ 层的神经元。

一个特定权重 w_{ij} 的导数与之前描述的简单神经元网络相同：

$$\frac{\partial C}{\partial w_{ij}^{(L)}} = \frac{\partial z^{(L)}}{\partial w_{ij}^{(L)}} \cdot \frac{\partial a^{(L)}}{\partial z^{(L)}} \cdot \frac{\partial C}{\partial a^{(L)}}$$

然而，$a_j^{(L-1)}$ 的导数变成了 L 层中每个神经元的导数之和：

$$\frac{\partial C}{\partial a_j^{(L-1)}} = \sum_{i=0}^{n-1} \frac{\partial z^{(L)}}{\partial w_{ij}^{(L)}} \cdot \frac{\partial a^{(L)}}{\partial z^{(L)}} \cdot \frac{\partial C}{\partial a^{(L)}}$$

其中，n 是 L 层中神经元的数量。因为激活的变化将影响下一层神经元的输出，因此这不仅适用于多个输出神经元，也适用于隐藏层，其中隐藏层的神经元会连接到下一层的多个神经元（这是大多数神经网络架构的情况）。该算法被迭代地应用于计算导数，从神经网络的末尾开始回溯，因此被称为反向传播。一旦获得了损失函数的梯度（每个参数相对于损失函数的导数的向量），则每个参数的更新规则与回归模型中的梯度下降相同。选择一个学习率参数，并将其乘以该参数的导数，所得值成为神经网络的新权重/偏置。

优化器

优化器是指用于更新神经网络参数的算法。回顾之前和第 1 章中的内容，梯度下降的更新规则如下。

（1）对于每个训练样本，将损失函数对神经网络中的每个参数进行求导。

（2）对所有训练样本的每个导数求平均值。

（3）通过 $\theta := \theta - \alpha \cdot \nabla_{\theta} C(\theta)$ 更新神经网络中的每个参数，其中 θ 是正在更新的参数，α 是学习率，$C(\theta)$ 是损失函数。

（4）根据所需的迭代次数重复上述步骤。

在实际应用中，对每个步骤中每个样本的所有"影响"进行求和是非常耗费计算资源的，更不用说每个参数仅在模型看到整个数据集后更新一次，这被证明是无效且极其缓慢的。其中一种解决方案是通过随机洗牌数据集来更新每个样本的参数。对于每个梯度下降步骤，仅针对该数据点计算梯度。然而，一次处理一个样本会导致非常不稳定的下降。这是因为每个样本之间的变化会导致模型对每个样本都有过于具体的变化，从而忽视了整体趋势，这会表现为不稳定的训练。不稳定的训练可能错过全局最小值或偏离全局最小值，因为该方法过于专注于"局部优化"，而忽视了像梯度下降那样全局观察整个数据集的"大局"。

注释：对于本书中使用的术语，反向传播指的是计算损失函数的梯度的算法，它告诉模型如何改变每个参数以减小损失。另外，一个梯度下降步骤指的是在所有训练数据样本上进行反向传播并使用梯度来更新神经网络参数的过程。

小批量随机梯度下降（SGD）和动量

小批量随机梯度下降（Mini-batch Stochastic Gradient Descent）在传统梯度下降和逐个样本更新之间走了一条中间道路，权衡了两种算法的优点和缺点。它不仅关注单个样本对损失的影响，也不仅将每个样本的影响累加起来，而是将数据集划分为相对较小的批次，并针对每个批次计算梯度。相比于梯度下降，小批量 SGD 的更新规则需要增加两个步骤。

（1）将数据集随机分割成子集或小批量。

（2）对每个小批量，计算损失函数对神经网络中每个参数的导数。

（3）求出整个小批量样本的导数的平均值。

（4）根据更新规则 $\theta := \theta - \alpha \cdot \nabla_{\theta} C(\theta)$ 更新神经网络中的每个参数，其中 θ 是要更新的参数，α 是学习率，$C(\theta)$ 是损失函数。

（5）对所有小批量重复上述步骤。

（6）根据所需的迭代次数重复上述步骤。

将神经网络训练比作一个戴着眼罩的人在山谷中往下行走。使用传统的梯度下降，这个人会考虑可能影响下一步的每个参数。在仔细计算了可能影响下坡步伐的所有因素后，这个人会小心翼翼地迈出一步，然后不断重复这个过程，直到慢慢走到山谷的底部（见图 3-27）。

相反，小批量 SGD 就像一个醉汉，左右摇晃着沿着正确的方向前进，同时保持整体向下的路径（见图 3-28）。由于在小批量 SGD 中，神经网络中的参数变化不反映数据的整体趋势，而是反映了一个子集，所以虽然在大多数情况下它提供了正确的下降方向，但

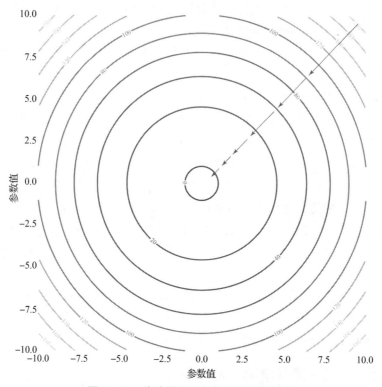

图 3 - 27 传统梯度下降可能采取的路径

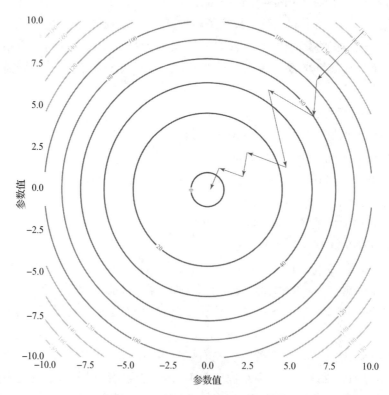

图 3 - 28 小批量 SGD 可能采取的路径

在过程中可能有噪声，但与传统梯度下降相比，它具有更短的时间和更高的计算效率。此外，小批量 SGD 几乎不可能逃脱鞍点——在一个方向上存在局部最大值，但在另一个方向上存在局部最小值的区域——因为周围大部分梯度都接近 0。

SGD 通常面临的另一个挑战是克服具有弯曲维度的"峡谷"，其中一个方向比另一个方向更陡。SGD 往往在"峡谷"的斜坡上摆动，而不会取得任何实际进展。引入一种称为"动量"的技术可以帮助"推动" SGD 朝着相关方向前进而避免摆动。动量修改了更新规则，将上一步的部分更新向量引入当前的更新向量，具体公式如下：$\nu_t = \gamma\nu_{t-1} - \alpha\nabla_\theta C(\theta)$，其中 γ 通常设置为 0.9，ν_{t-1} 是先前的更新向量。然后，通过 $\theta = \theta + \nu_t$ 来更新当前的参数。当两个更新向量的梯度指向相同的方向时，动量会增加步长，而当梯度指向不同方向时，动量会减小更新的大小。

内斯特罗夫加速梯度（Nesterov Accelerated Gradient，NAG）算法

可以将带有动量的 SGD 与一个滚下山坡的小球进行类比，当坡度陡增时，小球加速下滚，而当坡度减小或改变为上升方向时，小球减速。NAG 算法可以提高小球的"精确性"，让它知道何时在前方的"地形"开始上坡时减速。在涉及动量的方程中，可以知道更新向量或代价函数的梯度通过添加动量项 $\gamma\nu_{t-1}$ 来"推动"梯度朝向最小值的方向，减弱任何振荡。因此，通过将 $\gamma\nu_{t-1}$ 添加到参数的当前值中，可以近似计算其下一个位置。这个估计并不精确，因为梯度项 $-\alpha\nabla_\theta C(\theta)$ 被排除在外（在当前步骤中尚未计算该项），但是该值足够精确，能够提供最终到达的附近点（见图 3 – 29）。然后，可以利用这种"前瞻"技术，计算相对于近似参数而不是当前参数的梯度：$\nu_t = \gamma\nu_{t-1} - \alpha\nabla_\theta C(\theta + \gamma\nu_{t-1})$。参数的更新方式与之前相同：$\theta = \theta + \nu_t$。

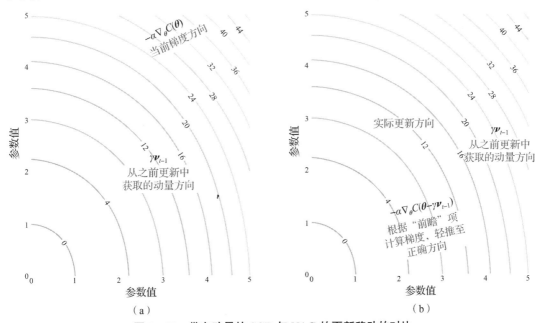

图 3 – 29　带有动量的 SGD 与 NAG 的更新移动的对比

（a）带有动量的 SGD；（b）NAG

NAG 更新可以分为两个阶段进行解释。在第一阶段，来自上一步的累积梯度充当动量，朝着该方向迈出一大步。然后在第二阶段，根据"前瞻"项计算梯度；它会对动量所采取的方向进行微调或校正，从而得到最终的更新。实质上，这使小球在进行下一步之前可以向前看它在损失"景观"中滚动的方向，从而比仅依靠动量更加高效准确。

通过将 SGD 与小批量结合到传统的梯度下降中，能够加快梯度下降速度，同时减少计算工作量。将动量和 NAG 添加到 SGD 中，可以提高梯度下降的精度，同时根据损失"景观"的斜率自适应地调整步长。根据参数的值，一些参数被认为比其他参数更重要，因此，可以根据参数的重要性进行更新。

自适应矩阵估计（Adam）

Adam 根据每个参数对神经网络的重要性计算自适应学习率。在每个步骤中，根据参数的计算梯度来调整自适应学习率。在一些旧的优化器中，例如 AdaGrad，先前步骤的梯度被累积并与当前梯度相加，并将该项平方作为自适应学习率的除数。根据过去梯度的趋势，AdaGrad 通过降低自适应学习率对与频繁出现特征相关的参数执行较小的更新，相反，AdaGrad 通过提高自适应学习率对与不经常出现的特征相关的参数执行较大的更新。然而，AdaGrad 存在一个主要缺陷，即在训练过程中累积梯度会变得非常大。这会使学习率降低到接近 0 的值，导致模型无法进行额外的改进。

Adam 不是存储所有过去累积的梯度，而是对过去的所有平方梯度求指数衰减的平均值。为了简洁起见，将 $\nabla_\theta C(\theta)$ 表示为 g_t，并定义过去平方梯度的衰减平均值 $v_t = \beta_2 v_{t-1} + (1 - \beta_2)g_t^2$，其中 β_2 通常设置为 0.999，正如前述论文中所述。此外，当前步骤计算的梯度被过去梯度的衰减平均值所取代，而不对梯度项进行平方处理：$m_t = \beta_1 m_{t-1} + (1 - \beta_1) \cdot g_t \beta_1$。$\beta_1$ 通常设置为 0.9，正如前述论文中所述。m_t 和 v_t 都用来估计梯度的 n 阶矩。具体而言，m_t 是平均值或一阶矩，而 v_t 是非中心方差或二阶矩，因此该算法被称为"矩估计（Moment Estimation）"算法。

由于 m_t 和 v_t 都被初始化为零向量，所以它们的值往往会偏向于 **0**，特别是在训练的开始阶段。为了消除这种偏差，笔者计算了经过偏置校正的梯度一阶矩和二阶矩，在计算衰减平均值后稍微修改了它们的值。

$$\hat{m}_t = \frac{m_t}{1 - \beta_1^t}$$

$$\hat{v}_t = \frac{v_t}{1 - \beta_2^t}$$

然后，这些值被合并到 Adam 更新规则中，该规则定义如下：

$$\theta_{t-1} = \theta_t - \frac{\alpha}{\sqrt{\hat{v}_t} + \epsilon}\hat{m}_t$$

为避免除以 0，通常会添加一个缓冲项 ϵ，通常其值设置为约 10^{-9}。

如果带有动量的 SGD 表示小球沿斜坡滚动，那么可以将 Adam 看作一个较重的小球带着摩擦力下滚。无论任务如何，Adam 都是现代深度学习中最常用的优化器之一，因为与其他优化器（例如带 NAG 的 SGD 和 AdaGrad）相比，它在最新的模型（SOTA）上表现出明显改进的性能。

在 Adam 家族中还有许多其他优化器，例如 AdaMax，它将平方梯度项推广到 l_∞ 范数；或者 Nadam（内斯特罗夫加速动量估计），它结合了 NAG 和 Adam 的概念；还有 AdaBelief，它是一种考虑了损失"景观"曲率信息的优化器，并通过当前梯度方向的"信念"来调整步长大小。

自适应方法可以导致更快的收敛，但可能导致较差的泛化，而 SGD 家族可能收敛较慢，但通常更稳定且具有更好的泛化能力。虽然有一些优化器试图结合两者的优点，例如 AdaBound 或 AMSBound，但目前 Adam 仍然是最常用且表现最佳的优化器之一。

深入了解 Keras

"使用 Keras 进行建模"一节只介绍了构建用于分类的功能性神经网络的基本操作和技术。现在深入探讨 Keras 的高级建模技术，涵盖一些最有用的 Keras 功能。本部分尝试改进初始模型，该模型对 Fashion MNIST 数据集中的常见服装图像进行分类。

回想之前在"使用 Keras 进行建模"部分定义的模型（见代码清单 3 - 18）。

代码清单 3 - 18 "使用 Keras 进行建模"部分中定义的模型

```
# 导入全连接层和输入层
from keras.layers import Dense, Input
# 导入顺序模型对象
from keras.models import Sequential
# 模型实例化
fashion_model = Sequential()
# 添加输入层,指定一个样本的输入形状为元组
# 在本示例中,它是一维的,形状为(784, )
fashion_model.add(Input((784,)))

# 添加全连接层,目前只需要关注神经元的数量
# 将其设置为 64
fashion_model.add(Dense(64))
fashion_model.add(Dense(64))
# 添加输出层
# softmax 函数可以通过 activation 参数指定
fashion_model.add(Dense(10, activation = "softmax"))
```

请注意，在之前构建的隐藏层中没有激活函数。在 Keras 语法中，有两种添加激活函数的方法；如果没有使用任何激活函数，则默认为线性。

第一种方法是将激活函数的名称指定为字符串输入密集层调用的 activation 参数（见

代码清单 3 – 19）。在 Keras 中，可以通过字符串指定的激活函数包括 ELU、exponential、gelu、hard_sigmoid、ReLU、SELU、sigmoid、softmax、softplus、softsign、Swish 和 tanh（双曲正切）。

代码清单 3 – 19 将激活函数作为字符串传递到 Dense 层调用

```
fashion_model.add(Dense(64, activation = "Swish"))
fashion_model.add(Dense(64, activation = "Swish"))
```

第二种方法是在密集层调用之间插入一个激活层。通过将激活层作为对象导入，像添加密集层一样调用激活层，并添加到顺序模型中。对于大多数激活函数来说，除了代码的可读性和简洁性，在使用字符串作为密集层激活函数和使用单独的激活层之间并没有明显的优势。然而，对于具有用户定义超参数的激活函数，例如 LeakyReLU，它们必须作为单独的层添加到模型中，因为它们的超参数是在层调用期间定义的（见代码清单 3 – 20）。

代码清单 3 – 20 使用 LeakyReLU 函数的激活层示例

```
from keras.layers import LeakyReLU
fashion_model.add(LeakyReLU(alpha = 0.2))
```

可以修改初始模型，在两个隐藏层中使用 Swish 函数，并观察性能。模型定义和训练的完整代码见代码清单 3 – 21。

代码清单 3 – 21 使用添加了 Swish 函数的 Fashion MNIST 网络的完整训练代码（省略注释以减少空间使用）

```
from keras.layers import Dense, Input
from keras.models import Sequential

fashion_model = Sequential()
fashion_model.add(Input((784,)))
fashion_model.add(Dense(64, activation = "Swish"))
fashion_model.add(Dense(64, activation = "Swish"))
fashion_model.add(Dense(10, activation = "softmax"))

from keras.losses import SparseCategoricalCrossentropy
from tensorflow.keras.optimizers import Adam
fashion_model.compile(optimizer = Adam(learning_rate = 1e - 3), loss = "sparse_
categorical_crossentropy", metrics = ["accuracy"])

fashion_model.fit(X_train, y_train, epochs = 25, batch_size = 1024)

fashion_model.evaluate(X_test, y_test, batch_size = 2048)
```

与之前的训练结果相比，添加激活函数后准确率从 0.82 提高到了 0.90，这证明了它们在神经网络中的重要性。请注意，由于权重是随机初始化的，所以运行结果可能略有不同。

接下来讨论内置的验证方法和技术来改善过拟合。

训练回调和验证

在拟合调用过程中，Keras 通过在调用中包含一些额外的参数来提供内置的验证功能。在训练过程中，在每个 epoch 的验证集上对模型进行评估是有用的。不需要根据 model. evaluate 的结果来调整每个训练周期的 epoch 数和学习率，而是简单地将 epoch 数设置为在验证集上获得最高准确率的 epoch 或使用其他指标。具体来说，验证集的特征和目标可以作为一个元组传递给训练调用的 validation_data 参数。建议使用交叉验证，而不仅是将数据分成训练集和验证集，validation_data 参数通常用于快速测试（见代码清单 3 – 22）。

代码清单 3 – 22　使用传入的验证数据进行拟合

```
fashion_model.fit(X_train, y_train, epochs =25, batch_size =1024, validation_
data =(X_test, y_test))
```

虽然不需要训练，但 Keras 回调是在每个时期之后执行的过程，允许用户更深入和详细地控制训练以及模型的调整。下面是 3 个常用的回调函数。

- 模型检查点（Model Checkpoint）：导入为 tensorflow. keras. callbacks. ModelCheckpoint。根据用户的设置保存模型。可以选择每个训练或验证指标改善的时期保存整个模型或仅保存模型权重。回调函数还可以设置每个时期都保存模型。

- 早停法（Early Stopping）：导入为 tensorflow. keras. callbacks. EarlyStopping。根据某些标准（例如训练或验证指标在一定数量的时期内没有改善）在达到期望的 epoch 数之前终止训练过程。

- 降低学习率（Reduce Learning Rate on Plateau）：导入为 tensorflow. keras. callbacks. ReduceLROnPlateau。当训练或验证损失在一定数量的时期内不再改善时，通过用户指定的因子降低学习率。

早停法通常与模型检查点一起使用，可以在保存模型的同时自动停止长时间的训练过程。它避免了在长时间、无人监控的训练中可能出现的进度损失，这种训练可能需要几个小时甚至几天的时间。下面是以 fashion_model 为例的两个回调函数的基本语法（见代码清单 3 – 23）。

代码清单 3 – 23　早停法和模型检查点示例

```
from tensorflow.keras.callbacks import EarlyStopping, ModelCheckpoint
checkpoint = ModelCheckpoint(filepath = "path_to_weights", monitor = "val_accuracy",
                             save_weights_only =True,save_best_only =True)
early_stop = EarlyStopping(patience =3,monitor = "val_accuracy",
                           min_delta =1e -7,restore_best_weight =True)
```

模型检查点会将模型权重保存到由参数 filepath 指定的文件路径中，这是通过设置 "save_weights_only =True" 来实现的。除非将 save_best_only 设置为 true，否则模型每轮迭代都会保存一次。在将 save_best_only 设置为 true 的情况下，只有在监测指标（由 monitor 参数设置）显示改进的 epoch 才会保存。

只有当 monitor 参数设置的指标在 patience 参数中经过一些指定的 epoch 后停止改进时，早停法才会结束训练。此外，通过设置 min_delta 可以设置一个数量，只有当改进量超过设定值时才算作改进。最后，通过将 restore_best_weight 参数设置为 true，早停法会将模型权重恢复到监测指标表现最佳的 epoch。

在 Keras 的拟合调用中会返回一个对象，其属性 history 返回一个详细的训练日志，包括所有损失和指标在所有 epoch 的数值。返回一个包含所有信息的字典，其中每个键是被监测的损失/指标，而每个键内的值是该特定损失/指标在一个 epoch 的数值。可以利用这些数据将指标/损失值与 epoch 数进行可视化，以观察训练或验证损失的趋势（见代码清单 3－24）。

代码清单 3－24　绘制训练历史

```
# 训练历史和绘图
history = fashion_model.fit(X_train, y_train, epochs =40, batch_size =1024,
validation_data =(X_test, y_test))
plt.plot(history.history['val_accuracy'], label = "val_acc") plt.plot
(history.history['accuracy'], label = "train_acc")
plt.xlabel('epochs')
plt.ylabel('accuracy')
plt.title("Training and Validation Accuracy")
plt.legend()
plt.show()
```

通过分析训练历史中的趋势和模式，可以获得有价值的信息，这有助于未来模型的调整和改进。在上面的例子中，验证准确率在大约第 20 个 epoch 开始停滞甚至下降，这表明学习率应该在此“增加点”附近降低（见图 3－30）。这样做很可能在验证准确率上带来轻微的性能提升。

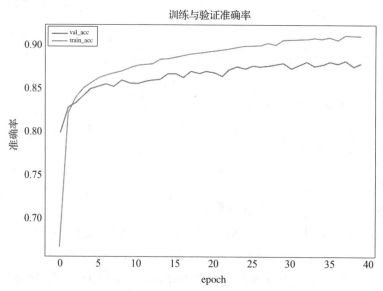

图 3－30　训练性能与迭代 epoch 的关系

降低学习率的回调函数 Reduce Learning Rate on Plateau 会在指定的监测指标在一定数量的 epoch 数中没有改善时降低学习率。每次降低学习率时，会将学习率乘以在 factor 参数中设置的因子。

结合前面描述的回调函数，可以使验证结果在先前的训练基础上有所改善（见代码清单 3 - 25）。

代码清单 3 - 25　使用回调函数重新训练

```
# 导入回调函数
from tensorflow.keras.callbacks import EarlyStopping, ReduceLROnPlateau, ModelCheckpoint
checkpoint = ModelCheckpoint(filepath = "path_to_weights", monitor = "val_accuracy",
                save_weights_only = True, save_best_only = True, verbose = 1)
early_stop = EarlyStopping(patience = 6, monitor = "val_accuracy",
                min_delta = 1e - 7, restore_best_weights = True, verbose = 1)
reduce_lr = ReduceLROnPlateau(monitor = 'val_loss', factor = 0.2,
                patience = 3, min_lr = 1e - 7, verbose = 1)


# 重新定义模型
fashion_model = Sequential()
fashion_model.add(Input((784,)))
fashion_model.add(Dense(64, activation = "Swish"))
fashion_model.add(Dense(64, activation = "Swish"))
fashion_model.add(Dense(10, activation = "softmax"))


# 再次编译模型,以便从上次训练进度重新开始
fashion_model.compile(optimizer = Adam(learning_rate = 1e - 3),
loss = "sparse_categorical_crossentropy", metrics = ["accuracy"])
history = fashion_model.fit(X_train, y_train, epochs = 100, batch_size = 1024,
validation_data = (X_test, y_test), callbacks = [checkpoint, early_stop, reduce_lr])
plt.figure(dpi = 175)
plt.plot(history.history['val_accuracy'], label = "val_acc")
plt.plot(history.history['accuracy'], label = "train_acc")
plt.xlabel('Epochs')
plt.ylabel('accuracy')
plt.title("Training and Validation Accuracy")
plt.legend()
plt.show()
```

观察到验证准确率提高了约 0.01，从 0.87 提高到约 0.88，可以调整回调函数的参数以进一步改进结果。然而，根据问题的设置和回调函数的有限修改能力，0.01 的准确度的提高是成功的。

批归一化（Batch Normalization）和丢弃法（Dropout）

前面探索了不同的优化器，其中一些优化器可以实现快速收敛，而另一些优化器可以提高模型在未知数据集上的泛化能力同时稳定训练。尽管以不同方式更新梯度可以稳定整个训练过程，但模型本身的训练稳定性仍然存在问题。由于模型的各层接收来自前一层激活的原始信号，所以激活的分布在不同的批次之间可能发生巨大变化，这可能导致算法一直试图适应一个不断变化的目标。这个问题被称为内部协变量转移（internal covariate shift）。神经网络依赖分布之间的高度相互依赖关系，这可能降低训练速度和稳定性（见图3-31）。

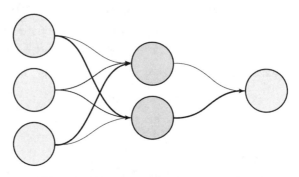

图3-31　神经网络中未经归一化的原始信号可能导致训练不稳定

批归一化产生一个归一化信号，减少了分布之间的相互依赖关系。这不仅可以提高训练的稳定性和速度，还可以在训练中插入正则化，减少过拟合并提高泛化能力。

批归一化使用当前批次的第一个和第二个统计矩，对来自隐藏层的激活向量进行归一化。通常，批归一化在激活函数之后应用，然而，在非线性变换之前也可以使用它。

用 z 表示激活向量/输出。然后，批次的第一个和第二个统计矩，即平均值和偏差，被定义如下：

$$\mu = \frac{1}{n} \sum_{i}^{n} z_i$$

$$\sigma^2 = \frac{1}{n} \sum_{i}^{n} (z_i - \mu)^2$$

然后，根据所获得的值，对激活向量进行归一化，使每个神经元的输出向量在整个批次中都遵循正态或高斯分布。注意，添加 ϵ 是为了数值稳定性。

$$\hat{z}_i = \frac{z_i - \mu}{\sqrt{\sigma^2 - \epsilon}}$$

接着，对归一化后的输出应用线性变换，其中包含两个可学习的参数，使每层可以选择其自身的最佳分布。具体来说，γ 调整标准差，而 β 控制偏差：

$$\text{new } z_i = \gamma * \hat{z}_i + \beta$$

γ 和 β 的值使用指数移动平均值（Exponential Moving Average）与梯度下降一起训练，类似 Adam 的机制。

在评估阶段，当输入的数据不足以组成一个完整的批次，无法计算第一个和第二个统计矩时，平均值和非中心偏差会被训练阶段预先计算得到的估计值所取代。

在实践中，Keras 将批归一化实现为层调用，并像任何密集层调用一样使用它。可以像代码清单 3 - 26 所示的那样将批归一化层添加到模型中。

代码清单 3 - 26　向模型中添加批归一化层

```
from tensorflow.keras.layers import BatchNormalization

fashion_model = Sequential()
fashion_model.add(Input((784,)))
fashion_model.add(Dense(64, activation = "Swish"))
fashion_model.add(BatchNormalization())
fashion_model.add(Dense(64, activation = "Swish"))
fashion_model.add(BatchNormalization())
fashion_model.add(Dense(10, activation = "softmax"))
```

通过使用批归一化重新训练模型，观察到验证准确率略有提高，而训练准确率提高了约 0.02。如果分析由批归一化模型生成的图表，可以注意到训练和验证数据的准确性要比没有批归一化的模型更稳定。更重要的是，在带有批归一化的模型中，验证和训练指标的收敛速度要比没有批归一化的模型高得多，在大约第 15 个 epoch 趋于稳定，而没有批归一化的模型在大约第 50 个 epoch 停止改进，其性能相似（见图 3 - 32）。

需要注意的是，批归一化确实有助于防止过拟合（批量越大，其正则化效果越小）。其最显著的作用是加速和稳定训练。在现代神经网络中，无论是大型神经网络还是小型神经网络，几乎都会默认添加批归一化层。然而，在每个隐藏层后添加批归一化层的一个主要缺点是计算成本较高。每次添加批归一化层时，收敛或迭代次数可能减少，但每次迭代所需的时间会显著延长。最好在添加批归一化层和完全不添加批归一化层之间找到平衡。

神经网络容易出现过拟合（反过来讲，能够提高神经网络泛化能力的方法数量多得离谱）的一个主要原因是，一个简单的神经网络可以包含极大数量的参数。

可以使用有性繁殖与无性繁殖相比较的问题来描述：有性繁殖的作用不仅是让新的和多样化的基因在种群中传播，还可以降低复杂的共同适应性，这会减少新基因改善个体适应性的机会。它通过训练基因不总是依赖大量可用的基因，而是引导它们与少量基因一起工作，从而显示了有性繁殖的重要性。同样的概念也被应用于神经网络，通过在层中添加丢弃操作，神经网络中的每个隐藏单元可以被训练以适应所有其他参数，也可以与随机选择的一小组参数一起工作。这可以提高神经网络的鲁棒性。

顾名思义，丢弃法是在训练阶段随机丢弃神经元（见图 3 - 33）。丢弃神经元的主要目的是减少神经元之间的相互依赖，并提高对未知数据集的泛化能力。

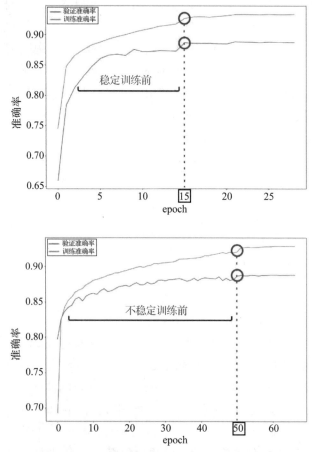

图 3 – 32   使用批归一化的模型与没有批归一化的模型的对比（附彩插）

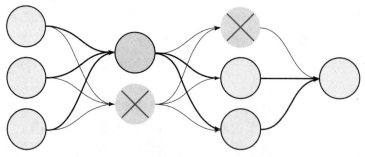

图 3 – 33   神经网络中丢弃法示例

在实践中，与批归一化层一样，Keras 提供了一个具有用户指定参数/值的丢弃层。根据 Keras 文档，丢弃层在训练过程中以一定的频率随机将输入单元设置为 0，这有助于防止过拟合，其中 rate 是预设的超参数。

添加任何丢弃层到隐藏层的基本语法见代码清单 3 – 27。请注意，在模型评估过程中，所有神经元都处于开启状态。

代码清单 3 – 27   添加丢弃层到隐藏层

导入丢弃层

```
from tensorflow.keras.layers import Dropout

fashion_model = Sequential()
fashion_model.add( Input((784,)))

# 在密集层和批归一化层之后添加丢弃层
fashion_model.add(Dense(64, activation = "Swish"))
fashion_model.add(BatchNormalization())
fashion_model.add(Dropout(0.25))

fashion_model.add(Dense(64, activation = "Swish"))
fashion_model.add(BatchNormalization())
fashion_model.add(Dropout(0.25))

fashion_model.add(Dense(10, activation = "softmax"))
```

可以尝试在 fashion_model 上使用不同的丢弃比率和数量的丢弃层，以进一步提高模型性能。在大多数情况下，丢弃法会稍微降低模型在训练数据上的性能，但会显著改善在验证集或未知数据上的结果。

Keras 函数式 API

在前面的例子中，使用 Keras 建模是通过 Sequential 对象按顺序添加层来完成的。然而，这种功能和构建模型的过程非常有限，许多复杂的模型架构都是使用 Keras 函数式 API 构建的。代码清单 3 - 28 给出了之前在前面定义的 fashion_model 的示例，它使用 Keras 函数式 API 构建。

代码清单 3 - 28　使用 Keras 函数式 API 构建的简单模型

```
import tensorflow.keras.layers as L
from tensorflow.keras import Model

inp = L.Input((784, ))
x = L.Dense(64, activation = "Swish")(inp)
x = L.BatchNormalization()(x)
x = L.Dropout(0.2)(x)
x = L.Dense(64, activation = "Swish")(x)
x = L.BatchNormalization()(x)
x = L.Dropout(0.2)(x)

out = L.Dense(10, activation = "softmax")(x)

new_fashion_model = Model(inputs = inp, outputs = out)
```

编译和训练模型与之前相同

正如"函数式 API"的名称所暗示的，层被定义为前一层的函数。每层可以在创建时存储在自己的变量中，并与其他层关联，后面将看到更多示例。与顺序模型不同，顺序模型中的每层都成为模型对象的"一部分"，函数式 API 使每层都可以成为独立的结构，具有无限的连接和结构可能性。由于每层都可以成为自己的独特变量，所以可以在后续引用它，并创建非线性连接甚至跳跃连接。然而，如果不需要非线性或跳跃连接，为了简洁和可读性，大多数约定将每层定义为一个反复重新定义的变量。

将不同层重新定义为同一个变量的符号表示可能令人困惑。最好注意每个函数指向的位置，无论是指向输出层还是指向另一个独立的分支层。

通过将当前层对象（例如密集层）作为函数调用，来建立当前层与前一层之间的连接，其中参数是前一层的变量。然后，将函数调用的输出赋给一个变量（例如常用的变量名为 x）。然后，当前层分配的变量包含有关当前层及其与前一层的连接的信息（见图 3-34）。

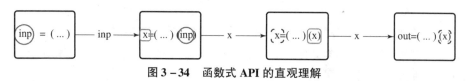

图 3-34 函数式 API 的直观理解

可以用常见的链表数据结构来解释：在函数式 API 中定义的每个变量或层都充当链表中的一个节点。单个变量并不包含整个模型的完整信息，就像用户无法通过一个节点访问链表中的每个值一样。然而，每个变量都包含一个指向其连接中下一层的"指针"。当使用 keras. Model 对象将模型连接在一起时，Keras 内部通过查找这些"指针"并检索层信息来将输入层和输出层连接起来。请注意，在实际的 Keras 中，使用函数式 API 构建 Model 对象的过程并不一定像链表那样工作，但这是一个很好的类比，可以帮助理解。

非线性拓扑结构

Keras 函数式 API 的亮点在于它能够创建非线性拓扑模型和具有多个输入和输出的模型。这些模型架构无法顺序定义，并且可能包含复杂的结构，其中一个层的输出可以复制并输入到多个其他层中。这些非线性拓扑模型还利用了合并技术，例如拼接（Concatenation）——一个层由两个或多个不同层的输出组合而成。

构建非线性拓扑模型的能力非常重要，因为它们允许对给定数据进行更深入、更有意义的分析，从而能够产生更好的结果。在顺序定义的模型中，数据被限制在一组参数中，这些参数对来自输入或前一层输出的信息进行编码。通过非线性拓扑，输入可以传递并分成神经网络的多个不同的分支，每个分支具有不同的设置和连接类型。然后，在某个时刻，所有这些不同分支的"见解"可以通过拼接或用户指定的其他形式的操作合并在一起。尽管有人说顺序模型可以适应数据，并根据数据创建不同的参数化神经元，但仍然有必要使用非线性拓扑，因为顺序模型的能力是有限的。无论对于表格数据还是其他形式的数据，大多数先进模型（SOTA）都以某种方式使用非线性拓扑。

以函数式方式构建非线性拓扑是非常直观的。接下来，以一个相对简单的非线性拓扑神经网络作为示例，在此基础上进一步探索更复杂的概念，例如多输入、多输出和权重共享。作为示例，其目标是构建一个神经网络，从一个输入块开始，然后分成两个独立的分支，每个分支具有不同数量的隐藏层和神经元，然后，它们合并成一个分支，最后输出预测结果（见图 3 – 35）。

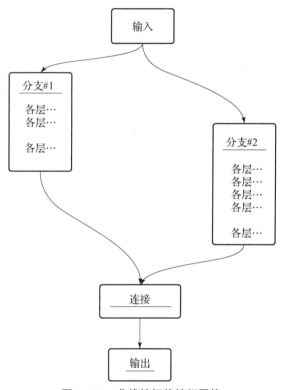

图 3 – 35　非线性拓扑神经网络

与之前定义的简单函数式模型类似，首先定义输入层（见代码清单 3 – 29）。

代码清单 3 – 29　定义输入层

```
import tensorflow.keras.layers as L
inp = L.Input((784,))
```

然后，分别定义这两个分支（见代码清单 3 – 30）。一个重要的注意事项是分支可以使用相同的变量名，但不同分支的层不能使用相同的变量名，这样做会弄乱层与层之间的关系，而且根本没有意义。

代码清单 3 – 30　分别定义两个独立的分支

```
# 第一个分支使用变量名 x
x = L.Dense(128, activation = "Swish")(inp)
x = L.BatchNormalization()(x)
```

```
x = L.Dense(32, activation = "Swish")(inp)
x = L.BatchNormalization()(x)

# 第二个分支使用变量名 y
y = L.Dense(64, activation = "relu")(inp)
y = L.BatchNormalization()(y)
```

在创建这两个独立的分支之后（层数和神经元数量是随机选择的，这个模型只是作为示例），使用连接操作将它们的输出合并。最后，根据连接层定义输出层。请注意，L.Concatenate 函数调用的参数是一个列表，其中包含应该进行连接的层的输出。在本示例中，它是 x 和 y 的输出（见代码清单 3 – 31）。Concatenate 函数简单地将层的输出沿指定的轴进行连接。通常，默认连接轴沿着特征列（例如，一个形状为（100，3）的数组与一个形状为（100，2）的数组连接在一起会得到一个形状为（100，5）的数组）。由于其能够保留所有层的输出，所以 Concatenate 函数的使用比其他任何合并方法都要多。其他合并层包括 Average（在指定的轴上进行平均值计算）、Dot（计算两个向量/矩阵的点积）、Maximum（在指定的轴上应用最大值函数）等。在大多数情况下，Concatenate 函数对于模型来说已经足够了。让模型自己"决定"在合并的层之间执行什么操作要比指定一个严格的操作更好。

代码清单 3 – 31 层之间的连接和输出

```
from tensorflow.keras import Model
# 使用变量名 concat 表示连接的层
# 将 x 和 y 的输出进行合并
concat = L.Concatenate()([x, y])
concat = L.BatchNormalization()(concat)

out = L.Dense(10, activation = "softmax")(concat)
# 将所有层组合成一个单独的 Model 对象
non_linear_fashion_model = Model(inputs = inp, outputs = out)
# 编译和训练与往常一样
```

接下来，整个模型由一个 keras.Model 对象组成，其中输入层的变量通过 input 参数传递，而包含输出层的变量则通过 output 参数传递。

在构建复杂的神经网络时，使用 Keras 函数式 API 很容易迷失变量名称、连接和各层之间的关系。Keras 提供了一组简单的函数，用于显示模型的信息以及可视化模型架构。

通过在创建的模型对象（或编译后的模型）上调用 summary 函数，Keras 输出每个层的参数、形状和大小，每个层的连接以及神经网络中的总参数数量。对先前创建的非线性拓扑模型调用 summary 函数的输出见代码清单 3 – 32 和图 3 – 36。

代码清单 3 – 32 模型总结示例

```
non_linear_fashion_model.summary()
```

```
Model: "model_1"

Layer (type)                     Output Shape         Param #     Connected to
==================================================================================
input_2 (InputLayer)             [(None, 784)]         0

dense_4 (Dense)                  (None, 32)            25120       input_2[0][0]

batch_normalization_3 (BatchNor  (None, 32)            128         dense_4[0][0]

batch_normalization_4 (BatchNor  (None, 32)            128         batch_normalization_3[0][0]

concatenate (Concatenate)        (None, 64)            0           batch_normalization_3[0][0]
                                                                   batch_normalization_4[0][0]

batch_normalization_5 (BatchNor  (None, 64)            256         concatenate[0][0]

dense_6 (Dense)                  (None, 10)            650         batch_normalization_5[0][0]
==================================================================================
Total params: 26,282
Trainable params: 26,026
Non-trainable params: 256
```

图 3 – 36　由 model. summary 函数生成的输出结果

为了更直观和简单地展示模型的结构，Keras 提供了一个函数用于绘制模型的架构，同时包含有关层的形状和类型的信息。该函数从 keras. utils 中导入为 plot_model。该函数有几个相关的参数。要绘制的模型作为第一个参数传递给函数。to_file 参数用于创建可视化的名称和保存路径。还有两个较小的参数，show_shapes 和 show_layer_names，用于控制是否显示图表中层的输入和输出形状以及层的名称。每个层的名称可以通过作为字符串传递给 name 参数下的任何层调用来定制（见代码清单 3 – 33 和图 3 – 37）。

代码清单 3 – 33　绘制模型的 Keras 函数

```
from keras.utils import plot_model
plot_model(non_linear_fashion_model, to_file = "model.png", show_shapes = True,
show_layer_ names = True)
```

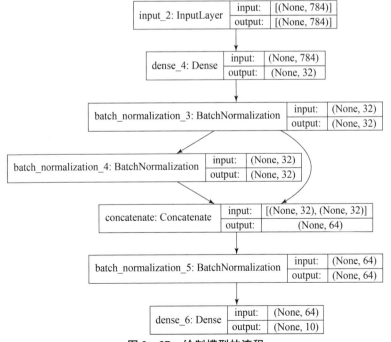

图 3 – 37　绘制模型的流程

特别对于非线性拓扑模型，Keras 函数能够可视化数据在层之间交织的分支中如何传递，对于修复模型定义中的错误，或者更好地掌握整体模型架构非常有帮助。本书的后续部分将广泛使用这个功能，以处理新的架构。

多输入和多输出模型

在某些问题设置中，数据的多个组成部分以不同的格式呈现，或者它们属于完全不相关的类别，将它们组合在一起训练是没有意义的。显而易见的解决方案是为不同类型的数据训练单独的模型。一个常见的例子是医学领域。想象一下，医生常常需要对放射照片进行分类，同时需要处理以表格形式给出关于患者图像的元数据。图像和表格数据都提供了对分类任务可能有用的关键信息。因此，可以训练一个模型处理表格数据，训练另一个模型处理图像数据。然后，在每个模型进行预测之后，对预测结果进行平均以产生最终的输出。虽然这种方案可行，但这种方案会遇到一些问题。由于每个模型只拥有"完整图像"的部分，并试图根据部分信息进行预测，所以产生的结果可能缺乏准确性。然而，使用多输入模型，可以共同考虑图像的所有部分如何组合在一起。幸运的是，有一种方法可以让一个模型接收两个输入，然后在分别处理两个输入后，将层的输出合并为一个单一的、合并的层。最后整个模型一起训练，通过反向传播将其回传到每个输入分支。以这种方式训练的模型比多个单独的模型表现更好，因为模型可以学习自己的"语言"，结合来自两种或更多不同类型数据的见解，产生无法通过单独模型复制的结果。

类似地，在某些情况下，可以给定一组数据以预测多种不同类型的输出。一个例子是使用同一组房屋特征来预测房屋价格和 5 年内房屋是否会出售。同样地，可以使用具有相同特征的两个模型分别预测不同类型的输出。然而，将这两个输出分支合并到一个单一模型中会更有益处。反向传播可以将两个分支的模式关联到模型中，获取两部分数据的联合知识，这是通过两个单独模型无法学到的。

使用 Sequential 对象构建这些类型的模型是不可能的，但是通过函数式 API 可以实现并且完全直观。对于多输入模型，只需定义两个具有不同变量的输入头。然后，一旦它们通过各自的分支中的层进行处理，就可以使用连接操作或任何其他形式的层间合并将输入分支组合成一个单一的隐藏层。下面是构建多输入模型的示例（见代码清单 3 – 34）以及多输入模型架构的可视化（见图 3 – 38）。

代码清单 3 – 34 构建多输入模型的示例

```
# 全为零的示例数据
X_a = np.zeros((100,4))
X_b = np.zeros((100,8))

y = np.zeros((100,))
```

```
#第一个输入分支
inp1 = L.Input((4, ))
x = L.Dense(64, activation = "relu")(inp1)
x = L.BatchNormalization()(x)
x = L.Dense(64, activation = "relu")(x)
x = L.BatchNormalization()(x)

# 第二个输入分支
inp2 = L.Input((8, ))
z = L.Dense(128, activation = "relu")(inp2)
z = L.BatchNormalization()(z)
# 连接
concat = L.Concatenate()([x, z])
out = L.Dense(1)(concat)

# 构建为一个模型
multi_in = Model(inputs = [inp1, inp2], outputs = out)
```

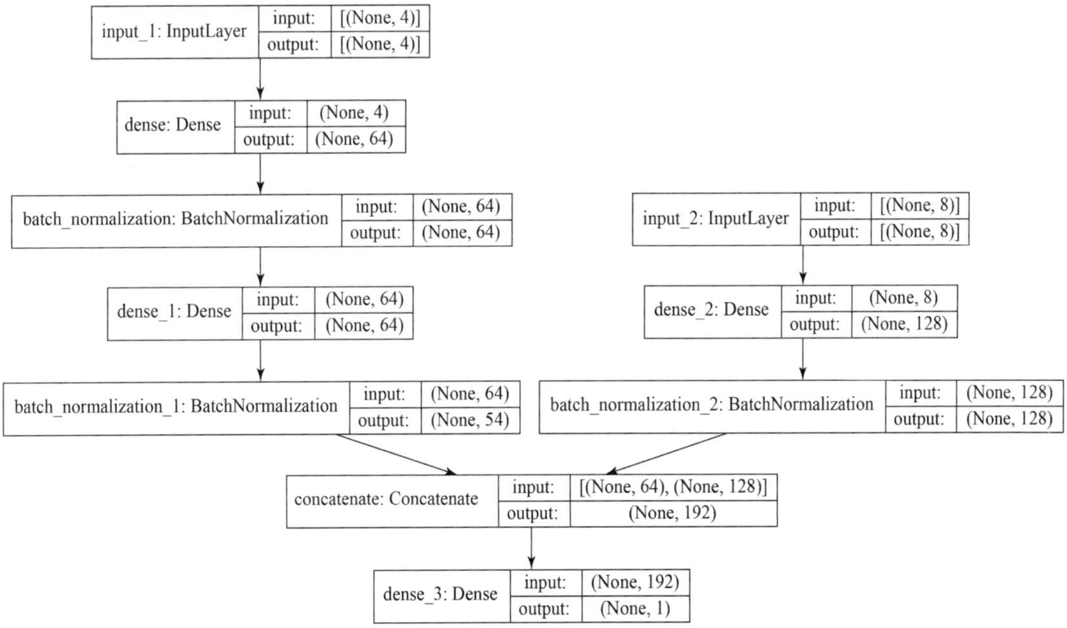

图 3 - 38　多输入模型架构的可视化

在训练过程中，不同类型的输入数据以列表形式传递到（x，y）元组，与创建Model 对象时将层输入列表的顺序相同（见代码清单 3 - 35）。相同的概念也适用于评估过程。

代码清单 3 – 35 训练多输入模型示例

```
multi_in.compile(optimizer = "adam", loss = "mse")
multi_in.fit([X_a, X_b], y, epochs = 10)
multi_in.evaluate([X_a, X_b], y)
```

多输出模型可以用类似的方式定义。不同的输出层以列表的形式传递给 keras. Model 对象，在训练过程中，它以一个列表的形式在（x，y）元组中传递。代码清单 3 – 36 展示了构建多输出模型的示例，多输出模型架构的可视化如图 3 – 39 所示。

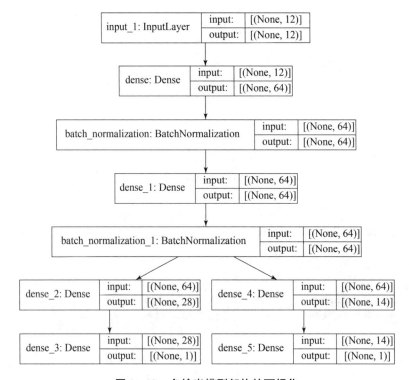

图 3 – 39　多输出模型架构的可视化

代码清单 3 – 36 构建多输出模型的示例

```
# 0 和 1 的示例数据
X = np.zeros((100,12))

y_a = np.zeros((100,1))
y_b = np.ones((100,1))

inp = L.Input((12, ))
x = L.Dense(64, activation = "relu")(inp)
x = L.BatchNormalization()(x)
x = L.Dense(64, activation = "relu")(x)
x = L.BatchNormalization()(x)
```

```
# 输出层分支一
out1 = L.Dense(28, activation = "relu")(x)
out1 = L.Dense(1)(out1)


# 输出层分支二
out2 = L.Dense(14, activation = "relu")(x)
out2 = L.Dense(1)(out2)


# 构建为一个模型
multi_out = Model(inputs = inp, outputs = [out1, out2])


# 训练和评估
multi_out.compile(optimizer = "adam", loss = "mae")
multi_out.fit(X, [y_a, y_b], epochs = 10, batch_size = 100)
multi_out.evaluate(X, [y_a, y_b])
```

嵌入 (Embedding)

在表格数据集中,除了分类特征外,通常还存在连续特征。可以使用第 2 章中讨论的分类编码方法对分类特征进行编码,这可能是成功的方法 (参阅第 10 章,了解如何自动选择最佳的数据预处理操作)。另一种编码分类特征的方法是让神经网络自动学习,将每个唯一的分类值与一个 n 维向量关联,即将唯一值最佳地嵌入 n 维空间。

当分类特征中存在大量唯一值,并且使用传统的分类编码方法很难捕捉到它们的复杂性时,嵌入是非常有用的。

嵌入的实现方式是将矩阵应用于独热编码的分类特征,它们与神经网络中的任何其他参数一样可以进行优化。然而,为了使用 Keras 的嵌入层,特征必须是有序编码 (从 0 开始)。此外,为了在连续特征和一个或多个分类特征上使用嵌入,需要为每个分类特征指定一个头,以便将其传递到唯一的嵌入中。在对特征进行嵌入后,可以将其与其他向量连接或按需处理 (见代码清单 3 – 37)。

代码清单 3 – 37　使用嵌入层

```
embed_inp = L.Input((1,))
embedded = L.Embedding(num_classes, dim)(embed_inp)
flatten = L.Flatten()(embedded)
process = L.Dense(32)(flatten)
```

请注意,这里对嵌入层的结果进行展平,因为其输出形状为 (1, dim);展平后会产生一个长度为 dim 的向量,可以与全连接层等进行处理。这个二维形状是因为嵌入层主要用于处理文本,而文本实质上是由许多具有相同类别数 (词汇量大小) 的分类特征组成的大量数据。例如一个长度为 100 的标记序列的嵌入形状为（100，dim）。

读者将在本章的后续部分（"宽度和深度学习"一节）、第 4 章（"多模态图像和表格模型"一节）、第 5 章（"多模态循环建模"一节）以及第 10 章等章节中，看到将嵌入应用于分类特征和文本数据的示例。

模型权重共享

计算成本较高是训练多输入、多输出或任何其他复杂的非线性拓扑模型的一个主要缺点。正如本章前面所述，一个网络可以包含的可训练参数的数量是惊人的，即使一个简单模型其可训练参数的数量也可能达到数百万，并且随着网络不同分支的增加，过拟合的风险以及训练时间也会增加。一个改善这一缺点的技术是权重共享（见图 3 - 40）。

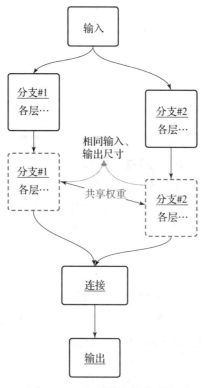

图 3 - 40　权重共享的直观图

权重共享的作用正如其名称所示：在具有相同形状的不同层之间共享权重。通过这样做，两个单独层中的权重集是相同的，这意味着反向传播只需要运行一次。然而，这需要缩短训练时间，以牺牲模型的灵活性为代价，因为算法需要找到适用于两个层的相同权重集。需要注意的是，通过这样做，引入了正则化到模型中，可能提高验证性能。

使用 Keras 函数式 API，可以创建一个共享权重的单独的层，并将共享权重分配给一个变量。随后，每当想要重复使用这些层时，只需以函数式 API 的方式调用这些层，将它们连接到想要连接的任何前面的层。代码清单 3 – 38 展示了权重共享的示例，图 3 – 41 所示为该模型架构的可视化。下面构建的示例模型是一个多输入模型，在合并之前，在两个不同的分支中共享相同的层的权重。需要注意的是，在共享相同的层之前，它们的输入维度必须相同。

代码清单 3 – 38　权重共享的示例

```
#示例数据
X_share_a = np.zeros((100, 10))
# 相同的形状
X_share_b = np.ones((100, 10))
y_share = np.zeros((100, ))

# 创建共享层
shared_layer = L.Dense(128, activation = "Swish")

inp1 = L.Input((10, ))
x = shared_layer(inp1)
x = L.BatchNormalization()(x)

inp2 = L.Input((10, ))
y = shared_layer(inp2)
y = L.BatchNormalization()(y)

out = L.Concatenate()([x, y])
out = L.Dense(1)(out)

shared_model = Model(inputs = [inp1, inp2], outputs = out)
```

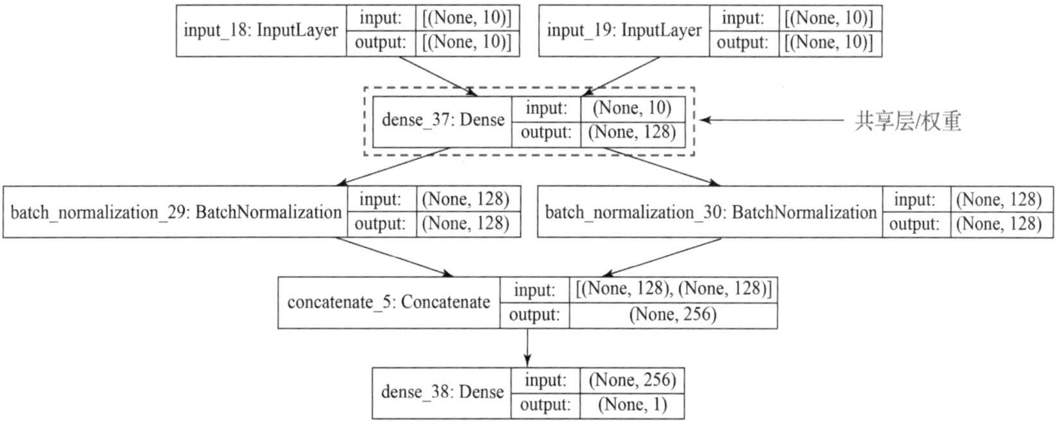

图 3 – 41　权重共享模型架构的可视化

通用逼近定理

George Cybenko 于 1989 年在《控制、信号和系统数学》期刊上发表了题为 *Approximation by Superpositions of a Sigmoidal Function*[3] 的论文（见图 3 – 42）。这篇论文提出了通用逼近定理的理论基础，随后大量扩展和推广工作都以该定理为基础。从根本上讲，George Cybenko 的论文和通用逼近定理表明，神经网络在足够大的规模下理论上能够以任意精度拟合任何函数。

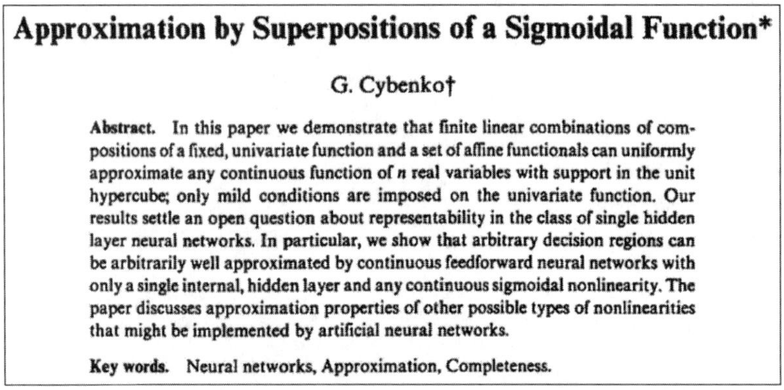

Approximation by Superpositions of a Sigmoidal Function*

G. Cybenko†

Abstract. In this paper we demonstrate that finite linear combinations of compositions of a fixed, univariate function and a set of affine functionals can uniformly approximate any continuous function of *n* real variables with support in the unit hypercube; only mild conditions are imposed on the univariate function. Our results settle an open question about representability in the class of single hidden layer neural networks. In particular, we show that arbitrary decision regions can be arbitrarily well approximated by continuous feedforward neural networks with only a single internal, hidden layer and any continuous sigmoidal nonlinearity. The paper discusses approximation properties of other possible types of nonlinearities that might be implemented by artificial neural networks.

Key words. Neural networks, Approximation, Completeness.

图 3 – 42　George Cybenko 原论文的标题和摘要

George Cybenko 的论文认为，如果一个函数在其自变量无限趋近正无穷时逼近 1，在其自变量无限趋近负无穷时逼近 0，那么这个函数就称为 S 形（Sigmoidal）函数。需要注意的是，虽然"标准"的 sigmoid 函数 $1/(1 + e^{-x})$ 满足这个性质，但其他函数也满足这个性质，例如经过缩放的双曲正切函数 $(\tanh(x) + 1)/2$ 和海维赛德（Heaviside）阶跃函数（如果 $x < 0$，则 $x = 0$；否则 $x = 1$）。George Cybenko 主要关注的是激活函数，这些激活函数从根本上允许自变量控制一个接近 2 个"二进制"状态的输出。在这些条件下，通过具有足够数量的神经元的单隐藏层神经网络可以近似表示任意函数。在这种情况下，可以将神经网络解释为 S 形函数的线性和。

随后，其他激活函数，例如 ReLU、多层网络和其他变体，也证明了类似的结果。

George Cybenko 的论文中提出的原始条件很难实现。这个神经网络具有一维输入、非常大的隐藏层和一维输出。这应该很容易实现。然而，使用这个神经网络很难获得一个函数逼近。这源于证明一组可以近似任意函数的权重的存在和找到可靠地求解所述权重的方法之间的差异。

然而，通过两个修改可以简单地证明泛化的近似能力，即使用比单隐藏层神经网络更具表达力的多隐藏层神经网络和 ReLU 函数。它们没有限制，因此在函数逼近的背景下，ReLU 函数更容易进行操作和优化。代码清单 3 – 39 演示了一个通用逼近定理模型生成器的实现，它接收隐藏层数、每层节点数和要使用的激活函数作为参数。

代码清单 3 – 39　一个函数用于创建一个具有指定隐藏层数、每层神经元数量和激活函数的标量输入/标量输出模型架构

```
def UAT_generator(n, layers, activation):
    model = tensorflow.keras.models.Sequential()
    model.add(L.Input(1,))
    for i in range(layers):
        model.add(L.Dense(n, activation = activation))
    model.add(L.Dense(1, activation = 'linear'))
    return model
```

这里选择的任意函数是 $\sin^2 x - e^{-\cos x}$，其定义域为 $[-20, 20]$，这是一个高度非线性的函数（见代码清单 3 – 40 和图 3 – 43）。

代码清单 3 – 40　George Cybenko 原始论文的标题和摘要[①]

```
def function(x):
    return np.sin(x)**2 - np.exp( -np.cos(x))


x = np.linspace( -20, 20, 4000)
y = function(x)
plt.figure(figsize =(10, 5), dpi =400)
plt.plot(x, y, color = 'red')
plt.show()
```

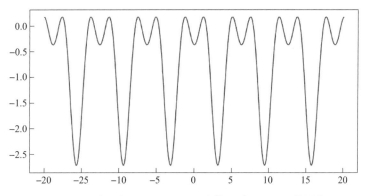

图 3 – 43　在区间 $[-20, 20]$ 上的 $\sin^2 x - e^{-\cos x}$ 的图像

图 3 – 44 ~ 图 3 – 46 分别展示了每层使用 1 024 个节点以及一层、两层和三层进行训练的神经网络的拟合结果。请注意 ReLU 函数的角度拟合以及随着层数和表达能力的增加而逐渐改善的拟合效果。

这是一个证明，读者通过在构建和拟合神经网络方面所掌握的技能，可以观察到神经网络的有趣的理论特性。

---

① 注：原文如此。

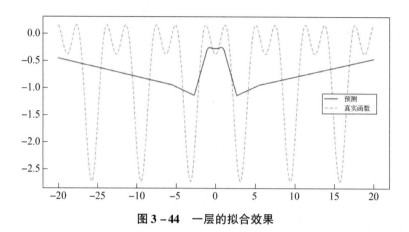

图 3 - 44　一层的拟合效果

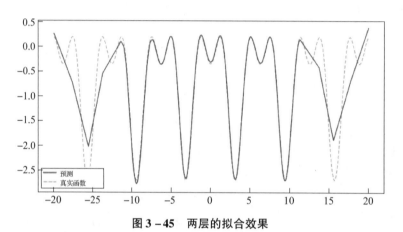

图 3 - 45　两层的拟合效果

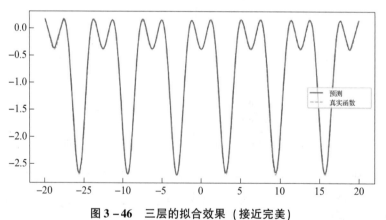

图 3 - 46　三层的拟合效果（接近完美）

精选研究

本书将在后续章节中进一步探索如何使用更复杂的模型和设计。然而，学习了本章内容的读者已经理解并可以应用一系列现代表格深度学习技术，这些技术通过修改前馈网络来更有效地对表格数据进行建模。本部分简要概述了4篇选定的研究论文，并提供了实施方向。

简单的修改以提升表格型神经网络

James Fiedler 在 2021 年的论文《简单改进方法提升表格型神经网络》[4] 中综合了该领域中一组工作量相对较小的标准神经网络改进方法。本书中目前可以使用的和在 James Fiedler 的论文中讨论的两种改进方法介绍如下。

镜像批归一化（Ghost Batch Normalization）

之前，批归一化被引入为一种有效的机制，它通过对输入进行归一化来平滑损失曲面并提高训练性能（见图 3 – 47）。然而，需要注意的是，批归一化对不同的批量表现不同。"泛化差距"是一种被观察到的现象，即当神经网络在大批量训练数据上训练时，其在验证数据上的性能比在小批量上训练时差。大批量训练受到更大样本群体的限制，因此人们期望其移动比小批量更新"慢"且不那么尖锐。研究人员假设，这会阻止使用大批量训练和批归一化层的模型从而跳出具有较差泛化性能的有吸引力的局部最小值。此外，对大批量进行批归一化的效率也不高。

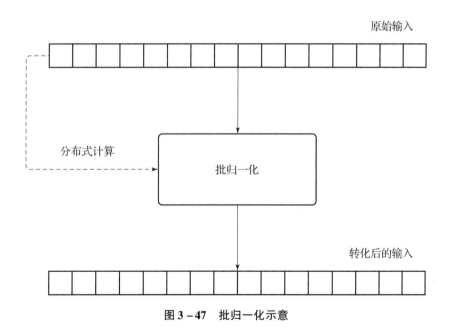

图 3 – 47　批归一化示意

为了解决这个问题，可以使用镜像批归一化来代替批归一化[5]（见图 3 – 48）。与在整个批次上进行批归一化不同，这里将批次分成虚拟的"镜像"批次，并在这些较小的样本组上进行归一化。这样可以在使用大批量训练模型时，避免出现泛化差距问题（出现该问题时大批量限制了学习的活动）。

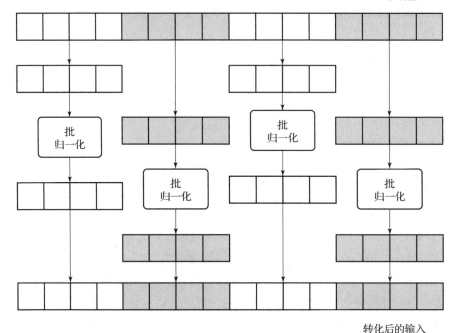

图 3 – 48　镜像批归一化示意（未显示分布计算箭头）

可以将 virtual_batch_size 参数传递给 Keras 的批归一化层以启用镜像批归一化。镜像批次的大小必须能够整除批次的大小。例如，假设批次的大小为 256，则 50 不是有效的镜像批次的大小，但 32 是有效的镜像批次的大小。

请不要将其与生成对抗网络论文的作者所使用的"虚拟批归一化"方法（参阅第 9 章）混淆，在该方法中，在整个数据集中使用单个批次的计算，以确保更高的稳定性。

渗漏门（Leaky Gate）

渗漏门是一种简单的"门控"机制，其中神经网络通过学习简单的逐元素线性变换，以确定每个元素是否"通过"门控。向量中的每个元素都乘以一个向量，并加上一个偏置项。如果结果值大于 0，则该值保持不变；否则，返回 0（或非常接近 0 的值）。在功能上，它实际上是一个逐元素线性变换，后面跟随 ReLU 函数。对于向量输入 x 和表示 x 的第 i 个元素的索引 i，渗漏门的定义如下：

$$g_i(x_i) = \begin{cases} w_i x_i + b_i, w_i x_i + b_i \geq 0 \\ \approx 0, \qquad w_i x_i + b_i < 0 \end{cases}$$

考虑以下系统：

$$x = \langle 3, 2, 1 \rangle$$
$$w = \langle -4, 2, 3 \rangle$$
$$b = \langle 2, 0, -1 \rangle$$

然后，有以下逐元素线性变换（其中 $\otimes$ 表示逐元素乘法，$\oplus$ 表示逐元素加法）：

$$(\boldsymbol{x} \otimes \boldsymbol{w}) \oplus \boldsymbol{b} = \langle 3 \cdot -4 + 2, 2 \cdot 2 + 0, 1 \cdot 3 - 1 \rangle = \langle -10, 4, 2 \rangle$$

经过 ReLU 函数条件处理后，得到 $\langle 0，4，2 \rangle$。最终第一个输入没有通过，但其他两个输入通过了。

这种门控机制实现了一种显式的"特征选择"，类似基于树的模型从特征中选择子集进行推理。在未来的研究论文讨论中，将看到更高级的神经网络特征选择模拟方法。

可以使用自定义的 Keras 层来实现一个渗漏门层（见代码清单 3–41）。在 __ init __ 方法中，以函数式 API 的方式将该层与前一层进行连接。在构建方法中，添加了两个可学习的参数，即权重和偏置项。调用方法通过层的内部参数来协调输入的变换，在这种情况下，形成简单的逐元素乘法（为了实现与批量维度相同的乘法操作，这里使用广播）和加法。

代码清单 3–41　自定义渗漏门层

```
class LeakyGate(keras.layers.Layer):
    def init (self):
        super(LeakyGate, self). init ()

    def build(self, input_shape):
        self.w = self.add_weight(shape = (1,input_shape[ -1],),
                            initializer = 'random_normal', trainable = True)
        self.b = self.add_weight(shape = (1,input_shape[ -1],),
                            initializer = 'random_normal', trainable = True)
        self.mult = keras.layers.Multiply()
    def call(self, inputs):
        return self.mult([inputs, self.w]) + self.b
```

为了验证该层的功能，构建一个简单的模型和门控任务进行训练（见代码清单 3–42）。

代码清单 3–42　在合成任务上使用自定义渗漏门层

```
inp = L.Input((128,))
gate = LeakyGate()
gated = gate(inp)

model = keras.models.Model(inputs = inp, outputs = gated)
x = np.random.normal(size = (512, 128))
mask = np.random.choice([0,1], size = (1, 128))
y = x * mask

model.compile(optimizer = 'adam', loss = 'mse')
model.fit(x, y, epochs = 200)
```

可以通过(np. round(gate. w) == mask). all( )来验证模型是否完全学习到掩码。这种门控机制可以被添加到整个神经网络设计中，以促进动态特征选择。

宽度和深度学习

宽度和深度学习（Wide and Deep Learning）是由 Heng – Tze Cheng 等在论文《推荐系统的宽度和深度学习》[6]中提出的，它是一种相对简单的表格深度学习范式，在许多领域（包括推荐系统）已经取得了非凡的成功。

"宽度"模型是一个简单的线性模型（在分类问题中是逻辑回归，本质上是一个零隐藏层的神经网络）。这样的模型的输入包括原始特征和交叉乘积转换（Cross – product Transformation），其中选择的特征相互之间相乘。这可以捕捉到相关现象同时出现在多个列中的情况。例如，在一个假设的社交媒体内容数据集中，"isVideo?"列和"isTrending?"列的交叉产品表明样本既是一个视频（Video），也是一个热门（Trending）。计算交叉乘积转换是必要的，因为简单的线性模型无法自行开发这些中间特征。然而，即使添加了交叉乘积转换特征，这些乘积也不能推广到新的特征对，因为它们被硬编码作为模型的输入。

"深度"模型是一个标准神经网络，它可以用于开发有意义的嵌入表示，这些嵌入表示可以在内部组合并且很好地泛化到新数据。然而，当数据集本身复杂并包含许多复杂性关系时，深度神经网络很难从有效的低维嵌入中学习。

宽度和深度范式（见图 3 – 49）同时训练一个既有宽度组件又有深度组件的模型，并将两者的优点结合起来。在生成的模型中，一些特征（原始特征和计算得到的交叉特征）被传入宽度模型，而其他特征被传入深度模型。两个模型的输出相加以产生最终的输出，综合了宽度组件的泛化影响和深度组件的特异性能力。

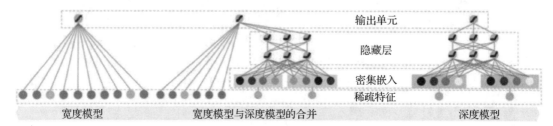

图 3 – 49　Heng – Tze Cheng 等在其论文中将宽度模型和深度模型合并成一个宽度和深度模型

下面在森林覆盖数据集上演示宽度和深度模型的使用（见代码清单 3 – 43）。在将数据集加载到数据中后，创建了宽度模型和深度模型的输入。数据集中有两个相关的分类特征：土壤类型和野生区域。通过将一个特征中的每个独热编码列与另一个特征中的每个独热编码列相乘，生成这两个特征之间的交叉特征。深度模型的输入包括所有连续型输入和分类特征，这些特征被分离出来，并传入各自的嵌入层。

代码清单 3 –43　收集数据以将宽度和深度方法应用于森林覆盖数据集

```
# 初始化数据
wide_data = data.drop('Cover_Type', axis =1)
deep_cont_data = data[['Elevation', 'Aspect', 'Slope',
                       'Horizontal_Distance_To_Hydrology',
```

```
                        'Vertical_Distance_To_Hydrology',
                        'Horizontal_Distance_To_Roadways',
                        'Horizontal_Distance_To_Fire_Points',
                        'Hillshade_9am', 'Hillshade_Noon',
                        'Hillshade_3pm']]
deep_embed_data = {}

# 获取分类特征
soil_types = [col for col in data.columns if 'Soil_Type' in col]
wild_areas = [col for col in data.columns if 'Wilderness_Area' in col]

# 跨越土壤类型和野生区域
for soil_type in soil_types:
    for wild_area in wild_areas:
        crossed = wide_data[soil_type] * wide_data[wild_area]
        wide_data[f'{soil_type}X{wild_area}'] = crossed

# 获取分类特征的序数表示
deep_embed_data['soil_type'] = np.argmax(data[soil_types].values, axis=1)
deep_embed_data['wild_area'] = np.argmax(data[wild_areas].values, axis=1)
```

宽度模型是一个简单的线性模型（见代码清单 3 – 44）。

代码清单 3 – 44 构建宽度模型

```
wide_inp = L.Input((len(wide_data.columns)))
wide_out = L.Dense(7)(wide_inp)
wide_model = keras.models.Model(inputs=wide_inp,
                                outputs=wide_out)
```

深度模型更复杂（见代码清单 3 – 45），需要创建 3 个输入——一个用于连续特征，一个用于土壤类型特征，一个用于野生区域特征。两个分类特征都通过一个 16 维的嵌入层传递，表明每个特征中的每个唯一类都与唯一的 16 维向量关联。这些嵌入与连续的特征连接在一起，通过一系列完全连接层传递到输出。

代码清单 3 – 45 构建深度模型

```
deep_inp = L.Input((len(deep_cont_data.columns)))
deep_soil_inp = L.Input((1,))
deep_soil_embed = L.Embedding(np.max(deep_embed_data['soil_type']) + 1,
                              16)(deep_soil_inp)

deep_wild_inp = L.Input((1,))
deep_wild_embed = L.Embedding(np.max(deep_embed_data['wild_area']) + 1,
                              16)(deep_wild_inp)
deep_concat = L.Concatenate()([deep_inp,
```

```
                                    L.Flatten()(deep_soil_embed),
                                    L.Flatten()(deep_wild_embed)])
deep_dense1 = L.Dense(32, activation = 'relu')(deep_concat)
deep_dense2 = L.Dense(32, activation = 'relu')(deep_dense1)
deep_dense3 = L.Dense(32, activation = 'relu')(deep_dense2)
deep_out = L.Dense(7)(deep_dense3)
deep_model = keras.models.Model(inputs = {'cont_feats': deep_inp,
                                          'soil': deep_soil_inp,
                                          'wild': deep_wild_inp},
                                outputs = deep_out)
```

可以使用 Keras 的实验模块中提供的 WideDeepModel 将这两个模型结合起来（见代码清单 3 – 46）。该模型接收一个宽度模型和一个深度模型，以及最终的激活函数，并允许它们进行联合训练。请注意，按照多输入模型的语法将宽度模型的数据和深度模型的数据一起捆绑在一起传递到同一个列表中。

代码清单 3 – 46　将宽度模型和深度模型组合成一个宽度和深度模型

```
from tensorflow.keras.experimental import WideDeepModel

model = WideDeepModel(wide_model, deep_model, activation = 'softmax')
model.compile(optimizer = 'adam', loss = 'sparse_categorical_crossentropy')

model.fit([wide_data, {'cont_feats': deep_cont_data,
                       'soil': deep_embed_data['soil_type'],
                       'wild': deep_embed_data['wild_area']}],
          data['Cover_Type'] – 1,
          epochs = 10)
```

将具有不同优势的模型组合起来的方法可以作为一种通用的建模范式（参阅第 11 章，了解更多将不同模型组合成有效集成模型的示例）。

请参阅以下类似的论文，这些论文利用了特征交叉和其他显式特征交互建模方法。此外，可以参阅第 6 章以了解如何学习特征交互（而不是手动设置到数据中）的内容。

Huang, T. , Zhang, Z. , & Zhang, J. （2019）. FiBiNET: Combining feature importance and bilinear feature interaction for click – through rate prediction. Proceedings of the 13th ACM Conference on Recommender Systems.

Lian, J. , Zhou, X. , Zhang, F. , Chen, Z. , Xie, X. , & Sun, G. （2018）. xDeepFM: Combining Explicit and Implicit Feature Interactions for Recommender Systems. Proceedings of the 24th ACM SIGKDD International Conference on Knowledge Discovery & Data Mining.

Qu, Y. , Fang, B. , Zhang, W. , Tang, R. , Niu, M. , Guo, H. , Yu, Y. , & He, X. （2019）. Product – Based Neural Networks for User Response Prediction over Multi – Field Categorical Data. ACM Transactions on Information Systems（TOIS）, 37, 1 – 35.

Wang, R., Fu, B., Fu, G., & Wang, M. (2017). Deep & Cross Network for Ad Click Predictions. Proceedings of the ADKDD'17.

Wang, R., Shivanna, R., Cheng, D. Z., Jain, S., Lin, D., Hong, L., & Chi, E. H. (2021). DCN V2: Improved Deep & Cross Network and Practical Lessons for Web – scale Learning to Rank Systems. Proceedings of the Web Conference 2021.

自归一化神经网络

Günter Klambauer 等在论文《自归一化神经网络》[7]中引入了缩放指数线性单元（SELU）函数，作为 ReLU 函数的替代品。笔者发现，在标准的全连接神经网络中，简单地将 ReLU 函数替换为 SELU 函数可以显著提高许多任务的性能。虽然该论文讨论了视觉和文本的应用，但本书重点关注其在表格数据建模方面的意义。

Günter Klambauer 等认为，像批归一化这样的归一化机制会受到神经网络中的随机过程的干扰（例如随机梯度下降和丢弃即随机正则化），这使得在表格数据上训练深度全连接神经网络变得困难。

自归一化神经网络大致被定义为当传递信息的神经网络层数增加时，激活的平均值和方差稳定地趋近/收敛于一个固定点。例如，假设理想的固定点的平均值为 0，方差为 1。在下面的例子中，假设在一个 9 层神经网络中，每一层激活平均值和方差，则进程 A 是自归一化的，而进程 B 不是。

［进程 A］
　均值:2.2,2.1,1.8,1.4,0.8,0.3,0.2,0.1,0.0
　方差:4.9,4.5,4.2,3.4,3.1,2.9,1.5,1.1,1.0

［进程 B］
　均值:2.2,2.1,-3.4,-2.9,-4.2,-1.2,0.4,2.5,1.3
　方差:4.9,4.5,3.4,2.4,0.1,1.6,2.3,2.1

请注意，这与批归一化不同，批归一化会立即（甚至可能"突然地"）对激活进行归一化，但不一定在整个神经网络中保持这种状态。满足自归一化约束的神经网络可以被认为采用了一条更加"可持续"的归一化轨迹。

SELU 函数在神经网络中使用时是自归一化的（见图 3 - 50）。它的定义如下（给定两个参数 $\lambda > 1$ 和 $\alpha > 0$）：

$$\text{SELU}(x) = \lambda \begin{cases} x, & x > 0 \\ \alpha e^x - \alpha, & x \leq 0 \end{cases}$$

SELU 函数具有以下关键特性。

（1）能够表示负值和正值以控制平均值，而 ReLU 函数和 sigmoid 函数缺乏这一能力。

（2）导数逼近 0 的区域（例如 x 趋近负无穷），如果方差太大，则可以减小方差，使其保持在合适的范围内（将大方差的输入映射到小方差的激活，即映射到"平坦地形"）。

（3）具有较大导数的区域（对于 $x > 0$，斜率大于 1），如果方差太小，则可以增大方差（将小方差的数据映射为大方差的激活，即映射到"陡峭地形"）。

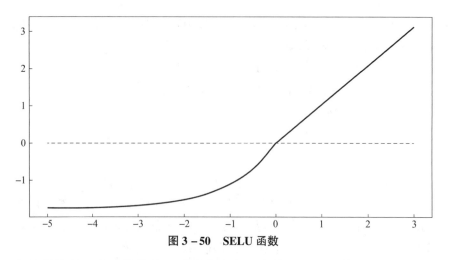

图 3 – 50   SELU 函数

（4）它的图像是一个连续曲线，随着信息在整个神经网络中传播，可以朝着自我归一化的方向对前三个属性进行调整。

这些特性使 SELU 函数在理论上和实践上都表现出可证明的自归一化行为，适用于整个神经网络。

在 Keras 中，SELU 函数已经实现，并且可以通过将 activation = 'selu' 设置在任何接收激活函数的层中来使用。

根据经验观察，SELU 函数在性能上要么与 ReLU 函数相当，要么比 ReLU 函数更好；而且，当 SELU 函数优于 ReLU 函数时，其通常优势很大（而不是略好）。因此，将 SELU 函数作为"默认"激活函数是合理的选择。

正则化学习网络（Regularization Learning Networks，RLN）

正则化是一种通过惩罚大权重值来应对过拟合的技术。可以使用泛化的方式表示带有正则化项的损失函数 L_R，其中函数 P 基于权重 w 对输入 x 进行模型预测，并使用默认损失函数 L 计算预测标签与真实标签之间的差异，其具体表达式如下：

$$L_R(x,y,w) = L(P(x,w),y) + \lambda \parallel w \parallel_n$$

请注意，双竖线符号表示权重的范数，λ 表示相对于默认预测损失的正则化惩罚项系数。最常见的是使用 L1 范数或 L2 范数。

通过这种修改损失函数的方式，模型可以通过两个途径来减小正则化损失：一是更新权重以最小化默认预测损失，二是减小权重的幅度。因此，在默认情况下，权重是较小的，并且不会对神经网络内部信息流产生重大影响。如果一个使用正则化损失训练的模型具有较大的权重值，那么这些权重对预测非常重要，它们对默认预测损失的贡献超过了它们的幅度（受到正则化惩罚项的惩罚）。

可以将正则化惩罚项的作用类比为重力对人的运动产生的影响：重力是一种始终存在的力量，它塑造了人的运动方式和能量消耗方式。

在 Keras 中，用户可以对给定的网络层的参数/或活动应用 L1 范数或 L2 范数进行正则化（见代码清单 3 – 47）。对参数应用正则化常用于避免过拟合，而对活动（例如层的输出）应用正则化用于鼓励稀疏性。请参阅第 8 章中"稀疏自编码器"部分的示例，以了解如何应用正则化来开发鲁棒的稀疏学习表示。

代码清单 3 – 47　在 Keras 中使用正则化

```
from keras import regularizers as R
dense = L.Dense(32,
               kernel_regularizer = R.L1(),
               activity_regularizer = R.L2())
```

这些正则化方法对层中的所有权重应用统一的惩罚强度（即正则化惩罚项系数 λ）。可以说，它"均等地减小所有权重"。对于同构的输入数据形式（例如图像和文本），这种方法适用，其中每个特征的可能值范围与其他特征相同。然而，表格数据通常包含异构类型的数据，其中特征在许多不同的尺度上运作。因此，对所有权重应用相同的惩罚强度并不合理。

Ira Shavitt 和 Eran Segal 在 2018 年的论文《正则化学习网络：表格数据集的深度学习》[8]中提出了 RLN，该网络通过为每个权重学习不同的惩罚强度来解决这个问题。为了有效地优化每个 λ 值，需要使用基于梯度的方法；然而，与权重和损失函数之间的明确可微分关系不同，λ 值与损失函数之间没有这样的关系。λ 值不直接影响模型的预测，它会影响权重的学习过程。因此，λ 值在时间上实现变化（即通过时间实现变化）。

Ira Shavitt 和 Eran Segal 利用这一点提出了反事实损失，即使用当前一组 λ 值更新的网络所得到的损失。在这种巧妙的重新表述中，λ 值与未来损失之间出现了明确的可微关系。与使用增加模型损失的正则化惩罚项不同，模型通过两个步骤进行更新：首先更新惩罚强度 λ 以最小化反事实损失，然后更新权重本身以最小化默认的预测损失（见图 3 – 51）。

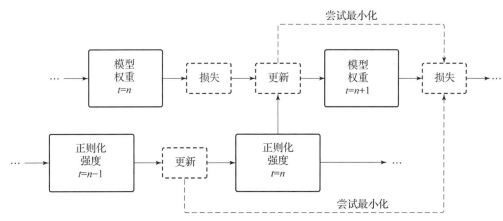

图 3 – 51　惩罚强度如何与模型权重本身一起优化

(通过优化使用给定模型权重更新的模型所产生的损失来实现)

RLN 以 Keras 回调的形式实现（见代码清单 3 – 48）。

代码清单 3 – 48　通过 Jupyter Notebooks 单元格直接从 GitHub 导入 RLN 回调（直接从 git 拉取也可以）

```
!wget -O rln.py https://raw.githubusercontent.com/irashavitt/regularization_
```

learning_networks/master/Implementations/Keras_implementation.py

```
import rln
import importlib
importlib.reload(rln)
from rln import RLNCallback
```

要使用回调函数，只需将一个带有正则化的层传递给回调函数的构造函数，并将回调函数传递给 fit 函数（见代码清单 3 – 49）。

代码清单 3 – 49　使用正则化参数训练模型

```
from keras import regularizers as R

NUM_LAYERS = 4

inp = L.Input((X.shape[-1],))
x = inp
for i in range(NUM_LAYERS):
    x = L.Dense(32, activation = 'selu', kernel_regularizer = R.L1())(x)
out = L.Dense(7, activation = 'softmax')(x)
model = keras.models.Model(inputs = inp, outputs = out)

callbacks = [RLNCallback(model.layers[i]) for i in range(1, 1 + NUM_LAYERS)]

model.compile(optimizer = 'adam', loss = 'sparse_categorical_crossentropy')
model.fit(X, y, epochs = 10, callbacks = callbacks)
```

应用正则化学习在异构数据集上效果很好，这是因为神经网络很可能在这些数据集上出现过拟合（可能因为相对于数据集太小、神经网络的参数过多、数据集不太复杂等）。

关键知识点

本章详细讨论了神经网络的理论和基础知识，以及它们在处理表格数据方面的应用和 Keras 的使用，并对这些内容通过图示进行了直观的解释。

（1）神经网络是由大量神经元连接而成的机器学习模型，每个神经元都有可训练的权重和偏置项。在 ANN 中，每个神经元都与前一层和后一层的神经元相连。

- 进行预测需要使用前馈操作，也涉及反向传播。它以向量的形式接收数据，或者当处理多个样本时则以矩阵形式接收数据。当数据通过输入层时，与每个神经元关联的乘法和加法结果会传递给下一层的每个神经元。这个过程一直持续到数据到达输出层。为了提高效率和简洁性，计算是通过点积进行的，在反向传播过程中，产生的输出被视为预测或中间步骤。

- 反向传播是神经网络学习的核心，它使用梯度下降来调整神经网络中的每个参数。在训练之前，神经网络通常使用随机权重进行初始化，或者根据某种权重初始化算法进行计算。然后，数据（通常按用户指定的参数进行分批）通过神经网络生成初始预测。损失函数是梯度下降试图优化的目标或任务。损失函数中的参数数量就是网络中的参数数量，因为其中任何一个参数的变化都会影响最终的损失值。接下来，针对神经网络中的每个参数取损失函数的导数，或者通过反向传播到输入层计算损失函数的梯度。参数更新规则由所使用的优化器确定。与梯度下降相关的算法（如 NAG 和加速算法）具有稳定的性能，但训练速度较低。相反，现代优化器如 Adam 具有快速收敛性，但在大型模型上使用时，训练结果可能不稳定。

（2）Keras 是建立在 TensorFlow 上的高级 API，是一个常用的框架或库，用于构建语法易于理解的神经网络。Keras 的一个缺点是，与 PyTorch 等竞争对手相比，它对实际训练过程的低级控制能力较弱，但在大多数情况下，Keras 提供的功能已经足够使用。

- 构建神经网络最简单的方法之一是使用 Keras 的顺序对象。虽然其仅限于顺序连接的层，每个层都在下一个层之前，没有任何跳过连接或分支，但是相对于函数式 API，发生错误的可能性较低，代码的可读性较高。

- Keras 函数式 API 为神经网络架构提供了无限的可能性，包括多输入和多输出模型、跳过连接和权重共享，或者其组合。通过使用 Keras 函数式 API，代码的可读性可能会为了创建复杂结构和符合任何约束的模型而有所牺牲。当前层与前一层的关系在函数上定义，并且所有层都存储在一个变量中。

- 神经网络中层的最常见排序如下：密集层/全连接层、激活函数、丢弃层、批归一化层（如果需要）。

- Keras 内置了用于监控训练进度并在训练完成后检索训练数据的函数。回调函数用于在每个 epoch 监控和收集与训练过程相关的特定信息。常用的回调函数包括 ModelCheckpoint、EarlyStopping 和 ReduceLROnPlateau。调用 fit 函数后返回的对象的历史记录将生成一个包含每个 epoch 指定指标和损失的数据框。可以对其进行绘图和分析训练的总体趋势。最后，通过使用从 keras.utils 导入的 plot_model 函数，可以生成一个图表来显示模型的架构。

（3）对表格深度学习的研究表明，对全连接层进行一些修改可以得到成功的模型。

- 使用镜像批归一化而不是标准批归一化可以提高收敛速度和性能。

- 使用自定义门控机制可以实现隐式特征选择，在某种程度上复制了基于树的逻辑（请参阅第 7 章关于特定的基于树/复制的深度学习模型）。

- 合并宽度模型和深度模型，可以同时利用它们各自的优势。此外，人工计算特征交叉可以为模型提供有用的输入信号，无论是宽度模型还是深度模型。

- 使用 SELU 函数可以帮助自归一化整个网络中的激活。

- 使用权重正则化可以帮助减少过拟合，但是表格网络通常包含异构数据，这时使用统一的正则化惩罚强度是不合理的。可以将正则化学习网络作为 Keras 训练代码中的回调函数，并学习每个权重的最佳正则化惩罚强度。

在下一章中，读者将学习卷积神经网络以及如何应用它有效解决计算机视觉、多模态数据和表格数据问题。

参 考 文 献

［1］Li H, Xu Z, Taylor G, et al. Visualizing the loss landscape of neural nets［J］. Advances in neural information processing systems, 2018, 31.

［2］Ramachandran P. , Zoph B. , Le Q. V. Swish：A Self – Gated Activation Function. arXiv：Neural and Evolutionary Computing, 2017.

［3］Cybenko G. Approximation by superpositions of a sigmoidal function［J］. Mathematics of control, signals and systems, 1989, 2(4)：303 – 314.

［4］Fiedler J. Simple modifications to improve tabular neural networks［J］. arXiv preprint arXiv：2108. 03214, 2021.

［5］Hoffer E, Hubara I, Soudry D. Train longer, generalize better：closing the generalization gap in large batch training of neural networks［J］. Advances in neural information processing systems, 2017, 30.

［6］CHENG H T, KOC L, HARMSEN J. Wide & Deep Learning for Recommender Systems；proceedings of the Proceedings of the 1st Workshop on Deep Learning for Recommender Systems［J］. 2016.

［7］Klambauer G, Unterthiner T, Mayr A, et al. Self – normalizing neural networks［J］. Advances in neural information processing systems, 2017, 30.

［8］Shavitt I, Segal E. Regularization learning networks：deep learning for tabular datasets［J］. Advances in Neural Information Processing Systems, 2018, 31.

## 第4章

将卷积结构应用于表格数据

有些事情是已知的，有些事情是未知的，而在它们之间是感知的门户。

——奥尔德斯·赫胥黎，作家和哲学家

前一章已经探索了标准前馈/ANN 模型在表格数据中的应用。本章从有据可查的"传统"领域一跃进入相对未知的新领域，探索卷积结构在表格数据中的应用。尽管卷积层和卷积神经网络（Convolutional Neural Network，CNN）传统上应用于图像数据，但它们为表格数据提供了独特的视角，这是经典的机器学习算法所缺乏的，ANN 也无法可靠地替代。

本章从 CNN 理论的概述开始，探索关键卷积和池化操作背后的直观理解和理论，以及卷积层和池化层如何与其他层一起组织成 CNN，并简要介绍易于使用且成功的 CNN 模型架构。第一部分的目标是为"自然"图像环境中的 CNN 模型建立理论和实践基础。第二部分演示了其在表格数据中的应用。首先，读者学习多模态网络设计——构建同时包含图像和表格数据的模型，以产生决策，使用卷积层处理图像输入，使用前馈层处理表格输入。之后，本章演示将一维和二维卷积直接和间接应用于表格数据的技术。

CNN 理论

在本部分，读者将了解卷积存在的理由、卷积运算以及池化操作的工作原理。然后，读者将综合运用这些知识，为标准的图像分类任务实现 CNN。

为什么我们需要卷积？

假设若卷积层尚未被发明，并且所能使用的神经网络"构建块"只有全连接层。现在希望构建一个能够处理图像的神经网络。作为示例任务，考虑著名的 MNIST 手写数字数据集，该数据集包含数万张 28 像素 ×28 像素的手写数字灰度图像，这些图像显示了 0~9 的手写数字。

MNIST 是一个相对较小的数据集，可以通过 Keras 的 datasets 子模块轻松加载（见代码清单 4 – 1）。

代码清单 4 – 1 加载 MNIST 数据集

```
from keras.datasets.mnist import load_data as load_mnist
(x_train, y_train), (x_test, y_test) = load_mnist()
```

可视化了 MNIST 数据集中的 25 个数字（见代码清单 4 – 2 和图 4 – 1）。使用 seaborn 的 heatmap（热力图）而不是更常见的 plt. imshow（img）来明确显示像素值。

代码清单 4 – 2 显示 MNIST 数据集中样本数字的热力图表示

```
plt.figure(figsize = (25, 20), dpi = 400)
for i in range(5):
    for j in range(5):
        plt.subplot(5, 5, i * 5 + j + 1)
        sns.heatmap(x_train[i * 5 + j], cmap = 'gray')
        plt.yticks(rotation = 0)
plt.show()
```

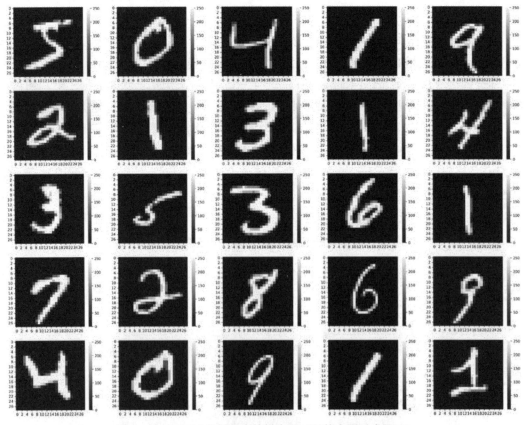

图 4 – 1 MNIST 数据集中的样本项（以热力图形式展示）

每个 28 像素 × 28 像素的图像包含 784 个值。需要对 x_train 和 x_val 进行扁平化处理，它们的形状分别为（60 000，28，28）和（10 000，28，28），以使它们适用于标准的全连接神经网络。我们期望的形状是（60 000，784）和（10 000，784），可以通过重新调整数组的形状来实现这一点（见代码清单 4 – 3）。

代码清单 4 – 3 将 MNIST 数据集重新调整为扁平化形式

```
x_train = x_train.reshape(60000,784)
x_val = x_val.reshape(10000,784)
```

最好的做法是直接引用数据集的变量属性，而不是硬编码这些属性的值。如果某数据集中有 60 001 个元素，并且使用以上代码，就会报错。代码清单 4 – 4 展示了一种更强大的调整形状的方法，它适用于可变大小的数据集和图像尺寸。请注意，将 – 1 设置为坐标轴维度值等同于请求 NumPy 推断剩余的维度（如果读者不熟悉这一点，则请参阅附录）。

代码清单 4 – 4 代码清单 4 – 3 中调整形状操作的更稳健的替代方法

```
flattened_shape = x_train.shape[1] * x_train.shape[2]
x_train = x_train.reshape( –1, flattened_shape)
x_val = x_val.reshape( –1, flattened_shape)
```

使用简单的顺序模型构建一个前馈神经网络（见图 4 – 2），其逻辑如下：从一个包含 784 个节点的输入层开始，每个密集层的节点数是前一层的一半；当神经元的数量达到 10 个或更少时，停止添加层（见代码清单 4 – 5）。

代码清单 4 – 5 通过代码生成一个适用于扁平化 MNIST 数据集的模型

```
model = keras.models.Sequential()
curr_nodes = 28 * 28
model.add(L.Input((curr_nodes,)))
while curr_nodes > 10:
    curr_nodes = round(1/2 * curr_nodes)
    model.add(L.Dense(curr_nodes,
                      activation = 'relu'))
model.add(L.Dense(10, activation = 'softmax'))
```

调用 model. summary 会打印关于模型架构和参数的信息（见代码清单 4 – 6）。可以看到第一层学习了一个从 784 维向量到 392 维向量的映射，需要 $784 \times 392 = 307\ 720$（个）参数。第二层学习了一个从 392 维向量到 196 维向量的映射，需要 $392 \times 196 = 77\ 028$（个）参数。总体而言，在 6 个层中，该模型架构需要 410.5×10^3 个参数。

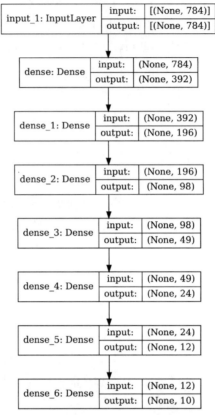

图4-2　在代码清单4-5构建的模型架构上调用 keras. utils. plot_model 的结果

代码清单4-6　代码清单4-5中模型架构的参数和形状总结

```
Model: "sequential"
```

Layer (type)	Output Shape	Param #
dense (Dense)	(None, 392)	307720
dense_1 (Dense)	(None, 196)	77028
dense_2 (Dense)	(None, 98)	19306
dense_3 (Dense)	(None, 49)	4851
dense_4 (Dense)	(None, 24)	1200
dense_5 (Dense)	(None, 12)	300
dense_6 (Dense)	(None, 10)	130

```
=================================================================
Total params: 410, 535
```

```
Trainable params: 410, 535
Non - trainable params: 0
```

可以使用标准的元参数训练模型（见代码清单 4 - 7 和图 4 - 3）。

代码清单 4 - 7　编译和拟合模型

```
model.compile(optimizer = 'adam',
              loss = 'sparse_categorical_crossentropy',
              metrics = ['accuracy'])
model.fit(x_train, y_train,
          validation_data = (x_val, y_val),
          epochs = 10)
```

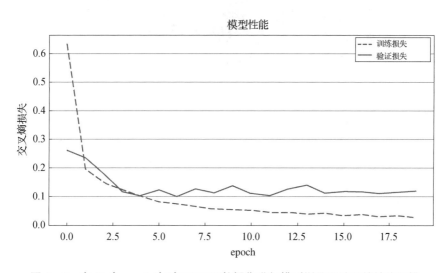

图 4 - 3　在 20 个 epoch 中对 MNIST 数据集进行模型训练和验证的性能建模

本示例的模型获得了接近 0.975 的验证准确率（表现相当不错）。

然而，28 像素 ×28 像素的灰度手写数字图像并不代表当今高分辨率图像时代所使用的图像。假设一个"现代"的 MNIST 数据集由 200 像素 ×200 像素的手写数字图像组成，而人们希望扩展模型以适应这种图像尺寸（可以使用 cv2. resize（img，（200，200））和锐化滤波器对数据集进行更改，以解决数字模糊问题。这里只是假设存在这样的数据集，以分析参数化是如何缩放的）。

作为参考，图 4 - 4 所示的原始图片分辨率为 1 000 像素 ×750 像素。相比当今的图像分辨率标准，200 像素 ×200 像素是一个相对较小的图像尺寸。

使用与之前相同的逻辑，构建一个处理这种类型图像的架构：每个层的节点数应为前一层的一半，当节点数减至 20 以下时，停止这一过程并添加最后 10 个类别输出（见代码清单 4 - 8）。

图 4 – 4 1 000 像素 × 750 像素分辨率图像示例（作者为 **Error 420**，来自 **Unsplash**；附彩插）

代码清单 4 – 8 为具有输入形状（200，200，1）的示例数据集生成架构（类似代码清单 4 – 5）

```
model = keras.models.Sequential()
curr_nodes = 200 * 200
model.add(L.Input((curr_nodes,)))
while curr_nodes > 20:
    curr_nodes = round(1/2 * curr_nodes)
    model.add(L.Dense(curr_nodes,
                      activation = 'relu'))
model.add(L.Dense(10, activation = 'softmax'))
```

这里涉及的参数数量非常庞大，超过了 1 万亿个参数，与之前针对 28 像素 × 28 像素图像构建的网络相比，图像分辨率提高了约 7 倍，参数数量增加了近 2 500 倍（见代码清单 4 – 9）。这个模型的规模类似用于翻译语言和生成文本的大规模现代自然语言处理应用程序的参数（读者将在接下来的两章中了解这些应用）——这与简单图像识别的预期应用相去甚远。

代码清单 4 – 9 在代码清单 4 – 8 中构建的模型的参数和形状摘要

```
Model: "sequential"
```

Layer (type)	Output Shape	Param #
dense (Dense)	(None,20000)	800020000
dense_1(Dense)	(None,10000)	200010000
dense_2(Dense)	(None,5000)	50005000
dense_3(Dense)	(None,2500)	12502500

dense_4（Dense）	（None,1250）	3126250
dense_5（Dense）	（None,625）	781875
dense_6（Dense）	（None,312）	195312
dense_7（Dense）	（None,156）	48828
dense_8（Dense）	（None,78）	12246
dense_9（Dense）	（None,39）	3081
dense_10（Dense）	（None,20）	800
dense_11（Dense）	（None,10）	210

```
=================================================================
Total params: 1,066,706,102
Trainable params: 1,066,706,102
Non-trainable params: 0
```

从这个实验可以看出，使用密集型前馈神经网络架构处理图像数据的问题在于，它们不能与图像尺寸成比例。一个 300 像素 × 300 像素的图像和一个 350 像素 × 350 像素的图像在人眼看来并没有很大的差别（见图 4 − 5），但对于神经网络来说，350 像素 × 350 像素的图像的输入空间比 300 像素 × 300 像素的图像多了 32 500 个维度。这种增加在随后的每个层中都会累积。

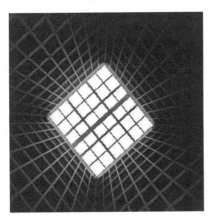 

图 4 − 5　两个示例图像（一个是 300 像素 × 300 像素，另一个是 350 像素 × 350 像素（顺序未透露）。
对于人类来说，视觉上的差异微不足道，但对于神经网络架构来说，表示差异巨大。
图片来源于 Unsplash 并经过修改）

这种情况甚至没有考虑颜色。如果考虑了颜色通道，并且在代码清单 4 − 8 中概述的神经网络架构构建逻辑中设置了 curr_nodes = 200 * 200 * 3（或以其他方式提高图像的分辨率），则甚至可能遇到错误："分配器尝试分配［存储空间大小］时内存不足"。模型架构如此庞大，以至于 Keras 在内存中无法分配足够的空间来存储所有参数！

需要一种可行的方法来扩展神经网络架构，以处理在一定程度上反映视觉工作原理的图像。对分辨率稍高的图像进行建模所需的额外参数或空间数量并不多，因为分辨率稍高的图像并不会影响图像中的实际内容含义/语义。

此外，从哲学的角度来看，不能总是将每个像素视为表示相同的概念——例如，两张狗的图片上相同的像素位置可能代表两个完全不同的值和含义，即使这些像素的集合构成了相同的标签（见图4-6）。应该以某种方式对图像进行处理，以在整个图像上保持一致性，同时能够捕捉深入且有用的信息。使用标准的 ANN 并不能保证这种一致性。

图4-6 两张图像表示相同的语义信息，但像素值差异很大（请注意，一个像素坐标可能在一张图像中是狗的一部分，而在另一张图像中可能是海洋或天空的一部分。处理图像数据的神经网络必须对这些改变像素值，但不改变图像语义内容的转换具有不变性。图片由 Oscar Sutton 提供，来自 Unsplash；附彩插）

卷积操作

卷积层改变了图像识别和一般深度学习图像任务和应用的方式。它很好地解决了之前描述的所有问题，并且仍然是几乎所有深度学习计算机视觉模型的基础，尽管它已经被使用了几十年（从深度学习的历史背景来看，这是一个相对较长的时间）。

卷积本身用于图像处理的概念早已为人所知。给定一个特殊的滤波器，描述某些像素与周围像素的关系将如何被修改，就可以将滤波器应用于图像，从而获得修改后的图像。可以设计卷积核，以使像素之间形成特定的关系，从而创建模糊、锐化或增强图像边缘（尖锐变化）等效果。

考虑一个假设 3×3 卷积核 k：

$$k = \begin{bmatrix} 0 & 0.5 & 0 \\ 0.5 & 1 & 0.5 \\ 0 & 0.5 & 0 \end{bmatrix}$$

构造一个 4×4 的样本矩阵 i 来应用卷积核：

$$i = \begin{bmatrix} 1 & 2 & 3 & 4 \\ 5 & 6 & 7 & 8 \\ 9 & 10 & 11 & 12 \\ 13 & 14 & 15 & 16 \end{bmatrix}$$

令 R 为卷积的结果。正如读者将看到的，它的形状为 (2，2)：

$$R = \begin{bmatrix} ? & ? \\ ? & ? \end{bmatrix}$$

首先填充 R 的左上角元素，对应 i 中左上角的 3×3 窗口（加粗显示）：

$$\begin{bmatrix} \mathbf{1} & \mathbf{2} & \mathbf{3} & 4 \\ \mathbf{5} & \mathbf{6} & \mathbf{7} & 8 \\ \mathbf{9} & \mathbf{10} & \mathbf{11} & 12 \\ 13 & 14 & 15 & 16 \end{bmatrix}$$

对卷积核 k 的每个元素和 i 中相应的 3×3 窗口中的每个元素进行逐元素乘法：

$$\begin{bmatrix} 0 \cdot \mathbf{1} & 0.5 \cdot \mathbf{2} & 0 \cdot \mathbf{3} \\ 0.5 \cdot \mathbf{5} & 1 \cdot \mathbf{6} & 0.5 \cdot \mathbf{7} \\ 0 \cdot \mathbf{9} & 0.5 \cdot \mathbf{10} & 0 \cdot \mathbf{11} \end{bmatrix} = \begin{bmatrix} 0 & 1 & 0 \\ 2.5 & 6 & 3.5 \\ 0 & 5 & 0 \end{bmatrix}$$

最终结果是乘积矩阵中元素的总和 $0 + 1 + 0 + 2.5 + 6 + 3.5 + 0 + 5 + 0 = 18$。得到了 R 的第一个值：

$$R = \begin{bmatrix} 18 & ? \\ ? & ? \end{bmatrix}$$

可以应用类似的操作来获得 R 的右上角值。i 的相关子区域如下（加粗部分）：

$$\begin{bmatrix} 1 & \mathbf{2} & \mathbf{3} & \mathbf{4} \\ 5 & \mathbf{6} & \mathbf{7} & \mathbf{8} \\ 9 & \mathbf{10} & \mathbf{11} & \mathbf{12} \\ 13 & 14 & 15 & 16 \end{bmatrix}$$

计算过程如下：

$$\begin{bmatrix} 0 \cdot \mathbf{2} & 0.5 \cdot \mathbf{3} & 0 \cdot \mathbf{4} \\ 0.5 \cdot \mathbf{6} & 1 \cdot \mathbf{7} & 0.5 \cdot \mathbf{8} \\ 0 \cdot \mathbf{10} & 0.5 \cdot \mathbf{11} & 0 \cdot \mathbf{12} \end{bmatrix} = \begin{bmatrix} 0 & 1.5 & 0 \\ 3 & 7 & 4 \\ 0 & 5.5 & 0 \end{bmatrix}$$

$$\rightarrow 0 + 1.5 + 0 + 3 + 7 + 4 + 0 + 5.5 + 0 = 21$$

$$R = \begin{bmatrix} 18 & 21 \\ ? & ? \end{bmatrix}$$

如果通过其他两个 R 的值进行计算，则会得到以下矩阵：

$$R = \begin{bmatrix} 18 & 21 \\ 30 & 33 \end{bmatrix}$$

因此，给定一个形状为 $a \times b$ 的原始矩阵和一个形状为 $x \times y$ 的卷积核（卷积可以在方形矩阵上进行，也可以使用非方形卷积核！），得到的卷积矩阵的形状为 $(a - x + 1, b - y + 1)$。每个值表示卷积核在该空间维度上可占用的"位置"数量。

这个卷积结果究竟代表什么意义？为了解释卷积的结果，首先需要理解卷积核的设计。这个特定的卷积核为中心的值赋予最高权重，并随着到中心距离的增加而逐渐减弱影响力。因此，可以预期卷积核会稍微"平均化"每个像素附近的值，所得到的卷积特征反映了原始矩阵中元素的"一般化/平均化"特征。

例如，可以观察到元素的顺序遵循 $A < B < C < D$，其中

$$R = \begin{bmatrix} A & B \\ C & D \end{bmatrix}$$

这反映了原始矩阵 i 中元素的一般组织方式。还可以观察到 $B - A = D - C$，这反映了原始矩阵 i 中右下区域的元素与左下区域的元素之间大致具有与右上区域的元素与左上区域的元素之间相同的距离关系。

下面看一个稍微复杂的例子，使用一个 10 像素 × 10 像素的图像（见代码清单 4 – 10 和图 4 – 7）。该图像展示一个由渐变背景上的"1"组成的加号。

代码清单 4 – 10 生成一个低维度图像示例

```python
# 初始化一个全零的"画布"
img = np.zeros((10,10))

# 绘制背景渐变
for i in range(10):
    for j in range(10):
        img[i][j] = i * j /100

# 绘制垂直条纹
for i in range(2,8):
    for j in range(4,6):
        img[i][j] = 1

# 绘制水平条纹
for i in range(4,6):
    for j in range(2,8):
        img[i][j] = 1

# 显示带有数值的图像
plt.figure(figsize=(10,8), dpi=400)
sns.heatmap(img, cmap='gray', annot=True)
plt.show()
```

可以使用 cv2 的 filter2D 函数对图像应用卷积核。cv2. filter2D 函数适用于图像，会在图像的边缘进行填充，使卷积后的图像与原始图像具有相同的形状。这意味着在矩阵的边缘添加缓冲值（通常为 0），然后对填充后的矩阵进行卷积。下面编写一个函数，接收一个卷积核，将其应用于矩阵，并将矩阵显示为热力图（见代码清单 4 – 11）。

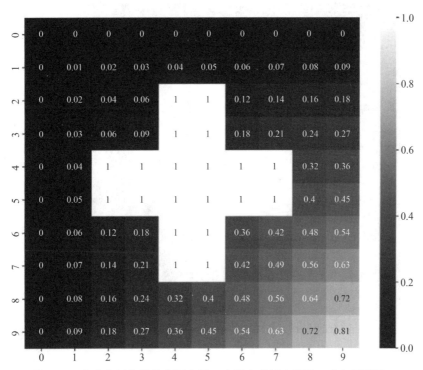

图 4 - 7　自定义图像的热力图表示（在渐变背景上覆盖一个加号形状）

代码清单 4 - 11　一个在输入图像上应用输入卷积核的函数

```
def applyKernel(kernel, img):
    altered = cv2.filter2D(img, -1, kernel)
    plt.figure(figsize = (10, 8), dpi = 400)
    sns.heatmap(altered, cmap = 'gray', annot = True)
    plt.show()
```

恒等卷积核被定义为矩阵的中心为 1，其他位置为 0（见代码清单 4 - 12 和图 4 - 8）。卷积后的每个像素点只受到原始矩阵中一个像素点的直接影响，从而卷积后的矩阵与原始矩阵完全相同：

$$恒等卷积核 = \begin{bmatrix} 0 & 0 & 0 \\ 0 & 1 & 0 \\ 0 & 0 & 0 \end{bmatrix}$$

代码清单 4 - 12　使用恒等卷积核

```
kernel = np.array([[0, 0, 0],
                   [0, 1, 0],
                   [0, 0, 0]])
applyKernel(kernel, img)
```

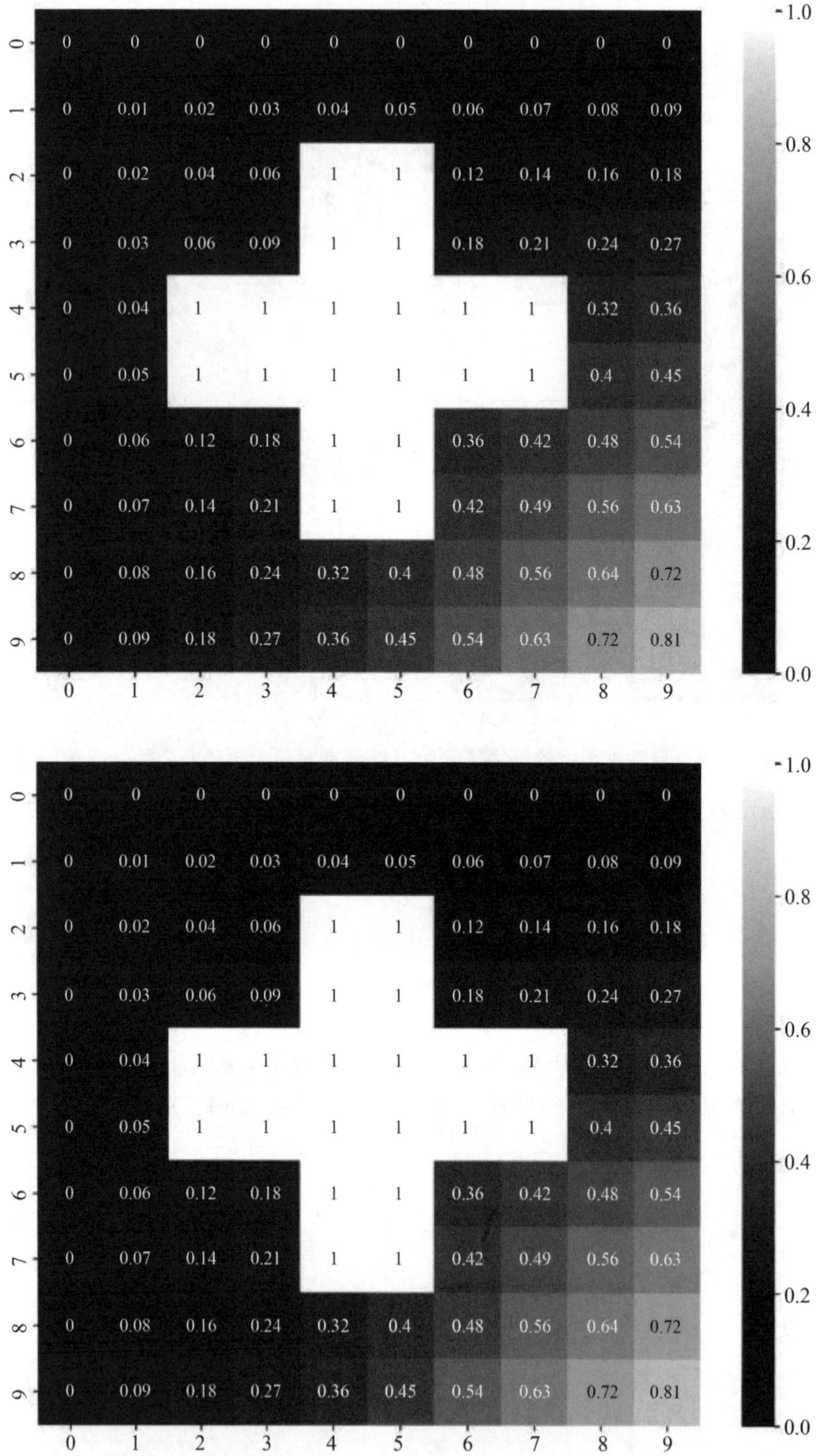

图 4-8 对图 4-7 中的"图像"应用恒等卷积核的结果(注意没有任何区别)

要对图像应用模糊效果,可以定义一个卷积核,它为所有相邻像素都赋予相同权重(见代码清单 4-13 和图 4-9):

$$3 \times 3 \text{ 的均匀模糊卷积核} = \begin{bmatrix} 1 & 1 & 1 \\ 1 & 1 & 1 \\ 1 & 1 & 1 \end{bmatrix}$$

代码清单 4 – 13　使用 3 × 3 的模糊卷积核

```
kernel = np.ones((3, 3))
applyKernel(kernel, img)
```

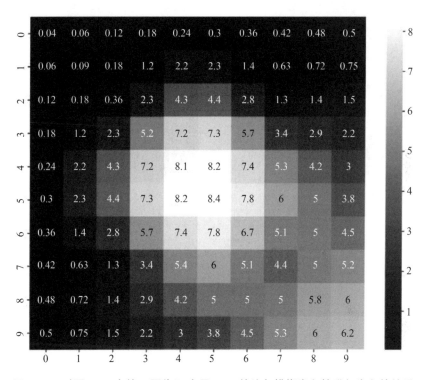

图 4 – 9　对图 4 – 7 中的"图像"应用 3 × 3 的均匀模糊卷积核进行卷积的结果

在应用卷积核之前，cv2 会在图像的外部进行填充（即添加额外的 0），以使卷积后的矩阵具有相同的尺寸。本书将在后面的内容中进一步讨论填充的相关内容。

通过改变卷积核的大小，可以调整模糊的强度和范围，卷积核的大小会影响计算卷积图像中的像素时会考虑多少个相邻像素。考虑使用 2 × 2 的均匀模糊卷积核的结果（见代码清单 4 – 14 和图 4 – 10）：

$$2 \times 2 \text{ 的均匀模糊卷积核} = \begin{bmatrix} 1 & 1 \\ 1 & 1 \end{bmatrix}$$

代码清单 4 – 14　使用 2 × 2 均匀模糊卷积核

```
kernel = np.ones((2, 2))
applyKernel(kernel, img)
```

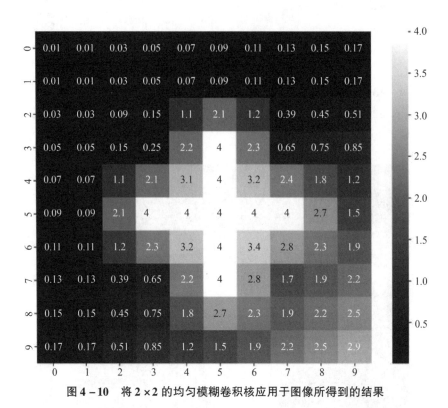

图 4 – 10　将 2 × 2 的均匀模糊卷积核应用于图像所得到的结果

使用 8 × 8 的均匀模糊卷积核，中间的加号与背景完全融合，变得不可见（见代码清单 4 – 15 和图 4 – 11）。

$$8 \times 8 \text{ 的均匀模糊卷积核} = \begin{bmatrix} 1 & 1 & 1 & 1 & 1 & 1 & 1 & 1 \\ 1 & 1 & 1 & 1 & 1 & 1 & 1 & 1 \\ 1 & 1 & 1 & 1 & 1 & 1 & 1 & 1 \\ 1 & 1 & 1 & 1 & 1 & 1 & 1 & 1 \\ 1 & 1 & 1 & 1 & 1 & 1 & 1 & 1 \\ 1 & 1 & 1 & 1 & 1 & 1 & 1 & 1 \\ 1 & 1 & 1 & 1 & 1 & 1 & 1 & 1 \\ 1 & 1 & 1 & 1 & 1 & 1 & 1 & 1 \end{bmatrix}$$

代码清单 4 – 15　使用 8 × 8 的均匀模糊卷积核

```
kernel = np.ones((8,8))
applyKernel(kernel, img)
```

另一种操作是锐化效果，它使边缘和值之间的对比更加明显（见代码清单 4 – 16 和图 4 – 12）。该卷积核为中心像素赋予很高的权重，对周围的邻居赋予较低的权重，这样做的效果是增加了卷积特征中相邻像素之间的差异。3 × 3 的锐化卷积核如下：

$$3 \times 3 \text{ 的锐化卷积核} = \begin{bmatrix} 0 & -1 & 0 \\ -1 & 5 & -1 \\ 0 & -1 & 0 \end{bmatrix}$$

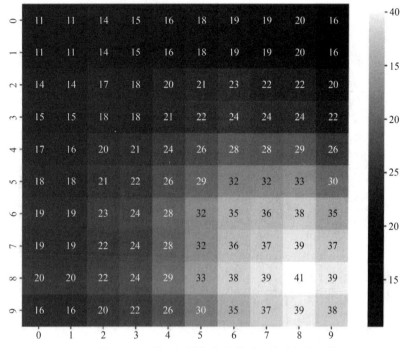

图 4 - 11　使用 8 × 8 的均匀模糊卷积核对图像进行卷积的结果

代码清单 4 - 16　使用 3 × 3 的锐化卷积核

```
kernel = np.array([[0, -1, 0],
                   [-1, 5, -1],
                   [0, -1, 0]])
applyKernel(kernel, img)
```

有许多其他卷积核可以对图像矩阵产生各种效果。尝试使用自定义的卷积核并查看生成的卷积图像是一个很好的练习。

考虑图 4 - 13 所示的狗的示例图像，生成方式见代码清单 4 - 17。

代码清单 4 - 17　从 Unsplash 加载并显示一张狗的示例图像

```
from skimage import io
url = 'https://images.unsplash.com/photo-1530281700549-e82e7bf110d6? ixlib = rb
-1.2.1&ixid = MnwxMjA3fDB8MHxwaG90by1wYWdlfHx8fGVufDB8fHx8&auto = format&fit = crop&w =
988&q =80'
image = io.imread(url)
image = cv2.cvtColor(image, cv2.COLOR_BGR2GRAY)
image = image[450:450 +400, 250:250 +400]

plt.figure(figsize =(10, 10), dpi =400)
plt.imshow(image, cmap = 'gray')
plt.axis('off')
plt.show()
```

	0	1	2	3	4	5	6	7	8	9
0	0	−0.02	−0.04	−0.06	−0.08	−0.1	−0.12	−0.14	−0.16	−0.18
1	−0.02	0.01	0.02	0.03	−0.88	−0.85	0.06	0.07	0.08	0.11
2	−0.04	0.02	0.04	−0.86	2.9	2.8	−0.78	−0.14	−0.16	−0.22
3	−0.06	0.03	−0.86	−1.7	1.9	1.8	−1.4	−0.51	0.24	0.33
4	−0.08	−0.88	2.9	1.9	1	1	1.8	2.5	−0.4	0.44
5	−0.1	−0.85	2.8	1.8	1	1	1.6	2.2	−0.25	0.55
6	−0.12	−0.06	−0.78	−1.4	1.8	1.6	−1	−0.23	0.48	0.66
7	−0.14	0.07	0.14	−0.51	2.5	2.2	−0.23	−0.49	−0.56	−0.77
8	−0.16	0.08	0.16	0.24	−0.4	−0.25	0.48	0.56	0.64	0.88
9	−0.18	0.11	0.22	0.33	0.44	0.55	0.66	0.77	0.88	1.2

图 4 − 12　将 3 × 3 的锐化卷积核应用于图像的结果

图 4 − 13　狗的示例图像

下面修改 applyKernel 函数，将卷积后的矩阵显示为图像而不是热力图（见代码清单 4 − 18）。

代码清单 4 − 18　将卷积核应用于图像并显示的函数

```
def applyKernel(kernel, img):
    altered = cv2.filter2D(img, -1, kernel)
    plt.figure(figsize=(8, 8), dpi=400)
```

```
plt.imshow(altered, cmap = 'gray')
plt.axis('off')
plt.show()
```

将之前讨论过的 3×3 的均匀模糊卷积核应用于图像，得到以下结果（见代码清单 4-19 和图 4-14）。

代码清单 4-19　应用一个（错误的）3×3 的均匀模糊卷积核

```
kernel = np.ones((3,3))
applyKernel(kernel, image)
```

图 4-14　将 3×3 的均匀模糊核卷积错误应用于狗的示例图像的结果

这很奇怪！发生了什么？下面绘制图像中像素值的分布（见代码清单 4-20 和图 4-15）。

代码清单 4-20　（错误地）应用均匀模糊卷积核后的图像中像素值的分布显示

```
plt.figure(figsize = (40, 7.5), dpi = 400)
sns.countplot(x = cv2.filter2D(image, -1, kernel).flatten(), color = 'red')
plt.xticks(rotation = 90)
plt.show()
```

图 4-15　在将 3×3 的均匀模糊卷积核错误地应用于狗的示例图像后像素值的分布情况

似乎图像的几乎所有像素值都被推到了 255。这是因为对特征进行卷积会改变可能的值域。如果卷积区域中的所有 9 个值都是 255，那么卷积结果就是 255×9 = 2 295，这远远超出了无符号 8 位（unsigned int-8）图像像素值的有效范围。在这种情况下，cv2. filter2D 函数将其最大值限制为 255。实际上，对于任何平均值大于 255/9 的区域，卷积结果都将被限制为 255。

因此，需要修改卷积核，使卷积结果的值域不超出原始值域。可以通过将均匀模糊卷积核定义为以下形式来解决这个问题：

$$3 \times 3 \text{ 的均匀模糊卷积核} = \begin{bmatrix} 1/9 & 1/9 & 1/9 \\ 1/9 & 1/9 & 1/9 \\ 1/9 & 1/9 & 1/9 \end{bmatrix}$$

设 M 表示最大像素值（在这种情况下为 255）。在所有像素都填充为 M 的区域中应用此卷积核，最大结果为 $9 \cdot \left(\dfrac{1}{9} \cdot M \right) = M$，因此保持了像素值的比例。

在应用这个修改后的卷积核之后，可以看到得到的卷积分布与原始分布非常相似，并且保持在有效范围内（见图 4 – 16 和图 4 – 17）。

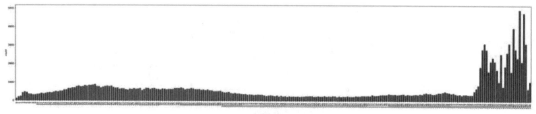

图 4 – 16　狗的示例图像的原始像素值分布

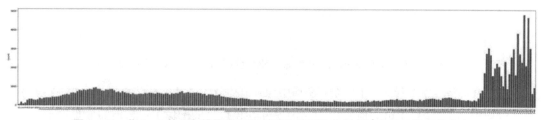

图 4 – 17　将 3×3 的均匀模糊卷积核正确应用于狗的示例图像后的像素值分布

生成的图像略模糊，但可以按照需要正确显示（见图 4 – 18）。

图 4 – 18　在狗的示例图像（图 4 – 13）上正确应用 3×3 的均匀模糊卷积核的结果

应用一个 8×8 的均匀模糊卷积核，即填充值为 1/64 的 8×8 矩阵，得到一张更模糊的图像（见图 4 – 19）。

图 4 – 19　将一个 8×8 的均匀模糊卷积核正确应用于狗的示例图像（图 4 – 13）的结果

类似地，应用锐化卷积核得到图 4 – 20 所示效果。

图 4 – 20　对狗的示例图像正确应用 3×3 的锐化卷积核的结果

卷积可以用于从图像和矩阵中提取有意义的特征。例如，对于模糊图像可以减小相邻像素之间的距离，降低图像中的差异性，并进行整体的广泛分析，以尽量减小噪声变化的影响。另外，锐化可以增强重要的特征和边缘，这些特征和边缘可以作为图像内容的标志。

CNN 的基本思想与之前第 3 章介绍的标准前馈全连接神经网络类似。标准的 ANN 通过组合大量的感知机，从而提取单元来展示复杂的行为。通过提供参数的架构/排列，神经网络可以学习最佳值以提取所需信息来执行预期的任务。同样，通过在彼此之上堆叠卷积操作，CNN 可以很好地对图像数据进行建模。神经网络学习卷积中每个卷积核的值，以从图像中提取最佳特征。优化仍然通过梯度下降进行。

卷积层是一组卷积的集合，就像全连接层是感知机的集合一样。卷积层具有几个重要属性，定义了其特定的实现方式。

- 滤波器的数量 n：这是卷积层中存在的"卷积操作"的数量。神经网络将为该卷积层学习设计 n 个不同的卷积核。
- 卷积核的形状 (a, b)：这定义了学习到的卷积核的大小。
- 输入或有效填充：这决定是否使用填充。如果使用输入填充，则任何输入矩阵都将进行填充，以使卷积后的矩阵形状与填充前的输入矩阵相同；否则不进行填充，卷积后的矩阵将具有形状 $(x - a + 1, y - b + 1)$，其中 (x, y) 是原始矩阵的形状。

对于前一层的每个特征图和当前层的每个特征图之间的连接，当前层必须为其学习一个滤波器。例如，如果 A 层生成 8 个特征图（因为它有 8 个滤波器），而 B 层生成 16 个特征图（因为它有 16 个滤波器），那么 B 层将学习 $8 \times 16 = 128$（个）滤波器。如果所有滤波器都是 3×3 的矩阵，则 B 层使用 $128 \times (3 \times 3) = 1\,152$（个）参数。

为了简单起见，使用顺序模型的语法构建一个简单的 CNN（在更复杂的情况下，当使用顺序模型 API 变得困难或不可能时，将使用函数式 API）。下面构建一个 CNN，用于处理来自 MNIST 数据集的 28 像素 $\times$ 28 像素的图像，并将其分类为 10 个数字之一。

从一个输入层开始（见代码清单 4 – 21）。所有图像数据都必须具有 3 个指定的空间维度：宽度、高度和深度。灰度图像的深度为 1，而彩色图像通常深度为 3（深度方向的层对应红色、绿色和蓝色）。在这种情况下，输入数据的形状为 $(28, 28, 1)$。

代码清单 4 – 21 构建 CNN 的基础和输入

```
import keras.layers as L
from keras.models import Sequential
model = Sequential()
model.add(L.Input((28,28,1)))
```

在输入之后，应该添加卷积层来处理图像（见代码清单 4 – 22）。在 Keras 中，可以通过 keras. layers. Conv2D(num_filters, kernel_size = (a, b), activation = 'activation_name', padding = 'padding_type')实例化卷积层。默认的激活函数是线性的（即 $y = x$，对数据不应用非线性），默认的填充类型是 valid（有效的）。

代码清单 4 – 22 堆叠卷积层

```
model.add(L.Conv2D(8,(5,5), activation = 'relu'))
model.add(L.Conv2D(8,(3,3), activation = 'relu'))
model.add(L.Conv2D(16,(3,3), activation = 'relu'))
model.add(L.Conv2D(16,(2,2), activation = 'relu'))
```

理解每层如何改变输入的形状是很有价值的。

（1）原始输入层接收形状为 $(28, 28, 1)$ 的数据。

（2）第一个卷积层使用 8 个滤波器，并应用一个 5 × 5 的卷积核，得到形状为（24，24，8）的输出。

（3）第二个卷积层使用 8 个滤波器，并应用一个 3 × 3 的卷积核，得到形状为（22，22，8）的输出。

（4）第三个卷积层使用 16 个滤波器，并应用一个 3 × 3 的卷积核，得到形状为（20，20，16）的输出。

（5）第四个卷积层使用 16 个过滤器，并应用一个 2 × 2 的卷积核，得到形状为（19，19，16）的输出。

为了确认这一点，可以使用 keras. utils. plot_model（model，show_shapes = True）绘制模型，以了解每层如何转换传入数据的形状（见图 4 – 21）。

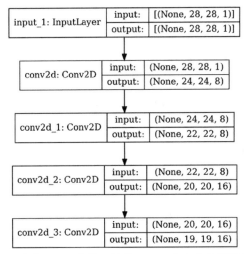

图 4 – 21　代码清单 4 – 21 和代码清单 4 – 22 中定义的模型架构的可视化

此外，可以看到卷积所需的参数非常少（见代码清单 4 – 23）。

代码清单 4 – 23　CNN 的参数计数

```
Model: "sequential"
```

Layer（type）	Output Shape	Param #
conv2d（Conv2D）	（None，24，24，8）	208
conv2d_1（Conv2D）	（None，22，22，8）	584
conv2d_2（Conv2D）	（None，20，20，16）	1168
conv2d_3（Conv2D）	（None，19，19，16）	1040

```
Total params: 3,000
Trainable params: 3,000
Non - trainable params: 0
```

然而，模型还没有完成！分类任务的目标是将一个形状为（28，28，1）的输入图像映射到一个长度为 10 的输出向量。无论添加多少个卷积层，数据始终会沿着 3 个空间维度排列。需要一种方法将数据从 3 个空间维度压缩为 1 个空间维度。

展平（Flattening）可能是将具有 3 个空间维度的数据映射到 1 个空间维度的最直观的方法：只需将高维排列中的每个元素解开，并沿着一维坐标轴进行排列。这类似标准的重塑操作，例如 NumPy 中的 arr. reshape：所有值都保留，只是以不同的格式排列。

下面添加一个展平层，然后是一系列全连接层，最终映射到所需的 10 类输出（见代码清单 4 - 24）。

代码清单 4 - 24　将展平层和输出层添加到模型中

```
model.add(L.Flatten())
model.add(L.Dense(32, activation = 'relu'))
model.add(L.Dense(16, activation = 'relu'))
model.add(L.Dense(10, activation = 'softmax'))
```

现在，模型将输入正确地映射到所期望的输出形状（见图 4 - 22）。

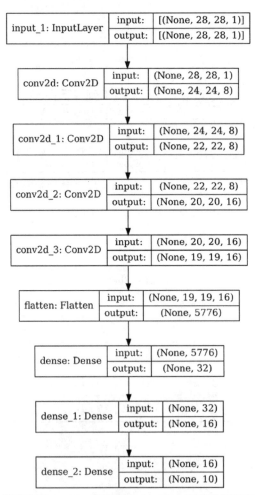

图 4 - 22　代码清单 4 - 21 ~ 代码清单 4 - 24 中定义的模型架构的可视化

最终的神经网络有几十万个参数，大约是之前仅使用全连接层设计的神经网络架构参数数量的一半。

当将图像大小扩展到 200 像素 × 200 像素，并使用相同的架构时，模型使用的参数数量为 18 682 002 个——与之前讨论的假设的 200 像素 × 200 像素图像全连接神经网络所使用的 1 066 706 102 个参数相比大大减少了。

注释： 读者可能注意到 CNN 的参数计数并不理想，特别是在展平层。我们将探讨另一种在 CNN 中使用的层类型，即池化层，它可以解决这个问题，并进一步改善 CNN 的参数缩放。

为了方便参考，CNN 在从 3 个空间维度转换为 1 个空间维度之前的部分通常被称为"卷积组件"，之后的部分被称为"全连接组件"。另外还有一种称呼是"底部"和"顶部"，分别对应 CNN 的前半部分和后半部分。注意，这里可能引起混淆，因为将模型的最后部分（全连接组件）称为"顶部"。

卷积组件可以被看作具有提取作用的部分，它能够识别和放大输入中最相关/重要的特征。相反，全连接组件则扮演了一个聚合/编译/解释的角色，处理所有提取出来的特征，并解释它们与输出的关系。

例如，为 MNIST 数据集构建的神经网络的卷积组件可能检测和放大数据的角点，如"5"的左上部分或"4"的左侧和顶部部分。全连接组件可以聚合各种检测到的角点的特征，并将它们解释为属于某个类别的支持。如果有许多尖锐的角点，则图像可能是"4"或"5"。如果尖锐的角点较少，则图像可能是"1""2""3"或"7"。如果没有尖锐的角点，则图像可能是"0""6""8"或"9"。将这些信息与其他提取的特征结合起来，全连接组件能够准确地确定图像所表示的数字。

下面使用熟悉的语法来编译和训练模型（见代码清单 4 – 25）。

代码清单 4 – 25　编译和训练示例 CNN

假设 MNIST 数据集的训练集和验证集已经加载到 X_train、y_train、X_val 和 y_val 中。

```
model.compile(optimizer = 'adam',
              loss = 'sparse_categorical_crossentropy',
              metrics = ['accuracy'])
history = model.fit(X_train, y_train, epochs = 100,
              validation_data = (X_val, y_val))
```

模型很快获得了良好的训练和验证性能（见代码清单 4 – 26 和图 4 – 23）。

代码清单 4 – 26　绘制模型训练历史

```
plt.figure(figsize = (20, 7.5), dpi = 400)
plt.plot(history.history['loss'], color = 'red',
         label = 'Train')
plt.plot(history.history['val_loss'],
         color = 'blue', linestyle = '--',
         label = 'Validation')
plt.xlabel('Epoch')
plt.ylabel('Loss')
```

```
plt.title('Loss over Epochs')
plt.legend()
plt.grid()
plt.show()

plt.figure(figsize = (20, 7.5), dpi = 400)
plt.plot(history.history['accuracy'], color = 'red',
        label = 'Train')
plt.plot(history.history['val_accuracy'],
        color = 'blue', linestyle = '--',
        label = 'Validation')
```

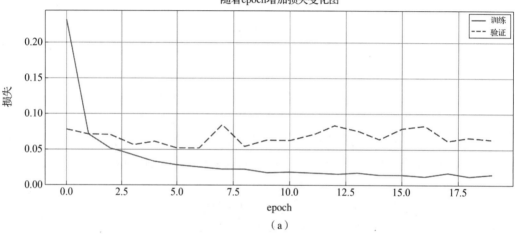

（a）

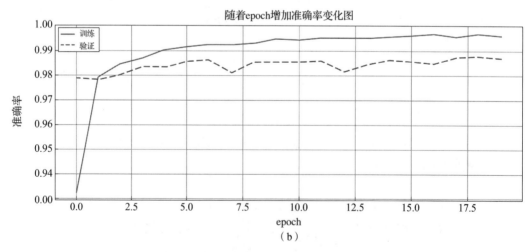

（b）

图 4 – 23 在 MNIST 数据集上训练 20 个周期后，先前定义的 CNN 架构的
损失历史记录（Loss over Epochs）和准确率历史记录（Accuracy over Epochs）

（a）损失历史记录；（b）准确率历史记录

```
plt.xlabel('Epoch')
plt.ylabel('Accuracy')
plt.title('Accuracy over Epochs')
plt.legend()
plt.grid()
plt.show()
```

为了更好地了解 CNN 在空间特征提取方面的实际作用，只将输入图像通过训练神经网络的第一个卷积层。这样可以直观地了解神经网络学习到的哪些类型的转换对于分类是最优的。

为了"窥视"神经网络中某一层的输入/输出流程，可以创建一个新模型，该模型由与原始神经网络中相同的层对象构成。这样可以使读者将注意力集中在特定层内的权重上（见代码清单 4 - 27）。

代码清单 4 - 27　构建一个模型来"窥视"神经网络中每层学到的权重

```
peek = Sequential()
peek.add(L.Input((28, 28, 1)))
peek.add(model.layers[0])
```

在传入样本输入后，可以使用 peek. predict 函数获取结果。回想一下，第一个卷积层将形状为（28, 28, 1）的输入映射到形状为（24, 24, 8）的输出，这意味着第一个卷积层输出了 8 个形状为（24, 24）的特征图。可以直观地看到第一个卷积层的输入样本和输出的特征图样本（见代码清单 4 - 28 和图 4 - 24）。

代码清单 4 - 28　绘制通过第一个卷积层学习到的卷积结果

```
NUM_IMAGES = 8
GRAPHIC_WIDTH = 8

plt.figure(figsize = (40, 40), dpi = 400)
for index in range(NUM_IMAGES):
    peek_out = peek.predict(x_train[index].reshape((1, 28, 28, 1)))[0]
    plt.subplot(NUM_IMAGES, GRAPHIC_WIDTH, index * GRAPHIC_WIDTH + 1)
    plt.imshow(x_train[index], cmap = 'gray')
    plt.axis('off')
    for i in range(GRAPHIC_WIDTH - 1):
        plt.subplot(NUM_IMAGES, GRAPHIC_WIDTH, index * GRAPHIC_WIDTH + i + 2)
        plt.imshow(peek_out[:,:,i], cmap = 'gray')
        plt.axis('off')
plt.show()
```

左侧第一列显示的是原始输入图像；右侧的每个图像显示了一个输出的特征图。可以观察到第一个卷积层所执行的各种变换：反转、平移、边缘检测、角点检测和线条检测等。

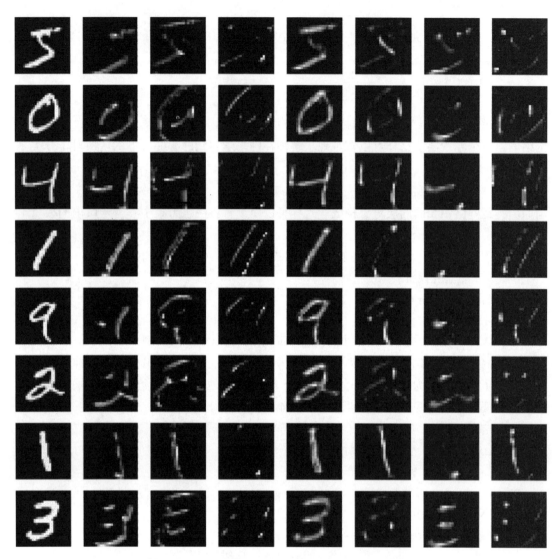

图 4 – 24　输入图像（左侧第一列）通过第一个卷积层

（除了左侧第一列）学习到的卷积结果

可以修改 peek 模型以包含第二个卷积层，并通过将输入依次通过第一个卷积层和第二个卷积层来查看所获得的特征图（见代码清单 4 – 29 和图 4 – 25）。

代码清单 4 – 29　绘制通过第二个卷积层学习到的卷积结果

```
peek = Sequential()
peek.add(L.Input((28, 28, 1)))
peek.add(model.layers[0])
peek.add(model.layers[1])
```

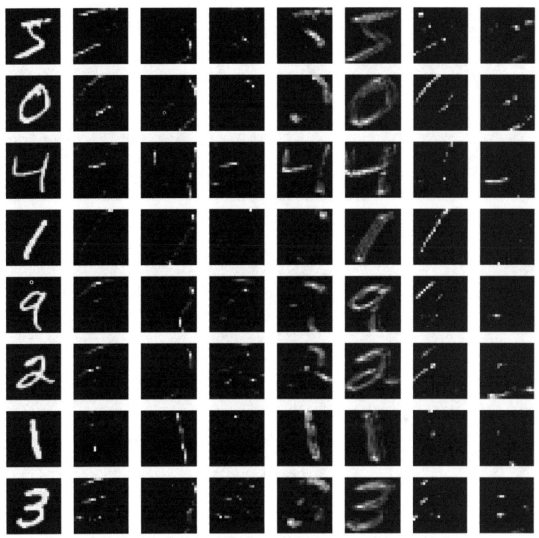

图 4 - 25　输入图像（左侧第一列）通过第一个卷积层和第二个卷积层

（除了左侧第一列）学习到的卷积结果

第二个卷积层能够捕捉到每个数字的更具体的组成部分。如果仔细观察，则会发现每个特征图"寻找"越来越专门化的特征。例如，图 4 - 26 中的第一个特征图（左侧第二列）似乎在数字中"寻找"水平线：数字"3"有 3 条水平线，数字"2"有 2 条水平线，数字"5"有 2 条水平线，等等。离输入越远，第三个卷积层的输出变得越难以解释。

第四个卷积层是最后一个卷积层，之后输出被展平并传递到完全连接组件中（见图 4 - 27）。

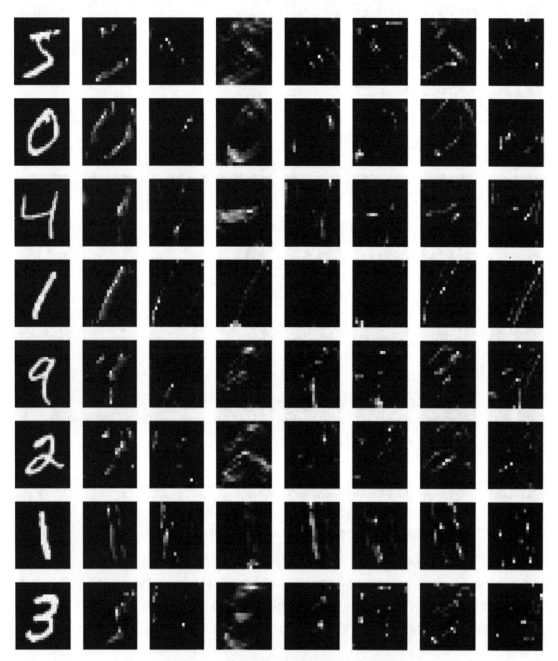

图 4 – 26 第一个卷积层、第二个卷积层和第三个卷积层
（除了左侧第一列）对输入图像（左侧第一列）的影响

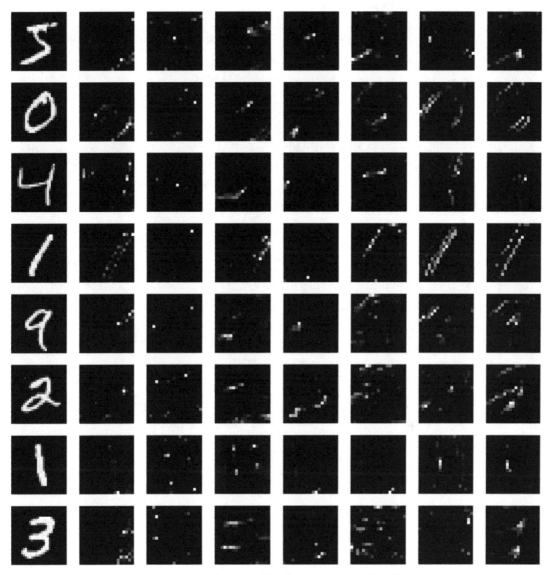

图 4 – 27　第一个卷积层 ~ 第四个卷积层（除了左侧第一列）
对输入图像（左侧第一列）的影响

池化（Pooling）操作

卷积在从图像中提取特征方面非常有用，它允许神经网络以一种系统化、少参数和有效的方式从图像中提取特征。然而，它在改变图像形状方面相对不重要。可以将卷积对图像的压缩程度表示为"信息压缩因子"，即卷积并没有对图像进行太多"挤压"。如之前所探讨的，对形状为 (a, a) 的图像执行大小为 n 的卷积会产生形状为 $(a - n + 1,$ $a - n + 1)$ 的输出结果——这对于标准位数的 n 来说相对较小。

由于卷积层的信息压缩因子相对较小，所以在展平层之后的全连接组件必须处理大量的参数。对于像 MNIST 这样的低分辨率数据集，参数的数量是可以接受的，但对于更大（且更实际）的数据集和应用而言参数数量是不可以接受的。

下面使用与上一节相同的架构，探索参数数量如何针对各种图像尺寸进行缩放（可以通过 model. count_params 访问）（见代码清单 4 – 30 和图 4 – 28）。

代码清单 4 – 30　绘制仅包含卷积层的模型的可扩展性

```
def build_model(img_size):
    model = Sequential()
    model.add(L.Input((img_size, img_size, 1)))
    model.add(L.Conv2D(8, (5, 5), activation = 'relu'))
    model.add(L.Conv2D(8, (3, 3), activation = 'relu'))
    model.add(L.Conv2D(16, (3, 3), activation = 'relu'))
    model.add(L.Conv2D(16, (2, 2), activation = 'relu'))
    model.add(L.Flatten())
    model.add(L.Dense(32, activation = 'relu'))
    model.add(L.Dense(16, activation = 'relu'))
    model.add(L.Dense(10, activation = 'softmax'))
    paramCount = model.count_params()
    del model
    return paramCount


x = [10, 15, 20, 25, 30, 35, 40, 45, 50,
     60, 70, 80, 90, 100, 120, 130, 140, 150,
     170, 180, 190, 200, 225, 250, 275, 300,
     350, 400, 450, 500, 600, 700, 800]


y = [build_model(i) for i in tqdm(x)]


plt.figure(figsize = (15, 7.5), dpi = 400)
plt.plot(x, y, color = 'red')
plt.xlabel('Image Size (one spatial dimension)')
plt.ylabel('# Parameters')
plt.grid()
plt.show()
```

参数数量的扩展性比全连接神经网络高得多，但仍然相当有限。一个 300 像素 × 300 像素的图像输入需要近 5 000 万个参数；一个 600 像素 × 600 像素的图像输入需要近 1.75 亿个参数；一个 800 像素 × 800 像素的图像输入需要超过 8 亿个参数。

现在需要一种方法解决这个问题。读者会注意到，参数的主要来源是展平后的全连接组件，因为卷积操作不能够快速地减小特征图表示的大小。可以将"构建一个参数数量可行的神经网络"简化为"构建一个能够高效地减小特征图尺寸的神经网络"。

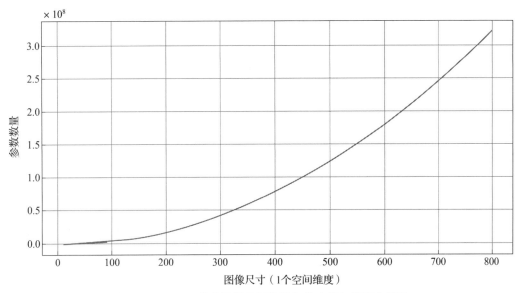

图 4 – 28　CNN 的参数随着图像输入维度增加的变化情况

如何解决这个问题呢？目前，卷积是唯一可以用来降低图像维度并拥有可行数量参数的操作。下面构建一个定义架构的程序，不断堆叠卷积层，直到特征图的总元素数量不超过 2 048 个为止（见代码清单 4 – 31 和图 4 – 29）。只需要跟踪特征图大小的一个空间维度（只需要跟踪一个而不是两个，因为假设特征图是方形的），并将尺寸表示为 $s^2 \times 16$，其中 s 是特征图的尺寸，16 是根据特征图数量推导出来的。

代码清单 4 – 31　绘制具有"连续卷积堆叠"能力的模型的参数缩放能力

```python
def build_model(img_size):

    model = Sequential()
    model.add(L.Input((img_size, img_size, 1)))
    model.add(L.Conv2D(16, (1, 1), activation = 'relu'))
    featureMapSize = img_size
    while (featureMapSize ** 2) * 16 > 2048:
        model.add(L.Conv2D(16, (3, 3),
                  activation = 'relu'))
        featureMapSize -= 2
    model.add(L.Flatten())
    model.add(L.Dense(32, activation = 'relu'))
    model.add(L.Dense(16, activation = 'relu'))
    model.add(L.Dense(10, activation = 'softmax'))

    paramCount = model.count_params()
    del model
    return paramCount
```

```
x = [10, 15, 20, 25, 30, 35, 40, 45, 50,
     60, 70, 80, 90, 100, 120, 130, 140, 150,
     170, 180, 190, 200, 225, 250, 275, 300,
     350, 400, 450, 500, 600, 700, 800]
y = [build_model(i) for i in tqdm(x)]

plt.figure(figsize = (15, 7.5), dpi = 400)
plt.plot(x, y, color = 'red')
plt.xlabel('Image Size (one spatial dimension)')
plt.ylabel('# Parameters')
plt.grid()
plt.show()
```

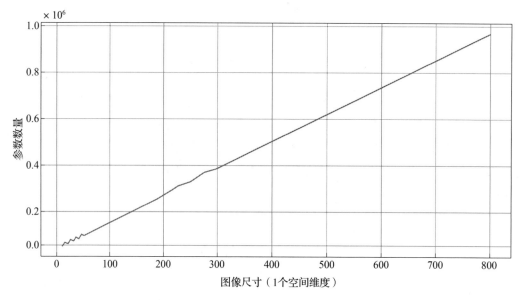

图 4 – 29 一个特定的"自扩展"CNN 设计的
参数缩放能力（其随着图像输入维度的增加而增强）

这种技术的扩展性更好：参数数量的增长是线性的，而不是指数级的，这使参数数量比之前的 CNN 设计少了 2 个数量级。

然而，还有另一个问题：随着图像尺寸的增加，神经网络的长度也显著增加。例如，仅针对 75 像素 × 75 像素的图像输入，架构就非常长（见图 4 – 30）。

虽然这是一个有效且可行的神经网络，但它不是一个好的设计。将如此多的层堆叠在一起，会导致信号在神经网络中的传播问题。最重要的是，这并不是必要且有效的，而是一种最为人工、蛮力的方法。

可以将前面代码中参数数量随图像尺寸的
变化替换为返回层数（由 len(model.layers)给
出），以查看使用此方法时层数随图像尺寸的
变化情况（见图 4 - 31）。

为了更有效地降低图像的维度（并相应改
善参数数量的缩放），需要使用一种更高效的
机制：池化。将池化应用于尺寸为 (a, b) 的
矩阵 i 时，将 i 划分为形状为 (a, b) 的非重
叠块，对每个块中的所有值进行聚合，并将聚
合后的值填充到对应这些块位置的池化矩阵 j
中。例如，考虑以下矩阵，并使用 $(2, 2)$ 的
池化形状进行池化：

$$i = \begin{bmatrix} 1 & 2 & 3 & 4 \\ 5 & 6 & 7 & 8 \\ 9 & 10 & 11 & 12 \\ 13 & 14 & 15 & 16 \end{bmatrix}$$

在矩阵 i 中，有 4 个形状为 $(2, 2)$ 的非
重叠块。池化后的矩阵 j 的形状为 $\left(\frac{4}{2}, \frac{4}{2}\right) =$
$(2, 2)$。一般而言，对于形状为 (m, n) 的
矩阵和池化大小 (a, b)，得到的池化矩阵形
状为

$$\left(\frac{m}{a}, \frac{n}{b}\right)$$

$$j = \begin{bmatrix} ? & ? \\ ? & ? \end{bmatrix}$$

填写矩阵 j 的左上角。这里使用了形状为
$(2, 2)$ 的池化，这对应矩阵 i 中的以下加粗
的子区域[1]：

$$i = \begin{bmatrix} \mathbf{1} & \mathbf{2} & 3 & 4 \\ \mathbf{5} & \mathbf{6} & 7 & 8 \\ 9 & 10 & 11 & 12 \\ 13 & 14 & 15 & 16 \end{bmatrix}$$

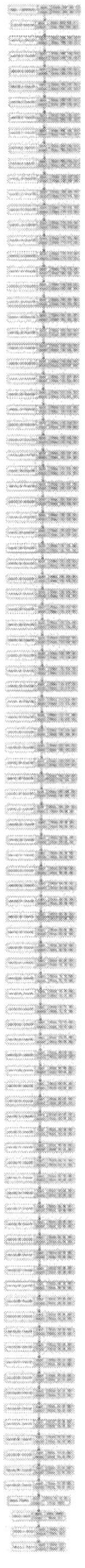

图 4 - 30 使用"自扩展"CNN 设计的 75 像素 ×
75 像素输入图像生成的架构（非常长）

----

[1] 注：原书中此处未加粗，特此说明。

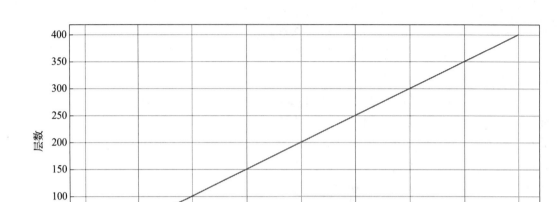

图 4 – 31 随着图像尺寸的增加，使用"自扩展"CNN 架构
设计的层需求变化趋势

为了简化问题，使用最大池化而不是平均池化。加粗子区域中的最大值为 6，可以将其填入 j 中相应的元素位置：

$$j = \begin{bmatrix} 6 & ? \\ ? & ? \end{bmatrix}$$

可以以类似的方式填充剩下的元素：

$$j = \begin{bmatrix} 6 & 8 \\ 14 & 16 \end{bmatrix}$$

与卷积类似，池化操作产生的池化矩阵反映了原始矩阵的"主要思想"或"主要特征"。

不过，卷积和池化之间有一个关键区别，卷积只有使用高维矩阵才能实现。

回到之前在代码清单 4 – 10 中创建的图像，即一个位于渐变背景上的加号（见图 4 – 32）。

可以使用 skimage. measure 模块的 block_reduce 函数模拟图像上的池化操作。该函数接收一个表示输入的数组、池化形状以及要应用于每个池化子区域的函数作为参数。

代码清单 4 – 32 生成了图 4 – 33，显示了对图 4 – 32 进行 2×2 平均池化的结果。

代码清单 4 – 32 对图像进行 2×2 平均池化并显示结果

```
pooled = skimage.measure.block_reduce(img, (2,2), np.mean)
plt.figure(figsize = (10, 8), dpi = 400)
sns.heatmap(pooled, cmap = 'gray', annot = True)
plt.show()
```

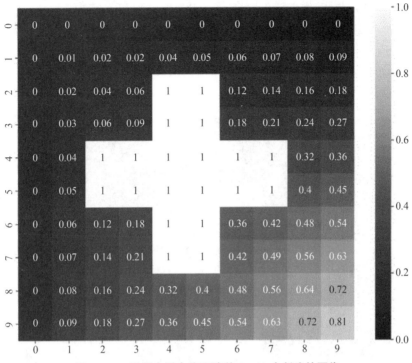

图 4-32 重新查看在代码清单 4-10 中创建的图像

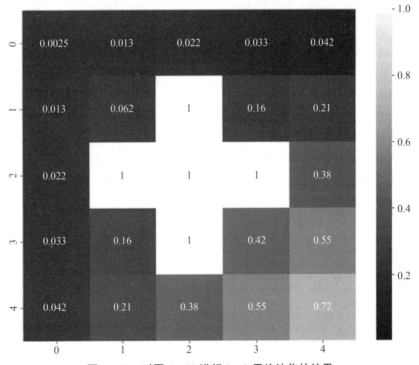

图 4-33 对图 4-32 进行 2×2 平均池化的结果

代码清单 4 –33 和图 4 –34 展示了使用最大池化的结果。

代码清单 4 –33 对图像进行 2 ×2 最大池化并显示结果

```
pooled = skimage.measure.block_reduce(img,(2,2),np.max)
plt.figure(figsize=(10,8),dpi=400)
sns.heatmap(pooled,cmap='gray',annot=True)
plt.show()
```

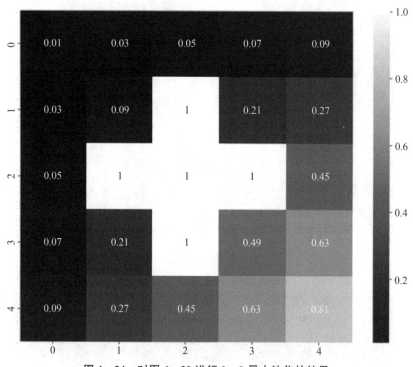

图 4 –34 对图 4 –32 进行 2 ×2 最大池化的结果

平均池化和最大池化的结果看起来基本相同。这是因为中间的加号被整齐地分成了 5 个大小为 2 的块，无论使用哪种聚合函数，池化的结果都是 1。

现在对图像进行另一轮池化操作，观察多次池化对矩阵的影响。请注意，当前矩阵的形状是（5，5），但池化大小为（2，2）。之前描述池化对形状的影响的公式会得出结果数组具有分数形状的 $\left(\dfrac{5}{2},\dfrac{5}{2}\right)$，这显然是不准确的。为了处理不完全被池化大小整除的数组大小，池化层会自动使用填充函数，在数组上填充"默认值"（通常为 0 或某种平均值），直到它具有有效的大小。

考虑以下矩阵，形状为（3，3），当希望应用形状为（2，2）的池化时：

$$错误矩阵 = \begin{bmatrix} 1 & 1 & 1 \\ 1 & 1 & 1 \\ 1 & 1 & 1 \end{bmatrix}$$

可以进行如下填充操作：

$$有效矩阵 = \begin{bmatrix} 1 & 1 & 1 & 0 \\ 1 & 1 & 1 & 0 \\ 1 & 1 & 1 & 0 \\ 0 & 0 & 0 & 0 \end{bmatrix}$$

如果应用最大池化，零填充基本上是无关紧要的，因为它总是区域中的最小值。填充的方法在某种程度上是为了产生具有分数大小的池化区域（如果应用最大池化），因为不存在所有输出都小于 0 的可能性（除非神经网络的行为非常奇怪或使用了奇特的激活函数）。上例中的 3 个相关池化区域如下：

$$\begin{bmatrix} 1 & 1 & - & - \\ 1 & 1 & - & - \\ - & - & - & - \\ - & - & - & - \end{bmatrix}, \begin{bmatrix} - & - & 1 & - \\ - & - & 1 & - \\ - & - & - & - \\ - & - & - & - \end{bmatrix}, \begin{bmatrix} - & - & - & - \\ - & - & - & - \\ 1 & 1 & - & - \\ - & - & - & - \end{bmatrix}$$

下面再次应用平均池化（见代码清单 4 - 34 和图 4 - 35）和最大池化（见代码清单 4 - 35 和图 4 - 36）。

代码清单 4 - 34 连续应用 2 × 2 平均池化两次并显示结果

```
pooled = skimage.measure.block_reduce(img, (2,2), np.mean)
pooled2 = skimage.measure.block_reduce(pooled, (2,2), np.mean)

plt.figure(figsize = (10, 8), dpi = 400)
sns.heatmap(pooled2, cmap = 'gray', annot = True)
plt.show()
```

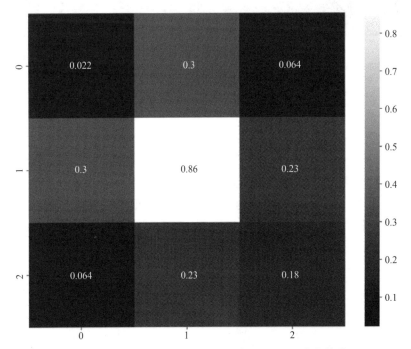

图 4 - 35 对图 4 - 32 上连续进行两次 2 × 2 平均池化的结果

代码清单 4 - 35 连续应用 2 × 2 最大池化两次并显示结果

```
pooled = skimage.measure.block_reduce(img, (2,2), np.max)
pooled2 = skimage.measure.block_reduce(pooled, (2,2), np.max)

plt.figure(figsize=(10, 8), dpi=400)
sns.heatmap(pooled2, cmap='gray', annot=True)
plt.show()
```

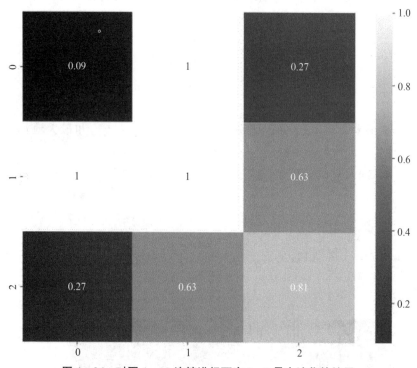

图 4 - 36 对图 4 - 32 连续进行两次 2 × 2 最大池化的结果

在这里，平均池化和最大池化之间的区别变得更加明显。可以看到，在最大池化中，只有最强的信号被传递到神经网络的下一个组件，而平均池化考虑了所有信号。在通常情况下，最大池化更常用，因为它使神经网络能够轻松形成 if/else 式的切换点，而不是通过相对复杂的平均计算来传递重要的信号到神经网络的下一个组件。

卷积在神经网络中扮演着提取特征的角色，而池化则起到聚合的作用。需要注意的是，虽然神经网络需要学习和优化卷积层中卷积核的参数值，但池化层是没有可训练参数的。池化显著减小了一组特征图的表示大小，这使人们能够构建更高效和可持续的神经网络架构。

下面构建一个示例神经网络架构，改进之前只使用卷积层的神经网络设计（见代码清单 4 - 36）。使用相同的架构，在第二个和第三个卷积层之间插入一个最大池化层。

代码清单 4 - 36 构建具有池化层的 CNN

```
import keras.layers as L
from keras.models import Sequential
model = Sequential()
```

```
model.add(L.Input((28, 28, 1)))
model.add(L.Conv2D(8, (5, 5), activation = 'relu'))
model.add(L.Conv2D(8, (3, 3), activation = 'relu'))
model.add(L.MaxPooling2D((2, 2)))
model.add(L.Conv2D(16, (3, 3), activation = 'relu'))
model.add(L.Conv2D(16, (2, 2), activation = 'relu'))
model.add(L.Flatten())
model.add(L.Dense(32, activation = 'relu')) model.add(L.Dense(16, activation = 'relu'))
model.add(L.Dense(10, activation = 'softmax'))
```

比较不同图像尺寸下池化对神经网络参数化的影响，观察它的优势如何随着图像尺寸的变化而扩展（见代码清单 4 – 37）。

代码清单 4 – 37　比较具有池化和不具有池化的架构在参数规模方面的差异

```
def build_model(img_size):
    inp = L.Input((img_size, img_size, 1))
    x = L.Conv2D(8, (5, 5), activation = 'relu')(inp)
    prev = L.Conv2D(8, (3, 3), activation = 'relu')(x)
    pool = L.MaxPooling2D((2, 2))(prev)
    after = L.Conv2D(16, (3, 3), activation = 'relu')(pool)
    x = L.Conv2D(16, (2, 2), activation = 'relu')(after)
    x = L.Flatten()(x)
    x = L.Dense(32, activation = 'relu')(x)
    x = L.Dense(16, activation = 'relu')(x)
    x = L.Dense(10, activation = 'softmax')(x)
    model = keras.models.Model(inputs = inp, outputs = x)

    yesPoolingParamCount = model.count_params()

    after = L.Conv2D(16, (3, 3), activation = 'relu')(prev)
    x = L.Conv2D(16, (2, 2), activation = 'relu')(after)
    x = L.Flatten()(x)
    x = L.Dense(32, activation = 'relu')(x)
    x = L.Dense(16, activation = 'relu')(x)
    x = L.Dense(10, activation = 'softmax')(x)
    model = keras.models.Model(inputs = inp, outputs = x)

    noPoolingParamCount = model.count_params()

    del model
    return noPoolingParamCount, yesPoolingParamCount
```

现在绘制出差异（见代码清单 4 – 38 和图 4 – 37）。

代码清单 4 – 38　绘制有池化和无池化的模型结构的参数缩放

```
x = [20, 25, 30, 35, 40, 45, 50,
     60, 70, 80, 90, 100, 120, 130, 140, 150,
     170, 180, 190, 200, 225, 250, 275, 300,
     350, 400, 450, 500, 600, 700, 800]

y = [build_model(i) for i in tqdm(x)]

plt.figure(figsize = (7.5, 3.25), dpi = 400)
plt.plot(x, [i for i, j in y], color = 'red', label = 'No Pooling')
plt.plot(x, [j for i, j in y], color = 'blue', label = 'Yes Pooling', linestyle = '—')
plt.xlabel('Image Size (one spatial dimension)')
plt.ylabel('# Layers')
plt.grid()
plt.legend()
plt.show()
```

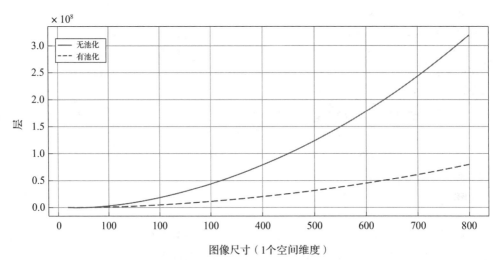

图 4 – 37　有池化和无池化的 **CNN** 的参数缩放对比

请注意，尽管添加池化层不会增加任何参数，但池化层会导致特征尺寸减小，从而对后续层产生影响，因为池化后的每个层都使用较小的层进行操作。

事实上，通过将更多的池化层叠加在一起，可以观察到参数优化方面的更大改进。

注释：通常在卷积中使用 padding = 'same'，它会自动计算并应用所需的填充，以保持与输入相同的图像形状，因为池化的效果微不足道，而且实际上可能有助于边缘特征的检测。此外，在许多情况下，为了方便特征形状的管理，人们不希望混合使用未填充的卷积层和池化层：可能有一个尺寸适当的图像（例如 256 像素 × 256 像素），人们只希望通过可以除尽的信息压缩因子进行裁剪（例如 2 × 2 最大池化操作）。

许多深度学习专家对池化机制不太满意。尽管它有助于参数优化的缩放，但它本身是无参数化（不可学习）的，因此可以被解释为一种凌乱、蛮力的信息压缩方式。反对池化的人通常主张在卷积中使用步长（strides），本书稍后将讨论。步长可以实现与池化相同的特征图尺寸缩小效果。

现在已经看到，池化层可以帮助显著减小学习到的特征图的尺寸，但是池化还可以以不同的形式再次提供帮助。

请注意，尽管展平层直观且能保留所有信息，但它在参数化可行性方面却存在瓶颈。在 3 个空间维度上整齐排列的"小"数据，但展平到 1 个空间维度时可能变得非常大。通过池化，可以推导出一种更有效的机制，将一组特征图折叠成一个向量。这基于一个简单的认识：如果池化内核的大小与特征图的大小相等，就会产生一个奇异的聚合值。例如，一个形状为（5，5，32）的特征图集合（即具有 32 个 5×5 特征表示的"版本"）通过大小为（5，5）的池化处理后，每个输出或形状为（32）的聚合数据将产生一个值。

这种特殊情况下的池化，即池化形状与输入特征图的形状相等，被称为全局池化。与标准池化一样，全局池化有两种常见的形式：全局平均池化和全局最大池化。全局平均池化对每个特征图中的所有值进行平均，而全局最大池化找到每个特征图中的最大值。在神经网络的特征提取组件中，最大池化通常优于平均池化，而在进行从三维到一维的空间折叠时，全局平均池化通常优于全局最大池化。全局最大池化是一种急剧缩减操作，因为在 $n \times n$ 的特征图中，n^2 个元素中只有一个元素"算数"；也就是说，使用最大池化将很少的学习信号传播到神经网络的下一个组件。另外，全局平均池化中的所有 n^2 个元素在决定输出信号时都有"发言权"。因为全局池化在提取（卷积）和解释（全连接）神经网络组件之间起着关键的切换作用，人们通常不希望引入任何新的信号瓶颈（可能导致信号传输变慢或中断，进而可能导致训练过程变慢或无法收敛）。

下面演示一下如何使用全局最大池化操作取代展平操作，进一步改善参数化与输入大小的缩放比例。代码清单 4－39 展示了一个可能构建的函数，用于计算同时使用卷积和全局池化的 CNN 的参数数量，并将该模型的参数化缩放与前两个模型（无池化或有池化但无全局池化）进行对比，结果如图 4－38 所示。

代码清单 4－39 使用全局最大池化操作取代展平操作的网络架构的参数化缩放比例

```
def build_pooling_model(img_size):
    inp = L.Input((img_size, img_size, 1))
    x = L.Conv2D(8, (5, 5), activation = 'relu')(inp)
    prev = L.Conv2D(8, (3, 3), activation = 'relu')(x)
    pool = L.MaxPooling2D((2, 2))(prev)
    after = L.Conv2D(16, (3, 3), activation = 'relu')(pool)
    x = L.Conv2D(16, (2, 2), activation = 'relu')(after)
    x = L.GlobalAveragePooling2D()(x)
    x = L.Dense(32, activation = 'relu')(x)
    x = L.Dense(16, activation = 'relu')(x)
    x = L.Dense(10, activation = 'softmax')(x)
```

```
model = keras.models.Model(inputs = inp, outputs = x)
paramCounts = model.count_params()
del model
return paramCounts
```

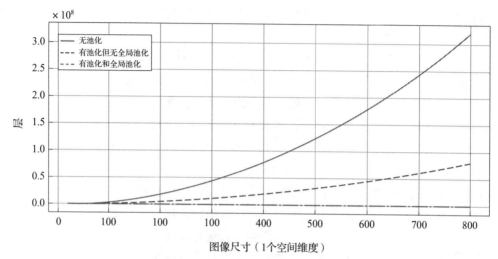

图 4 - 38　比较 CNN 在无池化、有池化但无全局池化以及
有池化和全局池化的情况下的参数化缩放比例

　　结果差异非常显著。有池化和全局池化的 CNN 的参数化几乎是平坦的。通过仅比较有池化且有可变全局池化的 CNN 设计（见图 4 - 39），可以观察到有池化和全局池化的模型的参数化确实是平坦的。如果观察原始数值，会发现对于这个特定的模型，参数数量始终为 4 242（实现了恒定的参数化缩放），这是一种最佳的参数化缩放方式（因为随着输入复杂性的提高，参数数量的减少通常是没有意义的）。

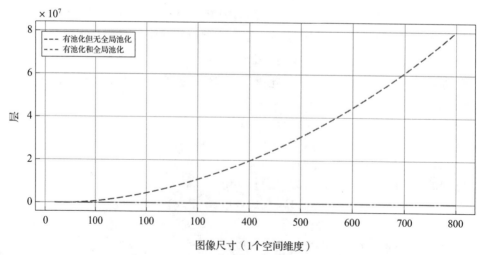

图 4 - 39　"放大"图 4 - 38，重点关注有池化但无全局池化以及
有池化和全局池化的 CNN 的参数化缩放比例

值得思考的是，全局池化机制如何实现恒定的参数化缩放。卷积本身具有恒定的参数化缩放，因为它只是学习了特定大小的卷积核的值，而不考虑输入大小。回想一下，卷积是处理图像的神经网络的一个很好的选择，因为它具有固有的可扩展的滑动窗口/卷积核设计。关键是从特征图到向量的切换（即从特征提取/卷积部分到解释/全连接部分）具有可变数量的参数。如果卷积组件的最后一层输出形状为 (a, b) 的 k 个特征图，而全连接部分的第一层包含 d 个节点，则使用展平层的参数数量为 $(k \cdot a \cdot b) \times d$。尽管在本书的实验中，$k$ 和 d 是恒定的，即不考虑输入大小，但请注意 a 和 b 的值是可变的。因此，随着输入大小的增加，预期使用展平层的参数化规模会大致以平方的方式增长。

然而，如果使用最大池化，形状为 (a, b) 的 k 个特征图将被聚合成形状为 k 的向量。所需的参数数量为 $k \cdot d$，这两个参数都是常数！因此，无论输入大小如何，一个同时使用池化和最大池化的 CNN 始终具有恒定数量的参数（假设架构保持不变）。请注意，这并不一定意味着随着输入复杂度的提高，模型的性能仍然能够表现良好。一个更复杂的任务可能需要更多参数来表示和建模，这可能需要对架构进行修改（例如增加更多层，每层具有大量的节点/过滤器等）。

可以将展平和全局池化视为互补的方法：一个缺少的部分，另一个提供，两者缺一不可。使用展平时，保留了所有信息，但失去了特征图分离的识别（任何值属于哪个特征图都无关紧要，所有值都被不加区分地放置在同一个向量中）。使用全局池化时，能够识别特征图分离，但代价是丢失了信息。一般而言，较大的 CNN 更适合使用全局池化，而较小的 CNN 更适合使用展平。大型 CNN 会产生较大的输出特征图，如果对其进行扁平化处理，将无法对其进行扩展。全局池化通常足以捕捉提取特征的"主要思想"。另外，小型 CNN 通常产生较小的特征图，其中每个元素包含更高比例的信息。使用展平而不是全局池化可以明确保留原始提取的特征，并且这通常是可行的。然而，在大多数"标准"建模问题中，具有足够大小的神经网络使用展平或全局池化应该可以获得大致相似的性能（尽管在不同的训练条件和要求下）。

现在读者已经掌握了 CNN 的两个关键构建模块，下面在 Keras 中逐层实现一个稍微修改过的 AlexNet 架构。AlexNet 是计算机视觉领域的一个重要模型。它由 Alex Krizhevsky 与 Ilya Sutskever 和 Geoffrey Hinton 合作，在 2012 年发布的论文《使用深度卷积神经网络进行 ImageNet 分类》[1] 中提出。AlexNet 为后来几年 CNN 架构的快速发展奠定了基础。截至本书撰写时，该论文已被引用超过 80 000 次。

AlexNet 采用了相对简单的架构（见图 4 - 40）。

请注意，该架构使用了步长。步长指定在卷积或池化过程中每次移动卷积核时要"跳过"的元素数量。通常，在卷积中使用步长 1，但将步长为 2 的卷积应用于一个 $(5, 5)$ 的样本矩阵会影响以下相关的加粗子区域：

$$\begin{bmatrix} \mathbf{1} & \mathbf{1} & 1 & \mathbf{1} & \mathbf{1} \\ \mathbf{1} & \mathbf{1} & 1 & \mathbf{1} & \mathbf{1} \\ 1 & 1 & 1 & 1 & 1 \\ \mathbf{1} & \mathbf{1} & 1 & \mathbf{1} & \mathbf{1} \\ \mathbf{1} & \mathbf{1} & 1 & \mathbf{1} & \mathbf{1} \end{bmatrix}$$

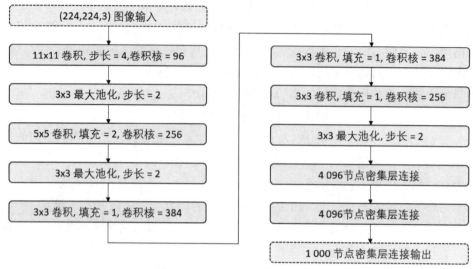

图 4 – 40 AlexNet 架构的可视化

步长是一种有用的工具，它通过在特征图中分配未传递到网络其余部分的区域，为特征提取层提供更多"自由度"。需要注意的是，虽然步长不会减少应用于单个卷积层的参数数量，但它会减小输出特征图的大小，这对后续的参数化有影响（即网络的其余部分使用更少的参数）。步长是减少图像处理神经网络参数的另一种重要方法。

构建 AlexNet 架构的代码非常简单（见代码清单 4 – 40）。

代码清单 4 – 40 构建一个 AlexNet 架构

```
model = Sequential()
model.add(L.Input((224,224,3)))
model.add(L.Conv2D(96, (11,11), strides = 4))
model.add(L.MaxPooling2D((3,3), strides = 2))
model.add(L.Conv2D(256, (5,5)))
model.add(L.MaxPooling2D((3,3), strides = 2))
model.add(L.Conv2D(384, (3,3)))
model.add(L.Conv2D(384, (3,3)))
model.add(L.Conv2D(256, (3,3)))
model.add(L.MaxPooling2D((3,3), strides = 2))
model.add(L.Flatten())
model.add(L.Dense(4096, activation = 'relu'))
model.add(L.Dense(4096, activation = 'relu'))
model.add(L.Dense(1000, activation = 'softmax'))
```

绘制模型确认了人们所期望的架构（见图 4 – 41）。注意一个有趣的地方——特定的卷积核形状和池化层的排列方式被设计成这样，以至于在提取/卷积组件中的最后一层输出了形状为 (1, 1, 256) 的特征图：这意味着每 256 个特征图只被压缩成一个值！在这种特殊情况下，需要注意的是，展平和全局池化在功能上没有任何区别。

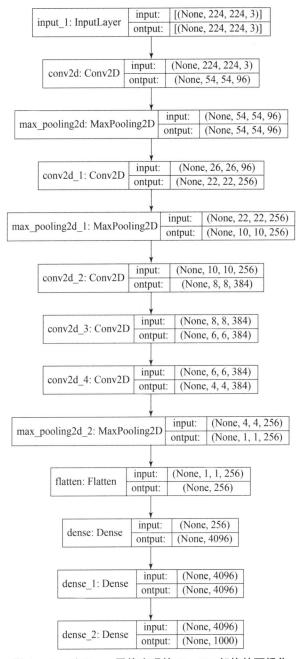

图 4 – 41　以 Keras 风格实现的 AlexNet 架构的可视化

　　可以观察到,AlexNet 模型使用了一种精心设计的信息流。当构建 CNN(以及一般情况下的神经网络)时,人们希望仔细监控每层中表示大小的变化。表示大小简单来说就是层中元素的总数。具有 n 个节点的全连接层的具有 n 个元素的表示大小,而输出形状为 (a,b,c) 的特征图的卷积层的表示大小为 $a \times b \times c$。假设在架构的任何位置表示大小的变化急剧减小(即瓶颈),那么神经网络就被迫将大量信息压缩到一个小空间中。另外,如果表示大小在架构的任何位置急剧增加(即膨胀),那么神经网络就被迫将少量信息扩展到大空间中。根据数据的"固有复杂性",瓶颈可能具有限制性,而膨胀可能导致冗余计算。

分析成功的 CNN 架构的设计,可以让读者对卷积和池化的运作方式有深入的了解。下面将继续分析其他更现代的架构。

基本 CNN 架构

之前讨论的内容主要集中于 CNN 的底层构建模块。然而,很少有人通过手动组合层来构建自己的 CNN 架构,从而用于解决现在常见的问题,例如图像分类。相反,研究人员已经发现了一套有效的通用架构,可以作为 CNN 的基础,然后可以对基础模型进行小幅定制,以使其适应所需的特定任务。在各部分中,将讨论三个关键的基础 CNN 架构,并演示如何将它们实例化,从而使用它们实现快速的自定义建模。

残差神经网络(ResNet)

正如其名称所暗示的那样,ResNet 架构的主要设计特点是将残差连接(Residual Connections)作为其拓扑设计的主要元素。

残差连接是迈向结构非线性的"第一步",它是在非相邻层之间建立的简单连接。残差连接通常被描述为"跳过"一个或多个层,因此也常被称为"跳过连接"(见图 4-42)。

请注意,在实现过程中,首先通过添加或连接等方法进行合并,然后将合并后的组件传递给下一层(见图 4-43)。这是所有没有明确展示合并过程的残差连接的隐式假设。

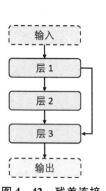

图 4-42　残差连接

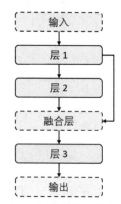

图 4-43　技术上正确的残差连接与融合层

添加残差连接可以减小输入信号的衰减,因为在衰减过程中,输入信号在大量神经网络层中会饱和或丢失。残差连接可以增加信息的流动,使神经网络能通过结合来自不同推理阶段或领域的信息进行更多非线性推理。

ResNet 风格的残差连接设计采用了一系列短残差连接,这些短残差连接在神经网络中定期重复使用(见图 4-44)。

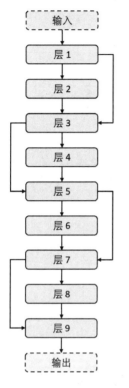

图 4 – 44　ResNet 风格的残差连接设计

ResNet 架构最初由微软研究院的 Kaiming He、Xiangyu Zhang、Shaoqing Ren 和 Jian Sun 在 2015 年的论文《用于图像识别的深度残差学习》[2] 中提出，它由 34 个层组成，每两层都有残差连接。图 4 – 45 所示为 ResNet 与普通的"等效"架构以及更经典的 VGG – 19 架构的对比。

请注意，关于残差连接还有其他的架构解释。与依赖线性骨干的解释不同，可以将残差连接解释为将其前面的层分成两个分支，每个分支以独特的方式处理前一层。其中一个分支（在图 4 – 44 中是从层 1 到层 2 再到层 3）使用专门的函数处理前一层的输出，而另一个分支（从层 1 到恒等层再到层 3）使用恒等函数（identity function）处理层的输出，也就是说，它只是允许前一层的输出通过，这是"最简单"的处理形式（见图 4 – 46）。

可以将这种从概念上理解残差连接的方法归类为一般非线性架构的一个子类，即可以将其理解为一系列分支结构。

残差连接通常被视为梯度消失问题的一种解决方案（见图 4 – 47）。为了访问某一层，需要先穿过其他多个层，从而信息信号被稀释。在梯度消失问题中，用于更新权重的反向传播信号在非常深的神经网络中逐渐变弱，以至于前面的层几乎没有被充分利用（请注意，在许多情况下，使用 ReLU 函数而不是类似 sigmoid 函数的有界函数可以解决这个问题，但是残差连接是另一种方法）。

然而，通过残差连接，反向传播信号只需穿过较少的平均层级就能对特定层的权重进行更新。这使反向传播信号更强大，能更好地利用整个模型架构。

残差连接也可以被视为对性能较差的层的一种"故障安全机制"。如果从层 A 到层 C 添加一个残差连接（假设层 A 与层 B 相连，层 B 与层 C 相连），则神经网络可以通过学习从层 A 到层 B 和从层 B 到层 C 的连接的接近 0 的权重来选择忽略层 B，而信息可以通过残差连接直接从层 A 传递到层 C。然而，在实践中，残差连接更多地充当了对数据的额外表示以供考虑，而不仅是一个故障安全机制。

在 Keras 中，ResNet 架构有几个不同的变种：ResNet50、ResNet101 和 ResNet152（每个变种都有两个版本）。每个变种后面的数字大致表示 ResNet 的深度（如果进行计数，则由于某些技术细节原因，不会得到确切的层数）。ResNet50 是 ResNet 提供的最小版本，而 ResNet152 是最深的版本。

可以通过调用模型对象并指定输入形状和类别数量来实例化和训练 ResNet 模型（见代码清单 4 – 41）。Keras 中的大多数模型架构都预先加载了在 ImageNet 数据集上训练所得到的权重，但输出类别的数量必须为 1 000，因为 ImageNet 数据集包含 1 000 个输出类别。

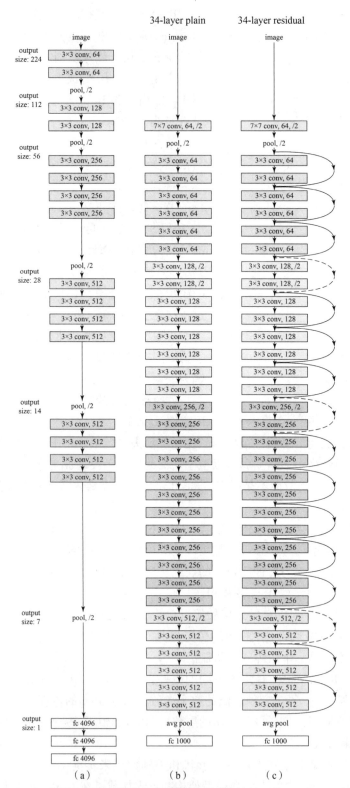

图 4 – 45 **ResNet 架构与普通的等效架构（即没有残差连接）和 VGG – 19 架构的对比**

（a）VGG – 19 架构；（b）普通的等效架构；（c）ResNet 架构

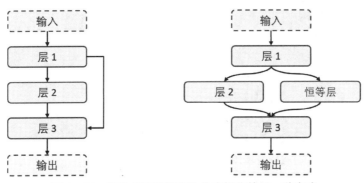

图 4 – 46　将残差连接解释为分支操作的另一种方式

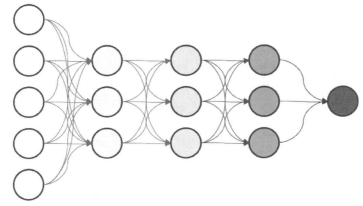

图 4 – 47　梯度消失问题的可视化（当神经网络变得过长时，反向传播过程中
的信息"消失"或信号"逐渐衰减"）

代码清单 4 – 41　用于在图像分类任务上训练 ResNet50 模型的样板代码（输入形状为
（a，b，3），输出类别为 c）

```
from tensorflow.keras.applications import ResNet50

model = ResNet50(input_shape =(a, b, 3),
                 classes = c,
                 weights =None)
model.compile(…)
model.fit(…)
```

还可以将任何模型（包括 ResNet 模型、其他 Keras 应用模型和自己的顺序或函数模型）视为更大的总体模型的子模型或组件。例如，考虑一个假设的架构，输入分别通过 ResNet50 和 ResNet121 架构进行处理，融合后实现输出（见代码清单 4 – 42 和图 4 – 48）。首先实例化 ResNet50 和 ResNet121 模型，然后使用 result = model(inp_layer)的语法。

代码清单 4 − 42 通过将 ResNet50 和 ResNet121 架构作为组件/子模型进行实例化，构建"混合" ResNet 架构

```
from tensorflow.keras.applications import ResNet50, ResNet152
inp = L.Input((a, b, 3))
resnet50 = ResNet50(input_shape = (a, b, 3),
                    classes = c,
                    weights = None)
resnet50out = resnet50(inp)
resnet121 = ResNet152(input_shape = (a, b, 3),
                    classes = c,
                    weights = None)
resnet121out = resnet121(inp)

concat = L.Concatenate()([resnet50out, resnet121out])
out = L.Dense(c, activation = 'softmax')(concat)
model = keras.models.Model(inputs = inp,
                    outputs = out)
```

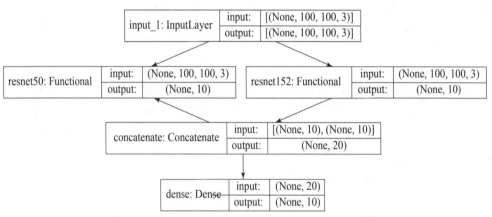

图 4 − 48 代码清单 4 − 42 生成的架构的 Keras 可视化

读者将在"多模态图像和表格模型"一节中看到这种模型组件化的一个示例用法。

在 2016 年的论文《密集连接卷积网络》[3] 中，Gao Huang、Zhuang Liu 和 Killian Q. Weinberger 介绍了另一种架构——DenseNet，它在更极端或"密集"的方式下使用残差连接。DenseNet 架构具有均匀间隔的锚点，在每组锚点之间放置残差连接（见图 4 − 49）。与 ResNet 架构类似，Keras 中实现了多个 DenseNet 架构的变种：DenseNet121、DenseNet169 和 DenseNet201。所有这些模型都位于 keras. applications. DenseNetx 模块中。

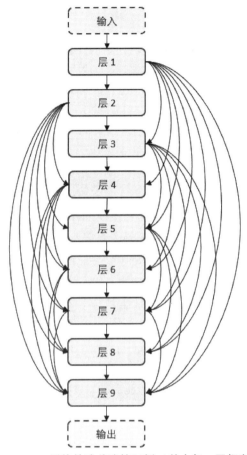

图 4 - 49　DenseNet 风格的残差连接示例（其中每一层都有一个锚点）

Inception v3 网络

Christian Szegedy、Vincent Vanhoucke、Sergey Ioffe、Jonathon Shlens 和 Zbigniew Wojna 在 2015 年的论文《重新思考计算机视觉中的 Inception 架构》[4] 中介绍了 Inception v3 架构，它是 Inception 系列模型的改进版本，已成为图像识别的重要支柱。在许多方面，Inception v3 架构为未来几年的 CNN 设计奠定了关键基础。与此最相关的是它的基于单元的设计。

Inception v3 模型试图改进之前的 Inception v2 模型和原始 Inception 模型的设计。原始 Inception 模型采用了一系列重复的单元（在论文中称为"模块"），这些单元遵循多分支非线性架构（见图 4 - 50）。其从输入到输出，有 4 个分支：两个分支由 1 × 1 卷积和较大的卷积组成，一个分支定义为池化操作后跟 1 × 1 卷积，另一个分支只是一个 1 × 1 卷积。在这些模块中，所有操作都提供了填充，以保持滤波器的尺寸不变，从而可以将并行分支表示的结果按深度连接在一起。

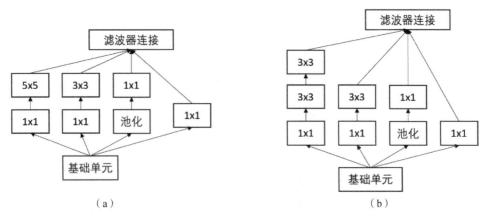

图 4 – 50 原始 Inception 模型和 Inception v3 模型之一

（引自 Christian Szegedy 等人的论文）

（a）原始 Inception 模型；（b）Inception v3 模型

Inception v3 模块设计中的一个关键架构变化是将大的滤波器尺寸（例如 5×5）进行分解，转化为较小的滤波器尺寸的组合。例如，一个 5×5 滤波器的形状效果可以被"分解"为一系列两个 3×3 滤波器；一个应用在特征图上的 5×5 滤波器（无填充）产生的输出形状与两个 3×3 滤波器相同：$(w-4, h-4, d)$。同样，一个 7×7 滤波器可以被"分解"为 3 个 3×3 滤波器。Christian Szegedy 等人指出，这种分解促进了更快的学习，同时不会影响表示能力。这个模块被称为对称分解模块，尽管在 Inception v3 架构的实现中它被称为模块 A。

实际上，即使是 3×3 和 2×2 滤波器，也可以分解成滤波器尺寸更小的卷积序列。一个 $n×n$ 卷积可以表示为一个 $1×n$ 卷积，后跟一个 $n×1$ 卷积（反之亦然）。高度和宽度的不同卷积被称为非对称卷积，它是非常有价值的细粒度特征检测器（见图 4 – 51）。在 Inception v3 架构中，n 被选择为 7。这个模块被称为非对称分解模块（也被称为模块 B）。Christian Szegedy 等人发现这个模块在早期层上表现不佳，但在中等大小的特征图上效果良好。因此，在 Inception v3 单元堆叠中，它被放置在对称分解模块之后。

对于非常粗糙（即尺寸较小）的输入，使用一个具有扩展滤波器组输出的不同模块。这种模型架构通过使用类似树形的拓扑结构来进行高度专业化的处理——对称分解模块中的两个左分支进一步被"分割"成"子节点"，这些子节点与其他分支的输出在滤波器的末端进行拼接（见图 4 – 52）。这种类型的模块被放置在 Inception v3 架构的末尾，用于处理空间较小的特征图。这个模块被称为扩展滤波器组模块（或模块 C）。

另一种缩减型的 Inception 模块被设计用于有效地减小滤波器的尺寸（见图 4 – 53）。缩减型的 Inception 模块使用 3 个并行分支：其中两个分支使用步长为 2 的卷积操作，另一个分支使用池化操作。这 3 个分支产生相同的输出形状，可以在深度方向上进行拼接。请注意，Inception 模块的设计是使尺寸减小与滤波器数量增加对应。

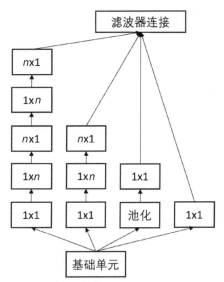

图 4 – 51　将 $n \times n$ 滤波器分解为较小滤波器的操作（引自 Christian Szegedy 等人的论文）

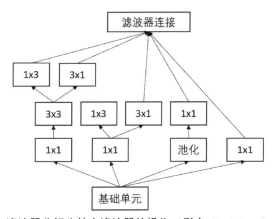

图 4 – 52　将 $n \times n$ 滤波器分解为较小滤波器的操作（引自 Christian Szegedy 等人的论文）

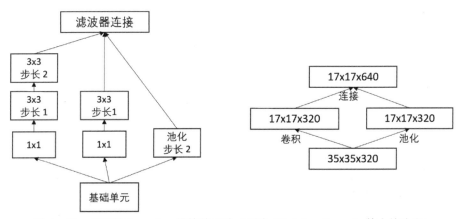

图 4 – 53　缩减型 Inception 模块的设计（引自 Christian Szegedy 等人的论文）

Inception v3 架构通过线性方式堆叠这些模块类型来形成，按照顺序放置每个模块，使每个模块在接收前一模块处理完成的特征图输入形状时进行处理。使用以下模块序列。

（1）一系列卷积层和池化层，用于执行初始特征提取（它们不属于任何模块）。

（2）3 个对称分解模块/模块 A 的重复。

（3）缩减模块。

（4）4 个非对称分解模块/模块 B 的重复。

（5）缩减型模块。

（6）2 个扩展滤波器组模块/模块 C 的重复。

（7）池化层、全连接层和 softmax 函数输出。

Inception 架构中常常被忽视但重要的特性之一是 1×1 卷积，它在每个 Inception 模块设计中都存在，通常作为模块架构中最常出现的元素。就模型性能而言，1×1 卷积在 Inception 架构中发挥着关键作用：在将昂贵的、较大的卷积核应用于特征图表示之前，先进行低成本的特征降维（Filter Reduction）。举个例子，在 Inception 架构的某个位置，有 256 个滤波器通过一个 1×1 卷积层。这个 1×1 卷积层可以通过学习来减少滤波器的数量，例如减少到 64 个或者 16 个，通过学习来确定所有 256 个滤波器中每个像素的可选值组合。因为 1×1 卷积核不包含任何空间信息（即它不考虑相邻像素），所以计算成本低。此外，它还将最重要的特征隔离出来，供后续参数量更大（因此更昂贵）的卷积操作使用，这些操作涉及空间信息的整合。

Inception v3 架构在 2015 年的 ILSVRC（ImageNet 竞赛）中表现非常出色，并成为图像识别架构中的主流（见表 4 – 1 和表 4 – 2）。

表 4 – 1　Inception v3 架构在 ILSVRC 中与其他模型的性能比较

（引自 Christian Szegedy 等人的论文）　　　　　　%

架构	Top – 5 误差	Top – 1 误差
GoogleNet	—	9. 15
VGG	—	7. 89
Inception	22	5. 82
PReLU	24. 27	7. 38
Inception v3	18. 77	4. 2

表 4 – 2　Inception v3 架构集合与其他架构集合的性能比较

（引自 Christian Szegedy 等人的论文）　　　　　　%

架构	模型	Top – 5 误差	Top – 1 误差
VGGNet	2	23. 7	6. 8
GoogLeNet	7	—	6. 67

续表

架构	模型	Top－5 误差	Top－1 误差
PReLU	—	—	4. 94
Inception	6	20. 1	4. 9
Inception v3	4	17. 2	3. 58

　　完整的 Inception v3 架构可以在 keras. applications. Inceptionv3 中找到，其中包含可用于迁移学习的 ImageNet 权重，也可以作为强大的架构（使用随机权重初始化）用于图像识别和建模。

　　使用 Keras 构建 Inception v3 模块本身相对简单（并且是一个很好的练习）。可以并行构建 4 个分支，并进行拼接。请注意，除了在最大池化层中指定 padding = 'same' 之外，还要指定 strides = (1,1) 以保持输入和输出层的大小相同。如果只指定 padding 参数，则 strides 参数将被设置为输入的池化尺寸。然后，这些模块可以按顺序堆叠在一起，形成类似 Inception v3 的架构（见代码清单 4 - 43 和图 4 - 54）。

代码清单 4 - 43　构建简单的 Inception v3 模块 A 架构

```
def build_iv3_module_a(inp, shape):
    w, h, d = shape
    branch1a = L.Conv2D(d, (1,1))(inp)
    branch1b = L.Conv2D(d, (3,3), padding = 'same')(branch1a)
    branch1c = L.Conv2D(d, (3,3), padding = 'same')(branch1b)

    branch2a = L.Conv2D(d, (1,1))(inp)
    branch2b = L.Conv2D(d, (3,3), padding = 'same')(branch2a)

    branch3a = L.MaxPooling2D((2,2), strides =(1, 1),
                            padding = 'same')(inp)
    branch3b = L.Conv2D(d, (1,1), padding = 'same')(branch3a)

    branch4a = L.Conv2D(d, (1,1))(inp)

    concat = L.Concatenate()([branch1c, branch2b,
                            branch3b, branch4a])
    return concat, shape
```

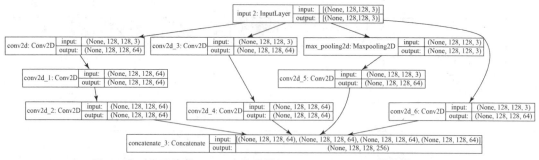

图 4 - 54　代码清单 4 - 43 中构建的 Keras Inception v3 模块的可视化

除了直接使用大型神经网络架构之外,从头开始实现这些架构的另一个好处是可定制性。用户可以插入自己的单元设计,在单元之间添加非线性(即 ResNet -/DenseNet 风格的连接),增加或减少堆叠的模块数量以调整神经网络深度。此外,基于单元的结构非常简单,易于实现,因此成本很低。

EfficientNet

CNN 在历史上一直被相对"任意地"进行缩放。所谓"任意地",是指在调整 CNN 的各维度时,并没有明确的理由说明如何进行调整,对于将 CNN 的维度调整到多高才能完成更复杂的任务,存在一定的模糊性。例如,ResNet 系列架构(ResNet50、ResNet101 等)是通过增加神经网络深度或者层数来进行缩放的示例。然而,为了解决神经网络缩放的任意性问题,需要一种系统的方法来跨越多个架构维度来缩放神经网络,以获得最高的预期成功率。图 4 - 55 所示为可进行缩放的神经网维度与复合缩放方法的比较。

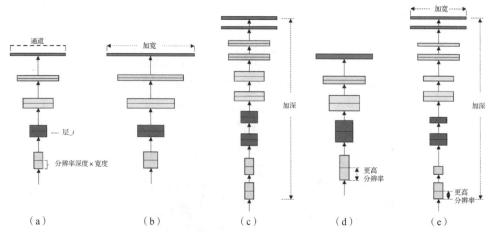

图 4 - 55　可以进行缩放的神经网络维度与复合缩放方法的比较(谭明兴和李沛基在他们 2019 年的论文《**EfficientNet**:重新思考卷积神经网络的模型缩放》[5] 中提出了复合缩放方法。复合缩放方法是一种简单但成功的缩放方法,其中每个维度都按照一个常数比例进行缩放)

(a)基线模型;(b)宽度缩放;(c)深度缩放;(d)分辨率缩放;(e)复合缩放

一组固定的缩放常数用于对神经网络架构中使用的宽度、深度和分辨率进行统一缩放。这些常数（α、β、γ）通过一个复合系数 ϕ 进行缩放，使深度为 $d = \alpha\phi$，宽度为 $w = \beta\phi$，分辨率为 $r = \gamma\phi$。ϕ 的定义取决于用户，即取决于用户愿意为特定问题分配多少计算资源/预测能力。

这些常数的值可以通过简单的网格搜索找到。鉴于搜索空间较小，这是可行且成功的。对这些常数有两个约束条件。

- $a \geq 1$，$\beta \geq 1$，$\gamma \geq 1$。这确保了这些常数在提高到复合系数的幂运算时，它们的值不会减小，从而较大的复合系数值会导致较大的深度、宽度和较高的分辨率。

- $a \cdot \beta^2 \cdot \gamma^2 \approx 2$。一系列卷积操作的浮点运算速度（FLOPS，每秒浮点运算次数）与深度、宽度的平方和分辨率的平方成正比。这是因为深度通过堆叠更多层进行线性操作，而宽度和分辨率则作用于二维滤波器表示。为了确保计算可解释性，该约束条件确保任何值都会将总的 FLOPS 提高约 $(\alpha \cdot \beta^2 \cdot \gamma^2)^{\phi} = 2^{\phi}$。

这种缩放方法在应用于 MobileNet 和 ResNet 等以前成功的架构时非常成功（见表 4 – 3）。通过复合缩放方法，可以有条理地、非任意地扩大网络规模和计算能力，从而优化缩放模型的最终性能。

表 4 – 3　复合缩放方法在 MobileNetV1、MobileNetV2 和 ResNet50 架构上的性能

（引自谭明兴和李沛基的论文）　　　　　　　%

模型	FLOPS/B	Top – 1 准确率
Baseline MobileNetV1	0. 6	70. 6
Scale MobileNetV1 by width（$w = 2$）	2. 2	74. 2
Scale MobileNetV1 by resolution（$r = 2$）	2. 2	74. 2
Scale MobileNetV1 by compound scaling	2. 3	75. 6
Baseline MobileNetV2	0. 3	72. 0
Scale MobileNetV2 by depth（$d = 4$）	1. 2	76. 8
Scale MobileNetV2 by width（$w = 2$）	1. 1	76. 4
Scale MobileNetV2 by resolution（$r = 2$）	1. 2	74. 8
Scale MobileNetV2 by compound scaling	1. 3	77. 4
Baseline ResNet50	4. 1	76. 0
Scale ResNet50 by depth（$d = 4$）	16. 2	76. 0
Scale ResNet50 by width（$w = 2$）	14. 7	77. 7
Scale ResNet50 by resolution（$r = 2$）	16. 4	77. 5
Scale ResNet50 by compound scaling	16. 7	78. 8

凭直觉，当输入图像更大时，所有维度——而不仅是其中一个——都需要相应地增加，以适应信息的增加。需要更大的深度来处理增加的复杂层次，并且需要更大的宽度来捕捉更多的信息。谭明兴和李沛基的研究在定量表达网络维度缩放之间的关系方面是新颖的。

谭明兴和李沛基的论文提出了 EfficientNet 系列模型，这是一系列由复合缩放方法构建的不同尺寸的模型。EfficientNet 系列模型共有 8 个，从最小到最大依次为 EfficientNetB0，EfficientNetB1，…，EfficientNetB7。EfficientNetB0 架构是通过神经架构搜索发现的，神经架构搜索超出了本书的范围，它通过"元"或"控制器"机器学习模型来推导神经网络的最佳架构（第 10 章简要介绍了神经架构搜索）。为了确保推导出的模型在性能和 FLOPS 方面都得到优化，搜索的目标不仅是最大化准确度，而是最大化性能和 FLOPS 的组合，然后使用不同的缩放值对结果架构进行缩放，形成其他 7 个 EfficientNet 模型。

注释： 实际的开源 EfficientNet 模型与通过"纯粹"的复合缩放获得的模型略有不同。复合缩放是一种成功但近似的方法，正如大多数缩放技术预期的那样。为了更充分地最大化性能，仍然需要对架构进行一些微调。在 Keras 中公开访问的 EfficientNet 系列模型在通过复合缩放后包含了一些额外的架构变化，以进一步提高性能。

EfficientNet 系列模型在诸如 ImageNet、CIFAR – 100、Flowers 等基准数据集上取得了比同类大小的模型（包括手动设计和 NAS 发现的架构）更高的性能（见图 4 – 56）。虽然 EfficientNetB0 模型是神经架构搜索的产物，但 EfficientNet 系列模型的其他成员是通过相对简单的复合缩放范式构建的。

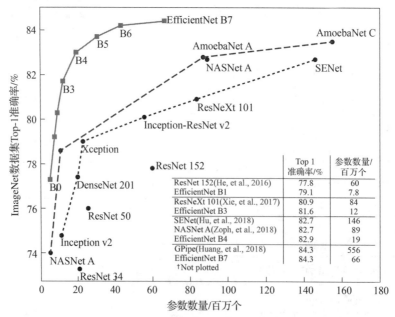

图 4 – 56   各种 EfficientNet 模型与其他重要的模型在参数数量和 ImageNet 数据集 Top – 1 准确率方面的对比（引自谭明兴和李沛基的论文）

EfficientNet 系列模型在 Keras 中可用，Keras 提供了 keras. applications. EfficientNetBx（x 可替换为 0 ~ 7 的任何数字）。Keras 中的 EfficientNet 实现大小范围为 29（B0）~256 MB（B7），参数数量范围为 5 330 571（B0）~66 658 687 个（B7）。注意，EfficientNet 系列模型的不同成员对于输入形状的要求是不同的。EfficientNetB0 期望形状为（224，224）的图像；B4 期望形状为（380，380）图像；B7 期望形状为（600，600）图像。请注意，这些是输入大小的推荐值，如果认为有必要，可以在 600 像素 × 600 像素的图像上使用 EfficientNetB0 模型。可以在 Keras/TensorFlow 文档中找到所需输入形状图像的完整列表。

多模态图像和表格模型

本节探讨 CNN 在多模态模型中的应用，该模型考虑了图像和表格数据，以生成预测结果。"多模态"指的是多种数据形式。基于图像的多模态模型可应用于将图像与表格/结构化数据集中的各行关联的数据集。在下一章中，读者将看到序列多模态模型的另一个应用，这些模型同时处理序列（例如文本）和表格数据以生成联合信息的输出。

多模态应用特别有趣，因为它们——至少在原则上——在某种程度上反映了人类感知世界的方式。人类不仅基于单一输入模态进行判断或决策，而是考虑多种数据输入类型，并将它们组合在一起，形成更稳健、更明智的结论。换句话说，人类不是独立地处理不同的输入模态（例如视觉、听觉、触觉等），而是联合处理它们。

这类模型必须是多头模型，也就是说，它们接收多个输入。每个输入都被独立地处理，并被塑造成"通用神经网络计算形式"（即向量）。图像输入头会经过卷积层、池化层等进行处理，并通过展平或全局池化转换为向量形式。标准的表格/向量输入头已经是向量形式，但可以通过一系列全连接层进一步处理，以提取和放大相关特征。一旦所有图像都经过处理并转换为向量形式，就可以应用连接、加法或乘法等合并技术。这样可以将所有输入头的观测结果进行聚合，然后可以通过一系列全连接层得到输出结果。多模态模型的一般结构如图 4 – 57 所示。

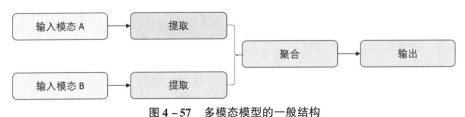

图 4 – 57　多模态模型的一般结构

在这种神经网络设计中，不同的数据模态首先被独立处理，以提取相关特征并以向量形式表达信息；然后，这些表示将被合并和联合考虑，以产生输出结果。下面展示如何构建更高级的神经网络拓扑结构，以捕捉更复杂的知识流。

多模态模型是 CNN 技术的一个强大扩展。

现在构建一个多模态模型，使用表格数据和图像数据来预测房屋价格。使用 Kaggle 上由 Kaggle 用户 ted8080[6] 组织和维护的 SoCal 房屋价格和图像数据集。该数据集包含一个存储表格数据的 CSV 文件，每行代表一栋房屋，包括它所在的街道和城市、卧室数量、浴室数量、面积、房屋价格和图像标识符。每个图像标识符与图像目录中的一张图片关联；与图像标识符为 0 的行对应的图片文件名为"0. jpg"，与图像标识符为 123 的行对应的图片文件名为"123. jpg"，依此类推（见图 4-58）。

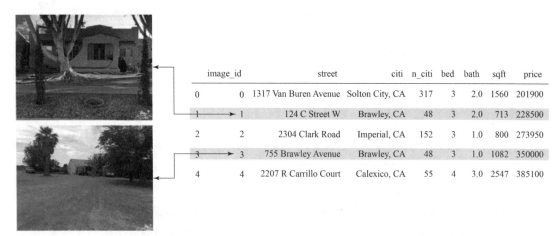

	image_id	street	citi	n_citi	bed	bath	sqft	price
0	0	1317 Van Buren Avenue	Solton City, CA	317	3	2.0	1560	201900
1	1	124 C Street W	Brawley, CA	48	3	2.0	713	228500
2	2	2304 Clark Road	Imperial, CA	152	3	1.0	800	273950
3	3	755 Brawley Avenue	Brawley, CA	48	3	1.0	1082	350000
4	4	2207 R Carrillo Court	Calexico, CA	55	4	3.0	2547	385100

图 4-58 SoCal 房屋价格和图像数据集的可视化探索

从一个基线模型（性能较差的模型）开始，演示逐步改进模型的过程。

在基线方法中，可以考虑以下多模态模型安排：将由"image_id"列标识的图像输入图像头，将"n_citi""bed""bath""sqft"列输入表格头，并将"price"列作为目标值。

为了管理数据，使用 TensorFlow 序列数据集。请回顾第 2 章，了解有关如何构建和使用 TensorFlow 序列数据集的信息。简而言之，它允许用户按照自己喜欢的方式定义数据流，只要在模型请求时提供输入和目标值即可。这提供了很大的灵活性：不需要在 TensorFlow 序列数据集中一次性加载整个数据集，以避免追踪 TensorFlow 的异常或警告。这样做可能造成轻微的效率损失（由于在请求时重新加载数据），但这是为了实施的便利性而做出的决策。

多模态数据集将包含 3 组内部数据：图像 ID 的数组，包含相关特征的数据框，以及目标房屋价格的数组。存储训练和验证索引，指示每个内部数据集中哪些索引对应训练集，哪些索引对应验证集。当模型通过调用 getitem(index)方法请求数据时，执行以下步骤。

（1）在训练集中确定一批索引的区间以供使用。

（2）使用所选索引的图像 ID 加载图像。

（3）从所选索引获取表格特征。

（4）从所选索引获取目标值。

（5）将图像和表格特征输入捆绑成一个列表。

（6）返回捆绑的输入和目标值。

然后，Keras 模型将读取、处理并利用给定的数据集（见图 4-59）。

尽管在特定的多模态房价建模任务中使用了这个数据集，但它也可以用于任何包含图像 - 表格配对数据用于预测回归或分类输出的数据集。代码清单 4-44 给出了该数据集的实现。

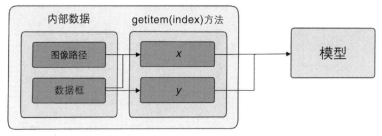

图 4 - 59　多模态 TensorFlow 序列数据集的结构

代码清单 4 - 44　自定义 TensorFlow 序列数据集的实现，用于处理多模态数据流

```
class MultiModalData(tf.keras.utils.Sequence):
    def __init__(self,
                 imageCol, targetCol,
                 tabularFeatures, oneHotFeatures,
                 imageDir, csvDir, batchSize = 8, train_size = 0.8,
                 targetScale = 1000):
        self.batchSize = batchSize
        self.imageDir = imageDir

        df = pd.read_csv(csvDir)
        self.imagePaths = df[imageCol]
        self.targetCol = df[targetCol] / targetScale
        self.tabular = df.drop([imageCol, targetCol],
                               axis = 1)[tabularFeatures]
        for feature in oneHotFeatures:
            self.tabular = self.tabular.join(pd.get_dummies(self.tabular[feature]))
            self.tabular.drop(feature, axis = 1, inplace = True)

        self.dataSize = len(df)
        self.trainSize = round(self.dataSize * train_size)

        dataIndices = np.array(df.index)
        self.trainInd = np.random.choice(dataIndices,
                                         size = self.trainSize)
        self.validInd = np.array([i for i in dataIndices if i not in self.trainInd])

    def __len__(self):
        return self.trainSize // self.batchSize

    def __getitem__(self, index):
        images, tabulars, y = [], [], []
```

```
for i in range(self.batchSize):
    currIndex = index * self.batchSize + i
    imagePath = f'{self.imageDir}/{self.imagePaths[currIndex]}.jpg'
    image = cv2.resize(cv2.imread(imagePath), (400, 400))
    tabular = np.array(self.tabular.loc[currIndex])
    target = self.targetCol[currIndex]
    images.append(image)
    tabulars.append(tabular)
    y.append(target)
return [np.stack(images), np.stack(tabulars)], np.stack(y)
```

请注意，该数据集接收一个名为 target_scale 的参数，用于确定目标值的除数。这样做是为了将输出规模缩小到数千美元。虽然神经网络理论上可以处理任何规模的输出，但在通常情况下为了提高训练速度，回归目标应该保持接近 0，尤其是在缩放过程中不会丢失任何重要精度的情况下。这里并不指望该模型能够精确地将房屋价格建模到每一美元，因为模型输入未能捕捉到房屋价格的许多其他因素。在这种情况下，这样的缩放是合理的。

代码清单 4 – 45 展示了多模态数据集对象的实例化，该对象为房屋价格和图像数据集提供了自定义参数。

代码清单 4 – 45 使用房屋价格和图像数据集中的相关信息实例化多模态数据集

```
data = MultiModalData(imageCol = 'image_id',
                      targetCol = 'price',
                      tabularFeatures = ['n_citi', 'bed', 'bath', 'sqft'],
                      oneHotFeatures = ['n_citi'],
                      imageDir = '../input/house – prices – and – images –
socal/socal2/socal_pics',
                      csvDir = '../input/house – prices – and – images – socal/
socal2.csv')
```

为了验证是否正确实现了数据提供的过程，可以调用 x, y = data. getitem(0) 来测试数据提供的模式。回想一下，x 是一个包含图像和表格输入的两个元素的列表；这里 x[0]. shape 为 (8, 400, 400, 3)，x[1]. shape 为 (8, 418)。目标的形状 y. shape 为 (8,)。数据集表现如预期。

现在可以设计神经网络。从较高的层次上看，模型必须具有两个头，分别接收两种形式的数据输入——图像和表格数据，并进行独立处理，然后通过合并和联合处理将其转化为具有修正线性单元的单节点输出。

注释：对于回归问题，通常惯例是使用线性输出激活函数，但在这个特定领域中，目标值不会为负。因此，使用修正线性单元在功能上是相同的，而且具有施加合理约束的额外好处。如果愿意，还可以在标准下界 $y = 0$ 和上界 $y = \alpha$（其中 α 是使用领域知识设置的表示最大可能输出的某个值）的情况下使用修正线性单元。可以通过定义一个自定义 ReLU 对象来实现这一点：crelu = lambda x：keras. backend. relu(x, max_value = alpha)。另

一个选择是使用 α 乘以 sigmoid 函数（可能是水平拉伸的 $\sigma(\alpha x)$ 而不是标准的 sigmoid 函数 $\sigma(x)$），使上界为 $y = \alpha$。

　　请注意，表格数据集不包含太多的特征——如果将 "n_citi" 列的独热扩展创建的所有特征仅视为一个特征，那么特征数量只有几十个甚至不到 12 个。因此，每层具有少量节点的几个全连接层应该足够。在这个特定的实现中，应用了 3 个具有 16 个节点的密集层。

　　另外，卷积头则需要更加密集的处理。可以构建一个重复的非线性块式设计，其中不同的分支使用不同大小的卷积核对输入进行处理，然后进行合并和池化。随着使用最大池化来降低空间维度，增加滤波器的数量。在经过几次简单的非线性拓扑迭代之后，将输出展平，并使用 3 个密集层将提取的特征图压缩成一个 16 个元素的向量。然后，通过串联对来自图像输入和表格输入的 16 个元素的向量进行合并，并进一步处理为单个节点的预测输出。完整的架构在代码清单 4 - 46 中实现，并进行了可视化（见图 4 - 60）。请注意，此架构遵循图 4 - 59 中的多模态模型的标准组件。

代码清单 4 - 46　定义一个定制的双头架构来处理多模态数据

```
imgInput = L.Input((400, 400, 3))
x = L.Conv2D(8, (3, 3), activation = 'relu', padding = 'valid')(imgInput)
for filters in [8, 8, 16, 16, 32, 32]:
    x1 = L.Conv2D(filters, (1, 1), activation = 'relu', padding = 'same')(x)
    x2 = L.Conv2D(filters, (3, 3), activation = 'relu', padding = 'same')(x)
    x3a = L.Conv2D(filters, (5, 5), activation = 'relu', padding = 'same')(x)
    x3b = L.Conv2D(filters, (3, 3), activation = 'relu', padding = 'same')(x)
    add = L.Add()([x1, x2, x3b])
    x = L.MaxPooling2D((2, 2))(add)
flatten = L.Flatten()(x)
imgDense1 = L.Dense(64, activation = 'relu')(flatten)
imgDense2 = L.Dense(32, activation = 'relu')(imgDense1)
imgOut = L.Dense(16, activation = 'relu')(imgDense2)

tabularInput = L.Input((418,))
tabDense1 = L.Dense(16, activation = 'relu')(tabularInput)
tabDense2 = L.Dense(16, activation = 'relu')(tabDense1)
tabOut = L.Dense(16, activation = 'relu')(tabDense2)

concat = L.Concatenate()([imgOut, tabOut])
dense1 = L.Dense(16, activation = 'relu')(concat)
dense2 = L.Dense(16, activation = 'relu')(dense1)
out = L.Dense(1, activation = 'relu')(dense2)

model = keras.models.Model(inputs =[imgInput, tabularInput],
                           outputs = out)
```

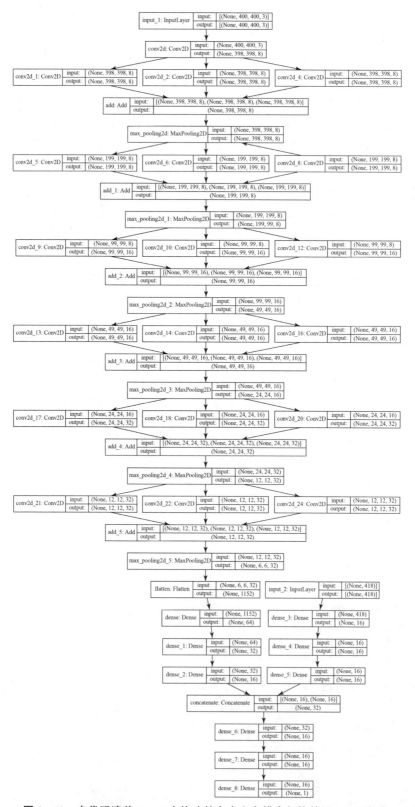

图 4 – 60　在代码清单 4 – 46 中构建的自定义多模态架构的 Keras 可视化

这个特定的自定义模型有 123 937 个参数，结果显示模型效果还不错。正如人们所预期的那样，大部分参数来自对高维图像输入的处理。可以使用标准超参数对模型进行编译和拟合（见代码清单 4 – 47 和图 4 – 61）。

代码清单 4 – 47 编译和拟合自定义双头架构。

```python
model.compile(optimizer = 'adam',
              loss = 'mse',
              metrics =['mae'])

history = model.fit(data, epochs =100)

plt.figure(figsize =(10, 5), dpi =400)
plt.plot(history.history['loss'], color = 'red', label = 'Train')
plt.xlabel('Epochs')
plt.ylabel('Loss')
plt.legend()
plt.grid()
plt.show()
```

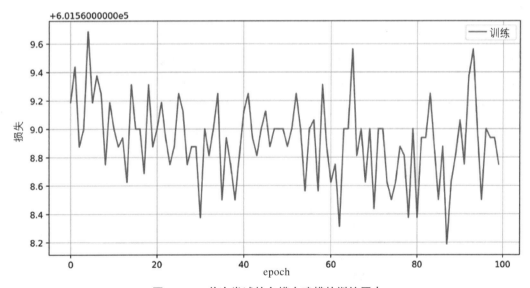

图 4 – 61 首次尝试的多模态建模的训练历史

模型性能非常差。在 100 个训练周期中，模型仅略微改善了训练损失，并且表现出极其不稳定的波动行为。这种波动性和进展的缺乏表明模型根本无法解决这个问题。

可以对模型进行两个改进。

• 使用更好的图像处理组件。在本章的前面部分，讨论了各种成功的"基础模型"架构，这些架构可以通过 Keras 或其他平台轻松访问。研究人员已经花费了大量的精力开发了一系列成功的模型架构，可以简单地使用"预构建"的架构，而不是尝试构建自己的架构。使用 EfficientNet 模型取代自定义卷积组件，该模型已被证明是一种在广泛的问题领域中普遍稳健、高性能的架构。

- 明确地构建所需的数据解释。尽管具有理论上的普遍逼近性质，但神经网络在实践中并不能成功地对任何数据进行建模。有时，可以在模型或系统设计中直接建立对数据或部分数据的解释，从而引导模型朝正确的方向发展。在本例中，可以观察到 n_citi 特征包含非常有价值的数据——房屋所在的城市可能是房价最可靠的预测因素之一，但标准的独热编码形式可能不利于有意义地利用这些数据。可以使用嵌入机制来更明确地传达如何解释和使用 n_citi 数据。

回顾在第 3 章中讨论过的嵌入机制。嵌入机制接收一个特定的标记，例如一个特定的单词或符号，并将其映射到一组已学习到的特征或属性。这被视为一个标准的参数化层（与每个标记关联的特征被优化）（见图 4 – 62）。可以使用这个逻辑来反映神经网络如何解释和利用 n_citi 数据：对于每个城市，希望嵌入学习到一组特定的最优属性。虽然不关心神经网络如何推导出相关特征或它们代表什么，但确实希望神经网络以这种方式解释 n_citi 特征，使用嵌入机制可以实现预期的目标。

Token	F1	F2	...	F3
1	0.63	2.93	...	-3.45
2	0.98	-5.47	...	-2.69
3	1.23	4.32	...	-1.90
...	...	...	...	...
n	-0.02	0.03	...	0.52

图 4 – 62　嵌入的可视化（请注意，在 Keras 中实现嵌入时，
第一个标记应该从 0 开始——否则可能收到错误提示）

首先重新编写数据集类，这是建模的第二次尝试。因为想要使用嵌入机制来处理房屋所在的具体城市，所以需要三个头：一个图像头，接收图像输入；一个表格头，接收表格输入；一个嵌入头，接收表示样本城市的单个整数（即 "n_citi" 列）。因此，数据集需要将这 3 个输入捆绑在一起（见图 4 – 63）。

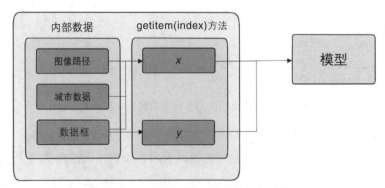

图 4 – 63　更新后的多模态数据集结构

以下是修改后的数据集的实现（见代码清单 4 – 48）。

代码清单 4 – 48　实现更新的 TensorFlow 序列数据集，以将嵌入数据与表格数据集组件分离

```python
class MultiModalData(tf.keras.utils.Sequence):
    def __init__(self,
                 imageCol, targetCol,
                 tabularFeatures, embeddingFeature,
                 imageDir, csvDir,
                 batchSize = 8, train_size = 0.8,
                 targetScale = 1000):

        self.batchSize = batchSize
        self.imageDir = imageDir


        df = pd.read_csv(csvDir)
        self.imagePaths = df[imageCol]
        self.targetCol = df[targetCol] /targetScale
        self.tabular = df.drop([imageCol, targetCol],
                               axis =1)[tabularFeatures]
        self.onehotData = self.tabular[embeddingFeature]
        self.tabular.drop(embeddingFeature, axis =1, inplace =True)

        self.dataSize = len(df)
        self.trainSize = round(self.dataSize * train_size)

        dataIndices = np.array(df.index)
        self.trainInd = np.random.choice(dataIndices,
                                         size =self.trainSize)
        self.validInd = np.array([i for i in dataIndices if i not in self.trainInd])


    def __len__(self):
        return self.trainSize // self.batchSize


    def __getitem__(self, index):
        images, embeddingInps, tabulars, y = [], [], [], []
        for i in range(self.batchSize):
            currIndex = index * self.batchSize + i
            imagePath = f'{self.imageDir}/{self.imagePaths[currIndex]}.jpg'
            image = cv2.resize(cv2.imread(imagePath), (400, 400))
            embeddingInp = np.array(self.onehotData.loc[currIndex])
            tabular = np.array(self.tabular.loc[currIndex])
            target = self.targetCol[currIndex]
            images.append(image)
```

```
            embeddingInps.append(embeddingInp)
            tabulars.append(tabular)
            y.append(target)
        return [ np.stack ( images ), np.stack ( embeddingInps ), np.stack
(tabulars)], np.stack(y)
```

还需要调整模型（见代码清单 4 – 49 和图 4 – 64）。首先，可以使用 EfficientNetB1 模型，而不是构建一个自定义的卷积（子）网络来处理图像头。EfficientNetB1 是一个由 8 个不同规模的模型构成的家族中第二小的模型。在 Keras 函数式 API 中，模型可以被当作层对待。要将它们与其他层连接起来，可以使用类似 after_layer = buildModel(params)(prev_layer)的语法。其次，构建一个额外的嵌入头，它接收一个表示 415 个城市之一的单个整数（这里的 415 是"词汇表大小"），并将其映射到一个 8 个元素的向量。对嵌入的输出与图像和表格输入的处理结果进行拼接。然后，将结果通过几个全连接层传递，最终输出一个单节点的回归结果。

代码清单 4 – 49 使用 EfficientNetB1 模型定义一种新颖的多模态架构来处理图像组件

```
from keras.applications import EfficientNetB1

imgInput = L.Input((400,400,3))
effnet = EfficientNetB1(input_shape =(400,400,3),
                        weights =None,
                        classes =16)(imgInput)
imgOut = L.Dense(16, activation = 'relu')(effnet)

embeddingInput = L.Input((1,))
embedding = L.Embedding(415,8)(embeddingInput)
reshape = L.Reshape((8,))(embedding)

tabularInput = L.Input((3,))
tabDense1 = L.Dense(4, activation = 'relu')(tabularInput)
tabDense2 = L.Dense(4, activation = 'relu')(tabDense1)
tabOut = L.Dense(4, activation = 'relu')(tabDense2)

concat = L.Concatenate()([imgOut, tabOut, reshape])
dense1 = L.Dense(16, activation = 'relu')(concat)
dense2 = L.Dense(16, activation = 'relu')(dense1)
out = L.Dense(1, activation = 'relu')(dense2)

model = keras.models.Model(inputs =[imgInput, embeddingInput, tabularInput],
outputs = out)
```

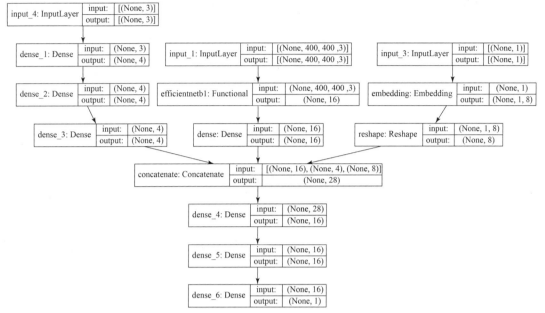

图 4 – 64　重新设计的 3 个头模型的 Keras 可视化

该模型有 6 538 081 个可训练参数，其中大部分参数来自 EfficientNetB1 模型。当在更新的数据集上训练这个更新的模型（见图 4 – 65）时，获得了显著提高的性能。经过近 60 个 epoch 后，模型收敛到了 83 584 的 MSE 和 192 的 MAE，这与之前模型的性能相比有了显著改善。请记住，本示例的目标是以千美元为单位，这意味着模型在房屋价格估计上平均偏差为 192 000 美元。虽然这并不是令人难以置信的表现，但考虑到这个多模态模型中未包含的许多其他房屋价格因素，这是可以理解的。

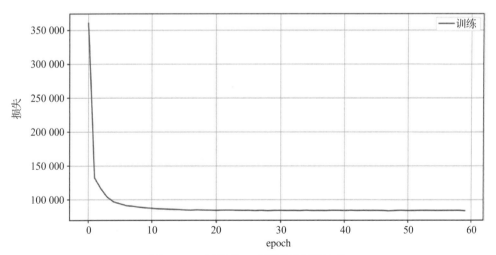

图 4 – 65　更新的三头模型的训练性能

如果将 EfficientNetB1 模型替换为更大、更强大的 EfficientNetB3 模型（见代码清单 4 – 50），则可以获得更好的性能（见图 4 – 66）。扩展后的模型具有 10 725 225 个参数，并收敛到 38 739.26 的 MSE 和 124.420 8 的 MAE。

代码清单 4 – 50　定义一个新的多模态架构，使用 EfficientNetB3 模型架构处理图像组件

```
imgInput = L.Input((400, 400, 3))
effnet = EfficientNetB3(input_shape = (400, 400, 3),
                        weights = None,
                        classes = 16)(imgInput)
imgOut = L.Dense(16, activation = 'relu')(effnet)

embeddingInput = L.Input((1,))
embedding = L.Embedding(415, 8)(embeddingInput)
reshape = L.Reshape((8,))(embedding)

tabularInput = L.Input((3,))
tabDense1 = L.Dense(4, activation = 'relu')(tabularInput)
tabDense2 = L.Dense(4, activation = 'relu')(tabDense1)
tabOut = L.Dense(4, activation = 'relu')(tabDense2)

concat = L.Concatenate()([imgOut, tabOut, reshape])
dense1 = L.Dense(16, activation = 'relu')(concat)
dense2 = L.Dense(16, activation = 'relu')(dense1)
out = L.Dense(1, activation = 'relu')(dense2)

model = keras.models.Model(inputs = [imgInput, embeddingInput, tabularInput],
                           outputs = out)
```

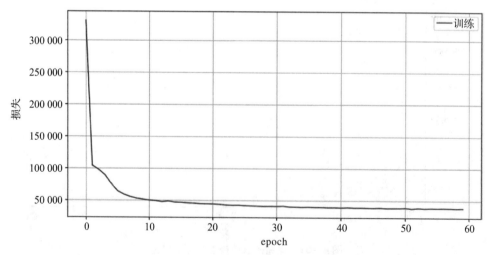

图 4 – 66　使用 EfficientNetB3 代替 EfficientNetB1 的三头模型的训练历史

　　尽管如此，系统仍然有许多方面可以改进，例如优化确切的非线性架构、输入的维度、图像处理架构（例如尝试 NASNet、ResNet 或其他设计）、训练元参数等。对于改进该

模型，将其留作一个开放性的练习，供读者探索和尝试。

用于表格数据的一维卷积

本书已经做了大量工作，为图像数据设置 CNN 的使用，包括纯图像数据集和包含图像及相关表格/结构化数据组件的多模态数据集。现在直接演示在表格数据集上使用卷积的方法。

卷积在表格数据上的最自然应用是一维卷积。图像有两个空间维度（忽略深度/颜色通道），因此可以在图像上应用二维卷积。另外，标准的表格数据只有一个空间维度，因此可以应用一维卷积。

一维卷积的操作逻辑与二维卷积相同，只是一维卷积核沿着轴线滑动，而不是像二维卷积核那样沿着两个空间轴滑动。

考虑一个长度为 3 的假设卷积核 k：

$$k = [1, 3, -1]$$

尝试将 k 应用于"数据的单行"，即一维矩阵/向量 i：

$$i = [1, 5, 6, 3, 9, 2, 3, 8, 20, 3]$$

特征 i 包含 10 个元素，可以进行特征大小 − 卷积核大小 + 1 = 10 − 3 + 1 = 8（次）卷积，这意味着生成的卷积特征 R 包含 8 个元素：

$$R = [?, ?, ?, ?, ?, ?, ?, ?]$$

要确定 R 的第一个元素的值，将卷积核 k 应用于特征 i 的第一组连续值（加粗显示）：

$$i = [\mathbf{1, 5, 6}, 3, 9, 2, 3, 8, 20, 3]$$

将卷积核应用于这 3 个元素得到的输出为 $1 \times 1 + 3 \times 5 + (-1) \times 6 = 1 + 15 - 6 = 10$。因此，$R$ 的第一个元素的值为 10。

$$R = [10, ?, ?, ?, ?, ?, ?, ?]$$

可以通过将相同的卷积核应用于特征中的第二组连续值（加粗部分）来得到 R 的第二个元素的值：

$$i = [1, \mathbf{5, 6, 3}, 9, 2, 3, 8, 20, 3]$$

这样得到的结果是 $1 \times 5 + 3 \times 6 + (-1) \times 3 = 5 + 18 - 3 = 20$。因此，$R$ 的第二个元素的值为 20：

$$R = [10, 20, ?, ?, ?, ?, ?, ?]$$

通过继续执行这个步骤，可以填充卷积矩阵的其余部分。一维卷积与二维卷积有类似的作用：它可以作为滤波器，根据卷积核的值来放大或减弱数据中的某些属性或特征。

神经网络可以学习一维 CNN 在特定任务中的最优卷积核的值。

为了证明这一点，考虑一个序列建模任务：给定连续采样的点 $[f(x_1), f(x_2), \cdots, f(x_n)]$，其中 $x_n - x_{n-1} = x_{n-1} - x_{n-2}$（即函数的输入是等间距的），来自一个含噪声的函数 f，一维 CNN 必须将 f 分类为线性、二次或周期性函数。

代码清单 4−51 生成了这样的数据集，给定 numElements（n 的值，决定从 f 中采样多少个点）和 numTriSamples（生成 3 个类中每个类的样本的次数）。baseRange 表示 x 的集合，它在 –5 到 5 之间间隔均匀地包含了 numElements 个元素。每次生成线性、二次或周期性函数时，选择随机参数（例如，对于周期性函数 sin，$\sin(bx-c)+d$ 中的 $\{a, b, c, d\}$）。均匀随机分布的限制已被选择，使函数通常占据相同的矩形区域，从而函数的类别无法通过其高度预测。

代码清单 4–51　生成自定义函数标识的合成数据集

```
numElements = 400
numTriSamples = 2000

x, y = [], []
baseRange = np.linspace( -5, 5, numElements)

for i in range(numTriSamples):
    # 获取随机线性样本
    slope = np.random.uniform( -3, 3)
    intercept = np.random.uniform( -10, 10)
    x.append(baseRange * slope + intercept)
    y.append(0)

    # 获取随机二次样本
    a = np.random.choice([np.random.uniform(0.2, 1),
                          np.random.uniform( -0.2, -1)])
    b = np.random.uniform( -1, 1)
    c = np.random.uniform( -1, 1)
    x.append(a * baseRange **2 + b * baseRange + c)
    y.append(1)

    # 获取随机正弦样本
    a = np.random.uniform(1, 10)
    b = np.random.uniform(1, 3)
    c = np.random.uniform( -np.pi, np.pi)
    d = np.random.uniform( -20, 20)
    x.append(a * np.sin(b * baseRange - c) + d)
    y.append(2)

x = np.array(x)
x += np.random.normal(loc =0, scale =1,
                      size =x.shape)
y = np.array(y)
```

此外，请注意这里添加了随机噪声，使问题更加有趣。在这种情况下，向 x 添加平均值为 0、标准差为 1 的正态分布噪声。

需要将数据集拆分为训练集和验证集，以评估真实模型的性能（见代码清单 4 – 52）。

代码清单 4 – 52　将数据集拆分为训练集和验证集

```
import sklearn
from sklearn.model_selection import train_test_split as tts
X_train, X_val, y_train, y_val = tts(x, y, train_size = 0.8)
```

图 4 – 67 显示了每个类别中的 3 个样本。尽管存在适度的噪声，但仍然可以清晰地识别每个函数的总体轨迹。

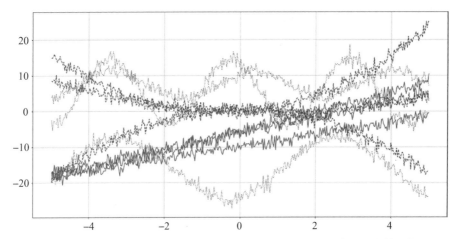

图 4 – 67　自定义数据集中每个类别的 **3 个样本**（线性、二次和周期性函数）

可以构建一个简单的模型，它使用一维卷积层和一维池化层来处理输入数据（见代码清单 4 – 53）。在 Keras 中，可以通过 L. Conv1D（…）来实例化一维卷积层。需要注意的是，虽然输入是一个形状为（a）的单个向量，但需要将其重新调整为形状为（a，1）的形式，以便使用一维卷积层进行处理，就像将形状为（a，b）的灰度图像重新调整为形状为（a，b，1）的形式，以便使用二维卷积层进行处理一样。经过卷积 – 卷积 – 池化块的 3 次迭代后，输入被展平回一个空间维度，并通过两个全连接层处理，输出形状为（3）（每个类别关联一个概率）。因为这是一个多类别问题，所有输出概率的总和应该为 1，所以使用 softmax 函数作为输出层的激活函数。

代码清单 4 – 53　为函数识别合成数据集构建一维 CNN 模型架构

```
model = Sequential()
model.add(L.Input(numElements))
model.add(L.Reshape((numElements, 1)))
for i in range(3):
    model.add(L.Conv1D(8, 3, padding = 'same',
                       activation = 'relu'))
    model.add(L.Conv1D(8, 3, padding = 'same',
                       activation = 'relu'))
    model.add(L.MaxPooling1D(2))
model.add(L.Flatten())
```

```
model.add(L.Dense(16, activation = 'relu'))
model.add(L.Dense(3, activation = 'softmax'))
```

可以使用标准的元参数来编译和训练模型（见代码清单 4 – 54 和图 4 – 68）。

代码清单 4 – 54 编译、训练和绘制性能历史

```
model.compile(loss = 'sparse_categorical_crossentropy',
              optimizer = 'adam',
              metrics = ['accuracy'])
history = model.fit(X_train, y_train,
                    epochs = 20,
                    validation_data = (X_val, y_val))


plt.figure(figsize = (10, 5), dpi = 400)
plt.plot(history.history['loss'], color = 'red', label = 'Train')
plt.plot(history.history['val_loss'], color = 'blue', label = 'Validation')
plt.xlabel('Epochs')
plt.ylabel('Loss')
plt.legend()
plt.grid()
plt.show()


plt.figure(figsize = (10, 5), dpi = 400)
plt.plot(history.history['accuracy'], color = 'red', label = 'Train')
plt.plot(history.history['val_accuracy'], color = 'blue', label = 'Validation')
plt.xlabel('Epochs')
plt.ylabel('Accuracy')
plt.legend()
plt.grid()
plt.show()
```

该模型在很短的时间内取得了良好的性能：训练损失为 0.009 8，训练准确率为 0.997 1，验证损失为 0.021 5，验证准确率为 0.990 8。现在通过将噪声的标准差从 1 增加为 2 来使问题更加困难。现在，数据集如图 4 – 69 所示。

经过 2 个 epoch 后，模型达到了 0.014 0 的验证损失和 0.995 8 的验证准确率——与从标准差为 1 的分布中绘制噪声的数据集的性能基本相等（实际上略高）。

下面进一步增加噪声，将其标准差增加为 3（见图 4 – 70）。神经网络获得了 0.093 4 的验证损失和 0.971 7 的验证准确率，性能相对来说显著下降，但仍然不算太低。

当将噪声的标准差增加为 10 时，数据集变得非常难以区分（见图 4 – 71），但模型仍然表现得相当不错（见图 4 – 72），取得了 0.223 0 的验证损失和 0.930 0 的验证准确率。

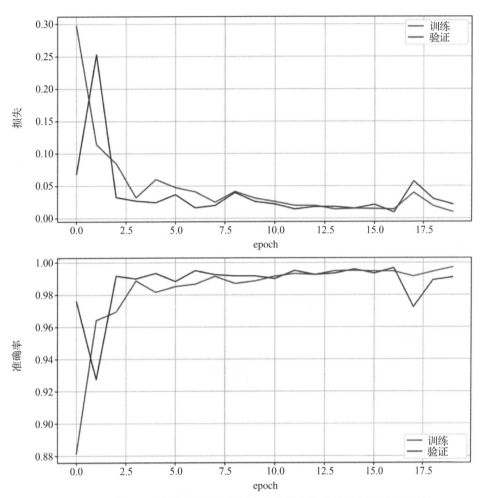

图 4 – 68　1 维 CNN 模型在函数识别任务中的损失和准确率表现（附彩插）

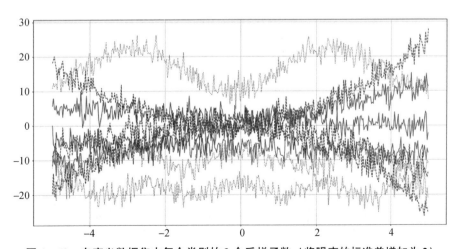

图 4 – 69　自定义数据集中每个类别的 3 个采样函数（将噪声的标准差增加为 2）

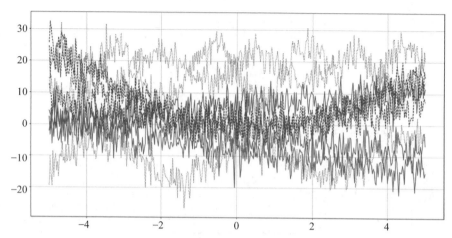

图 4 – 70 自定义数据集中每个类别的 3 个采样函数（将噪声的标准差增加为 3）

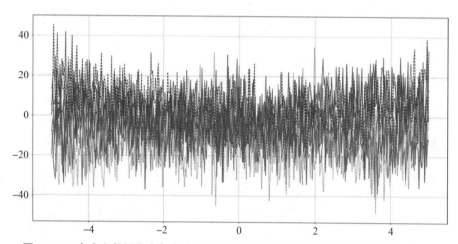

图 4 – 71 自定义数据集中每个类别的 3 个样本函数（将噪声的标准差增加为 10）

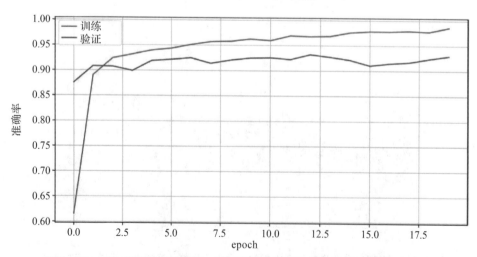

图 4 – 72 1 维 CNN 在噪声版本（标准差为 10）的函数识别合成数据集上的
准确率和验证性能（附彩插）

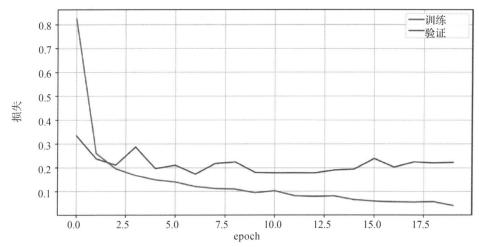

图 4 - 72 1 维 CNN 在噪声版本（标准差为 10）的函数识别合成数据集上的准确率和验证性能（续）（附彩插）

这些实验的主要思想是：能够使用一个由一维卷积层和池化层组成的简单神经网络，构建一个强大且稳健的信号处理模型。为了进一步提升神经网络的建模能力，可以添加更复杂的卷积结构，例如残差连接和其他拓扑非线性操作。

请注意，可以使用一维卷积来处理原始的音频信号或时间序列数据。例如，考虑使用一维卷积进行说话人分离（在时间序列中将哪个说话人归类为当前说话人）。可以通过对输入信号进行一维卷积处理，将其展平成一个向量，并使用全连接层将学到的特征形成输出向量来实现这一目标（与二维 CNN 非常相似的模式）。如果数据集中的信号与表格数据关联，则可以构建多模态模型，就像前面讨论的那样，但是使用一维卷积头而不是二维卷积头（在下一章中，读者将看到一个例子，除了循环层之外，还可以将卷积层应用于音频信号建模）。

然而，不太可能直接通过将一维 CNN 应用于表格数据来获得成功。本书的示例任务以及所有一维 CNN 的自然应用，例如音频和时间序列，都具有一个关键属性：它们沿着顺序轴有明确的关系，即 x_i 与 $x_i + 1$ 之间存在明显的关联。而表格数据集通常包含独立的特征，它们之间没有顺序上的联系。没有理由认为一列必须放在另一列的"前面""后面"或"旁边"，这些关系概念不适用于表格数据。

可以给这个属性取一个名字：连续语义（Contiguous Semantics）。"连续"意味着"相邻的"或"相接的"（例如连续的内存块），而"语义"指的是符号或语法表示中所隐含的"意义"或"概念"。如果一个特征或数据集具有连续语义，那么直接在数据集上应用一维卷积是有意义的（见图 4 - 73）。

可以尝试使用巧妙的技巧来解决这个问题：软排序（Soft Ordering）。尽管每个样本 x 包含无序的列，但可以想象存在一个有序的表示 q，它包含与 x 相同的信息。换句话说，它将原始无序特征的语义（信息内容、含义）"重新排列"并"塑造"为连续语义。这并不难以置信：在机器学习中，经常将数据空间变形和重塑为具有新的属性（例如不同的距离、不同的维度、不同的模态、不同的统计属性），同时保留它们的信息内容。

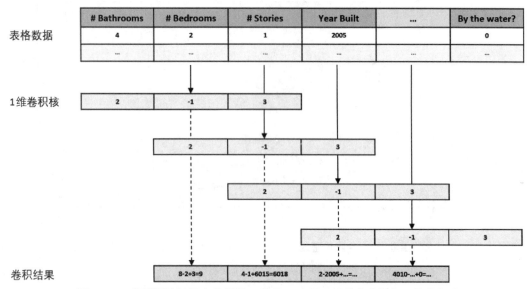

图 4 – 73　将需要连续语义的操作（卷积）应用于不具有连续语义的数据集
的示例演示以及尝试这样做时得到的奇怪结果

很难想象或设计从 x 到 q 的转换，但人们认为如果 q 存在，那么映射 $x{\rightarrow}q$ 也应该存在。可以让神经网络来学习这个映射，因为神经网络已被证明是一个理论上的"通用函数逼近器"，可以通过提取和重新排列表格数据，以一维卷积的最佳可读顺序学习这种映射（见图 4 – 74）。

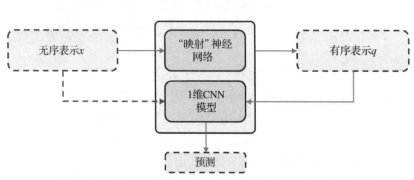

图 4 – 74　使用软排序将一维 CNN 应用于表格数据的蓝图

一种简单的方法是在卷积之前引入一个全连接组件或编码组件。希望完全连接的组件能够学习从原始输入数据 x 到最优有序表示 q 的映射，然后由网络的其余部分以卷积方式进一步处理这个表示。

因此，在实践中，"映射"神经网络和 1 维 CNN 模型可以合并为一个单一的神经网络过程，其中映射组件的输出直接作为 1 维 CNN 模型的输入。

这个概念起源于 Kaggle 竞赛，用户 tmp 在哈佛创新科学机制行为预测竞赛的第二名解决方案中使用了这种方法，从而使其广为人知。正如 tmp 在论坛帖子中所写的[7]，他的解决方案如下。

在表格数据中使用这样的结构是基于以下观点：CNN 结构在特征提取方面表现良好，但由于不知道正确的特征顺序，它在表格数据中很少使用。一个简单的想法是将数据直接重塑为多通道图像格式，然后通过反向传播使用全连接层来学习正确的排序。

采用之前用于函数分类任务的架构，并稍微修改它以包含一个软排序组件（见代码清单 4－55）。一个简单的软排序组件的示例可以是一系列全连接层。

代码清单 4－55　定义一个带有全连接软排序组件的一维 CNN 模型

```
model = Sequential()
model.add(L.Input(numElements))
model.add(L.Dense(numElements, activation = 'relu'))
model.add(L.Dense(numElements, activation = 'relu'))
model.add(L.Dense(numElements, activation = 'relu'))
model.add(L.Reshape((numElements, 1)))
for i in range(5):
    model.add(L.Conv1D(8, 3, padding = 'same',
                          activation = 'relu'))
    model.add(L.Conv1D(8, 3, padding = 'same',
                          activation = 'relu'))
model.add(L.MaxPooling1D(2))
model.add(L.Flatten())
model.add(L.Dense(16, activation = 'relu'))
model.add(L.Dense(3, activation = 'softmax'))
```

将其应用于一个示例的表格数据集上。加州大学尔湾分校（University of California Irvine）森林覆盖数据集是该校数据集仓库中众多经典基准数据集之一，包含来自罗斯福国家森林多个区域的树木观测数据。该数据集包含数十个特征和超过 50 万个测量值，这使其成为应用神经网络的良好数据集。

以下是该数据集的特征。目标是给定测量值，预测该区域的森林覆盖类型：

(['Elevation', 'Aspect', 'Slope', 'Horizontal_Distance_To_Hydrology', 'Vertical_Distance_To_Hydrology', 'Horizontal_Distance_To_Roadways', 'Hillshade_9am', 'Hillshade_Noon', 'Hillshade_3pm', 'Horizontal_Distance_To_Fire_Points', 'Wilderness_Area1', ···, 'Wilderness_Area4', 'Soil_Type1', 'Soil_Type2', ···'Soil_Type39', 'Soil_Type40', 'Cover_Type'])

根据数据集的特征数量来自定义输入节点的数量，然后实例化先前讨论的架构，得到以下模型（见代码清单 4－56）。

代码清单 4－56　一个带有软排序的一维 CNN 的层和参数总结

```
Model: "sequential"

Layer (type)                    Output Shape                Param #
=================================================================
```

dense（Dense）	（None，108）	5940
dense_1（Dense）	（None，864）	94176
reshape（Reshape）	（None，54，16）	0
conv1d（Conv1D）	（None，54，16）	784
conv1d_1（Conv1D）	（None，54，16）	784
average_pooling1d（AveragePo）	（None，27，16）	0
conv1d_2（Conv1D）	（None，27，16）	784
conv1d_3（Conv1D）	（None，27，16）	784
average_pooling1d_1（Average）	（None,13，16）	
conv1d_4（Conv1D）	（None,13，16）	784
conv1d_5（Conv1D）	（None,13，16）	784
average_pooling1d_2（Average）	（None,6，16）	0
conv1d_6（Conv1D）	（None,6，16）	784
conv1d_7（Conv1D）	（None,6，16）	784
average_pooling1d_3（Average）	（None,3，16）	0
conv1d_8（Conv1D）	（None,3，16）	784
conv1d_9（Conv1D）	（None,3，16）	784
average_pooling1d_4（Average）	（None,1，16）	0
flatten（Flatten）	（None,16）	0
dense_2（Dense）	（None,16）	272
dense_3（Dense）	（None,16）	272
dense_4（Dense）	（None,7）	119

===

```
Total params：108,619
Trainable params：108,619
Non-trainable params：0
```

该模型可以使用森林覆盖数据集上的标准元参数进行训练（已加载到 X_train 和 y_ train 数据集）（见代码清单 4-57）。

代码清单 4-57　编译和拟合模型

```
model.compile(optimizer = 'adam',
              loss = 'sparse_categorical_crossentropy',
              metrics =['accuracy'])
```

```
history = model.fit(X_train, y_train, epochs =100,
                    validation_data =(X_val, y_val),
                    batch_size =256)
```

该模型在训练集上的损失略低于 0.2，并获得了 0.90 的验证准确率（见图 4 – 75）。

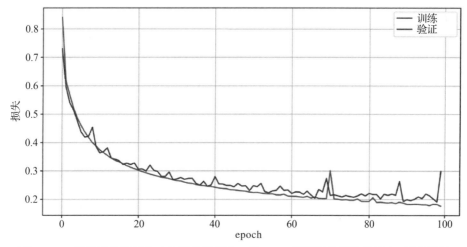

图 4 – 75　森林覆盖数据集上初始的软排序 1 维 CNN 模型的性能迭代历史（附彩插）

尽管这种性能还可以，但并不出色，可以很容易地使用纯粹的全连接神经网络或传统的机器学习方法获得相当或更高的性能。可以尝试构建一个更复杂的神经网络结构（见代码清单 4 – 58）。关键的架构组件如下。

● 软排序扩展：与先前的架构相比，不仅将一个向量转换为另一个向量，还在软排序组件中开发多个"向量特征映射"。可以将其视为图像中的深度通道数。

● 非线性卷积单元：在合并和池化之前，将 3 个具有不同卷积核大小的分支应用于输入。

● 使用 SELU 函数：允许使用 SELU 函数替代标准的 ReLU 函数（回顾第 3 章中讨论的 SELU 函数）。

代码清单 4 – 58　设计更强大/复杂的软排序 1 维 CNN

```
numElements = len(data.columns) - 1

inp = L.Input(numElements)
d1 = L.Dense(numElements *4, activation ='selu')(inp)
d2 = L.Dense(numElements *8, activation ='selu')(d1)
d3 = L.Dense(numElements *16, activation ='selu')(d2)
x = L.Reshape((numElements, 16))(d3)
for i in [16, 8, 4]:
    x1a = L.Conv1D(i, 3, padding ='same', activation ='selu')(x)
    x1b = L.Conv1D(i, 3, padding ='same', activation ='selu')(x1a)
    x2a = L.Conv1D(i, 5, padding ='same', activation ='selu')(x)
    x2b = L.Conv1D(i, 3, padding ='same', activation ='selu'3)(x2a)
```

```
    x3 = L.Conv1D(i, 2, padding = 'same', activation = 'selu')(x)
    add = L.Add()([x1b, x2b, x3])
    x = L.AveragePooling1D(2)(add)
    x = L.Conv1D(i, 3, padding = 'same', activation = 'selu')(x)
flatten = L.Flatten()(x)
d3 = L.Dense(16, activation = 'selu')(flatten)
d4 = L.Dense(16, activation = 'selu')(d3)
out = L.Dense(7, activation = 'softmax')(d4)
model = keras.models.Model(inputs = inp, outputs = out)
```

该模型使用了 487 879 个参数（见图 4 – 76）。

改进后的架构表现更好，在数据集上获得了接近 96% 的验证准确率，考虑到只进行了两次架构尝试和相对简单的训练技术，这是一个很好的结果（见图 4 – 77）。

可以尝试在几个方面改进模型。读者可能注意到数据集中有两列经过独热编码的列，可以通过多头嵌入方法处理，该方法在"多模态图像和表格模型"一节进行了讨论，其中每个可能的唯一值与一组学习的嵌入/特征关联。另一个探索的方向是更复杂的训练程序，例如调整学习率和选择其他优化器，还可以尝试调整模型的具体大小或规模。另外，可以使用元优化方法进行最后的探索，元优化方法将在第 6 章进行讨论。

关于一维 CNN 的更多应用，读者可以阅读 Minsoo Yeo 等人于 2018 年发表的论文《使用一维卷积神经网络进行基于流的恶意软件检测》[8]，他们将一维 CNN 直接应用于网络安全领域的表格数据。另外，Kaggle 用户 tmp 在哈佛大学创新科学机制行为预测竞赛中获得第二名的解决方案及其论坛帖子[9]中提到一维 CNN、TabNet 模型和传统深度神经网络相结合的方法。在整个集成模型中，一维 CNN 的权重最高（占输出的 65%）。

注释：第 6 章对 TabNet 模型及其实现进行了广泛讨论，主要关注其注意力机制。

使用 2 维卷积处理表格数据

在上一部分看到，一维卷积对某种类型的数据（具有连续或有序特征的数据）的意义，以及神经网络如何用于学习卷积和从无序数据到有序数据的映射（即满足卷积的先决条件）。

使用类似的逻辑，可以确定适用于二维卷积的数据先决条件：输入必须具有形状（宽度、高度、深度），且像素之间必须存在空间关系。如果不满足后一要求，则应用卷积是没有意义的。卷积将相邻像素进行组合，因此，任何输入标准二维卷积的数据都应该被排列，使像素之间存在空间关系：

$$[a,b,c,d,e,f,g,h,i] \rightarrow \begin{bmatrix} a\ b\ c \\ d\ e\ f \\ g\ h\ i \end{bmatrix}$$

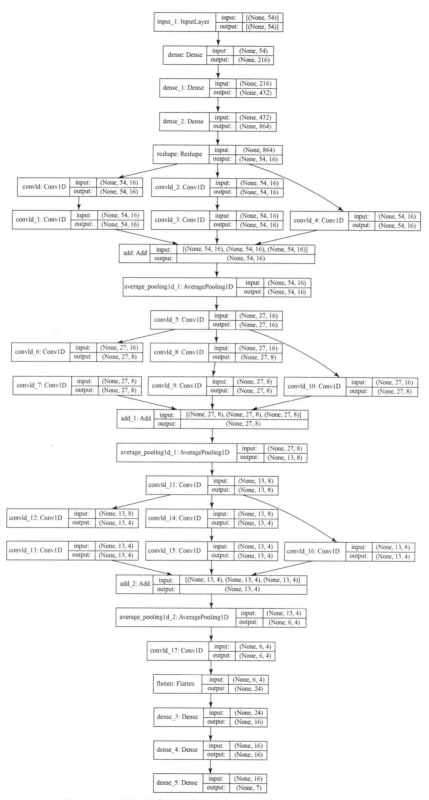

图 4 – 76　更新后的软排序 1 维 CNN 架构的 Keras 可视化

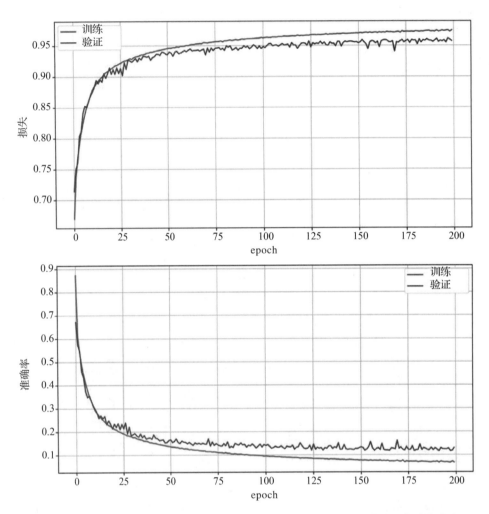

图 4 - 77　更新后的软排序 1 维 CNN 设计在森林覆盖数据集上的性能历史迭代曲线
（准确率和损失）（附彩插）

然而，由于原始数据集不满足二维卷积的数据先决条件——没有连续语义，因此它不会表现良好；相同的数据可以被重新排列/表示为完全不同的顺序，例如：

$$[a,b,c,d,e,f,g,h,i] \rightarrow \begin{bmatrix} b & g & a \\ d & h & e \\ c & f & i \end{bmatrix}$$

这种任意性的连续组织表明原始数据在其原始形式中不具备连续语义。

然而，可以想象，对于每个原始的表格输入 x，存在一个图像表示 p，它包含相同的信息，但具有连续语义的关键属性，即每个数据点（像素）与空间上相邻的数据点（相邻像素）关联。如先前所述，如果 x 和 p 都存在，则必定存在映射 $x{\rightarrow}p$，可以让神经网络发现和逼近这个映射。

存在许多成功且复杂的 CNN 架构，可以接收图像形式的输入。其中一些在本章前面已经讨论过，例如 Inception 和 EfficientNet。当获得另一个神经网络"子网络"可以学习关键的映射 $x{\to}p$ 时，可以直接在图像表示 p 上训练 CNN 架构（见图 4–78）。

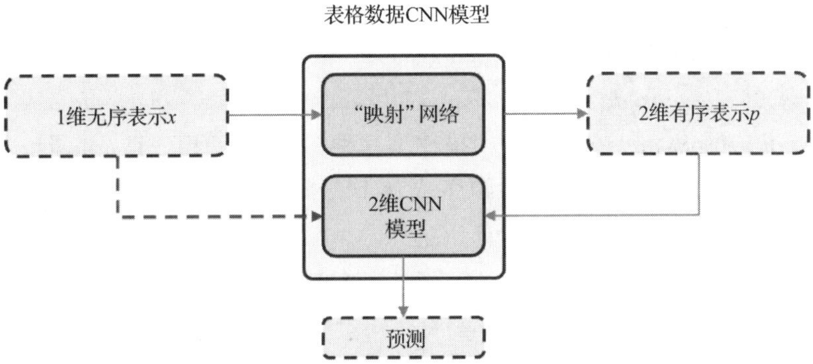

表格数据CNN模型

图 4–78　使用从无序的 1 维表示到有序的 2 维表示的映射器将标准二维 CNN 应用于表格数据的蓝图

与前一部分类似，可以使用"纯粹的软排序"方法，将多个全连接层堆叠在一起，将生成的向量重新塑形为图像形式，然后将形成的图像传递给标准的 CNN（见代码清单 4–59）。

代码清单 4–59　用于二维卷积组件的标准软排序样板

```
inp = L.Input((q,))
x = L.Dense(A, activation = 'relu')(inp)
x = L.Dense(B, activation = 'relu')(x)
...
x = L.Dense(X, activation = 'relu')(x)
x = EfficientNetB0(params, classes = n)(x)
model = keras.models.Model(inputs = inp, outputs = x)
```

然而，在许多情况下，从无序表示 x 到有序表示 p 的关键映射很难学习，特别是当 p 是二维的时候（不过设置起来通常很容易，因此值得一试），任务可能过于复杂，无法通过"纯粹"的软排序方法来学习。在这种情况下，使用人为引导的机器学习映射 $x{\to}p$ 可能更加成功。也就是说，使用机器学习技术（例如 PCA）在人工构建的管道/框架中进行映射，而不使用通用的全连接层来逼近映射。

下面介绍两篇论文，它们提出了类似的新方法，将表格数据转换为图像，以便应用传统的 CNN：DeepInsight 和 IGTD（用于表格数据的图像生成）。这些并不是领域中唯一的作品，如需更多阅读，读者还可以参考以下作品。

Bazgir, O., Zhang, R., Dhruba, S. R., Rahman, R., Ghosh, S., & Pal, R. (2020). Representation of features as images with neighborhood dependencies for compatibility with convolutional neural networks. Nature Communications, 11.

Ma, S., & Zhang, Z. (2018). OmicsMapNet: Transforming omics data to take advantage of Deep Convolutional Neural Network for discovery. ArXiv, abs/1804.05283.

此外，值得注意的是，这个领域的工作几乎总是应用于医学、生物学或物理学问题，因为卷积只对均匀尺度、标准化特征（例如数百个基因特征）有意义。这并不一定排除卷积在其他情境中的应用，但请注意，这样的应用可能需要人工插入一个重新排序组件（例如多个密集层），然后进行卷积，以辅助支持自动转换为前述的逐像素同质性。

DeepInsight 模型

Alok Sharma、Edwin Vans、Daichi Schigemizu、Keith A. Boroevich 和 Tatsuhiko Tsunoda 在 2019 年的论文，*DeepInsight：A methodology to transform a non-image data to an image for convolution neural network architecture*[10] 中描述了这种 $x \to p$ 的映射。DeepInsight 方法是一个将结构化/表格数据（这并不一定排除顺序或基于文本的数据，只要它以结构化数据格式呈现）转换为图像形式数据的流程，可以在标准 CNN 上进行训练。

DeepInsight 的第一步是获取一个特征矩阵，用于将结构化数据中的每个特征映射到相应图像中的空间坐标。这个特征密度矩阵作为每个向量生成单独图像的模板。每个特征与模板矩阵中的一个像素关联。这实质上是学习结构化数据集中特征与最佳坐标对应的过程。

考虑以下将 9 个特征最佳地转换为 4×4 模板矩阵的示例。这个方案将产生 4 像素 × 4 像素的图像：

$$\begin{bmatrix} a & b & c \\ d & e & f \\ g & h & i \end{bmatrix} \to \begin{bmatrix} a & - & b & h \\ - & c & - & e \\ d & e & i & g \\ - & f & - & - \end{bmatrix}$$

通过巧妙的技巧，可以通过转置数据并使用核主成分分析（kernel-PCA）或 t-SNE 等降维方法来执行这种关联（回顾第 2 章）。传统上，在一个包含 n 个样本和 d 个特征的数据集中，将其降维到 2 个空间维度会得到一个包含 n 个样本和 2 个特征的数据集。然而，如果对这个数据集的转置进行降维，也就是将 d 个特征视为样本，将 n 个样本视为特征，那么就会得到一个包含 d 个样本和 2 个特征的降维数据集。因此，d 个特征中的每个都被映射到模板矩阵中的一个二维点上。

通过使用像 kernel-PCA 和 t-SNE 这样保持局部关系的转换方法，可以将行为相似的特征映射到特征矩阵中距离较近的位置（见图 4-79）。这样使生成的图像中的相似特征可以通过卷积更有效地被处理。

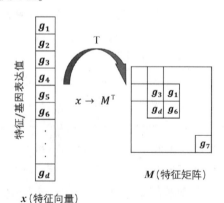

图 4-79　使用 DeepInsight 方法将表格数据集中的特征映射到有序的二维表示（模板矩阵）中的像素坐标的可视化（引自 Alok Sharma 等人的研究）

　　一旦建立了模板矩阵，就可以通过在图像中建立一个与分配给定特征的位置对应的点来为输入向量创建图像（见图 4 – 80）。从中可以观察到 DeepInsight 是为高维数据设计的，由于图像中的每个点都是一个特征，所以需要大量的特征来填充图像。为了防止图像表示的冗余，使用凸包算法选择包含所有数据的最小矩形，裁剪掉不必要的空白边。相应地旋转数据，并将空间映射到像素、基于图像的格式中，然后可以通过标准的卷积神经网络进行传递。

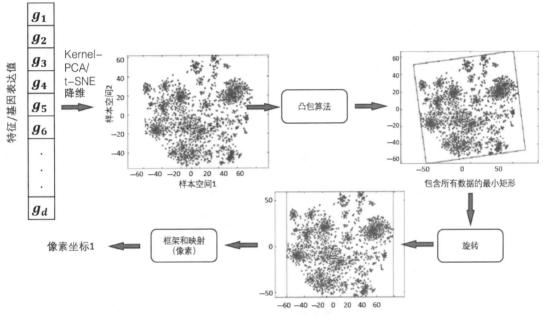

图 4 – 80　DeepInsight 管道：将向量映射到像素坐标

（引自 Alok Sharma 等人的 DeepInsight 论文[10]）

　　最终产生的 DeepInsight 管道在模型最初设计的遗传数据集和其他高维数据环境中表现良好。Alok Sharma 等人在 5 个基准数据集上评估了该方法：RNA – seq，这是来自 NIH TCGA 数据集的生物 RNA 序列数据集；TIMIT 语料库的一个子集，这是一个语音数据集；Relathe 数据集，衍生自新闻文件；Madelon 数据集，这是一个合成的二分类问题；Ringnorm – DELVE，这是另一个合成的二分类问题。这 5 个数据集代表了各种问题环境和数据空间。DeepInsight 方法的性能比其他算法更好，这些算法已经成为建模结构化/表格数据集方面成功的主要方法（见表 4 – 4）。图 4 – 81 展示了 DeepInsight 如何在这些数据集上生成有意义的可视化表示。

表 4 – 4　DeepInsight 在各数据集上与其他常见结构化数据方法的性能比较

（来自 Alok Sharma 等人的研究）　　　　　　　　　　　　　　　　%

数据集	决策树	AdaBoost	随机森林	DeepInsight
RNA – seq	85	84	96	99
Vowels	75	45	90	97

数据集	决策树	AdaBoost	随机森林	DeepInsight
Text	87	85	90	92
Madelon	65	60	62	88
Ringnorm – DELVE	90	93	94	98

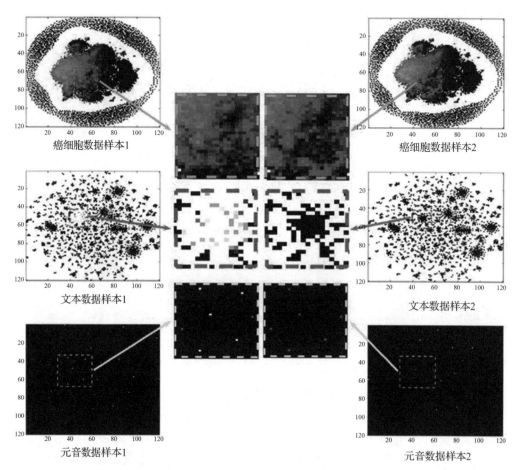

图 4 – 81　DeepInsight 生成的图像模式可视化（癌细胞、文本和元音数据集中样本的差异显示为中间列中的小补丁。通过卷积滤波器提取这些差异，以执行比另一种方法更有效的分类；引自 Alok Sharma 等人的研究）

可以思考 DeepInsight 的主要优势如下。

● CNN（从理论上和实践上）通常不需要额外的特征提取技术，这些技术常用于处理结构化数据。它们通过一系列卷积和池化操作从原始输入数据中自动提取高级和信息丰富的特征。用于处理图像模型的非线性架构有助于开发高级、丰富的表示。

● 卷积在局部区域处理图像数据。这使神经网络能够以相对较少的参数实现更大的深度，从而促进良好的神经网络理解和泛化。如果使用全连接神经网络，则增加模型的深度以增强建模能力就会导致参数的迅速增加，从而增加过拟合的风险，神经网络在处理结构化数据训练时尤其容易出现过拟合。

● CNN 具有独特的结构，这使其在最新的硬件技术（例如 GPU 利用率）下运行非常高效。

● CNN 和 DeepInsight 管道的可定制性和优化性远远高于传统上在建模结构化数据方面表现出色的基于树的方法。除了调整超参数（例如模型架构、向量到模板矩阵的映射、学习率等），还可以轻松地使用图像增强方法生成新的图像数据。由于表格数据表示空间相对于图像的低维性，这种结构化格式不包含固有的鲁棒性，所以很难用表格数据来完成这种数据增强，也就是说，旋转图像应该不会影响其所代表的现象，而改变结构化数据可能产生影响。

在实践中，DeepInsight 应该作为其他决策模型集合中的一个成员。将 DeepInsight 的局部特性与其他建模方法的全局方法结合，很可能会产生更加全面和明智的预测集合。因此，将 DeepInsight 与其他模型集成使用可以提高预测的准确性和可靠性。

Alok Sharma 等人提供了使用 DeepInsight 的预打包 Python 代码，可以从 GitHub 存储库中安装（见代码清单 4 – 60）。

代码清单 4 – 60　安装 Alok Sharma 等人提供的使用 DeepInsight 的预打包 Python 代码

```
! python3 - m pip - q install git + https:// github.com/ alok - ai - lab/
pyDeepInsight.git#egg = pyDeepInsight
```

在本书撰写时，pyDeepInsight 的作者正在进行积极更改，可能导致此安装命令出错。如果读者遇到错误，则请查看 GitHub 存储库，以获取最新的安装信息。

使用来自著名的加州大学尔湾分校机器学习库的小鼠蛋白质表达（Mice Protein Expression）数据集作为示例。该数据集是一个分类数据集，包含 1 080 个实例和 80 个特征，用于建模小鼠大脑皮层中 77 种蛋白质在环境恐惧条件下的表达情况。本书的源代码中提供了该数据集的清洗版本，可供下载使用。

假设数据已经以 Pandas 数据框的形式加载到变量 data 中，首先将其分为训练集和测试集，这是机器学习中的标准步骤（见代码清单 4 – 61）。还需要将标签转换为独热编码形式，原始标签是对应类别的整数。可以使用 keras. utils 的 to_categorical 函数轻松实现这一点。

代码清单 4 – 61　选择数据子集并根据需要转换为独热编码形式

```
import pandas as pd
# 从在线资源文件下载 CSV 文件
data = pd.read_csv('mouse - protein - expression.csv')
from sklearn.model_selection import train_test_split
X_train, X_test, y_train, y_test = train_test_split(data.drop('class', axis =1),
            data['class'],
            train_size =0.8)
y_train = keras.utils.to_categorical(y_train)
y_test = keras.utils.to_categorical(y_test)
```

需要使用 DeepInsight 库中的 LogScaler 对象，通过 L2 范数在 0 和 1 之间缩放数据（见代码清单 4 – 62）。对训练数据集和测试数据集进行转换，只在训练数据集上拟合缩放器。DeepInsight 模型用于预测的所有新数据都应首先通过这个缩放器进行处理。

代码清单 4 – 62　缩放数据

```
from pyDeepInsight import LogScaler

ln = LogScaler()
X_train_norm = ln.fit_transform(X_train)
X_test_norm = ln.transform(X_test)
```

ImageTransformer 对象通过首先使用 feature_extractor 参数传递的降维方法生成模板矩阵来进行图像转换。feature_extractor 参数可以接收 'tsne' 'pca' 或 'kpca'。这个方法用于确定将输入向量中的特征映射到像素尺寸维度的图像。可以使用 kernel – PCA 降维方法实例化一个 ImageTransformer，以生成 32 像素 × 32 像素的图像（feature_extractor = 'kpca', pixels = 32）（见代码清单 4 – 63）。

代码清单 4 – 63　使用 ImageTransformer 进行训练和转换

```
from pyDeepInsight import ImageTransformer
it = ImageTransformer(feature_extractor = 'kpca',
                      pixels = 32)
tf_train_x = it.fit_transform(X_train_norm)
tf_test_x = it.transform(X_test_norm)
```

由于数据的维度相对较低和数量相对较少，所以选择使用 kernel – PCA 而不是 t – SNE。不采用 PCA 是因为其线性限制了它所捕捉到的细微差别。选择 32 个像素长度的图像是为了在生成过于稀疏图像（图像长度过大）和过于小的图像（图像长度过小）之间取得平衡，以便能够准确地表示特征之间的空间关系。随着图像尺寸的减小，DeepInsight 管道中的距离概念（即特征放置的位置，例如像素的远近取决于它们的相似性）变得更加接近任意点。

可以使用 matplotlib. pyplot. imshow 轻松地可视化 ImageTransformer 生成的图像，以了解降维方法和图像尺寸对特征排列和成功率的影响（见图 4 – 82）。图像之间的差异是微妙的，但这些差异因一系列卷积操作而被识别和放大。请注意，32 像素 × 32 像素的空间允许相似的特征聚集在一起，而不相关的特征则被远离在一个角落里。

构建一个类似 DeepInsight 论文中使用的双分支单元设计的架构，但有 3 个关键的改进：Inception v3 风格滤波器的分解/扩展、单元中的丢弃，以及更长的全连接部分（见代码清单 4 – 64 和图 4 – 83）。这些改进有助于开发更具体的滤波器，具有更小的区域，以更好地解析密集打包的特征，通过防止过拟合来促进泛化，并更好地处理派生特征。一个分支使用大小为（2，2）的卷积核处理图像，另一个分支使用大小为（5，5）的卷积核（还可以进行进一步的分解，例如使用（5 × 1）和（1 × 5）的卷积核）。

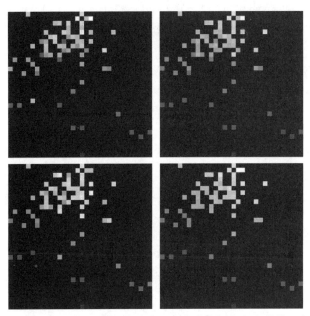

图 4 – 82　使用 DeepInsight 方法在小鼠蛋白表达数据集上生成的 4 个示例图像

代码清单 4 – 64　在 Keras 中实现的架构示例

```
#输入
inp = L.Input((32,32,3))

# 分支 1
x = inp
for i in range(3):
    x = L.Conv2D(2 ** (i +3), (2,1), padding = 'same')(x)
    x = L.Conv2D(2 ** (i +3), (1,2), padding = 'same')(x)
    x = L.Conv2D(2 ** (i +3), (2,2), padding = 'same')(x)
    x = L.BatchNormalization()(x)
    x = L.Activation('relu')(x)
    x = L.MaxPooling2D((2,2))(x)
    x = L.Dropout(0.3)(x)

x = L.Conv2D(64, (2,2), padding = 'same')(x)
x = L.BatchNormalization()(x)
branch_1 = L.Activation('relu')(x)

# 分支 2
x = inp
for i in range(3):
    x = L.Conv2D(2 ** (i +3), (5,1), padding = 'same')(x)
```

```
    x = L.Conv2D(2 ** (i +3), (1,5), padding = 'same')(x)
    x = L.Conv2D(2 ** (i +3), (5,5), padding = 'same')(x)
    x = L.BatchNormalization()(x)
    x = L.Activation('relu')(x)
    x = L.MaxPooling2D((2,2))(x)
    x = L.Dropout(0.3)(x)

x = L.Conv2D(64, (5,5), padding = 'same')(x)
x = L.BatchNormalization()(x)
branch_2 = L.Activation('relu')(x)


# 合并连接 + 输出
concat = L.Concatenate()([branch_1, branch_2])
global_pool = L.GlobalAveragePooling2D()(concat)
fc1 = L.Dense(32, activation = 'relu')(global_pool)
fc2 = L.Dense(32, activation = 'relu')(fc1)
fc3 = L.Dense(32, activation = 'relu')(fc2)
out = L.Dense(9, activation = 'softmax')(fc3)


# 聚合到模型中
model = keras.models.Model(inputs = inp, outputs = out)
```

该模型在经过数十个 epoch 的数据编译和训练后，获得了几乎完美的训练准确率和验证准确率（见代码清单 4 – 65）。

代码清单 4 – 65　编译和训练模型

```
model.compile(optimizer = 'adam',
              loss = 'categorical_crossentropy',
              metrics = ['accuracy'])
model.fit(tf_train_x, y_train, epochs =100,
          validation_data =(tf_test_x, y_test))
```

DeepInsight 还可以通过其他方式进行修改。由于 DeepInsight 倾向于生成稀疏的映射，即图像中的大多数像素为空且与特征无关，所以最近提出的一种技术已经证明是非常成功的，即在生成图像后对其进行模糊处理[11]。这可以通过预先计算相邻像素之间的相互作用/插值来增强局部化的效果，并将填充像素的"影响"扩散到附近的空白像素。

DeepInsight 已成功应用于许多其他领域，它是将 $x \rightarrow q$ 从 1 维无序映射转化为 2 维有序映射的成功的例子。

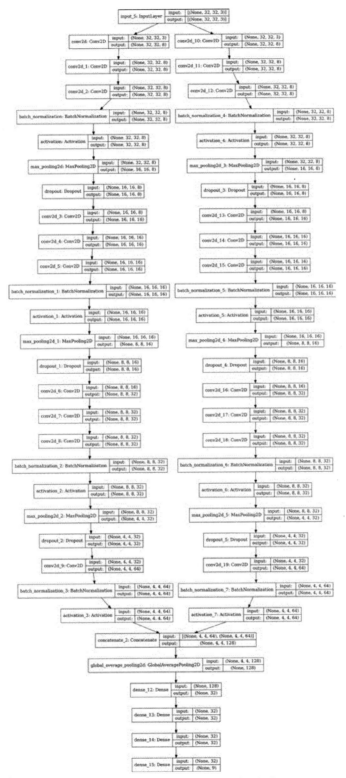

图 4 – 83　DeepInsight 模型架构的可视化

IGTD（表格数据生成图像）

IGTD（表格数据生成图像）是由 Yitan Zhu、Thomas Brettin、Fangfang Xia、Alexander Partin、Maulik Shukla、Hyunseung Yoo、Yvonne A. Evrard、James H. Doroshow 和 Rick L. Stevens 在论文《将表格数据转化为卷积神经网络深度学习的图像形式》[12] 中提出的另一种将标准表格数据转化为图像形式的方法。

IGTD 论文是在 DeepInsight 论文之后撰写的。作者们认为，IGTD 相对于 DeepInsight 的主要优势是降低了稀疏性（即改善了紧凑性）。DeepInsight 生成的图像中有许多像素为空白，相对于训练而言可能效率较低。

设 c 表示数据集中的列数，X 表示数据集矩阵。目标是将 X 中的每个特征转换为一个图像，将其表示为 I，该图像的形状为 $n \times n$（为了简化起见，假设它是方形的，但该方法也适用于矩形图像）。为了确保特征的密度，希望每个特征都映射到一个像素，每个像素都映射到一个特征，即没有冗余像素。因此，$n^2 = c$；图像中的像素数等于特征数。

注释：如果数据集的列数 c 不可分解，则一种可行的补救方法是添加冗余的零列或噪声。

可以生成一个形状为 $c \times c$ 的矩阵，记为 R。$R_{i,j}$ 表示矩阵 R 中的第 i 行第 j 列元素，它表示数据集 X 中第 i 个和第 j 个特征之间的欧几里得距离（也可以使用其他距离度量，关键是衡量特征对之间的相似性）。这种结构系统地组织了每对特征之间的相似性。图 4 – 84 展示了一个包含 2 500 个特征（$c = 2\ 500$）的基因表达数据集的这样一个矩阵的可视化。

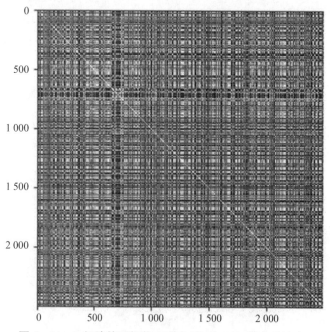

图 4 – 84　R 矩阵的可视化（引自 Yitan Zhu 等人的论文）

　　设 Q 也是一个形状为 $c \times c$ 的矩阵。它表示 I 的每个像素之间的两两空间距离，总共有 $n^2 = c$ 个像素。例如，像素（3，9）与像素（6，13）之间的距离是 $\sqrt[2]{3^2 + 4^2} = 5$。Q 的主对角线上的元素都是 0，因为它们表示像素与自身的距离。

　　图 4 – 85 展示了同样的 2 500 个特征的基因表达数据集上的这种矩阵。由于 $n = 50$，所以观察到一个"马赛克"模式，其中小的 50×50 的瓷砖在每个维度中重复出现（共重复 50 次），这是由于 I 中像素的端到端连接/展开。底部左侧和顶部右侧最暗，表明第 2 500 个特征（占据位置（50，50）的像素）与第 1 个特征（占据位置（1，1）的像素）距离最远。

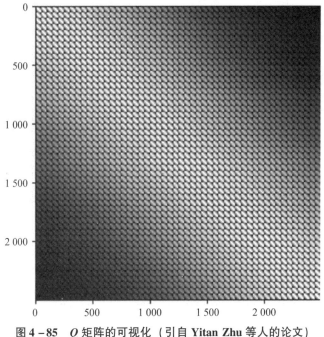

图 4 – 85　Q 矩阵的可视化（引自 Yitan Zhu 等人的论文）

　　这是 IGTD 方法的巧妙之处：希望将数据集映射到图像中，因此找到了一种方法，直接将 R（从数据集计算得出的特征间距离存储在 R 中）映射到 Q（从图像计算得出的像素间距离存储在 Q 中）。

　　为了实现这一点，重新排列 R 中的列。初始列的顺序是任意的，但可以通过重新排列使列之间的两两距离与像素之间的两两距离匹配。换句话说，通过将相似度较高的特征映射到空间上较近的像素来校准列与像素之间的对应关系。

　　通过尝试最小化重排后的 R 与像素间差异矩阵 Q 之间的误差来引导这个过程，其中差异度量使用某种距离度量（L1 或 L2），表示为 $\mathrm{diff}(a, b)$：

$$\mathrm{err}(\boldsymbol{R}, \boldsymbol{Q}) = \sum_{i=1}^{c} \sum_{j=1}^{c} \mathrm{diff}(R_{ij}, Q_{ij})$$

　　为了计算方便，只需要计算 R 和 Q 的左下 90° 的"半三角形"之间的差异，因为这两个矩阵在主对角线上是对称的：

$$\mathrm{err}(\boldsymbol{R},\boldsymbol{Q}) = \sum_{i=2}^{c}\sum_{j=1}^{c}\mathrm{diff}(R_{i,j},Q_{i,j})$$

确实，在以最小化误差函数排列优化 $\boldsymbol{R}$ 的列后，得到的矩阵在视觉上与 $\boldsymbol{Q}$ 非常相似（见图 4 – 86）。

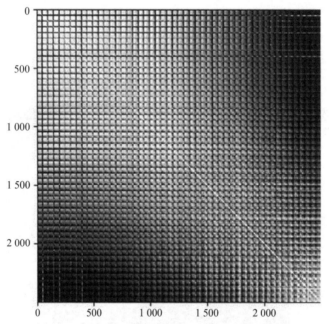

图 4 – 86　重新排列后的 $\boldsymbol{R}$ 矩阵的可视化（引自 Yitan Zhu 等人的论文）

需要注意的是，$\boldsymbol{R}$ 和 $\boldsymbol{Q}$ 之间的这种校准将数据集 $\boldsymbol{X}$ 中的每个特征（来自 $\boldsymbol{R}$）映射到图像 $\boldsymbol{I}$ 中的每个像素（来自 $\boldsymbol{Q}$）。

该算法运行多次迭代，并尝试不同的交换操作以最小化误差。本书在此不对算法进行描述，读者可以在原始论文中查看。

这在高维度和符号抽象方面可能很难理解。下面使用一个包含 9 个特征的小样本数据集来演示这种逻辑（见图 4 – 87）。

a	b	c	d	e	f	g	h	i
1	0	3	2	5	0	4	1	2
0	4	5	5	2	4	9	1	1
4	3	2	4	5	5	5	2	3

图 4 – 87　一个小样本数据集

如果计算这些特征之间的距离，则得到以下两两特征距离矩阵 $\boldsymbol{Q}$（见图 4 – 88）。

由于 $c = 9$，所以有 $n = 3$，将得到一个 3 像素 × 3 像素的图像。可以计算每个像素之间的两两距离，得到 $\boldsymbol{R}$（见图 4 – 89）。

现在希望通过不断交换不同的特征并找到使两个矩阵之间差异的最小配置，然后将 $\boldsymbol{Q}$ 映射到 $\boldsymbol{R}$。图 4 – 90 和图 4 – 91 演示了如何交换特征 d 和 g。

	a	b	c	d	e	f	g	h	i
a	0	4.24	5.74	5.09	4.58	4.24	9.54	2.24	1.73
b	4.425	0	3.32	2.45	5.74	2.00	6.71	3.17	3.61
c	5.74	3.32	0	2.23	4.69	4.36	5.11	4.47	4.24
d	5.09	2.45	2.23	0	4.36	2.45	4.58	4.58	4.12
e	4.58	5.74	4.69	4.36	0	5.39	7.07	5.11	3.74
f	4.24	2.00	4.36	2.45	5.39	0	6.40	4.36	4.12
g	9.54	6.71	5.11	4.58	7.07	6.40	0	9.06	8.49
h	2.24	3.17	4.47	4.58	5.11	4.36	9.06	0	1.41
i	1.73	3.61	4.24	4.12	3.74	4.12	8.49	1.41	0

图 4－88　使用欧几里得距离计算特征之间的两两特征距离矩阵

	(1,1)	(1,2)	(1,3)	(2,1)	(2,2)	(2,3)	(3,1)	(3,2)	(3,3)
(1,1)	0	1.00	2.00	1.00	1.41	2.24	2.00	2.24	2.83
(1,2)	1.00	0	1.00	1.41	1.00	1.41	2.24	2.00	2.24
(1,3)	2.00	1.00	0	1.24	1.41	1.00	2.83	2.24	2.00
(2,1)	1.00	1.41	2.24	0	1.00	2.00	1.00	1.41	2.24
(2,2)	1.41	1.00	1.41	1.00	0	1.00	1.41	1.00	1.41
(2,3)	2.24	1.41	1.00	2.00	1.00	0	2.24	1.41	1.00
(3,1)	2.00	2.24	2.83	1.00	1.41	2.24	0	1.00	2.00
(3,2)	2.24	2.00	2.24	1.41	1.00	1.41	1.00	0	1.00
(3,3)	2.83	2.24	2.00	2.24	1.41	1.00	2.00	1.00	0

图 4－89　使用欧几里得距离计算像素之间的两两特征距离矩阵

	a	b	c	d	e	f	g	h	i
a	0	4.24	5.74	5.09	4.58	4.24	9.54	2.24	1.73
b	4.425	0	3.32	2.45	5.74	2.00	6.71	3.17	3.61
c	5.74	3.32	0	2.23	4.69	4.36	5.11	4.47	4.24
d	5.09	2.45	2.23	0	4.36	2.45	4.58	4.58	4.12
e	4.58	5.74	4.69	4.36	0	5.39	7.07	5.11	3.74
f	4.24	2.00	4.36	2.45	5.39	0	6.40	4.36	4.12
g	9.54	6.71	5.11	4.58	7.07	6.40	0	9.06	8.49
h	2.24	3.17	4.47	4.58	5.11	4.36	9.06	0	1.41
i	1.73	3.61	4.24	4.12	3.74	4.12	8.49	1.41	0

图 4－90　识别需要交换的两个特征

	a	b	c	g	e	f	d	h	i
a	0	4.24	5.74	9.54	4.58	4.24	5.09	2.24	1.73
b	4.425	0	3.32	6.71	5.74	2.00	2.45	3.17	3.61
c	5.74	3.32	0	5.11	4.69	4.36	2.23	4.47	4.24
g	9.54	6.71	5.11	4.58	7.07	6.40	0	9.06	8.49
e	4.58	5.74	4.69	7.07	0	5.39	4.36	5.11	3.74
f	4.24	2.00	4.36	6.40	5.39	0	2.45	4.36	4.12
d	5.09	2.45	2.23	0	4.36	2.45	4.58	4.58	4.12
h	2.24	3.17	4.47	9.06	5.11	4.36	4.58	0	1.41
i	1.73	3.61	4.24	8.49	3.74	4.12	4.12	1.41	0

图 4 – 91　交换两个特征的结果

假设在运行算法之后，得到以下修改后的 Q（见图 4 – 92）。

	c	i	f	d	b	a	e	h	g
c	...	...	...	...	...	...	...	...	...
i	...	...	...	...	...	...	...	...	...
f	...	...	...	...	...	...	...	...	...
d	...	...	...	...	...	...	...	...	...
b	...	...	...	...	...	...	...	...	...
a	...	...	...	...	...	...	...	...	...
e	...	...	...	...	...	...	...	...	...
h	...	...	...	...	...	...	...	...	...
g	...	...	...	...	...	...	...	...	...

图 4 – 92　在最佳交换后的假设结果矩阵

可以将每个特征映射到 R 中相应的像素：

- c → (1, 1)；
- i → (1, 2)；
- f → (1, 3)；
- d → (2, 1)；
- b → (2, 2)；
- a → (2, 3)；
- e → (3, 1)；
- h → (3, 2)；
- g → (3, 3)。

从这个结果中，可以推断出列 c 和 g 之间非常不同，原因如下。

（1）c 被映射到像素 (1, 1)。

（2）g 被映射到像素 (3, 3)。

（3）这两个像素之间的距离相对于其他像素之间的距离非常大。

（4）IGTD 算法将大距离（代表高度不相似性）的特征放置到大距离的像素中。

图 4 - 93 展示了使用 IGTD（左）、另一种表格到图像的方法 REFINED[13] 以及 DeepInsight 从一个包含 2 500 个基因组学特征的数据集中得出的图像。请注意，与 DeepInsight 相比，IGTD 生成的图像表示更加紧凑。

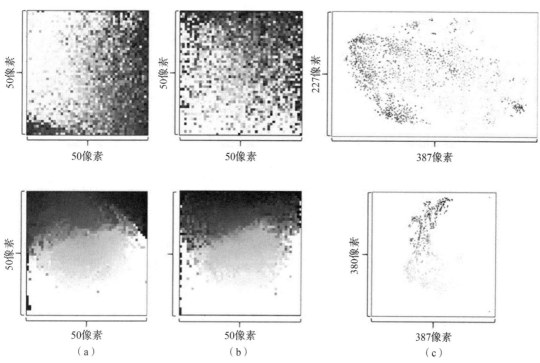

图 4 - 93　使用不同方法生成的图像的样本结果

（引自 **Yitan Zhu** 等人的论文）

（a）IGTD；（b）REFINED；（c）DeepInsight

表 4 - 5 所示为联合 CNN 的 IGTD 与其他模型和表格到图像生成方法在两个基因组学数据集，即癌症治疗反应门户（CTRP）和癌症药物敏感性基因组学（GDSC）上的性能对比

表 4 - 5　IGTD 在两个数据集上与其他方法的性能对比（来自 **Yitan Zhu** 等人的研究）

数据集	预测模型	数据表示	R^2	P - value
CTRP	LightGBM	Tabulular data	0. 825（0. 003）	8. 19E - 20
	Random forest		0. 786（0. 003）	5. 97E - 26
	tDNN		0. 834（0. 004）	7. 90E - 18
	sDNN		0. 832（0. 005）	1. 09E - 16
	CNN	IGTD image	0. 856（0. 003）	
		REFINED image	0. 855（0. 003）	8. 77E - 01
		DeepInsight image	0. 846（0. 004）	7. 02E - 10

续表

数据集	预测模型	数据表示	R^2	$P-value$
GDSC	LightGBM	Tabular data	0.718（0.006）	2.06E-13
	Random forest		0.682（0.006）	4.53E-19
	tDNN		0.734（0.009）	1.79E-03
	sDNN		0.723（0.008）	6.04E-10
	CNN	IGTD image	0.74（0.006）	
		REFINED image	0.739（0.007）	5.93E-01
		DeepInsight image	0.731（0.008）	2.96E-06

作者提供了一个软件包来使用 IGTD。可以从论文存储库中的 IGTD_Functions. py 文件中加载它（见代码清单 4-66）。

代码清单 4-66 从 GitHub 加载使用 IGTD 的软件包

```
! wget -O IGTD_Functions.py https://raw.githubusercontent.com/zhuyitan/IGTD/
With_CNN_Prediction/Scripts/IGTD_Functions.py
import IGTD_Functions
import importlib
importlib.reload(IGTD_Functions)
```

需要对数据集进行缩放，使其处于恒定的尺度内，并展示跨特征的同质性（见代码清单 4-67）。只有在同质域特征的情况下，将其转换为图像才有意义。

代码清单 4-67 对数据集进行缩放以确保特征同质性

```
from IGTD_Functions import min_max_transform
norm_data = min_max_transform(data.drop('class', axis=1).values)
```

为了生成图像，需要指定生成图像的行数和列数（它们的乘积等于特征的数量）、生成的示例图像的宽度（仅用于示例和信息图，实际数据可以以原始形式收集）、IGTD 算法终止前的最大步数、运行以确定收敛性的验证步数、用于确定特征之间相似性/距离的距离方法、用于计算像素之间距离的距离方法、用于确定 **Q** 和 **R** 之间误差的度量（平方或绝对值），以及存储数据结果的目录。

代码清单 4-68 展示了这样的配置，从包含 80 个特征的数据集中生成 8 像素 × 10 像素的图像，使用皮尔逊相关系数计算特征之间的距离，并使用欧几里得距离计算像素之间的差异。

代码清单 4-68 将表格转换为图像

```
num_row = 8
num_col = 10
num = num_row * num_col
save_image_size = 10
```

```
max_step = 10000
val_step = 300

from IGTD_Functions import table_to_image
fea_dist_method = 'Pearson'
image_dist_method = 'Euclidean'
error = 'squared'
result_dir = 'images'
os.makedirs(name = result_dir, exist_ok = True)
table_to_image(norm_data,
               [num_row, num_col],
               fea_dist_method,
               image_dist_method,
               save_image_size,
               max_step,
               val_step,
               result_dir,
               error)
```

运行 table_to_image 函数后（需要几分钟的时间，具体取决于数据集的大小），结果将存储在提供的结果目录中。

在小鼠蛋白质表达数据集的样本运行中，原始特征相似性矩阵 R 如图 4 – 94 所示。请注意，其与图 4 – 86 中的 Q 的模式没有相似性。

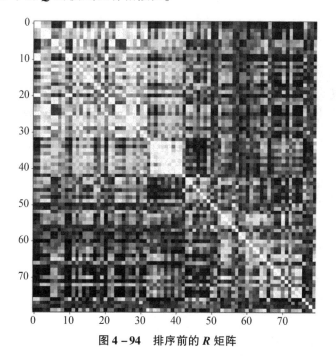

图 4 – 94　排序前的 R 矩阵

经过 IGTD 算法对特征进行排序后，**R** 矩阵（见图 4 – 95）模拟了马赛克状的像素距离网格，其中由端到端的行串联引起的"单元格"覆盖在整体的梯度上，其中距离较大的位于左下角和右上角，而距离较小的位于主对角线附近。

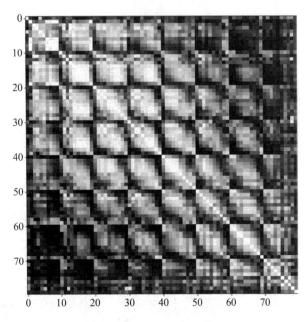

图 4 – 95　排序后的 R 矩阵

图 4 – 96 展示了使用 IGTD 方法生成的两个样本图像。

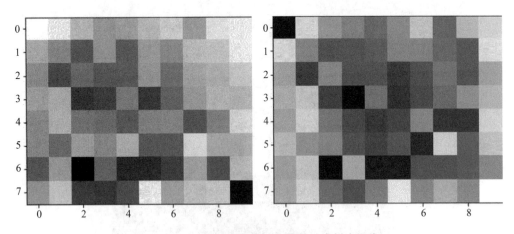

图 4 – 96　使用 IGTD 方法生成的两个样本图像

IGTD 和 DeepInsight 以及其他将表格转换为图像的方法，都是适用于高同质性、高特征数据集的候选方法。

关键知识点

本章讨论了 CNN 的理论和实现方式，以及如何将其应用于表格数据集。

- 卷积由一组核组成，这些卷积核"扫描"图像的空间轴，提取并放大相关特征。在 CNN 中，卷积/提取组件学习了最佳卷积核以识别视觉信息，而全连接/解释组件学习了如何在预测任务中排列和理解提取的特征。

- 在参数化方面，大致的关系是：池化和全局池化 ＜ 池化和无全局池化 ＜ 卷积 ＜ 只有全连接。在 CNN 设计中同时使用池化和全局池化，随着输入尺寸的增加，可实现最佳参数化缩放。

- 基础模型可以直接用于训练，也可以作为更大总体模型中的分区子模型。

- ResNet 架构广泛使用残差连接，它跳过了某些层。DenseNet 架构使用更密集的残差连接布局。

- Inception v3 模型采用基于单元的结构，强调优化滤波器尺寸和单元内层次的高度非线性排列。

- EfficientNet 模型旨在将 NAS 优化的"小模型"在网络的所有维度（宽度、高度、深度）上均匀扩展。

- 多模态模型能够同时处理图像和表格输入，具有两个头。图像头使用卷积进行处理，并输出为一个向量，可以与处理后的表格输入结合，以生成联合信息输出。

- 一维卷积可以直接应用于表格数据，但不太可能成功，因为表格数据通常不具备连续语义。可以在一维卷积组件之前添加一个软排序组件，以学习从无序到有序表示的最佳映射。

- 尽管软排序技术在二维卷积中可能足够（其中输入使用密集层进行处理，并重塑为图像形式），但图像数据的复杂性使这种方法效果不好。DeepInsight 和 IGTD 方法都是人工设计的、机器学习辅助的从表格到图像数据的映射方法，在各种问题中取得了成功。这两种方法旨在将特征映射到图像中，使相似的特征在空间上更接近。

下一章将采用类似的方法，探讨专为非表格输入设计的神经网络结构如何通过循环层应用于表格输入的理解与实践。

参 考 文 献

［1］Krizhevsky A，Sutskever I，Hinton G E. Imagenet classification with deep convolutional neural networks［J］. Advances in neural information processing systems，2012，25.

［2］He K，Zhang X，Ren S，et al. Deep residual learning for image recognition［C］// Proceedings of the IEEE conference on computer vision and pattern recognition. 2016：770 –

778.

[3] Huang G, Liu Z, Van Der Maaten L, et al. Densely connected convolutional networks[C]// Proceedings of the IEEE conference on computer vision and pattern recognition. 2017：4700 – 4708.

[4] Szegedy C, Vanhoucke V, Ioffe S, et al. Rethinking the inception architecture for computer vision[C]//Proceedings of the IEEE conference on computer vision and pattern recognition. 2016：2818 – 2826.

[5] Tan M, Le Q. Efficientnet：Rethinking model scaling for convolutional neural networks[C]// International conference on machine learning. PMLR, 2019：6105 – 6114.

[6] www. kaggle. com/datasets/ted8080/house – prices – and – images – socal. The dataset was used with permission by the user.

[7] Available here：www. kaggle. com/competitions/lish – moa/discussion/202256#1106810.

[8] Yeo M, Koo Y, Yoon Y, et al. Flow – based malware detection using convolutional neural network[C]//2018 International Conference on Information Networking (ICOIN). IEEE, 2018：910 – 913.

[9] www. kaggle. com/competitions/lish – moa/discussion/202256#1106810.

[10] Sharma A, Vans E, Shigemizu D, et al. DeepInsight：A methodology to transform a non – image data to an image for convolution neural network architecture[J]. Scientific reports, 2019, 9(1)：11399.

[11] Castillo – Cara M, Talla – Chumpitaz R, Orozco – Barbosa L, et al. A Deep Learning Approach Using Blurring Image Techniques for Bluetooth – Based Indoor Localisation[J]. Available at SSRN 4180099, 2022.

[12] Zhu Y, Brettin T, Xia F, et al. Converting tabular data into images for deep learning with convolutional neural networks[J]. Scientific reports, 2021, 11(1)：11325.

[13] Bazgir O, Zhang R, Dhruba S R, et al. Representation of features as images with neighborhood dependencies for compatibility with convolutional neural networks[J]. Nature communications, 2020, 11(1)：4391.

第5章

将循环结构应用于表格数据

我必须按顺序逐句翻译。

——安德鲁·斯科特，演员

第4章展示了CNN在图像和信号（其"自然"数据领域）方面的应用，以及如何通过巧妙的技巧（例如软排序、DeepInsight和IGTD）应用于表格数据。本章进行类似的探索：讨论如何将传统上用于文本和信号等序列数据的循环网络应用于表格数据。

本章首先讨论了循环神经网络（Recurrent Neural Network，RNN）的理论基础，重点关注循环操作的范式机制以及3种主要的循环模型设计："vanilla"RNN、长短期记忆（Long Short-Term Memory，LSTM）网络和门控循环单元（Gated Recurrent Unit，GRU）网络。然后，在它们的"自然"数据领域应用这些循环模型，包括文本建模、音频建模和时间序列建模。最后，与上一章类似，展示多模态的使用方法，并直接将循环层应用于表格数据。

最后一部分可能看起来陌生或有争议，就像第4章的最后一部分那样显得违反直觉，本书鼓励读者以开放的心态对待它。

循环模型理论

本部分通过可视化的方式介绍3种不同类型的基于循环的模型和数学理论。读者将获得足够的基础知识，以便在Keras中应用这些理论对表格和序列数据进行建模。

为什么需要循环模型?

在前一章中,了解到标准 ANN 在处理扁平化图像数据时存在困难,这是因为标准 ANN 可能包含大量的可训练参数。因此,引入了 CNN,通过将全连接层替换为二维卷积层来缩小参数,这使神经网络能够搜索前馈网络无法识别的二维模式和结构。

另一种常见的表格数据类型是基于序列的数据。通常,这指的是数据集按照特定的顺序排列,每个样本都有一个特定的标签,表示其在数据中的位置。一个常见的例子是时间序列数据集。

假设任务是预测任意一家公司的股票价格随时间的变化。每个样本包含了有关股票每天的各种特征信息,例如最高价、最低价、开盘价和收盘价。然后,每个样本都被赋予一个时间戳,表示获取数据的日期。需要预测下一个未来时间戳的股票开盘价(见图 5-1)。

Date	High	Low	......	Volume
1/2/2022	20	14	......	20345
1/3/2022	22	12	......	21222
1/4/2022	19.5	15	......	23435
⋮	⋮	⋮	⋮	⋮
⋮	⋮	⋮	⋮	⋮
12/31/2023	12.5	9.8	......	19890

图 5-1 时间序列/序列数据的示例

使用一个普通的全连接神经网络,有人可能提出以下解决方案:将第二天的开盘价设定为前一天数据的目标,并且删除最后一行数据(因为在按时间顺序排列的数据集中,最后一行数据没有未来的数据点,所以没有目标值)。然后,将每行作为一个单独的训练样本,将数据集作为回归任务的输入传入全连接神经网络。

尽管这种方法似乎是解决时间序列预测问题的可行方法,但在使用标准的 ANN 进行时间序列预测时,这种方法会引发一些问题。当将每个时间戳及其关联数据视为单个样本时,整个数据集在训练或交叉验证期间会在多个折叠中进行洗牌。在进行交叉验证之前,对数据集进行洗牌可以获得更稳健的结果。然而,在时间序列数据中,洗牌可能导致提前看到未来的情况,因为数据的顺序不是任意的。模型可能在一个折叠中看到用于训练的未来数据和用于验证的过去数据,而在另一个折叠中看到用于训练的过去数据和用于验证的未来数据。由于时间序列数据中样本之间存在固有的时间顺序关系,所以未来的数据点很可能暗示过去的趋势。毕竟，时间序列数据是按照时间顺序排列的，每行数据都是与前一个样本相关的。这通常被称为预知未来或数据泄漏，会导致异常出色，但错误的验证得分（见图 5 - 2）。

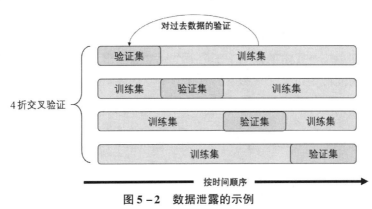

图 5 - 2　数据泄露的示例

此外，时间序列数据通常是按照时间顺序结构化的，时间范围内的每个新样本都受到过去时间戳中的一个或多个样本的影响。简单地从一行数据行进行训练和预测可能是不充分的，因为前几行数据可能包含用于预测当前样本的有价值的信息。相比单独处理和对待每个样本，RNN 会在当前时间戳处理每个样本，并利用过去时间戳中学到的信息一起处理。

尽管 RNN 可能最适用于序列和与时间相关的数据，但也可以利用其独特的结构，在表格建模任务中提高其性能，超过标准 ANN。

循环神经元和记忆单元

RNN 通常用于解决涉及序列建模或时间序列数据预测的问题。先前提到的股票预测示例可以归类为时间序列建模。大多数文件和写作软件中的自动补全功能尝试根据用户的先前行为预测下一个要输入的单词。类似这样的任务被称为序列建模。RNN 依赖以下概念：它不仅可以从当前样本中获取和存储信息，还可以从当前样本和相对于数据集顺序的先前样本中获取和存储信息。

当前项 [1,　3,　5,　7]

下一项(们)? [3,　5,　7,　?,　?,…]

图 5 - 3　文字序列示例

序列建模的最简单示例之一是文字序列预测。给定一个序列集，目标是根据所呈现的内容预测下一个术语（图 5 - 3）。

对于读者来说，很容易识别模式：每个前一个项比当前项小 2。可以通过将 2 加到当前数字来获得下一项。人们可以发现这个模式，因为可以访问当前项之前的历史数据或数字。RNN 基于类似的概念，利用记忆单元，可以记住先前输入的信息，以供后续预测使用。

图 5 - 4 所示为 ANN 神经元示例，接收输入并输出一个由与神经元相关的权重处理后的值。

然而，RNN 在神经元内引入了一个循环，以实现"记忆"效果，其中可以包含当前样本预测或训练期间来自先前时间戳的数据。使用之前的例子，整个序列（元素 0 ~ 元素 4）将作为一个序列输入 RNN。第一个元素被处理，并产生一个输出。由于没有可以基于其进行预测的先前时间戳，计算和处理过程与标准 ANN 相同。接下来，第二个元素将传递到同一个神经元中，保留其从前一个元素经过时的状态（意味着参数不会更新）。第一个元素的输出将与第二个元素一起输入。合理地说，第三个元素将与第二个元素的预测或输出一起输入，而第二个元素的预测基于第一个元素的输出。从某种意义上说，循环过程模拟了连接过去时间戳中每个元素影响的时间链（见图 5 - 5）

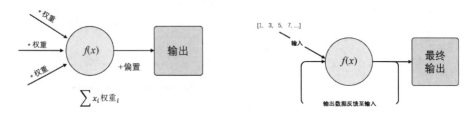

图 5 - 4　ANN 神经元示例　　　　　　　图 5 - 5　循环神经元示例

当神经元到达最后一个元素时，它会对下一个未知项进行最终预测，不仅会考虑当前时间戳的样本，还会综合考虑所有过去时间戳的影响。

为了更直观地表示，可以尝试将一个循环神经元展开成一个链，其中包含对单个神经元进行多次聚合或计算的过程（见图 5 - 6）。

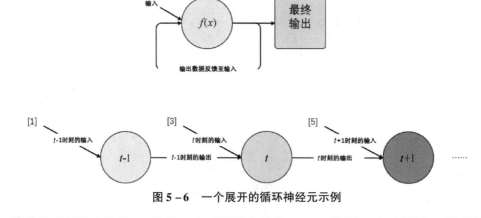

图 5 - 6　一个展开的循环神经元示例

将当前时间戳表示为 t，将前一个时间戳表示为 $t-1$，将下一个时间戳（模型需要预测的项）表示为 $t+1$。当前一项的序列被输入模型时，$t-1$ 时刻的项被输入，并产生一个输出。然后，将 t 时刻的项与 $t-1$ 时刻的项的输出进行聚合，并输入同一个神经元。这里使用"聚合"这个词，关于如何"合并"当前时间戳的隐藏状态和输入的细节将在下一节中解释。使用来自 t 时刻的特征和 $t-1$ 时刻的记忆进行计算，得到的输出将成为序列中下一项的最终预测。对于具有两个以上项作为历史数据的序列，该过程以相同的方式继续。

通过使用循环预测序列，"记忆神经元"或"记忆细胞"的想法可以很容易地扩展到与多个这些"记忆单元"堆叠的层中（见图 5 - 7）。

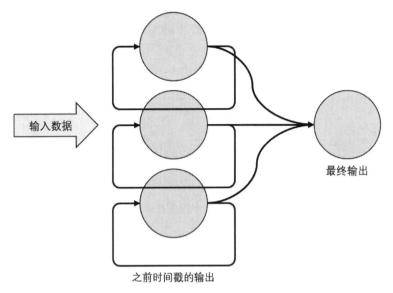

输入数据

最终输出

之前时间戳的输出

图 5 - 7　层中的循环神经元

这种工作方式与单个神经元相同。不同的是层不仅输出一个结果，而是将前一个时间戳的输出与后续输入一起传递回该层。

在 RNN 中，前向传播的操作与之前展示的内容完全相同，因为进行预测需要通过网络进行一次前向传递。然而，RNN 中的反向传播与标准 ANN 中的反向传播稍有不同，因为多个输入和输出通过一个神经元进行处理，并保持相同的参数。

注释： 为了清晰起见，基于前一个时间戳输出的模型中的"记忆"通常称为循环神经元或记忆细胞的"隐藏状态"。

通过时间的反向传播和梯度消失问题

顾名思义，通过时间的反向传播（Back Propagation Through Time，BPTT）是 RNN 中处理时序数据（例如时间序列）的反向传播算法。由于在一个神经元内的不同时间戳没有被考虑在内，所以 RNN 无法适应标准 ANN 反向传播算法。BPTT 不仅根据当前时间戳的影响调整参数，还考虑了该时间戳之前发生的事情。请记住，在当前时间戳计算的输出（无论是新的隐藏状态还是最终输出）并不仅依赖过去的结果，该时间点的新特征也被传递到模型中。因此，BPTT 只部分考虑过去隐藏状态对最终输出的影响。图 5 - 8 所示为输入包含 3 个项的序列 RNN 神经元展。为了简化问题，模型的任务是基于一系列序列预测一个输出，通常称为多对一预测任务。

循环神经元的隐藏状态由两个因素确定：上一个时间戳的输出（隐藏状态）和当前时

间戳的输入。每个输入与不同的权重矩阵关联。可以将分配给当前时间戳输入的权重表示为 W_x，将分配给处理隐藏状态的权重表示为 W_h。隐藏状态和 X_{t-n} 之间的聚合由方程 $h_{t-1} = \sigma(W_x X_{t-1} + W_h h_{t-2})$ 定义，其中 h 表示通过聚合产生的隐藏状态，σ 是激活函数。为了简洁描述，后续的计算将忽略激活函数。最终的输出可以通过预测 $= Y = \sigma(W_y h_t)$ 计算得出。

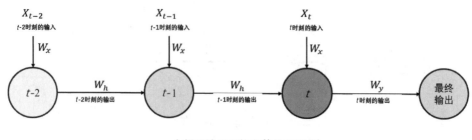

图 5 – 8　输入包含 3 个项的序列的 RNN 神经元展开

假设序列有 3 个时间戳：$t-2$，$t-1$ 和 t（见图 5 – 8）。反向传播计算损失函数相对于网络中的所有参数的梯度，或者在本示例中，相对于递归神经元中所有参数的斜率。在多对一预测任务中，通常只计算最后一个时间戳的损失，而不是针对每个时间戳单独计算损失。将损失函数表示为 L，对于每个神经元，损失在所有时间戳上累积：

$$L = \sum_{t=1}^{T} L_t$$

很容易对 W_y 直接求导，因为改变它的值只会影响最终的输出，这个导数与循环神经元之前交织的循环没有关联。它的导数计算如下：

$$\frac{\partial L}{\partial W_y} = \frac{\partial L}{\partial Y} \cdot \frac{\partial Y}{\partial W_y}$$

其中 Y 代表最终的输出。

由于 W_h 和 W_x 这两个变量的影响跨越整个时间序列，所以在计算两个参数的梯度会变得复杂。不仅需要考虑当前时间戳的变化，还需要考虑之前时间戳的变化。参考图 5 – 9，其中输入及其权重被截断以清晰显示。

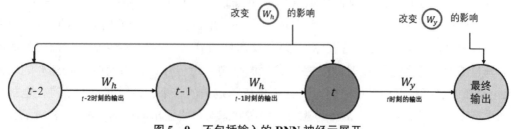

图 5 – 9　不包括输入的 RNN 神经元展开

回顾第 3 章的内容，为了"总结"一个参数所具有的所有影响，需要找到在更改参数时所受影响的值。对于普通的 ANN，W_h 的反向传播过程如下：

$$\frac{\partial L}{\partial W_h} = \frac{\partial L}{\partial Y} \cdot \frac{\partial Y}{\partial h_t} \cdot \frac{\partial h_t}{\partial W_h}$$

但是请记住，改变 W_h 的值不仅会改变当前隐藏状态的值，还会改变所有先前的隐藏状态或时间戳。因此，可以对先前的隐藏状态的损失函数求偏导。对于时间戳 $t-1$ 来说，导数如下：

$$\frac{\partial L}{\partial Y} \cdot \frac{\partial Y}{\partial h_t} \cdot \frac{\partial h_t}{\partial h_{t-1}} \cdot \frac{\partial h_{t-1}}{\partial W_h}$$

类似地，对于时间戳 $t-2$，导数如下：

$$\frac{\partial L}{\partial Y} \cdot \frac{\partial Y}{\partial h_t} \cdot \frac{\partial h_t}{\partial h_{t-1}} \cdot \frac{\partial h_{t-1}}{\partial h_{t-2}} \cdot \frac{\partial h_{t-2}}{\partial W_h}$$

最后，对这些损失求和以"累加"权重 W_h 对神经元的影响：

$$\frac{\partial L}{\partial W_h} = \left(\frac{\partial L}{\partial Y} \cdot \frac{\partial Y}{\partial h_t} \cdot \frac{\partial h_t}{\partial W_h} \right) + \left(\frac{\partial L}{\partial Y} \cdot \frac{\partial Y}{\partial h_t} \cdot \frac{\partial h_t}{\partial h_{t-1}} \cdot \frac{\partial h_{t-1}}{\partial W_h} \right) + \left(\frac{\partial L}{\partial Y} \cdot \frac{\partial Y}{\partial h_t} \cdot \frac{\partial h_t}{\partial h_{t-1}} \cdot \frac{\partial h_{t-1}}{\partial h_{t-2}} \cdot \frac{\partial h_{t-2}}{\partial W_h} \right)$$

上述方程可以推广到具有任意序列长度作为输入的任何神经元，并可以简洁地表示为

$$\frac{\partial L}{\partial W_h} = \frac{\partial L}{\partial Y} \cdot \frac{\partial Y}{\partial h_t} \left(\sum_{i=1}^{t} \frac{\partial h_t}{\partial h_i} \cdot \frac{\partial h_i}{\partial W_h} \right)$$

其中 $\frac{\partial h_t}{\partial h_i}$ 代表相邻时间戳之间的乘积：

$$\frac{\partial h_t}{\partial h_i} = \prod_{j=i+1}^{t} \frac{\partial h_j}{\partial h_{j-1}}$$

W_x 的导数的计算与 W_h 完全相同，因为改变参数 W_x 时会影响 W_h 改变时所影响的所有值。只需在公式中将 W_h 的项替换为 W_x，就可以得到 W_x 的导数：

$$\frac{\partial L}{\partial W_x} = \frac{\partial L}{\partial Y} \cdot \frac{\partial Y}{\partial h_t} \left(\sum_{i=1}^{t} \frac{\partial h_t}{\partial h_i} \cdot \frac{\partial h_i}{\partial W_x} \right)$$

如图 5-10 所示，在多对多预测任务的情况下，反向传播的过程略有不同。与在最后一个时间戳之后获取损失不同，对于每个输出，损失在该时间戳之前分别计算。相同的概念也适用于求导计算：只对当前输出的时间戳进行求导，并为该输出计算特定的损失。然后，这些步骤将针对每个输出"分支"重复进行。

标准 RNN 架构和神经元只适用于相对较短的序列，因为存在梯度消失问题。在标准 RNN 中，当层数变得非常多时，就会出现梯度消失的问题。在反向传播过程中计算导数时，越靠近前面的层，梯度越小。这是因为每个参数都是根据之前在反向传播过程中进行的更新而得出的。换句话说，RNN 前面的一个参数的微小变化可以影响比后面的参数更多的值。当累积梯度时，乘法运算可能显著减小其值，以至于当算法接近 RNN 前端时，每个参数只会更新一点或甚至没有更新。这可能导致收敛缓慢，甚至无法收敛。通常，在具有大量隐藏层的神经网络中，会将跳跃连接（Skip Connection）实现到架构中，如图 5-11 所示。

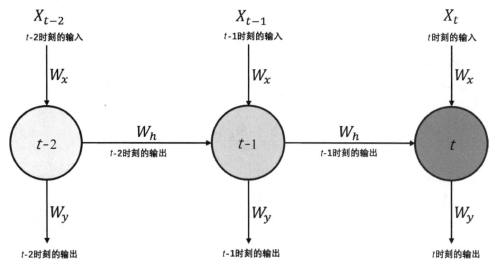

图 5－10 在展开的 RNN 神经元中表示的多对多预测任务

跳跃连接允许神经网络在反向传播过程中直接将梯度传递给前面的层。实质上，跳跃连接充当"传输器"，将具有较大影响的梯度传送到梯度非常小的层中，从而减少了梯度消失带来的影响。正如在第 3 章中提到的，批归一化可以减小梯度消失的影响，激活函数（例如 LeakyReLU）也有类似的效果。

然而，在 RNN 中，梯度消失问题更加明显和严重，因为不仅隐藏层的数量影响梯度的大小，输入序列的长度也会起作用。随着序列的增长，$\sum_{i=1}^{t} \frac{\partial h_t}{\partial h_i} \cdot \frac{\partial h_i}{\partial W_h}$ 中的项数也增加。同样，这可能导致梯度变得非常小，加上大量的隐藏层可能导致梯度消失，使训练带有更长序列数据的标准 RNN 变得极其困难，甚至不可能。

LSTM 和梯度爆炸

LSTM 网络通过使用门控结构有效解决了这个问题，它能够直接访问存储在记忆单元中的数据，而无须逐个遍历每个隐藏状态。LSTM 网络与标准 RNN 的关键区别在于，LSTM 网络能够长时间地保留过去的信息，并且能够更全面地理解序列，而不是将序列中的每个值视为独立的点。此外，LSTM 网络能够在更长的时间范围内跟踪更大的模式。LSTM 可以检索比前一个时间戳更久远的信息，因此被称为"长短期

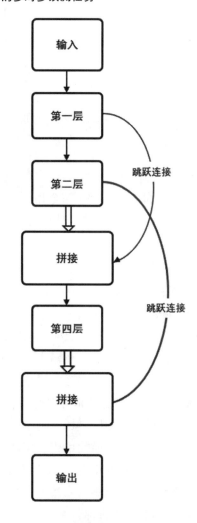

图 5－11 带有跳跃连接的神经网络

记忆"。另外，在 RNN 中，存储的过去信息在处理更长的序列后往往会被"遗忘"，因为每一步都会丢失一部分信息。与 RNN 相比，LSTM 网络通常更擅长发现跨越长时间段的模式，因为它可以访问"长期记忆"，这使它的预测不仅基于短期数据，还基于长期发现的总体模式。

回想一下，标准 RNN 神经元接收前一个隐藏状态以及当前时间戳的输入，然后将两者进行聚合，并通过激活函数传递以产生下一个隐藏状态（见图 5 – 12）。

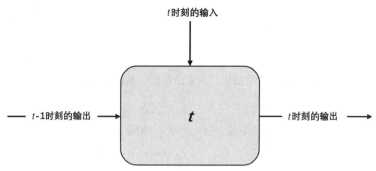

图 5 – 12 标准 RNN 神经元

然而，在 LSTM 单元中，还有一个额外的存储组件作为长期记忆，可以保留来自更早时刻的信息，并与隐藏状态一起输入。图 5 – 13 所示一个 LSTM 单元。

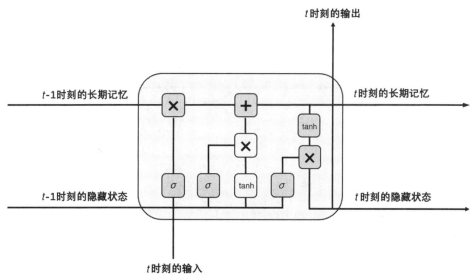

图 5 – 13 一个 LSTM 单元

在 RNN 的上下文中，LSTM 单元中的"短期记忆"指的是神经元的隐藏状态或者来自最近时刻的信息。LSTM 单元包括 4 个组成部分：遗忘门、输入门、输出门和更新门。遗忘门和更新门处理神经网络的"记忆"，决定是否遗忘或替换存储在长期记忆中的信息。输入门和输出门控制神经网络的输入和输出。为了清晰起见，可以将长期记忆（记忆单元状态）表示为 C，将短期记忆（隐藏状态）表示为 h，将输入表示为 x。

长期记忆像一个传送带一样在整个神经元中运行。与隐藏状态不同，随着时间的推移，它携带的信息不会逐渐消失。

　　LSTM 网络利用门控机制来控制哪些信息被添加到传送带式的长期记忆或从中移除。LSTM 网络中的门由一个 sigmoid 层组成，该层限制了通过的信息量。当门的输出为 0 时，意味着没有任何信息通过；当门的输出为 1 时，表示所有信息都通过（见图 5 – 14）。

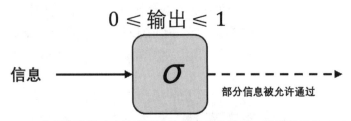

图 5 – 14　一个门的表示（它决定了允许通过的信息量，取值范围为 1 ~ 0 的数）

　　LSTM 单元的第一步是根据输入决定从记忆单元状态或长期记忆 C_{t-1} 中丢弃哪些信息。先前的隐藏状态 h_{t-1} 和当前时间戳的输入 x_t 被用来训练一个遗忘门层 f_t（见图 5 – 15）。

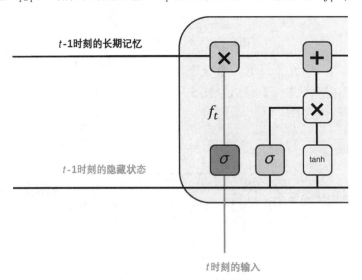

图 5 – 15　遗忘门和长期记忆

　　遗忘门通过 sigmoid 函数输出一个介于 0 和 1 的值，该值将与神经元状态相乘。直观地说，接近 0 的值会告诉神经网络"忘记"当前记忆单元状态的大部分，反之亦然。在遗忘门层中，h_{t-1} 和 x_t 与相同的权重 W_f 关联。f_t 的输出由以下方程确定：$f_t = \sigma(W_f \cdot [h_{t-1}, x_t] + b_f)$。其中 b_f 是该层的偏置。

　　接下来的步骤是创建新的信息并添加到长期记忆中。同样，信息的数量和值是根据隐藏状态和当前时间戳的输入计算的。在生成任何新的长期记忆之前，LSTM 单元通过引入一个输入门来计算更新多少个"新记忆"。这个过程使用与遗忘门完全相同的机制来实现（见图 5 – 16）。通过等式 $i_t = \sigma(W_i \cdot [h_{t-1}, x_t] + b_i)$ 生成 0 和 1 之间的值，然后生成可能的候选值 $\tilde{C}_t$。因此，训练另一层权重和偏差以产生这些可能的"新记忆"：$\tilde{C}_t = \tanh(W_c \cdot [h_{t-1}, x_c] + b_c)$。请注意，双曲正切函数用于将输出值限制在 – 1 和 1 之间。

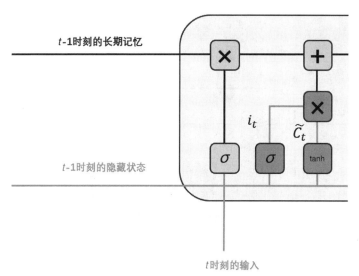

图 5 – 16　输入门和"新记忆"

在创建和计算长期记忆的所有工作完成后，现在是时候将细胞状态 C_{t-1} 更新为新的细胞状态 C_t 了（见图 5 – 17）。这代表了神经元的新长期记忆。新的细胞状态是之前计算的项的线性组合：$C_t = f_t \times C_{t-1} + i_t \times \widetilde{C}_t$。为了更好地理解这个方程，可以将其视为旧记忆 C_{t-1} 和新计算的记忆 $\widetilde{C}_t$ 之间的加权平均，其中权重分别是 f_t 和 i_t。

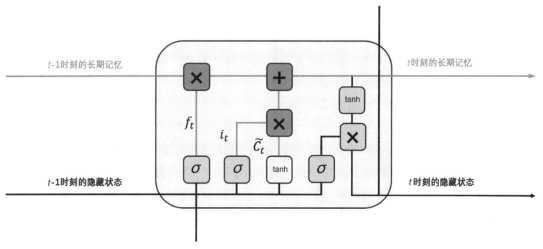

图 5 – 17　更新长期记忆

最后一步是生成预测结果以及下一个隐藏状态（注意不是记忆单元状态，因为之前已经完成了）。预测结果将基于当前更新的部分记忆单元状态。同样，使用门控机制决定使用记忆单元状态的哪些部分进行预测、丢弃哪些部分。输出门层在 h_{t-1} 和 x_t 上进行训练，并通过具有 sigmoid 函数的门进行传递：$o_t = \sigma(W_o \cdot [h_{t-1}, x_t] + b_o)$。当前记忆单元状态经过双曲正切函数处理，最后与输出门的输出相乘：$h_t = o_t \times \tanh(C_t)$（见图 5 – 18）。

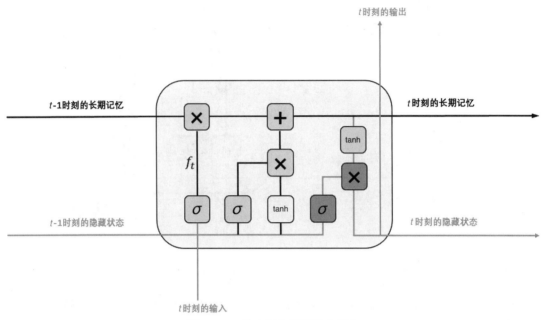

图 5 − 18　输出门和更新隐藏状态

如果序列达到其数据末尾，则 o_t 将是最终的输出；如果输入的序列没有达到末尾，则它将通过运算 $o_t \times \tanh(C_t)$ 得到 h_t 作为新的隐藏状态。在多对多预测任务中，它可以同时起到这两种作用。

虽然 LSTM 网络解决了梯度消失的问题，但相反的情况也可能发生，即梯度变得异常大，损失函数趋向无穷。梯度爆炸问题在 RNN 和 LSTM 网络中都可能发生，原因与梯度消失问题类似。通常可以通过梯度剪裁来可靠地解决梯度爆炸问题。通过将梯度限制在两个值之间，大的梯度值将不会导致无限大的损失值。

GRU

GRU 是 LSTM 单元的一种流行变体，它减少了各种门控机制和层的复杂性，同时保持了与 LSTM 单元相当甚至更好的性能。在 GRU 中消除梯度消失的关键在于其更新门和重置门，它与标准 LSTM 单元相比具有不同的功能。LSTM 单元中的遗忘门和输入门合并为一个称为更新门的单一组件。接下来，重置门类似 LSTM 单元中对长期记忆进行的操作，决定要遗忘哪些信息，并将哪些信息传递到下一个时间戳。图 5 − 19 所示为单个 GRU。

输入 GRU 的是当前时间戳的输入以及从上一个时间戳获得的隐藏状态。需要注意的是，GRU 移除了 LSTM 单元中的长期记忆部分。更新门控制神经网络从先前隐藏状态中保留多少信息。与 LSTM 单元不同，输入和隐藏状态分别与它们自己的训练权重相乘。两者的结果相加，然后通过 sigmoid 函数传递：$z_t = \sigma(W^{(z)} x_t + U^{(z)} h_{t-1})$，其中 $W^{(z)}$ 是输入 x_t 的权重矩阵，$U^{(z)}$ 是隐藏状态 h_{t-1} 的权重矩阵。通过在这里实现一个门控，可以决定保留多少信息，并将多少信息传递给未来（见图 5 − 20）。GRU 的巧妙之处在于它能够简单地携带过去的整个信息块，而不会出现梯度消失的风险。

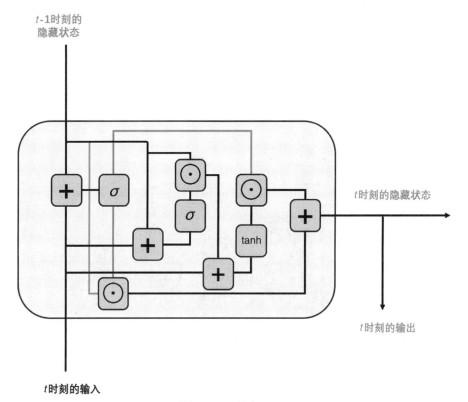

图 5 - 19 单个 GRU

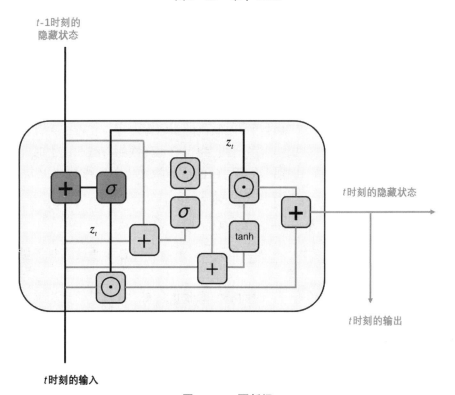

图 5 - 20 更新门

重置门决定了要忘记多少信息。与更新门相比,它的功能基本相反(见图 5 – 21)。重置门的值 r_t 的计算与更新门完全相同,只是使用不同的权重进行训练: $r_t = \sigma(W^{(r)}x_t + U^{(r)}h_{t-1})$。

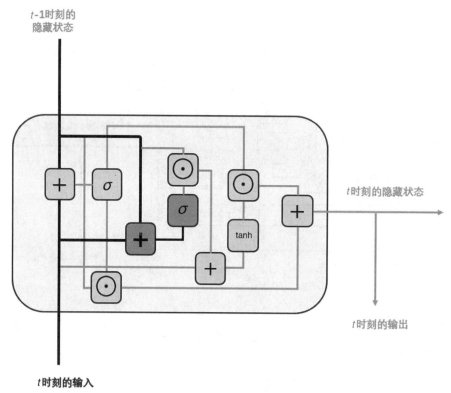

图 5 – 21 重置门

在 GRU 中,已经介绍了所有需要的门控机制。与 LSTM 单元相比,GRU 的结构简单得多。现在,可以将通过更新门和重置门收集到的信息组合起来,在保留部分 h_{t-1} 的同时忘记其他部分。这样就创建了一个针对当前时间戳的新内存内容,它将作为计算新隐藏状态的中间结果。与之前的重置门和更新门一样,为当前时间戳的特征和过去时间戳的隐藏状态或内存训练两组不同的权重。通过将重置门的值和隐藏状态进行 Hadamard 乘积(逐元素矩阵相乘),隐藏状态的一部分将被"遗忘":

$$\widetilde{h_t} = \tanh(Wx_t + U(r_t \odot h_{t-1}))$$

然后,将 $U(r_t \odot h_{t-1})$ 的结果与 Wx_t 相加,得到 $\widetilde{h_t}$。最后,将总和通过双曲正切函数传递(见图 5 – 22)。

最后,模型需要计算传递给下一个时间戳的隐藏状态 h_t。这仅是通过当前的内存内容 $\widetilde{h_t}$ 和作为输入传递的先前隐藏状态 h_{t-1} 的加权平均来计算的。利用经过训练的更新门来决定保留多少来自 h_{t-1} 的信息,可以按如下方式组合 $h_t = z_t \odot h_{t-1} + (1 - z_t) \odot \widetilde{h_t}$。

传递给网络的隐藏状态同时也作为输出。例如,在生成 h_t 的最后一个时间戳上,通常会应用非线性激活函数,然后是一个与输出形状匹配的线性层。与 LSTM 单元不同,

GRU 没有单独计算输出的特定步骤。GRU 中的隐藏状态和输出是同义词。GRU 并没有像 LSTM 单元那样提供长期记忆的内存操作。然而，在大多数情况下，由于其较低的训练复杂度，GRU 的性能与 LSTM 单元相当甚至更好。

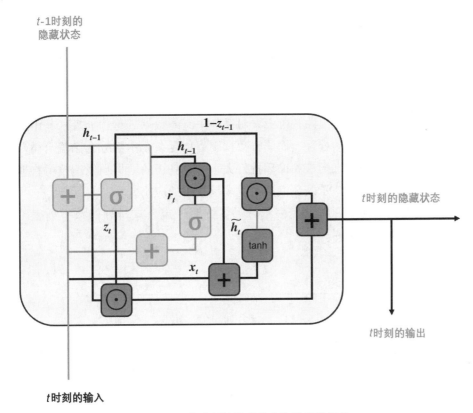

图 5 - 22 产生新的隐藏状态和输出的组件

双向性

标准 RNN、LSTM 网络（单元）和 GRU 都允许未来的时间步依赖先前的时间步，在不同的复杂程度下具有不同程度的有效性。然而，在许多情况下，过去的时间步也会受到未来的影响。例如，考虑一句话 "John Doe – shaken and emotional – cried tears of joy."。如果按照标准的顺序处理这句话，则模型会在处理到最后一个单词之前认为这句话与悲伤、消极情绪等相关，这是由于最后一个单词很难完全改变隐藏状态（以及使用 LSTM 时的单元记忆状态）。然而，在现实中，最后一个单词对解释句子开头的方式有深远的影响。

为了解决这个问题，可以使用双向性（Bidirectionality）。双向循环层实际上是两个循环层的堆叠：一个按照正向方向应用，另一个按照反向方向应用。然后，将它们的隐藏状态组合起来（可以通过相加或串联的方式）。因此，双向循环层在任何时间步的输出都受到整个序列的影响。

在通常情况下，不需要将多个双向循环层堆叠在一起。双向循环层通常作为第一个循环层，它已经生成了一个受到整个序列所有元素影响的序列，而不仅是它之前的时间步。

在循环堆叠的后续层中，可以继续以标准的顺序方式处理生成的序列。

Keras 中的循环层介绍

在深入探讨循环建模的实际应用之前，本部分对循环和序列建模语法进行简要介绍。由于 RNN 的特殊性及其处理数据的方式，在这些情况下建模的语法与表格数据模型有所不同。

根据数据类型的不同，可以以各种方式对循环模型的数据进行预处理。其中表格数据或时间序列数据通常较容易预处理，而语言数据则更加复杂。本部分会涵盖与循环建模相关的主要组成部分，包括输入形状和循环批量大小。更高级的数据预处理技术将取决于具体应用程序。后面的部分将演示循环模型在更多场景中的应用。

可以从最简单的时间序列数据集表示开始：按照一定模式排列的数字列表。具体而言，使用图 5 – 23 所示的序列。

$$[1,\quad 2,\quad 3,\quad 4,\quad 1,\quad 2,\quad 3,\quad 4,\quad 1,\quad 2,\cdots]$$
100 个元素

图 5 – 23　长度为 100 的示例序列

序列中存在的模式很容易识别，因为它明显是按照数字 1，2，3 和 4 的顺序重复出现的。典型的表格数据预测与时间序列预测的主要区别在于，在表格模型中，一组特征与不同的目标对应，而在时间序列预测中并非如此。在时间序列预测中，特征被分配给时间戳。在构建训练集时，是根据时间戳将数据划分为过去和未来的部分，其中过去的部分将被训练用于预测未来。在时间序列预测中，特征和标签来自同一个变量/数据列。

在时间序列预测中，关于需要预测多少个"标签"或使用多少训练数据有很大的灵活性。通常没有规定从数据集中划分数据的数量，然而一般的经验法则是，训练数据应足够大，以捕捉到与预测未来趋势周期性的相关趋势。这同样适用于确定在一个批次中向神经网络输入多少训练数据。在之前的例子中，可以决定前 80 个数据点用于训练，而最后 20 个数据点用作测试或验证数据（见图 5 – 24）。可以任意决定在模型训练过程中输入 8 个数据点，而只让模型预测一个未来的输出。输入序列的长度被称为"窗口大小"。根据训练结果或相关任务领域知识，可以修改窗口大小以提高模型的准确性。

图 5 – 24　时间序列训练和测试数据的表示

在 Keras 中，有多种设置时间序列数据集的方法。其中最简单的方法之一是使用 TimeseriesGenerator 类。

可以首先使用 NumPy 数组定义前面的数据集，然后从 tensorflow. keras. preprocessing. sequence 中导入 TimeseriesGenerator 类（见代码清单 5 – 1）。

代码清单 5 – 1　创建示例数据集并导入 TimeseriesGenerator 类

```
from tensorflow.keras.preprocessing.sequence import TimeseriesGenerator
import numpy as np

example_data = np.array([1, 2, 3, 4] * 25)

# 80 – 20 训练集和测试集划分比例
train = example_data[:80]
test = example_data[80:]
```

实例化这个类时，注意有几个重要的参数需要设置。和其他机器学习模型或数据集类一样，需要传入特征和目标值。在本示例中，它们是相同的 NumPy 数组，因为特征和目标值来自同一列数据。接下来，length 参数定义了模型将使用多少个样本作为特征来预测下一个时间戳的值。最后，batch_size 表示每个批次中的时间序列样本数量。通常对于较小的数据集，批次大小为 1 就足够了。代码清单 5 – 2 定义了一个长度为 8 和批次大小为 1 的 TimeseriesGenerator 类。

代码清单 5 – 2　实例化生成器

```
generator = TimeseriesGenerator(train, train, length = 8, batch_size = 1)
```

记住，生成器的长度将比 80 个元素的训练数据少 8 个，因为最后 8 个值没有相应的目标。在代码清单 5 – 3 中，导入了与 RNN 层、LSTM 层和 GRU 层对应的 SimpleRNN、LSTM 和 GRU。

代码清单 5 – 3　导入循环模型层

```
# 也可以使用 L.LSTM,但为了清晰起见,它们被分别导入
from tensorflow.keras.layers import SimpleRNN, LSTM, GRU
```

可以首先使用 Keras 函数式 API 构建一个基本的 RNN 模型（见代码清单 5 – 4）。本示例的数据集是一个单变量时间序列，即只有一个特征。因此，输入形状是（length，1）。请注意，这里跳过了批次创建的额外维度，对于参数 input_shape 而言，它不是必须的。实际输入形状为（batch_size，length，n_features）。

代码清单 5 – 4　创建具有一个 SimpleRNN 层的模型

```
from tensorflow.keras.layers import SimpleRNN, LSTM, GRU

inp = L.Input(shape = (8, 1)) # 与(8,)不同
x = SimpleRNN(10, input_shape = (8, 1))(inp)
# 在输出层之前添加额外的层以处理信息
x = L.Dense(4)(x)
```

```
# 输出层
out = L.Dense(1)(x)

model = Model(inputs = inp, outputs = out)
```

在默认情况下，在使用 Adam 时使用 MSE 损失函数编译模型优化器。请注意，本例的数据集是 generator 生成器而不是普通的 NumPy 数组。需要调用 fit_generator 而不是 fit 来启动训练过程（见代码清单 5 - 5）。

代码清单 5 - 5 调用 fit_generator 拟合模型

```
model.fit_generator(generator, epochs = 40)
```

与标准的表格模型预测相比，测试数据的预测过程略有不同。为了实现时间序列预测，需要使用过去的数据。简而言之，未来的预测将部分基于以前时间戳的过去预测结果。图 5 - 25 所示为时间序列预测逻辑。

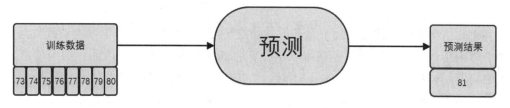

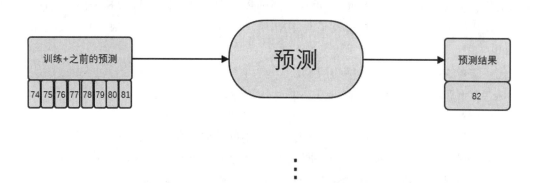

图 5 - 25 时间序列预测逻辑

在本示例中，有一个划分的测试数据，这意味着可以像实例化训练数据生成器一样创建一个生成器。然后，可以通过将测试生成器传递给 predict_generator 来获得预测结果。然而，在实时预测中，没有"测试数据集"，它可以输入要预测的时间戳之前的正确值。这里训练的模型基于过去时间戳的 8 个值来预测未来值。在实时预测过程中，需要获取将要预测的样本时间戳之前的最后 8 个样本。然后，在预测下一个样本时，需要过去的 7 个样本以及我们刚刚预测的样本。这个过程一直持续到预测到所需的时间戳。时间序列预测的一个缺点是，随着时间戳的推移，预测往往越来越不准确。这是因为远期预测很可能是基于近期预测。没有任何模型是完美的，近期预测可能存在轻微的误差，即使当时可能影响不大。随着预测的继续，误差也将被放大，从而使远期预测比基于模型的预测更加不准确。

　　LSTM 和 GRU 的使用方式与 SimpleRNN 类似，只需将层调用替换为 LSTM 或 GRU 即可（见代码清单 5 - 6）。

代码清单 5 - 6 集成 GRU 层

```
inp = L.Input(shape =(8,1))
x = GRU(10, input_shape =(8,1))(inp)
#在输出之前,增加额外的层处理信息
x = L.Dense(4)(x)
# 输出层
out = L.Dense(1)(x)
model_gru = Model(inputs = inp, outputs = out)
# 编译和训练与平常一样
```

　　另外，要使任何循环层变为双向的，请在该层周围添加 keras.layers.Bidirectional 的封装器。例如，创建一个双向 LSTM 层的代码：x = L.Bidirectional(L.LSTM(...))(x)。

返回序列和返回状态

　　在所有循环层中，还有两个非常重要的附加参数：return_sequences 和 return_state。为了更好地解释这些参数，可以参考之前 LSTM 单元的示意图（见图 5 - 26）。

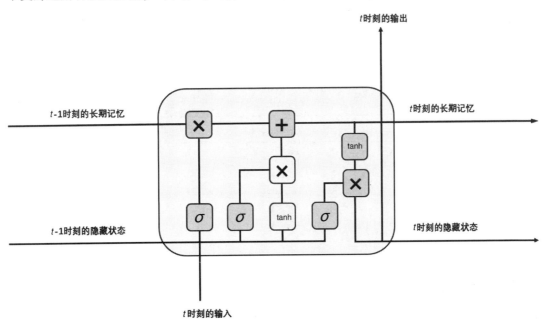

图 5 - 26 一个 LSTM 单元的可视化表示（摘自 "LSTM 和梯度爆炸"一节）

在默认情况下，return_sequences 和 return_state 都被设置为 false。

return_sequences 参数会输出每个时间步的所有隐藏状态。当前，在 LSTM 层的默认参数下，只返回最后一个时间步的隐藏状态作为最终输出。将 return_sequences 设置为 true 将返回展开 LSTM 单元中每个时间步的所有隐藏状态。将该参数设置为 true 允许堆叠 LSTM 层，因为它可以通过以正确的数据和形状格式接收前一个 LSTM 层的结果来"继续之前"的操作。以下代码展示了堆叠 LSTM 层的示例，并使用 model. summary 显示了对 LSTM 输出形状的更清晰理解（见代码清单5-7）。LSTM 层输出的第二个维度存储着每个时间步的隐藏状态，并作为下一个 LSTM 层的输入。

代码清单5-7 设置 return_sequences 为 true 的堆叠 LSTM 层

```
inp = L.Input(shape = (8,1))
# 堆叠 LSTM 层
x = LSTM(10, input_shape = (8,1), return_sequences = True)(inp)
# 不需要额外参数
x = LSTM(10)(x)
x = L.Dense(4)(x)
# 输出层
out = L.Dense(1)(x)

model_lstm_stack = Model(inputs = inp, outputs = out)
model_lstm_stack.summary()


Model: "model_3"
Layer (type) Output Shape Param #
```

input_5 (InputLayer)	[(None, 8, 1)]	0
lstm_5 (LSTM)	(None, 8, 10)	480
lstm_6 (LSTM)	(None, 10)	840
dense_6 (Dense)	(None, 4)	44
dense_7 (Dense)	(None, 1)	5

```
Total params: 1,369
Trainable params: 1,369
Non-trainable params: 0
```

另外，return_state 会将最后一个时间戳的隐藏状态输出两次，相当于输出两个单独的 NumPy 数组。然后，最后一个时间戳的长期记忆（cell_state）也作为一个单独的 NumPy 数组进行输出。将 return_state 参数设置为 true，总共会输出 3 个单独的 NumPy 数组（对于 RNN 和 GRU 来说，没有 cell_state，只有两个数组）。可以注意到在 model. summary 中有 3

个输出形状，分别对应这 3 个输出值（见代码清单 5 - 8）。

　　代码清单 5 - 8　将 return_state 设置为 true 的 LSTM 模型

```
inp = L.Input(shape = (8, 1))

lstm_out, hidden_state, cell_state = LSTM(10, input_shape = (8, 1), return_
state = True)(inp)
x = L.Dense(4)(lstm_out)
# 输出层
out = L.Dense(1)(x)

model_return_state = Model(inputs = inp, outputs = out)
model_return_state.summary()

# 额外的打印语句,用于输出 cell_state 的形状
# 因为在 summary 中可能被截断
print(cell_state.shape)
```

```
Model: "model_5"

Layer (type)              Output Shape                      Param #
==========================================================================
input_8 (InputLayer)      [(None, 8, 1)]                       0

lstm_9 (LSTM)             [(None, 10), (None, 10)]            480

dense_11 (Dense)          (None, 4)                           44

dense_12 (Dense)          (None, 1)                            5
==========================================================================
Total params: 529

Trainable params: 529

Non - trainable params: 0
```

(None, 10)

　　在复杂的 RNN 操作中，return_sequences 和 return_state 非常有用，因为它们可以检索中间结果，并允许 RNN 堆叠。如果使用得当，RNN 堆叠可以非常强大，但不要堆叠太多层，因为这可能导致梯度爆炸。后面的章节将演示一些示例。

标准循环模型的应用

　　本部分介绍循环模型的两个重要应用：自然语言和时间序列。回想一下，循环层可以

合理地应用于大多数序列数据，而自然语言和时间序列数据是沿着顺序或时间轴排序的最常见的数据形式。

自然语言

本节构建用于文本分类/回归的循环模型示例，这是在各种情境中经常遇到的问题。使用美国亚马逊评论数据集的软件产品评论子集（见图5-27），该数据集是一个包含亚马逊产品评论和相关数据（例如星级评分、评论日期、点赞数、评论是否与已验证购买相关等）的大型语料库。尝试构建一个模型，根据评论文本来预测评论的星级评分。根据顾客以自然语言形式提供的输入，模型可以自动提取顾客满意度的量化指标，其可以在自然语言可用，但缺乏具体星级评分的环境中（例如社交媒体上关于产品的讨论）用于衡量顾客满意度。

	data/review_body	data/star_rating
0	I haven't worked for a long time with Final Dr...	3
1	This was a gift for my husband. He does a lot...	5
2	Good condition, and a nice set'	5
3	I learned 3D design using Autodesk Inventor. ...	5
4	This is a great way to help your child with ma...	5
...	...	...
341926	There is no custom card size so you are forced...	1
341927	Nothing wrong with this purchase As expected...	5
341928	In the past I used H&R block. I was very sati...	2
341929	This seems to be a well designed set of tool f...	4
341930	Do not buy this product. Nortons does not even...	1

图5-27　美国亚马逊评论数据集

首先，使用序数编码对数据进行向量化（见代码清单5-9和图5-28）。在将序列转换为小写并删除标点符号后，每个标记与一个整数关联，并形成一个文本段落被表示为标记序列。为了确保所有序列具有相同的长度，在末尾添加填充标记（见图5-29）。TensorFlow的TextVectorization层可以帮助完成所有这些操作。在使用想要的参数实例化向量化器后，将其调整到使用的数据集上，以使其学习从标记到整数的映射关系。一旦其学习完成，就可以在文本上调用向量化器，以获取一组张量，可以直接传递的模型进行训练。

代码清单5-9　对文本进行向量化

```
SEQ_LEN, MAX_TOKENS = 128, 2048
from tensorflow.keras.layers import TextVectorization
vectorize = TextVectorization(max_tokens = MAX_TOKENS,
                              output_sequence_length = SEQ_LEN)
vectorize.adapt(data['data/review_body'])
vectorized = vectorize(data['data/review_body'])
```

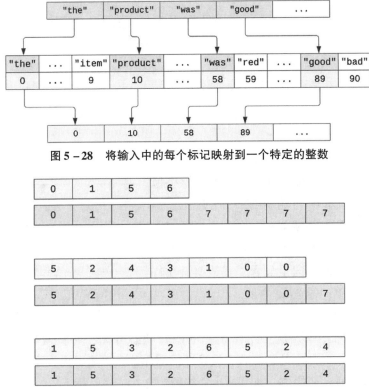

图 5 - 28 将输入中的每个标记映射到一个特定的整数

图 5 - 29 添加一个额外的标记作为填充标记，以使所有序列具有相同的长度

回想第 2 章所讨论的不同数据编码方式。这里不需要这样做，因为有可学习的嵌入层。当构建自然语言模型（见代码清单 5 - 10 和图 5 - 30）时，第一步是构建一个嵌入层。嵌入层——如前面在第 3 章和第 4 章中讨论过的——通过学习将由整数表示的不同标记与固定向量关联。嵌入层要求指定词汇表的大小和嵌入维度，即每个标记及与之关联的向量的维度。嵌入之后，数据的形状变为（SEQ_LEN，EMBEDDING_DIM）。可以通过基础循环层（keras. layers. SimpleRNN）传递这些数据，基础循环层具有 32 个循环单元。因此，输出向量将是 32 维的。可以通过几个密集层来处理或"解释"结果，然后将其映射到 softmax 输出进行分类。

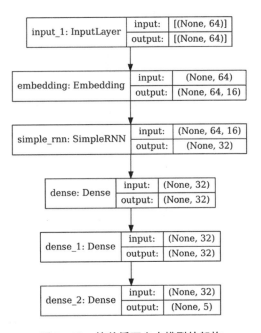

图 5 - 30 简单循环文本模型的架构

代码清单 5 - 10 构建文本模型

```
SEQ_LEN, MAX_TOKENS = 64, 2048
EMBEDDING_DIM = 16
```

```
inp = L.Input((SEQ_LEN,))
embed = L.Embedding(MAX_TOKENS, EMBEDDING_DIM)(inp)
rnn = L.SimpleRNN(32)(embed)
dense = L.Dense(32, activation = 'relu')(rnn)
dense2 = L.Dense(32, activation = 'relu')(dense)
out = L.Dense(5, activation = 'softmax')(dense2)

model = keras.models.Model(inputs = inp, outputs = out)
```

为了完全清楚地了解发生了什么，跟踪这个模型如何处理一个样本序列的标记 [0, 1, 2, 3, 4]。首先，每个标记都被映射到一个学习到的嵌入向量 e_n（见图 5-31）。对于与问题相关的许多维度中的每个单词，这个嵌入向量包含了其重要潜在特征，捕捉到了每个单词的意义/本质。

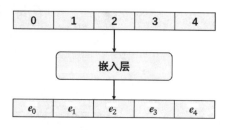

图 5-31 序列数据的示例

然后，嵌入层中的每个嵌入向量按顺序被逐个传入循环单元，该循环单元从一个初始化的隐藏状态开始，并接收第一个元素（见图 5-32）。由该循环单元产生的隐藏状态被反馈回循环单元，然后接收第二个元素。对序列中的每个元素都进行这个操作，直到产生最终的输出 h。

向量 O 包含了与序列中所有元素相关的信息，它在顺序上受到所有元素的影响。接下来，可以将 O 通过几个全连接层进一步解释这些信息，以优化模型在预测任务上的性能，最后应用一个 softmax 层，使每个输出表示每个类别的概率预测值（见图 5-33）。

在定义模型之后，可以在数据集进行编译和拟合模型。这个过程非常直观，与在 Keras 中构建的其他模型类似。

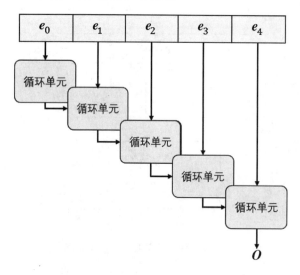

图 5-32 循环单元处理每个嵌入向量

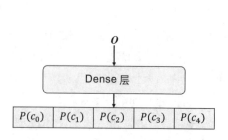

图 5-33 根据循环生成的信息向量或隐藏状态得出的每个类别的概率预测

请注意，Keras 中的循环层的语法特别方便（尤其与其他流行的深度学习框架如 PyTorch 相比）。如果要使用 LSTM 层或 GRU 层代替基本的循环层，只需将 L. SimpleRNN 替换为 L. LSTM 和 L. GRU。

然而，循环层只能捕捉到有限的关系。在理想情况下，希望能够捕捉到语言的多层次和复杂性。为了使模型更加复杂，可以将多个循环层堆叠在一起。

回想一下，在标准的循环层中，保留当前时间步的隐藏状态，以便在下一个时间步进行考虑，但是除了在最后一个时间步之外，每个时间步的单元输出都被忽略。然而，如果收集每个时间步的输出，则将获得另一个序列（见图 5 - 34），可以再次对其进行循环处理（见图 5 - 35）。这使模型能够学习到多层次的复杂性，可能需要更深的循环序列处理来揭示。

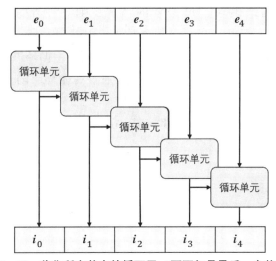

图 5 - 34　收集所有状态的循环层（而不仅是最后一个状态）

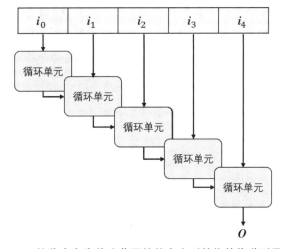

图 5 - 35　接收来自先前隐藏层的状态序列并将其传递到另一层

回想之前的内容，要在每个时间步收集输出，需要将 return_sequences 参数设置为 True，并继续堆叠额外的层（见代码清单 5 - 11）。

代码清单 5 –11 使用双重 RNN 堆叠

```
inp = L.Input((SEQ_LEN,))
embed = L.Embedding(MAX_TOKENS, EMBEDDING_DIM)(inp)
rnn1 = L.SimpleRNN(32, return_sequences = True)(embed)
rnn2 = L.SimpleRNN(32)(rnn1)
dense = L.Dense(32, activation = 'relu')(rnn2)
dense2 = L.Dense(32, activation = 'relu')(dense)
out = L.Dense(5, activation = 'softmax')(dense2)

model = keras.models.Model(inputs = inp, outputs = out)
```

如果观察到神经网络出现了过拟合的情况，则一种处理方法是增加循环丢弃（Recurrent Dropout）。在循环丢弃中，在每个时间步中都会丢弃一定比例的隐藏向量。请注意，这与在使用循环层之后独立应用的丢弃层是不同的。循环丢弃是在每个时间步内部应用的，而标准丢弃仅应用于其最终输出。可以通过在循环层的实例化中传递 recurrent_dropout =... 来设置。

第 10 章将讨论神经架构搜索库 AutoKeras。AutoKeras 支持使用高级模块，它使文本数据建模更加简单。

时间序列

时间序列数据可以有许多形式。一般来说，它是按等时间间隔顺序采集的数据。目标通常要么是下一个时间步的预测（从 $\{t_{n-w}, t_{n-w+1}, \ldots, t_{n-1}\}$ 预测 t_n，其中 w 是窗口长度，见图 5 –36），要么是时间相关的目标预测（从 $\{t_{n-w+1}, t_{n-w+2}, \ldots, t_n\}$ 预测某个时间相关的目标 y_n，其中 w 是窗口长度，见图 5 –37），或者时间独立的目标预测（从 $\{t_{n-l+1}, t, t_{-l+2}, \ldots, t_n\}$ 预测某个时间独立的目标 y，其中 1 是序列间隔长度，见图 5 –38 和图 5 –39）。任务之间的区别主要是数据的差异，而不是模型的差异：仍然可以定义具有相同结构的循环模型（根据需要调整输入和输出大小），大部分工作将集中在准备数据格式上。

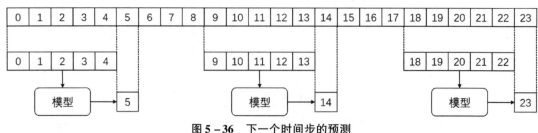

图 5 –36　下一个时间步的预测

一些时间序列问题的例子如下。

● 股票预测：根据前 w 天的股票数据预测下一天的股票走势（下一时间步的预测）。

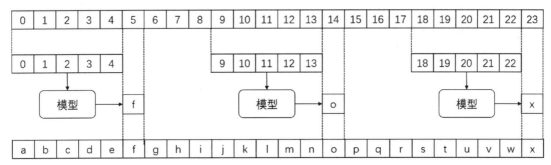

图 5 - 37　时间相关的目标预测

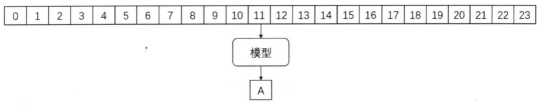

图 5 - 38　时间独立的目标预测（1）

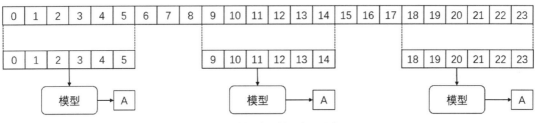

图 5 - 39　时间独立的目标预测（2）

- 疫情预测：根据前 w 天的感染数据预测下一天的感染人数（下一时间步的预测）。
- 政治情绪预测：根据一段时间内的政治活动（立法活动、选举结果等）预测某个时间步的政治社区（社交平台、政党、人物等）的平均情绪（时间相关的目标预测）。
- 声音口音分类：预测音频文件的口音（英国口音、美国口音、澳大利亚口音等）（时间独立的目标预测）。

在处理时间序列数据时，仅使用循环层通常效果不佳。时间序列数据的采样频率非常高（例如音频文件、高频股票数据），而循环层仍然基于时间步处理这些信息。假设采样率为每秒 16 000 个元素，这就相当于以每 1/16 000 s 的速度听音乐的构成元素。即使具有高级记忆功能的循环模型，也无法在短短几秒钟内保留信息，因为每秒钟的音频元素非常多。对于其他形式的高频数据也是如此。

因此，使用一维卷积层与循环层结合往往是一种成功的策略。如果设计得当，则这些层可以系统地提取相关顺序特征，这些特征可以由循环层更有效地处理。

The Speech Accent Archive 数据集（www. kaggle. com/datasets/rtatman/speech - accent - archive）包含许多不同口音的人说同一短语的音频文件。下面尝试构建一个时间无关的目

标预测模型，从音频文件中预测说话者的口音。该目录包含按照以下方式组织的文件。

```
['spanish47.mp3',
 'english220.mp3',
 'arabic64.mp3',
 'russian7.mp3',
 'dutch36.mp3',
 'english518.mp3',
 'bengali5.mp3',
 'english52.mp3',
 'arabic11.mp3',
 'farsi11.mp3',
 'khmer7.mp3',
 ...]
```

代码清单 5 – 12 是一个从文件名中提取口音类别的辅助函数。

代码清单 5 – 12　从文件名中提取类别信息（口音类别）的辅助函数

```
def clean_name(filename):
    for i, v in enumerate(filename):
        if v in '0123456789':
            break
    return filename[:i]
```

代码清单 5 – 13 识别频率最高的 5 种口音（希望在具有足够训练数据的类别上进行预测），并存储相应的音频文件和标签（采用序数编码）。

代码清单 5 – 13　获取相关类别并存储序数编码

```
directory_path = '../input/speech – accent – archive/recordings/recordings/'
filenames = os.listdir(directory_path)
classes = [clean_name(name) for name in filenames]
i, j = np.unique(classes, return_counts = True)
top_5_accents = [x for _, x in sorted(zip(j, i))][::–1][:5]


top_5_files = [file for file in filenames if clean_name(file) in top_5_accents]
top_5_classes = [clean_name(file) for file in top_5_files]
ordinal_encoding = {val:i for i, val in enumerate(np.unique(top_5_classes))}
top_5_classes = [ordinal_encoding[class_] for class_ in top_5_classes]
```

音频文件是一系列长字符串浮点数（图 5 – 40）。使用 librosa 库将 WAV 文件读取为 NumPy 数组。在加载时，需要提供采样率——每秒采样的数据点数。如果使用采样率为 1 000 点/s，那么 5 s 的音频剪辑在数组形式中将有 5 000 个元素。选择采样率是一个平衡问题：如果采样率大，则音频质量是最佳的，但可能太长从而导致训练问题；如果采样率小，则它可能是可行的尺寸，但音频质量过低，无法完成任务。在处理人声音频时，

3 000 ~ 10 000 点/s 的采样率是一个不错的范围（根据实际情况选择；为了调整最佳速率，请尝试使用特定的采样率进行加载，以该采样率保存音频文件，然后听取修改后的音频）。在本示例中，选择采样率为 6 000 点/s。

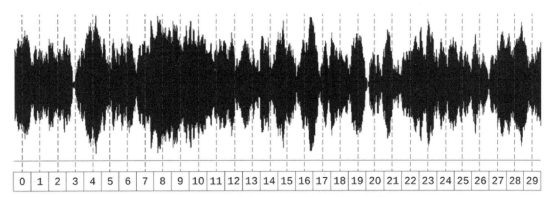

图 5 - 40　将音频映射为数值序列的可视化

音频文件的长度各不相同，但需要一个统一的时间间隔来输入模型。选择 5 s 的窗口长度，这应该足够用于分类说话者的口音（见图 5 - 41 和代码清单 5 - 14）。此外，选择 5 s 的窗口移动长度，这意味着相邻窗口的起始时间相隔 5 s。这意味着音频之间没有重叠，在这种情况下这是可以接受的，因为有足够的训练数据。为了应对有限的音频数据，本示例的策略是减小移动大小，使样本彼此重叠。分别将每个窗口及其相关的目标存储在音频（audio）和目标（target）中。

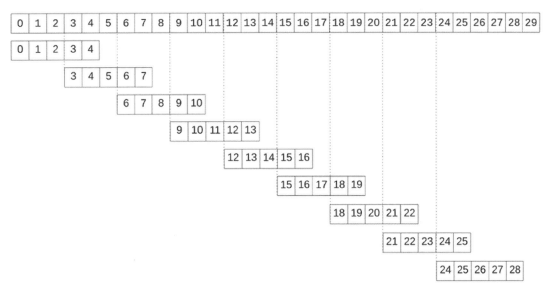

图 5 - 41　在序列上制作具有 2 个元素重叠的滑动窗口数据

代码清单 5 - 14　从数据集中获取窗口数据

```
SAMPLE_RATE = 6_000
WINDOW_SEC = 5
WINDOW_LEN = WINDOW_SEC * SAMPLE_RATE
```

```
SHIFT_SEC = 5
SHIFT_LEN = SHIFT_SEC * SAMPLE_RATE
audio, target = [], []
for i, file in tqdm(enumerate(top_5_files)):
    y, sr = librosa.load(os.path.join(directory_path, file), sr = SAMPLE_RATE)
    start, end = 0, WINDOW_LEN
    while (end < len(y)):
        audio.append(y[start:end])
        target.append(top_5_classes[i])
        start += SHIFT_LEN
        end += SHIFT_LEN
audio = np.array(audio)
target = np.array(target)
```

下面构建模型（见代码清单 5 – 15 和图 5 – 42）。首先将输入重塑为二维数组，该数组被解释为一个具有一个特征映射表示的序列。然后，应用一系列一维卷积，这些卷积增加了特征映射的数量，并通过使用大步长来减小序列的长度。由于这 4 个卷积使用的步长分别为 8，8，4 和 4，所以原始序列的长度是卷积后的 8×8×4×4 = 1 024（倍）（根据卷积核的大小，实际上稍微大一些，因为这里没有使用填充）。这有助于将长度为 30 000 的输入减小到一个信息密集的大小为 25 的序列，其中每个序列包含大小为 8 的向量，这些序列通过循环处理。

代码清单 5 – 15　构建音频模型

```
inp = L.Input((WINDOW_LEN,))
reshape = L.Reshape((WINDOW_LEN,1))(inp)
conv1 = L.Conv1D(4, 16, strides = 8, activation = 'relu')(reshape)
conv2 = L.Conv1D(4, 16, strides = 8, activation = 'relu')(conv1)
conv3 = L.Conv1D(8, 16, strides = 4, activation = 'relu')(conv2)
conv4 = L.Conv1D(8, 16, strides = 4, activation = 'relu')(conv3)

lstm1 = L.LSTM(16, return_sequences = True)(conv4)
lstm2 = L.LSTM(16)(lstm1)
dense1 = L.Dense(16, activation = 'relu')(lstm2)
dense2 = L.Dense(16, activation = 'relu')(dense1)
out = L.Dense(5, activation = 'softmax')(dense2)

model = keras.models.Model(inputs = inp, outputs = out)
model.compile(optimizer = 'adam', loss = 'sparse_categorical_crossentropy',
              metrics = ['accuracy'])
model.fit(audio, target, epochs = 100)
```

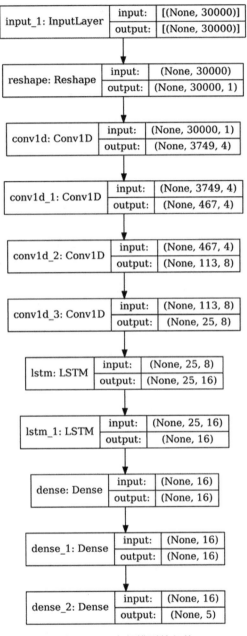

图 5 – 42　音频模型的架构

使用深度学习建模时间序列数据的一个优势是能够联合建模多个时间序列。例如，神经网络可以同时模拟多个股票在时间上的价格变化，而不仅是模拟单个股票价格——每个额外的股票都是另一个通道。这种联合建模可以提供更多信息，例如同一行业的股票价格很可能彼此之间存在强烈的关联，而联合建模很可能比独立建模能够获得更好的性能。

虽然循环模型适用于高频率和高复杂度的时间序列数据（例如音频文件和高频股市数

据），但对于简单的时间序列问题来说可能有些过头。特定领域的时间序列问题通常有悠久的研究历史，已经产生了不容忽视的经过实践检验的建模技术。此外，信号处理无论是否涉及深度学习模型，使用更"经典"或"手动"的方法都可能很有用。

多模态循环建模

循环层的另一个应用是多模态循环建模。可以以循环方式处理序列数据，并以标准前馈方式处理表格数据，然后将提取的信息组合成通用向量的形式，以实现联合信息的预测（见图 5–43）。

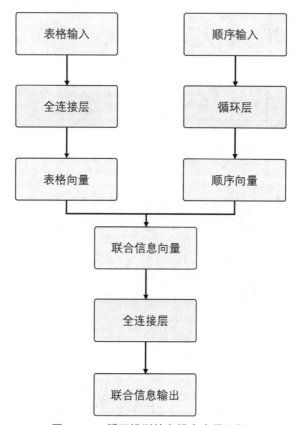

图 5–43　循环模型的多模态应用示例

在这种情况下，顺序输入（Sequential Input）可以是前面部分讨论过的两种自然应用之一（自然语言或信号）。通过多模态架构，可以基于顺序输入和表格输入进行预测，而不是仅基于其中一种进行预测。

回想软件评论数据集，它包含一个表格组件和两个文本组件。考虑设计一个模型，它接收这 3 个组件并进行联合预测（见代码清单 5–16）。

代码清单 5–16　选择数据的相关组件

```
tabular = data[['data/helpful_votes', 'data/total_votes', 'data/star_rating']]
body_text = data['data/review_body']
head_text = data['data/review_headline']
```

```
target = data['data/verified_purchase']
```

首先对文本语料进行向量化处理（见代码清单 5 – 17）。

代码清单 5 – 17 对文本语料进行向量化处理

```
SEQ_LEN, MAX_TOKENS = 64, 1024
EMBEDDING_DIM = 32


vectorize = tensorflow.keras.layers.TextVectorization(max_tokens = MAX_TOKENS,
                                                      output_sequence_length =
                                                      SEQ_LEN)
vectorize.adapt(pd.concat([body_text, head_text]))


vec_body_text = vectorize(body_text)
vec_head_text = vectorize(head_text)
```

之后，可以将数据集拆分为适当的训练集和验证集（见代码清单 5 – 18）。

代码清单 5 – 18 训练集 – 验证集拆分

```
TRAIN_SIZE = 0.8
train_ indices = np.random.choice(data.index, replace = False, size = round
(TRAIN_SIZE * len(data)))
valid_indices = np.array([i for i in data.index if i not in train_indices])


tabular_train, tabular_valid = tabular.loc[train_indices], tabular.loc[valid_
indices] body _ text _ train, body _ text _ valid = vec _ body _ text.numpy()[train_
indices], vec_body_text. numpy()[valid_indices]
head_text_train, head_text_valid = vec_head_text.numpy()[train_indices],
vec_head_text. numpy()[valid_indices]
target_train, target_valid = target[train_indices], target[valid_indices]
```

为了构建模型（见代码清单 5 – 19 和图 5 – 44），构建几个头部来独立处理每个组件，然后进行向量连接和连续处理。为了简单起见，在评论正文文本输入和评论标题文本输入之间使用共享嵌入。注意，虽然两者有相同的嵌入，但它们是独立处理的。

代码清单 5 – 19 构建多模态循环模型

```
body_inp = L.Input((SEQ_LEN,), name = 'body_inp')
head_inp = L.Input((SEQ_LEN,), name = 'head_inp')


embed = L.Embedding(MAX_TOKENS, EMBEDDING_DIM)
body_embed = embed(body_inp)
head_embed = embed(head_inp)


body_lstm1 = L.GRU(16, return_sequences = True)(body_embed)
body_lstm2 = L.GRU(16)(body_lstm1)
```

```
head_lstm = L.GRU(16)(head_embed)

tab_inp = L.Input((3,), name = 'tab_inp')
tab_dense1 = L.Dense(8, activation = 'relu')(tab_inp)
tab_dense2 = L.Dense(8, activation = 'relu')(tab_dense1)

concat = L.Concatenate()([body_lstm2, head_lstm, tab_dense2])
outdense1 = L.Dense(16, activation = 'relu')(concat)
outdense2 = L.Dense(16, activation = 'relu')(outdense1)
out = L.Dense(1, activation = 'sigmoid')(outdense2)


model = keras.models.Model(inputs = [body_inp, head_inp, tab_inp], outputs = out)
```

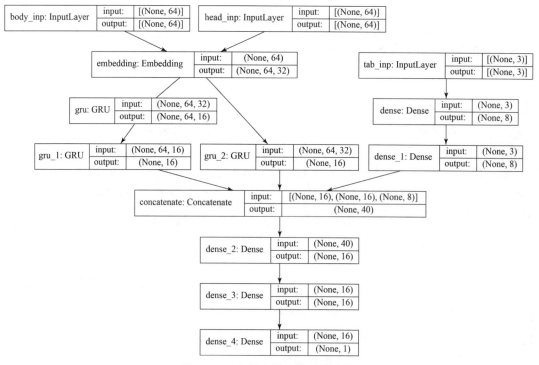

图 5-44　多模态循环模型的架构

现在考虑另一个例子：基于新闻的股票预测。股票预测通常被视为直接的预测问题，其中模型试图在给定 $\{t_{n-w}, t_{n-w+1}, \cdots, t_{n-1}\}$ 的窗口大小 w 下预测时间点 t_n 的值。然而，以这种方式预测时间序列是很难的。最近的研究表明，将描述消费者情绪和相关因素状况的其他数据源纳入其中，可以显著提高股票预测的准确性（正如人们预期的那样，因为它捕捉了外部的影响因素）。因此，许多股票模型结合了消费者情绪指数和其他精心获得的测量数据。然而，通过深度学习，可以直接构建解释和理解与股票价格相关的文本数据的模型。

Kaggle 上的"用于股市预测的每日新闻"数据集（www.kaggle.com/datasets/aaron7sun/

stocknews）提供了 r/worldnews 子论坛中当天的头条新闻，以及当天的道琼斯工业平均指数（DJIA）。为模型提供的不仅是前 w 个时间步 $\{t_{n-w}, t_{n-w+1}, \cdots, t_{n-1}\}$ 的 DJIA，还包括时间步 t_n 的前 3 个头条新闻。目标是预测 t_n 时刻的 DJIA。在这个特定的例子中，所有输入都是按顺序的，但序列的类型和上下文并不统一。

为了准备数据集，读取数据集，仅选择当天的前 3 个头条新闻，并进行合并（见代码清单 5 – 20 和图 5 – 45）。由于 DJIA 的值跨度很大，所以将目标值缩小为原来的 1/100。

代码清单 5 – 20　读取多模态股票数据

```
news = pd.read_csv('../input/stocknews/Combined_News_DJIA.csv')
news = news[['Top1', 'Top2', 'Top3', 'Date']]
stock = pd.read_csv('../input/stocknews/upload_DJIA_table.csv')
data = news.merge(stock, how = 'inner', left_on = 'Date', right_on = 'Date')
stock = data[['Open', 'High', 'Low', 'Close']]
stock /= 100
```

	Top1	Top2	Top3	Date
0	b"Georgia 'downs two Russian warplanes' as cou...	b'BREAKING: Musharraf to be impeached.'	b'Russia Today: Columns of troops roll into So ...	2008-08-08
1	b'Why wont America and Nato help us? If they w...	b'Bush puts foot down on Georgian conflict'	b'Jewish Georgian minister: Thanks to Israeli ...	2008-08-11
2	b'Remember that adorable 9-year-old who sang a...	b"Russia 'ends Georgia operation'"	b"'If we had no sekual harassment we would hav...	2008-08-12
3	b' U.S. refuses Israel weapons to attack Iran:...	b"When the president ordered to attack Tskhinv...	b'Israel clears troops who killed Reuters cam...	2008-08-13
4	b'All the experts admit that we should legalis...	b'War in South Osetia - 89 pictures made by a ...	b'Swedish wrestler Ara Abrahamian throws away...	2008-08-14
...	...	...	...	...
1984	Barclays and RBS shares suspended from trading...	Pope says Church should ask forgiveness from g...	Poland 'shocked" by xenophobic abuse of Poles...	2016-06-27
1985	2,500 Scientists To Australia: If You Want To ...	The personal details of 112,000 French police ...	S&P cuts United Kingdom sovereign credit r...	2016-06-28
1986	Explosion At Airport In Istanbul	Yemeni former president: Terrorism is the offs...	UK must accept freedom of movement to access E...	2016-06-29
1987	Jamaica proposes marijuana dispensers for tour...	StephenHavking says pollution and 'stupidity'..	Boris Johnson says he will not run for Tory pa...	2016-06-30
1988	A 117-year-old woman in Mexico City finally re...	IMF chief backs Athens as permanent Olympic host	The president of France says if Brexit won, so...	2016-07-01

图 5 – 45　热门新闻头条示例

接下来，准备股票历史组件（见代码清单 5 – 21）。假设窗口长度为 20，在 x_stock 中存储 20 个时间步的值，并将第 21 个时间步的值存储在 y_stock 中。在数据集中的每个有效的起始时间步重复这个过程。这是标准的"下一个时间步"建模范式。同时，相应地选择相关的头条新闻。

代码清单 5 – 21　将股票数据与顶部文本数据进行窗口处理

```
WINDOW_LENGTH = 20
x_stock = np.zeros((len(stock) - WINDOW_LENGTH,
```

```
                              WINDOW_LENGTH,
                          len(stock.columns)))
y_stock = np.zeros((len(stock) - WINDOW_LENGTH, len(stock.columns)))

for i in range(len(stock) - WINDOW_LENGTH):
    x_stock[i] = np.array(stock.loc[i:i+WINDOW_LENGTH-1])
    y_stock[i] = np.array(stock.loc[i+WINDOW_LENGTH])


data = data.loc[WINDOW_LENGTH:]
top1_text, top2_text, top3_text = data['Top1'], data['Top2'], data['Top3']
```

另外，需要像之前一样对前 3 条头条新闻进行向量化处理（见代码清单 5 – 22）。

代码清单 5 – 22　对头条新闻进行向量化处理

```
SEQ_LEN, MAX_TOKENS = 64, 1024
EMBEDDING_DIM = 32


vectorize = tensorflow.keras.layers.TextVectorization(max_tokens=MAX_TOKENS,
                                        output_sequence_length=
                                        SEQ_LEN)
vectorize.adapt(pd.concat([top1_text, top2_text, top3_text]))


top1_text = vectorize(top1_text)
top2_text = vectorize(top2_text)
top3_text = vectorize(top3_text)
```

需要将数据集拆分成训练集和验证集（见代码清单 5 – 23）。由于这是一个预测问题，所以不会使用标准的随机训练集 – 验证集拆分，以防止数据泄露。相反，在前 80% 的数据上进行拟合，并在最后 20% 的数据上进行评估。为每个相关变量生成训练集和验证集（还有其他方法可以做到这一点——exec（执行命令）是一种廉价的技巧，它把字符串当作 Python 代码运行，以避免手动变量赋值）。

代码清单 5 – 23　训练集 – 验证集拆分

```
variables = ['x_stock', 'y_stock', 'top1_text', 'top2_text', 'top3_text']
train_prop = 0.8
train_index = round(train_prop * len(data))


for variable in variables:
    exec(f'{variable}_train = {variable}[:{train_index}]')
    exec(f'{variable}_valid = {variable}[{train_index}:]')
```

该模型具有 3 个文本输入和 1 个时间序列输入（见代码清单 5 – 24 和图 5 – 46）。

代码清单 5 – 24　构建多模态文本、时间序列和表格数据模型

```python
top1_inp = L.Input((SEQ_LEN,), name = 'top1')
top2_inp = L.Input((SEQ_LEN,), name = 'top2')
top3_inp = L.Input((SEQ_LEN,), name = 'top3')

embed = L.Embedding(MAX_TOKENS, EMBEDDING_DIM)
top1_embed = embed(top1_inp)
top2_embed = embed(top2_inp)
top3_embed = embed(top3_inp)

lstm1 = L.LSTM(32, return_sequences = True)
top1_lstm1 = lstm1(top1_embed)
top2_lstm1 = lstm1(top2_embed)
top3_lstm1 = lstm1(top3_embed)

top1_lstm2 = L.LSTM(32)(top1_lstm1)
top2_lstm2 = L.LSTM(32)(top2_lstm1)
top3_lstm2 = L.LSTM(32)(top3_lstm1)

concat = L.Concatenate()([top1_lstm2, top2_lstm2, top3_lstm2])
concat_dense = L.Dense(16, activation = 'relu')(concat)

stock_inp = L.Input((WINDOW_LENGTH, 4), name = 'stock')
stock_cnn1 = L.Conv1D(8, 5, activation = 'relu')(stock_inp)
stock_lstm1 = L.LSTM(8, return_sequences = True)(stock_cnn1)
stock_lstm2 = L.LSTM(8)(stock_lstm1)

joint_concat = L.Concatenate()([concat_dense, stock_lstm2])
joint_dense1 = L.Dense(16, activation = 'relu')(joint_concat)
joint_dense2 = L.Dense(16, activation = 'relu')(joint_dense1)
out = L.Dense(4, activation = 'relu')(joint_dense2)

model = keras.models.Model(inputs = {'top1': top1_inp,
                                     'top2': top2_inp,
                                     'top3': top3_inp,
                                     'stock': stock_inp},
                           outputs = out)
```

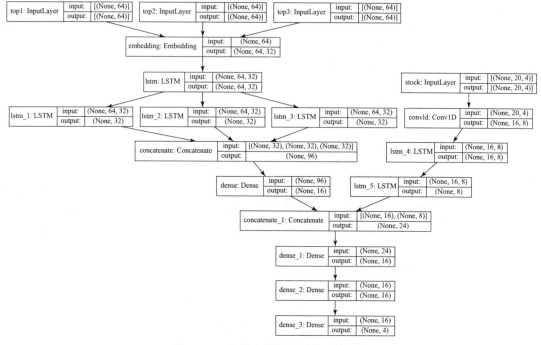

图 5 – 46　多模态股票预测模型的架构

因此，可以相应地编译和拟合模型（见代码清单 5 – 25）。

代码清单 5 – 25　编译和拟合模型

```
model.compile(optimizer = 'adam', loss = 'mse', metrics = ['mae'])


model.fit(x = { 'top1': top1_text_train,
            'top2': top2_text_train,
            'top3': top3_text_train,
            'stock': x_stock_train},
        y = y_stock_train,
        validation_data = ({ 'top1': top1_text_valid,
                        'top2': top2_text_valid,
                        'top3': top3_text_valid,
                        'stock': x_stock_valid},
                        y_stock_valid),


        batch_size = 128,

        epochs = 20)
```

　　在本书的这一部分，读者已经看到了足够多的多模态建模示例，能够构建适用于各种输入类型（表格、图像、文本、序列）的有效架构。对包含表格数据的问题建模时，多模态兼容性是深度学习模型的一个强大特性之一。

直接表格循环建模

回顾第 4 章，能够将一维和二维卷积应用于表格数据，尽管卷积操作设计用于处理图像，或者更一般地说，在具有空间连续语义的值结构上操作。也就是说，图像中的像素之间存在某种固有的空间关系，或者序列中的值具有某种固有的顺序。尽管原始的表格数据通常不具备连续语义，但能够使用软排序策略使模型学习从无序表示到有序表示的映射。

可以使用类似的逻辑直接将循环模型应用于表格数据进行建模。与一维卷积类似，循环模型旨在处理序列数据或具有连续语义的数据。数据应该具有一定的有序特性，以便可以以循环的方式进行建模。然而，由于循环模型通常比卷积模型具有更多组件，所以可以使用更多的技术将循环层应用于表格数据。

一种新颖的建模范式

第 4 章介绍的方法可能已经看起来有些可疑。如何将用于图像的工具应用于几乎没有图像特性的数据上？作为回应，请注意，本书已经证明，将卷积处理技术应用于数据，同时让网络学习具有连续语义的表示，这在学习中开辟了新的元非线性，可以匹配或改进标准前馈建模技术的性能。然而，进一步扩展和操纵循环模型的能力，这种方式可能看起来被认为是不敬或不可接受的。

为了验证这种直觉，考虑以下理论模型（见图 5 - 47）。这里的关键原则是对传统建模应用范式的颠覆/逆转，鉴于前一章对这种非传统的、使用既定方法的实证工作和演示，希望这一原则是可理解的。传统上遵循的原则是，如果数据具有［属性］，则应用于［为具有该属性的数据构建的模型］。如果数据由图像组成，则应用卷积层。如果数据由文本组成，则应用循环/注意力层。

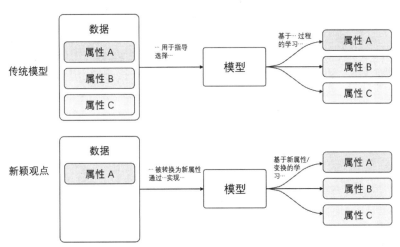

图 5 - 47　将操作视为变换而非仅是被动输入的新颖观点

然而，新颖观点是，也可以大胆地朝着另一个方向前进：如果将［为具有该属性的数据构建的模型］应用于［原始形式不具备该属性的数据］，那么数据就会实现［该属性］。也就是说，能够提取具有某种属性（例如连续语义）的原始数据的表示或信息投影，然后使用一系列新颖而强大的工具来处理这些数据，否则这些工具将被关闭。从这种建模的角度来看，模型的目的不是被动的（即与原始数据的性质相符），而是主动的（即推动/投影/转换数据到具有不同属性的新空间中，以便访问新的处理方法）。

优化序列

一种简单的方法是直接将表格数据视为具有连续语义的数据，并将其作为序列进行处理（见图 5 – 48）。也就是说，将特征向量的每个元素视为与特定时间步关联的元素，然后将其按照时间顺序输入循环层进行处理。

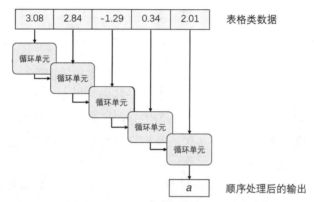

图 5 – 48　将循环层应用于表格数据（变量表示任意的输出）

可以任意实现这样的模型（见图 5 – 49），例如对先前在第 4 章中用于演示目的 54 个特征的森林覆盖数据集建模（见代码清单 5 – 26）。请注意，需要将输入重塑为（时间步

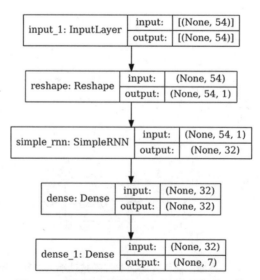

图 5 – 49　直接应用循环层到表格数据的架构

长数，与每个时间步长关联的向量元素）的形状，以便使用循环层。在这个特定的例子中，使用 32 个隐藏单元，这意味着循环网络将使用并返回一个 32 维向量，其中包含整个序列中的信息。循环层的 32 维输出可以通过全连接层进行解释，并映射到一个具有 7 个类别的 softmax 输出。

代码清单 5 – 26　直接将循环层应用于表格数据

```
inp = L.Input((54,))
reshape = L.Reshape((54,1))(inp)
rnn1 = L.SimpleRNN(32)(reshape)
predense = L.Dense(32, activation = 'relu')(rnn1)
out = L.Dense(7, activation = 'softmax')(predense)
model = keras.models.Model(inputs = inp, outputs = out)
```

如预期一样，这个模型的效果不好。这种方法类似在第 4 章中直接将卷积核应用于特征向量。相反，可以采用类似的方法解决这个问题，在神经网络的开头添加额外的全连接层（见图 5 – 50）。希望这些层能够将输入转换为具有连续语义的形式，这更容易被循环层读取。

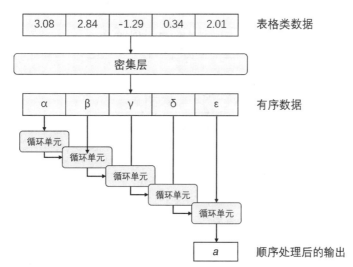

图 5 – 50　在应用循环层之前，应用由全连接层组成的一个软排序组件实现重新排序（注释：**"Recurrent Cell"** 缩写为 **"RNN Cell"**，但这并不一定意味着使用的是传统的循环单元，而是包括了 **GRU** 和 **LSTM** 单元，它们也是基本的循环单元）

可以在 Keras 中实现这一点，只需在神经网络开始部分添加更多的全连接层，然后重新调整形状并传递到循环层中（见代码清单 5 – 27 和图 5 – 51）。

代码清单 5 – 27　在应用循环层之前，使用由全连接层组成的软排序组件

```
inp = L.Input((54,))
dense1 = L.Dense(32, activation = 'relu')(inp)
dense2 = L.Dense(32, activation = 'relu')(dense1)
reshape = L.Reshape((32,1))(dense2)
rnn1 = L.SimpleRNN(32)(reshape)
```

```
predense = L.Dense(32, activation = 'relu')(rnn1)
out = L.Dense(7, activation = 'softmax')(predense)
model = keras.models.Model(inputs = inp, outputs = out)
```

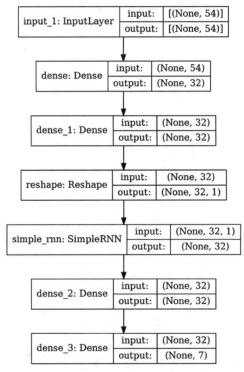

图 5 - 51　软排序循环模型的架构

　　此外，请注意，不需要将处理过的向量重新调整为单元向量序列。如果需要，可以将第二个全连接层的输出重新调整为形状为（8，4）的张量，其中每个时间步都与一个 4 个元素的向量关联。这样做更好，因为它能在每个时间步为循环单元提供更多信息，以形成更有根据的内部数据表示。在通常情况下，如果必须做出权衡，则更好的选择是在"垂直"方向上扩展信息（即在与每个时间步关联的向量之间添加新元素），而不是在"水平"/"时间"方向上扩展信息（即在时间步之间添加额外的时间步向量）。这是因为循环模型（即使是更复杂的模型）沿着时间轴信号会衰减。如果能够在每个时间步内提供更多信息，它就能提取并传播更多相关信息，而不是稀疏地分布在各时间步上（当然，这是有限制的，如果将所有信息分布在一个时间步或者其他非常少的时间步上，那么使用循环层的结构就没有多大意义了）。然而，为了简单起见，在本章剩余部分，使用"简单"的重塑方式（即从形状（a,）到（a，1）的转换），以突出其他移动部分，并尽量减少混淆。

　　全连接层提供了一种软排序的数据预处理方式。可以通过创建一个子模型（见代码清单 5 - 28；回顾第 4 章）来可视化两层全连接神经网络，将各种表格输入转换为循环层的输入。图 5 - 52 展示了将 10 个批次输入循环层产生的序列。请注意，大幅值在序列中的不同位置稀疏分布，这将导致循环层产生不同的读数。

代码清单 5 – 28   可视化学习到的序列表示

```
inp = L.Input((54,))
dense1 = model.layers[1](inp)
dense2 = model.layers[2](dense1)


submodel = keras.models.Model(inputs = inp, outputs = dense2)


i = 0


plt.figure(figsize = (10/2.5, 33/2.5), dpi = 400)
batch_prediction = submodel.predict(X_train[10*i:10*i + 10])
sns.heatmap(batch_prediction.reshape((32, 10)), cbar = False)
```

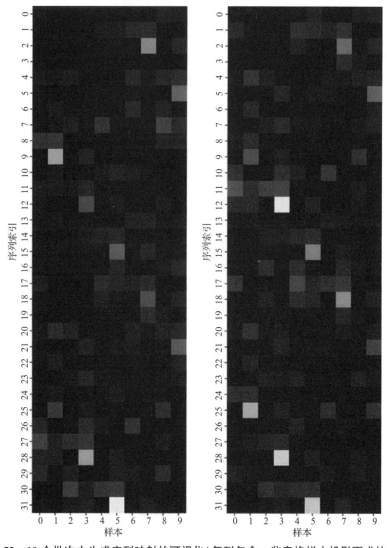

图 5 – 52   10 个批次中生成序列映射的可视化（每列包含一些表格样本投影而成的序列）

```
plt.xlabel('Sample')
plt.ylabel('Sequence Index')
plt.show()
```

　　然而，还可以做得更好——卷积层可以帮助以顺序方式处理输入（图 5 – 53）。由于卷积层是按顺序应用的，所以它可以在传递到循环层之前提取特征向量中的连续语义属性。这种功能增加了输入序列相对于其顺序/时间特性的表达能力。基于在前一章中讨论的直接建模设计，可以将其视为在直接建模设计中添加循环层的一种方式（在该设计中，将卷积应用于经过完全连接层处理的特征向量）。

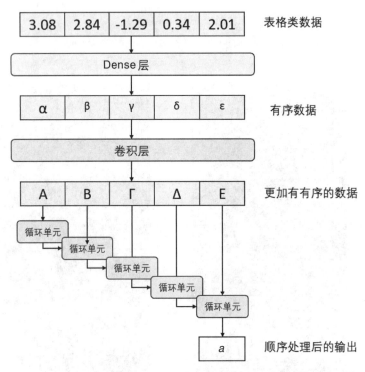

图 5 – 53　在使用循环层之前应用密集的软排序组件和一维卷积组件

　　此外，这种设计的优势在于能够以更自然的方式将更丰富的序列输入传递给循环层。在理想情况下，如前所述，循环层应该和与每个时间步关联的向量具有相同的尺寸，以提供其隐藏/内部表示的信息。可以简单地将完全连接向量重塑为这样的形状，但从某种意义上说，这是不自然的，因为完全连接层学习不同输出之间的复杂空间关系，而这种关系是线性映射的。当将一个"值网格"传递给循环层时，假设具有特定空间属性的某些元素与其他具有各自空间属性的元素之间存在特定关系。例如，当将一个元素网格传递给循环模型时，理解在某个时间步 t 和 $t+1$ 的矢量之间存在一个时间关系。然而，在每个向量内部的元素之间存在非时间关系。不能以同样的方式"比较"或"量化"第 0 ~ 1 个向量索引对和第 0 ~ 2 个向量索引对之间的关系，就像可以通过 0 ~ 1 个时间步和 0 ~ 2 个时间步的向量对之间的关系那样（即后者的"持续时间"是前者的 2 倍）。这些复杂的关系隐含在循环层对这些数据的处理中（见图 5 – 54）。

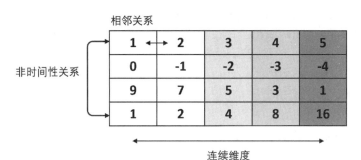

图 5－54　循环模型对数组中元素的假设关系的处理方式

读者可能看到尝试学习标准特征向量和这种复杂关系排列之间的映射的困难（见图 5－55）。

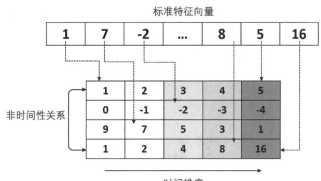

图 5－55　从标准表格特征向量中的高精度和非线性元素映射到具有循环关系的数组中的元素

然而，一维卷积操作的数据假设与循环层操作的数据假设非常相似。在这种表示中，每行都是一个序列，卷积窗口在这个序列上"滑动"，由不同的滤波器生成和读取（即通过不同的"镜头"或"视角"进行特征提取）（见图 5－56）。

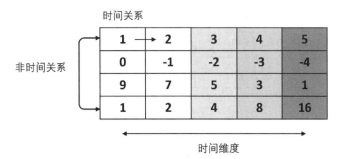

图 5－56　卷积模型处理数组中元素之间的假设关系

因此，可以通过使用卷积处理信息，并使用不同的滤波器扩展深度，从而更"自然地"为循环层提供更丰富和更"可读"的数据（逐个时间步地）（见代码清单 5－29 和图 5－57）。

代码清单 5－29　实现具有密集层、一维卷积层和循环层组件的模型

```
inp = L.Input((54,))
dense1 = L.Dense(32, activation = 'relu')(inp)
```

```
dense2  = L.Dense(32, activation = 'relu')(dense1)
reshape = L.Reshape((32,1))(dense2)
conv1  = L.Conv1D(16, 3)(reshape)
conv2  = L.Conv1D(16, 3)(conv1)
rnn1 = L.LSTM(16, return_sequences = True)(conv2)
rnn2 = L.LSTM(16)(rnn1)
predense = L.Dense(16, activation = 'relu')(rnn2)
out = L.Dense(7, activation = 'softmax')(predense)
model = keras.models.Model(inputs = inp, outputs = out)
```

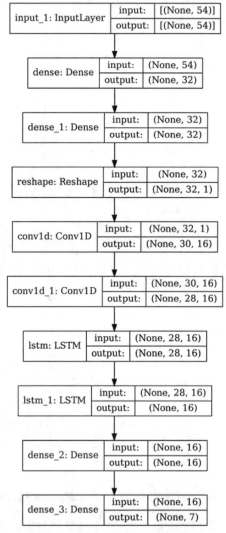

图 5 – 57　**Dense – 卷积 – 循环模型的架构**

当将原始的表格输入转换为循环层的输入（即最后一个卷积层的输出）时，可以观察到更高的活动性和信息丰富的信号。实际上，根据经验添加卷积层通常比仅具有相似参数的完全连接层的模型表现更好（见图 5 – 58）。

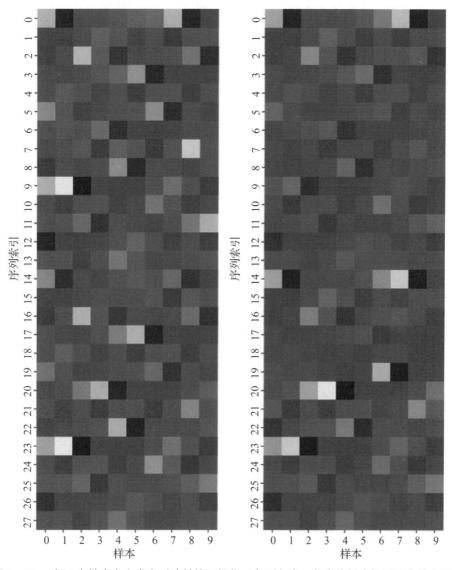

图 5-58 对 10 个批次中生成序列映射的可视化（每列包含一些表格样本投影而成的序列）

优化初始记忆状态（多个）

可以对循环机制开发另一个输入"入口"：初始隐藏状态。在 TensorFlow 中，初始隐藏状态被初始化为 0，但它随着从序列输入的元素中获取信息而发生变化，通过学习将原始表格输入循环单元的初始隐藏状态的优化转换，可以改变这种范式（见图 5-59）。将初始隐藏状态视为"画布"，将输入序列视为"画笔和颜料"。传统上，输入序列在每个时间步上"绘制"一个"空白画布"，且在每个时间步上应用新的层和细节。结果是一个由序列中所有时间步所组成的"绘画"。在这种情况下，画布不是以空白的形式初始化的。可以使用一个简单的输入序列（"简单的画笔和绘画策略"）来逐步修改"画布"。为了简单起见，这个"虚拟刺激序列"被可视化为零向量。在实践中，零向量是一个很差的刺激序列选择，因为无论学习的权重如何，它对原始隐藏状态的影响都很小。更好的选择是一个单位向量和 Transformer 风格的正弦位置编码。

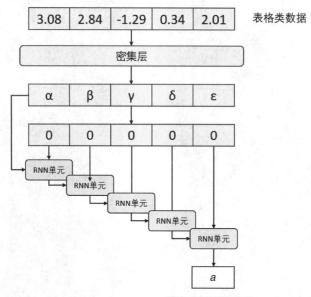

图 5 – 59　学习循环层的初始隐藏状态而不是其初始序列

此外，如果希望堆叠多个循环层，则还可以将第二个、第三个、第四个循环层等的初始状态作为原始表格输入的转换（可以与第一个循环层的学习初始隐藏状态关联）（见图 5 – 60）。这意味着原始表格输入的学习转换现在被双重解释，并产生了非常复杂和表达力强的拓扑非线性，而不需要太多参数。

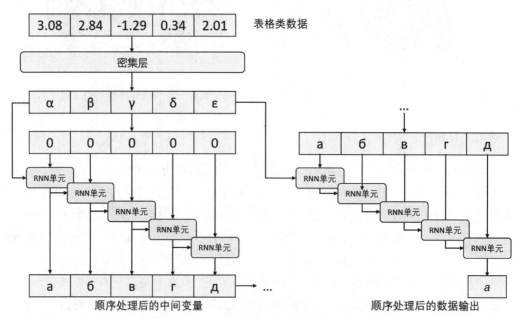

图 5 – 60　学习多循环层堆栈的初始状态

代码清单 5 – 30 和图 5 – 61 演示了一个多层的循环模型，其中只有第一循环层的初始隐藏状态作为原始表格输入的函数进行学习

代码清单 5 – 30　实现将表格输入映射到循环层初始状态的模型

```
init_hidden_vec = L.Input((54,), name = 'Init Hidden Vec')
init_inp_vec = L.Input((32,1), name = 'Init Inp Vec')
dense1 = L.Dense(16, activation = 'relu')(init_hidden_vec)
dense2 = L.Dense(16, activation = 'relu')(dense1)
rnn1 = L.GRU(16, return_sequences = True)(init_inp_vec, initial_state = dense2)

rnn2 = L.GRU(16)(rnn1)
predense = L.Dense(16, activation = 'relu')(rnn2)
out = L.Dense(7, activation = 'softmax')(predense)
model = keras.models.Model(inputs = [init_hidden_vec, init_inp_vec], outputs = out)
```

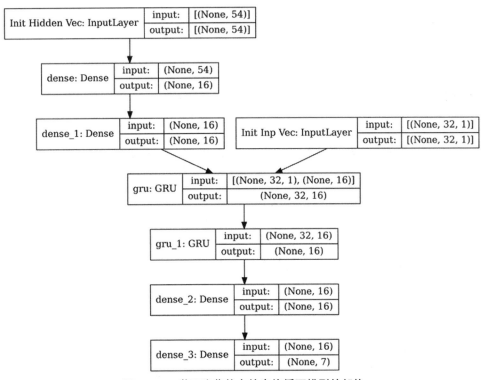

图 5 – 61　学习隐藏状态的表格循环模型的架构

可以将 initial_state = dense2 修改为第二个循环层，以创建一个双重连接（见图 5 – 62）。这样做提高了表达能力和连接性，通常在训练过程中会更快地产生更好的实证结果。

这种设计的优雅之处在于，它不需要经过转换的表格向量具有连续语义，但仍然能够产生按顺序进行信息传递/生成的结果。对于一个全连接的头部来说，学习这样的转换可能更"容易"。

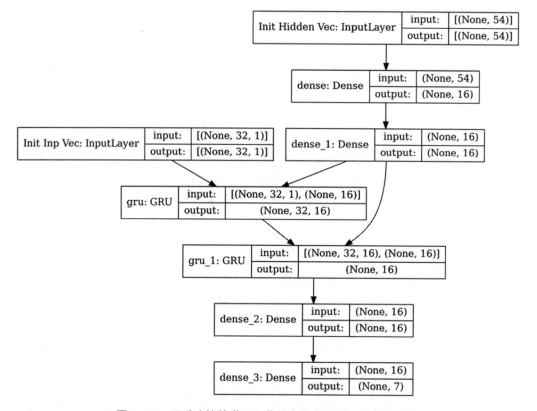

图 5 - 62   双重连接的学习隐藏状态的表格循环模型的架构

可以使用一个向量来编译和拟合模型（见代码清单 5 - 31）。

代码清单 5 - 31   编译和拟合模型

```
model.compile(optimizer = 'adam', loss = 'sparse_categorical_crossentropy',
              metrics = ['accuracy'])
model.fit([X_train, np.ones((len(X_train), 16, 1))],
          y_train, epochs = 20,
          validation_data = ([X_valid, np.ones((len(X_valid), 16, 1))],
                             y_valid),
          batch_size = BATCH_SIZE)
```

或者，可以选择一种更复杂的编码类型——类似 Transformer 的位置编码——生成一组正弦曲线，这样在任何时间步上，这些曲线的值足以告知模型大致处于哪个时间步，同时保持有界性（见图 5 - 63）。有关位置编码在 Transformer 中的使用的更多背景请参阅第 6 章。

这里进行一个简单的假设实现（见代码清单 5 - 32），生成了 4 个具有不同周期的正弦曲线，并将这个刺激序列存储为一个具有 32 个时间步（长度为 4）的向量序列。需要相应地调整模型架构，使 init_inp_vec = L.Input((32,4))。

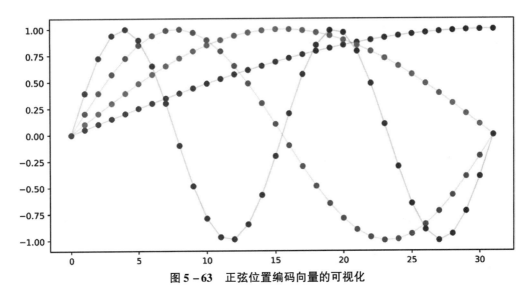

图 5 – 63　正弦位置编码向量的可视化

代码清单 5 – 32　使用 Transformer 风格的正弦位置编码进行训练

```
individ_seq = np.stack([np.sin(np.linspace(0, 1/2 * np.pi, 32)),
                        np.sin(np.linspace(0, np.pi, 32)),
                        np.sin(np.linspace(0, 2 * np.pi, 32)),
                        np.sin(np.linspace(0, 4 * np.pi, 32))],
                        axis = 1)
train_pos_encoding = np.stack([individ_seq] * len(X_train))
valid_pos_encoding = np.stack([individ_seq] * len(X_valid))


model.compile(optimizer = 'adam', loss = 'sparse_categorical_crossentropy',
              metrics = ['accuracy'])
model.fit([X_train, train_pos_encoding], y_train, epochs = 20,
          validation_data = ([X_valid, valid_pos_encoding], y_valid),
          batch_size = BATCH_SIZE)
```

将这些方法结合在一起，可以同时学习循环层的最佳初始隐藏状态和最佳输入序列
（见代码清单 5 – 33 和图 5 – 64、图 5 – 65）。

代码清单 5 – 33　实现一个同时学习输入序列和输入隐藏状态的模型

```
init_vec = L.Input((54,))


dense1 = L.Dense(32, activation = 'relu')(init_vec)
dense2 = L.Dense(32, activation = 'relu')(dense1)
reshape = L.Reshape((32,1))(dense2)
conv1 = L.Conv1D(16, 3)(reshape)
conv2 = L.Conv1D(16, 3)(conv1)


hidden_dense1 = L.Dense(16, activation = 'relu')(init_vec)
```

```
hidden_dense2 = L.Dense(16, activation = 'relu')(hidden_dense1)

rnn1 = L.GRU(16, return_sequences = True)(conv2, initial_state = hidden_dense2)
rnn2 = L.GRU(16)(rnn1)

predense = L.Dense(16, activation = 'relu')(rnn2)
out = L.Dense(7, activation = 'softmax')(predense)
model = keras.models.Model(inputs = init_vec, outputs = out)

model.compile(optimizer = 'adam', loss = 'sparse_categorical_crossentropy',
              metrics = ['accuracy'])

model.fit(X_train,y_train,epochs = 20,
          validation_data = (X_valid,y_valid),
          batch_size = BATCH_SIZE)
```

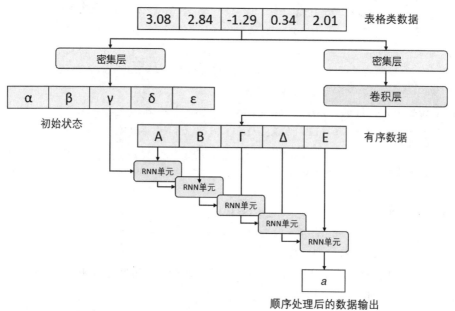

图 5 - 64　模型示意

与之前一样，可以将第一个循环层学习到的初始隐藏状态连接到第二个循环层中（见图 5 - 66）。

此外，还可以创建另一个分支，独立地学习第二个循环层的最佳（不同的）初始隐藏状态（见图 5 - 67）。这样可以减少在处理复杂问题时可能出现的表达能力限制。

LSTM 模型具有记忆单元状态和隐藏状态，因此适用于更复杂的系统，其中神经网络可以同时从原始表格数据中获取最佳的序列输入、初始隐藏状态和初始单元状态，并将所有组成部分整合在一个强大的循环层堆叠中（见图 5 - 68）。

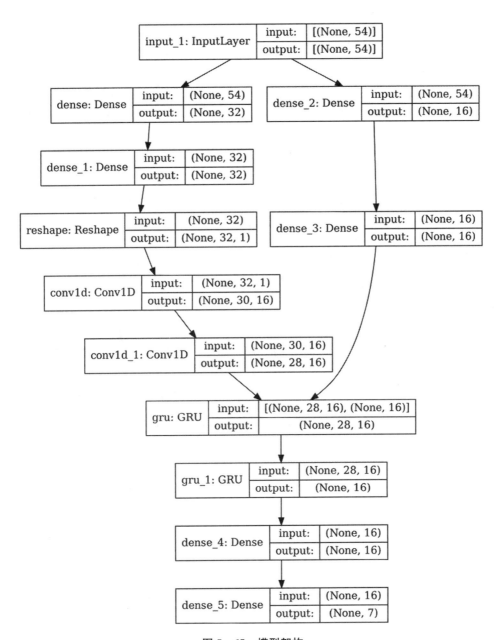

图 5 – 65　模型架构

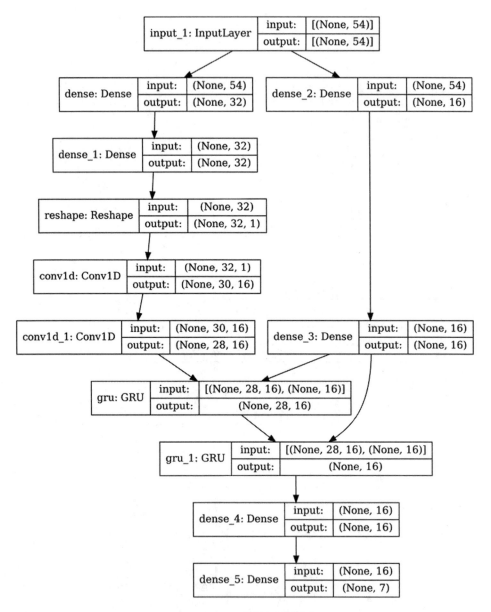

图 5 - 66　双重连接模型架构

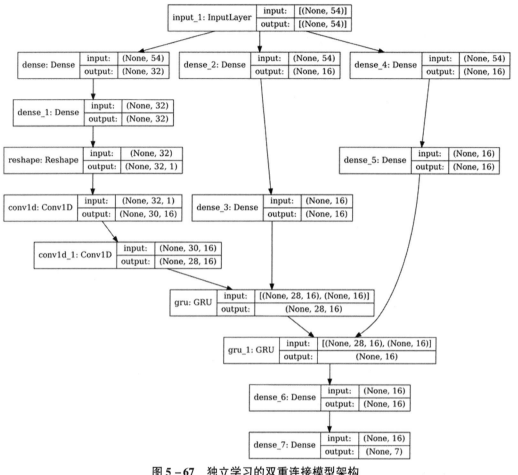

图 5-67 独立学习的双重连接模型架构

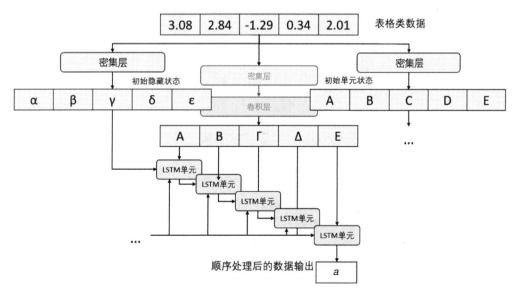

图 5-68 学习 LSTM 模型的记忆单元状态、隐藏状态和输入序列 [记忆单元状态在底部表示为单个通道，在整个序列中传播以进行可视化（尽管略微不准确）]

代码清单 5 – 34 和图 5 – 69 展示了这样一种实现。

代码清单 5 – 34　实现一个 LSTM 模型，在其中学习所有相关的输入

```
init_vec = L.Input((54,))

dense1 = L.Dense(32, activation = 'relu')(init_vec)
dense2 = L.Dense(32, activation = 'relu')(dense1)
reshape = L.Reshape((32,1))(dense2)
conv1 = L.Conv1D(16,3)(reshape)
conv2 = L.Conv1D(16,3)(conv1)

hidden_dense1 = L.Dense(16, activation = 'relu')(init_vec)
hidden_dense2 = L.Dense(16, activation = 'relu')(hidden_dense1)

cell_dense1 = L.Dense(16, activation = 'relu')(init_vec)
cell_dense2 = L.Dense(16, activation = 'relu')(cell_dense1)

rnn1 = L.LSTM(16, return_sequences = True)(conv2, initial_state = [hidden_
dense2, cell_dense2])
rnn2 = L.LSTM(16)(rnn1)
predense = L.Dense(16, activation = 'relu')(rnn2)
out = L.Dense(7, activation = 'softmax')(predense)
model = keras.models.Model(inputs = init_vec, outputs = out)

model.compile(optimizer = 'adam', loss = 'sparse_categorical_crossentropy',
metrics = ['accuracy'])

model.fit(X_train,y_train,epochs = 20,
          validation_data = (X_valid,y_valid),
          batch_size = BATCH_SIZE)
```

　　如前所述，还可以在学习到的最佳初始隐藏状态和记忆单元状态之间以及循环层堆叠的不同层级之间添加多个连接。

　　应该退后一步，欣赏目前所达到的架构。仔细思考可以发现，对于直接将循环模型应用于表格数据的主要犹豫是，似乎没有一种有效的方式让表格数据以"自然"的方式通过循环模型。在这个最终的模型中，表格数据被用于控制表格模型的所有组件：初始状态、随时间的变换和最终的解释。在这个意义上，它与前馈层一样具有表达能力，但它提供了一个重要的支架，以形成贯穿时间的思想发展。

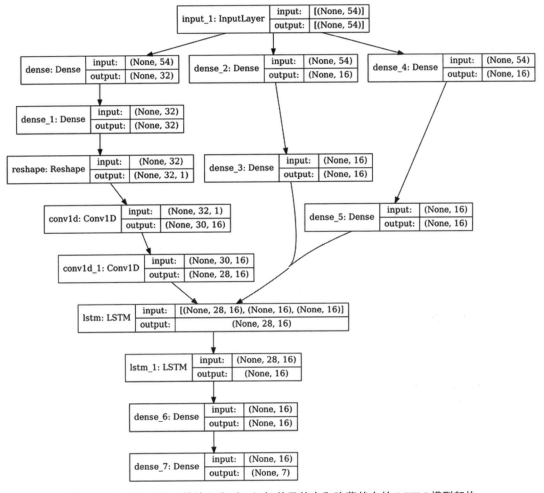

图 5－69 具有可学习的输入序列、记忆单元状态和隐藏状态的 LSTM 模型架构

进一步的资源

这些都是新颖的方法，对于任何一个特定案例可能有效，也可能无效。然而，它们在几个关键领域已经展现出了潜力。即使读者对本章提出的架构和技术的有效性或正确性并不完全认同，也希望这些参考文献中更深层次的思考能够鼓励读者在建模过程中更加灵活和具有创新精神。

以下参考文献是循环模型表格数据上成功应用的示例，可能具有参考价值。

Althubiti, S. A., Nick, W., Mason, J. C., Yuan, X., & Esterline, A. C. (2018). Applying Long Short － Term Memory Recurrent Neural Network for Intrusion Detection. SoutheastCon 2018, 1 － 5.

Kim, J., Kim, J., Thu, H. L., & Kim, H. (2016). Long Short Term Memory Recurrent

Neural Network Classifier for Intrusion Detection. 2016 International Conference on Platform Technology and Service (PlatCon), 1–5.

Le, T., Kim, J., & Kim, H. (2017). An Effective Intrusion Detection Classifier Using Long Short – Term Memory with Gradient Descent Optimization. 2017 International Conference on Platform Technology and Service (PlatCon), 1–6.

Nikolov, D., Kordev, I., & Stefanova, S. (2018). Concept for network intrusion detection system based on recurrent neural network classifier. 2018 IEEE XXVII International Scientific Conference Electronics – ET, 1–4.

Prajyot, M. A. (2018). Review on Intrusion Detection System Using Recurrent Neural Network with Deep Learning.

Wang, S., Xia, C., & Wang, T. (2019). A Novel Intrusion Detector Based on Deep Learning Hybrid Methods. 2019 IEEE 5th Intl Conference on Big Data Security on Cloud (BigDataSecurity), IEEE Intl Conference on High Performance and Smart Computing, (HPSC) and IEEE Intl Conference on Intelligent Data and Security (IDS), 300–305.

有关示例代码，请参考 Kaggle 用户 Kouki 在 "Mechanisms of Action" 比赛中的解决方案，该解决方案使用了循环表格模型 (www. kaggle. com/code/kokitanisaka/moa – ensemble/notebook? scri ptVersionId =48123609)。

关键知识点

本章讨论了 3 种流行的循环模型形式，展示了循环模型在文本、时间序列和多模态数据上的应用，并提出了几种将循环层直接应用于表格数据的方法。

- 循环神经元通过将上一个时间戳的输出作为隐藏状态与当前时间戳的输入结合，迭代地处理序列数据。这使模型能够有效地学习有序序列中的模式。
- LSTM 通过解决梯度消失问题改进了标准循环神经元。它使用门控机制，允许模型从较早的时间戳中获取关键信息，使梯度仍然能够回溯到起始时间戳并保留有意义的信息。
- 循环模型中的梯度爆炸问题可以通过梯度裁剪来解决。
- GRU 是对 LSTM 的修改，它通过去除 LSTM 的长期记忆单元并引入更新门和重置门作为一种更便宜的替代方法，简化了训练过程。
- 使用循环层对文本数据建模的一般步骤如下：对文本数据进行向量化，通过嵌入层获取嵌入向量，然后经过一系列循环层。
- 时间序列预测有 3 种常见模式：下一时间步预测、时间相关的目标预测和时间独立的目标预测。深度学习方法在处理高频时间序列数据（例如高频股票数据或音频文件）方面表现良好。这类架构通常采用卷积头来"平滑"并提取富含信息的关键序列，供循环层堆栈处理。

- 通过构建多输入神经网络架构，可以创建同时接收不同数据模态的模型。这可以用于处理既有文本组件又有表格组件的数据，这在在线平台和商业数据科学环境中很常见。

- 为了理解将循环模型（以及其他非传统机制）直接应用于表格数据的前提、动机和合理性，必须摒弃传统建模范式"如果数据具有［属性］，则应用于［为具有该属性的数据构建的模型］"的思维方式，而是转变为"如果将［为具有该属性的数据构建的模型］应用于［原始形式中不具备该属性的数据］，那么生成的数据将实现［属性］"。通过假设此类属性的机制所引起的新属性的实现，打开了新技术和新方法的大门。

- 通过在输入循环层之前使用全连接层来处理表格输入，可以将表格输入映射到最佳的顺序表示。在输入循环层堆栈之前应用卷积层可以促进连续语义的实现。

- 可以通过全连接层学习神经网络的最佳初始隐藏状态，并在虚拟刺激序列（一个向量、变换器式位置编码等）上运行，以产生有序的结果。这种方法不需要假定机制的"输入"（即学习到的最佳隐藏状态）是有序的，但仍能产生有序的结果，可由另一个循环层按顺序处理。

- 通过结合前面讨论的两种方法，可以构建一个模型，从表格输入推导出最佳输入序列和最佳隐藏状态（以及 LSTM 模型的最佳记忆单元状态）。这样，循环建模机制就能在与输入相关的重连接中得到信息和优化，并提高了表现力和拓扑复杂性/非线性。

下一章将在循环模型的基础上进一步探索注意力机制，包括它最初作为循环模型的增强机制的引入方式、在 Transformer 架构中的关键作用，以及如何将其应用于表格数据。

第**6**章

将注意力机制应用于表格数据

信息的丰富造就了注意力的贫乏。

——赫伯特·A. 西蒙（Herbert A. Simon），政治科学家、经济学家和早期人工智能先驱

与第 3~5 章讨论的前馈、卷积和循环机制相比，注意力机制在深度学习中的流行时间非常短。尽管流行时间不长，但它已成为现代自然语言处理模型的基础。此外，它还是一种非常自然的机制，不仅可以计算语言序列中标记之间的关系，还可以计算表格数据集中特征之间的关系，这也是为什么最近有很多关于深度学习表格数据方法的研究都集中在注意力机制上。

本章从注意力机制最初的引入和发展背景开始（即自然语言），在 Keras 中实现注意力机制（包括"从头开始"和使用现成可用的层两种方式），并通过在模型上使用合成数据集来演示其行为以便理解。然后，展示如何将注意力机制与第 5 章中讨论的循环语言模型和多模态模型结合，并直接应用于表格数据集。最后，介绍最近研究中的 4 种表格深度学习模型的设计——TabTransformer、TabNet、SAINT 和 ARM – Net。

注意力机制理论

本部分将追踪注意力机制的迅猛崛起——从它作为循环模型的序列对齐器开始，到发展为几乎所有现代语言模型的基础。在此过程中，读者将获得关于注意力机制的宝贵理论知识，了解其运作方式，基于此，探讨将其应用于表格数据的原因成为一个自然的想法。

注意力机制

注意力机制目前在深度学习领域很受欢迎，它由 Bahdanau、Cho 和 Bengio 在 2015 年引入[1]，旨在解决大型语言翻译任务中的依赖性遗忘问题。考虑将序列 x 翻译成 y 的问题：$\{x_0, x_1, \cdots, x_{n-1}\} \rightarrow \{y_0, y_1, \cdots, y_{n-1}\}$（见图 6-1）。假设 y_{n-1} 在很大程度上依赖于 x_0，也就是说，最后的输出在很大程度上依赖于第一个输入。因为在普通循环单元中，隐藏状态在每个时间步都会通过单元进行传递，所以信号会丢失和被稀释。LSTM 网络通过添加额外的单元状态通道来解决这个问题，这允许信号在较长的序列上传播时受到较少的阻碍。但是，假设 y_0 在很大程度上依赖于 x_{n-1}，也就是说，第一个输出在很大程度上依赖于最后一个输入（这种长程依赖在语言中很常见）。由于循环机制按顺序处理序列，所以无法"向前看"。双向模型通过同时向前和向后阅读来解决这个问题。

然而，它仍然是以顺序的方式在任一方向上读取：如果某个输出标记 y_k 同时依赖于 x_0 和 x_{n-1}，而另一个输出标记 y_j 同时依赖于 x_1 和 x_{n-2}，那么 x_0 和 x_{n-1} 的信号能否既"到达" y_k 的预测，又"传递" x_1 和 x_{n-2} 的信号到 y_j？如果存在一个双重依赖关系，即其中一个时间步的决策依赖于另一个时间步的决策，而后者本身又依赖于原始时间步（见图 6-2），那么会发生什么情况？

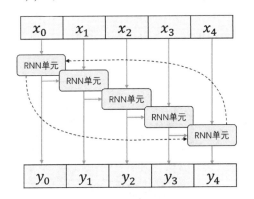

图 6-1　文本序列中的长期依赖关系示例

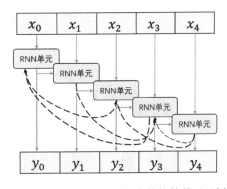

图 6-2　文本序列中更复杂的依赖关系示例

可以发现长程依赖的潜在问题，即使带有记忆单元状态和双向升级的循环模型也无法完全捕捉到这种问题。总会存在无法解决的依赖关系。从根本上讲，跟踪依赖关系的问题仍然是按顺序解决的。这使得复杂的短程和长程序依赖关系难以跟踪，这些依赖关系决定了序列的意义和重要性。因此，在循环模型中，经常观察到依赖关系的遗忘，以及序列到序列任务上的相对较差的效果。

简而言之，注意力的思想是直接建模时间步之间的依赖关系，而不会受到必然的顺序处理方向的阻碍（见图 6-3）。

在 Bahdanau 等人引入注意力机制之前，序列到序列建模任务使用了一种编码器-解码器结构，其中循环堆栈编码器对输入序列进行编码，而循环解码器将

	x_0	x_1	x_2	x_3	x_4
y_0					
y_1					
y_2					
y_3					
y_4					

图 6-3　注意力机制计算两个序列的
时间步之间的注意力得分的可视化

编码解释为新的输出序列领域（见图 6 - 4）。Bahdanau 等人将注意力机制应用于这样的编码器 - 解码器循环结构中。编码器在时间步 i 输出一个隐藏状态 $\boldsymbol{h}_i$（可以将其视为 return_sequences = True）。可以将某个时间步 t 输出的上下文向量，生成为各隐藏状态的加权和（在所有时间步上）：

$$\boldsymbol{c}_t = \sum_{i=0}^{n-1} \alpha_{t,i}\boldsymbol{h}_i$$

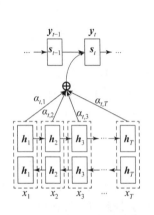

图 6 - 4　使用注意力机制将相关的时间步与双向循环层的隐藏状态对齐（引自 Bahdanau 等人的研究）

其中，权重 $\alpha_{t,i}$ 是对齐得分。这个得分是由另一个具有单个隐藏层的前馈神经网络学习得到的，它表示每个隐藏状态对于预测该时间步的输出的重要程度。换句话说，对齐得分衡量了编码器隐藏状态 $\boldsymbol{h}_i$ 所表示的时间步 i 的输入与解码器隐藏状态 $\boldsymbol{s}_t$ 所表示的时间步 t 的输出 y_t 之间的"匹配程度"或"相关性"。计算对齐得分的神经网络接收当前解码器隐藏状态 $\boldsymbol{s}_t$ 与当前编码器隐藏状态 $\boldsymbol{h}_i$ 拼接后的输入来计算得分。这生成了一个类似图 6 - 5 所示的网格状的得分集合，其中获得了每个输入和输出时间步组合的依赖得分。然后，这个由隐藏状态序列的所有相关部分共同决定的上下文向量在适当的时间步传递给解码器进行预测。

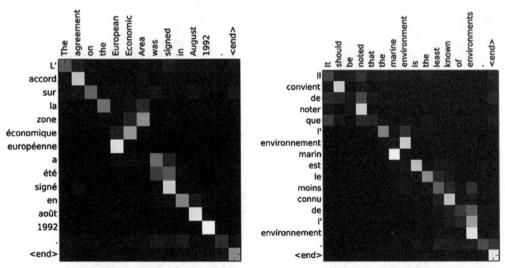

图 6 - 5　法语时间步和英文翻译之间的注意力矩阵（请注意相关单词之间的对应关系，这称为"学习对齐"。例如，在法语中，"zone économique européenne"与"European Economic Area"以非直接的方式对齐；引自 Bahdanau 等人的研究）

然而，有其他方式来计算对齐得分。点积注意力（由 Luong 等人在 2015 年引入）简单地对解码器隐藏状态 $\boldsymbol{s}_t$ 和编码器隐藏状态 $\boldsymbol{h}_i$ 之间的点积计算得分：$\text{score}(\boldsymbol{s}_t, \boldsymbol{h}_i) = \boldsymbol{s}_t^{\mathrm{T}}\boldsymbol{h}_i$。这样做可以避免使用另一个前馈网络学习对齐得分，但需要编码器和解码器的隐藏状态已经相互"校准"，以使点积有"意义"。点积注意力和加性注意力具有相同的理论复杂性，但由于矩阵乘法执行优化，点积注意力在实践中更快且更常用。缩放点积（由 Vaswani 等人在 2017 年引入）添加了一个缩放因子：$\text{score}(s_t, h_i) = (s_t^{\mathsf{T}} h_i) / \sqrt{n}$，其中 n 是隐藏状态的长度。这种缩放是一种技术技巧，允许较小的梯度通过 softmax 函数，softmax 函数在计算后应用于得分集。

论文《谷歌神经机器翻译（GNMT）》[2] 由 Wu 等人于 2016 年发表，该论文使用了具有 Bahdanau 风格注意力机制的循环编码器－解码器架构进行翻译（见图 6－6）。编码器－解码器架构各由 8 个 LSTM 层组成，每个 LSTM 层用于"捕捉源语言和目标语言中的细微不规则性"。

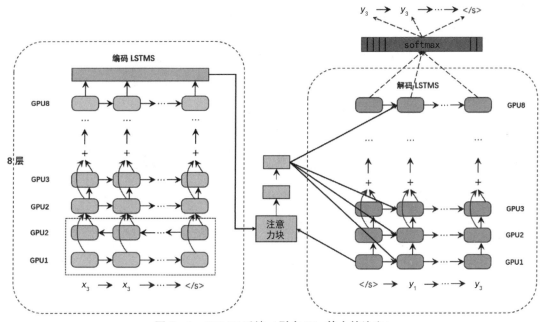

图 6－6　GNMT 系统（引自 Wu 等人的论文）

Wu 等人对 LSTM 层进行了一些修改。为了促进更大的梯度流动，GNMT 系统使用残差 LSTM，而不是传统的堆叠 LSTM（见图 6－7）。残差 LSTM 将某个时间步的原始输入添加到相应的隐藏状态输出中，使隐藏状态对输入和期望输出之间的差异进行建模，而不是对输出本身进行建模（在 Keras 中，可以通过将 keras. layers. Add 应用于原始输入和隐藏状态序列输出来实现这一点。）

此外，Wu 等人在编码器的第一层使用了双向 LSTM，以最大化后续层所获得的上下文信息（见图 6－8）。

Transformer 架构

2017 年，Vaswani 等人发表了著名论文 *Attention Is All You Need*[3]，介绍了 Transformer 架构，该架构在序列到序列问题研究中占据主导地位。尽管注意力机制最初是为了改善循环模型中的依赖建模而开发的方法，但 Transformer 模型表明，人们可以仅使用注意力机制对语言建模，而无须使用循环层。通过反复堆叠一种新颖且更强大的注意力变体——多头注意力，Transformer 架构可以更自由地对跨文本之间的关系和内容建模。

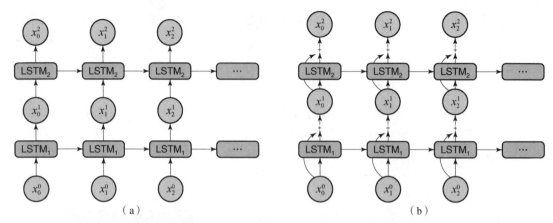

图 6 - 7   标准 LSTM 和残差 LSTM（引自 Wu 等人的论文）

（a）标准 LSTM；（b）残差 LSTM

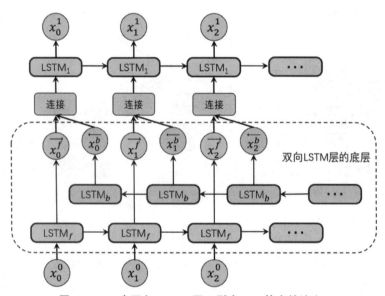

图 6 - 8   一个双向 LSTM 层（引自 Wu 等人的论文）

与接受 Bahdanau 风格的解码器隐藏状态和编码器隐藏状态不同，Transformer 将注意力（Attention）机制解释为查询（Query，Q）- 键（Key，K）- 值（Value，V）的"查找"方式：

$$\text{Attention}(\boldsymbol{Q}, \boldsymbol{K}, \boldsymbol{V}) = \text{softmax}\left(\frac{\boldsymbol{Q}\boldsymbol{K}^{\text{T}}}{\sqrt{n}}\right)\boldsymbol{V}$$

将键 - 值对视为存储在抽象数据库中的元素：如果查询与键"匹配"，则它将"解锁"所需的键以供后续使用。当然，这是在连续空间中进行的，而不是在正式的、严格分割的数据库中进行的。查询和键相互作用，以确定值 $\boldsymbol{V}$ 的哪些区域需要关注。对于每个向量中的某个索引 i，注意力得分通过查询的第 i 个元素与键的第 i 个元素的乘积，可以使注意力得分最大化。相应地，这控制了值的第 i 个元素的重要性（被关注的程度）。查询和键之间的交互是 Luong 风格的点积注意力的缩放版本。

通过从同一向量中获取查询、键和值，注意力可以被重新定义为自注意力（Self – Attention）。自注意力是一种计算序列中任何标记与同一序列中其他标记之间的相关性或依赖关系的方法，而不是不同序列中的标记之间的关系（例如翻译任务中的输入语言和目标语言）。自注意力是由 Vaswani 等人引入的 Transformer 架构，也是所有连续的 Transformer 模型以及基于注意力机制的深度学习方法在表格数据中的关键机制。

为了允许多个不同的注意力区域和模式，多头注意力机制允许通过全连接层学习多个不同的查询－键－值的版本。每个版本通过缩放的点积注意力机制传递，进行拼接并通过线性层进行"压缩"，形成一个输出（见图 6 – 9）。

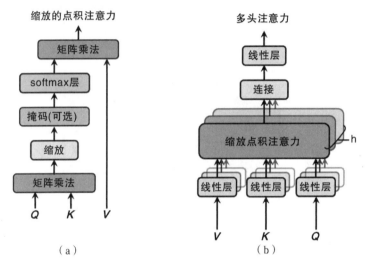

图 6 – 9　缩放的点积注意力与多头注意力（引自 Vaswani 等人的研究）

（a）缩放的点积注意力；（b）多头注意力

如果为了认知清晰，而接受一定的简化，则可以观察到 Transformer 模型的基础实际上"只是"一个错综复杂、以自我交互的方式排列的全连接层组成的复杂模型系列，这令人印象非常深刻。

注释：尽管可能将查询、键和值称为"向量"，但在实践中，这些向量被打包成矩阵并一起计算。为了更好地理解，可以将操作视为在向量上进行。

这里的注意力机制是一种通用的结构，用于计算 3 个输入之间的相互作用，并可以以不同的方式使用。Transformer 架构以 3 种不同方式使用多头注意力。

● 编码器－解码器注意力：查询来自前一个解码器层，键和值来自编码器的输出，因此，解码器通过操作查询来关注编码器序列中的相关位置。

● 编码器自注意力：键、值和查询都来自编码器前一层的输出，编码器中的每个位置都可以"访问"前一层的所有位置。

● 解码器自注意力：键、值和查询都来自解码器之前的所有位置。

现在，可以理解 Vaswani 等人提出的完整的 Transformer 架构（见图 6 – 10）。首先将位置编码向量添加到输入编码中，在给定模型在位置编码向量第 i 个元素处的嵌入维数 d 的情况下，时间步 pos 的计算如下：

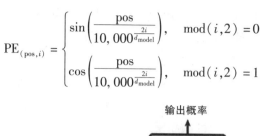

$$\mathrm{PE}_{(\mathrm{pos},i)} = \begin{cases} \sin\left(\dfrac{\mathrm{pos}}{10,000^{\frac{2i}{d_{\mathrm{model}}}}}\right), & \mod(i,2) = 0 \\[4mm] \cos\left(\dfrac{\mathrm{pos}}{10,000^{\frac{2i}{d_{\mathrm{model}}}}}\right), & \mod(i,2) = 1 \end{cases}$$

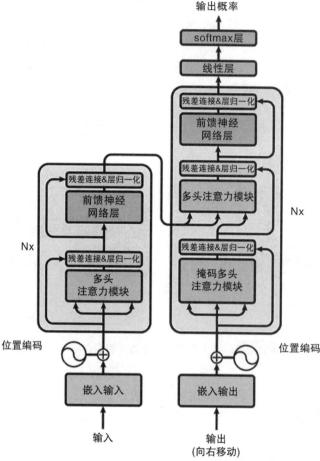

图 6 – 10　完整的 Transformer 架构（引自 Vaswani 等人的研究）

然后，该输入序列通过一系列 N 个 Transformer 编码器块。每个块由一个多头注意力机制组成，后面跟着一个前馈神经网络层，其中每层后都有一个残差连接和层归一化。层归一化将同一层中的所有值进行归一化（与批归一化相反，批归一化将对于批次中的所有样本的特定节点的所有值进行归一化）。

在模型的解码组件中，当前的输出序列（以起始标记开始）被传递到 Transformer 解码器块中。Transformer 解码器块将当前的输出序列传递到一个掩码多头注意力机制中。这里的掩码操作通过将相关的注意力时间步置零，防止过去的时间步关注未来的时间步。另一个多头注意力机制同时对 Transformer 编码器块的输出以及掩码多头注意力机制的输出进行操作（因此执行的是交叉注意力，而不是自注意力）。结果经过前馈神经网络层进行处理。Transformer 解码器块重复 N 次以产生输出。Transformer 解码器块是自回归的，这意味着输出随后会被连接到输入序列作为下一个时间步的输入。

　　Transformer 模型在训练成本较低的情况下，超越了现有主流模型的性能，这些模型通常在各种任务上使用 RNN、CNN 和"原始的"基于注意力的设计，包括语言翻译、词性标注和其他序列到序列问题（见表 6 – 1）。

表 6 – 1　Transformer 模型在德英和法英翻译数据集上的性能 ［对于 BLEU（双语评估助手）指标，数值越小越好；引自 Vaswani 等人的研究］

模型	BLEU		训练成本/FLOPS	
	EN – DE	EN – FR	EN – DE	EN – FR
ByNet ［18］	23. 75			
Deep – Att + PosUnk ［39］		39. 2		1.0×10^{20}
GNMT + RL ［39］	24. 6	39. 92	2.3×10^{19}	1.4×10^{20}
ConvS2S ［9］	25. 16	40. 46	9.6×10^{18}	1.5×10^{20}
MoE ［32］	26. 03	40. 56	2.0×10^{19}	1.2×10^{20}
Deep – Att + PosUnk Ensemble ［39］		40. 4		8.0×10^{20}
GNMT + RL Ensemble ［38］	26. 30	41. 16	1.8×10^{20}	1.1×10^{21}
ConS2S Ensemble ［9］	26. 36	41. 29	7.7×10^{19}	1.2×10^{21}
Transformer（base model）	27. 3	38. 1	3.3×10^{18}	
Transformer（big）	28. 4	41. 8	2.3×10^{19}	

BERT 和预训练语言模型

　　自然语言建模的下一个重大发展是 BERT 模型，由谷歌公司的 Jacob Devlin 等人在 2019 年的论文《BERT：语言理解的深度双向变换器（Transformer）的预训练》[4] 中介绍。作者们采用了类似 Transformer 的架构作为基础的 BERT 模型，包括 12 个层（隐藏大小为 768）和 12 个注意力头，总共 1.1 亿个参数。BERT – Large 模型则有 2 倍的层数（隐藏大小为 1 024）和 16 个注意力头，总共 3.4 亿个参数。

　　值得注意的是，BERT 架构使用了 GELU（高斯误差线性单元）函数，而不是标准的 ReLU 函数。大多数现代语言 Transformer 模型，包括本章后面将介绍的一些基于注意力的深度表格模型，都使用 GELU 函数。对于某个输入 x，GELU 函数定义[5] 为 x 乘以从单位正态分布中抽取的某个值大于 x 的概率。

$$\mathrm{GELU}(x) = xP(X \leqslant x), \; X \sim N(0,1) = 0.5x \left(1 + \frac{2}{\sqrt{\pi}} \int_0^{\frac{x}{\sqrt{2}}} \mathrm{e}^{-t^2} \mathrm{d}t\right)$$

$$\approx 0.5x \left(1 + \tanh\left(\sqrt{\frac{2}{\pi}}(x + 0.447\,15x^3)\right)\right)$$

实际上，GELU 函数是 ReLU 函数的一个取整版本（见图 6 –11）。

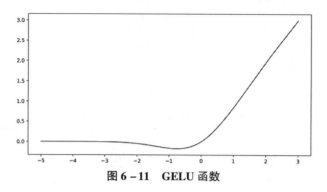

图 6 – 11　GELU 函数

从这个意义上说，它在概念上与 Swish 函数相似[6]，后者定义为 x 乘以 $\sigma(x)$，并且在 ReLU 函数的"主干"上 $x = 0$ 的左侧也有一个"下降点"（见图 6 – 12）。

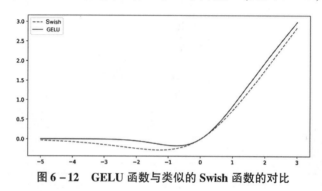

图 6 – 12　GELU 函数与类似的 Swish 函数的对比

BERT 论文的主要贡献在于引入了预训练方案，并展示了在自然语言环境下迁移学习的强大能力（见图 6 – 13）。尽管用于预训练和针对实际任务的微调的架构非常相似甚至相同（在调整输入/输出尺寸后），但预训练显著提高了模型在微调过程中的效率和能力。

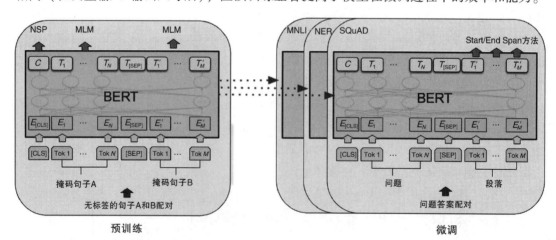

图 6 – 13　使用 BERT 进行预训练，然后进行下游微调任务（引自 Devlin 等人的研究）

任何监督任务都必须有输入和标签。事实证明，在自监督学习的范式中，可以通过破坏输入和训练模型来撤销或修复这种输入的标签，在这个过程中以无标签的无监督方式学习输入结构的重要信息。Devlin 等人提出了两种这样的预训练任务：掩码语言建模（MLM）和下一句预测（NSP）。

在掩码语言建模中，一定比例的输入（论文中使用 15%）用［MASK］标记进行掩码，然后模型被训练来预测这些被掩码的标记。这样的预训练任务的目标是鼓励深度双向表示的发展，因为模型必须在掩码标记的两侧解析整个结构，才能有机会准确推断出真实的标记。

在下一句预测任务中，模型被提供两个句子，并接受训练来预测第二个句子是否在句子来源的完整文本段落中，是否从第一个句子得出。这迫使模型不仅要发展跨标记的语义理解，还要学习跨句子的语义连贯性。

Devlin 等人发现，无论是 BERT 还是 BERT – Large，在 GLUE（General Language Understanding Evaluation）基准任务上都优于竞争对手（见表 6 – 2）。

表 6 – 2　**BERT 在 GLUE 集合中的各种数据集上的性能（MNLI：多风格自然语言推理；QQP：Quora 问题对；QNLI：问题自然语言推理；SST – 2：斯坦福情感树库；CoLA：语言可接受性语料库；STS – B：语义文本相似性基准；MRPC：微软研究释义语料库；RTE：文本蕴涵识别）**

系统	MNLI – (m/mm) 392k	QQP 363k	QNLI 108k	SST – 2 67k	CoLA 8.5k	STS – B 5.7k	MRPC	RTE	平均值
Pre – OpenAI SOTA	80.6/80.1	66.1	82.3	93.2	35.0	81.0	86.0	61.7	74.0
BiLSTM + ELMo + Attn	76.4/76.1	64.8	79.8	90.4	36.0	73.3	84.9	56.8	71.0
OpenAIGPT	82.1/81.4	70.3	87.4	91.3	45.4	80.0	82.3	56.0	75.1
BERT – BASE	84.6/83.4	71.2	90.5	93.5	52.1	85.8	88.9	66.4	79.6
BERT – Large	86.7/85.9	72.1	92.7	94.9	60.5	86.5	89.3	70.1	82.1

几乎所有现代的语言模型都基于 Transformer 架构，或受到 Transformer 架构的强烈启发。本书不打算进一步讨论它们，但为感兴趣的读者整理了以下一些重要的模型。

● 2018 年的论文《通过生成式预训练提高语言理解能力》（*Improving Language Understanding by Generative Pre – Training*）：Alec Radford 等人提出了 GPT 架构，并提出了类似 BERT 的自监督预训练框架。

● 2019 年的论文《通过生成式预训练提高语言理解能力》（*Improving Language Understanding by Generative Pre – Training*）：Alec Radford 等人介绍了 GPT – 2 架构，并展示了零样本任务迁移的特性。

● 2020 年的论文《语言模型是少样本学习器》（*Language Models Are Few – Shot Learners*）：Tom B. Brown 等人介绍了 GPT – 3 架构；对零样本和少样本学习模型的特性进行了深入讨论，提到了社会影响、公平性和偏见的影响。

- 2021 年的论文《零样本到图像生成》（*Zero – Shot Text to Image Generation*）：Aditya Ramesh 等人介绍了 DALL – E 架构，这是 GPT – 3 的改进版本，可用于根据文本描述生成图像。
- 2022 年 Romal Thoppilan 等人发表的论文《LaMDA：用于对话应用的语言模型》（*LaMDA：Language Models for Dialog Applications*）：该论文介绍了 LaMDA 模型系列，用于处理对话式的交流。LaMDA 模型最近引起了极大的争议。

回顾一下

然而，不应忽视的是，尽管当前自然语言处理领域的研究看起来似乎以 Transformer 为中心，但它并不是语言建模的全部和终点。斯蒂芬·梅里蒂（Stephen Merity）在 2019 年发表的独立研究论文《单头注意力 RNN：停止用你的头思考》（*Single Headed Attention RNN：Stop Thinking With Your Head*）[7] 对现代 Transformer 热潮提出了实证、哲学、技术和深入的喜剧式怀疑。只有斯蒂芬·梅里蒂的文字才能像它所做的那样自我表达；以下是该论文的完整摘要。

语言建模的主流方法都与作者年轻时热衷的电视节目有关，即《变形金刚》和《芝麻街》。到处都是关于变形金刚的说法，再加上一堆 GPU – TPU – 神经形态芯片的篝火。作者选择使用老旧但经过验证的技术，并加上一个花哨的加密启发式缩写：单头注意力循环神经网络（SHA – RNN）。作者唯一的目标是表明，如果我们着迷于稍有不同的缩写和稍有不同的结果，整个领域可能朝着不同的方向发展。作者采用了一个以前强大的语言模型，仅基于无聊的 LSTM，并使其在 enwik8 数据集上接近甚至超过了最先进的字节级语言模型的结果。这项工作没有经过复杂的超参数优化，完全在一台普通台式机上运行，这使作者的小工作室公寓在旧金山夏天变得过于炎热。最终的结果可在单个 GPU 上经过约24 h 实现，因为作者很不耐烦。注意力机制还可以以最小的计算量轻松扩展到大文本上——以《芝麻街》为例子！

受 Vaswani 等人于 2017 年引入的 Transformer 模型的成功驱动，循环模型在研究界已经被谴责为缓慢走向衰落。Merity 认为，现代大型语言模型——看起来像是一场军备竞赛，将模型的规模放大了几个数量级，超过了之前的最先进水平——缺乏可重现性，因此也缺乏可持续性和潜在的效率

为了展示小型架构的优势，Merity 提出了 SHA – RNN 架构。SHA – RNN（见图 6 – 14）采用 LSTM，然后是单头点积自注意力机制（见图 6 – 15）和 "爆炸"（Boom）层，两者都带有残差连接。密集层仅应用于查询键，所有其他操作都是非参数化的。"爆炸" 层将一个向量从 R1024 映射到 R4096，然后再映射回 R1024（爆炸！）。第一次映射使用密集层进行，而第二个映射则通过将相邻的 4 个元素的块求和来实现，类似一维池化操作。SHA – RNN 模型可以根据需要对嵌入输入应用多次，并在最后一次迭代中通过 softmax 层。这种架构有意在参数和计算上保持保守的设计。例如，作者在一块单独的 NVIDIA Titan V GPU 上训练模型。

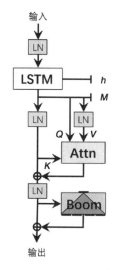

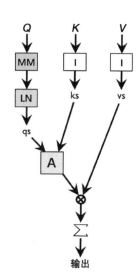

图 6 – 14 SHA – RNN 模块
（引自 Merity 的研究）

图 6 – 15 SHA – RNN 模块中使用的
注意力机制（引自 Merity 的研究）

可以看到 SHA – RNN 模型在性能上超过了其他大小相似或更大的模型（见表 6 – 3）。

表 6 – 3 在 enwiki 数据集上，不同大小的 SHA – RNN/LSTM 模型与其他模型的性能（引自 Merity 的研究）

bit/字符

模型	注意力头	验证性能	测试性能	参数
Large RHN（Zilly，et al.，2016）	0	—	1.27	46×10^6
AWD – LSTM（3 层）（Merity，et al.，2018b）	0	—	1.232	47×10^6
T12（12 层）（Al – Rfou，et al.，2019）	24	—	1.11	44×10^6
LSTM（Meils，et al.，2019）	0	1.182	1.195	48×10^6
Mogrifier LSTM（Meils，et al.，2019）	0	1.135	1.146	48×10^6
SHA – LSTM（4 层，$h = 1\,024$，无注意力头）	0	1.312	1.330	51×10^6
SHA – LSTM（4 层，$h = 1\,024$，单个注意力头）	1	1.100	1.076	52×10^6
SHA – LSTM（4 层，$h = 1\,024$，每层有 1 个注意力头）	4	1.096	1.068	54×10^6
T64（64 层）（Al – Rfou，et al.，2019）	128	—	1.06	235×10^6
Transformer – XL（12 层）（Dai，et al.，2019）	160	—	1.06	41×10^6
Transformer – XL（18 层）（Dai，et al.，2019）	160	—	1.03	88×10^6
Adaptive Transformer（12 层）（Sukhbaatar，et al.，2019）	96	1.04	1.02	39×10^6
Sparse Transformer（30 层）（Child，et al.，2019）	240	—	0.99	95×10^6

该论文认为，Transformer 模型并非是无用的，而是鼓励在现代深度学习研究文化中更加健康地怀疑和重视效率。

也许人们因为新的进展而急于抛弃过去的模型。也许人们对现有的进展太过执着，以至于无法回头，反而将自己困在某条特定的道路上。

接下来的内容重点介绍基于注意力机制的方法在语言、多模态和表格等领域的实现。

使用注意力机制进行工作

本部分探索在 Keras 中使用注意力机制的不同方式，包括简单的自定义 Bahdanau 风格的注意力、不同形式的原生 Keras 注意力，以及在序列到序列任务中的注意力。

简单的自定义 Bahdanau 风格的注意力

首先使用 Keras 实现一个自定义的 Bahdanau 风格的注意力层。这里的代码是根据 Jason Brownlee 的代码进行修改的。这个层接受一组隐藏输出（具有 return_ sequences = True 的循环层的输出），并计算一种自注意力形式。由于不是在编码器 – 解码器的上下文中应用这个层，所以它类似用于单个解码器时间步的 Bahdanau 风格的自注意力。这是几十种著名的注意力风格之一，可以在各种上下文中使用。这个特定的风格遵循以下步骤。

（1）输入一个形状为 (s, h) 的输入 x，其中 s 是序列长度，h 是隐藏状态的长度。

（2）在 x 和 W 之间进行点积运算，W 是学习的具有形状 $(h, 1)$ 的权重矩阵。得到的结果是一个形状为 $(s, 1)$ 的矩阵/向量（见图 6 – 16）。

（3）添加形状为 $(s, 1)$ 的偏置项 b（见图 6 – 17）。

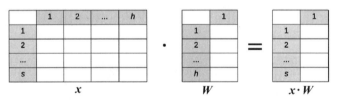

图 6 – 16　输入矩阵与权重矩阵之间的点积运算

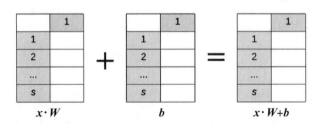

图 6 – 17　将偏置项添加到输入矩阵和权重矩阵之间的点积中

（4）对结果应用双曲正切函数。这个结果代表经过一个具有一个隐藏层的神经网络处理后的结果。

（5）压缩矩阵的第二个维度，使其成为长度为 s 的向量。

（6）对向量应用 softmax 函数，使各元素的和为 1。这个长度为 s 的向量存储每个时间步对应隐藏状态的得分。

（7）扩展压缩后的维度，使长度为 s 的向量变成形状为 $(s, 1)$ 的矩阵。这个矩阵存储 α 值，或者说得分（见图 6 – 18）。

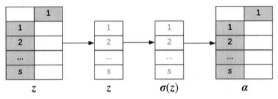

图 6 – 18 令 $z = \tanh(x \cdot W + b)$ ［首先进行维度压缩，然后应用 softmax 函数（表示为 σ），最后进行维度扩展，得到一个注意力得分矩阵作为结果］

（8）将每个时间步的得分 s_t 与相应的隐藏状态 x_t 相乘。结果是一个注意力得分加权的隐藏状态序列（见图 6 – 19）。

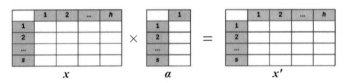

图 6 – 19 将输入乘以注意力得分以生成受注意的得分

（9）对时间步进行求和。结果是一个单一的"隐藏的加权和"状态。这个"聚合隐藏状态"受到序列中所有时间步的隐藏状态的适当影响（见图 6 – 20）。

为了构建一个自定义层（见代码清单 6 – 1），继承 keras. layers. Layer。为了在训练之前提供与构建图像相关的形状信息，提供一个 build 函数，允许 Keras 通过 add＿weight "惰性地"构建必要的参数。当使用 call 应用该层时，只需返回输入的加权和。权重是在 get_alpha 函数中计算得到的 α 值/得分。

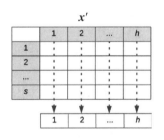

图 6 – 20 求和以产生聚合注意特征的输出

代码清单 6 – 1 自定义注意力层

```python
class Attention(keras.layers.Layer):
    def __init__(self, **kwargs):
        super(Attention, self).__init__(**kwargs)

    def build(self, input_shape):
        self.W = self.add_weight(name = 'attention_weight',
                                 shape = (input_shape[-1], 1),
                                 initializer = 'random_normal',
                                 trainable = True)
```

```
        self.b = self.add_weight(name = 'attention_bias',
                                  shape = (input_shape[1], 1),
                                  initializer = 'zeros',
                                  trainable = True)
        super(Attention, self).build(input_shape)

    def call(self, x):
        return K.sum(x * self.get_alpha(x), axis = 1)

    def get_alpha(self, x):
        e = K.tanh(K.dot(x, self.W) + self.b)
        e = K.squeeze(e, axis = -1)
        alpha = K.softmax(e)
        alpha = K.expand_dims(alpha, axis = -1)
        return alpha
```

现在构建一个合成任务：给定一个由 10 个向量元素组成的序列，其中向量为长度为 8 的正态分布随机向量，预测第 7 个向量和第 9 个向量的和（见代码清单 6 – 2）。其他时间步与预测标签不相关。

代码清单 6 – 2 生成一个合成数据集，其中目标向量是倒数第 2 个元素和倒数第 4 个元素的和

```
x, y = [], []
NUM_SAMPLES = 10_000
next_element = lambda arr: arr[-2] + arr[-4]

vector_switch = [np.zeros((1, 8)), np.ones((1, 8))]
for i in tqdm(range(NUM_SAMPLES)):
    seed = np.random.normal(0, 5, size = (10, 8))
    x.append(seed)
    y.append(next_element(seed))

x = np.array(x)
y = np.array(y)

from sklearn.model_selection import train_test_split as tts
X_train, X_valid, y_train, y_valid = tts(x, y, train_size = 0.8)
```

这个合成问题使用的架构是双层 GRU 堆叠，后面是自定义注意力机制（见代码清单 6 – 3 和图 6 – 21）。输出是一个向量（记住隐藏状态的加权和），简单地通过额外的前馈层将其处理为输出。请注意，另一种方法是使用 L. RepeatVector 构建一系列这样的向量，并应用额外的循环层。

代码清单6–3 构建一个架构对代码清单6–2中创建的合成数据集进行建模

```
inp = L.Input((10, 8))
lstm1 = L.GRU(16, return_sequences =
True)(inp)
lstm2 = L.GRU(16, return_sequences =
True)(lstm1)
attention = Attention()
attended = attention(lstm2)
dense = L.Dense(16, activation = 'relu')
(attended)
dense2 = L.Dense(16, activation = 'relu')
(dense)
out = L.Dense(8, activation = 'linear')
(dense2)

model = keras.models.Model(inputs = inp,
outputs = out)
```

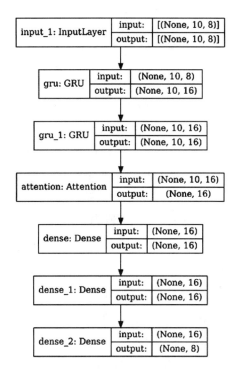

图6–21 在代码清单6–3中创建的模型架构

在经过几百个 epoch 的训练后，该模型获得了非常好的训练和验证性能。可以构建一个子模型，用来推导获取第二个循环层的输出，然后将这个输出传递给自定义注意力层的 get_alpha 方法，以得到每个时间步的隐藏状态的权重/得分（见代码清单6–4和图6–22）。

代码清单6–4 获取并绘制注意力得分

```
inp = L.Input((10, 8))
rnn1 = model.layers[1](inp)
rnn2 = model.layers[2](rnn1)
submodel = keras.models.Model(inputs = inp, outputs = rnn2)

recurrent_out = tensorflow.constant(submodel.predict(x))

plt.figure(figsize = (10, 5), dpi = 400)
plt.bar(range(10), attention.get_alpha(recurrent_out[0,:,0]), color = 'red')
plt.ylabel('Alpha Values')
plt.xlabel('Time Step')
plt.show()
```

可以清楚地看到，第七个和第九个元素在输入序列中明显具有较大的权重。注意力机制使神经网络能够方便地提取时间步中的重要组件，而没有顺序导航的负担。

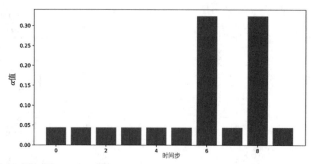

图 6 – 22   整个输入集上的注意力得分的平均值

原生 Keras 注意力

Keras 提供了两种"基本"的注意力实现：Luong 风格的点积注意力（最常用的形式）和 Bahdanau 风格的加性注意力（较少使用）。

- keras. layers. Attention：执行 Luong 风格的点积注意力。参数：use_scale = True 创建一个额外的可训练标量变量来缩放注意力得分。这使得经过 softmax 函数之后的注意力得分能够达到更大的范围。score_mode 必须设置为 'dot'（默认值）或 'concat'。前者使用查询向量和键向量之间的点积；后者使用查询向量和键向量的连接的双曲正切函数（这类似 Bahdanau 风格的注意力，但没有学习到的 α 值）。dropout 必须设置为介于 0（默认值）和 1 之间的浮点数，表示要丢弃的注意力得分比例。添加 dropout 可以促使注意力机制发展出更稳健的广义注意力形式，不过度依赖特定的元素。

- keras. layers. AdditiveAttention：执行 Bahdanau 风格的加性注意力。查询向量和键向量被添加在一起，通过双曲正切函数进行转换，并沿着最后一个轴求和。Keras 的实现不使用可训练的权重和偏置来学习 α 值。参数：use_scale = True 创建一个额外的可训练标量变量来缩放注意力得分。dropout 必须设置为介于 0（默认值）和 1 之间的浮点数，表示要丢弃的注意力得分比例。

为了演示用法，创建一个更复杂的合成任务。这里不是将输出作为输入的单个选定时间步长的总和来合成，而是将其作为输入中所有时间步长的加权总和来导出（见代码清单 6 – 5）。某个时间步 t 的权重将计算为 $4 \times \sigma(x-5) \times \sigma(5-x)$，其中 σ 是 sigmoid 函数（见图 6 – 23）。这是 sigmoid 函数的导数的平移和缩放版本，其表达式为 $\sigma(x) \times \sigma(-x)$。

代码清单 6 – 5   使用准正态分布加权和产生一个合成数据集

```
sigmoid = lambda x: 1/(1 + np.exp( -x))
sigmoid_deriv = lambda x: sigmoid(x) * sigmoid( -x)
adjusted_sigmoid_deriv = lambda x: 4 * sigmoid_deriv(x - 5)
weights = adjusted_sigmoid_deriv(np.linspace(0, 10, 10))
x, y = [], []
NUM_SAMPLES = 10_000
next_element = lambda arr: np.dot(weights, arr)
```

```
for i in tqdm(range(NUM_SAMPLES)):
    seed = np.random.normal(0, 1, size = (10,8))
    x.append(seed)
    y.append(next_element(seed))

x = np.array(x)
y = np.array(y)

from sklearn.model_selection import train_test_split as tts
X_train, X_valid, y_train, y_valid = tts(x, y, train_size = 0.8)
```

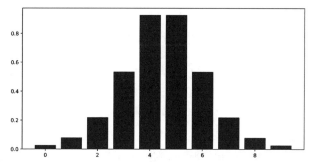

图 6 – 23　由 $4 \times \sigma(x-5) \times \sigma(5-x)$ 决定的权重（呈准正态分布的形状）

　　构建模型架构（见图 6 – 24）。在使用双向 LSTM 层提取相关特征之后，通过将第一个 LSTM 层的输出作为查询和键的列表，使用缩放的 Luong 风格的点积注意力进行自注意力

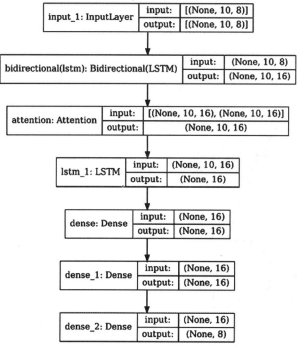

图 6 – 24　代码清单 6 – 6 中创建的模型架构

操作（见代码清单 6 – 6）。如果没有提供值，则假定键和值是相同的。在这种情况下，查询、键和值都相同。注意力机制的输出通过另一个 LSTM 层处理。

代码清单 6 – 6　定义模型架构并在合成数据集上进行拟合

```
inp = L.Input((10,8))
lstm1 = L.Bidirectional(L.LSTM(8, return_sequences = True))(inp)
attended = L.Attention(use_scale = True)([lstm1, lstm1])
lstm2 = L.LSTM(16)(attended)
dense = L.Dense(16, activation = 'relu')(lstm2)
dense2 = L.Dense(16, activation = 'relu')(dense)
out = L.Dense(8, activation = 'linear')(dense2)

model = keras.models.Model(inputs = inp, outputs = out)

model.compile(optimizer = 'adam', loss = 'mse', metrics = ['mae'])
history = model.fit(X_train, y_train, epochs = 1000, validation_data =
                    (X_valid, y_valid))
```

当调用注意力层时，除了输入之外，还可以通过传递 return_attention_scores = True 来收集注意力得分。可以将模型的一部分重新构建为子模型，以获取输出的注意力得分（见代码清单 6 – 7）。

代码清单 6 – 7　获取注意力得分

```
lstm1_ = model.layers[1](inp)
_, attn = model.layers[2]([lstm1_, lstm1_], return_attention_scores = True)
submodel = keras.models.Model(inputs = inp, outputs = attn)
scores = submodel.predict(X_train)
```

如果读者对于保留"开放变量"没有任何顾虑，则获取注意力得分的更方便的方法是将 attended = L. Attention(…) 替换为 attended, scores = L. Attention(return_attention_scores = True, …)，然后直接构建子模型 submodel = keras. models. Model(inputs = inp, outputs = scores)。注意力得分的形状为（样本数，查询序列长度，值/键序列长度）。生成的矩阵显示了每个时间步自我关注其他时间步的情况（见代码清单 6 – 8 和图 6 – 25）。

代码清单 6 – 8　绘制样本的注意力得分矩阵

```
plt.figure(figsize = (12,12), dpi = 400)
sns.heatmap(scores[0,:,:], cbar = False)
plt.show()
```

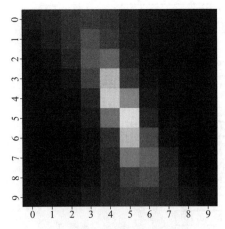

图 6 – 25　具有点积注意力的
双向模型的注意力得分矩阵

正如所预期的，自注意力的一般方向沿着对角线方向前进。也就是说，时间步 t 通常会关注它附近的时间步。具有最高的注意力得分（通过亮度/白度直观表示）的时间步出现在 $t \in$ [4,5] 处，随着 t 的增大或减小，注意力得分逐渐降低，这与输出向量上每个时间步长的权重匹配。

可以通过将代码清单 6 – 6 中的 L. Attention 更改为 L. AdditiveAttention 来将注意力改为加性注意力。在该数据集训练的此类模型上，得到的注意力得分矩阵如图 6 – 26 所示。

请注意，从加性注意力导出的自注意力得分矩阵与 Luong 风格的注意力相比，在垂直方向上更为显著。注意力得分通常与查询（y 轴）无关，而与键（x 轴）密切相关。

可以看到，加性注意力机制已经学会了注意力表示，它完全独立于查询值。仅凭键值就足以确定该机制如何处理注意力得分。鉴于这个问题的简单性，这样的行为是可能的。然而，注意到注意力机制仍然最关注键的中间时间步，而对于开始和结束的时间步，注意力得分逐渐降低。虽然加性注意力和点积注意力获得了近乎完美的注意力得分，但它们的注意力得分矩阵却有很大的不同。

作为另一个实验，删除第一个编码器层的双向性，并观察其对注意力得分矩阵的影响。注意力得分矩阵（见图 6 – 27）呈现向后时间步的"倾斜"，就像风吹向东南方向，推动注意力得分的幅度在那个方向上增大。最高的注意力得分不再均匀分布在 [4,5] × [4,5] 的时间步网格中，而是直接位于 (5，5)——峰值权重时间步区域的后端。这是有道理的：没有双向性，后面的时间步仍然可以"回顾"，但前面的时间步不能"展望"。

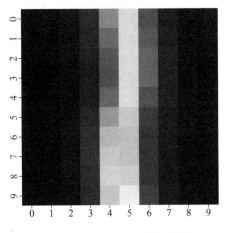 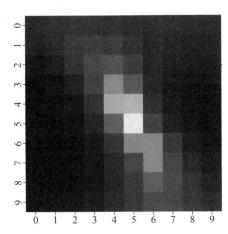

图 6 – 26 具有加性注意力的
双向模型的注意力得分矩阵

图 6 – 27 具有点积注意力的
单向模型的注意力得分矩阵

观察到在删除双向性后，使用加性注意力机制拟合的模型中也出现了类似的偏移现象（见图 6 – 28）。

再次调整问题，尝试通过多头注意力进行实验：不再使用单峰分布进行加权，而是使用通过添加对称移动的单峰分布形成的双峰分布。令 $\sigma'(x) = \sigma(x) \cdot \sigma(-x)$，在时间步 x 处的权重由 $w(x) = 4 \times (\sigma'(x-2) + \sigma'(x-8))$ 给出（见代码清单 6 – 9 和图 6 – 29）。

代码清单 6 – 9 导出用于加权求和的双峰分布的合成数据集

```
sigmoid = lambda x : 1/(1 + np.exp( -x))
```

```
sigmoid_deriv = lambda x: sigmoid(x) * sigmoid(-x)
adjusted_sigmoid_deriv1 = lambda x: 4 * sigmoid_deriv(x - 2)
adjusted_sigmoid_deriv2 = lambda x: 4 * sigmoid_deriv(x - 8)
x = np.linspace(0, 10, 10)
weights = adjusted_sigmoid_deriv1(x) + adjusted_sigmoid_deriv2(x)
```

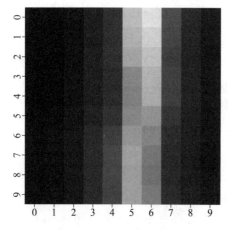

图 6-28　具有加性注意力的
单向模型的注意力得分矩阵

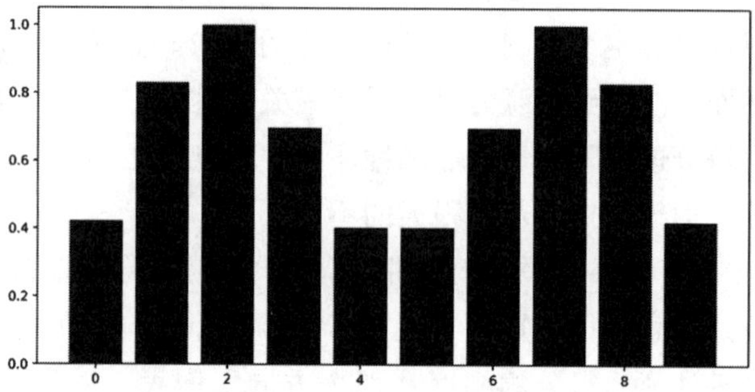

图 6-29　由 $4 \times (\sigma'(x-2) + \sigma'(x-8))$ 决定的权重
（呈准正态分布的形状）

要在 Keras 中使用多头注意力，需要指定头的数量和输入键的维度（见代码清单 6-10）。在调用注意力层以将其连接为图的一部分时，将查询和键作为单独的参数传递，而不是作为捆绑列表的元素（与 L. AdditiveAttention 和 L. Attention 不同）。value_ dim 默认设置为 key_ dim。key_ dim 是通过密集层进行投影的维度数。如果需要，也可以指定一个键。

代码清单 6-10　基于代码清单 6-9 中生成的合成数据集，推导一个带有多头注意力的双向循环模型

```
inp = L.Input((10, 8))
lstm1 = L.Bidirectional(L.LSTM(8, return_sequences = True))(inp)
attended, scores = L.MultiHeadAttention(num_heads = 4, key_dim = 16)(lstm1,
lstm1, return_attention_scores = True)

lstm2 = L.LSTM(16)(attended)
dense = L.Dense(16, activation = 'relu')(lstm2)
dense2 = L.Dense(16, activation = 'relu')(dense)
out = L.Dense(8, activation = 'linear')(dense2)

model = keras.models.Model(inputs = inp, outputs = out)
```

在这种情况下，得到的注意力得分具有形状为（样本数、头数、序列长度、序列长度）的形式。可以通过绘制它们（见代码清单 6-11）来解释模型如何关注序列（见图 6-30）。

代码清单 6 –11　绘制多头注意力机制的注意力得分矩阵

```
plt.figure(figsize =(24,24), dpi =400)

for i in range(2):
    for j in range(2):
        plt.subplot(2, 2, 2 * i + j + 1)
        sns.heatmap(scores[0,2 * i + j,:,:], cbar =False)
plt.show()
```

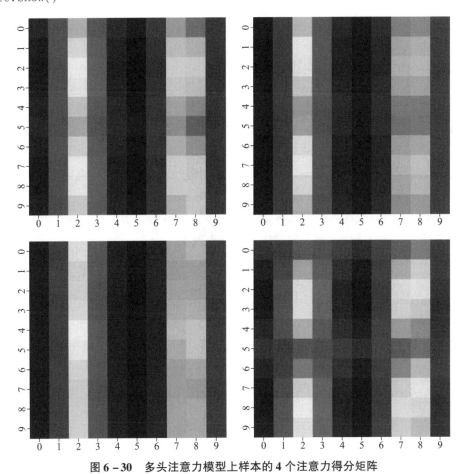

图 6 –30　多头注意力模型上样本的 4 个注意力得分矩阵

序列到序列任务中的注意力

本节演示在序列到序列任务中 Keras 注意力机制的用法，即 Bahdanau 风格的注意力。考虑以下序列到序列问题，目标序列的第 i 个时间步是输入序列第 $i+4$、$i+5$ 和 $i+6$ 个时间步的和（见代码清单 6 –12），原始输入序列是一个随机生成的向量序列。

代码清单 6 –12　生成一个合成的序列到序列数据集

```
x, y = [ ], [ ]
NUM_SAMPLES = 10_000
```

```
next_element = lambda arr: np.stack([arr[(i+4)%10] + arr[(i+5)%10] + arr
[(i+6)%10] for i in range(10)])

for i in tqdm(range(NUM_SAMPLES)):
    seed = np.random.normal(0, 5, size=(10,8))
    x.append(seed)
    y.append(next_element(seed))


x = np.array(x)
y = np.array(y)


from sklearn.model_selection import train_test_split as tts
X_train, X_valid, y_train, y_valid = tts(x, y, train_size=0.8)
```

将使用两个 LSTM 层对输入进行编码,第一个层使用双向性。编码器的输出传递给解码器。计算解码器隐藏状态(查询)与编码器输出/隐藏状态(键和值)之间的注意力结果,以确定编码器的哪些元素需要关注。将解码器输出与注意力机制输出进行拼接。对于生成的序列中的每个时间步,使用 L. TimeDistributed 将这个连接向量投影到具有完全连接层的输出中(见代码清单 6 – 13 和图 6 – 31)。时间分布式包装器在多个时间片上应用相同的层,这样可以将解码器输出和被关注的编码器进行拼接,并将其投影到输出"词汇表"中。

代码清单 6 – 13 使用注意力创建序列到序列模型

```
inp = L.Input((10, 8))
encoder = L.Bidirectional(L.LSTM(16, return_sequences=True))(inp)
encoder2 = L.LSTM(16, return_sequences=True)(encoder)
decoder = L.LSTM(16, return_sequences=True)(encoder2)
attn, scores = L.Attention(use_scale=True)([decoder, encoder2], return_
attention_scores=True)
concat = L.Concatenate()([decoder, attn])
out = L.TimeDistributed(L.Dense(8, activation='linear'))(concat)


model = keras.models.Model(inputs=inp, outputs=out)
```

可以使用如下所示代码可视化一些样本学习到的注意力得分(见代码清单 6 – 14 和图 6 – 32)。

代码清单 6 – 14 绘制序列到序列模型中样本的注意力得分矩阵

```
submodel = keras.models.Model(inputs=inp, outputs=scores)
scores = submodel.predict(X_train)

for i in range(4):
    plt.figure(figsize=(12,12), dpi=400)
    sns.heatmap(scores[i,:,:], cbar=False)
    plt.show()
```

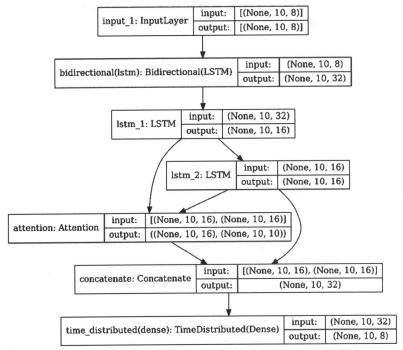

图 6-31　在代码清单 6-13 中创建的模型架构

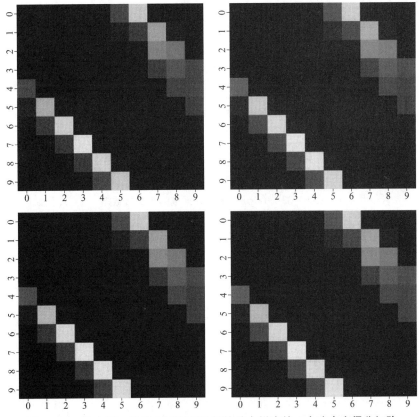

图 6-32　来自同一注意力层不同头部的单个样本的 4 个注意力得分矩阵

请注意，这里的模型学习到了一个非常有意思的模式，该模式表明了输出序列的真实推导方式。在查询的第一个时间步骤（表示输出序列，即注意力得分矩阵的第一行），机制大致关注键的第四个和第六个时间步之间的区域（表示输入序列）。在第二个时间步中，关注的区域发生了偏移，随着沿查询的时间维度前进，关注的区域会环绕起来。

可以使用这种设计来解决序列到序列的问题，以及创造性地解决序列到向量或多模态序列和表格到 X（任意输出任务）的问题。例如，可以构建一个多任务自编码器设计（参见第 8 章），它既使用了序列到序列的骨干，又有一个额外的输出连接到编码器输出和/或关注的编码器输出。

使用注意力改进自然语言模型

注意力机制最初是为了在语言建模中使用的，并且在该领域中一直占据主导地位。在第 5 章中，构建并训练了循环文本模型。在某些情况下，可以通过添加注意力机制来改进这些模型的性能（需要注意的是，将注意力直接应用于非序列到序列的文本问题的成功在某种程度上是有限的，并且取决于具体情况。）

在 TripAdvisor 数据集上应用注意力机制来解决一个简单的文本到向量问题。该数据集包含从评论平台 TripAdvisor 收集的酒店评论以及相关的 1～5 分评级。目标是根据评论文本预测评级（见代码清单 6－15 和图 6－33）。

代码清单 6－15 读取和显示 TripAdvisor 数据集

```
data = pd.read_csv('../input/trip-advisor-hotel-reviews/tripadvisor_hotel_reviews.csv')

data.head()
```

	Review	Rating
0	nice hotel expensive parking got good deal sta...	4
1	ok nothing special charge diamond member hilto...	2
2	nice rooms not 4* experience hotel monaco seat...	3
3	unique, great stay, wonderful time hotel monac...	5
4	great stay great stay, went seahawk game aweso...	5

图 6－33　TripAdvisor 数据集的前 5 行数据

首先使用前一部分第一节中实现的自定义 Bahdanau 风格的注意力层来创建模型（见代码清单6－16 和图 6－34）。

代码清单 6－16 双 LSTM 自然语言堆叠模型

```
inp = L.Input((SEQ_LEN,))
embed = L.Embedding(MAX_TOKENS, EMBEDDING_DIM)(inp)
rnn1 = L.LSTM(16, return_sequences=True)(embed)
rnn2 = L.LSTM(16, return_sequences=True)(rnn1)
attn = Attention()(rnn2)
dense = L.Dense(16, activation='relu')(attn)
dense2 = L.Dense(16, activation='relu')(dense)
```

```
out = L.Dense(5, activation = 'softmax')(dense2)
```

```
model = keras.models.Model(inputs = inp, outputs = out)
```

可以使用子模型获取一些输入的注意力得分，并在每个时间步上可视化这些注意力得分（见代码清单 6 - 17 和图 6 - 35 ~ 图 6 - 37）。

代码清单 6 - 17 获取并绘制序列中每个单词的注意力得分

```
inp = L.Input((SEQ_LEN,))
embed = model.layers[1](inp)
rnn1 = model.layers[2](embed)
rnn2 = model.layers[3](rnn1)
submodel = keras.models.Model(inputs = inp,
outputs = rnn2)
```

```
for index in range(3):
    fig, ax = plt.subplots(figsize = (10,
5), dpi = 400)
    lstm_encodings = tensorflow.constant
(submodel.predict(X_train_vec[index:index +
1]))
    alpha_values = model.layers[4].get_
alpha(lstm_encodings)[0,:,0]
    bars = ax.bar(range(SEQ_LEN), alpha_values, color = 'red', alpha = 0.7)
    text = X_train[X_train.index[index]].split(' ')
    text += [''] * (SEQ_LEN - len(text))
    for i, bar in enumerate(bars):
        height = bar.get_height()
        ax.text(x = bar.get_x() + bar.get_width() /2 - 0.02, y = height + .0002,
                rotation = 90, size = 6,
                s = text[i],
                ha = 'center')
    ax.set_ylabel('Alpha Values')
    ax.set_xlabel('Time Step')
    ax.axes.yaxis.set_visible(False)
    plt.show()
```

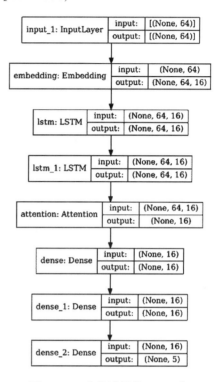

图 6 - 34 在代码清单 6 - 16 中创建的模型架构

可以看到，序列中的前几个单词以及中间的某些相关片段都受到了强烈的关注。

还可以使用原生 Keras 多头注意力方法（见代码清单 6 - 18 和图 6 - 38）。

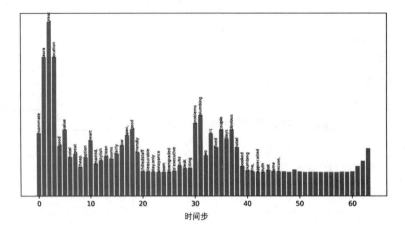

图 6 – 35　索引 0 处，序列中每个单词的注意力得分

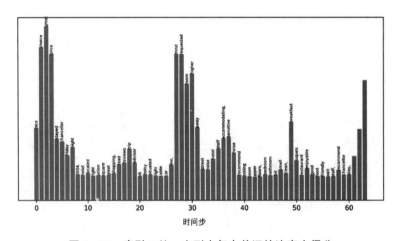

图 6 – 36　索引 1 处，序列中每个单词的注意力得分

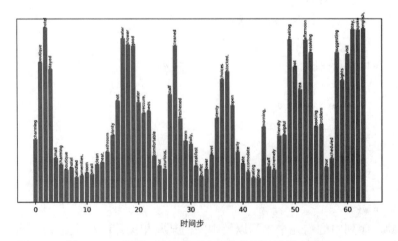

图 6 – 37　索引 2 处，序列中每个单词的注意力得分

代码清单 6 – 18　使用代码清单 6 – 16 中模型的多头注意力版本

```
inp = L.Input((SEQ_LEN,))
embed = L.Embedding(MAX_TOKENS, EMBEDDING_DIM)(inp)
rnn1 = L.Bidirectional(L.GRU(16, return_sequences = True))(embed)
attn, scores = L.MultiHeadAttention(num_heads = 4, key_dim = 4)(rnn1, rnn1,
                                                   return_attention_
                                                   scores = True)
rnn2 = L.LSTM(16, return_sequences = True)(attn)
rnn3 = L.LSTM(16)(rnn2)
dense = L.Dense(8, activation = 'relu')(rnn3)
dense2 = L.Dense(8, activation = 'relu')(dense)
out = L.Dense(5, activation = 'softmax')(dense2)

model = keras.models.Model(inputs = inp, outputs = out)
```

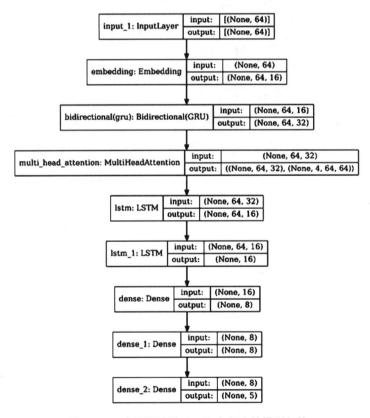

图 6 – 38　在代码清单 6 – 18 中创建的模型架构

　　注意力掩码可以类似地进行可视化（见图 6 – 39）。可以观察到，这里的注意力机制学习到了很多跨序列的依赖关系。特别要注意的是，形容词和它们所指代的名词［例如"place"（地方）、"paradise"（天堂）、"fabulous"（神奇）等］具有很高的注意力得分，而不相关的成分则具有较低的注意力得分。这个注意力得分矩阵呈现明显的纵向和横向特征，这意味着某些单词在整个序列中具有一致的语义相关性。

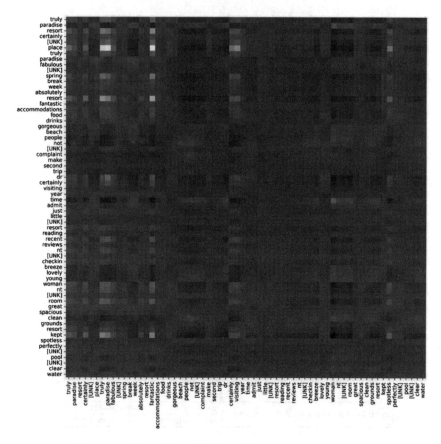

图6-39　基于注意力的模型生成的大型注意力得分矩阵

通过改进循环语言模型，还可以提升多模态模型的建模能力。改进的文本建模不仅能够更好地对多模态问题中文本输入与输出之间的关系建模，还能够通过从文本输入中获得更好的表征来更好地对表格输入建模和进行解释。

回到第5章讨论的股票新闻和预测多模态数据集。可以通过添加共享的注意力机制并适当进行训练来修改文本读取组件（见代码清单6-19和图6-40）。

代码清单6-19　使用注意机制调整多头多模态模型

```
lstm1 = L.Bidirectional(L.LSTM(16, return_sequences = True))

top1_lstm1 = lstm1(top1_embed)

top2_lstm1 = lstm1(top2_embed)

top3_lstm1 = lstm1(top3_embed)


attn = L.Attention(use_scale = True)


lstm2 = L.LSTM(32)
```

```
top1_lstm2 = lstm2(attn([top1_lstm1, top1_lstm1]))
top2_lstm2 = lstm2(attn([top2_lstm1, top2_lstm1]))
top3_lstm2 = lstm2(attn([top3_lstm1, top3_lstm1]))
```

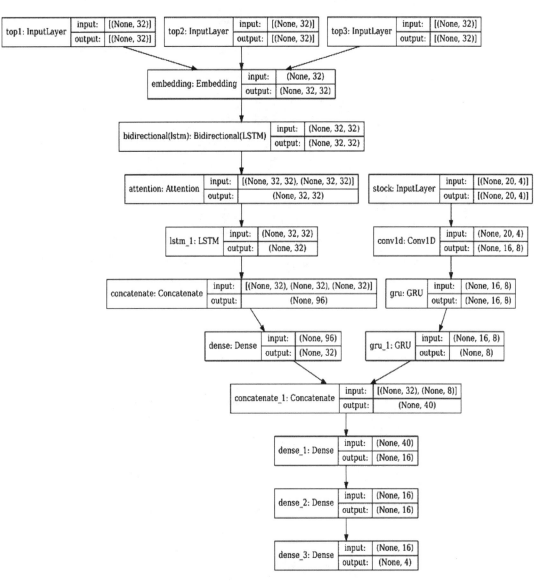

图 6 – 40　代码清单 6 – 19 中创建的模型架构

　　使用注意力机制进行训练还能够提供强大的解释能力，以了解模型是如何做出决策的。观察注意力得分矩阵时，可以发现一小组关键词与预测密切相关（见图 6 – 41 ~ 图 6 – 46）。

　　还可以将单个注意力替换为多头注意力（见代码清单 6 – 20 和图 6 – 47）。

代码清单 6 – 20　用多头注意力替换单个注意力

```
attn = L.MultiHeadAttention(num_heads = 8, key_dim = 32, dropout = 0.1)
```

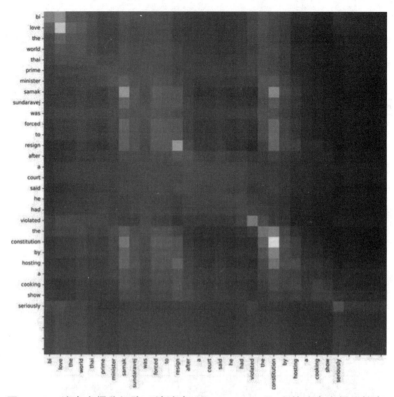

图 6 – 41　注意力得分矩阵（请注意，"constitution" 上的注意力得分较高）

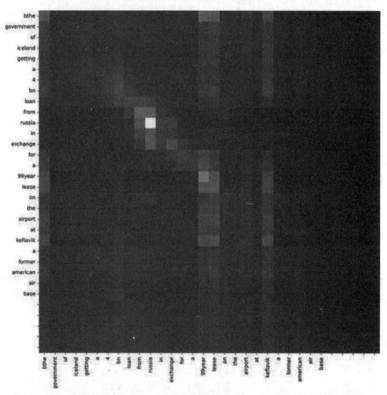

图 6 – 42　注意力得分矩阵（请注意，"russia" 上的注意力得分较高）

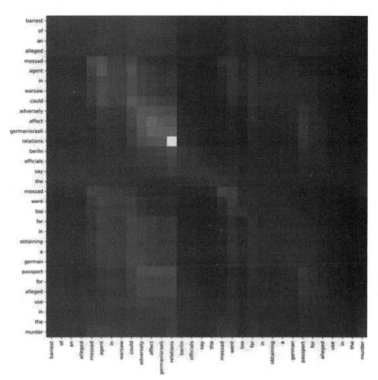

图 6 – 43　注意力得分矩阵（请注意，"relations"上的注意力得分较高，以及与"adversely"
"affect"和"german – israeli"周围区域的高得分对应）

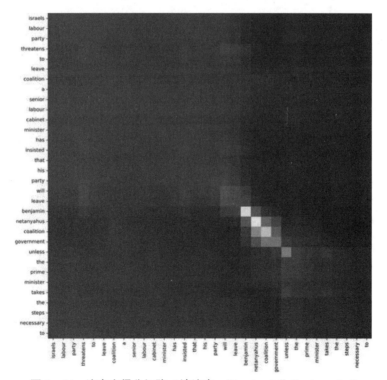

图 6 – 44　注意力得分矩阵（请注意，"benjamin""netanyahu"
"cocoalition"和"government"上的注意力得分较高）

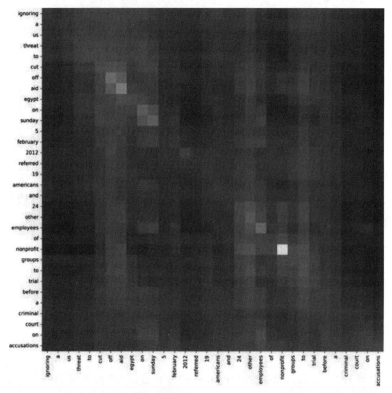

图 6 – 45　注意力得分矩阵（请注意，"**nonprofit**"上的注意力得分较高）

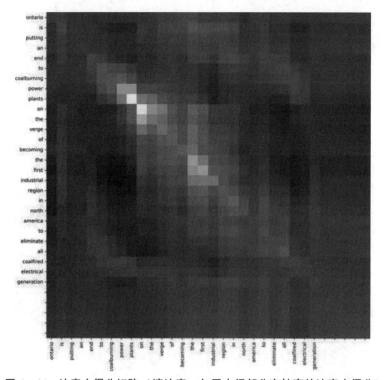

图 6 – 46　注意力得分矩阵（请注意，句子中间部分有较高的注意力得分）

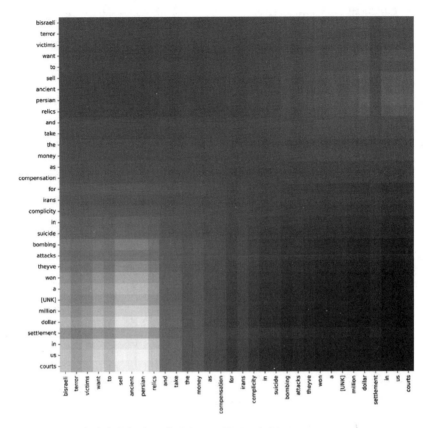

图 6-47　来自多头的注意力得分矩阵图之一（显示了句子"israeli terror victims want to sell ancient persian relics"和"a million dollar sentiment in us courts"之间的高注意力得分）

直接表格注意力建模

第 4 章和第 5 章介绍了一些方法，对大多数读者来说，这些方法似乎很陌生，也很不自然。即使本书试图展示它们的有效性，并提供概念模型来理解它们，读者也明白，卷积层和循环层在直觉上或本质上就与表格数据"天然不适配"，这是令人不安的。表格数据并不天然地具有连续语义，而卷积层和递归层则基于输入数据具有连续语义的假设进行操作。

然而，注意力机制在表格数据中是一种非常自然的机制。回顾本章开头的内容，注意力机制解决了对自然语言数据的限制性顺序读取的问题。换句话说，注意力机制通过提供一种更直接的方式，在序列中建立跨序列/时间依赖关系，从而使自然语言数据摆脱了其连续语义的限制。注意力机制在"反连续语义"上操作，可以应用于任何输入，无论是顺序的还是非顺序的，以对非连续依赖关系建模（当然，可以通过添加像因果掩码这样的附加部件来支持连续依赖关系的建模）。因此，深度学习在表格数据研究中的一个主要趋势是致力于注意力机制和 Transformer 架构（请参阅本章的最后一部分，该部分讨论了几个这样的模型）。

首先创建一个输入头，并将输入形状调整为二维（见代码清单 6 – 21）。这对于应用注意力层是必要的。

代码清单 6 – 21 网络的输入和形状层的调整

```
inp = L.Input((len(X_train.columns),))
reshape = L.Reshape((len(X_train.columns),1))(inp)
```

接下来，构建一个示例的"注意力块"（见代码清单 6 – 22）。首先，应用两个全连接层。如果将一个具有 r 个节点的全连接层应用于形状为 (p, q) 的输入，则结果的形状为 (p, r)。在第一个轴上，为每个"切片"学习一个全连接映射。之后，应用 Luong 风格的自注意力机制，并进行缩放、层归一化，然后返回结果。

代码清单 6 – 22 定义一个注意力块（"attention block"）

```
def attn_block(inp,
               dense_units = 8,
               num_heads = 4,
               key_dim = 4):
    dense = L.Dense(dense_units, activation = 'relu')(inp)
    dense2 = L.Dense(dense_units, activation = 'relu')(dense)
    attn_out = L.Attention(use_scale = True)([dense2, dense2])
    layer_norm = L.LayerNormalization()(attn_out)

    return layer_norm
```

可以像代码清单 6 – 23 这样堆叠注意力块。

代码清单 6 – 23 将注意力块组合成一个完整的模型

```
attn1 = attn_block(reshape)
attn2 = attn_block(attn1)
flatten = L.Flatten()(attn2)
predense = L.Dense(32, activation = 'relu')(flatten)
out = L.Dense(7, activation = 'softmax')(predense)

model = keras.models.Model(inputs = inp, outputs = out)
```

请注意，应用于输入的第一层是一个全连接层，可以视其为将形状为 $(n_{features}, 1)$ 的输入转换为形状为 $(n_{features}, d_{embed})$ 的嵌入层。所有后续的全连接层都独立地处理与每个特征对应的向量，而每个注意力块则强制特征之间存在交叉关系。两个注意力块产生的信息被展平为一个单独的向量，并投影到输出空间中。适用于森林覆盖数据集的完整样本架构如图 6 – 48 所示。

或者，可以使用多头自注意力，适当修改这里的注意力块代码（见代码清单 6 – 24）。

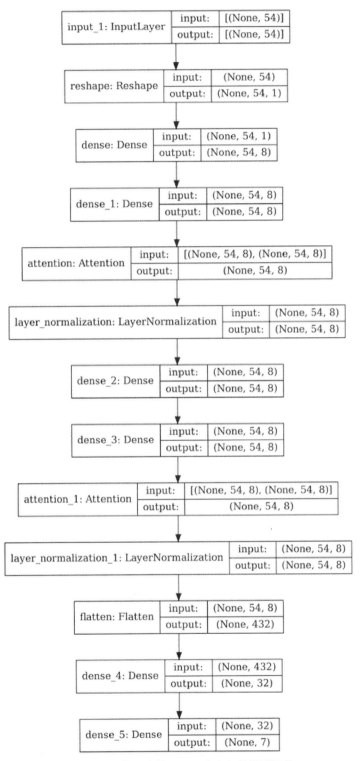

图 6 – 48　代码清单 6 – 23 中定义的模型架构

代码清单 6 – 24 定义一个注意力块

```
def attn_block(inp,
                dense_units = 8,
                num_heads = 4,
                key_dim = 4):
    dense = L.Dense(dense_units, activation = 'relu')(inp)
    dense2 = L.Dense(dense_units, activation = 'relu')(dense)
    attn_out = L.MultiHeadAttention(num_heads = num_heads,
                                    key_dim = key_dim)(dense2, dense2)
    layer_norm = L.LayerNormalization()(attn_out)
    return layer_norm
```

请注意，如果希望创建类似 Luong 风格的注意力，但是从共享向量中派生出不同的键和查询或值，则这实际上等同于仅使用单头结构（简化版）的多头注意力机制！

将注意力机制融入表格模型通常是直接而有效的。例如，可以添加以下功能：残差连接、多个并行的多头注意力分支、沿着每个特征维度应用卷积层和/或循环层以提取额外特征，或将注意力机制融入第 5 章中提出的直接循环建模技术等。

例如，可以参考 Weiping Song 等人在论文《AutoInt：基于自注意力神经网络的自动特征交互学习》[8] 中提出的 AutoInt 模型（见图 6 – 49）。这个相对简单的架构的核心是一个具有残差连接的多头自注意力块，其在点击率（CTR）预测问题上表现非常出色。

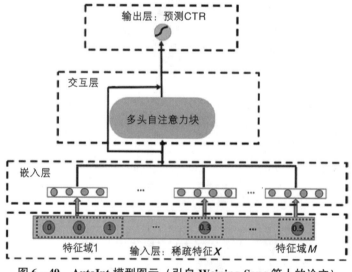

图 6 – 49　AutoInt 模型图示（引自 Weiping Song 等人的论文）

基于注意力机制的表格模型研究

将注意力机制应用于表格数据的研究成果显著。如前所述，注意力机制是一种非常自然的信息筛选机制，可以选择输入信息流的不同组成部分。本部分详细讨论了近期研究中的 4 篇相关论文，并提供了有关实现模型或使用现有实现的指导。本部分使用作者对每个模型的相关变量、操作和函数的表示法来形式化各模型。这对于具体理解模型的运作方式至关重要，但需要注意的是，不同论文的表示法可能有所差异。

TabTransformer

TabTransformer 模型是由 Xin Huang 等人在 2020 年的论文《TabTransformer：使用上下文嵌入的表格数据建模》[9]中引入的，它是将基于 Transformer/注意力的块相对直接地应用于表格数据的一种方法。

表格数据集通常由两种类型的特征组成：分类特征和连续特征。按照论文的符号表示法，假设有 m 个分类特征，c 个连续变量。因此，分类特征的集合为 $x_{cat} := \{x_1, x_2, \cdots, x_m\}$，而连续特征的集合为 $x_{cont} \in \mathbb{R}^c$。连续特征包含丰富的信息，通常可以通过神经网络成功地映射到新的空间。相应地，可以认为连续特征在"潜在信息"方面较为缺乏，就像一个高速移动的球比一个低速移动的球具有较少的势能一样。由于连续特征跨越更广泛的值域，所以可以更容易地推断出特定值之间的关系。

另外，分类特征虽然存在信息匮乏的问题，但也因此具有较丰富的潜在信息。分类特征中的每个具体类别可以与一些属性集合关联，当与其他特征（包括分类和连续特征）解释时，这些属性集合变得有用。在自然语言处理中，嵌入将特定的类别值映射到一个连续的向量；在语言的情况下，每个时间步的分类"特征"具有 V 个总类别，其中 V 是词汇量的大小。相应地，在处理混合类型表格数据集时，表现良好的传统机器学习算法也会为分类特征中的类别构建隐式的嵌入。假设决策树中的一个节点在等级为 10 级或更高时前进。这相当于在嵌入向量中定义了某个属性，该嵌入向量将输入映射到一个区域中接近 10，11 和 12 的值，将其他所有输入映射到另一个区域，然后从这些区域的密度中"读取"信息，并与从隐式构建的嵌入中的其他信息结合起来进行预测。然而，这种隐式的嵌入并不是明确或具体的，其精确度受到节点条件的限制。

可以为 x_{cat} 中的每一列生成列嵌入。假设 d 是嵌入空间的维度。对于 x_{cat} 中的每一列，维护一个可训练的嵌入查找表，该列中的每个唯一值对应一个长度为 d 的向量。为了适应缺失值，还可以生成一个额外的嵌入来处理"n/a"情况。

通过列嵌入将分类特征进行嵌入之后，得到一个形状为 (m, d) 的张量。这个张量通过一个 Transformer 块进行 N 次传递。这里的 Transformer 块由一个标准的多头注意力块和一个前馈层组成，它们之后都有残差连接和层归一化。每个 Transformer 块产生了 Xin Huang 等人所称的"上下文嵌入"。也就是说，嵌入不仅相对于单个分类特征中的其他类别进行创建，还与所有其他特征的上下文关联。

经过 Transformer 块堆叠的多次处理后，得到的形状为 (n, d) 的上下文嵌入张量被展平成一个长度为 $n \cdot d$ 的向量，并与经过层归一化的连续特征进行拼接，得到拼接后的向量形状为 $n \cdot d + c$。这个向量包含了丰富的计算上下文信息，将被传入一个标准的前馈网络/多层感知机进行输出。TabTransformer 架构（完整显示在图 6-50 中）可以概括为一个带有基于 Transformer 的上下文分类特征信息的标准多层感知机模型。

损失
多层感知机
连接
残差连接&层归一化
前馈层
残差连接&层归一化
多头注意力块
Transformer块
×N
列嵌入
归一化层
分类特征
连续特征
$(x_1, x_2, \ldots, x_m)$
$x_{cont} \in \mathbb{R}^c$

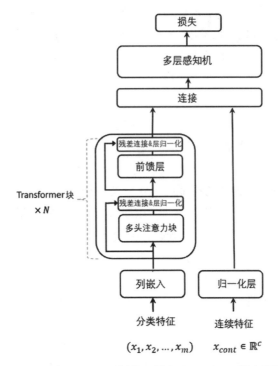

图 6－50　TabTransformer 架构（引自 Xin Huang 等人的论文）

TabTransformer 使用两种类型的自监督预训练对分类嵌入和 Transformer 堆栈进行预训练：掩码语言建模（见图 6－51）和替代标记检测（Replaced Token Detection，RTD；见图 6－52）。在 BERT 风格的掩码语言建模预训练中，输入中的某些列被随机掩盖，目标是预测被替换的列的值。替代标记检测是一种变体，其中某些列的值被打乱或以其他方式被更改，目标是识别哪些列已被更改，哪些列未被更改。这两个任务都需要嵌入层和上下文处理 Transformer 层以无监督的方式学习数据的重要关系。

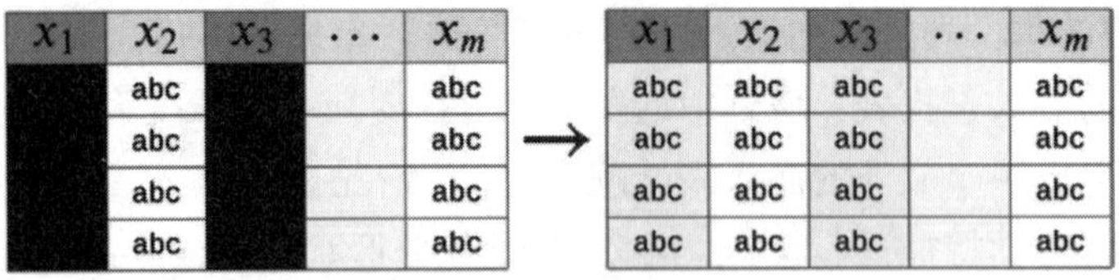

x_1 x_2 x_3 ··· x_m
abc abc
abc abc
abc abc
abc abc
x_1 x_2 x_3 ··· x_m
abc abc abc abc
abc abc abc abc
abc abc abc abc
abc abc abc abc

图 6－51　掩码语言建模任务的可视化

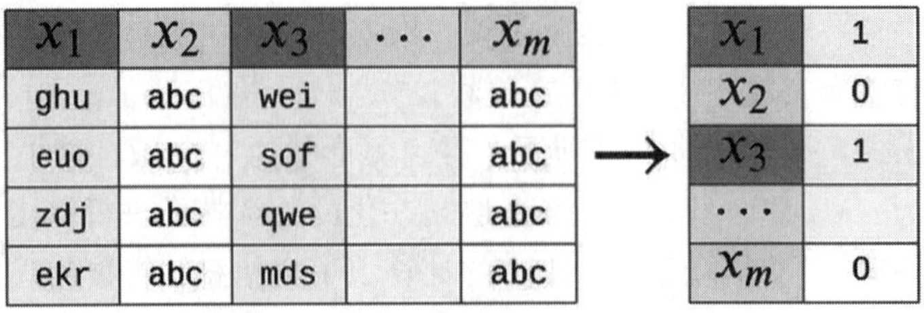

x_1 x_2 x_3 ··· x_m
ghu abc wei abc
euo abc sof abc
zdj abc qwe abc
ekr abc mds abc
x_1 1
x_2 0
x_3 1
···
x_m 0

图 6－52　替代标记检测任务的可视化

TabTransformer 论文的作者对 15 个数据集进行了模型基准测试。他们在每个块中使用维度为 32 的隐藏嵌入、6 个 Transformer 块和 8 个注意力头。作者发现，在几乎所有情况下，TabTransformer 模型都优于基线的 MLP 模型，尽管改进的幅度通常较小。需要注意的是，TabTransformer 模型实际上只是一个使用基于 Transformer 的分类特征上下文嵌入学习器来拟合的 MLP 模型，因此改进的增益可以归因于这种机制。此外，TabTransformer 模型优于其他那些专为表格数据集设计的深度学习模型，并接近经过超参数优化的梯度提升决策树（GBDT）的性能（见表 6 - 4 和表 6 - 5）。

表 6 - 4　TabTransformer 模型在多个数据集上与基线的多层感知机模型的性能对比
（引自 Xin Huang 等人的论文）　　　　　　　　　　　　　　　　　　　　%

数据集	基线的 MLP 准确率	TabTransformer 准确率	增益
albert	74.0	75.7	1.7
1995_income	90.5	90.6	0.1
dota2games	63.1	63.3	0.2
hcdr_main	74.3	75.1	0.8
adult	72.5	73.7	1.2
bank_marketing	92.9	93.4	0.5
blastchar	83.9	83.5	- 0.4
insurance_co	69.7	74.4	4.7
jasmine	85.1	85.3	0.2
online_shoppers	91.9	92.7	0.8
philippine	82.1	83.4	1.3
qsar_bio	91.0	91.8	0.8
seismicbumps	73.5	75.1	1.6
shrutime	84.6	85.6	1.0
spambase	98.4	98.5	0.1

表 6 - 5　TabTransformer 模型与其他模型的数据集平均性能对比
（引自 Xin Huang 等人的论文）　　　　　　　　　　　　　　　　　　　　%

模型	平均准确率
TabTransformer	82.8 ± 0.4
MLP	81.8 ± 0.4
GBDT	82.9 ± 0.4
稀疏 MLP	81.4 ± 0.4
逻辑回归（Logistic Regression）	80.4 ± 0.4
TabNet	77.1 ± 0.5
VIB	80.5 ± 0.4

TabTransformer 模型除了在性能方面有所改善外，还有一个优点是具有可解释性。由于 TabTransformer 模型明确地学习了与每个分类特征中的每个唯一类值相关的嵌入，所以它可以对学习到的嵌入进行分析和解释。Xin Huang 等人对银行营销数据集（Bank Marketing dataset）的嵌入进行了 t - SNE 降维分析，发现"语义上相似的类彼此接近，并在嵌入空间中形成聚类"（见图 6 - 53）。

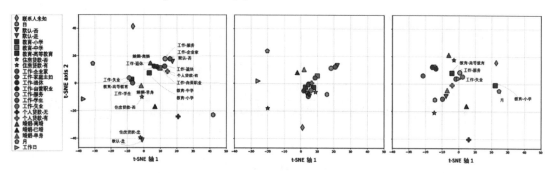

图 6 - 53　将类别嵌入降维至低维空间的可视化（引自 Xin Huang 等人的论文）

为了展示嵌入的丰富性，Xin Huang 等人对在每个连续的 Transformer 块输出的每个分类特征的上下文嵌入进行线性模型训练，发现即使在第一个 Transformer 块应用之前，衍生特征也足以达到完整 TabTransformer 模型所获得的准确率的至少 90%（见图 6 - 54）。

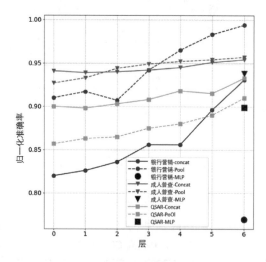

图 6 - 54　3 个不同的数据集［银行营销（Bank Marketing）、成人普查（Adult Census）及 QSAR］在第 n 层之后训练的回归模型对关注特征的性能（引自 Xin Huang 等人的论文）

Xin Huang 等人强调的 TabTransformer 模型的另一个主要优势是对噪声和缺失数据的鲁棒性，相比之下，基于树的方法通常在处理这些数据时相对困难。TabTransformer 模型在数据噪声（见图 6 - 55）和数据删除（缺失数据）问题（见图 6 - 56）中的表现比基线的 MLP 模型更好，且差距显著。在高水平的噪声和缺失数据下，TabTransformer 模型可以保持较高比例的原始性能而不会受到破坏。

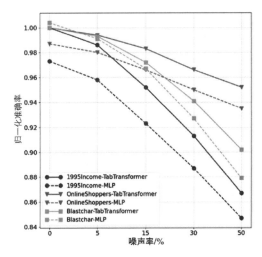

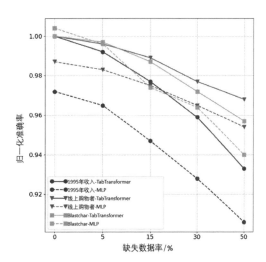

图 6 – 55　在数据噪声引起的不同级别的损坏
数据上训练模型，与在未受损数据上训练的
模型相比，可以看到性能的退化（引自
Xin Huang 等人的论文）（附彩插）

图 6 – 56　在数据缺失引起的不同级别的损坏
数据上训练模型，与在未受损数据上训练的
模型相比，可以看到性能的退化（引自
Xin Huang 等人的论文）（附彩插）

TabTransformer 模型也非常适合自监督预训练，并且已被证明是自监督式表格学习中更有前景的架构之一。

TabTransformer 架构相对简单，可以使用 Keras 层从头开始构建，这是一个很好的练习。首先为架构定义以下关键配置参数（见代码清单 6 – 25）。

* NUM_CONT_FEATS：连续特征的数量。
* NUM_CAT_FEATS：分类特征的数量。
* NUM_UNIQUE_CLASSES：每个分类特征中唯一类别的数量列表。长度应与分类特征的数量相同。
* EMBEDDING_DIM：嵌入的维度（即每个分类特征中与每个唯一类别关联的向量）。
* NUM_HEADS：每个多头注意力块中注意力头的个数。
* KEY_DIM：在多头注意力块中投影键和查询的维度。
* NUM_TRANSFORMERS：要堆叠的 Transformer 块的数量。
* FF_HIDDEN_DIM：在投影到嵌入维度之前，在 Transformer 块的前馈组件中的隐藏单元数。
* MLP_LAYERS：TabTransformer 模型末尾的 MLP 组件中的隐藏前馈层的数量。
* MLP_HIDDEN：TabTransformer 模型末尾的 MLP 组件中每个隐藏层的单元数。
* OUT_DIM：输出的维度。
* OUT_ACTIVATION：输出中要使用的激活函数。

代码清单 6 – 25　配置常量的设置

```
'''
CONFIG
'''
NUM_CONT_FEATS = 8
NUM_CAT_FEATS = 4
NUM_UNIQUE_CLASSES = [32 for i in range(NUM_CAT_FEATS)]

EMBEDDING_DIM = 32

NUM_HEADS = 4
KEY_DIM = 4
NUM_TRANSFORMERS = 6
FF_HIDDEN_DIM = 32

MLP_LAYERS = 4
MLP_HIDDEN = 16

OUT_DIM = 1
OUT_ACTIVATION = 'linear'
```

首先定义输入头（见代码清单 6 – 26）。连续特征输入头很简单：定义一个输入头，接受长度为 NUM_CONT_FEATS 的向量，并对其应用层归一化。因为需要为每个分类特征生成唯一的嵌入方案，所以创建一个与每个分类特征对应的输入头列表。相应地，生成与 EMBEDDING_DIM 大小关联的嵌入，与每个分类特征输入头连接起来。NUM_UNIQUE_ CLASSES 提供每个嵌入层的词汇表大小。此时，每个嵌入将生成一个形状为（批量大小，1，EMBEDDING_DIM）的张量。这里希望将每个分类特征的嵌入连接起来，因此在第二个轴（以 0 为基准的索引中的轴 1）上进行拼接，得到形状为（批量大小，NUM_CAT_ FEATS，EMBEDDING_DIM）的分组嵌入张量。请注意，该张量的形状类似自然语言序列的形状，其形状为（批量大小，序列长度，嵌入维度）。在这种情况下，不假设轴 1 中的分类特征是按顺序排列的，这将与 Transformer 块很好地配合。

代码清单 6 – 26　定义输入头

```
cont_inp = L.Input((NUM_CONT_FEATS,), name = 'Cont Feats')
normalize = L.LayerNormalization()(cont_inp)

cat_inps = [L.Input((1,), name = f'Cat Feats {i}') for i in
            range(NUM_CAT_FEATS)]
zipped = zip(NUM_UNIQUE_CLASSES, cat_inps)
embeddings = [L.Embedding(uqcls, EMBEDDING_DIM)(cat_inp)
              for uqcls, cat_inp in zipped]
concat_embed = L.Concatenate(axis =1)(embeddings)
```

由于将多个 Transformer 块堆叠在一起，所以定义一个函数来执行块链接非常有用（见代码清单 6 – 27）。首先使用输入层的张量计算多头自注意力得分。为了形成残差连接，将自注意力得分的结果与原始输入相加（注意，在默认情况下，自注意力得分的结果与输入形状相同，但可以指定将输出投影到不同的维度）。然后，应用层归一化，接着创建两个前馈层。在层归一化的输出和 Transformer 块的前馈部分输出之间创建另一个残差连接。最后对结果进行归一化并返回。

代码清单 6 – 27　定义一个 Transformer 块

```python
def transformer(inp):
    attention = L.MultiHeadAttention(num_heads = NUM_HEADS,
                                     key_dim = KEY_DIM)(inp, inp)
    add = L.Add()([inp, attention])
    norm = L.LayerNormalization()(add)
    dense1 = L.Dense(FF_HIDDEN_DIM, activation = 'relu')(norm)
    dense2 = L.Dense(EMBEDDING_DIM, activation = 'relu')(dense1)
    add2 = L.Add()([norm, dense2])
    norm2 = L.LayerNormalization()(add2)
    return norm2
```

可以多次应用这个 Transformer 块（见代码清单 6 – 28）。输出张量仍然具有形状（batch size，NUM_CAT_FEATS，EMBEDDING_DIM），但现在每个嵌入都与其他分类特征关联。将结果展平为具有形状（batch size，NUM_CAT_FEATS × EMBEDDING_DIM）的批量向量。

代码清单 6 – 28　将多个 Transformer 块堆叠在一起，然后展平

```python
transformed = concat_embed
for i in range(NUM_TRANSFORMERS):
    transformed = transformer(transformed)
contextual_embeddings = L.Flatten()(transformed)
```

上下文嵌入可以与归一化的连续变量连接，并输入 MLP（见代码清单 6 – 29）。

代码清单 6 – 29　定义接收转换（扁平化）后的特征并输出最终决策的 MLP

```python
all_feat_concat = L.Concatenate()([normalize, contextual_embeddings])
mlp = all_feat_concat
for i in range(MLP_LAYERS):
    mlp = L.Dense(MLP_HIDDEN, activation = 'relu')(mlp)
out = L.Dense(OUT_DIM, activation = OUT_ACTIVATION)(mlp)
```

要将图像构建为模型，需要收集所有输入，并调用 keras. models. Model 将输入连接到输出（见代码清单 6 – 30 和图 6 – 57）。

代码清单 6 – 30　定义 TabTransformer 模型

```python
all_inps = cat_inps + [cont_inp]
model = keras.models.Model(inputs = all_inps, outputs = out)
```

图 6-57　在代码清单 6-26 ～ 代码清单 6-30 中定义的自定义 TabTransformer 模型

为了更清晰地可视化效果，并遵循良好的实现规范，可以使用分隔设计将 Transformer 块定义为一个单独的子模型（见代码清单 6 – 31）。这里不返回输出张量，而是构建一个具有唯一名称的新子模型（同一图中的子模型必须具有唯一的名称）。

代码清单 6 – 31　修改具有分隔设计的 Transformer 块

```python
def build_transformer(inp_shape, id_ = 0):
    inp = L.Input(inp_shape)
    attention = L.MultiHeadAttention(num_heads = NUM_HEADS,
                                     key_dim = KEY_DIM)(inp, inp)
    add = L.Add()([inp, attention])
    norm = L.LayerNormalization()(add)
    dense1 = L.Dense(FF_HIDDEN_DIM, activation = 'relu')(norm)
    dense2 = L.Dense(EMBEDDING_DIM, activation = 'relu')(dense1)
    add2 = L.Add()([norm, dense2])
    norm2 = L.LayerNormalization()(add2)
    return keras.models.Model(inputs = inp, outputs = norm2,
                              name = f'Transformer_Block_{id_}')
```

定义 TabTransformer 模型的代码基本相同（见代码清单 6 – 32；Transformer 块，见图 6 – 58；TabTransformer 架构，见图 6 – 59）。

代码清单 6 – 32　定义具有分隔设计的模型

```python
cont_inp = L.Input((NUM_CONT_FEATS,), name = 'Cont Feats')
normalize = L.LayerNormalization()(cont_inp)


cat_inps = [L.Input((1,), name = f'Cat Feats {i}')
            for i in range(NUM_CAT_FEATS)]
zipped = zip(NUM_UNIQUE_CLASSES, cat_inps)
embeddings = [L.Embedding(uqcls, EMBEDDING_DIM)(cat_inp) for uqcls,
              cat_inp in zipped]
concat_embed = L.Concatenate(axis = 1)(embeddings)


transformed = concat_embed
for i in range(NUM_TRANSFORMERS):
    transformer = build_transformer((NUM_CAT_FEATS, EMBEDDING_DIM), id_ = i)
    transformed = transformer(transformed)


contextual_embeddings = L.Flatten()(transformed)
all_feat_concat = L.Concatenate()([normalize, contextual_embeddings])
mlp = all_feat_concat
for i in range(MLP_LAYERS):
    mlp = L.Dense(MLP_HIDDEN, activation = 'relu')(mlp)
out = L.Dense(OUT_DIM, activation = OUT_ACTIVATION)(mlp)
```

```
all_inps = cat_inps + [cont_inp]
model = keras.models.Model(inputs = all_inps, outputs = out)
```

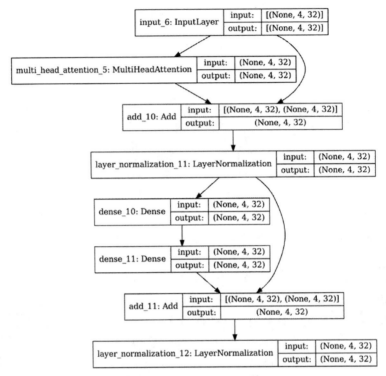

图 6 – 58　Transformer 块

　　下面演示将这样的模型应用于之前处理过的 Ames Housing 数据集。Ames Housing 数据集具有许多分类特征，是一个非常适合建模的混合类型表格数据集。首先读取数据，对目标进行缩放，并确定哪些特征是分类特征，哪些特征是连续特征（见代码清单 6 – 33）。

　　代码清单 6 – 33　读取 Ames Housing 数据集并识别分类特征

```
df = pd.read_csv('https://raw.githubusercontent.com/hjhuney/Data/master/
AmesHousing/train.csv')
df = df.dropna(axis = 1, how = 'any').drop('Id', axis = 1)
x = df.drop('SalePrice', axis = 1)
y = df['SalePrice'] /1000

cat_features = []
for colIndex, colName in enumerate(x.columns):
    # 寻找需要处理的分类变量
    if type(x.iloc[0, colIndex]) == str or len(x[colName].unique()) < = 5:
        cat_features.append(colName)
cont_features = [col for col in x.columns if col not in cat_features]
```

图 6 – 59　在 Keras 中使用分隔的 Transformer 块的 TabTransformer 模型

　　由于嵌入需要将所有类别信息按照从 0 开始的整数进行标签编码/序数编码，所以使用 scikit – learn 的 OrdinalEncoder 适当地转换所有分类特征（见代码清单 6 – 34）。同时，将所有连续特征转换为 float32 类型，以避免后续的类型问题。

　　代码清单 6 – 34　编码相关特征

```
from sklearn.preprocessing import OrdinalEncoder
encoders = {col: OrdinalEncoder() for col in cat_features}
for cat_feature in cat_features:
    encoder = encoders[cat_feature]
    x[cat_feature] = encoder.fit_transform(np.array(x[cat_feature]).
reshape(-1, 1))


for cont_feature in cont_features:
    x[cont_feature] = x[cont_feature].astype(np.float32)
```

　　数据预处理完成后，进行训练集 – 验证集拆分（见代码清单 6 – 35）。重要的是在进行编码之前对数据集进行拆分，这可以避免在训练过程中编码器未关联整数的类别，并且由于只是应用简单的序数编码器，所以不会导致数据泄露。

代码清单 6 – 35 训练集 – 验证集拆分

```
from sklearn.model_selection import train_test_split as tts
X_train, X_valid, y_train, y_valid = tts(x, y, train_size = 0.8)
```

也可以使用从头构建的 TabTransformer 模型，但是社区中也有许多出色的实现。Cahid Arda 在 Keras 中实现了 TabTransformer，可以直接在 Jupyter Notebook 中使用以下代码进行访问（见代码清单 6 – 36）。

代码清单 6 – 36 克隆 Cahid Arda 的 TabTransformer 存储库（重命名是为了避免导入时出现带有连字符的 Python 语法问题）

```
!git clone https://github.com/CahidArda/tab-transformer-keras.git
import os
os.rename('./tab-transformer-keras', './tab_transformer_keras')
```

可以导入 TabTransformer 模型，并指定所需的配置参数，并使用 get_X_from_features 实用函数为模型准备输入（见代码清单 6 – 37）。该函数将连续特征与分类特征分开，并将每个分类特征切分成单独的项。连续特征和每个分类特征的完整集合被放入一个列表，这是多头 TabTransformer 模型可以接受的。

代码清单 6 – 37 实例化 TabTransformer 模型

```
from tab_transformer_keras.tab_transformer_keras.tab_transformer_keras
import TabTransformer
from tab_transformer_keras.misc import get_X_from_features

X_train_tt = get_X_from_features(X_train, cont_features, cat_features)
X_valid_tt = get_X_from_features(X_valid, cont_features, cat_features)

class_counts = [x[col].nunique() for col in cat_features]
model = TabTransformer(
    categories = class_counts,
    num_continuous = len(cat_features),
    dim = 16,
    dim_out = 1,
    depth = 6,
    heads = 8,
    attn_dropout = 0.1,
    ff_dropout = 0.1,
    mlp_hidden = [(32, 'relu'), (16, 'relu')]
)
```

结果是可以进行编译和拟合的 Keras 模型（见代码清单 6 – 38）。请注意，由于该模型是定制定义的，因此缺少某些功能，如可视化。读者可以在 https://github.com/CahidArda/tab-transformer-keras 上查看源代码。

代码清单 6 – 38　编译和拟合模型

```
model.compile(optimizer = 'adam', loss = 'mse', metrics = ['mae'])
history = model.fit(X_train_tt, y_train, epochs = 500, validation_data = (X_
valid_tt, y_valid))
```

TabTransformer 是一个非常灵活的架构，有很多值得探索的地方。可以使用 Hyperopt 对关键结构的超参数进行优化，因为这类超参数并不是很多。另一个想法是使用 Transformer 块通过学习连续特征的嵌入来联合处理分类特征和连续特征（嵌入是指将其投影到嵌入维度的空间）。这种方法能使上下文嵌入不仅与其他类别型特征建立关联，还能与数据集的全部特征维度进行交互（事实上，这正是后续将介绍的 SAINT 论文采用的方法）。

TabNet

TabNet 架构是由来自谷歌公司云 AI 部门的 Sercan O. Arik 和 Tomas Pfister 于 2019 年在论文 *TabNet*：*Attentive Interpretable Tabular Learning*[10] 中提出的。TabNet 是另一种用于表格数据的流行深度学习模型。它比 TabTransformer 复杂得多，但也有很多基本相似之处。TabNet 的基本范式是：决策是在一系列顺序步骤中完成的；在每一步，模型都会根据先前时间步得出的进度来确定要处理哪些特征图（见 6 – 60）。每个步骤使用类似注意力机制的掩码来选择特定的目标特征，因此称为"注意力表格学习"。然后，对每个时间步的推理结果进行聚合以产生最终的输出。

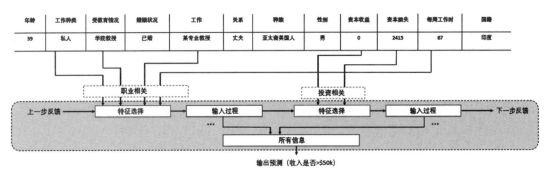

图 6 – 60　基于表格数据行实例的多步骤决策特征选择与推理示意（源自 **Sercan O. Arik** 和 **Tomas Pfister** 的研究）

下面用上述论文中的符号表示来阐述本书对 TabNet 模型的理解。每个批次中有 B 个样本，每行包含 D 个特征（即每个批次包含 B 个 D 维向量）。因此，有特征 $f \in \mathbb{R}^{B \times D}$。设 N_{steps} 为决策步骤的数量，第 i 个输入的输出传递到第 $i+1$ 个步骤。对于每个时间步 i，模型具有一个独特的可学习掩码 $M[i] \in \mathbb{R}^{B \times D}$。以乘法操作 $M[i] \cdot f$ 表示掩码后的结果。$M[i]$ 中的值在 0 和 1 之间，并且选择是稀疏的：大多数特征的概率要么相对较高，要么接近 0，以便在乘法过程中将后者掩盖。掩码根据先前缩放项 $P[i-1]$ 和上一步骤 $a[i-1]$ 的处理特征（即输出）计算得出：

$$M[i] = \text{sparsemax}(P[i-1] \cdot h_i(a[i-1]))$$

在这个计算中，h_i 是一个由前馈神经网络架构参数化的映射函数。这个函数有助于

"重新解释"或"准备"上一步的输出，以便与前一个缩放项进行交互。

先验缩放项 $P[i-1]$ 表示一个特征之前被关注的程度。给定一个松弛参数 γ，先前缩放项计算如下：

$$P[i] = \prod_{j=1}^{i} (\gamma - M[j])$$

考虑 $\gamma=1$。假设在第一个时间步中，某个特征的掩码值为 1，即该特征被选中进行处理。那么该特征的先前缩放项 $P[1]$ 的计算结果为 $\gamma - M[1] = 1 - 1 = 0$。请注意，由于掩码 $M[i]$ 是先前缩放项的乘积计算得出的，所以该特定特征在接下来的时间步中将被置为 0 并且不被选中。此外，这也阻止了该特征在后续时间步中的使用，因为如果 $0 \in x$，则对于某个序列 x，有 $\Pi x = 0$。同样地，这迫使以前未被使用的特征被使用。当然，softmax 机制更加柔和，但是先前缩放机制仍然起到一种作用，以确保大多数相关特征"得到关注"。可以这么说，第一个先前缩放项 $P[0]$ 初始化为全 1 矩阵（即 $P[0] \rightarrow \mathbf{1}^{B \times D}$）。

TabNet 架构中的这个组件是注意力 Transformer 架构（见图 6-61）。它通过生成一个掩码，以类似注意力机制的方式，从上一个时间步的输出特征（或者从第一个时间步的输入特征）和先验的缩放评分中确定要选择哪些特征。Sercan O. Arik 和 Tomas Pfister 将这样的掩码描述为执行"突出特征的软选择"。他们认为："通过对最突出的特征进行稀疏选择，各步骤的学习能力不会浪费在不相关的特征上，因此模型变得更具参数效率。"这种适应性强的掩码相对于类似决策树的特征选择具有哲学和实践上的优势，后者是"硬性"的和不可调整的。

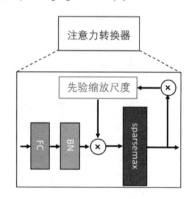

图 6-61 注意力 Transformer 架构（引自 Sercan O. Arik 和 Tomas Pfister 的论文）

在每个步骤 i 中，通过学习的掩码进行特征选择后，被选定的特征通过特征转换器 F_i 进行传递（见图 6-62）。将特征转换器的输出拆分，以收集各步骤的输出 $d_i \in \mathbb{R}^{B \times N_d}$（维度为 N_d）和下一步骤的信息 $a_i \in \mathbb{R}^{B \times N_a}$（维度为 N_a）（这两个维度都是预设的）。

$$[d[i], a[i]] = F_i(M[i] \cdot f)$$

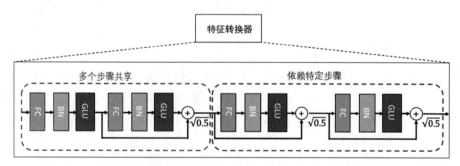

图 6-62 特征转换器模型（引自 Sercan O. Arik 和 Tomas Pfister 的论文）

在具体的架构方面，特征转换器包含一个共享组件和一个独立组件。一个块指的是以下堆叠的组合：全连接层、批归一化和门控线性单元（GLU）［GLU 函数由 Dauphin 等人（2015 年）引入，表示为 $\mathrm{GLU}(\boldsymbol{a},\boldsymbol{b}) = \boldsymbol{a} \otimes \sigma(\boldsymbol{b})$，直观地强制在门控 $\boldsymbol{b}$ 中选择 $\boldsymbol{a}$ 的单元。当 $\boldsymbol{a}$ 和 $\boldsymbol{b}$ 表示向量的一半时，GLU 函数可以用作单个向量的激活函数］。一个特征转换器由 4 个块组成，在后 3 个块周围有归一化的残差连接。前 2 个块在所有步骤中普遍共享，而后 2 个块对每个步骤是唯一的。在所有步骤中普遍共享特征转换器的一半有助于加速训练、提高参数效率和改善学习的鲁棒性。

为了对所有决策输出进行汇总，TabNet 模型将所有时间步的决策输出 d 进行 ReLU 求和：

$$d_{\mathrm{out}} = \sum_{i=1}^{N_{\mathrm{steps}}} \mathrm{ReLU}(d[i])$$

该联合输出经过最后的线性映射层传递，得到真实的输出 $W_{\mathrm{final}} \times d_{\mathrm{out}}$，并根据上下文相关性适当地应用最终激活函数（例如 softmax 函数）。这个最终的聚合步骤类似 DenseNet 风格的残差连接（参见第 4 章），其中每个层与来自所有先前锚点的残差连接相连。类似地，TabNet 模型的最终输出是所有步骤的输出的总和，因此后续步骤必须调节/校正/"记住"前面步骤的影响。

特征选择的掩码对解释 TabNet 模型的决策过程很有价值。如果 $M_{q,j}[i] = 0$，那么第 q 个样本的第 j 个特征对第 i 个步骤的决策没有贡献。然而，不同的步骤本身对最终输出的贡献有所不同。Sercan O. Arik 和 Tomas Pfister 提出了以下公式来计算函数 $\eta_q[i]$，该公式给出了第 q 个样本在第 i 个步骤上对输出的总体决策贡献：

$$\eta_q[i] = \sum_{c=1}^{N_d} \mathrm{ReLU}(d_{q,c}[i])$$

该函数提供了一种方法，可以在每个步骤缩放决策掩码，通过该步骤与输出的相关性对每个掩码进行加权。Sercan O. Arik 和 Tomas Pfister 阐述了以下聚合级别特征重要性掩码（引入了占位符变量 j 来迭代向量列）：

$$M_{\mathrm{agg}-q,j} = \frac{\displaystyle\sum_{i=1}^{N_{\mathrm{steps}}} \eta_q[i] M_{q,j}[i]}{\displaystyle\sum_{j=1}^{D} \sum_{i=1}^{N_{\mathrm{steps}}} \eta_q[i] M_{q,j}[i]}$$

这个公式非常直观：它返回掩码的加权和，归一化后使样本的所有特征重要性掩码的总和为 1。

完整的 TabNet 模型架构如图 6 - 63 所示。输入特征经过初始特征变换器传递，然后进入第一步。在每个步骤中，注意力变换器从上一步的输出（即 $a[i-1]$）生成特征选择掩码，并以乘法方式应用于原始输入特征。所选定的特征经过特征变换器传递；部分输出传递到下一步（作为 $a[i]$），另一部分作为决策输出（$d[i]$）。

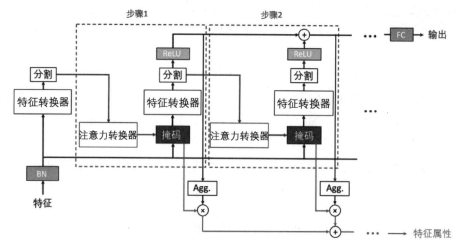

图6-63 TabNet模型在多个步骤中的完整架构 [该图还展示了底部特征属性的掩码集合
（导致"特征属性"）。不要被这些集合所困惑，它们不是正式监督模型的一部分，
在训练期间进行了优化。它们代表了预测阶段用于可解释性的信息流；
引自Sercan O. Arik和Tomas Pfister的论文]

与TabTransformer模型一样，TabNet模型也采用了无监督/自监督预训练方案（见图6-65）。Sercan O. Arik和Tomas Pfister创建了一个TabNet解码器（图6-64），它由多个特征转换器组成，以类似的多步骤方式排列，每个步骤都有全连接层，决策输出的总和用于获得重建的特征。预训练任务是预测掩码特征列。批处理生成一个二元掩码：$S \in \{0, 1\}^{B \times D}$。编码器接收输入$(1-S) \cdot f$，解码器预测$S \cdot f$。完成这个预训练任务后，解码器被分离，决策输出用于替代监督微调（见图6-64）。

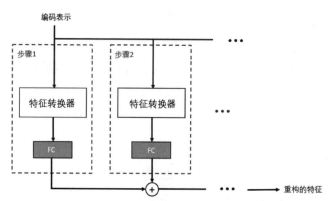

图6-64 解码器架构（接受编码表示并输出重建的特征；
引自Sercan O. Arik和Tomas Pfister的论文）

Sercan O. Arik和Tomas Pfister在各种合成和"自然"数据集上评估了TabNet模型。他们发现，与基于树和基于DNN的表格模型相比，TabNet模型的性能具有竞争力，有时甚至更好（见表6-6～表6-11）。在合成数据集上，TabNet模型的表现接近顶级，且参数规模显著减小（与INVASE模型的101×10^3相比，TabNet模型为$(26 \sim 31) \times 10^3$，与其他深度学习方法相比为43×10^3）。

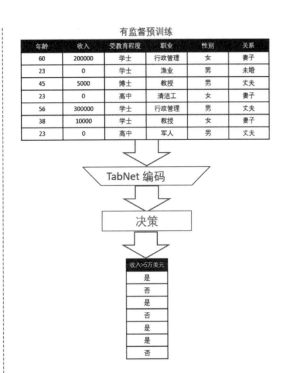

图 6 - 65　TabNet 的两阶段训练方案（引自 Sercan O. Arik 和 Tomas Pfister 的论文）

表 6 - 6　各模型在合成数据集包（Chen 2018）上的性能（引自 Sercan O. Arik 和 Tomas Pfister 的论文）

模型	测试准确率					
	Syn1	Syn2	Syn3	Syn4	Syn5	Syn6
No selction	0.578 ± 0.004	0.789 ± 0.003	0.854 ± 0.004	0.558 ± 0.021	0.662 ± 0.013	0.692 ± 0.015
Tree	0.574 ± 0.101	0.872 ± 0.003	0.899 ± 0.001	0.684 ± 0.017	0.741 ± 0.004	0.771 ± 0.031
Lasso – regularized	0.498 ± 0.006	0.555 ± 0.061	0.886 ± 0.003	0.512 ± 0.031	0.691 ± 0.024	0.727 ± 0.025
L2X	0.498 ± 0.005	0.823 ± 0.029	0.862 ± 0.009	0.678 ± 0.024	0.709 ± 0.008	0.827 ± 0.017
INVASE	**0.690 ± 0.006**	0.877 ± 0.003	**0.902 ± 0.003**	**0.787 ± 0.004**	0.784 ± 0.005	0.877 ± 0.003
Global	0.686 ± 0.005	0.873 ± 0.003	0.900 ± 0.003	0.774 ± 0.006	0.784 ± 0.005	0.858 ± 0.004
TabNet	0.682 ± 0.005	**0.892 ± 0.004**	0.897 ± 0.003	0.776 ± 0.017	**0.789 ± 0.009**	**0.878 ± 0.004**

表 6 - 7　各模型在森林覆盖数据集（Dua 和 Graff，2017）上的性能

（引自 Sercan O. Arik 和 Tomas Pfister 的论文）　　　　　　%

模型	测试准确率
XGBoost	89.34
Light GBM	89.28
CatBoost	85.14
AutoML Tables	94.95
TabNet	**96.99**

表 6-8　各模型在 Poker Hand 数据集（Dua 和 Graff，2017）上的性能

（引自 Sercan O. Arik 和 Tomas Pfister 的论文）　　　%

模型	测试准确率
DT	50.0
MLP	50.0
Deep neural DT	65.1
XGBoost	71.1
LightGBM	70.0
CatBoost	66.6
Tabnet	**99.2**
Rule - based	100.0

表 6-9　各模型在 Sarcos 数据集（Vijayakumar 和 Schaal，2000）上的性能

（引自 Sercan O. Arik 和 Tomas Pfister 的论文）

模型	测试 MSE	模型参数大小
Random forest	2.39	16.7×10^3
Stochastic DT	2.11	28×10^3
MLP	2.13	0.14×10^6
Adaptive neural tree	1.23	0.60×10^6
Gradient boosted tree	1.44	0.99×10^6
TabNet - S	**1.25**	**6.3×10^3**
TabNet - M	**0.28**	**0.59×10^6**
TabNet - L	**0.14**	**1.75×10^6**

表 6-10　各模型在 Higgs Boson 数据集（Dua 和 Graff，2017）上的性能

（引自 Sercan O. Arik 和 Tomas Pfister 的论文）

模型	测试准确率/%	模型参数大小
Sparse evolutionary MLP	**78.47**	**81×10^3**
Gradient boosted tree - S	74.22	0.12×10^6
Gradient boosted tree - M	75.97	0.69×10^6
MLP	78.44	2.04×10^6
Gradient boosted tree - L	76.98	6.96×10^6
TabNet - S	78.25	81×10^3
TabNet - M	**78.84**	**0.66×10^6**

表 6-11　各模型在 Rossmann Store Sales 数据集（Kaggle，2019）上的性能
（引自 Sercan O. Arik 和 Tomas Pfister 的论文）

模型	测试 MSE
MLP	512.62
XGBoost	490.83
LightGBM	504.76
CatBoost	489.75
TabNet	485.12

此外，TabNet 模型对特征的可解释性提供了一些类似但不同的解释（见表 6-12）。

表 6-12　不同方法对特征重要性排名的比较（引自 Sercan O. Arik 和 Tomas Pfister 的论文）

特征	SHAP	Skater	XGBoost	TabNet
Age	1	1	1	1
Capital gain	3	3	4	6
Captial loss	9	9	6	4
Education	5	2	3	2
Gender	8	10	12	8
Hours per week	7	7	2	7
Marital status	2	8	10	9
Native country	11	11	9	12
Occupation	6	5	5	3
Race	12	12	11	11
Relationship	4	4	8	5
Work class	10	8	7	10

值得注意的是，TabNet 模型与基于树的模型在架构和概念上有许多相似之处。序列操作的集合提供了一种类似决策树的决策框架，并能够表示决策树风格的特征空间分离（见图 6-66）。Sercan O. Arik 和 Tomas Pfister 指出，类似注意力的机制允许使用更柔和、适应性更强的树节点分离准则。此外，TabNet 模型的顺序堆叠性质在概念上与基于树的模型中的堆叠和增强类似，其中 TabNet 模型的单元是从前一个输出单元中学习。

TabNet 模型（以及所有面向表格数据的深度学习模型）的另一个优势是能够在无标签数据上进行训练。由于稀疏性、掩码和时间步无关的共享权重等多种机制的融合，TabNet 模型是最轻量且功能最强大的前沿表格深度学习模型之一。

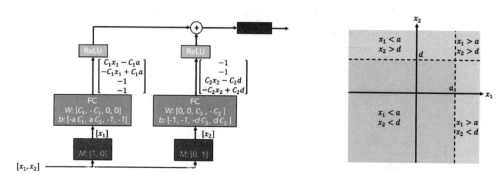

图 6-66 TabNet 架构用于表示类似决策树的逻辑决策过程的示意

（引自 Sercan O. Arik 和 Tomas Pfister 的论文）

TabNet 来自谷歌公司云 AI 部门，其代码库（模型代码可在 https://github.com/google-research/google-research/blob/master/tabnet/tabnet_model.py 上找到）是用 TensorFlow 编写的，相对容易阅读。本书使用 Somshubra Majumdar 的适用于 Keras 的修改版本，其中包含了额外的工具。读者可以在以下网址查看实现：https://github.com/titu1994/tf-TabNet/blob/master/tabnet/tabnet.py。该代码可作为一个库通过 pip 命令使用，其 PyPI 页面是 https://pypi.org/project/tabnet/，可以使用 pip install tabnet 命令进行安装。

TabNet 库提供了两个输出匹配模型，分别适用于分类问题和回归问题：TabNetClassifier 和 TabNetRegressor。它们共享相同的 TabNet 基础模型架构，但使用不同的输出激活函数（可以通过查看源代码确认）。最少需要指定输入特征的数量和输出类别的数量。此外，可以指定特征维度 feature_dim（即 N_a 的值）、输出维度 output_dim（即 N_d 的值）、步骤数量 num_decision_steps（即 N_{steps} 的值）、松弛因子 relaxation_factor（即 γ 的值），以及稀疏性系数 sparsity_coefficient 来控制对稀疏性的严格遵循程度，还有其他参数（见代码清单 6-39）。

代码清单 6-39 实例化一个 TabNetClassifier 模型

```
from tabnet import TabNetClassifier
model = TabNetClassifier(feature_columns=None,
                         num_features=X.shape[-1],
                         num_classes=7,
                         feature_dim=32,
                         output_dim=16,
                         num_decision_steps=8,
                         relaxation_factor=0.7,
                         sparsity_coefficient=1e-6)
```

可以将其编译并安装一个标准的 Keras 模型（见代码清单 6-40）。对于 TabNet 模型，可以使用较大的批量，甚至可以高达总数据集大小的 10%~15%（如果内存允许）。由于这种实现方式不支持自监督学习，所以可能需要较长的训练时间来适应标记。虽然自监督学习对结果有所帮助，但直接使用标记进行训练通常也能得到很有效的结果。实现自监督预训练并不困难，可以利用现有的源代码构建模块来完成。

代码清单 6 – 40　　编译和拟合 TabNet 模型

```
model.compile(optimizer = 'adam', loss = 'sparse_categorical_crossentropy',
              metrics = ['accuracy'])
model.fit(X_train, y_train, epochs = 100, validation_data = (X_valid, y_valid),
          batch_size = 10_000)
```

由于 TensorFlow 的技术原因，为了轻松地获取特征选择掩码的值，需要将所需的数据集传递给 TabNet 模型。不需要保存输出，该命令的目的是强制 TabNet 模型在即时执行模式（eager execution mode）下运行，从而可以收集掩码（作为原始形式的张量列表），并访问 NumPy 数组中的数据（见代码清单 6 – 41）。

代码清单 6 – 41　在验证数据集上获取 TabNet 特征选择掩码

```
_ = model(X_valid)
fs_masks_orig = model.tabnet.feature_selection_masks
fs_masks = np.stack([mask.numpy()[0,:,:,0] for mask in fs_masks_orig])
```

有 $N_{steps} - 1$ 个特征选择图（见代码清单 6 – 42 和图 6 – 67）。请注意，该特定模型在前几个步骤中从单独的"关键"特征进行推理，然后逐步在后续步骤中结合其他特征的输入，以进一步为决策过程提供信息。

代码清单 6 – 42　绘制 TabNet 特征选择掩码

```
for i in range(7):
    plt.figure(figsize = (15, 8), dpi = 400)
```

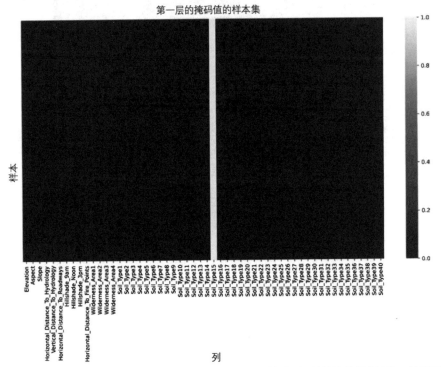

图 6 – 67　**TabNet** 模型的每次迭代对于多个样本(沿 *y* 轴排列) 所关注的特征(沿 *x* 轴排列)

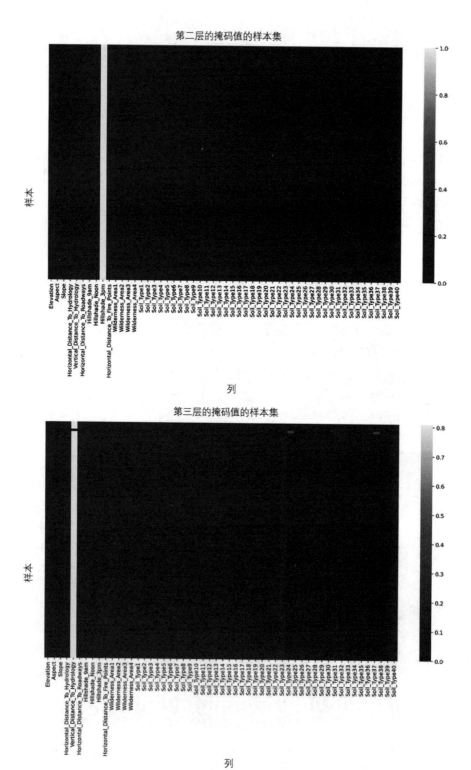

图 6 - 67　TabNet 模型的每次迭代对于多个样本(沿 y 轴排列) 所关注的特征(沿 x 轴排列) (续)

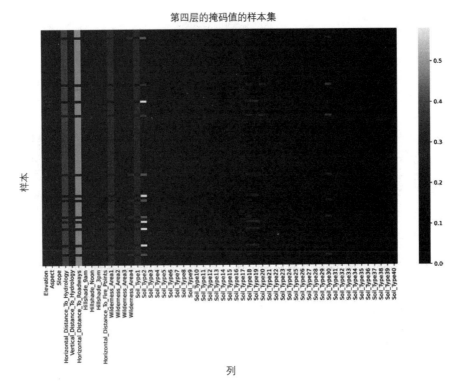

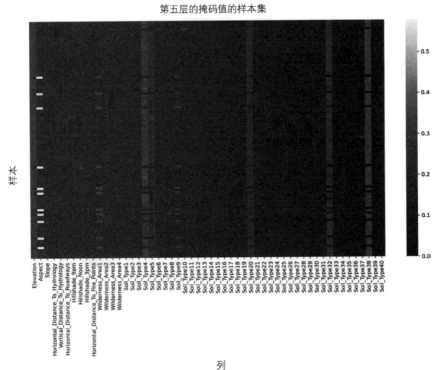

图 6-67　TabNet 模型的每次迭代对于多个样本(沿 y 轴排列)所关注的特征(沿 x 轴排列)(续)

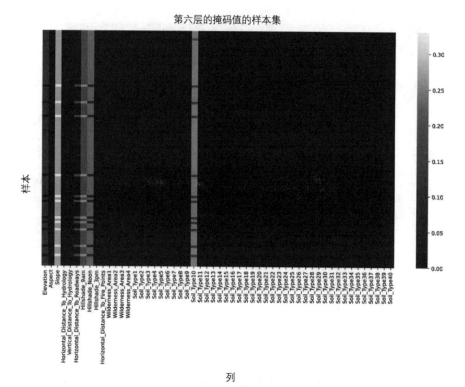

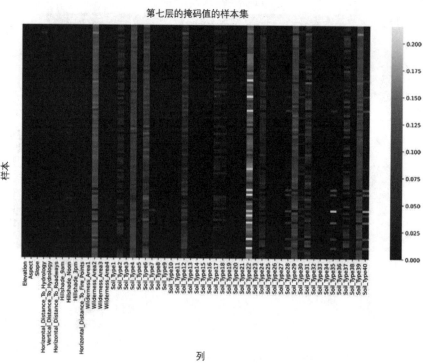

图 6 − 67 **TabNet** 模型的每次迭代对于多个样本(沿 y 轴排列) 所关注的特征(沿 x 轴排列) (续)

```
sns.heatmap(fs_masks[i,:100,:],
                xticklabels = columns,
                yticklabels =[])
    plt.xlabel('Columns')
    plt.ylabel('Samples')
    plt.title(f'Sample of Mask Values for Layer {i +1}')
    plt.show()
```

同样可以获取聚合特征掩码，它表明在所提交的数据集中，所有样本的各特征对输出加权决策步骤的贡献情况（见代码清单 6 – 43 和图 6 – 68）。

代码清单 6 – 43　获取所有 TabNet 模型中的聚合特征掩码

```
agg_mask = model.tabnet.aggregate_feature_selection_mask
plt.figure(figsize =(15,8),dpi =400)
sns.heatmap(agg_mask.numpy()[0, :100, :, 0],
            xticklabels = columns,
            yticklabels =[])
plt.xlabel('Columns')
plt.ylabel('Samples')
plt.title(f' Aggregate Feature Mask')
plt.show()
```

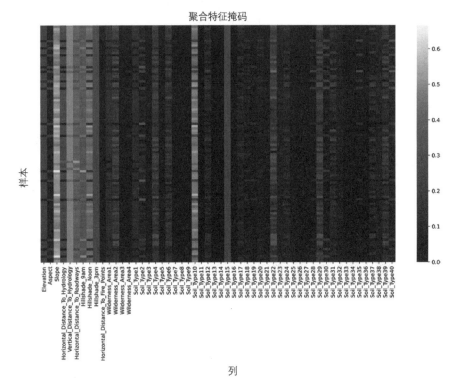

图 6 – 68　绘制多个聚合特征掩码的示例

总之，TabNet 模型采用了一种基于注意力机制的特征选择机制，该机制以类似树集成的方式对特征进行顺序推理和处理，具有可解释性的优势。

SAINT

SAINT（Self – Attention and Intersample Attention Transformer）是由马里兰大学和 Capital One Machine Learning 的 Gowthami Somepalli 等人在 2021 年发表的论文《SAINT：通过行注意力和对比预训练改进用于表格数据的神经网络》[11]中引入的最新模型。与标准列注意力相反，SAINT 的创新之处在于引入了样本间注意力，这使行能够以注意力方式彼此关联。

下面使用该论文中的符号表示来概念化 SAINT（为了解释清晰起见稍作调整）。设 $D:=\{\boldsymbol{x}_i,\boldsymbol{y}_i\}_{i=1}^m$，数据集 D 包含 m 对 $n-1$ 维特征向量（$\boldsymbol{x}_i$）和相关的标记 $\boldsymbol{y}_i$。真实的数据集包含 n 个特征。添加分类［CLS］标记作为附加的特征：$\boldsymbol{x}_i=\{[\mathrm{CLS}],f_i^1,f_i^2,\cdots,f_i^{n-1}\}$，其中 f_i^j 表示第 i 个样本的第 j 个特征的值。［CLS］标记用作"空白特征"。SAINT 将每个特征独立地嵌入 d 维空间，就像 TabTransformer 一样。与 TabTransformer 不同的是，SAINT 嵌入所有特征（包括分类和连续特征），而 TabTransformer 仅选择性地嵌入分类特征。嵌入层用 E 表示，并对不同的分类特征应用不同的嵌入函数。［CLS］标记被嵌入为特征。当完整的架构被阐述出来时，它的相关性将变得更加清晰。

像 TabTransformer 和 TabNet 一样，SAINT 的主要结构由 L 个基于注意力的步骤组成。每个步骤有一个自注意力转换块（Self – attention Transformer Block），后面是一个样本间注意力转换块（Intersample Attention Transformer Block）。自注意力块与 Vaswani 等人的原始 Transformer 论文中使用的自注意力块相同：一个多头自注意力（Multi – head Self – Attention，MSA）层，后面跟着具有 GELU 函数激活的前馈层。此外，假设 MISA（Multi – head Intersample Self – Attention）层为多头样本间自注意力层（该机制将在后面详细解释），LN（Layer Normalization）层为层归一化层，b 为批量大小。MSA 层和 MISA 层均具有残差连接。根据符号约定，对于索引为 k 的样本的第 q 步 S_k^q 可以进行如下表示（其中 $z_k^{q,1}$，$z_k^{q,2}$，和 $z_k^{q,3}$ 为中间结果）：

$$z_k^{q,1} = \mathrm{LN}(\mathrm{MSA}(S_{q-1})) + S_{q-1}$$

$$z_k^{q,2} = \mathrm{LN}(\mathrm{EF}_1(z_k^{q,1})) + z_k^{q,1}$$

$$z_k^{q,3} = \mathrm{LN}(\mathrm{MISA}(\{z_k^{q,2}\}_{i=1}^b)) + z_k^{q,2}$$

$$S_k^q = \mathrm{LN}(\mathrm{EF}_2(z_k^{q,3})) + z_k^{q,3}$$

此外，有 $S_k^0 = E(x_k)$，使 S_k^1 的输入是为该样本生成的嵌入。需要注意的是，为了计算 MSA 层，需要在批次中比较所有样本之间的派生自注意力特征。

完整的 SAINT 架构如图 6 – 69 所示。

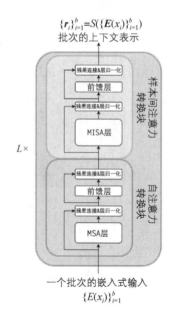

图 6 – 69　完整的 SAINT 架构（引自 Gowthami Somepalli 等人的论文）

在有监督问题上进行最终预测时，从最后一步（假设［CLS］标记对应第一个特征索引）提取与［CLS］标记对应的嵌入，并通过一个简单的 MLP 传递到输出层。经过训练后，通过多个步骤的跨特征和跨样本进行信息提取告知［CLS］特征嵌入。这是一个巧妙的技巧，它将信息强制压缩到一个低维度的单个嵌入中（而不是像 TabTransformer 那样对每个特征进行嵌入拼接，因为 TabTransformer 的维度高得多）。

为了理解 MISA 机制，首先对标准的 MSA 机制进行重新定义（见图 6 – 70）。设 a 为注意力矩阵，$a_{i,j}$ 表示从第 i 个特征派生的查询与从第 j 个特征派生的键之间的注意力得分。矩阵 a 是一个 $n \times n$ 的矩阵，其中计算了对应 $x_i = \{[\text{CLS}], f_i^1, f_i^2, \cdots, f_i^{n-1}\}$ 中元素的嵌入之间的注意力得分。输出的第 i 个值为 $\sum_{j=0}^{n-1} a_{i,j} \times v_i$，其中 v_i 是从第 i 个特征派生的值向量。这个过程会使用多个头进行重复操作（即从每个特征派生多个键、查询和值）。

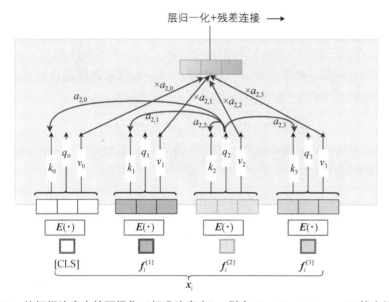

图 6 – 70　特征间注意力的可视化（标准注意力）（引自 Gowthami Somepalli 等人的论文）

MISA（见图 6 – 71）是在一个批次上进行的"超级自注意力"。它不是针对特征集合 $x_i = \{[\text{CLS}], f_i^1, f_i^2, \cdots, f_i^{n-1}\}$ 中的嵌入进行操作，而是针对一批样本 $\{x_1, x_2, \cdots, x_b\}$ 进行操作。每个样本内的各特征的嵌入相互连接，与样本无关。从这些连接的嵌入中派生键、查询和值向量，使每个样本有与注意力头数相同的 (K, Q, V) 集合。然后，以标准形式应用注意力机制：设 a 是一个 $b \times b$ 的注意力得分矩阵，$a_{i,j}$ 表示从对应于 x_i 的级联嵌入导出的查询和从对应于 x_j 的级联嵌入派生的键之间的注意力得分。为了得到最终输出，第 i 个值为 $\sum_1^b a_{i,j} \times v_i$，其中 v_i 是由与 x_i 对应的连接嵌入派生的值向量。

和大多数处理表格数据的深度学习方法一样，SAINT 通过自监督训练任务进行预训练。与 BERT/掩码语言模型风格的预训练任务（例如 TabTransformer 的替代标记检测预训练任务）不同，SAINT 采用对比学习。对比学习是一种训练范式，其目标不是严格地学习给定输入的相关标记，而是在一组输入之间识别共享或不同的属性（即"比较和对比"）。

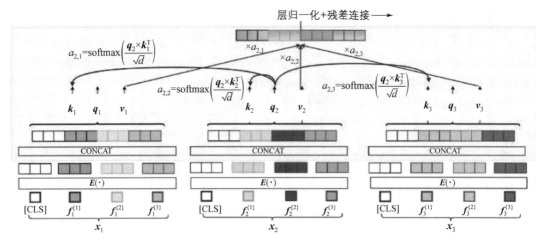

图 6-71　样本间注意力的可视化（引自 Gowthami Somepalli 等人的论文）

SAINT 的预训练任务如下所示。对于每个样本 x_i，生成一个被破坏的版本 x_i'。这是通过使用 CutMix 数据增强方法来完成的，其中使用以下计算来处理随机选择的样本 x_a 和从伯努利分布中采样得到的二元掩码向量 m：

$$x_i' = x_i \otimes m + x_a \otimes (1 - m)$$

对 x_i 进行嵌入以获得 $p_i = E(x_i)$。然后，给定混合参数 α 和另一个随机选择的样本 x_b，生成一个被破坏的嵌入：

$$p_i' = \alpha \times E(x_i') + (1 - \alpha) \times E(x_b')$$

现在有 4 组数据：x_i，原始未经处理的样本；x_i'，被破坏的样本；p_i，原始未经修改的嵌入；p_i'，被破坏的嵌入。可以通过 SAINT 模型传递这两个嵌入，用 S 表示（所有单独步骤的组合），得到 $S(p_i)$ 和 $S(p_i')$。为了降低这些表示的维度，将它们通过额外的全连接神经网络 g_1 和 g_2 进行传递，得到 $g_1(S(p_i))$ 和 $g_2(S(p_i'))$。可以使用这些值计算对比损失（Constrastive Loss），其中包含一个温度参数 τ：

$$\text{对比损失} = -\sum_{i=1}^{m} \log \left(\frac{\exp\left(\frac{g_1(S(p_i)) \cdot g_2(S(p_i'))}{\tau} \right)}{\sum_{k=1}^{m} \exp\left(\frac{g_1(S(p_i)) \cdot g_2(S(p_k'))}{\tau} \right)} \right)$$

下面解析这个公式。温度参数、对数和指数函数可以忽略，因为它们不会影响表达式的主要动态。可以粗略地将该公式"简化"如下：

$$-\sum_{i=1}^{m} \frac{g_1(S(p_i)) \cdot g_2(S(p_i'))}{\sum_{k=1}^{m} (g_1(S(p_i)) \cdot g_2(S(p_k')))}$$

在这种形式下，公式变得更易读。在分子中，将未损坏输入派生的表示与相同输入的损坏版本派生的表示进行比较。在分母中，对未损坏输入派生的表示和数据集中每个元素的损坏版本派生的表示之间的交互进行求和（回顾一下，用 m 表示数据集的长度）。当

$a=b$ 时，且其中一个向量固定，向量 a 和另一个向量 b 的点积达到最大值。在理想条件下，$g_1(S(p_i))$ 和 $g_2(S(p_i'))$ 将非常接近，因为它们本质上都源自同一个样本，即使其中一个是损坏的。在这种情况下，分子将会很大，整体项将被评估为高值——相对于 $g_1(S(p_i))$ 和 $g_2(S(p_i'))$ 相距较远的情况。对数据集中的所有项进行这样的求和。因为希望最小化损失，所以对求和取负值。

可以将整个 SAINT 架构视为一个巨大的嵌入机器：对比损失激励智能映射的嵌入，使得在嵌入空间中相近的点在物理上彼此靠近。

Gowthami 等人还介绍了一个去噪损失（Denoising Loss），其目标是从损坏的嵌入表示 $g_2(S(p_i'))$ 中解码出原始输入 x_i。对于每个独立特征，构建了一个独特的 MLP 模型来执行"去噪"操作。损失函数 L_j 在分类特征上采用二元交叉熵，而在连续特征上采用 MSE。它是原始输入和派生表示之间的损失，对所有特征（共 n 个特征）和所有样本（共 m 个样本）进行求和，然后通过 λ_{pt} 进行缩放，以使其相对于对比损失处于适当量级上。

$$\text{去噪损失} = \lambda_{pt} \sum_{i=1}^{m} \sum_{j=1}^{n} \mathcal{L}_j(\text{MLP}_j(g_2(S(p_i'))), x_i)$$

总训练损失是对比损失和去噪损失的总和：

$$\mathcal{L}_{\text{pretraining}} = \text{对比损失} + \text{去噪损失}$$

$$\mathcal{L}_{\text{pretraining}} = -\sum_{i=1}^{m} \log\left(\frac{\exp\left(\frac{g_1(S(p_i)) \cdot g_2(S(p_i'))}{\tau}\right)}{\sum_{k=1}^{m} \exp\left(\frac{g_1(S(p_i)) \cdot g_2(S(p_k'))}{\tau}\right)}\right) + \lambda_{pt} \sum_{i=1}^{m} \sum_{j=1}^{n} \mathcal{L}_j(\text{MLP}_j(g_2(S(p_i'))), x_i)$$

然后，如前所述，模型在监督学习模式下进行微调，在最后一步 S_0^L 中，对应 [CLS] 标记的嵌入被传入具有单个隐藏层的 MLP 以获得输出：

$$\mathcal{L}_{\text{fine-tuning}} = \sum_{i=1}^{m} \text{BCE}(y_i, \text{MLP}(S(E(x_i))))$$

SAINT 的完整训练流程和所使用的架构如图 6-72 所示。

Gowthami Somepalli 等人在 16 个数据集上评估了 3 个版本的 SAINT 模型（标准 SAINT、只包含自注意力的 SAINT-s、只包含样本间自注意力的 SAINT-i），并证明了其性能优于其他基于树和深度学习的表格数据模型（见表 6-13、表 6-14）。需要注意的是，SAINT-s 模型在很大程度上与 Vaswani 等人的原始 Transformer 模型相似，但适用于表格数据。然而，可以看到样本间自注意力在许多数据集上相较于仅使用自注意力时进行了改进。

此外，Gowthami Somepalli 等人发现 SAINT 模型对于显著的损坏数据具有很高的鲁棒性，并且假设最小批量为 32，则更改批量对性能几乎没有影响。这表明，要实现有效的样本对比和跨样本比较，只需要确保批次达到"临界规模"的样本量即可。

通过解析各层的注意力分布（见图 6-73），可以深入理解模型的决策机制。

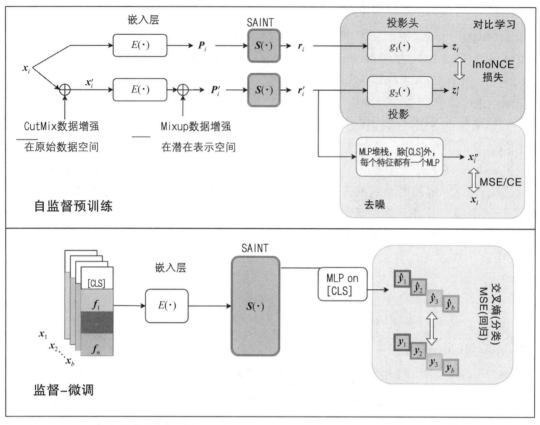

图 6 – 72 SAINT 的完整训练流程和所使用的架构［在符号表示中，$S(\dots)$ 表示完整的 SAINT 流程（即将所有步骤组合在一起），r_i 表示 $S(\dots)$ 的输出；引自 Gowthami Somepalli 等人的论文］

表 6 – 13　3 个版本的 SAINT 模型评估（平均 AUROC 值）（1）

数据大小	45.211	7.043	452	200	495.141	12.330	32.561	58.310	60.000	—
特征大小	16	20	226	783	49	17	14	147	784	—
模型/数据集	Bank	Blastchar	Arrhythmia	Arcene	Forest	Shoppers	Income	Volkert	MNIST	Mean
Logistic Reg.	90.73	82.34	86.22	91.59	84.79	87.03	92.12	53.87	89.89 *	89.25
Random Forest	89.12	80.63	86.96	79.17	98.80	89.87	88.04	66.25	93.75	89.52
XGBoost ［1］	92.96	81.78	81.98	81.41	95.53	92.51	92.31	68.95	94.13 *	91.06
LightGBM ［22］	93.39	83.17	88.73	81.05	93.29	**93.20**	**92.57**	67.91	95.2	90.1
CatBoost ［10］	90.47	84.77	87.91	82.48	85.36	93.12	90.80	66.37	96.6	90.73
MLP	91.47	59.63	58.82	90.26	96.81	84.71	92.08	63.02	93.87 *	84.59
VIME ［49］	76.64	50.08	65.3	61.03	75.06	74.37	88.98	64.28	95.77 *	76.07
TabNet ［1］	91.76	79.61	52.12	54.10	96.37	91.38	90.72	56.83	96.79	83.88
TabTransf. ［18］	91.34	81.67	70.03	86.8	84.96	92.70 *	90.60 *	57.98	88.74	90.86
SAINT – s	**93.61**	**84.91**	93.46	86.88	99.67	92.92	91.79	62.91	90.52	92.59
SAINT – i	92.83	84.46	95.8	92.75	99.45	92.29	91.55	71.27	98.06	93.09
标准 SAINT	93.3	84.67	94.18	91.04	99.7	93.06	91.67	70.12	97.67	93.13

表 6 – 14 3 个版本的 SAINT 模型评估（平均 AUROC 值）(2)

模型/数据集	Credit	HTRU2	QSAR Bio	Shrutime	Spambase	Philippine	KDD99
Logistic Regression	96. 85	98. 23	84. 06	83. 37	92. 77	79. 48	99. 98
Random Forest	92. 66	96. 41	91. 49	80. 87	98. 02	81. 29	**100. 00**
XGBoost	**98. 20**	97. 81	92. 70	83. 59	98. 91	**85. 15**	**100. 00**
LightGBM	76. 07	98. 10	92. 97	85. 36	**99. 01**	84. 97	**100. 00**
CatBoost	96. 83	97. 85	93. 05	85. 44	98. 47	83. 63	**100. 00**
MLP	97. 76	98. 35	79. 66	73. 70	66. 74	79. 70	99, 99
VIME	82. 63	97. 02	81. 04	70. 24	69. 24	73. 51	99. 89
TabNet	95. 24	97. 58	67. 55	75. 24	97. 93	74. 21	**100. 00**
Tab Transformer	97. 31	96. 56	91. 80	85. 60	98. 50	83. 40	**100. 00**
SAINT – s	98. 08	98. 16	92. 89	86. 40	98. 21	79. 30	**100. 00**
SAINT – i	98. 12	**98. 36**	93. 48	85. 68	98. 40	80. 08	**100. 00**
SAINT	97. 92	98. 08	93. 21	**86. 47**	98. 54	81. 96	**100. 00**

然而，SAINT 的独特之处在于，人们可以了解神经网络如何根据其他示例对特定样本进行决策。在 MNIST 数据集上，神经网络倾向于大量关注一组典型样本（见图 6 – 74），这可能是因为它们是具有高信息价值的难以分类的示例。然而，在更复杂的 Volkert 数据集上，样本间关注网格的变化更大（见图 6 – 75）。Gowthami Somepalli 等人推测，随着数据集复杂性的提高，样本间注意力得分的密度也会提高。

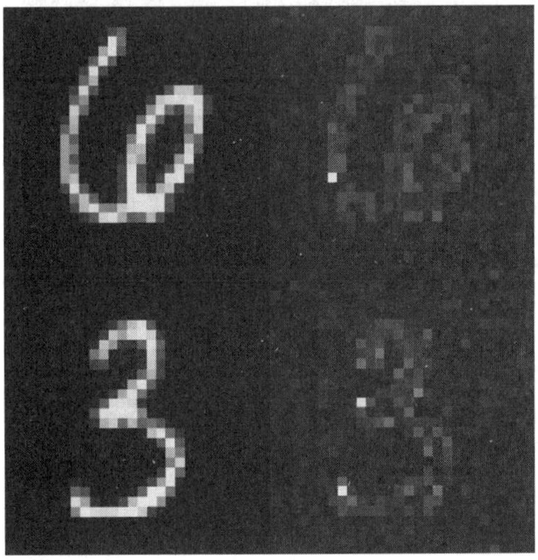

Gowthami Somepalli 等人已经在 PyTorch 中实现了 SAINT 模型，并且在以下官方存储库中可用：https://github. com/somepago/saint。目前还没有现成的 Keras 或 TensorFlow 实现。然而，Gowthami Somepalli 等人的实现对用户友好，并且可以通过命令行直接访问，无须 PyTorch 知识。

图 6 – 73 左列：样本输入，调整为二维形状；右列：（自）注意力得分，选择并调整为二维形状（引自 Gowthami Somepalli 等人的论文）

首先，复制存储库，创建并激活环境（见代码清单 6 – 44）。

代码清单 6 – 44 复制存储库，创建并激活环境

```
git clone https://github.com/somepago/saint.git
conda env create -f saint_enviornment.yml
conda activate saint_env
```

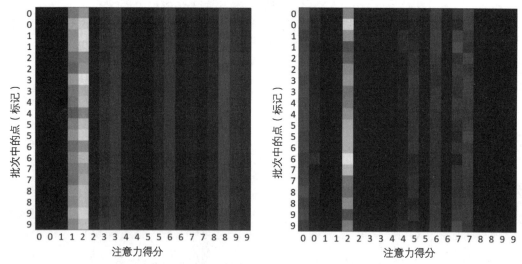

图 6 - 74　左侧：SAINT 模型的样本间注意力得分；右侧：SAINT - i 模型的样本间注意力得分
（在 MNIST 数据集上；引自 Gowthami Somepalli 等人的论文）

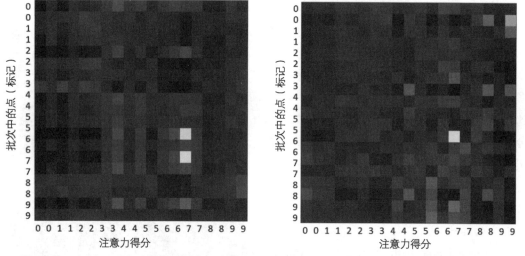

图 6 - 75　左侧：SAINT 模型的样本间注意力得分；右侧：SAINT - i 模型的样本间注意力得分
（在 Volkert 数据集上；引自 Gowthami Somepalli 等人的论文）

在当前的实现中，该模型直接从 OpenML 获取数据——这是一个具有明确定义和标准化特征（在组织上而不是统计意义上）、标记和其他数据属性的数据平台。请访问 www. openml. org/以浏览现有数据集或上传和创建自己的数据集。重要的是，每个数据集页面都有一个数字整数 ID，使用该 ID 作为标识来确定希望在哪个数据集上进行训练。例如，森林覆盖数据集在 OpenML 上的 ID 为 180（见图 6 - 76）。

一旦获得了 OpenML ID，就可以启动训练过程：python train. py -- dset_id 180 -- task multiclass。数据集 ID 和任务是唯一必需的标识。还可以指定诸如注意力头数、是否使用预训练、嵌入大小等参数。请参阅存储库的 "README" 获取更多信息。请注意，截至本书撰写时，存储库维护者仅验证了 Linux 操作系统上的代码。因此，在其他操作系统上可能遇到问题。

图 6 – 76　OpenML 上的森林覆盖数据集

ARM – Net

ARM – Net 是由 Shaofeng Cai 等人在 2021 年的论文《ARM – Net：结构化数据的自适应关系建模网络》[12] 中介绍的，该网络采用了一种与基于注意力的架构相比更复杂的独特架构。ARM – Net 不同于将标准的注意力机制作为一种转换方法来抽象地关注不同的相关特征（以及在 SAINT 中的样本），它使用注意力机制来明确计算表格数据集中丰富信息的交叉特征，这些特征可用于监督任务。ARM – Net 由 3 个模块组成：预处理模块、自适应关系建模模块和预测模块。

用上述论文中的符号来表示预处理模块。假设数据集中有 m 个特征，输入向量为 $x = [x_1, x_2, \cdots, x_m]$。每个特征都被映射到一个嵌入向量 $e = [e_1, e_2, \cdots, e_m]$。分类特征通过嵌入查找进行映射，而连续特征通过线性变换进行转换。令 n_e 表示嵌入的维度。

自适应关系建模模块的关键转换机制是指数神经元。对于一些交互权重矩阵 w，可以根据嵌入集合 e，计算指数神经元输出 y 的第 i 个元素，如下所示：

$$y_i = \exp\left(\sum_{j=1}^{m} w_{i,j} e_j\right) = \exp(e_1)^{w_{i,1}} \otimes \exp(e_2)^{w_{i,2}} \otimes \cdots \otimes \exp(e_2)^{w_{i,m}}$$

交互权重矩阵决定了每个嵌入对输出的影响——就像在标准 ANN 神经元中一样——但是它在指数空间中运行，与标准 ANN 神经元的加法和乘法动力学相反。

为了获得交互权重矩阵 w，自适应关系建模模块使用了多头门控注意力机制。在确定第 i 个神经元 y_i 的值时，需要获得相关的权重项赋值：$w_i = [w_{i,1}, w_{i,2}, \cdots, w_{i,m}]$。让 $v_i \in \mathbb{R}^m$ 成为与第 i 个神经元关联的（可学习的）权重值向量，它编码了对每 m 个特征嵌入的关注度。让 $q_i \in \mathbb{R}^{n_e}$ 成为与第 i 个神经元关联的查询向量，它与嵌入一起用于动态生成双线性注意力得分，计算如下：

$$\phi_{\text{att}}(q_i, e_j) = q_i^{\text{T}} W_{\text{att}} e_j$$

$$\tilde{z}_{i,j} = \phi_{\text{att}}(q_i, e_j)$$

$$z_i = \alpha \text{entmax}(\tilde{z}_i)$$

这里，$W_{att} \cdot \mathbb{R}^{n_e \times n_e}$是双线性注意力得分权重矩阵。共享的双线性注意力得分函数 $\phi_{att}(q_i, e_j)$ 通过查询向量、双线性注意力得分权重矩阵和嵌入之间的乘积来计算。转置后的查询向量的形状为 $(1, n_e)$，将其与形状为 (n_e, n_e) 的权重矩阵相乘得到一个形状为 $(1, n_e)$ 的矩阵，再将该矩阵与形状为 $(n_e, 1)$ 的嵌入矩阵相乘得到一个形状为 $(1, 1)$ 的结果（即标量）。因此，$\tilde{z}_{i,j}$ 存储了第 i 个神经元的查询向量与第 j 个特征对应的嵌入之间的注意力得分。因此，$\tilde{z}_i$ 的长度为 m，表示第 i 个指数神经元与 m 个特征中的每一个之间的注意力得分。通过应用 αentmax（稀疏 softmax）函数来计算真实的嵌入得分，得到 z_i。稀疏 softmax 函数像在其他修改形式中先前在不同的表格注意力架构中使用的那样，通过将较小的值推向 0 来实现稀疏性，同时保持了标准 softmax 函数的特性。

注释：

对于有数学研究意愿的读者，正式定义稀疏 softmax 函数如下：

$$\alpha\text{entmax}(z) = \text{argmin}_{p \in \Delta^d} \{ p^T z + H_\alpha^T(p) \}$$

$$H_\alpha^T(p) = \begin{cases} \dfrac{1}{\alpha(\alpha-1)} \sum_j (p_j - p_j^\alpha), & \alpha \neq 1 \\ -\sum_j p_j \log p_j & \alpha = 1 \end{cases}$$

$$\Delta^d := \{ p \in \mathbb{R}^d : p \geq 0, \| p \|_1 = 1 \} \, (\text{probability simplex})$$

因此，可以计算交互权重如下：

$$w_i = z_i \otimes v_i$$

由于 $z_i \in \mathbb{R}^m$ 和 $v_i \in \mathbb{R}^m$，所以有 $w_i \in \mathbb{R}^m$。这就是该机制的类似门控的特性：z_i 充当"门"，决定了 v_i 中哪些元素"可以通过"（即对于下游任务而言是相关的）。这个权重受到相关特征的影响，然后用于"编程"指数神经元的行为。

给定学习到的"原子"q_i，W_{att} 和 v_i，以及嵌入 e，可以将第 i 个指数神经元的计算更完整地重新表达如下：

$$y_i = \exp \left(\sum_{j=1}^m (\alpha\text{entmax}(q_i^T W_{att} e_j) \otimes v_i)_j e_j \right)$$

Shaofeng Cai 等人采用了该系统的多头版本。设 K 为头的数量，o 为指数神经元的数量。$q_i^{(k)}$ 表示第 i 个神经元的第 k 个查询键，同样，$v_i^{(k)}$ 表示第 i 个神经元的第 k 个值键。请注意，W_{att} 在各头之间是共享的。从每个自注意力头，可以得到自适应关系建模模块的最终输出 Y，它是各头输出的连接（在这个上下文中，$a \oplus b$ 表示向量的连接）。

$$y_i^{(k)} = \exp \left(\sum_{j=1}^m (\alpha\text{entmax}(q_i^{(k)T} W_{att} e_j) \otimes v_i^{(k)})_j e_j \right)$$

$$Y^{(k)} = [y_1^{(k)}, y_2^{(k)}, \cdots, y_o^{(k)}]$$

$$Y = Y^{(1)} \oplus Y^{(2)} \oplus \cdots \oplus Y^{(k)} \}$$

完整的自适应关系建模模块架构如图 6-77 所示。

有 $Y \in \mathbb{R}^{K \cdot o \cdot n_e}$，预测模块使用 MLP 将该向量投影到最终的目标输出上：

$$\hat{y} = \text{MLP}(Y)$$

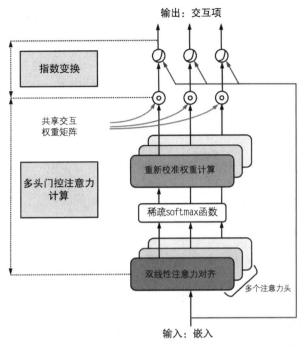

图 6 – 77　完整的自适应关系建模模块架构（引自 Shaofeng Cai 等人的论文）

完整的 ARM – Net 架构如图 6 – 78 所示。

总体而言，ARM – Net 在对表格数据建模方面采用了更复杂的设计。与先前讨论的工作不同，ARM – Net 在应用注意力机制方面不是大规模地应用在模块中，也不采用自监督预训练等策略，而是对注意力机制的使用非常"严格"。它通过指数神经元显式地对嵌入之间的交叉特征建模，并使用多头注意力机制动态确定建模方式。这种"严格"的架构确保了高参数效率，因为信息流是明确指向的，而不是完全开放的，并且模型完全学习（例如通过昂贵的自监督学习活动）。此外，与先前的工作类似，注意力得分权重可以被解释为理解模型如何对任何样本进行预测。

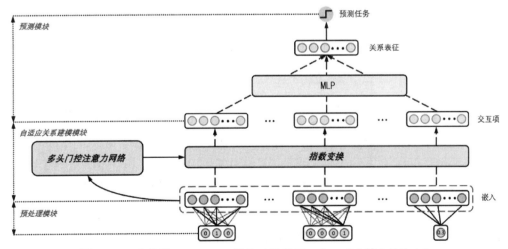

图 6 – 78　完整的 ARM – Net 架构（引自 Shaofeng Cai 等人的论文）

Shaofeng Cai 等人将 ARM – Net 应用于几个大型基准表格数据集，并发现 ARM – Net 在合理的参数规模下与其他深度表格模型竞争力相当（见表 6 – 15）。

表 6 – 15　ARM – Net 和 ARM – Net + （ARM – Net 与标准 DNN 集成）
在来自不同背景的 5 个基准模型上与其他模型的性能比较

模型类别	模型	Frape		MovieLens		Avazu		Criteo		Diabetes130	
		AUC 准确率	参数	AUC 准确率	参数	AUC 准确率	参数	AUC 准确率	参数	AUC 准确率	参数
一阶	LR	0.933 6	5.4×10^3	0.921 5	90×10^3	0.690 0	1.5×10^6	0.774 1	2.1×10^6	0.670 1	370
二阶	FM	0.970 9	5.4×10^3	0.938 4	90×10^3	0.679 7	1.5×10^6	0.766 3	2.1×10^6	0.659 4	370
	AFM	0.966 5	5.7×10^3	0. 947 3	91×10^3	0.685 7	1.6×10^6	0.784 7	2.1×10^6	0.679 4	7.6×10^3
高阶	HOFM	0.977 8	170×10^3	0.943 5	2.9×10^6	0.691 9	18×10^6	0.778 8	107×10^6	0.671 4	11×10^3
	DCN	0.958 3	56×10^3	0.940 1	510	0.746 0	3.3×10^3	0.795 9	6.6×10^3	0.676 5	2.2×10^3
	CIN	0.976 6	111×10^3	0.941 6	153×10^3	0.685 9	5.2×10^6	0.790 4	4.2×10^6	0.677 6	23×10^3
	AFN	0.977 9	3.1×10^6	0.947 0	242×10^3	0.745 6	3.3×10^6	0.806 1	7.8×10^6	0.677 8	306×10^3
	ARM – Net	**0.978 6**	867×10^3	**0.955 0**	140×10^3	**0.765 1**	147×10^3	**0.808 6**	1.5×10^6	**0.685 3**	102×10^3
基于神经网络	DNN	**0.978 7**	122×10^3	**0.954 0**	101×10^3	0.751 3	126×10^3	**0.808 2**	449×10^3	0.675 3	130×10^3
	GCN	0.973 2	1.6×10^6	0.940 4	365×10^3	0.750 6	964×10^3	0.798 4	2.2×10^6	0.682 8	4.0×10^6
	GAT	0.974 4	404×10^3	0.942 0	821×10^3	**0.752 5**	302×10^3	0.804 7	2.2×10^6	**0.684 6**	1.3×10^6
集成	Wide& Deep	0.976 2	127×10^3	0.947 7	192×10^3	0.689 3	1.7×10^6	0.791 3	2.5×10^6	0.662 6	130×10^3
	KPNN	0.978 7	140×10^3	0.954 6	102×10^3	0.751 4	195×10^3	0.808 9	893×10^3	0.679 4	582×10^3
	NFM	0.974 5	100×10^3	0.921 4	186×10^3	0.687 4	1.6×10^6	0.783 3	2.3×10^6	0.669 5	4.6×10^3
	DeepFM	0.977 3	127×10^3	0.948 1	192×10^3	0.689 1	1.7×10^6	0.789 9	2.5×10^6	0.668 3	131×10^3
	DCN +	0.978 6	213×10^3	0.955 3	192×10^3	0.748 7	168×10^3	0.807 9	703×10^3	0.684 4	227×10^3
	xDeep FM	0.977 5	538×10^3	0.948 1	215×10^3	0.691 3	1.8×10^6	0.791 7	5.0×10^6	0.665 9	55×10^6
	AFN +	0.979 0	365×10^3	0.956 3	343×10^3	0.752 4	3.0×10^6	0.807 4	8.0×10^6	0.682 5	741×10^3
	ARM – Net +	**0.980 0**	263×10^3	**0.959 2**	217×10^3	**0.765 6**	339×10^3	**0.809 0**	1.3×10^6	**0.687 1**	1.7×10^6

Shaofeng Cai 等人提供了官方的代码库，网址为 https://github. com/nusdbsystem/ARM – Net。与 SAINT 类似，该代码库也是使用 PyTorch 编写的，很难找到 Keras 或 TensorFlow 的

重新实现版本。在复制并安装依赖项之后，可以在 ARM – Net/run. sh 中查看命令行脚本示例，其中可以控制模型架构、训练参数和使用的数据集。

关键知识点

本章讨论了注意力机制及其在 Transformer 模型中的使用，以及注意力模型在语言、多模态和表格上下文数据中的应用。

- 注意力机制允许通过将与每个时间步长对关联的注意力得分来直接、明确地对两个序列之间的依赖关系建模，该得分指示跨时间步长依赖关系的相关性。这有助于解决循环模型中的信号传播和依赖遗忘问题，这些问题可能阻碍序列到序列任务上的性能，即使使用 LSTM 和双向性等升级技术。谷歌神经机器翻译模型（Wu 等人，2016）等模型采用了带有注意力机制的大型 LSTM 堆叠编码器和解码器。

- Transformer 架构（Vaswani 等人在 2017 年引入）证明，人们可以成功地构建序列到序列模型，而无须使用循环模型，仅依靠注意力机制作为建模序列依赖关系的核心机制。Vaswani 等人使用多头注意力，通过线性层导出多个版本的值、键和查询；在每个值 – 键 – 查询组合之间计算注意力得分，然后将其连接并通过线性映射到输出。理论上，这允许学习和处理多个值、键和查询的表示形式。Transformer 架构在编码器和解码器之间使用自注意力，以及在自回归解码中的编码器和解码器之间使用交叉注意力。后来的基于 Transformer 的模型，如 BERT（Jacob Devlin 等人在 2019 年引入），表明 Transformer 模型可以从自监督预训练中获益，如掩码语言建模和下一句预测任务。大多数现代自然语言模型都是 Transformer 或受 Transformer 启发的。一些研究人员（例如 Merity）对 Transformer 模型的研究热潮表示怀疑，他们展示了更可持续和轻量级的模型可以获得良好的性能，并倡导更加重视可重复性。

- Keras 提供了 3 种本地风格的注意力机制：Luong 风格的点积注意力（L. Attention）、Bahdanau 风格的加性注意力（L. AdditiveAttention）和 Vaswani 风格的多头注意力（L. MultiHeadAttention）。通过将 return_attention_scores = True 参数传入这些层的调用，还可以收集在任何一次传递中产生的注意力得分。这使用户能够理解特定层如何关注某些时间步。

- 可以将注意力层构建到文本的循环模型中，也可以将其构建为多头多模态模型的循环头，以改进文本与表格数据的建模关系。

- 可以直接将注意力层应用于嵌入的表格数据。这是计算数据集中不同特征之间交互的一种自然方式。

- 在将基于注意力机制的深度学习模型应用于表格数据方面，已经存在大量相关研究。本章介绍了 4 篇研究论文，展示了该领域的工作示例。

- TabTransformer（Xin Huang 等人在 2020 年引入）将分类特征进行嵌入，并应用了一个 Transformer 块，该块由一个多头注意力层和一个具有残差连接的前馈层组成，并在每个层之后进行多次层归一化。导出的特征与经过层归一化的连续特征进行特征连接，并通过标准 MLP 进行处理。

- TabNet（Sercan O. Arik 和 Tomas Pfister 在 2019 年引入）使用类似的多步决策模型，在每个步骤，TabNet 模型使用类似注意力机制的方法"选择"一定的特征子集，然后通过多个前馈层和残差连接处理这些特征。TabNet 模型采用自监督预训练，输入中的某些值被随机掩盖，必须重构被掩盖的值。在预训练任务之后，TabNet 模型的解码器被丢弃，并替换为一个决策模块，该模块可用于微调。

- SAINT（Gowthami Somepalli 等人在 2021 年引入）采用多步架构。每个步骤由一个标准的类 Transformer 块和一个样本间注意力块组成。样本间注意力块计算样本之间的关系，而不是计算输入的特征或时间戳之间的关系。这使 SAINT 模型能够显式地推理相对于批次中的其他样本的信息，从可解释性的角度来看，这非常有意义。

- ARM – Net 模型（Shaofeng Cai 等人在 2021 年引入）并不使用类似 Transformer 的架构，而是使用注意力机制来控制新型指数神经元的行为，这样可以非常直接地学习特征之间的显式交互作用。

下一章将探讨基于树的深度学习模型的研究，这是关于表格数据的深度学习现代研究的另一个重要领域。

参 考 文 献

[1] Bahdanau D, Cho K, Bengio Y. Neural machine translation by jointly learning to align and translate[J]. arXiv preprint arXiv:1409.0473, 2014.

[2] Wu Y, Schuster M, Chen Z, et al. Google's neural machine translation system: Bridging the gap between human and machine translation[J]. arXiv preprint arXiv:1609.08144, 2016.

[3] Vaswani A, Shazeer N, Parmar N, et al. Attention is all you need[J]. Advances in neural information processing systems, 2017, 30.

[4] Devlin J, Chang M W, Lee K, et al. Bert: Pre – training of deep bidirectional transformers for language understanding[J]. arXiv preprint arXiv:1810.04805, 2018.

[5] Hendrycks D, Gimpel K. Gaussian error linear units(gelus)[J]. arXiv preprint arXiv:1606.08415, 2016.

[6] Ramachandran P, Zoph B, Le Q V. Swish: a selfgated activation function. arxiv: Neural and evolutionary computing[J]. 2017.

[7] Merity S. Single headed attention rnn: Stop thinking with your head[J]. arXiv preprint arXiv:1911.11423, 2019.

[8] Song W, Shi C, Xiao Z, et al. Autoint: Automatic feature interaction learning via self – attentive neural networks[C]//Proceedings of the 28th ACM international conference on information and knowledge management. 2019:1161 – 1170.

［9］Huang X,Khetan A,Cvitkovic M,et al. Tabtransformer:Tabular data modeling using contextual embeddings［J］. arXiv preprint arXiv:2012. 06678,2020.

［10］Arik S Ö,Pfister T. Tabnet:Attentive interpretable tabular learning［C］//Proceedings of the AAAI conference on artificial intelligence. 2021,35(8):6679 − 6687.

［11］Somepalli G,Goldblum M,Schwarzschild A,et al. Saint:Improved neural networks for tabular data via row attention and contrastive pre − training［J］. arXiv preprint arXiv:2106. 01342,2021.

［12］Cai S,Zheng K,Chen G,et al. Arm − net:Adaptive relation modeling network for structured data［C］//Proceedings of the 2021 International Conference on Management of Data. 2021:207 − 220.

基于树的深度学习方法

模仿是最真诚的恭维。

——奥斯卡·王尔德 (Oscar Wilde)，爱尔兰诗人

第 7 章探索基于树的模型，借鉴基于树的模型来指导其架构和训练过程。这些模型与基于注意力机制的模型一起，构成了当前表格深度学习研究的主要部分。由于基于树的模型具有清晰而严格的分层形状切割结构，并以集合的形式进行组合，所以它非常适用于许多表格数据领域。通过创建模拟这些特性的神经网络模型，希望能够在新的规模和效率水平上实现这些优势。

本章分为 3 个部分，每个部分从不同领域的主流方法中选择了一些采样方法。本章首先讨论树结构神经网络，它将类似树节点的逻辑明确地构建到架构的结构单元中；接着介绍提升和堆叠神经网络，该网络模仿成功的树集成范例；最后探讨蒸馏，将关于树的知识转移到神经网络中。本章主要采用研究导向的论述方法，介绍了策划论文的相关组成部分，并给出了部分实现方法。

树结构神经网络

许多深度学习模型模仿决策树的结构，使用可微的"神经"等效方法来解释结构。本部分讨论采用这种方法的 5 篇研究论文样本。

- Yongxin Yang 等人的 *Deep Neural Decision Trees*：通过软合并网络以深度学习方法训练决策树。

- Haoran Luo 等人的 *SDTR：Soft Decision Tree Regressor for Tabular Data*：从感知器节

点构建软决策树（SDT）架构。

- Sergei Popov 等人的 *Neural Oblivious Decision Ensembles for Deep Learning on Tabular Data*：朴素神经决策树的集合，其中每个树层具有相同的分割条件。
- Kelli Humbird 等人的 *Deep Neural Network Initialization with Decision Trees*：巧妙地将决策树的结构映射到神经网络中，作为训练的热启动。
- Ami Abutbul 的 *DNF－Net：A Neural Architecture for Tabular Data*：通过构建可微分的与门和或门模拟器，以柔性逻辑表达式实现基于树的模型的神经网络化表征。

深度神经决策树

由于使用贪婪函数逼近的方法，基于树的模型具有高度的可解释性[1]（术语"贪婪函数逼近"源自 GBM 论文 *Greedy Function Approximation：A Gradient Boosting Machine*。该术语象征着 GBM 和决策树的树状结构，间接反映了它们的高可解释性）。它们基于训练后的阈值将数据进行分割，从而在表格数据上实现了最先进的性能。随机森林和 GBM 等集成树方法通常用于表格数据基准测试，因为它们即使不比深度学习方法更好，也具有竞争力。此外，基于树的模型易于可视化，能够关于某些特征如何以及为什么对某些决策做出贡献提供信息。可解释性对于许多现实世界中的应用非常重要，例如商业、法律等领域。这并不意味着神经网络在经典机器学习方法上没有任何实际优势。在神经网络中，参数是同时更新的。相比之下，基于树的模型通过遍历分支和叶节点单独地逐个更新参数，这种优化方法与神经网络相比效果较差。通过结合两者的优势，理论上能够构建一个可微分的基于树的模型，该模型能够在表格数据预测任务中取得出色的结果。

Yongxin Yang、Irene Garcia Morillo 和 Timothy M. Hospedales 提出了一种介于基于树的模型和神经网络之间的混合模型，被称为"深度神经决策树"[2]（Deep Neural Decision Trees，DNDT）。DNDT 在梯度下降同时优化其参数。从技术角度来看，DNDT 几乎可以在任何深度学习框架中实现，因此，它能够利用 GPU 或 TPU 等加速器的计算能力。由于模型的参数可以通过梯度下降进行优化，所以该模型还可以作为更大的端到端建模方案的构建模块。

可以将决策树的训练表述为调整各种离散装箱函数的值。更具体地说，将每个决策节点的分割视为将样本分到从节点延伸出的两个分支之一（在装箱函数的上下文中，这两个分支可以看作箱子）。训练可以被视为通过优化装箱阈值来实现最小化损失。然而，在标准决策树中，这些装箱函数具有离散性质，因此是不可微分的。Yongxin Yang 等人提出了对不可微分装箱过程的软近似替代方法。他们的装箱函数是连续的，可以通过基于梯度的方法进行优化。

考虑一个非二叉决策树，其中每个分支节点的决策由可微分的装箱函数建模。值得注意的是，每个装箱函数包含 $n+1$ 个可用的箱子，其中每个箱子代表决策树中的一个分支。具有 $n+1$ 个可用的箱子相当于需要 n 个切分点或阈值。使用原始论文中采用的符号，这些切分点可以表示为一个列表：$[\beta_1, \beta_2, \beta_3, \beta_4, \cdots, \beta_n]$。在详细讨论装箱函数如何被优化时，这些值的作用将发挥出来。

一个单层神经网络 f 参数化了每个装箱函数。可以按照如下方式构建网络：

$$f_{w,b,\tau}(\boldsymbol{x}) = \mathrm{softmax}((\boldsymbol{wx} + \boldsymbol{b})/\tau)$$

下面分解这个方程，并定义 f 的每个参数。

（1）神经网络的权重 $\boldsymbol{w}$ 是不可训练的，在开始训练之前被设定为一个常量。无论外部条件如何，它的值始终设置为 $\boldsymbol{w} = [1, 2, \cdots, n+1]$。

（2）神经网络的偏置 $\boldsymbol{b}$ 也是在训练之前预初始化为一个设定值，但它的值可通过梯度下降进行调整。对于每次训练迭代，偏置按照以下方式构建为 $\boldsymbol{b} = [0, -\beta_1, -\beta_1 - \beta_2,$ $-\beta_1 - \beta_2 - \beta_3, \cdots, -\beta_1 - \beta_2 - \cdots - \beta_n]$，其中每个唯一的 β 值通过反向传播进行训练。

（3）softmax 函数将输出向量的元素限制在 0 到 1 之间，并使所有的元素之和为 1。可以将这个输出解释为一个概率列表，定义输入属于 $n+1$ 个分支中的哪一个。温度因子 τ 控制输出的稀疏性。当 $\tau \to 0$ 时，输出趋向于一个独热向量，指示输入所属分支的索引。

为了证明温度因子 τ 对输出向量的影响，考虑一个例子，其中 $\boldsymbol{wx} + \boldsymbol{b}$ 计算结果为 $[1 \quad 6 \quad 9]$，而温度因子被设定为 10：

$$\mathrm{softmax}\left(\frac{(\boldsymbol{wx} + \boldsymbol{b})}{\tau}\right)$$

$$\mathrm{softmax}([1 \quad 6 \quad 9]/10) \approx [0.205 \quad 0.338 \quad 0.456]$$

通过将 τ 调整为 1，观察到输出变得更加稀疏：

$$\mathrm{softmax}([1 \quad 6 \quad 9]/1) \approx [0.000 \quad 0.047 \quad 0.952]$$

进一步将温度因子减小到 0.1，输出趋向于成为一个完全的独热编码向量：

$$\mathrm{softmax}([1 \quad 6 \quad 9]/0.1) \approx [0.000 \quad 0.000 \quad 0.999]$$

在通常情况下，决策树是以贪婪的方式从上到下构建的，每个决策节点都是单独定义的，并在移动到下一个节点之前进行优化。这种优化方法不仅是次优的，而且在决策树是非二叉的情况下也会消耗大量资源。相反，Yongxin Yang 等人利用神经网络能够同时更新其参数的能力，在构建决策树之前为每个特征训练一个单独的装箱网络。然后，可以按照以下步骤递归地构建决策树。

（1）将每个装箱网络视为一个决策节点，该决策节点的分支数由可用的箱子数量或输出向量的长度确定。根据之前介绍的符号表示，每个决策节点应该有 $n+1$ 个分支。

（2）选择任意一个决策节点（装箱网络）作为根节点。无论选择哪个决策节点，结果都将是相同的。在此添加一条关于结果相同的注释说明。

（3）从这里开始，每个层级将被分配一个单独的决策节点，它将成为上一层级的每个分支的子节点。换句话说，它与前一个决策节点连接在一起。实质上，每个层级将包含 n^l 个相同的决策节点，其中 l 是决策树的层级。

（4）假设有 D 个特征，决策树的最后一层将有 n^D 个叶节点。与标准决策树不同，DNDT 中的叶节点仅表示样本基于其特征值所属的"簇"，需要进行进一步处理才能获得最终的预测结果。通常，使用线性模型对到达叶节点的样本进行分类。

从数学上讲，可以通过使用克罗内克积来详尽地找到一个样本所指向的最终叶节点。对于不熟悉相关知识的人来说，克罗内克积通常表示为 $\otimes$，是一种特殊的矩阵/向量乘法形式。对于两个矩阵 $\boldsymbol{A} \in \mathbb{R}^{m \times n}$ 和 $\boldsymbol{B} \in \mathbb{R}^{p \times q}$，克罗内克积被定义为

$$A \otimes B = \begin{bmatrix} a_{1,1}B & \cdots & a_{1,n}B \\ \vdots & \ddots & \vdots \\ a_{m,1}B & \cdots & a_{m,n}B \end{bmatrix}$$

生成的矩阵的形状为 $mp \times nq$。用 D 表示数据集中存在的特征数量，用 f_i 表示为第 i 个装箱网络。重复应用克罗内克积以产生一个几乎是独热编码的向量（对于较小的温度因子 τ），表示输入 x 将产生的叶节点的索引：

$$f_1(x_1) \otimes f_2(x_2) \otimes f_3(x_3) \otimes \cdots \otimes f_D(x_D)$$

如果每个装箱网络/决策节点具有 n 个可用的装箱/分支，那么生成的叶节点向量的长度将为 n^D。请注意，n 的值对于每个装箱网络可能是不同的。最终的线性模型将接收叶节点向量作为输入，并生成与数据集类别相关的预测结果（或在回归的情况下生成连续值）。

DNDT 通过训练神经网络并优化其参数而不相互依赖，巧妙地避免了基于树的模型的次优训练方案。DNDT 具有可扩展性的优势，然而，这仅适用于样本的大小，而不适用于特征。由于使用了克罗内克积，所以随着特征数量的增加，计算变得显著昂贵。因此，建议使用类似随机森林的训练方法，其中多个弱学习器分别在特征子集上进行训练。图 7-1 所示是 DNDT 及其等效决策树的表示。为了便于解释，在图中仅选择了鸢尾花（Iris Flower）数据集中的 2 个特征。

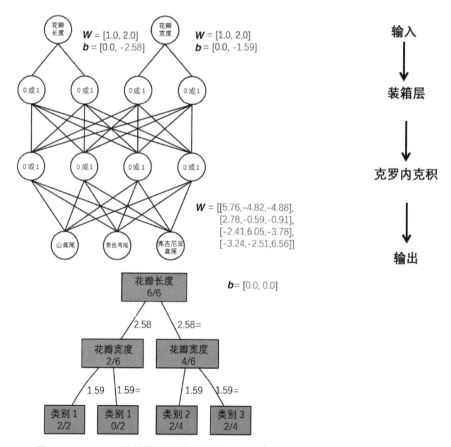

图 7-1　DNDT 及其等效决策树的表示（引自 Yongxin Yang 等人的研究）

相关论文的作者将 DNDT 与决策树基线模型和每个隐藏层有 50 个神经元的浅层（两层）神经网络进行了比较。DNDT 中每个特征的切分点数都设置为 1，意味着每个节点只有 2 个分支。从 Kaggle 和 UCI 总共获取了 14 个数据集。对于特征超过 12 个的数据集，DNDT 采用了类似随机森林的训练方式，每个弱学习器随机从 10 个特征中进行学习，总共有 10 个弱学习器。比较结果见表 7 – 1。

表 7 – 1　DNDT 与其他各种算法的比较（带有 ∗ 标记的数据集表示使用了 DNDT 的集成版本；来自 Yongxin Yang 等人的研究）

数据集	DNDT	决策树	神经网络
Iris	**100. 0**	**100. 0**	**100. 0**
Heberman's Survial	**70. 9**	66. 1	**70. 9**
Car Evaluation	95. 1	**96. 5**	91. 6
Titantic	**80. 4**	79. 0	76. 9
Breast Canser Wisconsin	94. 9	91. 9	95. 6
Pima Indian Diabetes	66. 9	**74. 7**	64. 9
Gime – Me – Some – Credit	98. 6	92. 2	**100. 0**
Poker – Hand	50. 0	**65. 1**	50. 0
Flight Delay	**78. 4**	67. 1	78. 3
HR Evaluation	92. 1	**97. 9**	76. 1
German Credit Data （∗）	**70. 5**	66. 5	**70. 5**
Connect – 4 （∗）	66. 9	**77. 7**	75. 7
Image Segmentation （∗）	70. 6	**96. 1**	48. 05
Covertype （∗）	49. 0	**93. 9**	49. 0
# of wins	5	**7**	5
Mean Reciprocal Rank	0. 65	**0. 73**	0, 61

尽管在这一系列基准数据集测试中，决策树在实证表现上仍然优于 DNDT，但在大多数情况下，DNDT 仍可以与决策树的性能媲美。DNDT 还提供了灵活性，因为可以单独针对每个特征更改切分点的数量。研究表明，增加切分点可以显著提高模型性能。

根据相关论文作者的官方实现，DNDT 可以在 PyTorch 或 TensorFlow 中实现，大约需要 20 行代码。由于 TensorFlow 的自定义训练循环可能相当混乱，所以本书使用 PyTorch 实现, 并以鸢尾花数据集为例。可以通过导入 PyTorch 并加载数据集来开始 (见代码清单 7 - 1)。

代码清单 7 - 1　导入模块

```
from sklearn.datasets import load_iris
import torch
#用于后续实现
from functools import reduce

data = load_iris()
X = np.array(data.data)
X = torch.from_numpy(X.astype(np.float32))
y = torch.from_numpy(np.array(data.target))
```

接下来, 可以根据代码清单 7 - 2 所示定义 DNDT 的每个组件的自定义函数。

代码清单 7 - 2　DNDT 组件的自定义函数的实现

```
def torch_kron_prod(a, b):
    res = torch.einsum('ij,ik - >ijk', [a, b])
    res = torch.reshape(res, [ -1, np.prod(res.shape[1:])])
    return res


def torch_bin(x, cut_points, temperature =0.1):
    #x是一个N×1的矩阵(列向量)
    #切分点是一个D维向量(D是切分点的数量)
    #此函数产生一个N×(D+1)的矩阵,每行只有一个元素为1,其余元素都为0
    D = cut_points.shape[0]
    W = torch.reshape(torch.linspace(1.0, D + 1.0, D + 1), [1, -1])
    cut_points, _ = torch.sort(cut_points) #确保切分点单调递增
    b = torch.cumsum(torch.cat([torch.zeros([1]), -cut_points], 0),0)
    h = torch.matmul(x, W) + b
    res = torch.exp(h -torch.max(h))
    res = res/torch.sum(res, dim = -1, keepdim =True)
    return h


def nn_decision_tree(x, cut_points_list, leaf_score, temperature =0.1):
    #切分点列表包含每个特征维度的切分点
    leaf = reduce(torch_kron_prod,
                map(lambda z: torch_bin(x[:, z[0]:z[0] + 1], z[1], temperature),
                enumerate(cut_points_list)))
    return torch.matmul(leaf, leaf_score)
```

在训练之前, 定义模型的一些超参数 (见代码清单 7 - 3)。

代码清单 7 – 3　定义超参数

```
num_cut = [2] * 4 # 有 4 个特征,每个特征有 2 个切分点
num_leaf = np.prod(np.array(num_cut) + 1) # 叶节点的数量
num_class = 3
# 随机初始化切分点
cut_points_list = [torch.rand([i], requires_grad = True) for i in num_cut]
leaf_score = torch.rand([num_leaf, num_class], requires_grad = True)
loss_function = torch.nn.CrossEntropyLoss()
optimizer = torch.optim.Adam(cut_points_list + [leaf_score], lr = 0.001)
```

最后,可以使用 PyTorch 的自定义训练循环开始训练过程(见代码清单 7 – 4)。

代码清单 7 – 4　使用 PyTorch 训练 DNDT

```
from sklearn.metrics import accuracy_score


for i in range(2000):
    optimizer.zero_grad()
    y_pred = nn_decision_tree(X, cut_points_list, leaf_score, temperature = 0.05)
    loss = loss_function(y_pred, y)
    loss.backward()
    optimizer.step()
    if (i + 1) % 100 == 0:
        print(f"EPOCH {i} RESULTS")
        print(accuracy_score(np.array(y), np.argmax(y_pred.detach().numpy(), axis = 1)))
```

三个主要因素可以使训练结果变好或变差:每个特征的切分数量、温度和学习率。应根据领域知识或通过超参数调优来仔细选择这些值,因为微小的变化可以显著影响训练结果。

DNDT 的核心亮点在于能够通过梯度下降同时更新参数,同时采用基于树的架构。DNDT 的可扩展性还提供了大多数基于树的模型所不具备的便利。虽然 DNDT 可能需要进行一些超参数调优才能达到当前最先进模型的性能,但它仍然是深度学习和基于树的模型之间的一种替代或混合方案。DNDT 打开了一扇门,让人们可以模仿基于树的模型逻辑构建更好的神经网络,读者将在后面的章节看到这一点。

软决策树回归器

回顾一下,在标准决策树中,每个节点表示一个特定特征的二元决策阈值,该阈值针对输入样本执行,用于确定样本最终采取的路径(向左或向右)。Haoran Luo、Fan Cheng、Heng Yu 和 Yuqi Yi 在 2021 年的论文[3] *SDTR:Soft Decision Tree Regressor for Tabular Data* 中提出了这种决策树在回归问题上的软模拟方法,可以使用梯度下降进行训练。

考虑一个完整的二叉树,节点由其索引 i 表示。在软决策树(Soft Decision Tree,SDT)模型中,每个节点不输出二元的左或右决策,而是使用感知器输出一个软概率。对

于给定输入 $\boldsymbol{x}$，在第 i 个节点选择左分支的概率定义如下（其中 $\boldsymbol{w}_i$ 和 $\boldsymbol{b}_i$ 是一些学习到的权重和偏置）：

$$p_i(\boldsymbol{x}) = \sigma(\beta_i(\boldsymbol{w}_i\boldsymbol{x} + \boldsymbol{b}_i))$$

请注意，无论决策树有多深，决策都是在完整的特征集合的基础上进行的。参数 β_i 是一个缩放系数，用于防止"过于软化的决策"，即将加权和从 0 推向更极端的两端值，从而产生接近 0 和 1 的软决策。

每个叶节点都与一个标量 R_l 关联，这是样本在决策树中向下传递到特定叶节点时的预测输出。设 P_l 表示选择叶节点 l 的概率。可以如下计算 P_l（其中 i 的值是 0 还是 1 取决于在通往 l 的路径上是否采取左侧或右侧的步骤）：

$$P_l(\boldsymbol{x}) = \prod_{i \in 路径(l)} p_i(\boldsymbol{x})^i (1 - p_i(\boldsymbol{x}))^{1-i}$$

这里不仅评估与具有最高概率的叶节点关联的值与真实值之间的差异，而且定义损失。首先计算每个叶节点值与真实值之差的平方并乘以叶节点的概率作为权重，然后对所有叶节点求和作为损失。

$$L(x) = \sum_{l \in 叶节点} P_l(\boldsymbol{x}) (R_l - y)^2$$

虽然树结构在技术上是固定的——具有预设的深度和静态的二分结构——但每个节点中的判断条件可通过模型对权重和偏置项的学习来优化，从而最小化损失函数（见图 7 - 2）。

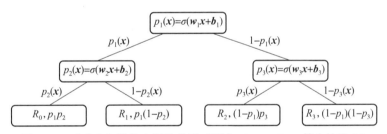

图 7 - 2　叶节点与连接之间的关系（引自 Haoran Luo 等人的论文）

前述论文描述了确保模型正确学习的额外机制。然而，为了理解该架构的关键要素，构建一个非常简单的、基础的模型版本。这个特定模型设计的有趣之处在于，它本质上是一个多输出的体系结构，每个节点的输入都有一个密集层（见代码清单 7 - 5）。树状体系结构体现在不同的全连接层如何相互关联以计算损失。

代码清单 7 - 5　生成决策树中的所有节点

```
MAX_DEPTH = 5

inp = L.Input((INPUT_DIM,))
outputs = []
for node in range(sum([2 ** i for i in range(MAX_DEPTH + 1)])):
    outputs.append(L.Dense(1, activation = 'sigmoid')(inp))
model = keras.models.Model(inputs = inp, outputs = outputs)
```

需要注意的是，在这种情况下，假设软决策树模型是在一个二元预测任务上进行训练的，因此模型中的所有层（包括输出层和中间概率节点）都使用 sigmoid 函数，以简化问题。

这里希望将这些层与二叉树结构中的特定位置关联起来。有许多方法可以实现这一点，但本书坚持使用经典的面向对象方法，它具有可解释性和易于导航的优点。每个节点对象对应输出列表中的一个索引。需要注意的是，节点对应哪个索引并不重要，只要每个索引只有一个节点与之对应，反之亦然。可以通过以二叉树的方式递归地构建链接节点来实现这一点，其中全局索引变量在节点实例化时递增（见代码清单 7 – 6）。

代码清单 7 – 6 定义一个节点类并生成具有指定深度的二叉树

```python
index = 0
class Node():
    def __init__(self):
        global index
        self.index = index
        self.left = None
        self.right = None
        index += 1


def add_nodes(depths_left):
    curr = Node()
    if depths_left != 0:
        curr.left = add_nodes(depths_left - 1)
        curr.right = add_nodes(depths_left - 1)
    return curr


root = add_nodes(MAX_DEPTH)
```

为了计算损失，需要将每个叶节点值乘以指向该叶节点的所有节点概率。可以通过递归遍历树结构来创建一个输出集合（见代码清单 7 – 7）。

代码清单 7 – 7 获取所有叶节点

```python
def get_outs(root, y_pred):
    if not root.left and not root.right:  # 是叶节点
        return [y_pred[root.index]]
    lefts = get_outs(root.left, y_pred)
    lefts = [y_pred[root.index] * prob for prob in lefts]
    rights = get_outs(root.right, y_pred)
    rights = [(1 - y_pred[root.index]) * prob for prob in rights]
    return lefts + rights
```

需要定义一个损失函数，该函数计算真实值与每个叶节点值乘以概率序列之间的平均损失（见代码清单 7 – 8）。

代码清单 7 – 8　定义损失函数

```
from tensorflow.keras.losses import binary_crossentropy as bce
NUM_OUT = tf.constant(2 ** MAX_DEPTH, dtype = tf.float32)
def custom_loss(y_true, y_pred):
    outputs = get_outs(root, y_pred)
    return tf.math.divide(tf.add_n([bce(y_true, out) for out in outputs]), NUM_OUT)
```

由于这个损失函数聚合了多个输出，而不是独立地作用于单个输出，因此定义一个具有特定拟合方法的模型（见代码清单 7 – 9）（使用默认的编译和拟合步骤，对于多模态模型，只能指定作用于单个输出的损失函数，或者指定每个输出单独作用的几个损失函数。没有简单的方法来定义接收多个输出的损失函数）。可以通过覆盖默认的 train_step 方法来实现这一点。

代码清单 7 – 9　编写自定义训练函数

```
import tensorflow as tf
avg_loss = tf.keras.metrics.Mean('loss', dtype = tf.float32)
class custom_fit(tf.keras.Model):
    def train_step(self, data):
        images, labels = data
        with tf.GradientTape() as tape:
            outputs = self(images, training = True) # 前向传播
            total_loss = custom_loss(labels, outputs)
        gradients = tape.gradient(total_loss, self.trainable_variables)
        self.optimizer.apply_gradients(zip(gradients, self.trainable_variables))
        avg_loss.update_state(total_loss)
        return {"loss": avg_loss.result()}
```

实例化后，可以对模型进行训练（见代码清单 7 – 10）。

代码清单 7 – 10　编译和拟合模型

```
model = custom_fit(inputs = inp, outputs = outputs)
model.compile(optimizer = 'adam')
history = model.fit(x, y, epochs = 20)
```

再次强调，单独使用这个模型效果并不好，但它演示了基本的思想。

Haorao Luo 等人提供了一个在 PyTorch 中实现的模型。使用该模型只需加载最小化的 PyTorch。首先从官方存储库加载 SDT 模型（见代码清单 7 – 11）。

代码清单 7 – 11　从官方存储库加载 SDT 模型

```
!wget - O SDT.py https://raw.githubusercontent.com/xuyxu/Soft - Decision -
Tree/master/SDT.py
import SDT
import importlib
importlib.reload(SDT)
```

第一步是定义一个 PyTorch 数据集（见代码清单 7 – 12）。PyTorch 数据集的语法与

TensorFlow 自定义数据集的语法几乎完全相同（回顾第 2 章）：需要定义 __ len __ 和 __ getitem __ 方法。

代码清单 7 - 12 定义 PyTorch 数据集

```python
import torch
from torch.utils.data import Dataset, DataLoader
from sklearn.model_selection import train_test_split as tts


class dataset(Dataset):
    def __init__(self, data, seed = 42):
        X_train, X_valid, y_train, y_valid = tts(data.drop('Cover_Type', axis =1),
                                                 data['Cover_Type'],
                                                 random_state = seed)
        self.x_train = torch.tensor(X_train.values, dtype = torch.float32)
        self.y_train = torch.tensor(pd.get_dummies(y_train).values,
                                    dtype = torch.float32)

    def __len__(self):
        return len(self.y_train)

    def __getitem__(self, idx):
        return self.x_train[idx], self.y_train[idx]
```

可以实例化数据集，以 Forest Cover 数据集为例。DataLoader 将包装数据集并提供额外的训练级工具，用于将数据馈送给模型（见代码清单 7 - 13）。

代码清单 7 - 13 将 CSV 文件读入 PyTorch 数据集并转换为 DataLoader

```python
import pandas as pd,numpy as np
df = pd.read_csv('../input/forest -cover -type -dataset/covtype.csv')
data = dataset(df.astype(np.float32))
dataloader = DataLoader(data, batch_size =64, shuffle =True)
```

SDT 模型可以通过以下方式进行实例化和训练（见代码清单 7 - 14）。

代码清单 7 - 14 训练 SDT 模型

```python
from SDT import SDT
model = SDT(input_dim = len(X_train.columns),
            output_dim = len(np.unique(y_train)))


import torch.optim as optim
import torch.nn as nn
criterion = nn.CrossEntropyLoss()
optimizer = optim.SGD(model.parameters(), lr = 0.001, momentum = 0.9)
```

```
for epoch in range(10):

    running_loss = 0.0
    for i, data in enumerate(dataloader, 0):
        inputs, labels = data
        optimizer.zero_grad()

        outputs = model(inputs)
        loss = criterion(outputs, labels)
        loss.backward()
        optimizer.step()

        print(f'[Epoch: {epoch + 1}; Minibatch: {i + 1:5d}].
                Loss: {loss.item():.3f}', end = '\r')

    print('\n')

print('Finished Training')
```

这里使用的语法与在 TensorFlow 中编写自定义循环类似。其主要的区别在于需要在损失函数和优化器对象中显式调用前馈传播和反向传播阶段中发生的步骤。

NODE 模型

考虑一下"滞后 20 个问题"的游戏。为了猜测玩家 A 正在思考的对象,玩家 B 提出一系列问题,玩家 A 用"是"或"否"回答。不同之处在于,玩家 B 只在完成所有问题的提问后才会收到所有问题的答案,而不是在每个问题的提问之后立即收到答案。

这是一个非适应性决策树(Obvious Decision Tree)的实例——在这棵决策树中,每个层级都具有相同的划分标准,而不是在不同层级使用不同的划分标准。例如,以下的"3 个问题"决策树就是无意识的。

- 它是动物吗?
  - 如果是:它会飞吗?
    - 如果是:它快吗?
      - 如果是:鹰。
      - 如果不是:木鸽。
    - 如果不是:它快吗?
      - 如果是:猎豹。
      - 如果不是:乌龟。
  - 如果不是:它会飞吗?
    - 如果是:它快吗?

- 如果是：飞机。
  - 如果不是：滑翔伞。
- 如果不是：它快吗？
  - 如果是：赛车。
  - 如果不是：石头。

相比之下，下面的决策树代表了如何玩一个更标准的"滞后 20 个问题"的游戏，它不具有非适应性结构。

- 它是动物吗？
  - 如果是：它生活在水中吗？
    - 如果是：它是捕食者吗？
      - 如果是：鲨鱼。
      - 如果不是：沙丁鱼。
    - 如果不是：它有 4 条腿吗？
      - 如果是：狮子。
      - 如果不是：火烈鸟。
  - 如果不是：它是一种交通工具吗？
    - 如果是：它有 4 个轮子吗？
      - 如果是：汽车。
      - 如果不是：自行车。
    - 如果不是：它会飞吗？
      - 如果是：飞机。
      - 如果不是：番茄酱。

需要注意的是，标准的非受限决策树（Non‑obvious Decision Tree）比非适应性决策树更具表达能力，因为它不受每个层级必须基于相同的划分条件的限制。这意味着在先前已知信息的基础上，可以构建后续划分条件。例如，在知道对象是动物之后，可以询问它是否生活在水中。然而，无意识决策树具有计算复杂性低的优势。实际上，非适应性决策树更像大型的二进制查找表，而不是树结构。在非适应性决策树中，相同的树可以用每个层级上不同的划分条件的排列来表示，因为没有条件依赖于另一个条件。

Sergei Popov 等人在论文 *Neural Oblivious Decision Ensembles for Deep Learning on Tabular Data*[4] 中引入了 NODE 模型。该模型类似之前基于树的模型的神经网络模拟方法，但是它使用的是朴素的非适应性决策树的集成，而不是优化单个复杂的决策树。

NODE 模型也直接选择要选择的特征，而不像 SDT 回归器那样使用抽象的学习线性组合。F_i 表示第 i 层树中用于划分的数据特征 χ，b_i 表示第 i 层树中特征 F_i 的阈值。因此，如果特征超过阈值，则 $F_i - b_i$ 为正；如果特征没有超过阈值，则 $F_i - b_i$ 为负。

然后，将 αentmax 函数应用于这个结果以进行"二元化"（即有效地做出决策）。回顾第 6 章中的 αentmax 函数，它是 softmax 函数的改进版本，该函数更加稀疏并鼓励更极端的值。因此，每个节点都具有更为果断的决定。SDT 回归器在这方面存在困难，需要额外的机制，例如预激活缩放系数来进行调和（见图 7–3）。

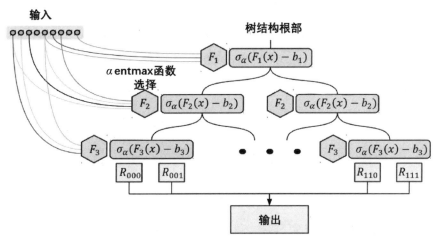

图 7–3　单个 NODE 层/树的示意（引自 Sergei Popov 等人的论文）

NODE 模型的优化方式与 SDT 非常相似：该损失函数表示为所有叶节点的加权总和，其权重为到达各叶节点的路径概率。这构成了单个 NODE 层，即可微分神经非适应性决策树（Neural Obvious Desicion Tree），其因具有可微分特性而能够通过反向传播技术进行训练。

NODE 模型的强大之处在于将多个独立的 NODE 层堆叠在一起形成一个联合集成。Sergei Popov 等人提出了一种类似 DenseNet 风格的堆叠方式（参见第 4 章关于 DenseNet 的内容），其中每个层都与其他层连接在一起（见图 7–4）。

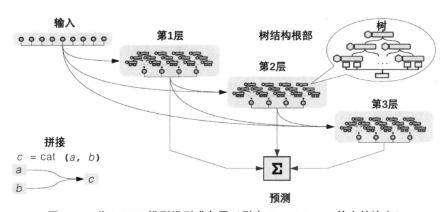

图 7–4　将 NODE 模型排列成多层（引自 Sergei Popov 等人的论文）

Sergei Popov 等人发现，在多个基准表格数据集上，NODE 模型的表现优于 CatBoost 模型和 XGBoost 模型（见表 7–2 和表 7–3）。当这些竞争模型经过超参数优化时，NODE 模型在某些数据集上的表现略有下降，但在评估的数据集中仍保持总体优势。

NODE 模型是最直接类似决策树的神经网络架构之一，并在许多常规表格建模问题中取得了成功。请查看官方代码库中编写精良且易于理解的补充代码 notebook 演示：https://github.com/Qwicen/node。

表 7-2　NODE 模型与 CatBoost 模型和 XGBoost 模型在默认超参数下的性能对比
（引自 Sergei Popov 等人的论文）

	Epsilon ·	YearPrediction	Higgs	Microsoft	Yahoo	Click
默认超参数						
CatBoost 模型	0.111 9 ± 2e－4	80.68 ± 0.04	0.243 4 ± 2e－4	0.558 7 ± 2e－4	0.578 1 ± 3e－4	0.343 8 ± 1e－4
XGBoost 模型	0.114 4	81.11	0.260 0	0.563 7	0.575 6	0.346 1
NODE 模型	0.104 3 ± 4e－4	77.43 ± 0.09	0.241 2 ± 5e－4	0.558 4 ± 3e－4	0.566 6 ± 5e－4	0.330 9 ± 3e－4

表 7-3　NODE 模型与调优超参数下的竞争模型的性能表现对比（引自 Sergei Popov 等人的论文）

	Epsilon ·	YearPrediction	Higgs	Microsoft	Yahoo	Click
超参数调参后						
CatBoost 模型	0.111 3 ± 2e－4	79.67 ± 0.12	0.238 7 ± 1e－4	0.556 5 ± 2e－4	0.563 2 ± 3e－4	0.340 1 ± 2e－3
XGBoost 模型	0.111 2 ± 6e－4	78.53 ± 0.09	0.232 8 ± 3e－4	**0.554 4 ± 1e－4**	**0.542 0 ± 4e－4**	0.333 4 ± 2e－3
FCNN 模型	0.104 1 ± 2e－4	79.99 ± 0.47	0.214 0 ± 2e－4	0.560 8 ± 4e－4	0.577 3 ± 1e－3	0.332 5 ± 2e－3
NODE 模型	0.103 4 ± 3e－4	**76.21 ± 0.12**	0.210 1 ± 5e－4	0.557 0 ± 2e－4	0.569 2 ± 2e－4	0.331 2 ± 2e－4
mGBDT	OOM （内存不足）	80.67	OOM	OOM	OOM	OOM
DeepForest	0.117 9	—	0, 239 1	—	—	0.333 3

基于树的神经网络初始化

神经网络以其灵活性而闻名，它允许用户设计和创建满足其需求的架构。毫无疑问，人们在开发搜索和获取最佳或次优网络架构的方法和技术方面已经进行了大量的工作，而无须人工试错。这类算法通常被称为神经网络架构搜索（Neural Architecture Search，NAS）。有关 NAS 的详细解释和实现，请参考第 10 章。NAS 的过程通常耗时较长，并且该算法不考虑特定的问题类型，无论是图像识别、文本分析还是本书中的表格数据。另外，基于树的模型的结构使其在结构化数据任务中表现出色。可以将目标转移到为神经网络设计类似树的架构，而不是试图将基于树的模型调整到适应基于梯度的训练。K. D. Humbird、J. L. Peterson 和 Rand. G. McClarren 在他们的论文 *Deep Neural Network Initialization with Decision Trees*[5] 中正是这样做的。

与神经网络不同，基于树的模型是在训练过程中逐步构建其节点和分支，这消除了在训练之前手动设计模型架构的需求。由于复杂的数学计算始终影响着基于树的模型的形状和结构，所以它们的架构设计几乎总是优于人工试错。可以将为表格数据设计神经网络架构视为手动设计决策树中每个分支的位置。毫无疑问，这表明了人类设计的神经网络架构很难始终优于基于树的模型。K. D. Humbird 等人试图将基于树的模型的核心结构映射到深度神经网络中。据他们介绍，这种映射将在结构和权重初始化方面为神经网络创建一个"增强的起点"，以实现更好的训练结果。映射算法生成的网络被称为"深度联合信息神经网络"（Deep Jointly Informed Neural Network，DJINN）。

DJINN 的构建和训练过程可以分为以下 3 个步骤。

（1）在所选数据集上训练任何基于树的模型。需要注意的是，为了简洁起见，本书使用决策树作为目标树模型。然而，任何一种基于树的集成算法都可以使用。对于集成中的每个弱学习器，该算法会重复 n 次，从而映射出 n 个神经网络。

（2）递归地遍历训练好的决策树，按照 DJINN 映射算法定义的具体规则将其结构映射到神经网络中。

（3）映射后的神经网络像其他任何 ANN 一样进行训练。K. D. Humbird 等人的论文建议使用 Adam 作为优化器，使用 ReLU 函数作为隐藏层激活函数。

为了将决策树映射到 DJINN 中，采用 K. D. Humbird 等人的论文中作者使用的符号表示法来描述算法。

- 用 l 表示决策树的层级索引和神经网络的层级索引，其中 $l = 0$ 表示神经网络的第 1 层和决策树的第 1 层。
- l 的取值范围为 $[0, D_t]$，其中 D_t 是决策树的最大深度。这间接表明映射后的神经网络将具有 D_{t+1} 层（包括输入层和输出层）。
- 将 D_b 表示为分支节点存在的最大层级。换句话说，D_b 是决策树中仍然可以对数据进行进一步分区的最低层级。这间接表明 D_t 和 D_b 之间的关系为 $D_b = D_{t-1}$。
- 让 $N_b(l)$ 返回决策树第 l 层的分支数量。神经网络中任何隐藏层的神经元数量可以计算为 $n(l) = n(l-1) + N_b(l)$。
- 假设 L_i^{max} 是一个列表，其中包含每个特征作为分支节点出现的最深层级。为了澄清，假设"特征 1"在决策树的第 2，4 和 5 层被选择来对数据进行分区。那么"特征 1"的 L_i^{max} 将为 5，因为它是该特征在决策树中出现的最深层级。
- 用 W^l 表示第 l 层的权重矩阵。对于数据集中的每个独特特征，$i = 0，1，2，\cdots$，特征数 -1，将 $W_{i,i}^l$ 中元素的值在所有 $l < L_i^{max}$ 的情况下设为 unity。为了更好地理解，图 7-5 演示了哪些神经元在 $L_i^{max} = (2,2,1)$ 时被初始化为 1。

注释：对于不熟悉相关知识的人来说，unity 仅指数字 1。

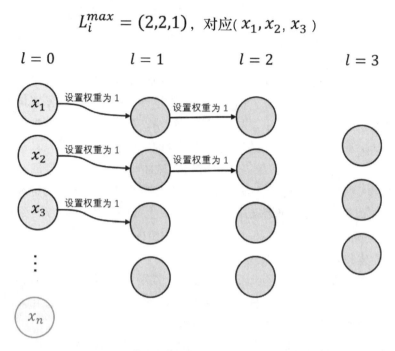

$$L_i^{max} = (2,2,1)，对应(x_1, x_2, x_3)$$

将所有其他权重（绿色神经元）设置为0

图 7-5 神经网络权重的初始化（附彩插）

当前，除了前面提到的预初始化的单位权重部分，映射神经网络中的所有权重和偏置都被设置为0。在应用 DJINN 映射算法之后，最终的神经网络架构将由去除权重仍为0的神经元来确定。在详细解释 DJINN 映射算法之后，详细讨论去除0权重神经元的过程，届时此过程将更加相关。DJINN 映射算法的核心思想是通过遍历决策树并"重新初始化"与决策树中节点和分支位置对应的神经元来工作。可以将0权重的神经元解释为"断开的神经元"，因为它们没有附加偏置时无法传递信息。另外，通过 DJINN 映射算法"重新初始化"的神经元将具有非零值，它们能够传递信息而无须附加偏置，因此可以被解释为"连接的神经元"。请注意，该算法不会对神经网络中的每个神经元进行"重新初始化"。未被 DJINN 映射算法"重新初始化"的神经元将根据它们的偏置值进行有选择地修剪。神经网络中的所有偏置都将从正态分布中被随机初始化，具有负偏置值且权重为0的神经元将被删除。相比于原始预训练的基于树的模型，有选择地修剪会为神经网络架构注入随机性，提供更高的灵活性和更大的潜力。

从 $l=1$ 开始，因为在 $l=0$ 对应神经网络的输入层，其中每个权重事先被设置为1，并且神经元的数量被限制为特征的数量。当神经元被重新初始化时，它们的权重是从分布 $(0, \sigma^2)$ 中被随机选择，其中：

$$\sigma^2 = \frac{3}{上一层神经元数量 + 当前神经元数量}$$

当递归遍历决策树时，对于每个层级 $l \in [1, D_t]$ 中的每个节点，将当前节点表示为 c。c 有以下两种可能的情况。

（1）节点 c 是一个分支节点。这意味着该节点进一步分裂为多个分支，决策树的当前层级 $< D_t$。在这种情况下，初始化一个新的神经元，将其从断开连接状态转变为连接状态，放置在第 l 层。然后，记录用于分割数据的分支节点所使用的特征，并找到与该特征关联的输入神经元。可以临时将输入神经元表示为 n_{feat}。通过使用之前初始化为 unity（1）的神经元，从 n_{feat} 开始，将输入神经元连接到 c。最后，将 c 连接到其对应的父节点，即为 c 的父节点初始化的神经元。

（2）节点 c 是一个叶节点。对于回归任务，简单地将输出神经元连接到其对应的父节点，即在决策树上下文中为 c 的父节点初始化的神经元。对于分类任务，将输出与叶节点 c 输出相同类别的神经元连接到其对应的父节点神经元上。

可以从原始论文中的示例图（见图 7-6）中看到这个过程。

通过检查左侧的训练决策树，可以看到对于 x_1，x_2，x_3，$L_i^{max} = (2,1,2)$。具有蓝色十字标记的神经元根据每个特征的 L_i^{max} 被初始化为单位值 1。注意，在将决策树映射到神经网络中时，神经元可以被初始化为单位值，但可能不会连接。因此，一些神经元被标记为蓝色十字标记，但被灰色阴影覆盖。

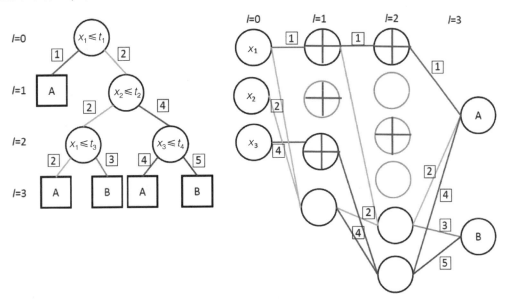

图 7-6　将决策树映射到神经网络，构建 DJINN 的可视化

（根据 K. D. Humbird 等人的研究稍作修改）（附彩插）

按照从左到右的顺序遍历每个树层，将该层的每个节点映射到神经网络中的相应神经元。在决策树的 $l=1$ 层，迭代到的第一个节点是一个类 A 的叶节点，记为 c。c 的父节点是决策树的输入节点，其中选择特征 x_1 来分割数据。为了将输入神经元连接到类 A 的输出神经元（对应 c），利用之前初始化为 1 的神经元。红色标记为"1"的路径表示这种连接，将叶节点 c 映射到神经网络中。

向右移动到决策树中在 x_2 上分割的节点。在神经网络的相应层（$l=1$ 层）中实例化一个新的神经元。首先，将新的神经元连接到其父节点，即从决策树的输入节点映射而来的神经元。然后，将与当前节点使用的特征对应的输入神经元 x_1 连接起来。这两个连接在标有"2"的黄色路径中显示。

在决策树中下降到 $l=2$ 层，第一个要映射的神经元是一个在特征 x_1 上进行分割的节点。同样，首先在相应的神经网络层（$l=2$）中实例化一个新的神经元。然后，将新的神经元连接到前一层中由当前节点的父节点映射而来的神经元。为了澄清，这是为在特征 x_2 上进行分割的节点初始化和连接的神经元。最后，使用在开始时初始化为 1 的神经元，可以将特征 x_1 的输入神经元一直串联到刚刚初始化的新的神经元。这两个连接通过标有"2"的黄色路径在第 1 层和第 2 层之间显示。

对于最后一个分支节点，决策树选择在特征 x_3 上进行分割。在映射神经网络时，会重复执行相同的过程：将由当前节点的父分支创建的神经元连接到当前神经元，并通过使用权重为 1 的神经元将当前神经元连接到特征 x_3 的输入神经元。这两个连接通过标有"4"的蓝色路径显示。

最后，移动到决策树的最后一层，共有 4 个叶节点，其中两个指向类别 A，另外两个指向类别 B。对于左侧的叶节点，将类别 A 的输出神经元连接到为其父节点创建的神经元。这通过标有"2"的黄色路径显示。向右移动，对于具有相同父分支的叶节点，简单地将类别 B 的输出神经元连接到前一层中的相同神经元，这通过标有"3"的绿色路径显示。最后两个叶节点都是在特征 x_3 上进行分割的分支节点的子节点，将相应的输出神经元连接到由该分支节点映射的神经元。这两个连接分别通过标有"4"的蓝色路径和标有"5"的紫色路径显示。DJINN 映射算法的完整伪代码如图 7 – 7 所示。

如前所述，那些未连接的神经元将被随机选择加入最终架构，这取决于它们的偏置初始化。所有神经元的偏置将从高斯分布中随机选择。DJINN 实质上利用了训练决策树所创建的最佳结构，同时允许一定的自由度来处理不准确性。这巧妙地避免了耗时的 NAS 过程，同时创建了一种专门用于表格数据的设计/生成 ANN 架构的动态方法。此外，决策树的可解释性也在一定程度上延续到 DJINN 中。通过图 7 – 8 所展示的用于逻辑操作训练的决策树示例，可以观察到一个高度可解释的神经网络结构。请注意，灰色的神经元是通过架构初始化的，但它们的偏置值随机选择是否包含在最终神经网络中。

K. D. Humbird 等人对 DJINN 进行了一系列的测试和比较。以下是他们的研究结果摘要。

（1）使用集成的基于树的模型作为预训练的基于树的模型，其性能始终优于单个基于树的模型。诸如随机森林等 Bagging 方法可以映射到多个弱神经网络中。最终的预测结果仅是所有映射神经网络的平均值。图 7 – 9 展示了在 4 个不同的表格数据集上，DJINN 使用不同数量的树集成学习的结果。从经验上讲，集成学习中使用的树的数量越多越好。图 7 – 9 显示了归一化 MSE 与集成学习中使用的树的数量的关系。

（2）DJINN 的树状结构可视为模型训练的热启动。作为一种热启动技术，DJINN 有两个与众不同的特点：非零权重的稀疏性和权重的拓扑分布特性。与其他权重初始化方法（包括密集连接的 Xavier 初始化权重、随机初始化每层相同数量的非零权重并随机放置权重，以及最后的标准两层隐藏层 ANN）的比较显示了这些优势。同样，MSE 指标也与训练的迭代 epoch 数有关（见图 7 – 10）。

算法 1　决策树到神经网络的映射（DJINN 映射算法）

（1）决策树的路径递归。

- 确定最大分支深度（D_b）
- 计算每一级的分支数 $N_b(l)$
- 记录每个输入作为分支出现的最大深度（$L_i^{\max}$）

对于最大分支深度 D_b，将有 D_b 个隐藏层，一个输入层有 N_{in} 个神经元，一个输出层有 N_{out} 个输出（回归）或 N_{class}（分类）个神经元的输出层。每个隐藏层有 $n(l)$ 个神经元，其中

$$n(l) = n(l-1) + N_b(l) \tag{1}$$

这样就复制了前一个隐藏层，并为决策树的当前层级的每个分支添加了新的神经元。

（2）创建维数为 $n(l) \times n(l-1)$（$l = 1, 2, \cdots, D_b$）的数组 W^l，W^{D_b+1} 的维数为 $n(D_b) \times N_{\mathrm{out}}$（或 N_{class}），用于存储初始权重，初始化矩阵为 $\mathbf{0}$。

（3）对于每个输入 $i = 0, 1, \cdots, N_{\mathrm{in}} - 1$，设置 $W_{i,i}^l = 1$ for $l < L_i^{\max}$。

这将确保输入值通过隐藏层，直至决策树不再对其进行分割。

（4）重新搜索决策树的决策路径。

  for 层级 $l = 1, 2, \cdots, D_b$：

    for 每个位于 l 层的节点 c：

     - 将 p 定义为父分支创建的神经元

    if $c = $ 分支：

     根据公式（1），第 l 层增加了一个新的神经元

     - 初始化 $W_{\mathrm{new},p}^l \sim N(0, \sigma^2)$

     连接分支 c 和新的神经元

    if $c = $ 叶节点：

     - 初始化 $W_{p,p}^l \sim N(0, \sigma^2)$，$l = l+1, l+2, \cdots, D_b - 1$

     - 初始化 $W_{p,\mathrm{out}}^{D_b} \sim N(0, \sigma^2)$

     分类：out = 神经元的类别

     回归：out = 输出神经元

图 7 - 7　决策树映射到神经网络中的伪代码（引自 K. D. Humbird 等人的研究）

注释：Xavier 权重初始化从随机均匀分布中随机设置第 l 层权重，范围为

$$\left\{ -\frac{\sqrt{6}}{\sqrt{n_i + n_{i+1}}}, \frac{\sqrt{6}}{\sqrt{n_i + n_{i+1}}} \right\}$$

其中，n_i 是指从第 $l-1$ 层传入的连接数，n_{i+1} 是指从第 $l+1$ 层传出的连接数。

可以在 GitHub 上找到 DJINN 的实现，网址为 https://github.com/LLNL/DJINN，它适用于 TensorFlow。要进行安装，可以将存储库复制到当前目录，并下载"requirement. txt"（见代码清单 7 - 15）中提到的软件包。

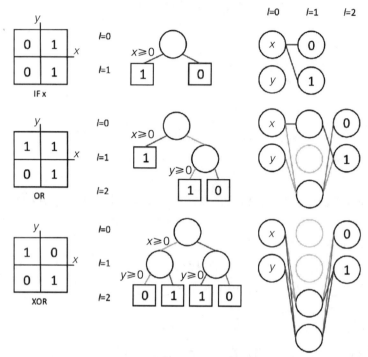

图 7 – 8 对逻辑操作进行训练的决策树被映射到神经网络中，提供了高度的结构可解释性（引自 **K. D. Humbird** 等人的研究）（附彩插）

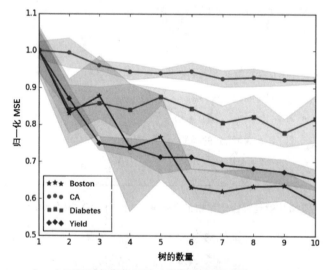

图 7 – 9 DJINN 在 4 个不同的表格数据集上的性能与集成学习中使用的树的数量的比较（引自 **K. D. Humbird** 等人的研究）

代码清单 7 – 15 安装 DJINN 并导入软件包

```
git clone https://github.com/LLNL/DJINN.git
% cd DJINN
pip install -r requirements.txt
```

```
pip install .
```

```
from djinn import djinn
```

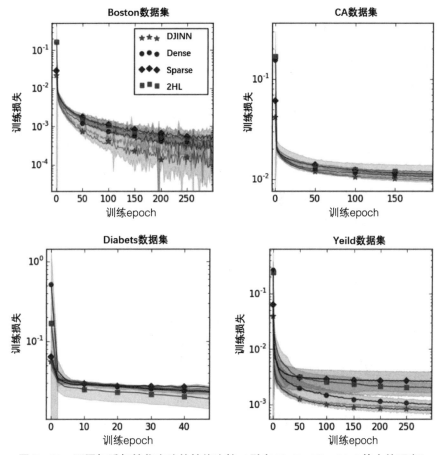

图 7 - 10　不同权重初始化方法的性能比较（引自 K. D. Humbird 等人的研究）

为了说明该软件包提供的简单管道，以选择不同超参数和进行训练，使用乳腺癌（Breast Cancer）数据集作为模型的数据（见代码清单 7 - 16）。

代码清单 7 - 16　导入乳腺癌数据集并进行训练集 - 测试集拆分

```
breast_cancer_data = load_breast_cancer()
X = breast_cancer_data.data
y = breast_cancer_data.target

X_train, X_test, y_train, y_test = train_test_split(X, y, test_size = 0.25)
```

接下来，创建一个 DJINN_Classifier 对象，并为树指定超参数。根据这些超参数，该库将搜索映射神经网络的最佳超参数（见代码清单 7 - 17）。

代码清单 7 - 17　实例化 DJINN_Classifier 对象并获取映射神经网络的最佳超参数

```
# dropout keep 表示在 dropout 层中保留神经元的概率
```

```
djinn_model = DJINN_Classifier(ntrees = 1, maxdepth = 6, dropout_keep = 0.9)
```

```
# 自动搜索最佳超参数
optimal_params = djinn_model.get_hyperparameters(X_train, y_train)
batch_size = optimal_params['batch_size']
lr = optimal_params['learn_rate']
num_epochs = optimal_params['epochs']
```

一旦获得了最佳超参数，只需在模型上调用训练方法，并填入最佳超参数即可（见代码清单 7 – 18）。

代码清单 7 – 18 使用训练方法训练 DJINN

```
model.train(X_train, y_train, epochs = num_epochs, learn_rate = lr, batch_size = batch_size, display_step = 1)
```

可以通过调用模型的预测方法生成预测结果（见代码清单 7 – 19）。

代码清单 7 – 19 使用 DJINN 进行预测

```
from sklearn.metrics import auc

preds = djinn_model.predict(X_test)
print(auc(preds, y_test))
```

DJINN 可以被视为一种用于表格数据任务的最佳神经网络架构，也是一种用于优化结构化数据集上深度学习性能的全新建模技术。它在操作和利用基于树的模型架构方面的巧妙设计还增加了另一层结构互操作性。换句话说，人们可以知道神经网络架构为什么被构建成这样。

析取范式网络（DNF – Net）

在经典的二元逻辑中，析取范式（Disjunctive Normal Form，DNF）是一种逻辑表达式，其中两个或多个词的合取在主范围内由一个析取连词连接。下面提供相关的词汇来理解 DNF。

- 变量可以有两个真值（真或假），通常用大写字母表示，例如 A，B 或 C 等。
- 否定等同于逻辑非运算符，用 ¬ 表示。例如，¬ A 表示"非 A"或"A 的否定"。如果 A 为真，则 ¬ A 为假。
- 文字（Literal）可以是变量或变量的否定。例如，以下都是文字：A，¬ B，¬ C，F。
- 合取等同于逻辑与运算，用 ∧ 表示。例如，$A \wedge B$ 表示"A 与 B"；如果 A 为真且 B 为假，则 $A \wedge B$ 为假。另外，$A \wedge \neg B$ 为真。合取不是文字。
- 析取等同于逻辑或运算，用 ∨ 表示。例如，$A \vee B$ 表示"A 或 B"；如果 A 为真且 B 为假，则 $A \vee B$ 为真。另外，¬ $A \vee B$ 为假。析取不是文字。
- 如果合取或析取没有被其他运算"包裹"，则认为其具有宽域。例如，在表达式 $(A \vee \neg B) \wedge C$ 中，合取在广域范围中，因为 ∧ 是"最外层"的运算；没有任何运算包裹它。另外，在表达式 $(A \wedge \neg B) \vee C$ 中，合取不在广域范围中，因为它被析取包裹。在这种情况下，析取具有宽域。

将所有这些内容综合起来，DNF 的特点是所有的析取都在广域范围中；析取的每个参数（即被析取在一起的表达式）必须是文字或文字的合取。

注释：从技术上讲，每个参数都必须处于合取范式（Conjunctive Normal Form，CNF）中；也就是说，合取和否定不能嵌套，且所有元素必须处于同一级别。

以下是 DNF 表达式示例。

- $(\neg A \wedge \neg B \wedge C) \vee D$；
- $A \vee (\neg B \wedge \neg C \wedge D)$；
- $A \vee (\neg B \wedge \neg C \wedge D) \vee E$；
- $A \vee (\neg B \wedge \neg C \wedge D) \vee E \vee (A \wedge \neg F)$；
- $A \vee B$。

以下是不属于 DNF 表达式示例。

- $A \wedge B$，合取而不是析取在广域范围中。
- $A \vee (A \wedge (\neg B \vee C))$，析取不在广域范围中。
- $\neg (A \vee B)$，否定而不是析取在广域范围中。

为什么 DNF 是相关的呢？决策树可以表示为基于特征分割条件的 DNF 表达式。例如，考虑以下以嵌套形式表示的决策树逻辑（注释：这种逻辑不是医学建议，事实上，这也是非常低劣的建议）。

- 如果温度高于80℃，
  - 带上防晒霜。
- 如果温度不高于80℃，
  - 如果去阴凉区域
    - 不需要带防晒霜。
  - 如果不去阴凉区域，
    - 带上防晒霜。

设 A 是一个布尔变量，表示语句"温度高于80℃"的真值。设 B 表示语句"你去一个阴凉区域"的真值。可以直观地将决策树表达为以下的 DNF 形式：

$$A \vee \neg B$$

真值表示应该带防晒霜（真）还是不带防晒（假）。假设温度不高于80℃（$A =$ 假），并且不去阴凉区域（$B =$ 假）。那么，$A \vee \neg B =$ 假 $\vee \neg$ 假 $=$ 真。根据决策树，应该带防晒霜。

以色列理工学院（Technion – Israel Institute of Technology）和谷歌公司的 Ami Abutbul、Gal Elidan、Liran Katzir 和 Ran El – Yaniv 在 2020 年的 ICLR 论文 "*DNF – Net：A Neural Architecture for Tabular Data*" 中提出[6]，利用 DNF 的"构建模块"构建深度学习网络，用于对表格数据建模。他们提出，利用理论上能够表达决策树逻辑的 DNF 单元，可助力开发针对表格数据问题的决策树模型神经模拟架构。

森林方法在处理各种表格数据时的"普适性"表明，使用神经网络模拟作为树集合表示和算法一部分的重要元素可能是有益的。

然而，要将自定义的单元设计集成到神经网络架构中，它必须是可微的。传统的析取和合取是不可微的。Ami Abutbul 等人提出了 DNF 神经形式（Disjunctive Normal Neural Form，DNNF）的模块，它使用了这些逻辑门的"软化"和因此可微的泛化形式。

DNNF 采用了一个两层隐藏层的神经网络，并复制了 DNF 表达式的构成。第一层生成文字，这些文字被传递到一系列软合取中。然后，这些软合取被传递到一个神经析取门中。

神经析取和合取门的定义如下：

$$\text{or}(\boldsymbol{x}) = \tanh\left(\sum_{i=1}^{d} x_i + (d-1.5)\right)$$

$$\text{and}(\boldsymbol{x}) = \tanh\left(\sum_{i=1}^{d} x_i - (d-1.5)\right)$$

考虑输入 $\boldsymbol{x} := \langle -1, 1, -1 \rangle$。这代表着输入假、真和假。如果将输入应用于析取（逻辑或运算），则此处计算假 $\vee$ 真 $\vee$ 假的表示。可以如下计算该输入的析取和合取：

$$\text{or}(\langle -1, 1, -1 \rangle) = \tanh((-1+1-1) + (3-1.5))$$
$$= \tanh(-1+1.5) = \tanh(0.5) \approx 0.46$$
$$\text{and}(\langle -1, 1, -1 \rangle) = \tanh((-1+1-1) - (3-1.5))$$
$$= \tanh(-1-1.5) = \tanh(-2.5) \approx -0.99$$

确实，假 $\vee$ 真 $\vee$ 假 = 真（0.46 更接近真，而不是假），而假 $\wedge$ 真 $\wedge$ 假 = 假（-0.99 更接近假，而不是真）。

请注意，这些神经门也会对析取或合取的"真实程度"进行一些量化，以判断析取或合取"有多真"。假 $\vee$ 真 $\vee$ 假可以被视为"弱真"，因为只有一个参数使析取为真。另外，$\text{or}(\langle 1,1,1 \rangle)$ 的结果较大，为 0.999 8，因此真 $\vee$ 真 $\vee$ 真是"强真"。

Ami Abutbul 等使用了修改过的合取来选择特定的文字，而不是被迫接受所有文字。回想一下，在 DNF 中，文字是通过合取连接起来的。人们希望给神经网络一个机制，只选择文字的子集来进行合取。否则，对于一些假设的文字集合 A，B，C，…，唯一可能的 DNF 表达式采用以下模式（重复多次析取的参数）：

$$(A \wedge B \wedge C \wedge \cdots) \vee (A \wedge B \wedge C \wedge \cdots) \vee \cdots$$

这样并没有提供很多信息。但是，假设根据合取的参数"掩盖"变量，以形成一个更具表达力的公式：

$$(A \wedge B \wedge D) \vee (B \wedge D \wedge F) \vee (A \wedge F)$$

作为一个技术细节，Ami Abutbul 等人限制每个文字只能属于一个合取公式，例如：

$$(A \wedge C) \vee (D \wedge E) \vee (B \wedge F)$$

为了实现这样的掩码操作，使用一个投影神经合取门，它接受一个掩码向量 $\boldsymbol{u} \in \{0, 1\}^d$，用于选择输入向量 $\boldsymbol{x}$ 中的变量：

$$\text{and}_{\boldsymbol{u}}(\boldsymbol{x}) = \tanh(\boldsymbol{u}^{\text{T}} \boldsymbol{x} - |\boldsymbol{u}|_1 + 1.5)$$

需要注意的是，这是对最初引入的软 CNF 表达式的泛化。只对选定的变量求和，然后减去选定的变量数目（由掩码向量 $|\boldsymbol{u}|_1$ 的 L1 范数给出，因为 $\boldsymbol{u}$ 是二进制的），最后再加上偏置项 1.5。

可用如下形式定义 DNNF 块：

$$L(\boldsymbol{x}) = \tanh(\boldsymbol{x}^{\mathrm{T}}\boldsymbol{W} + \boldsymbol{b})$$

$$\mathrm{DNNF}(\boldsymbol{x}) = \mathrm{or}(\mathrm{and}_{\overline{c^1}}(L(\boldsymbol{x})), \mathrm{and}_{\overline{c2}}(L(\boldsymbol{x}), \cdots, \mathrm{and}_{\overline{c^k}}(L(\boldsymbol{x})))$$

注意，c^i 表示一个长度为 d 的掩码向量，它确定在宽域析取的第 i 个参数中选择哪些变量进行合取。这些掩码向量是可学习的，但是关于如何实现这一点的技术细节在本章中被省略，具体内容可以在 Ami Abutbul 等人的论文中找到。他们采用梯度技巧来解决在连续优化过程中学习二进制掩码导致的梯度问题。

$L(\boldsymbol{x})$ 用于生成文字，这些文字在后续层次中进行处理，没有通过软 DNF 表达式学习的参数。这个生成过程可以看作在树的背景下创建分割条件的神经等效方法。

通过将 n 个 DNNF 块堆叠在一起形成 DNF – Net，其输出被线性变换并加总到一个标准密集层：

$$\mathrm{DNF\ Net}(\boldsymbol{x}) = \sigma\left(\sum_{i=1}^{n}(w_i\mathrm{DNNF}_i(\boldsymbol{x}) + b_i)\right)$$

在各种表格数据集上，DNF – Net 的性能可与 XGBoost 媲美，并且始终优于标准的 FCN（见表 7 – 4）。虽然 DNF – Net 并不是绝对优于 XGBoost 的竞争模型，但其在软神经形式下对树状逻辑结构的可微仿真是有前景的，并可能成为改进研究的基础。

表 7 – 4　DNF – Net 在多个数据集上的性能（与 XGBoost 和 FCN 进行比较；
引自 Ami Abutbul 等人的研究）

数据集	测试指标	DNF – Net	XGBoost	FCN
Otto Group	Log – Loss	45.600 ± 0.445	45.705 ± 0.361	47.898 ± 0.480
Gesture Phase	Log – Loss	86.798 ± 0.810	81.408 ± 0.806	102.070 ± 0.964
Gas Concentrations	Log – Loss	1.425 ± 0.104	2.219 ± 0.219	5.814 ± 1.079
Eye Movements	Log – Loss	68.037 ± 0.651	57.447 ± 0.664	78.797 ± 0.674
Santander Transaction	ROC – AUC	88.668 ± 0.128	89.682 ± 0.165	86.722 ± 0.158
House	ROC – AUC	95.451 ± 0.092	95.525 ± 0.138	95.164 ± 0.103

下面实现一个非常简单且不完整的 Net – DNF 修改版本，以具体说明之前讨论的理论。Ami Abutbul 等人还添加了其他机制来提高性能和功能。该存储库可以在以下网址查看：https://github.com/amramabutbul/DisjunctiveNormalFormNet。

首先为网络定义以下配置（见代码清单 7 – 20）。

● 由 $L(\boldsymbol{x})$ 生成的文字数：这构成了每个 DNNF 块可用的"词汇表"。

● 析取操作的参数数量：该数值代表每个 DNNF 块中生成并输入析取操作的合取表达式的数量。

- 合取文字的平均数量：这是从可用于合取的全部文字数组中选择的文字数的平均值。
- DNNF 块的数量。

代码清单 7 – 20 设置相关常量

```
NUM_LITERALS = 64
NUM_DISJ_ARGS = 32
AVG_NUM_CONJ_LITS = 16
NUM_DNNF_BLOCKS = 8
```

首先定义神经析取门。将析取参数的数量（即输入神经析取门的向量的长度）设置为一个常量，并在神经析取运算中使用它（见代码清单 7 – 21）。

代码清单 7 – 21 定义神经析取函数

```
NUM_DISJ_ARGS_const = tf.constant(NUM_DISJ_ARGS, dtype = tf.float32)
def neural_or(x):
    return K.tanh(K.sum(x, axis = 1) + NUM_DISJ_ARGS_const - 1.5)
neural_or = L.Lambda(neural_or)
```

将输入向量 x 和掩码向量 u 传递到神经合取门中，并使用给定的运算方法（见代码清单 7 – 22）。

代码清单 7 – 22 定义神经合取函数

```
def neural_and(inputs):
    x, u = inputs
    u = tf.reshape(u, (NUM_LITERALS, 1))
    return K.tanh(K.dot(x, u) – K.sum(u) + 1.5)
neural_and = L.Lambda(neural_and)
```

为了简化问题，按照以下方式选择用于合取的文字：在每个 DNNF 块的创建过程中，选择一个随机比例的文字（具有指定的平均比例），这个平均比例这是固定的——它成为层的固有部分。

可以通过定义一个"刺激"张量来实现这一点，该张量的形状为（析取参数的数量，文字的数量），并且填充有从均匀分布 [0, 1) 中随机抽取的样本。如果该张量的所有元素小于平均合取文字的数量或文字的数量，则将所有元素设置为 1，否则设置为 0。这样就创建了一个随机固定的掩码用于选择合取的文字。

然后，对于每个析取参数，通过传递完整的文字集和相应的掩码向量对选定的文字执行合取操作。将输出连接在一起，产生一个单一的向量输出，然后将其传递到神经逻辑析取输出。

DNNF 函数（见代码清单 7 – 23）接收一个输入并将其连接到输出层，然后返回输出层。

代码清单 7 – 23 定义 DNNF 层

```
def DNNF(inp_layer):
```

```
stimulus = tf.random.uniform((NUM_DISJ_ARGS, NUM_LITERALS))
ratio = tf.constant(AVG_NUM_CONJ_LITS /NUM_LITERALS)
masks = tf.cast(tf.math.less(stimulus, ratio), np.float32)

literals = L.Dense(NUM_LITERALS, activation = 'tanh')(inp_layer)
disj_args = []
for i in range(NUM_DISJ_ARGS):
    disj_args.append(neural_and([literals, masks[i]]))
disj_inp = L.Concatenate()(disj_args)
disj = neural_or(disj_inp)
return L.Reshape((1,))(disj)
```

DNF – Net 可以按照以下方式构建（见代码清单 7 – 24）。

代码清单 7 – 24　构建 DNF – Net

```
def DNF_Net(input_dim, output_dim):

    inp = L.Input((input_dim,))
    dnnf_block_outs = []
    for i in range(NUM_DNNF_BLOCKS):
        dnnf_block_outs.append(DNNF(inp))
    concat = L.Concatenate()(dnnf_block_outs)
    out = L.Dense(output_dim, activation = 'softmax')(concat)

    return keras.models.Model(inputs = inp, outputs = out)
```

然后可以实例化该模型，并在数据集上进行编译和拟合操作。

提升和堆叠神经网络（Boosting and Stacking）

其他模型通过将提升技术应用于神经网络领域，模仿树集合模型使用提升和堆叠技术取得的成功。本部分讨论了两篇采用这种方法的研究论文。

● GrowNet（Gradient Boosting Neural Network 的简称）由 S. Badirli 等人在论文 *Training an ensemble of multiple weak NN learners by Gradient Boosting methods*（通过梯度提升方法训练多个弱神经网络学习器的集成）中提出。

● XBNet 由 Tushar Sarkar 在论文 *Training an ensemble of networks through the XGBoost algorithm*（通过 XGBoost 算法训练网络集成）中提出。

请注意，第 11 章讨论了多模型组合技术，这是 GrowNet 和 XBNet 建模方法的一个广泛类别。

GrowNet

GrowNet 完美地适用于"提升和堆叠神经网络"这一概念，它模仿了 GBM，其中每个弱学习器是一个浅层神经网络，由 S. Badirli、X. Liu、Z. Xing、A. Bhowmik 和 S. S. Keerthi 在 2020 年提出[7]。GrowNet 利用了梯度提升框架的强大结构优势，同时让神经网络去发现 GBM 无法理解的复杂关系。

从直观上看，S. Badirli 等人所提出的训练神经网络的方法似乎比标准 ANN 表现更好。早在 20 世纪 90 年代，人们就提出了诸如加权平均和多数投票等简单的集成技术。集成模型几乎总是优于单个模型，因为它可以结合来自不同视角的学习结果。回顾第 1 章，梯度提升被认为是一种集成技术，属于提升学习的范畴。S. Badirli 等人改进了 GBM 的结构和学习方法，并将这些关键特征应用到神经网络中。目前，GBM 与其他基于树的模型一起主导表格数据人工智能领域。设计在结构化数据上持续表现良好的神经网络仍然是一个巨大的挑战。然而，典型的 GBM 的弱学习器无法发现可能定义特征和目标之间相关性的复杂非线性关系。GrowNet 用浅层神经网络取代了 GBM 中常见的基于树的弱学习器，希望它可以在利用独特的提升概念的同时具有神经网络的学习能力。

按照 S. Badirli 等人使用的符号表示法，假设数据集 D 包含 n 个样本在一个 d 维特征空间中：$D = (x_i, y_i)_{i=1}^n$。GrowNet 使用 K 个加法函数或者称为弱学习器来预测输出：

$$\hat{y}_i = \sum_{k=0}^{K} \alpha_k f_k(x_i)$$

在 GBM 的术语中，α_k 表示提升率，它控制每个弱学习器对最终预测的贡献程度。回顾第 1 章的内容，弱学习器的目标是通过预测伪残差逐步纠正前一个学习器的错误。在 GrowNet 中，弱学习器不再是基于树的模型，而是由浅层神经网络 f_k 来预测伪残差。将损失函数定义为 $L = \sum_{i=0}^{n} l(y_i, \hat{y}_i)$。在提升学习的每个阶段，$\hat{y}_i$ 的值是通过每个学习器贪婪寻找并使用前一个阶段的输出计算得出的。在第 t 阶段，损失可以计算为

$$L^{(t)} = \sum_{i=0}^{n} (y_i, \hat{y}_i^{(t-1)} + \alpha_k f_k(x_i))$$

采用二阶优化技术，是因为它可以实现更高的收敛速度，并且在当前环境中优于一阶优化方法。GrowNet 中的神经网络使用牛顿 – 拉弗森（Newton – Raphson）步骤进行训练。此外，使用损失函数的二阶泰勒展开来降低计算复杂性。根据二阶泰勒展开式，损失函数可以简化为

$$L^{(t)} = \sum_{i=0}^{n} h_i (\tilde{y}_i - \alpha_k f_k(x_i))^2$$

其中 $\tilde{y}_i = -g_i/h_i$，g_i 和 h_i 分别表示损失函数在 x_i 处关于 $\hat{y}_i^{(t-1)}$ 的一阶梯度和二阶梯度。请参考原始论文获取详细的数学解释。GrowNet 架构如图 7 – 11 所示。

相对于神经网络而言，基于树的模型的一个显著缺点是它无法同时更新其参数（有关更多细节，请参阅"深度神经决策树"一节）。相反，它只能逐个优化参数，先找到一个参数的最佳值，然后转移到下一个。尽管 GrowNet 以多个小型神经网络作为基础，但这些弱学习器无法在训练阶段之后进一步更新其参数。为了解决这个问题，S. Badirli 等人在每个阶段之后执行了一个校正步骤。在校正步骤中，所有弱学习器的参数都根据整个

GrowNet 进行更新。此外，在校正步骤中通过反向传播动态调整每个阶段的提升率。GrowNet 校正步骤的算法细节如图 7 – 12 所示。

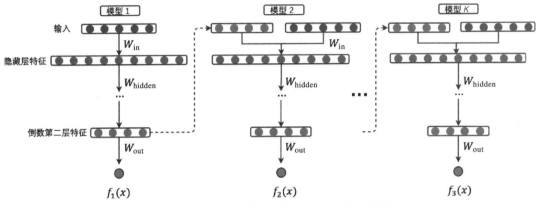

图 7 – 11 GrowNet 架构（引自 S. Badirli 等人的论文）

算法 2 纠正步骤

执行 for 循环对于 epoch $1 \sim T$

　　计算 GrowNet 的输出：$\hat{y}_i^{(k)} = \sum_{m=0}^{k} \alpha_m f_m(x_i), \ \forall x_i \in D_{tr}$

　　计算 GrowNet 的损失：$L = \dfrac{1}{n} \sum_{i=0}^{n} l(y_i, \hat{y}_i^{(k)})$

　　通过反向传播更新模型形式参数 $\forall m \in \{1, 2, \cdots, k\}$

　　通过反向传播更新步长 α_k

结束 for 循环

图 7 – 12 GrowNet 校正步骤的算法细节（引自 S. Badirli 等人的论文）

考虑一个回归示例，其中采用 MSE 损失函数，表示为 l。GrowNet 的一般训练过程可以概述如下。

（1）实例化一个浅层神经网络。这将是 GrowNet 的总共 K 个训练阶段中的第一个阶段。该网络在完整的数据集 $\{x, y\}$ 上进行训练，其中 x 代表特征，y 代表目标。

（2）从第二个训练阶段到最后一个训练阶段 K，模型将在 $\{\tilde{x}, \tilde{y}\}$ 上进行训练。逐个分解每个变量。特征 $\tilde{x}$ 结合了原始数据集的特征和从前一个弱学习器 $K-1$ 获得的次级特征。此处，次级特征是从最后一个隐藏层的原始输出（而不是输出层）获得的。$\tilde{x}$ 的维度始终为数据集特征的数量加上弱学习器最后一个隐藏层的神经元数量。这将保持不变，无论训练阶段如何，因为每个弱学习器具有相同的神经网络架构。回想一下前面修改的损失函数，$\tilde{y}$ 通过关于 MSE 损失函数的一阶和二阶梯度求商取负数计算。可以如下计算 MSE 损失函数的相应梯度：

$$g = 2(\hat{y}^{(t-1)} - y), \ h = 2$$

简化后,得到

$$\tilde{y} = -\frac{g}{h} = y - \hat{y}^{(t-1)}$$

可以发现这正是 GBM 中伪残差的计算方法。

(3)实施校正步骤。将 GrowNet 视为一个巨大的神经网络,通过 $\sum_{k=0}^{K} \alpha_k f_k(x)$ 计算其输出,并通过 $L = \sum_{i=0}^{n} l(y_i, \hat{y}_i)$ 计算其损失。接下来,对于每个实例化的弱学习器 f,通过反向传播来更新其参数和每个阶段的提升率 α_k。这个校正步骤将重复进行一定数量的 epoch。

(4)对于每个训练阶段,步骤(2)和(3)重复 K 次。

GrowNet 的完整算法如图 7 - 13 所示。

算法 3　GrowNet 的完整算法

输入:$f_0(x) = \log\left(\frac{n_+}{n_-}\right)$,$\alpha_0$ 训练集 D_{tr}

输出:GrowNet ε

for $k = 1 \sim M$ **执行**

　　# 第 1 部分:单个模型训练

　　初始化模型 $f_k(x)$

　　计算一阶梯度:$g_i = \partial_{\hat{y}_i^{(k-1)}} l(y_i, \hat{y}_i^{(k-1)})$,$\forall x_i \in D_{tr}$

　　计算二阶梯度:$h_i = \partial_{\hat{y}_i^{(k-1)}}^2 l(y_i, \hat{y}_i^{(k-1)})$,$\forall x_i \in D_{tr}$

　　通过最小二乘回归在 $\{x_i, -g_i/h_i\}$ 上训练 $f_k(\cdot)$

　　将模型 $f_k(x)$ 添加到 GrowNet E

　　# 第 2 部分:校正

　　for epoch $= 1 \sim T$ **执行**

　　　　计算 GrowNet 输出:$\hat{y}_i^{(k)} = \sum_{m=0}^{k} \alpha_m f_m(x_i)$,$\forall x_i \in D_{tr}$

　　　　计算 GrowNet 的 MSE 损失函数:$L = \frac{1}{n} \sum_{i=0}^{n} l(y_i, \hat{y}_i^{(k)})$

　　　　通过反向传播更新模型 f_m 的参数 $\forall m \in \{1, 2, \cdots, k\}$

　　　　通过反向传播更新步长 α_k

　　结束 for 循环

结束 for 循环

图 7 - 13　GrowNet 的完整算法(引自 S. Badirli 等人的论文)

GrowNet 可以用于分类、回归和学习排序任务。试验结果显示,GrowNet 在实践中相对于 XGBoost 和另一个结构类似的模型 AdaNet 具有优势。每个弱学习器采用了两个标准的密集层,神经元数量为输入特征维度的一半。提升率初始化为 1,然后由模型自动调整。

对于分类任务, 模型在 Higgs Boson 数据集上进行训练, 而对于回归任务, 则使用 Computed Tomography (用于检索 CT 切片在轴向上的位置) 和 Year Prediction MSD (百万首歌曲数据集的子集) 数据集。试验结果见表 7 - 5 和表 7 - 6。

表 7 - 5　分类试验结果 (引自 S. Badirli 等人的论文)

XGBoost	0. 830 4
GrowNet (all data)	**0. 851 0**
GrowNet (data sampling = 10%)	0. 843 9
GrowNet (data sampling = 1%)	0. 818 0

表 7 - 6　回归试验结果 (引自 S. Badirli 等人的论文)

数据集	Year Prediction MSD	Computed Tomography
XGBoost	8. 930 1	6. 674 4
AdaNet	12. 177 8	5. 382 4
GrowNet	**8. 815 6** (0. 006 1)	**5. 311 2** (0. 351 2)

经验表明, GrowNet 在性能上优于 XGBoost 和其竞争对手 AdaNet, 后者使用类似的神经网络构建方式。可以在 Yam Peleg 撰写的以下 GitHub gist 中找到 GrowNet 的实现: https://gist. github. com/ypeleg/576c9c6470e7013ae4b4b7d16736947f。可以通过复制该 gist 来进行下载。

在代码清单 7 - 25 中, 下载和导入 GrowNet 包。

代码清单 7 - 25　下载和导入 GrowNet 包

```
!git clone https://gist.github.com/576c9c6470e7013ae4b4b7d16736947f.git grow_net
import grow_net
```

可以使用 Keras 简单地创建一个架构, 并将其封装在 GradientBoost 对象中。调用训练以 GrowNet 模型的形式训练神经网络。在下面的示例 (见代码清单 7 - 26) 中使用加利福尼亚住房数据集 (California Housing Dataset)。

代码清单 7 - 26　定义和编译 GrowNet 模型

```
from sklearn.datasets import fetch_california_housing
from sklearn.model_selection import train_test_split

import tensorflow as tf
import tensorflow.keras.callbacks as C
import tensorflow.keras.layers as L
import tensorflow.keras.models as M

data = fetch_california_housing()
```

```
X = data.data
y = data.target
X_train, X_test, y_train, y_test = train_test_split(X, y, test_size = 0.25)

inp = L.Input(X.shape[1])
x = L.BatchNormalization()(inp)
x = L.Dense(64, activation = "Swish")(x)
x = L.Dense(128, activation = "Swish")(x)
x = L.BatchNormalization()(x)
x = L.Dropout(0.25)(x)
x = L.Dense(32, activation = "Swish")(x)
x = L.BatchNormalization()(x)
out = L.Dense(1, activation = 'linear')(x)
model = M.Model(inp, out)
model.compile(tf.keras.optimizers.Adam(learning_rate = 1e - 3), 'mse')
model = GradientBoost(model, batch_size = 4096, n_boosting_rounds = 15, boost_
rate = 1, epochs_per_stage = 2)
```

最后，可以像平常一样调用训练和预测方法（见代码清单 7 – 27）。

代码清单 7 – 27　使用 GrowNet 进行训练和预测

```
model.fit(X_train, y_train, batch_size = 4096)
from sklearn.metrics import mean_squared_error
mean_squared_error(y_test, model.predict(X_test))
```

与大多数基于树的集成模型一样，需要进行大量的超参数调优才能充分发挥 GrowNet 的性能。GrowNet 在神经网络和基于树的模型之间进行了多项改进，它是两者的混合结果。它的性能可以比肩，甚至优于以前在结构化数据任务中表现出色的模型。

XBNet

XBNet 由 Tushar Sarkar 于 2021 年提出[8]，它通过一种简单而有效的方法将 XGBoost 和神经网络的优势结合起来，而不需要对其中任一模型进行大量修改。回顾第 1 章中介绍的 XGBoost，它是一种高度优化的梯度提升算法，集效率、速度、正则化和性能于一体。XGBoost 不仅使用自定义的分裂准则，还在每棵树创建后进行剪枝，以引入正则化并提高训练速度。大多数基于树的模型和 GBM，包括 XGBoost，都可以轻松计算数据集的特征重要性值。每个特征产生一个数值，该数值表示相对于其他特征而言，该特征对模型预测的益处有多大。大多数深度学习模型缺乏解释每个个体特征对模型预测的贡献能力。因此，特征重要性是一种常用的工具，可以更好地理解某些特征与标记之间的关系，并用作特征选择的度量，以提高模型性能。

和本章讨论的大多数其他神经网络一样，XBNet 旨在将深度学习方法和基于树的模型的优势结合起来。与 GrowNet 类似，XBNet 使用神经网络作为其基础模型，并对其训练程序进行了修改，加入了 GBM 的特性。具体而言，这些修改可以概括为两个主要思想：①基于GBM 特征重要性值的智能权重初始化；②修改反向传播，允许通过 GBM 特征重要性值进行权重更新。在不对神经网络结构和参数更新过程进行大幅修改的情况下，可以保留神经网络提供的优势，并融入 XGBoost 对数据的洞察力（见图 7 – 14）。

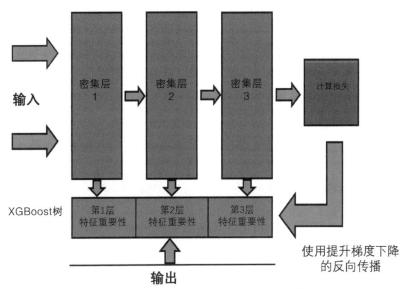

图 7 – 14　XBNet 架构（引自 Tushar Sarkar 的研究）

除了纳入特征重要性之外，Tushar Sarkar 还提出调整损失函数，以包含 L2 正则化参数来防止过拟合。由于 XBNet 包含了来自 GBM 特征重要性的额外信息，因此相对于标准 ANN，XBNet 可能更容易过拟合。由于来自 XGBoost 的附加信息，过拟合的程度可能更为严重。

在某些预测任务中，神经网络可以使用预训练或预先计算的权重进行初始化，以更好地适应特定问题情境，本质上给神经网络一个"加速启动"（在某些方面，这与 DJINN 类似）。将预训练权重用于提高特定领域任务的性能的想法通常应用于非结构化数据集，如图像、音频文件或文本数据。对于表格数据而言，由于表格数据的多样性很高，所以很少见到有预训练权重的情况。要找到一个适用于预训练特定神经网络架构并能够轻松推广到其他数据集的表格数据集是一项相当艰巨的任务。

Tushar Sarkar 提出的智能权重初始化方法涉及使用 GBM，特别是 XGBoost 模型。在初始化 XBNet 之前，XGBoost 模型会在整个数据集上进行训练。在神经网络初始化之后，将每个输入神经元的权重设置为由 XGBoost 计算得出的相应特征重要性值。在一定程度上，为每个输入神经元分配了一个权重，表示每个输入神经元或数据集中的每个特征可能对神经网络的训练/预测有多大的贡献。这些预先分配的值可能对神经网络来说不是最优的，因为这些是从 XGBoost 获得的见解：与神经网络相比，XGBoost 模型利用完全不同的训练方案。然而，XGBoost 提供给 XBNet 的"加速启动"超越了随机权重初始化所能实现的效果。

注释：通常，XGBoost 中每个属性的特征重要性值是通过在所有弱学习器中平均一个特征为每个弱学习器保留的信息增益/熵来计算的。

在通常情况下，为了详细解释和演示 XBNet 算法，可以按照以下步骤概述 XBNet 的训练过程。

（1）初始化一个 XGBoost 模型，并在整个数据集上进行拟合。然后，可以获得数据集的特征重要性值。存储数据集的特征重要性值的向量长度应与 XBNet 的输入神经元数量相等。

（2）初始化 XBNet。XBNet 的架构应与其他标准 ANN 相似。神经元数量、隐藏层以及激活函数都由用户选择。输入神经元的权重被设置为从步骤（1）中获得的特征重要性值。每个输入神经元应对应数据集中的一个特征，其特征重要性值将成为输入神经元的初始权重值。

（3）根据每层的前馈输出训练一个单独的 XGBoost 模型，然后执行神经网络中前馈操作的改进版本。设 $w^{(l)}$ 和 $b^{(l)}$ 分别为第 l 层的权重和偏置。用 $z^{(l)}$ 表示第 l 层未经应用该层激活函数 $g^{(l)}(x)$ 的原始输出。用 $A^{(l)}$ 表示应用激活函数后的最终层输出。下面的公式可以对第 l 层进行前馈运算：

$$z^{(l)} = w^{(l)} A^{(l-1)} + b^{(l)}$$
$$A^{(l)} = g^{(l)}(z^{(l)})$$

为第 l 层实例化一个新的 XGBoost 模型，并将其表示为 $\mathrm{xgb}^{(l)}$，这不是步骤（1）中使用的同一模型。该模型将根据第 l 层的原始输出针对当前批次的真实值 $y^{(i)}$ 进行训练，并将其特征重要性值（这里将 $A^{(l)}$ 中的每个神经元输出视为一个特征）存储在 $f^{(l)}$ 中：

$$f^{(l)} = \mathrm{xgb}^{(l)}.\,\mathrm{train}(A^{(l)}, y^{(i)}).\,\mathrm{importance}$$

训练过程中对神经网络中的每层都重复执行此步骤。为每层实例化的 XGBoost 模型将具有相同的超参数。从技术角度来看，这样只需要在内存中存储一个 XGBoost 模型，并在每层重置其训练历史记录。

（4）使用 $f^{(l)}$ 实现一种修改过的反向传播算法。首先，计算 L2 正则化的损失函数（有关更多信息请参阅第 1 章），其中 $\mathcal{L}$ 表示损失函数，λ 是正则化强度超参数：

$$\text{损失} = \frac{1}{m} \sum \mathcal{L}(\hat{y}^{(i)}, y^{(i)}) + \frac{\lambda}{2m} \sum (\|w^{(l)}\|)^2$$

接下来，可以使用标准的梯度下降更新规则（或者根据所使用的优化器使用任何其他更新规则）来更新权重和偏置项：

$$w^{(l)} := w^{(l)} - \alpha \nabla w^{(l)}$$
$$b^{(l)} := b^{(l)} - \alpha \nabla b^{(l)}$$

通过运用为初始化输入层权重推导出的相同理论，可以将 $f^{(l)}$ 纳入更新规则：

$$w^{(l)} := w^{(l)} + f^{(l)}$$

通过添加特征重要性值以及使用 XGBoost 的度量，实质上改变了第 l 层中每个权重对网络的贡献的重要性。然而，不能简单地将 $f^{(l)}$ 添加到权重矩阵中，因为无法确保它们在每个 epoch 都以相同的顺序出现。特征重要性值的尺度将通过其在 XGBoost 上下文中的定义保持不变，这与神经网络无关。由于梯度更新的影响，神经网络权重的顺序将不会与

$f^{(l)}$ 保持一致，因此在使用它来更新 $w^{(l)}$ 之前将 $f^{(l)}$ 乘以一个标量。可以用 $w^{(l)} := w^{(l)} + f^{(l)} 10^{\log(\min(w^{(l)}))}$ 的更新规则替换之前展示的更新规则，即 $w^{(l)} := w^{(l)} + f^{(l)}$。通过计算权重矩阵 $w^{(l)}$ 中的最小值作为缩放因子，以确保每个 $f^{(l)}$ 的值与 $w^{(l)}$ 保持相同的量级。

同样地，这个步骤在神经网络的所有层中都会重复执行（正如反向传播那样）。

（5）在 XBNet 中的推理过程与其他 ANN 一样，通过前向传播完成。图 7 – 15 所示是 XBNet 训练的提升梯度下降算法。

算法 4　XBNet 训练的提升梯度下降算法

结果：使用提升梯度下降法使损失函数最小化

初始化 w，b，α，tree；

$w^{[1]} =$ tree. train (X, y) . importance；

for $t = 1, 2, \cdots, m$ **执行**

　在 X^t 上计算前向传播；

　$z^{[l]} = w^{[l]} A^{[l-1]} + b^{[l]}$；

　$A^{[l]} = g^{[l]} (z^{[l]})$；

　$f^{[l]} =$ tree. train $(A^{(l)}, y^{(i)})$. importance；

　计算损失函数 $J =$

$$\frac{1}{m} \sum L(\hat{y}^{(i)}, y^{(i)}) + \frac{\lambda}{2m} \sum (\| w^{[l]} \|)_f^2$$

　J^t 的反向传播：

$$w^{[l]} = w^{[l]} - \alpha \nabla w^{[l]}；$$
$$f^{[l]} = f^{[l]} \times 10^{\log(\min(w^{(l)}))}；$$
$$w^{[l]} = w^{[l]} + f^{[l]}；$$
$$b^{[l]} = b^{[l]} - \alpha \nabla b^{[l]}；$$

end

图 7 – 15　**XBNet 训练的提升梯度下降算法（引自 Tushar Sarkar 的研究）**

Tushar Sarkar 提到，让每层都通过 XGBoost 进行"提升"并不总是有帮助的。在大多数情况下，保留少量未被 XGBoost 增强的隐藏层反而能实现最佳性能。此外，为了降低训练成本，所有训练的 XGBoost 模型的 n_estimator 参数通常固定为 100。在设计 XBNet 架构时，一个经验法则是，与普通的 ANN 相比，要使用较少的层和神经元，并且倾向于将提升的层放置在神经网络的前部而不是后部。

人们对 XBNet 在一些知名的表格数据集上进行了基准测试，虽然没有提及具体的超参数，但在大多数情况下，XBNet 能够超越 XGBoost 的性能（见表 7 – 7）。

虽然 XBNet 的官方实现是用 PyTorch 编写的，但使用该实现不需要任何 PyTorch 知识。代码可以在以下 GitHub 存储库中找到：https：//github. com/tusharsarkar3/XBNet。该存储库目前不在 PyPI 中，要安装它，需要使用以下 pip 命令直接从网络下载相关代码：pip install –– upgrade git + https：//github. com/tusharsarkar3/XBNet. git。值得一提的是，在官方

XBNet 实现中无法调整提升树的超参数。对于好奇的人来说，每个 XGBoost 模型都被设置为具有 100 个估计器，而其他参数保持 XGBoost 库设置的默认参数。

表 7 - 7 XBNet 在基准数据集上与 XGBoost 进行比较的准确率结果

（引自 Tushar Sarkar 的研究）　　　　　　　　　　　%

数据集	XBNet	XGBoost
Iris	100	97.7
Breast Cancer	96.49	96.47
Wine	97.22	97.22
Diabetes	78.78	77.48
Titanic	79.85	80.5
German Credit	71.33	77.66
Digit Completion	85.98	78.24

安装完成后，可以导入一些内容来帮助训练和实例化模型，并进行预测（见代码清单 7 - 28）。

代码清单 7 - 28　导入 XBNet 所需的内容

```
from XBNet.training_utils import training, predict
from XBNet.models import XBNETClassifier
from XBNet.run import run_XBNET
```

由于该存储库仍然基于 PyTorch，所以还需要安装并导入 PyTorch（见代码清单 7 - 29）。

代码清单 7 - 29　安装并导入 PyTorch

```
! pip install torch
import torch
```

该存储库包含用于分类和回归的单独模型。这两个模型的工作方式相同，唯一的区别是预测任务类型。下面使用鸢尾花数据集训练一个 XBNet 模型（见代码清单 7 - 30）以进行演示。

代码清单 7 - 30　使用 scikit - learn 加载鸢尾花数据集并进行训练集 - 测试集拆分

```
# 使用 scikit - learn 的鸢尾花数据集作为示例
from sklearn.datasets import load_iris
raw_data = load_iris()
X, y = raw_data["data"], raw_data["target"]

from sklearn.model_selection import train_test_split
X_train, X_test, y_train, y_test = train_test_split(X, y, test_size = 0.25)
```

实例化过程中传递的前两个参数是 X 和 y 数据。接下来，可以指定层数和提升层的数量。正如之前提到的，该存储库在提升树本身并没有提供太多灵活性。实例化过程中会使用一个命令提示窗口，询问每层中的神经元数量和输出层的激活函数。再次强调，这种神经网络定制方式缺乏灵活性，但它提供了简单的使用方式，无须学习 PyTorch 的语法（见代码清单 7 − 31）。

代码清单 7 − 31　实例化一个 XBNet 分类器

```
xbnet_model = XBNETClassifier(X_train, y_train, num_layers = 3, num_layers_
boosted = 2)
```

为了训练模型，需要使用 PyTorch 语法定义损失函数和优化器。在 PyTorch 中，所有预定义的损失函数可以在 torch. nn 模块中找到，或者通过官方文档查看：https://pytorch. org/docs/stable/nn. html#loss − functions。优化器可以在 torch. optim 模块中找到，或者在 PyTorch 的优化器文档中查看完整列表：https://pytorch. org/docs/stable/optim. html。在下面的代码中，使用交叉熵损失和 Adam 优化器，Tushar Sarkar 建议学习率为 0. 01（见代码清单 7 − 32）。

代码清单 7 − 32　定义损失函数和优化器

```
criterion = torch.nn.CrossEntropyLoss()

optimizer = torch.optim.Adam(xbnet_model.parameters(), lr = 0.01)
```

开始训练模型时，使用 XBNet. run 中的 run_XBNet 函数。该函数按照以下顺序接收 10 个参数：特征数据（X_train）、验证特征数据（X_test）、目标数据（y_train）、验证目标数据（y_test）、模型对象、损失函数、优化器、批大小（batch_size，默认为 16）、迭代epoch（epochs），以及是否在训练后保存模型（save）。run_XBNet 按顺序返回模型对象本身、训练准确率和损失以及验证准确率和损失。代码清单 7 − 33 中是训练 XBNet 模型的一个示例。

代码清单 7 − 33　训练 XBNet 模型

```
xbnet_model, accuracy, loss, val_acc, val_loss = run_XBNET(X_train, X_test, y_train,
                                                 y_test, xbnet_model,
                                                 criterion, optimizer, batch_
                                                 size =16, epochs =100, save =
                                                 False)
```

XBNetRegressor 可以以完全相同的方式使用。对于推理，调用之前从 training_utils 导入的 predict 函数，并将模型和希望进行预测的特征作为参数传递（见代码清单 7 − 34）。

代码清单 7 − 34　使用 XBNet 进行推理

```
predictions = predict(xbnet_model, X_test)
```

总体而言，XBNet 的结构相对简单，对标准 ANN 进行了最小的修改。然而，它所实现的意义和目标使其相比于许多其他方法具有巨大的优势。通过结合 ANN 和 XGBoost 的训练和理解能力，使用 XBNet 训练的神经网络可以从这两种模型中获得洞察力，从而更好地理解和处理表格数据。

蒸馏

模型蒸馏或知识蒸馏是指将一个模型的学习经验转移给另一个模型的过程。通常，蒸馏用于对大型模型进行缩减，以更好地适应特定情况。以下论文提出了一种类似蒸馏的方法，用于训练基于深度学习的模型来处理表格数据。

DeepGBM

近年来，随着机器学习的普及，对适用于各种场景的多样化模型结构的需求日益增加。本章前面介绍的算法仅将整个表格数据作为一个整体来考虑，忽略了其中可能存在的不同类型的结构化数据。稀疏分类数据或大部分为 0 的分类数据已被证明对传统的 GBM 和深度学习方法形成挑战。对于大多数梯度提升方法（除了 CatBoost），输入稀疏分类数据（即大多数元素为 0 的分类数据），例如经过独热编码的数据，在节点分割时可能产生极小的信息增益，因此可能错过这些特征，而这些特征对预测目标可能产生贡献关键知识。

DeepGBM 是由来自微软公司研究团队的 Guolin Ke、Zhenhui Xu、Jia Zhang、Jiang Bian 和 Tie – Yan Liu 提出的[9]，它可以处理稀疏数据和非稀疏数据的混合，同时通过知识蒸馏将梯度提升和深度学习的优势结合。尽管本书的重点不是 DeepGBM，但它具有实时更新模型参数的在线学习能力。在商业预测、趋势预测和医疗行业的诊断等许多表格数据学习都有可能涉及在线学习。GBM 基于贪婪学习方法，在实时预测过程中无法持续更新参数。尽管 GBM 在一般情况下可能非常适合表格数据，但它在实际应用中仍然缺乏可用性。

DeepGBM 有两个主要组件，CatNN 和 GBDT2NN，用于处理稀疏数据和密集数值数据。CatNN 是一种基于神经网络的模型，通过嵌入学习有效地处理稀疏数据。经过训练的嵌入可以将高维稀疏向量转换为密集数值数据，从而降低了模型的难度。除了嵌入之外，Guolin Ke 等人还提出使用因子分解机（Factorization Machines，FM）。FM 常用于在推荐系统中确定 n 维度特征交互。FM 可以处理高维稀疏数据，将计算成本从多项式规模降低到线性规模。使用 Guolin Ke 等人的论文中定义的符号，可以获得第 i 个特征的嵌入如下：

$$E_{V_i}(\boldsymbol{x}_i) = \text{embedding\_lookup}(\boldsymbol{V}_i, \boldsymbol{x}_i)$$

其中 $\boldsymbol{x}_i$ 是第 i 个特征的值，而 $\boldsymbol{V}_i$ 存储了 $\boldsymbol{x}_i$ 的所有嵌入。与神经网络中的大多数嵌入类似，它可以通过反向传播进行学习，以产生稀疏特征的准确描述。一旦获得了稀疏特征的密集数值表示，FM 组件就可以学习线性（一阶）和成对（二阶）的特征交互，如下所示：

$$y_{\text{FM}}(\boldsymbol{x}) = \boldsymbol{w}_0 + \langle \boldsymbol{w}, \boldsymbol{x} \rangle + \sum_{i=1}^{d} \sum_{j=i+1}^{d} \langle E_{V_i}(\boldsymbol{x}_i), E_{V_j}(\boldsymbol{x}_j) \rangle \boldsymbol{x}_i \boldsymbol{x}_j$$

其中 $\langle \cdot, \cdot \rangle$ 表示点积运算。全局偏置 $\boldsymbol{w}_0$ 和权重 $\boldsymbol{w}$ 可以使用常见的方法（例如 SGD 或 Adam）进行优化。FM 能够高效地学习低阶特征交互，但对于高阶特征关系，采用多层神经网络来调整适应，并可以通过以下方程描述：

$$y_{\text{Deep}}(\boldsymbol{x}) = N\left(\left[E_{V_1}(\boldsymbol{x}_1)^{\text{T}}, E_{V_2}(\boldsymbol{x}_2)^{\text{T}}, \cdots, E_{V_d}(\boldsymbol{x}_2)^{\text{T}}\right]^{\text{T}}; \theta\right)$$

其中，$N(\boldsymbol{x}, \theta)$ 是一个具有参数 θ 和输入 $\boldsymbol{x}$ 的多层神经网络。可以将特征的数量表示为 d，将样本的数量表示为 n。请注意，每个提取的维度为 $1 \times n$ 的嵌入矩阵被转置为大小为 $n \times 1$ 的列向量，然后水平堆叠在一起形成大小为 $n \times d$ 的矩阵，接着再次转置为大小为 $d \times n$ 的矩阵。通过一系列转置操作，纠正了嵌入矩阵的维度，使神经网络输入具有适当的大小。图 7 – 16 所示为 CatNN 中的 $y_{\text{Deep}}(\boldsymbol{x})$ 组件的可视化（为了清晰理解，矩阵转置的烦琐过程被省略）。

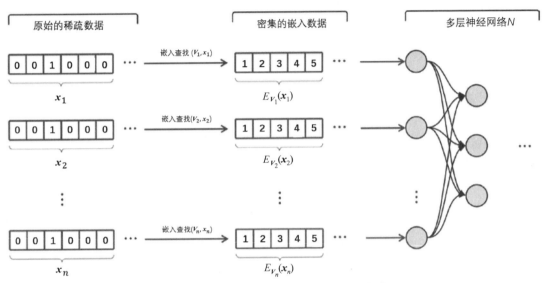

图 7 – 16　CatNN 中的 $y_{\text{Deep}}(\boldsymbol{x})$ 组件的可视化

两个组件的输出被合并以产生 CatNN 的最终预测结果：

$$y_{\text{Cat}}(\boldsymbol{x}) = y_{\text{FM}}(\boldsymbol{x}) + y_{\text{Deep}}(\boldsymbol{x})$$

在 DeepGBM 的第二部分，GBDT2NN 组件利用蒸馏在基于树的模型和神经网络之间传递知识。在通常情况下，模型之间的蒸馏指的是将一个模型的知识或学习到的关系传递给另一个模型。蒸馏通常用于缩小模型，同时保持与较大的模型几乎相同的性能。基于树的模型和神经网络本质上是不同的模型，因此标准的蒸馏技术无法应用于此。

决策树可以被解释为聚类函数，因为它们将数据分割成不同的簇，其中簇的数量等于决策树的叶节点数。对于任何决策树，都可以定义一个任意的聚类函数，该函数为输入产生一个属于某个簇（叶节点）的索引。由于神经网络在理论上可以逼近任何函数（参考第 3 章中的通用逼近定理），可以让神经网络近似表示基于树的模型的结构函数。此外，基于树的模型在训练过程中自然地进行特征选择，因为并非所有特征都会用于分割，模型会舍弃那些信息增益较小的特征。因此，蒸馏网络只会使用基于树的模型所选择的特征。

这里可以定义以下一些符号。

- 将基于树的模型 t 使用的索引表示为 $\mathbb{I}^t$。可以推导出神经网络的输入特征 $\boldsymbol{x}[\mathbb{I}^t]$，其中 $\boldsymbol{x}$ 是包含所有特征的输入数据。
- 将经过训练的基于树的模型的结构函数表示为 $Ct(\boldsymbol{x})$，其输出返回输入所属的叶节点索引。注意，输出也可以解释为输入所适合的簇索引。

- 将近似表示 $Ct(\boldsymbol{x})$ 的神经网络表示为 $N(\boldsymbol{x};\theta)$。
- 将来自 $Ct(\boldsymbol{x})$ 的输出（即独热编码的叶节点/簇索引）表示为 $\boldsymbol{L}^{t,i}$。
- 将神经网络的损失函数表示为 $\mathcal{L}'$。

从基于树的模型到神经网络的整个蒸馏过程可以表示如下：

$$\min_{\theta} \frac{1}{n} \sum_{i=1}^{n} \mathcal{L}'(N(\boldsymbol{x}^i[\mathbb{I}^t];\theta),\boldsymbol{L}^{t,i})$$

通过独热编码的输出，可以指示输入最终所属的叶节点索引，可以将输出映射到实际基于树的模型的相应叶节点值（例如在分类中相应叶节点的类别）。在数学上，可以将其表示为 $\boldsymbol{L}^t \times \boldsymbol{q}^t$，其中 $\boldsymbol{q}^t$ 是包含训练的基于树的模型中所有叶节点值的向量。换句话说，$\boldsymbol{q}^t$ 的第 i 个值是训练的基于树的模型 t 中第 i 个叶节点值。最后，蒸馏网络的输出可以用以下乘积表示：

$$y^t(\boldsymbol{x}) = N(\boldsymbol{x}^i[\mathbb{I}^t];\theta) \times \boldsymbol{q}^t$$

图 7–17 所示为前面描述的蒸馏过程。请注意，到目前为止，只有一棵树被蒸馏到神经网络中，因此还不能称之为 GBDT2NN。

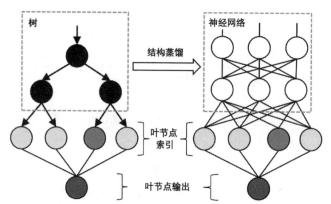

图 7–17　将单棵树蒸馏到神经网络中的表示（引自 Guolin Ke 等人的研究）

GBDT2NN 中决策树的数量通常可以达到数百棵。将这么多决策树映射到神经网络中不仅会由于训练的神经网络数量庞大而变得困难，而且会因为 $\boldsymbol{L}^t$ 的尺寸而产生计算和时间复杂度的问题。Guolin Ke 等人提出了两种解决方案来降低将 GBDT2NN 映射到神经网络中的计算和时间复杂度：通过将叶节点嵌入蒸馏来减小 $\boldsymbol{L}^t$ 的大小和决策树的分组，从而减少训练的神经网络数量。

再次使用嵌入机制来降低独热编码的叶节点索引的维度，同时保留其中所包含的信息。通过利用叶节点索引和实际叶节点值之间的双射关系，可以将学习到的嵌入映射到与原始叶节点索引相对应的期望输出。具体而言，将独热编码的叶节点索引 $\boldsymbol{L}^t$ 通过一层 FCN 转换为密集嵌入表示 $\boldsymbol{H}^t$ 的过程可以表示为 $\boldsymbol{H}^{t,i} = \mathcal{H}(\boldsymbol{L}^{t,i};\boldsymbol{\omega}^t)$，其中 $\boldsymbol{\omega}^t$ 是网络参数。随后，从嵌入到实际叶节点值的映射可以表示为

$$\min_{\boldsymbol{w},\boldsymbol{w}_0,\boldsymbol{\omega}^t} \frac{1}{n} \sum_{i=1}^{n} \mathcal{L}''(\boldsymbol{w}^{\mathrm{T}} \mathcal{H}(\boldsymbol{L}^{t,i};\boldsymbol{\omega}^t) + \boldsymbol{w}_0, \boldsymbol{p}^{t,i})$$

其中，$\mathcal{L}''$是基于树的模型中使用的相同损失函数，$\boldsymbol{p}^{t,i}$是输入 $\boldsymbol{x}^i$ 的实际叶节点值。权重项 $\boldsymbol{w}^{\mathrm{T}}$ 和偏置项 $\boldsymbol{w}_0$ 被训练用于将嵌入 $\boldsymbol{H}^{t,i}$ 映射到 $\boldsymbol{p}^{t,i}$。由于降低了稀疏的独热编码表示 $\boldsymbol{L}^t$ 的维度，所以在蒸馏学习过程中，它可以被 $\boldsymbol{H}^t$ 替代：

$$\min_{\theta} \frac{1}{n} \sum_{i=1}^{n} \mathcal{L}''(N(\boldsymbol{x}^i[\mathbb{I}^t];\theta),\boldsymbol{H}^{t,i})$$

从单个决策树到神经网络的蒸馏输出可以用以下方程表示：

$$y(\boldsymbol{x}) = \boldsymbol{w}^{\mathrm{T}} \times N(\boldsymbol{x}^i[\mathbb{I}^t];\theta) + \boldsymbol{w}_0$$

图 7-18 展示了从单个决策树到神经网络的所有嵌入蒸馏组件。图中省略了索引上标 i，因为它只展示了一个样本的蒸馏过程。

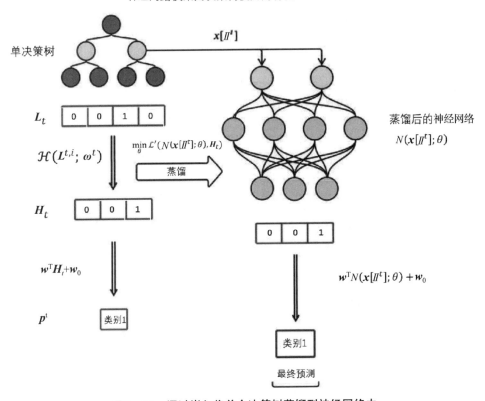

图 7-18　通过嵌入将单个决策树蒸馏到神经网络中

为了减少神经网络，Guolin Ke 等人提出将多个决策树随机分组，并将它们的学习结果蒸馏到一个神经网络中。将叶节点索引转化为嵌入的学习过程也可以扩展到一次处理多个决策树的输出。在每组决策树生成的独热编码向量之间施加连接操作。GBDT2NN 中的决策树被随机分成 k 组，每组有 $s = \lceil m/k \rceil$ 棵树，其中 m 表示 GBDT2NN 中决策树的总数量。将 s 棵决策树的整个组表示为 T。直观地说，可以修改从独热编码向量学习嵌入的方程，以学习从 s 棵决策树产生的多热编码向量：

$$\min_{\boldsymbol{w},\boldsymbol{w}_0,\boldsymbol{\omega}^{\mathrm{T}}} \frac{1}{n} \sum_{i=1}^{n} \mathcal{L}'' \left(\boldsymbol{w}^{\mathrm{T}} \mathcal{H}(\|_{t \in T}(\boldsymbol{L}^{t,i});\boldsymbol{\omega}^{\mathrm{T}}) + \boldsymbol{w}_0, \sum_{t \in T} \boldsymbol{p}^{t,i} \right)$$

其中，$\|(\cdot)$ 表示连接操作。使用从 $\mathcal{H}(\|_{t \in T}(\boldsymbol{L}^{t,i}); \boldsymbol{\omega}^T)$ 生成的嵌入 $\boldsymbol{G}^{T,i}$ 可以替代蒸馏方程中的 $\boldsymbol{H}^{t,i}$，该蒸馏方程用于将多个决策树映射到一个神经网络中：

$$\min_{\theta^T} \frac{1}{n} \sum_{i=1}^{n} \mathcal{L}'(N(\boldsymbol{x}^i[\mathbb{I}^T]; \theta), \boldsymbol{G}^{T,i})$$

其中，$\mathbb{I}^T$ 表示决策树组 T 使用的每个独特特征。第 i 个决策树组 T_i 的预测为

$$y_{T_i}(\boldsymbol{x}) = \boldsymbol{w}^{\mathrm{T}} \times N(\boldsymbol{x}^i[\mathbb{I}^T]; \theta) + \boldsymbol{w}_0$$

GBDT2NN 的最终输出为

$$y_{\text{GBDT2NN}}(\boldsymbol{x}) = \sum_{j=1}^{k} y_{T_j}(\boldsymbol{x})$$

CatNN 和 GBDT2NN 可以结合用于端到端学习，其中每个组件的输出都被分配一个可训练的权重，用于调整每个模型对最终预测的贡献程度。以下方程表示 DeepGBM 的最终输出：

$$\hat{y}(\boldsymbol{x}) = \sigma'(\boldsymbol{w}_1 \times y_{\text{GBDT2NN}}(\boldsymbol{x})) + \boldsymbol{w}_2 \times y_{\text{CatNN}}(\boldsymbol{x})$$

其中，σ' 可以被视为神经网络的最后一层激活函数（例如对于二元分类来说是 sigmoid 函数，对于回归问题来说是线性函数等）。DeepGBM 的端到端训练使用的损失函数是当前任务（分类或回归）的损失和决策树组的嵌入损失的混合，α 和 β 是两个超参数，指定了每个损失对最终损失的贡献程度。DeepGBM 的组合损失可以计算为

$$\mathcal{L} = \alpha \mathcal{L}''(\hat{y}(\boldsymbol{x}), y) + \beta \sum_{j=1}^{k} \mathcal{L}^{T_j}$$

其中，$\mathcal{L}''$ 代表当前任务的损失，$\mathcal{L}^{T_j}$ 表示决策树组 T_j 的嵌入损失。

尽管 DeepGBM 也设计用于有效的在线学习，但这超出了本书的范围，本书只呈现离线训练的比较结果。将 6 种模型——GBDT、LR（逻辑回归模型）、具有线性模型的 FM、Wide&Deep（宽与深模型）、DeepFM 和 PNN，与 DeepGBM 的 3 个变体进行比较——用标准 GBDT 替换 GBDT2NN 的 DeepGBM［表中的 DeepGBM（D1）］、没有 CatNN 组件的 DeepGBM［表中的 DeepGBM（D2）］，以及完整版本的 DeepGBM（见表 7-8）。

表 7-8　DeepGBM 与其他模型的离线训练结果的比较

模型	二元分类						回归
	Flight	Criteo	Malware	AutoML-1	AutoML-2	AutoML-3	Zillow
LR	0.723 4 ± 5e-4	0.783 9 ± 7e-5	0.704 8 ± 1e-4	0.727 8 ± 2e-3	0.652 4 ± 2e-3	0.736 6 ± 2e-3	0.022 68 ± 1e-4
FM	0.738 1 ± 3e-3	0.787 5 ± 1e-4	0.714 7 ± 3e-4	0.731 0 ± 1e-3	0.654 6 ± 2e-3	0.742 5 ± 1e-3	0.023 15 ± 2e-4
Wide&Deep	0.735 3 ± 3e-3	0.796 2 ± 3e-4	0.733 9 ± 7e-4	0.740 9 ± 1e-3	0.661 5 ± 1e-3	0.750 3 ± 2e-3	0.023 04 ± 3e-4
DeepFM	0.746 9 ± 2e-3	0.793 2 ± 1e-4	0.730 7 ± 4e-3	0.740 0 ± 1e-3	0.657 7 ± 2e-3	0.748 2 ± 2e-3	0.023 46 ± 2e-4

续表

模型	二元分类						回归
	Flight	**Criteo**	**Malware**	**AutoML – 1**	**AutoML – 2**	**AutoML – 3**	**Zillow**
PNN	0.735 6 ± 2e – 3	0.794 6 ± 8e – 4	0.723 2 ± 6e – 4	0.735 0 ± 1e – 3	0.660 4 ± 2e – 3	0.741 8 ± 1e – 3	0.022 07 ± 2e – 5
GBDT	0.760 5 ± 1e – 3	0.798 2 ± 5e – 5	0.737 4 ± 2e – 4	0.752 5 ± 2e – 4	0.684 4 ± 1e – 3	0.764 4 ± 9e – 4	0.021 93 ± 2e – 5
DeepGBM（D1）	0.766 8 ± 5e – 4	**0.803 8 ± 3e – 4**	0.739 0 ± 9e – 5	0.753 8 ± 2e – 4	0.686 5 ± 4e – 4	**0.766 3 ± 3e – 4**	0.022 04 ± 5e – 5
DeepGBM（D2）	0.781 6 ± 5e – 4	0.800 6 ± 3e – 4	0.742 6 ± 5e – 5	0.755 7 ± 2e – 4	0.687 3 ± 3e – 4	0.765 5 ± 2e – 4	0.021 90 ± 2e – 5
DeepGBM	0.794 3 ± 2e – 3	0.803 9 ± 3e – 4	0.743 4 ± 2e – 4	0.756 4 ± 1e – 4	0.687 7 ± 8e – 4	0.766 4 ± 5e – 4	0.021 83 ± 3e – 5

除了独特的训练方法和结构之外，DeepGBM 的卓越性能还可以从其多模型本质来解释。DeepGBM 可以被视为一个集成算法，结合了 CatNN 组件和 GBDT2NN 组件的强大能力。

要使用 DeepGBM，可以从 GitHub 复制官方存储库（https://github.com/motefly/DeepGBM）。为了训练 DeepGBM，在项目中必须存在 3 个主要文件夹，其中数据文件夹包含数据集，预处理文件夹包含用于特征编码和操作的辅助函数，模型文件夹包含实际 DeepGBM 模型的代码。最后两个文件夹已经包含在存储库中，而数据文件夹需要用户自己创建。在运行 DeepGBM 模型之前，所有数据必须通过预处理文件夹中定义的编码器进行预处理，然后转换为 NPY 格式。在“main. py”文件中，数据将通过 dh. load_data 加载，指定所需数据集的指针通过 argparse 进行指定。最后，可以通过传递 argpase 的 parse_args 中的参数来实例化训练 train_DEEPGBM。

有关更详细的训练说明请参考代码库，因为训练过程可能因数据集而异，并且整个操作涉及跨越多个文件。

关键知识点

本章讨论了几种基于树的深度学习模型。

● 树结构的深度学习方法试图将深度学习组件融入基于树的模型。以下方法要么提出了可微分的树结构，要么提出了类似树的神经网络。

深度神经决策树通过利用软装箱函数和克罗内克积的方式，通过反向传播训练基于树的模型。该模型在数据集维度较低的情况下效果良好，但随着数据集中特征数量的增加，计算成本显著升高。

软决策树回归器模仿具有"软"概率决策节点的决策树，该决策节点由连接到输入的全连接层学习。模型通过优化损失函数进行训练：首先计算真实值与每个叶节点输出之差的平方乘以该叶节点的概率，然后对所有叶节点处的计算结果求和作为损失函数。

神经模糊决策集成模型采用由神经模糊树组成的集成方法，其中每层的决策条件保持相同。

基于树的神经网络初始化将决策树结构映射到神经网络中，并根据映射初始化权重。

决策树可以表示为 DNF 中的逻辑语句，其中节点条件作为变量。DNF – Net 通过使用软析取门和合取门的类比来模拟 DNF 表达式。

提升和堆叠神经网络利用 GBM 的独特而有效的结构，并试图将其应用于 ANN。

GrowNet 使用梯度提升的方式构建和训练神经网络集成模型。

XBNet 模仿 XGBoost 的训练技术，并将其应用到神经网络中。

- 蒸馏方法将知识从一个模型转移到另一个模型。在当前情况下，DeepGBM 是这一类别中唯一的方法，蒸馏指的是从 GBM 到神经网络的蒸馏过程。

- DeepGBM 包括多个组件，可以处理稀疏的分类特征和密集的数值特征。它具有在线学习的能力，并通过蒸馏的方式融合了 GBDT 的元素。

这是第二部分的最后一章。在本部分中，读者对深度学习有了广泛的了解。第三部分将探索不同的方法来加强深度学习建模。下一章将讨论如何利用自编码器架构对神经网络进行预训练、加速、稀疏化和去噪。

参 考 文 献

［1］Friedman J H. Greedy function approximation：a gradient boosting machine［J］. Annals of statistics，2001：1189 – 1232.

［2］Yang Y，Morillo I G，Hospedales T M. Deep neural decision trees［J］. arXiv preprint arXiv：1806.06988，2018.

［3］Luo H，Cheng F，Yu H，et al. SDTR：Soft decision tree regressor for tabular data［J］. IEEE Access，2021，9：55999 – 56011.

［4］Popov S，Morozov S，Babenko A. Neural oblivious decision ensembles for deep learning on tabular data［J］. arXiv preprint arXiv：1909.06312，2019.

［5］Humbird K D，Peterson J L，McClarren R G. Deep neural network initialization with decision trees［J］. IEEE transactions on neural networks and learning systems，2018，30（5）：1286 – 1295.

［6］Abutbul A，Elidan G，Katzir L，et al. Dnf – net：A neural architecture for tabular data［J］. arXiv preprint arXiv：2006.06465，2020.

［7］Badirli S,Liu X,Xing Z,et al. Gradient boosting neural networks:Grownet［J］. arXiv preprint arXiv:2002. 07971,2020.

［8］Sarkar T. XBNet:An extremely boosted neural network ［J］. Intelligent Systems with Applications,2022,15:200097.

［9］Ke G,Xu Z,Zhang J,et al. DeepGBM:A deep learning framework distilled by GBDT for online prediction tasks［C］//Proceedings of the 25th ACM SIGKDD International Conference on Knowledge Discovery & Data Mining. 2019:384 – 394.

第三部分　深度学习设计及其工具

## 第 8 章

自 编 码 器

编码薄弱意味着错误，解码薄弱意味着文盲。

——拉杰什·瓦莱查（Rajesh Walecha）

自编码器是一种非常简单的模型：一种预测其自身输入的模型。实际上，它可能看似简单得毫无价值。毕竟，预测已经知道的东西有什么用呢？然而，自编码器是非常有价值和具有多功能的架构，不是因为其重现输入的功能，而是因为其为了获得该功能而开发的内部能力。自编码器可以分解成所需的部分，并与其他神经网络结合，就像玩乐高积木或进行手术一样（或其他类似的类比），取得了令人难以置信的成功。自编码器也可以用于执行其他有用的任务，例如去噪。

本章首先解释自编码器概念，让读者对其产生直观的认识，然后演示了如何实现一个简单的基础自编码器；随后，讨论并实施了自编码器的 4 个应用：预训练、去噪、鲁棒的稀疏学习以及降噪处理。

自编码器的概念

编码和解码是信息处理的基本操作。有人假设所有信息的转化和演化都源于编码和解码这两个抽象的操作（见图 8 - 1 和图 8 - 2）。假设艾丽丝看到 Humpty Dumpty 在一段不稳定的墙上危险地坐着后摔了下来，她告诉鲍勃："Humpty Dumpty 的头撞到了地上！"听到这个信息后，鲍勃将语言表示中的信息转化为思想和观点——可以将其称为潜在表示。

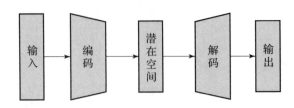

图 8-1　高级自编码器架构

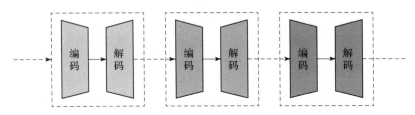

图 8-2　一系列编码和解码操作产生信息的转换

　　假设鲍勃是一位厨师，因此他的编码过程专门处理与食物相关的特征。然后，鲍勃将潜在表示再次解码回语言表示，当他告诉卡罗尔："Humpty Dumpty 打破了他的外壳！我们可以用里面的东西做一个煎蛋卷。"卡罗尔接收信息后，会进行新的编码处理。

　　假设卡罗尔是一名社会权益保护者，她非常关心 Humpty Dumpty 的健康。她的潜在表示将以一种反映她作为思考者的优先事项和兴趣的方式对信息进行编码。当她将自己的潜在表示解码为语言时，她告诉德鲁："在 Humpty Dumpty 受了重伤之后，人们正试图吃他！这太可怕了。"

　　如此这般，对话继续进行并发展，信息从思考者传递和转化到另一个思考者。由于每个思考者都会基于自身经历、所关切的价值和兴趣，将语言信息编码到与之相关的语义系统中，所以他们解码信息时必然带有相关认知滤镜的独特色彩。

　　当然，对于编码和解码的解释非常广泛。在计算机科学中，编码是一种将某些信息用另一种形式表示的操作，通常具有较少的信息内容（很少有使存储内存变大的编码技术）。相反，解码"撤销"编码操作以恢复原始信息。编码和解码是压缩背景中的常用术语（图 8-3）。几十年来，计算机科学家们提出了各种非常巧妙的算法，通过对原始信息进行无损和有损重建，将信息映射到较小的存储空间，使得在有限的信息传输连接上传输大数据（例如长文本、图像和视频等）成为可能。

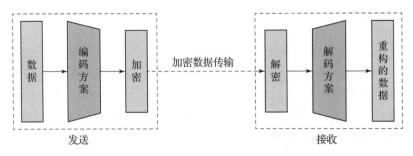

图 8-3　将自编码器解释为发送和接收加密数据

深度学习中的编码和解码是这两种理解的一种融合。自编码器是一种多功能的神经网络，由编码器和解码器组件组成。编码器将输入映射到一个较小的潜在/编码空间，解码器将编码表示映射回原始输入。自编码器的目标是尽可能忠实地重构原始输入，即最小化重构损失。为了实现这一目标，编码器和解码器需要"合作"来开发编码和解码方案。

自编码器减小了原始输入信息的表示，可以看作是一种有损压缩。然而，许多研究表明，与人工设计的压缩方案相比，自编码器在压缩方面通常表现得很差。相反，当构建自编码器时，它几乎总是从数据的"核心"提取有意义的特征。与原始输入相比，潜在空间的表示尺寸较小，这仅是因为需要施加信息瓶颈，迫使网络学习有意义的潜在特征。与输入相比，图 8-4 和图 8-5 所示的架构表现出恒定和扩展的信息表示。自编码器可以简单地学习从输入传递到输出的权重。另外，图 8-6 所示的架构必须学习非平凡的模式来压缩和重构原始输入。因此，信息瓶颈和信息压缩只是自编码器的手段，而不是最终目的。

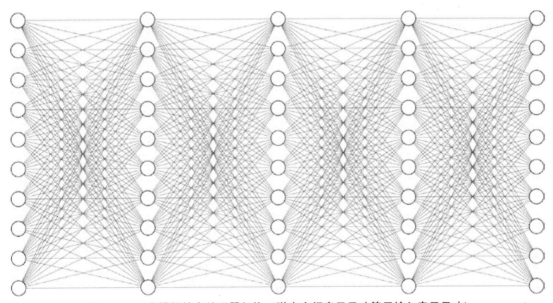

图 8-4 一个糟糕的自编码器架构（潜在空间表示尺寸等于输入表示尺寸）

自编码器非常擅长发现高级抽象和特征。为了能够可靠地从更小的潜在空间表示中重构原始输入，编码器和解码器必须开发出映射系统，以最具意义地描述和区分每个输入或一组输入。这不是一件容易的事！

考虑以下适用于人的自编码器设计方案（见图 8-7，其中人 A 是编码器，人 B 是解码器）：人 A 是编码器，试图将一幅高分辨率的素描图像编码为自然语言描述，限制在 N 个词或更少；人 B 是解码器，试图通过根据人 A 的自然语言描述重构原始图像来对人 A 所看到的原始图像解码。人 A 和人 B 必须共同努力开发出一套可靠的重构原始图像的系统。

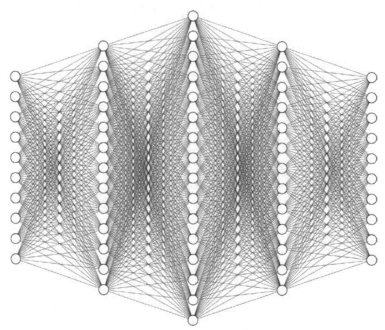

图 8-5　一个更糟糕的自编码器架构（潜在空间表示尺寸大于输入表示尺寸）

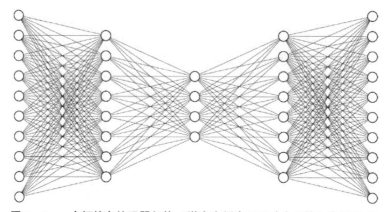

图 8-6　一个好的自编码器架构（潜在空间表示尺寸小于输入表示尺寸）

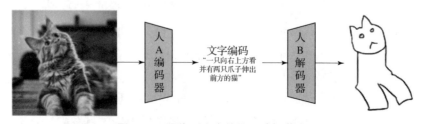

图 8-7　图像到文本的编码猜词游戏

　　假设人 B 收到了人 A 的以下自然语言描述："一只黑色的哈巴狗戴着黑白围巾，看向相机的左上方，周围是橙色的背景。"为了更好地理解，人 A 可以尝试扮演人 B，通过对原始输入解码，在这个游戏中进行实际的尝试。

图 8 - 8 所示为人 A 根据给定的自然语言描述进行编码的（假设）图像。很可能人 A 的绘图与实际图像非常不同。通过进行这个练习，读者将亲身体验自编码器中两个关键的低级挑战：从一个相对简单的编码中重构复杂的输出需要对编码进行大量思考和概念推理，而编码方案本身需要有效地传达关键概念和精确的定位信息。

图 8 - 8　当人 A 提供自然语言编码时在假设情况下所看到的图像（由 Charles Deluvio 拍摄）

在这个例子中，潜在空间采用了语言的形式——它是离散的、顺序的、长度可变的。而大多数用于表格数据的自编码器使用的潜在空间不满足这些属性：它们是（准）连续的，一次性地读取和生成，而不是按顺序读取的，且长度固定。这些通用的自编码器可以在解除限制的情况下可靠地找到有效的编码和解码方案，但这个两人游戏对于思考自编码器训练所涉及的挑战仍然提供了很好的直观认识。

尽管自编码器是相对简单的神经网络，但它具有非常多样化的用途。下面从简单的基础自编码器开始，逐步介绍更复杂的自编码器及其应用。

基础自编码器（Vanilla Autoencoder）

传统自编码器仅由编码器和解码器组件组成，它们共同将输入转化为潜在表示，然后再转换回原始形式。在接下来的内容中，本书将使用自编码器来实质性地改进模型训练，这样它的价值将变得更加明确。

本部分的目的不仅是展示和实现自编码器的架构，还介绍了最佳实践的实现方法，并进行技术调查和探索，以让读者了解自编码器的工作原理。

自编码器通常应用于图像和基于文本的数据，因为这种类型的数据通常具有语义概念，其表示所需的空间应比原始形式占用的空间更小。例如，考虑以下大约 3 000 像素 × 3 000 像素的线条图像（见图 8 - 9）。

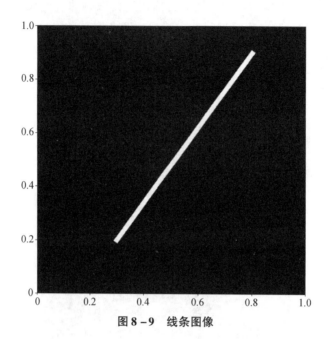

图 8 – 9 线条图像

　　这个图像包含 900 万像素，这意味着使用 900 万个数据值表示这条线。然而，实际上只需要用 4 个数字就可以表示任何一条线：斜率、y 轴截距、x 轴下界和 x 轴上界（或者起始 x 点、起始 y 点、结束 x 点和结束 y 点）。如果设计一个编码和解码方案，编码器会识别这 4 个参数，产生一个非常紧凑的四维潜在空间，而解码器会根据这 4 个参数重新绘制线条。通过从图像中表示的语义中收集更高级的抽象潜在特征，能够更简洁地表示数据。后面会再次讨论这个例子。

　　然而，请注意自编码器的重构能力是有条件的，它取决于数据集内是否存在结构上的相似性（和差异性）。例如，自编码器无法可靠地重构一张随机噪声的图像。

　　MNIST 数据集是展示自编码器的特别有用的示例。它在技术上是基于视觉/图像的，这对于理解各种自编码器形式和应用非常有帮助（因为自编码器在图像方面的应用最为成熟）。然而，它所涵盖的特征数量相对较少，并且结构足够简单，使人们可以在没有卷积层的情况下对其建模。因此，MNIST 数据集在图像和表格数据之间起到了很好的连接作用。在本部分，使用 MNIST 数据集作为自编码器的入门，然后展示它在"真实"的表格/结构化数据集上的应用。

　　从 Keras 数据集中加载 MNIST 数据集（见代码清单 8 – 1）。

　　代码清单 8 – 1 　加载 MNIST 数据集

```
from keras.datasets.mnist import load_data

(x_train, y_train), (x_valid, y_valid) = load_data()
x_train = x_train.reshape(len(x_train), 784) /255
x_valid = x_valid.reshape(len(x_valid), 784) /255
```

　回想一下，自编码器的主要特征是具有信息瓶颈结构。人们希望从原始表示大小开始，逐步将信息流强制压缩为更小的向量，然后逐步将信息强制恢复到原始大小。这样的设计在 Keras 中很容易快速实现，可以通过逐步减少和增加完全连接层中节点的数量来实现（见代码清单 8 – 2）。

代码清单 8 – 2　按顺序构建自编码器

```python
import keras.layers as L
from keras.models import Sequential

# 定义神经网络结构
model = Sequential()
model.add(L.Input((784,)))
model.add(L.Dense(256, activation = 'relu'))
model.add(L.Dense(64, activation = 'relu'))
model.add(L.Dense(32, activation = 'relu'))
model.add(L.Dense(64, activation = 'relu'))
model.add(L.Dense(256, activation = 'relu'))
model.add(L.Dense(784, activation = 'sigmoid'))

# 编译模型
model.compile(optimizer = 'adam', loss = 'binary_crossentropy')

# 拟合模型
model.fit(x_train, x_train, epochs =1, validation_data =(x_valid, x_valid))
```

图 8 – 10 所示为一个顺序自编码器架构。

该自编码器架构有几个值得注意的特征。首先，自编码器的输出激活函数是 sigmoid 函数，但这仅是因为输入向量的值在 0 ~ 1 范围内（在代码清单 8 – 1 中，加载数据集时进行了缩放）。如果没有按照这样的方式对数据集进行缩放，则需要改变激活函数，以便神经网络可以在可能值的整个域内进行预测。如果输入值包含大于 0 的值，则 ReLU 函数可能是很好的输出激活函数的选择。如果输入包含正值和负值，则使用普通的线性激活函数可能是最简单的选择。此外，所选择的损失函数必须与输出激活函数匹配。由于特定示例的输出值在 0 ~ 1 范围内，并且值的分布基本上是二元的（即大多数值非常接近 0 或 1，见图 8 – 11），所以二元交叉熵是合适的损失函数。可以将重构视为原始输入中每个像素的一系列二元分类问题。

然而，在其他情况下，重构更多地是一个回归问题，其值的分布可能不是朝着域的两端进行二值化，而是更分散。这在更复杂的图像数据集（见图 8 – 12）和许多表格数据集（见图 8 – 13）中很常见。

在这些情况下，更适合使用回归损失函数，例如通用的 MSE 损失函数或更特殊的替代方法（例如 Huber），请回顾第 1 章对回归损失函数的介绍。

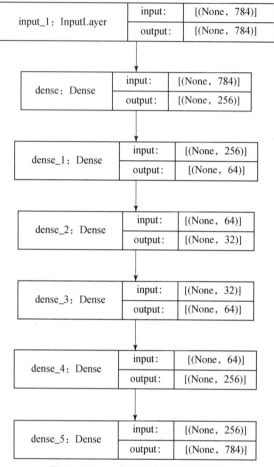

图 8 - 10 一个顺序自编码器架构

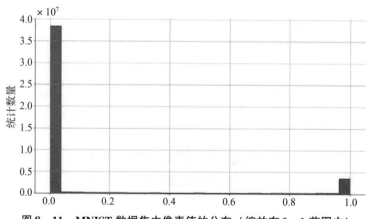

图 8 - 11 MNIST 数据集中像素值的分布（缩放在 0 ~ 1 范围内）

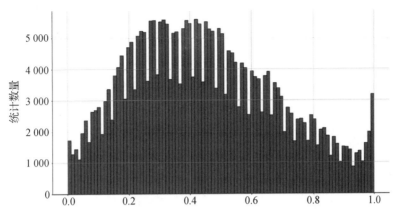

图 8 – 12 CIFAR – 10 图像数据集中像素值的分布（缩放在 0 ~ 1 范围内）

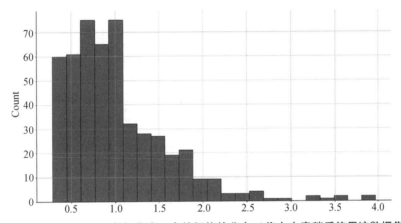

图 8 – 13 Higgs Boson 数据集中一个特征值的分布（将在本章稍后使用该数据集）

当以分区形式实现时，自编码器通常更容易使用。可以构建编码器和解码器模型/组件，并将它们连接在一起以形成完整的自编码器，而不仅是简单地构建具有信息瓶颈的连续层堆栈（见代码清单 8 – 3）。

代码清单 8 – 3 以分区形式设计构建自编码器

```
from keras.models import Model

# 定义架构组件
encoder = Sequential(name = 'encoder')
encoder.add(L.Input((784,)))
encoder.add(L.Dense(256, activation = 'relu'))
encoder.add(L.Dense(64, activation = 'relu'))
encoder.add(L.Dense(32, activation = 'relu'))

decoder = Sequential(name = 'decoder')
decoder.add(L.Input((32,)))
decoder.add(L.Dense(64, activation = 'relu'))
```

```
decoder.add(L.Dense(256, activation = 'relu'))
decoder.add(L.Dense(784, activation = 'sigmoid'))

# 从组件定义模型架构
ae_input = L.Input((784,), name = 'input')
ae_encoder = encoder(ae_input)
ae_decoder = decoder(ae_encoder)

ae = Model(inputs = ae_input, outputs = ae_decoder)

# 编译模型
ae.compile(optimizer = 'adam', loss = 'binary_crossentropy')    # 值得注意的是, 在
                                                                #其他情况下, 其他损失可能更合适
```

这种构建方法在思维理解上更加理想, 因为它反映了人们对自编码器结构的理解, 即它由独立的编码器和解码器组件有意义地组合组成。当可视化本示例中的自编码器架构时, 可以获得自编码器模型的更清晰的高级分解 (见图8-14)。

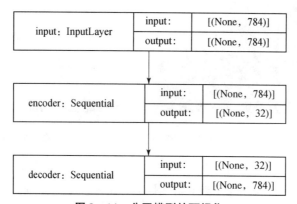

图8-14　分区模型的可视化

然而, 分区形式设计非常有用, 因为可以分别引用编码器和解码器组件, 而不是仅从自编码器获取结果。例如, 如果要获取输入的编码表示, 只需在输入上调用encoder.predict(...)。编码器和解码器用于构建自编码器, 在自编码器训练完成后, 编码器和解码器仍然作为 (已训练的) 自编码器组件的应用而存在。另一种方法是搜索模型的潜在空间层, 并创建一个临时模型来运行预测, 类似第4章中用于可视化CNN的卷积变换的演示。同样, 如果要解码一个潜在空间向量, 只需在样本潜在向量上调用decoder.predict(...)。

例如, 代码清单8-4展示了在训练后创建的自编码器 (见代码清单8-3) 的内部状态和重构的可视化 (见图8-15~图8-18)。

代码清单8-4　对自编码器的输入、潜在空间和重构进行可视化

```
for i in range(10):
    plt.figure(figsize = (10, 5), dpi = 400)
```

```
plt.subplot(1, 3, 1)
plt.imshow(x_valid[i].reshape((28, 28)))
plt.axis('off')
plt.title('Original Input')
plt.subplot(1, 3, 2)
plt.imshow(encoder.predict(x_valid[i:i +1]).reshape((8, 4)))
plt.axis('off')
plt.title('Latent Space (Reshaped)')
plt.subplot(1, 3, 3)
plt.imshow(ae.predict(x_valid[i:i +1]).reshape((28, 28)))
plt.axis('off')
plt.title('Reconstructed')
plt.show()
```

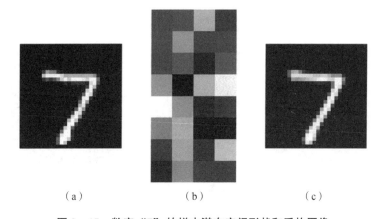

（a）　　　　　　　（b）　　　　　　　（c）

图 8 – 15　数字"7"的样本潜在空间形状和重构图像

（a）原始输入图像；（b）潜在空间图像（改变形状后）；（c）重构后图像

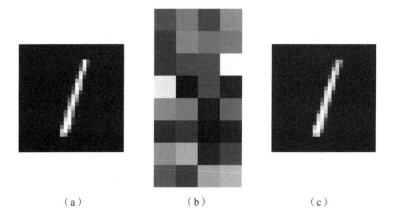

（a）　　　　　　　（b）　　　　　　　（c）

图 8 – 16　数字"1"的样本潜在空间形状和重构图像

（a）原始输入图像；（b）潜在空间图像（改变形状后）；（c）重构后图像

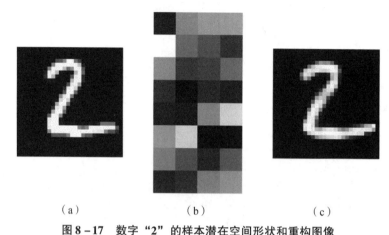

图 8 - 17　数字"2"的样本潜在空间形状和重构图像

（a）原始输入图像；（b）潜在空间图像（改变形状后）；（c）重构后图像

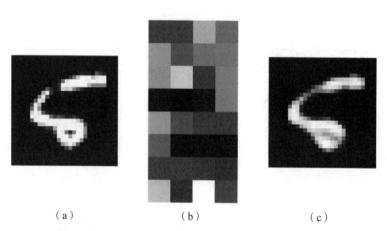

图 8 - 18　数字"5"的样本潜在空间形状和重构图像

（a）原始输入图像；（b）潜在空间图像（改变形状后）；（c）重构后图像

当构建标准 ANN 时，可能希望创建多个具有微小差异的模型，这时创建一个"构建器"或"构造函数"通常很有用。神经网络的两个关键参数是输入大小和潜在空间大小。给定这两个关键参数，可以推断出信息流动的一般方式。例如，对于编码器中的每个后续层将信息空间减半（并在解码器中加倍）是一个很好的通用更新规则。

假设输入大小为 I，潜在空间大小为 L。为了保持这一规则，希望所有中间层的节点数都是 L 的倍数。例如，考虑输入大小 $I = 4L$ 的情况（见图 8 - 19）。

可以看到，要将输入缩小到潜在空间或将潜在空间扩展到输出所需的层数是

$$\log_2 \frac{I}{L}$$

这个简单的表达式计算了需要将 L 乘以 2 多少次才能达到 I。

然而，在通常情况下，$\dfrac{I}{L} \notin \mathbb{Z}$（即 I 不能整除 L）。在这种情况下，之前的对数表达式将不是整数。对于这种情况，有一个简单的解决方法：将输入转换为具有 N 个节点的层，

其中 $N = 2^k \cdot L$，k 是满足 $N < I$ 的最大整数。例如，如果 $I = 4L + 8$，则首先将其转换为 $4L$，然后从该点开始执行标准减半策略（见图 8-20）。

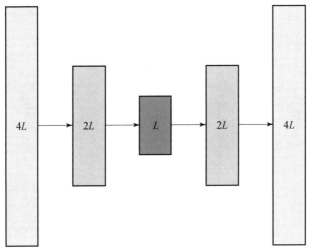

图 8-19　"减半"自编码器架构逻辑的可视化

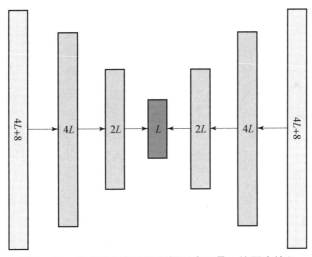

图 8-20　使减半自编码器逻辑适应不是 2 的幂次输入

为了适应 $\log_2 \dfrac{I}{L} \notin \mathbb{Z}$ 的情况（即无法将输入大小与层大小的关系表示为 2 的幂次），可以通过使用 floor 函数来修改所需层数的表达式：

$$\left\lfloor \log_2 \frac{I}{L} \right\rfloor$$

利用这种减半/加倍的信息流逻辑，可以创建一个通用的 buildAutoencoder 函数，根据给定的输入大小和潜在空间大小构建前馈自编码器（见代码清单 8-5）。

代码清单 8-5　根据给定的输入大小和所需的潜在空间，使用减半/加倍的架构逻辑构建自编码器架构的通用函数（请注意，该实现还具有 outActivation 参数，用于处理输出

不在 0 ~ 1 范围内的情况)

```
def buildAutoencoder(inputSize =784, latentSize =32, outActivation = 'sigmoid'):

    # 定义架构组件
    encoder = Sequential(name = 'encoder')
    encoder.add(L.Input((inputSize,)))
    for i in range(int(np.floor(np.log2(inputSize/latentSize))), -1, -1):
        encoder.add(L.Dense(latentSize * 2 ** i, activation = 'relu'))

    decoder = Sequential(name = 'decoder')
    decoder.add(L.Input((latentSize,)))
    for i in range(1, int(np.floor(np.log2(inputSize/latentSize))) +1):
        decoder.add(L.Dense(latentSize * 2 ** i, activation = 'relu'))
    decoder.add(L.Dense(inputSize, activation = outActivation))

    # 通过组件定义模型架构
    ae_input = L.Input((inputSize,), name = 'input')
    ae_encoder = encoder(ae_input)
    ae_decoder = decoder(ae_encoder)
    ae = Model(inputs = ae_input, outputs = ae_decoder)

    return {'model': ae, 'encoder': encoder, 'decoder': decoder}
```

除了返回模型，还返回编码器和解码器。回想之前关于分区形式设计的讨论，保留对自编码器的编码器和解码器组件的引用会很有帮助。如果不返回它们，则在函数内部创建的引用将丢失并且无法恢复。

拥有一个通用的自编码器创建函数使人们能够进行更大规模的自编码器试验。需要理解的一个特别重要的现象是模型性能和潜在空间大小之间的权衡。如前所述，必须正确配置潜在空间大小，以使任务具有足够的挑战性，从而迫使自编码器输出有意义且非平凡的表示，但也要足够可行，以使自编码器能够在解决问题方面取得进展（而不是由于重建问题的困难而停滞不前，最终什么也学不到）。在 MNIST 数据集上训练几个自编码器，其信息瓶颈大小为 2^n，其中 $n \in [1, 2, \cdots, \lfloor \log_2 I \rfloor]$（$n$ 的最后一个值是原始输入大小以下的 2 的最大次幂），并获取每个自编码器的验证性能（见代码清单 8 – 6 和图 8 – 21）。

代码清单 8 – 6 使用不同的潜在空间大小训练自编码器并观察其验证性能趋势

```
inputSize = 784
earlyStopping = keras.callbacks.EarlyStopping(monitor = 'loss', patience =5)
latentSizes = list(range(1, int(np.floor(np.log2(inputSize)))))
validPerf = [ ]
```

```
for latentSize in tqdm(latentSizes):
    model = buildAutoencoder(inputSize, 2 ** latentSize)['model']
    model.compile(optimizer = 'adam', loss = 'binary_crossentropy')
history = model.fit(x_train, x_train, epochs = 50, callbacks = [earlyStopping],
                verbose = 0)
    score = keras.metrics.MeanAbsoluteError()
    score.update_state(model.predict(x_valid), x_valid)
    validPerf.append(score.result().numpy())


plt.figure(figsize = (15, 7.5), dpi = 400)
plt.plot(latentSizes, validPerf, color = 'red')
plt.ylabel('Validation Performance')
plt.xlabel('Latent Size (power of 2)')
plt.grid()
plt.show()
```

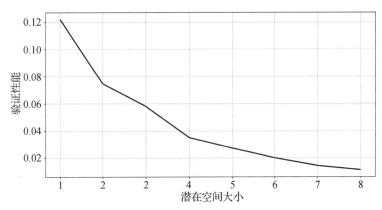

图 8 - 21　表格型自编码器（2x 神经元）的潜在空间大小与
验证性能之间的关系（请注意性能收益递减）

　　随着潜在空间大小的增加，从中获得的收益会逐渐减小。这种现象在深度学习模型中普遍存在（回想第 1 章中的"深度双重下降"，该研究通过 CNN 在监督学习领域对比了模型的规模与性能的关系）。

　　我们可以做得更好，并可视化不同信息瓶颈尺寸所学到的潜在表示的差异。在自编码器训练完成后，可以通过 encoder. predict(x_train) 获取训练集的潜在表示。当然，每个自编码器的潜在表示将具有不同的维度。可以使用 t - SNE 方法（在第 2 章中介绍）来可视化这些潜在空间（见代码清单 8 - 7 和图 8 - 22 ~ 图 8 - 30）。

　　代码清单 8 - 7　绘制具有不同潜在空间大小的自编码器的潜在空间的 t - SNE 表示。

```
from sklearn.manifold import TSNE


inputSize = 784
```

```python
earlyStopping = keras.callbacks.EarlyStopping(monitor = 'loss', patience = 5)
latentSizes = list(range(1, int(np.floor(np.log2(inputSize))) + 1))

for latentSize in tqdm(latentSizes):
    modelSet = buildAutoencoder(inputSize, 2 ** latentSize)
    model = modelSet['model']
    encoder = modelSet['encoder']
    model.compile(optimizer = 'adam', loss = 'binary_crossentropy')
    model.fit(x_train, x_train, epochs=50, callbacks=[earlyStopping], verbose = 0)

    transformed = encoder.predict(x_train)
    tsne_ = TSNE(n_components = 2).fit_transform(transformed)

    plt.figure(figsize = (10, 10), dpi = 400)
    plt.scatter(tsne_[:,0], tsne_[:,1], c = y_train)
    plt.show()
    plt.close()
```

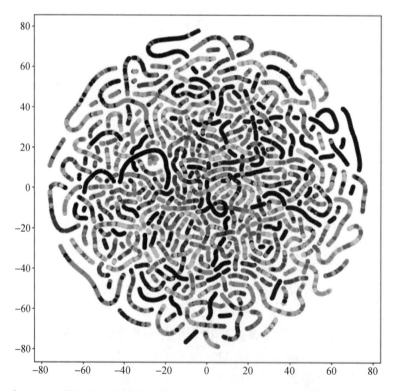

图 8 – 22 在 MNIST 数据集上训练的信息瓶颈大小为 2 个节点的自编码器的潜在空间的 t – SNE 投影 [请注意，在这种情况下，将投影到与原始数据集（2）的 维数相等的维数（2），因此呈现漂亮的蛇形排列]

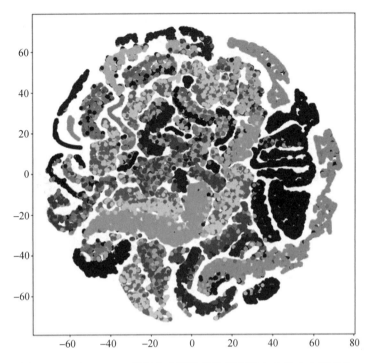

图 8 - 23 在 MNIST 数据集上训练的信息瓶颈大小为 4 个节点的
自编码器的潜在空间的 t - SNE 投影

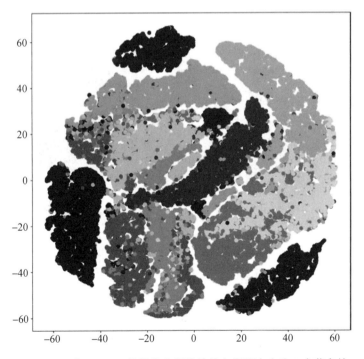

图 8 - 24 在 MNIST 数据集上训练的信息瓶颈大小为 8 个节点的
自编码器的潜在空间的 t - SNE 投影

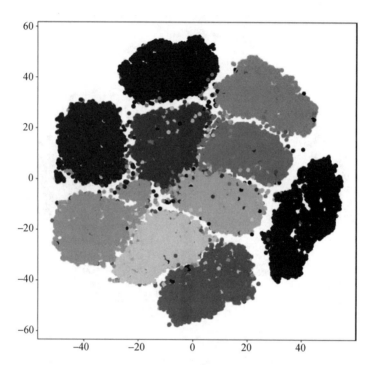

图 8 – 25 在 MNIST 数据集上训练的信息瓶颈大小为 **16** 个节点的
自编码器的潜在空间的 **t – SNE** 投影

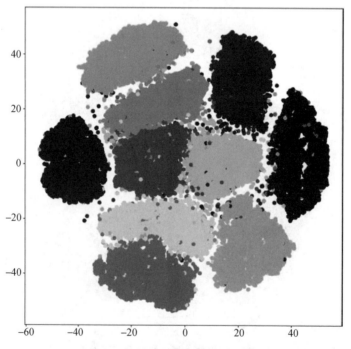

图 8 – 26 在 MNIST 数据集上训练的信息瓶颈大小为 **32** 个节点的
自编码器的潜在空间的 **t – SNE** 投影

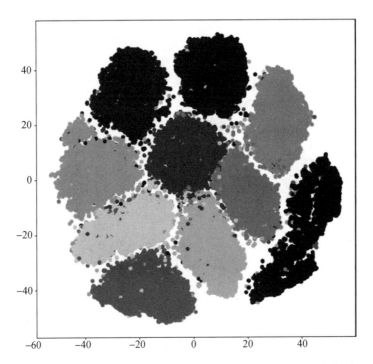

图 8 – 27　在 MNIST 数据集上训练的信息瓶颈大小为 **64** 个节点的
自编码器的潜在空间的 **t – SNE** 投影

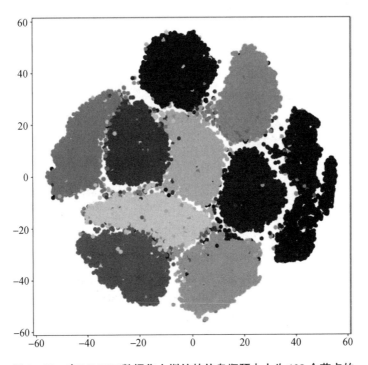

图 8 – 28　在 MNIST 数据集上训练的信息瓶颈大小为 **128** 个节点的
自编码器的潜在空间的 **t – SNE** 投影

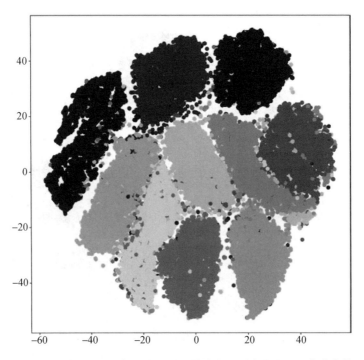

图 8 – 29 在 MNIST 数据集上训练的信息瓶颈大小为 256 个节点的
自编码器的潜在空间的 t – SNE 投影

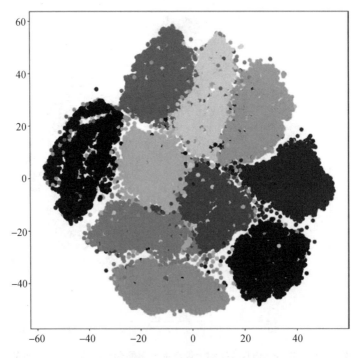

图 8 – 30 在 MNIST 数据集上训练的信息瓶颈大小为 512 个节点的
自编码器的潜在空间的 t – SNE 投影

注释： 如果加载模型时使用了 model = buildAutoencoder(784, 32)['model']，并且加载了编码器为 encoder = buildAutoencoder(784,32)['encoder']，则确实会得到一个模型架构和一个编码器架构，但它们不会连接在一起。存储的模型将与未捕获的编码器关联，而存储的编码器将成为一个未捕获的综合模型的一部分。因此，首先要确保将整个模型组件存储在 modelSet 中。

每个单独的点都由目标标签（即与数据点相关的数字）着色，目的是探索自编码器将同一数字的点隐式"聚类"在一起或分离它们的能力。尽管自编码器从未接触过标签，但观察到随着潜在空间维度的升高，不同数字数据样本之间的重叠减少，直到不同类别的数字数据在功能上实现完全分离。

如果构建的架构是对输入进行扩展而不是压缩，并可视化潜在空间的降维（见代码清单 8-8），则会发现学习到的表示明显没有意义（见图 8-31）——尽管这个架构获得了非常高的性能（即训练误差较小）。

代码清单 8-8　训练和可视化一个过度完备、架构冗余的自编码器的潜在空间（这个特定的架构的参数稍多于 580 万）

```
model = Sequential()
model.add(L.Input((784,)))
model.add(L.Dense(1024, activation = 'relu'))
model.add(L.Dense(2048, activation = 'relu'))
model.add(L.Dense(1024, activation = 'relu'))
model.add(L.Dense(784, activation = 'sigmoid'))

model.compile(optimizer = 'adam', loss = 'binary_crossentropy')
model.fit(x_train, x_train, epochs = 50)

transformed = encoder.predict(x_train)
tsne_ = TSNE(n_components = 2).fit_transform(transformed)

plt.figure(figsize = (10, 10), dpi = 400)
plt.scatter(tsne_[:,0], tsne_[:,1], c = y_train)
plt.show()
```

回顾一下本部分开始时给出的例子：对线条图像进行重构。代码清单 8-9 使用图像处理库 cv2 生成一个包含随机放置 50 像素 × 50 像素线条图像的数据集。

代码清单 8-9　生成一个包含 50 像素 × 50 像素线条图像的数据集

```
x = np.zeros((1024, 50, 50))
for i in range(1024):
    start = [np.random.randint(0, 50), np.random.randint(0, 50)]
    end = [np.random.randint(0, 50), np.random.randint(0, 50)]
    x[i,:,:] = cv2.line(x[i,:,:], start, end, color = 1, thickness = 4)
x = x.reshape((1024, 50 * 50))
```

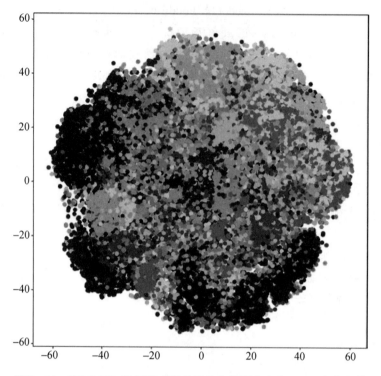

图 8 − 31　在 MNIST 数据集上训练的信息瓶颈大小为 2 048 个节点的
过度完备自编码器的潜空间的 t − SNE 投影

　　由于理论上可以用 4 个值直观地表示每段线条，所以在数据集上构建和训练一个潜在空间中有 4 个神经元的自编码器（见代码清单 8 − 10）。

代码清单 8 − 10　在合成的玩具线段数据集上拟合一个简单的自编码器

```
modelSet = buildAutoencoder(50 * 50, 4)
model = modelSet['model']
encoder = modelSet['encoder']
model.compile(optimizer = 'adam', loss = 'binary_crossentropy')
model.fit(x, x, epochs = 400, validation_split = 0.2)
```

　　该模型达到了接近 0.03 的二元交叉熵损失，这是相当不错的结果。它的重构非常准确（见图 8 − 32）。

　　事实上，只使用两个神经元训练的自编码器能够很好地识别输入中标记的线条的整体形状（见图 8 − 33）。如果仔细观察，会发现其他线条的轮廓。有许多假设可以解释它们的存在。其中一种可能性是自编码器已经"记住"/"内化"了一组通常有用的"地标"样本，然后在预测时进行映射，并且通过更大的潜在空间传递更多精确定位的信息。

　　最后，探索如何将自编码器应用于一个严格的表格数据集——前面章节中使用过的小鼠蛋白表达数据集（见代码清单 8 − 11）。

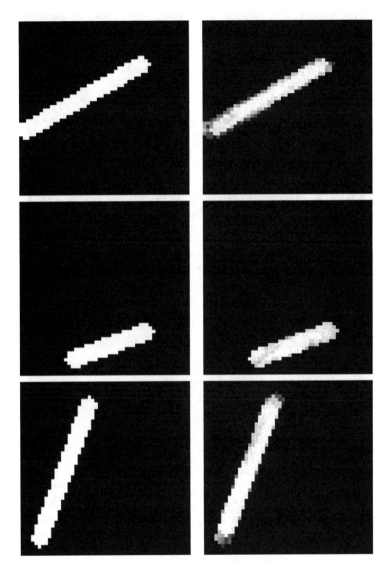

图 8 – 32　原始输入的线条图像（左列）和通过具有 4 维潜在空间的
自编码器进行重构的图像（右列）

代码清单 8 – 11　将数据集拆分为训练集和验证集

```
from sklearn.model_selection import train_test_split as tts
mpe_x = df.drop('class', axis =1)
mpe_y = df['class']
mpe_x_train, mpe_x_valid, mpe_y_train, mpe_y_valid = tts(mpe_x, mpe_y,
                                        train_size =0.8,
                                        random_state =42)
```

回想一下，为了评估如何处理自编码器中的模型输出，需要查看输入数据。如果调用
mpe_x_train. min，则 Pandas 会返回一个包含每列最小值的序列（见表 8 – 1）。

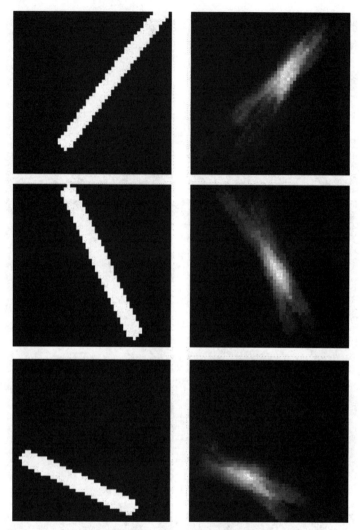

图 8 – 33 原始的输入线段图像（左列）和通过具有 2 维潜在空间的
自编码器进行重构的图像（右列）

表 8 – 1 **Pandas** 返回的序列

DYRK1A_N	0. 156 849
ITSN1_N	0. 261 185
BDNF_N	0. 115 181
NR1_N	1. 330 831
NR2A_N	1. 737 540
...	...
H3MeK4_N	0. 101 787
CaNA_N	0. 586 479

续表

Genotype	1.000 000
Treatment	1.000 000
Behavior	1.000 000
Length：80，dtype：float64	

再次调用 .min( )将获取所有列的最小值中的最小值，可以发现整个数据集中的最小值为 −0.062 007 874，最大值为 8.482 553 422。由于理论上数值可以是负值，所以使用线性输出激活函数而不是 ReLU 函数，并使用标准的 MSE 损失函数对回归问题进行优化（见代码清单 8 −12）。

代码清单 8 −12　在小鼠蛋白表达数据集上拟合自编码器

```
modelSet = buildAutoencoder(len(mpe_x.columns), 8, outActivation = 'linear')
model = modelSet['model']
encoder = modelSet['encoder']
model.compile(optimizer = 'adam', loss = 'mse', metrics = ['mae'])
history = model.fit(mpe_x_train, mpe_x_train, epochs =150)
```

经过 150 个训练 epoch，训练进展非常快（这是一个相对较小的数据集），自编码器获得了良好的训练和验证性能（见表 8 −2 和图 8 −34）。

表 8 −2　在小鼠蛋白表达数据集上训练的自编码器的性能

指标	训练集	验证集
MSE	0.011 7	0.011 8
MAE	0.062 6	0.062 5

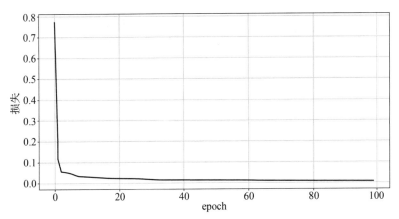

图 8 −34　在小鼠蛋白表达数据集上训练的自编码器的训练损失历史曲线

图 8 −35 所示为本示例中的自编码器生成的一些样本潜向量和重构结果，其中输入向量和重构向量被重新组织成 8 ×10 的网格以便于查看。

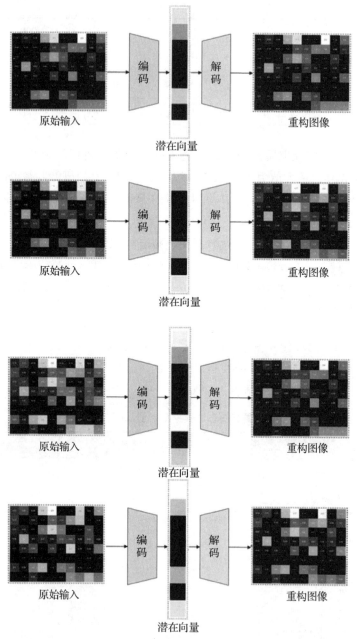

图 8 – 35 在小鼠蛋白表达数据集上训练的自编码器生成的样本及其对应的潜在向量和重构结果
（为了方便查看，样本和重构结果在两个空间维度上进行表示）

可以使用类似的技术，就像之前在 MNIST 数据集上使用的那样，使用 t – SNE 方法来可视化自编码器的潜在空间。图 8 – 36 中的每个数据点都根据小鼠蛋白表达数据集中每行所属的 8 个类别中的 1 个进行着色。在没有任何标签信息的情况下，这个基于表格的自编码器实现了相当好的类别分离效果。

请注意，更正式/严格的表格自编码器设计要求将所有列标准化或归一化到相同的范围内。表格数据集通常包含在不同尺度上操作的特征。例如，假设特征 A 表示比例（即介

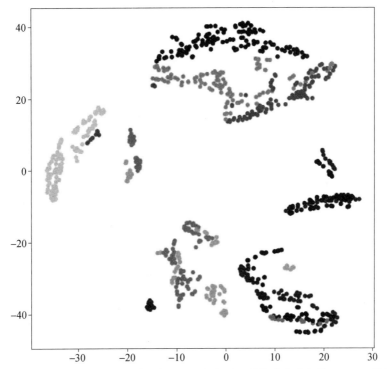

图 8 – 36　在小鼠蛋白表达数据集上训练的自编码器的潜在空间的 t – SNE 投影

于 0 和 1 之间，包括 0 和 1），而特征 B 表示年份（即可能大于 1 000）。回归损失简单地计算所有列的平均误差，这意味着与重构特征 B 相比，正确重构特征 A 的奖励可以忽略不计。然而，在本示例中，所有列的范围大致相同，因此跳过这一步是可以容忍的。

在下一部分，将探索自编码器的直接应用，以具体提高监督模型的性能。

自编码器用于预训练

正如读者已经看到的，基础自编码器可以做一些非常酷的事情。可以发现，在各种数据集上训练的基础自编码器可以对数字进行隐式聚类和分类，而无须直接接触标签本身。相反，自编码器可以观察输入中标签差异所导致的自然差异，并隐式地识别这些差异。

在训练神经网络执行监督任务的背景下，这种令人印象深刻的特征提取能力非常有价值。假设希望一个神经网络能够对 MNIST 数据集中的数字进行分类。如果从头开始，则要求神经网络同时学习如何提取最佳特征集和解释这些特征，而没有任何先验信息。然而，可以看到在 MNIST 数据集上训练的自编码器的编码器已经发展出了令人印象深刻的特征提取和类别分离方案。可以将自编码器的编码器作为预训练工具，而不是构建和训练一个新的神经网络从零进行特征提取和解释，可以简单地将一个模型组件添加到编码器的输出，以解释已经学习到的特征提取器（即编码器）（见图 8 – 37）。

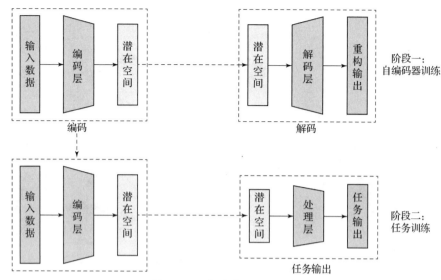

图 8 - 37   多阶段预训练示意

在预训练的第一阶段，在标准输入重建任务上训练自编码器。经过充分训练后，可以提取编码器，并附加一个以"解释"为重点的模型组件，该模型组件将编码器提取的特征组合和排列成所需的输出。

在预测练的第二阶段，对编码层进行冻结，即阻止其权重被训练。这是为了保留编码器学到的结构。这里付出了大量的努力获得一个良好的特征提取器，如果不进行编码层冻结，就会发现优化一个好的特征提取器连接到一个非常差（随机初始化的）特征解释器，这会降低特征提取器的性能。

然而，一旦在使用冻结的特征提取器和可训练的特征解释器进行训练时获得了良好的性能，整个模型就可以进行几个 epoch 的训练，以进行微调（见图 8 - 38）。这里的想法是，特征解释器已经与特征提取器建立了良好的关系，但现在两者可以共同优化以改进它们之间的关系（就像处于恋爱关系中的情侣，如果其中一方总是保持不变，则这种恋爱关系是不健康的）。

首先展示在 MNIST 数据集上进行自编码器预训练。使用之前定义的 buildAutoencoder 函数训练一个自编码器，并确保保留对原始模型和编码器的引用（见代码清单 8 - 13）。

代码清单 8 - 13   在 MNIST 数据集上训练自编码器

```
modelSet = buildAutoencoder(784,32)
model = modelSet['model']
encoder = modelSet['encoder']
model.compile(optimizer = 'adam', loss = 'binary_crossentropy')
model.fit(x_train, x_train, epochs =20)
```

在模型经过足够的训练后，可以提取编码器并将其堆叠作为任务模型的特征提取单元/组件（见代码清单 8 - 14）。编码器的输出（在下面的脚本中命名为 encoded）经过几个全连接层进一步解析。编码器被设置为不可训练（即层冻结）。任务模型在原始的监督任务上进行训练。

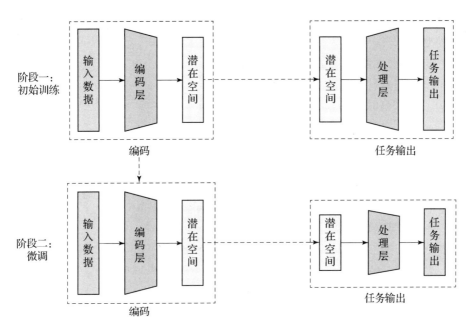

图 8－38 先冻结再微调是执行自编码器预训练的一种有效方法

代码清单 8－14 将自编码器的编码器重新用作监督神经网络的冻结编码器/特征提取器

```
inp = L.Input((784,))
encoded = encoder(inp)
dense1 = L.Dense(16, activation = 'relu')(encoded)
dense2 = L.Dense(16, activation = 'relu')(dense1)
dense3 = L.Dense(10, activation = 'softmax')(dense2)


encoded.trainable = False
task_model = Model(inputs = inp, outputs = dense3)
task_model.compile(optimizer = 'adam', loss = 'sparse_categorical_crossentropy')


task_model.fit(x_train, y_train, epochs = 50)
```

在充分训练之后，通常将编码器设置为可训练，并以端到端的方式微调整个架构（见代码清单 8－15）。

代码清单 8－15 将自编码器的编码器部分改造为监督网络的冻结编码器/特征提取器

```
encoded.trainable = True
task_model.fit(x_train, y_train, epochs = 5)
```

在微调任务中，通常会降低学习率，以防止破坏或"覆盖"预训练过程中学到的信息。这可以通过在预训练过程中使用配置不同初始学习率的优化器，然后重新编译模型来实现。

可以将这个模型的性能与没有预训练的模型进行比较（即从头开始以监督方式学习）（见代码清单 8－16 和图 8－39）。

代码清单 8 – 16　训练一个与预训练模型架构相同，但编码未经过自动编码任务预训练的监督模型

```
modelSet = buildAutoencoder(784, 32)
model = modelSet['model']
encoder = modelSet['encoder']

inp = L.Input((784,))
encoded = encoder(inp)
dense1 = L.Dense(16, activation = 'relu')(encoded)
dense2 = L.Dense(16, activation = 'relu')(dense1)
dense3 = L.Dense(10, activation = 'softmax')(dense2)
task_model = Model(inputs = inp, outputs = dense3)
model.compile(optimizer = 'adam', loss = 'sparse_categorical_crossentropy')

history2 = model.fit(x_train, y_train, epochs = 20)

plt.figure(figsize = (15, 7.5), dpi = 400)
plt.plot(history.history['loss'], color = 'red', label = 'With AE Pretraining')
plt.plot(history2.history['loss'], color = 'blue', label = 'Without AE Pretraining')
plt.grid()
plt.xlabel('Epoch')
plt.ylabel('Loss')
plt.legend()
plt.show()
```

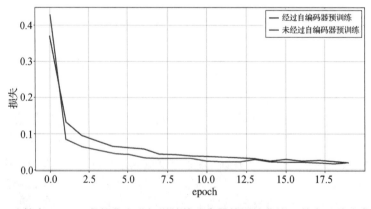

图 8 – 39　比较在 MNIST 数据集上进行训练的分类器的训练曲线（其中一种分类器进行了自编码器预训练，另一种未进行自编码器预训练）（附彩插）

　　MNIST 数据集相对简单，因此这两个模型都相对快速地收敛到良好的权重。然而，经过自编码器预训练的模型明显地"领先"于另一个模型。通过计算经过和未经过自编码器预训练的模型在达到某个性能值时的训练 epoch 之差，可以估计带有自编码器预训练的模

型相对于另一个模型的"领先"程度。对于任何损失值 p（至少在训练的某个 epoch 内），经过自编码器预训练的模型相比未经过自编码器预训练的模型提前 2~4 个 epoch 就能达到损失值 p。

在 MNIST 数据集上，这个过程似乎是多余的，因为该数据集具有相对简单的规则和相对较低的维度。然而，对于更复杂的数据集来说，这个优势表现得更加显著，这已经在更先进的计算机视觉任务和自然语言处理任务中得到了证明。例如，训练神经网络进行大规模图像分类（例如 ImageNet 数据集）可以显著受益于自编码器预训练，该任务可以学习有用的潜在特征，然后对其进行解释和微调。类似地，研究表明，语言模型通过执行重构任务学习语言的重要基本结构，这可以作为文本分类或生成等监督任务的基础（见图 8-40）。

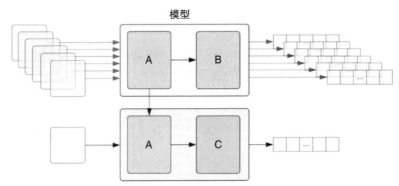

图 8-40　在计算机视觉任务中主要使用的通用迁移学习/预训练设计

例如，回想第 4 章中讨论的 Inception 和 EfficientNet 模型。Keras 允许用户加载在 ImageNet 数据集上训练的模型的权重。

然而，正如之前在第 4 章和第 5 章中看到的那样，深度学习方法在复杂图像和自然语言数据上的成功并不妨碍它同样适用于表格数据。

以小鼠蛋白表达数据集为例，可以先实例化和训练一个示例自编码器（见代码清单 8-17）。

代码清单 8-17　在小鼠蛋白表达数据集上构建和训练一个自编码器

```
modelSet = buildAutoencoder(len(mpe_x_train.columns), 32, outActivation = 'linear')
model = modelSet['model']
encoder = modelSet['encoder']
model.compile(optimizer = 'adam', loss = 'mse')
history = model.fit(mpe_x_train, mpe_x_train, epochs =50)
```

现在可以使用训练好的编码器创建并训练一个任务模型，这分为两个阶段：第一阶段冻结编码器，第二阶段解冻编码器并训练（见代码清单 8-18 和图 8-41）。

代码清单 8-18　在监督任务中使用预训练的自编码器

```
inp = L.Input((len(mpe_x_train.columns),))
encoded = encoder(inp)
dense1 = L.Dense(32, activation = 'relu')(encoded)
dense2 = L.Dense(32, activation = 'relu')(dense1)
```

```
dense3 = L.Dense(32, activation = 'relu')(dense2)
dense4 = L.Dense(8, activation = 'softmax')(dense2)

encoded.trainable = False
task_model = Model(inputs = inp, outputs = dense4)
task_model.compile(optimizer = 'adam', loss = 'sparse_categorical_crossentropy',
            metrics = ['accuracy'])

history_i = task_model.fit(mpe_x_train, mpe_y_train - 1, epochs = 30,
                       validation_data = (mpe_x_valid, mpe_y_valid - 1))

encoded.trainable = True
history_ii = task_model.fit(mpe_x_train, mpe_y_train - 1, epochs = 10,
                        validation_data = (mpe_x_valid, mpe_y_valid - 1))
```

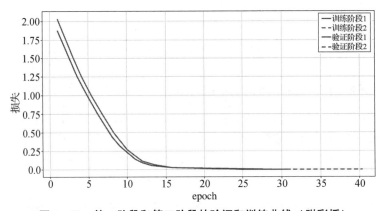

图 8 - 41　第一阶段和第二阶段的验证和训练曲线（附彩插）

或者，考虑 Higgs Boson 数据集。该数据集只有 28 个特征。如果使用标准的自编码器逻辑，它将每个编码层中的节点数量减半，并将每个解码层中的节点数量加倍，需要较少的层数来使用合理的潜在空间大小，或者需要较小的潜在空间来使用合理数量的层数。例如，如果潜在空间只有 8 个特征，则自编码器逻辑将只构建两个层（28→16→8）。另外，如果想要更多层（例如 5 层），则需要一个非常小的潜在空间（例如一个自编码器：28→16→8→4→2→1）。在这种情况下，设计一个具有足够大的潜在空间和足够多层的自定义自编码器是最有益的。例如，可以设计一个自编码器，使用 6 个编码层和 6 个解码层，潜在空间为 16 维（见代码清单 8 - 19）。

代码清单 8 - 19　为 Higgs Boson 数据集定义一个自定义自编码器架构

```
encoder = Sequential()
encoder.add(L.Input((len(X_train.columns),)))
encoder.add(L.Dense(28, activation = 'relu'))
encoder.add(L.Dense(28, activation = 'relu'))
```

```
encoder.add(L.Dense(28, activation = 'relu'))
encoder.add(L.Dense(16, activation = 'relu'))
encoder.add(L.Dense(16, activation = 'relu'))
encoder.add(L.Dense(16, activation = 'relu'))

decoder = Sequential()
decoder.add(L.Input((16,)))
decoder.add(L.Dense(16, activation = 'relu'))
decoder.add(L.Dense(16, activation = 'relu'))
decoder.add(L.Dense(16, activation = 'relu'))
decoder.add(L.Dense(28, activation = 'relu'))
decoder.add(L.Dense(28, activation = 'relu'))
decoder.add(L.Dense(28, activation = 'linear'))

inp = L.Input((28,))
encoded = encoder(inp)
decoded = decoder(encoded)
ae = keras.models.Model(inputs = inp, outputs = decoded)

ae.compile(optimizer = 'adam', loss = 'mse', metrics = ['mae'])
history = ae.fit(X_train, X_train, epochs =100, validation_data =(X_valid, X_valid))
```

可以将冻结编码器视为任务模型的特征提取器（见代码清单 8 – 20 和图 8 – 42、图 8 – 43）。

代码清单 8 – 20　将冻结编码器作为监督任务模型的特征提取器

```
inp = L.Input((len(X_train.columns),))
encoded = encoder(inp)
dense1 = L.Dense(16, activation = 'relu')(encoded)
dense2 = L.Dense(16, activation = 'relu')(dense1)
dense3 = L.Dense(16, activation = 'relu')(dense2)
dense4 = L.Dense(1, activation = 'sigmoid')(dense3)
encoded.trainable = False
task_model = keras.models.Model(inputs = inp, outputs = dense4)
task_model.compile(optimizer = 'adam', loss = 'binary_crossentropy',
            metrics = ['accuracy'])

history_i = task_model.fit(X_train, y_train, epochs =70,
                        validation_data = (X_valid, y_valid))

encoded.trainable = True
history_ii = task_model.fit(X_train, y_train, epochs =30,
```

```
validation_data = (X_valid, y_valid))
```

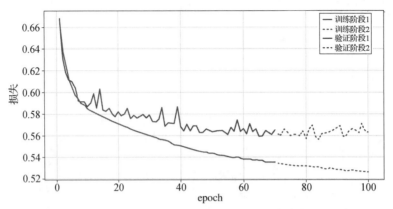

图 8-42 第一阶段和第二阶段的验证和训练损失曲线（附彩插）

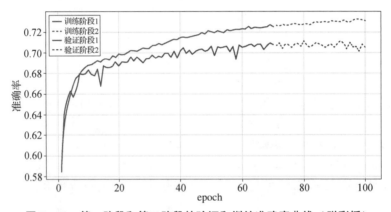

图 8-43 第一阶段和第二阶段的验证和训练准确率曲线（附彩插）

在这个特定案例中，可以观察到大量的过拟合现象。为了改善泛化能力，可以尝试采用优化最佳实践，例如添加丢弃或进行批归一化。

值得注意的是，使用自编码器进行预训练是一种很好的半监督方法。半监督方法利用有标签和无标签的数据（在有标签数据稀缺而无标签数据丰富的情况下最常使用）。假设有 3 组数据：$X_{unlabeled}$（无标签数据）、$X_{labeled}$（有标签数据）和 y（对应 $X_{labeled}$）。可以训练一个自编码器来重构 $X_{unlabeled}$，并使用冻结编码器作为特征提取器，在一个任务模型中使用 $X_{labeled}$ 来预测 y。即使 $X_{unlabeled}$ 的数量显著大于 $X_{labeled}$ 的数量，这种技术通常也能很好地工作。自编码器学习到的有意义的表示，比从初始化开始更容易与监督目标关联。

多任务自编码器

使用自编码器进行预训练通常是一种有效的策略，可以高质量地学习到的潜在特征。然而，对这个系统的一个批评是它是按顺序进行的——自编码器预训练和任务训练发生在不同的阶段单独进行。多任务自编码器在自编码器任务和预期任务同时训练神经网络（因此称为多任务）。这些自编码器接收一个输入，由编码器编码为潜在空间。这一组潜在特征由两个解码器分别解码为两个输出：一个输出专用于自编码器任务，而另一个输出专用于预期任务。在训练过程中，神经网络同时学习这两个任务（见图 8 – 44 和图 8 – 45）。

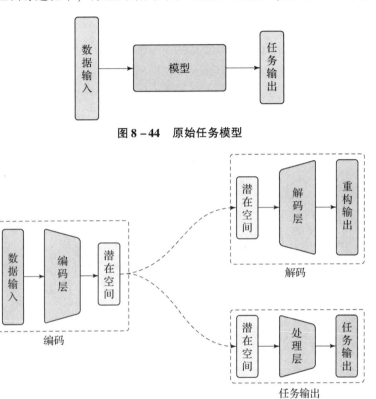

图 8 – 44 原始任务模型

图 8 – 45 多任务学习

通过沿着任务网络同时训练自编码器，可以在理论上以动态的方式体验自编码器的优势。假设编码器以与任务输出相关的方式对特征编码，这可能是困难的。然而，模型的编码器组件仍然可以通过学习与自编码器重构任务相关的特征来降低整体损失。这些特征可以为优化器提供一条可行的最小化损失的路径，从而为任务输出提供持续的支持——可以说是"另一种出路"。使用多任务自编码器通常是一种有效的策略，可以避免或减少困难的局部最小值问题。在这种问题中，模型在训练的最初几个时刻取得平庸或可以忽略的进展，然后停滞不前（即陷入较差的局部最小值）。

为了构建多任务自动编码器，首先初始化自编码器并提取编码器和解码器组件。创建了一个任务器模型，该模型接收潜在特征（即编码器输出形状的数据），并将其处理为任务输出（即在 MNIST 数据集的情况下，10 位数之一）。这些组件中的每个组件都可以使用函数式 API 语法进行连接，以形成一个完整的多任务自编码器架构（见代码清单 8 – 21 和图 8 – 46）。

代码清单 8 – 21 构建用于 MNIST 数据集的多任务自编码器

```
modelSet = buildAutoencoder(784,32)
model = modelSet['model']
encoder = modelSet['encoder']
```

```
decoder = modelSet['decoder']

tasker = keras.models.Sequential(name = 'taskOut')
tasker.add(L.Input((32,)))
for i in range(3):
    tasker.add(L.Dense(16, activation = 'relu'))
tasker.add(L.Dense(10, activation = 'softmax'))

inp = L.Input((784,), name = 'input')
encoded = encoder(inp)
decoded = decoder(encoded)
taskOut = tasker(encoded)

taskModel = Model(inputs = inp, outputs = [decoded, taskOut])
```

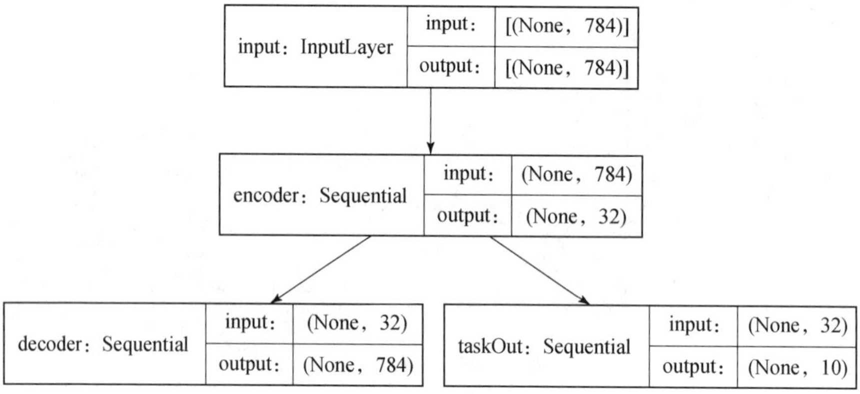

图 8 – 46 多任务自编码器架构的可视化

由于多任务自编码器具有多个输出，所以需要通过引用特定输出的名称来指定每个输出的损失和标签。在这种情况下，这两个输出被命名为 decoder 和 taskOut。解码器的输出将使用原始输入（即 x_train）进行优化，并使用二元交叉熵作为损失函数，因为它的目标是进行逐像素重建。任务输出将使用图像标签（即 y_train）进行优化，并使用分类交叉熵作为损失函数，因为它的目标是进行多类别分类（见代码清单 8 – 22）。

代码清单 8 – 22 编译和训练任务模型

```
taskModel.compile(optimizer = 'adam',
                  loss = {'decoder':'binary_crossentropy',
                          'taskOut':'sparse_categorical_crossentropy'})

history = taskModel.fit(x_train, {'decoder':x_train,
                                  'taskOut': y_train},
                        epochs = 100)
```

从训练历史中可以观察到，该模型能够在几十个 epoch 内达到相当好的任务损失和重建损失（见代码清单 8 – 23 和图 8 – 47）。

代码清单 8 – 23 绘制不同维度的性能随时间的变化曲线

```
plt.figure(figsize =(15, 7.5), dpi =400)
plt.plot(history.history['decoder_loss'], color = 'red', linestyle = ' -- ',
label = 'Reconstruction Loss')
plt.plot(history.history['taskOut_loss'], color = 'blue', label = 'Task Loss')
plt.plot(history.history['loss'], color = 'green', linestyle = ' -.', label = '
Overall Loss')
plt.grid()
plt.xlabel('Epoch')
plt.ylabel('Loss')
plt.legend()
plt.show()
```

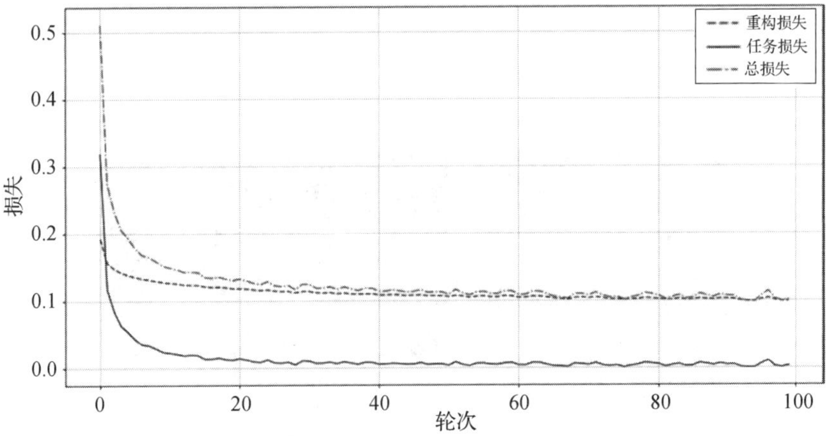

图 8 – 47 不同维度的性能（重建损失、任务损失、总体损失）

图 8 – 48 ~ 图 8 – 51 展示了每个 epoch 中多任务自编码器的状态演变。

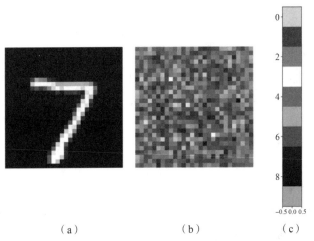

（a） （b） （c）

图 8 – 48 第 0 epoch 的多任务自编码器状态

（a）原始输入；（b）解码输出；（c）任务输出

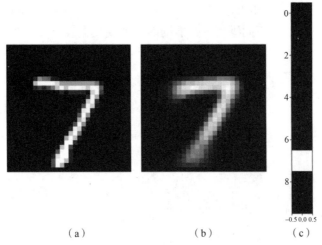

（a）　　　　　　　　（b）　　　　　　（c）

图 8 - 49　第 1 epoch 的多任务自编码器状态

（a）原始输入；（b）解码输出；（c）任务输出

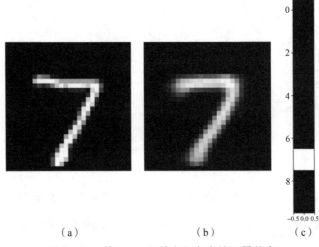

（a）　　　　　　　　（b）　　　　　　（c）

图 8 - 50　第 2 epoch 的多任务自编码器状态

（a）原始输入；（b）解码输出；（c）任务输出

　　从这些可视化结果和训练历史中，可以看到多任务自编码器在任务上获得了比旨在辅助任务性能的自编码器更好的性能！在这种情况下，MNIST 数据集的任务输出比自编码器更直接，这是合理的。在这种情况下，使用多任务自编码器并不是有益的。当多任务自编码器表现不佳时，直接使用自编码器进行预训练可能更有益。

　　可以在小鼠蛋白表达数据集上采用一种适应性方法，可以看到自编码是比分类任务本身更容易解决的问题，这可以从训练历史（见图 8 - 52）和输出状态的进展可视化（见图 8 - 53 ~ 图 8 - 56）中看出。

　　在图 8 - 53 ~ 图 8 - 56 中，顶部展示了小鼠蛋白表达数据集中原始的 80 个特征（以网格形式排列，以便更方便地进行可视化查看）、解码输出（目标是重构输入）以及重构的绝对误差。底部展示了预测的类别和真实类别（共有 8 个），以及绝对误差。

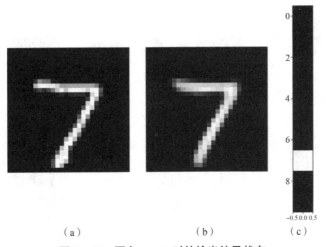

（a）　　　　　　　　　　（b）　　　　　　　　（c）

图 8 - 51　更多 epoch 时的输出结果状态

（a）原始输入；（b）解码输出；（c）任务输出

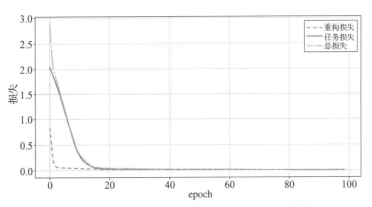

图 8 - 52　小鼠蛋白表达数据集上的不同维度的性能

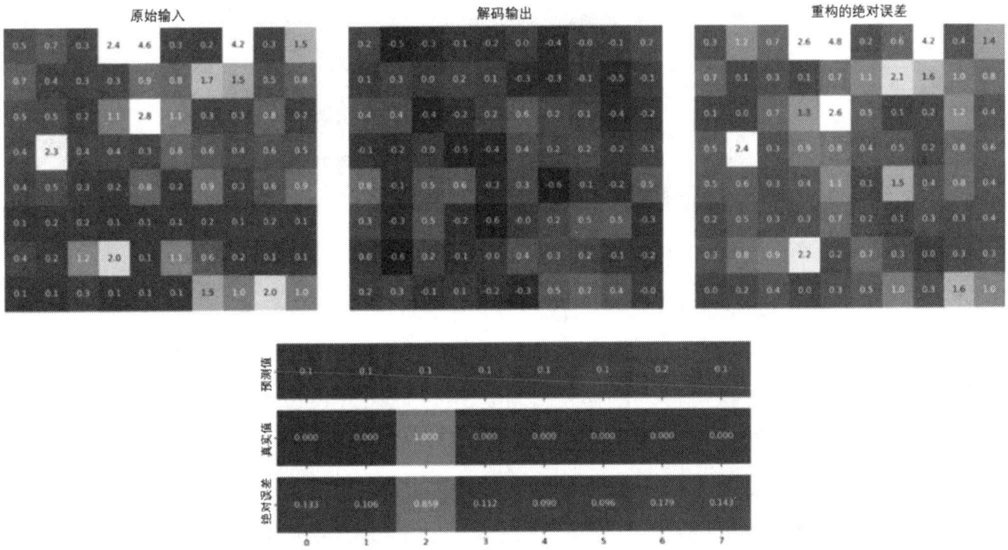

图 8 - 53　第 0 epoch 时（即初始化时）的多任务自编码器状态

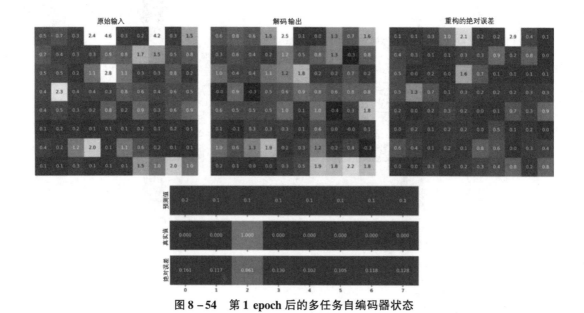

图 8 – 54 第 1 epoch 后的多任务自编码器状态

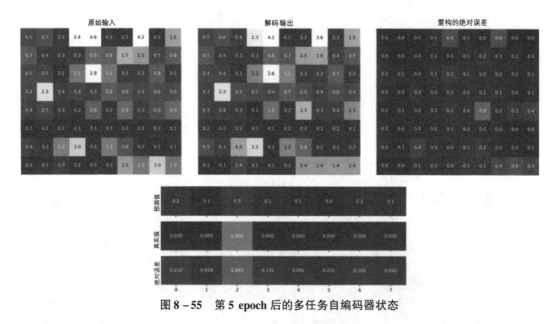

图 8 – 55 第 5 epoch 后的多任务自编码器状态

图 8 – 53 ~ 图 8 – 56 展示了在训练的不同阶段，重构任务与分类任务的性能。请注意，重构误差很快就收敛到接近 0，并随着时间的推移帮助将任务误差逐渐降低到 0。

在许多情况下，同时执行自编码器任务和原始目标任务可以提供激励，推动目标任务的进展。然而，读者可能提出一个合理的反对意见，即一旦原始目标任务达到足够好的性能，它就会受到自编码器任务的限制。

一种调和的方法是通过创建一个将输入连接到任务输出并在数据集上进行微调的新模型，将自编码器的输出从模型中分离出来。

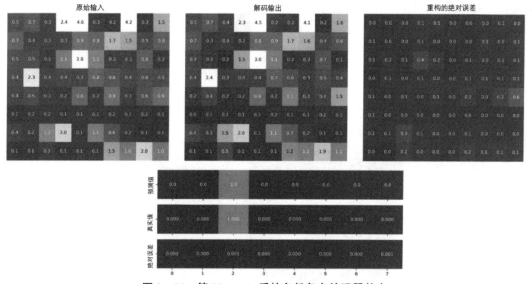

图 8 – 56　第 50 epoch 后的多任务自编码器状态

另一种更复杂的技术是在原始目标任务和自编码器任务之间调整损失权重。在默认情况下，Keras 平等地对待多个损失，但可以提供不同的权重来反映对每个任务分配的不同优先级或重要性。在训练开始时，可以给予自编码器任务较大的权重，因为希望模型通过相对较容易的自编码器任务来开发有用的表示。在整个训练过程中，可以逐渐增大任务输出损失的权重，并减小解码输出损失的权重。为了形式化这个过程，假设 α 是任务输出损失的权重，而 $1 - \alpha$ 是解码器输出损失的权重（其中 $0 < \alpha < 1$）。

sigmoid 方程式 $\sigma(x) = \dfrac{1}{1 + e^{-x}}$ 是一种很好的方式，它可以从一个接近某个下限的值转换到另一个接近某个上限的值。在 100 个 epoch 的范围内，可以对 sigmoid 函数进行简单的（任意但有效的）转换，以获得从低速到高速的 α 值的平滑过渡（见代码清单 8 – 24 和图 8 – 57），其中 t 表示 epoch 的编号：

$$\alpha = \sigma\left(\frac{t - 50}{10}\right) = \frac{1}{1 + e^{-\left(\frac{t - 50}{10}\right)}}$$

代码清单 8 – 24　绘制自定义的 α 调整曲线

```
plt.figure(figsize = (15, 7.5), dpi = 400)
epochs = np.linspace(1, 100, 100)
alpha = 1 /(1 + np.exp( -(epochs - 50) /10))
plt.plot(epochs, alpha, color = 'red', label = 'Task Output Weight')
plt.plot(epochs, 1 - alpha, color = 'blue', label = 'Decoder Output Weight')
plt.xlabel('Epochs')
plt.legend()
plt.show()
```

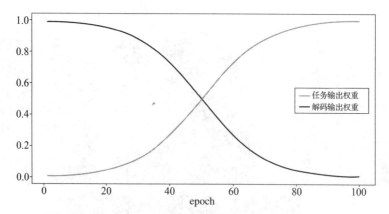

图 8-57　每个 epoch 中任务输出损失权重和解码权重示意

通过使用 sigmoid 函数的变换在 t_{max} 内对 α 进行缩放的通用方程如下：

$$\alpha = \sigma\left(\frac{t - \dfrac{t_{max}}{2}}{\dfrac{t_{max}}{10}}\right) = \frac{1}{1 + e^{-\left(\frac{t - \frac{t_{max}}{2}}{\frac{t_{max}}{10}}\right)}}$$

在初始条件下，将 α 设为一个非常小的值（为了简化计算，使用 $t=1$）：

$$\alpha@\{t \approx 0\} \rightarrow \frac{1}{1 + e^{-\left(\frac{t - \frac{t_{max}}{2}}{\frac{t_{max}}{10}}\right)}} = \frac{1}{1 + e^5} \approx 0.006\ 692$$

训练机制在 $t \approx t_{max}$ 时完成，此时 α 接近 1：

$$\alpha@\{t \approx t_{max}\} \rightarrow \frac{1}{1 + e^{-\left(\frac{t_{max} - \frac{t_{max}}{2}}{\frac{t_{max}}{10}}\right)}} = \frac{e^5}{1 + e^5} \approx 0.993\ 307$$

此外，通过求导来求解最大值，观察到在某个 t_{max}，最大变化量为 $\dfrac{5}{2 \cdot t_{max}}$。随着 t_{max} 的增加，对导数的分析表明，整体变化变得更加均匀。对于较大的 t_{max}，函数趋于水平线（即导数接近 0）。在大多数情况下，当 t_{max} 较大时，对 α 进行简单的线性变换就足够了。

在编译阶段进行损失权重的设置。这意味着需要在每个 epoch 中重新编译和训练模型。这并不难做到，可以编写一个循环，遍历每个 epoch，计算该 epoch 的 α 值，使用该损失权重重新编译模型，并进行一次训练。收集训练历史记录需要手动操作。需要收集单个 epoch 的指标，并将其追加到用户创建的列表中（见代码清单 8-25）。

代码清单 8-25　重新编译和调整具有不同损失加权的多任务自编码器

```
total_epochs = 100


lossParams = {'decoder': 'binary_crossentropy', 'taskOut': 'sparse_categorical_
crossentropy'}

loss, decoderLoss, taskOutLoss = [],[],[]
```

```
for epoch in range(1, total_epochs +1):
    alpha = 1 /(1 + np.exp( -(epoch -50) /10))
    taskModel.compile(optimizer = 'adam',
                      loss = lossParams,
                      loss_weights = {'taskOut': alpha, 'decoder': 1 -alpha})
    history = taskModel.fit(x_train, {'decoder': x_train, 'taskOut': y_
train}, epochs =1)


loss.extend(history.history['loss'])
decoderLoss.extend(history.history['decoder_loss'])
taskOutLoss.extend(history.history['taskOut_loss'])
```

另一种更高级，但可能更平滑的动态调整多输出模型损失权重的方法是使用回调函数，可以参考 Anuj Arora 在 Keras 中使用回调函数进行自适应损失权重的文章：https://medium. com/dive – into – ml – ai/adaptive – weighing – of – loss – functions – for – multiple – output – keras – models – 71a1b0aca66e。

图 8 – 58 展示了在训练过程中多任务自编码器的重构损失、任务损失和总体损失的历史情况，图像背景根据该时期使用的 α 值进行了阴影处理。请注意，重构任务比原始目标任务更为简单（因此损失下降更快），总体损失函数呈逻辑形状，在 40 ~ 60 个 epoch 时 α 发生了重大变化，并从重构损失切换到任务损失的界限。

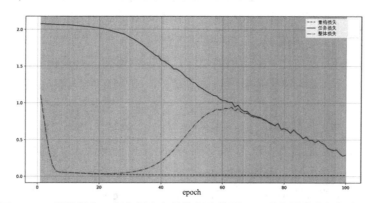

图 8 – 58　重构损失、任务损失和总体损失的图示（现在是动态加权求和，
背景中阴影表示权重梯度）（附彩插）

多任务自编码器在那些受益于丰富潜在特征的困难监督分类任务中表现最佳，这些特征可以很好地通过多任务自编码器学习得到。

稀疏自编码器

基础自编码器受到了尺寸表示的限制——其架构具有信息瓶颈，必须通过该瓶颈压缩信息。对于显著压缩的潜在空间传递的信息，基础自编码器试图最大化这些信息量，以便能够可靠地将其解码为原始输出（见图 8 – 59）。

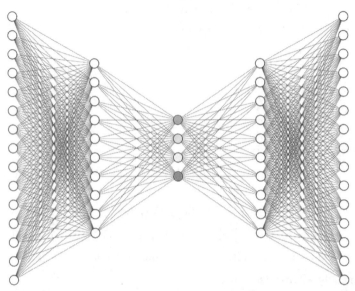

图 8 – 59　基础自编码器将信息编码成密集且准连续的潜在空间

　　然而，这并不是唯一可以施加的限制。另一种信息瓶颈工具是稀疏性。可以使瓶颈层非常大，但只强制其中的少数节点在每次传递中处于活跃状态。虽然这仍然限制了可以通过瓶颈层传递的信息量，但神经网络有更多的自由和控制权，可以选择哪些节点的信息通过，这本身就是一种额外的信息表达方式（见图 8 – 60）。

　　为了保持稀疏性，通常在瓶颈层的活动上施加 L1 正则化（回想第 3 章对正则化学习神经网络的讨论）。L1 正则化对瓶颈层的活动过大进行惩罚。假设神经网络使用二元交叉熵来最小化任务输出，λ 代表瓶颈层的整体活动，L1 正则化神经网络的联合损失如下：

$$损失 = \mathrm{BCE}(y_{\mathrm{pred}}, y_{\mathrm{true}}) + \alpha \cdot |\lambda|$$

　　参数 α 由用户定义，控制着 L1 正则化项相对于任务损失的"重要性"。设置正确的 α 值对模型性能至关重要。如果 α 值太小，则神经网络会忽视稀疏性限制，而更倾向于完成任务，而这个任务现在由过完备的瓶颈层变得近乎平凡。如果 α 值太大，则神经网络则会忽略任务，而学习"终极稀疏性"——在瓶颈层中预测所有的 0，从而完全最小化 λ，但在想要它学习的实际任务上表现不佳。

　　另一种常用的惩罚方式是 L2 正则化，其中惩罚的是平方值而不是绝对值：

$$损失 = \mathrm{BCE}(y_{\mathrm{pred}}, y_{\mathrm{true}}) + \alpha \cdot \lambda^2$$

　　这是一种常见的机器学习范式。L2 正则化倾向于产生一组接近 0，但不等于 0 的值，而 L1 正则化倾向于产生值完全为 0 的情况。直观的解释是，L2 正则化显著降低了对已经接近 0 的值的降低的需求。例如，从 3 减小到 2 的降低会获得 $3^2 - 2^2 = 5$ 的惩罚减少。另外，从 1 减小到 0 的降低只会获得微不足道的惩罚减少，即 $1^2 - 0^2 = 1$。而 L1 正则化则将从 3 减小到 2 的降低与从 1 减小到 0 的降低同等对待。基于这个属性，通常使用 L1 正则化来施加稀疏性约束。

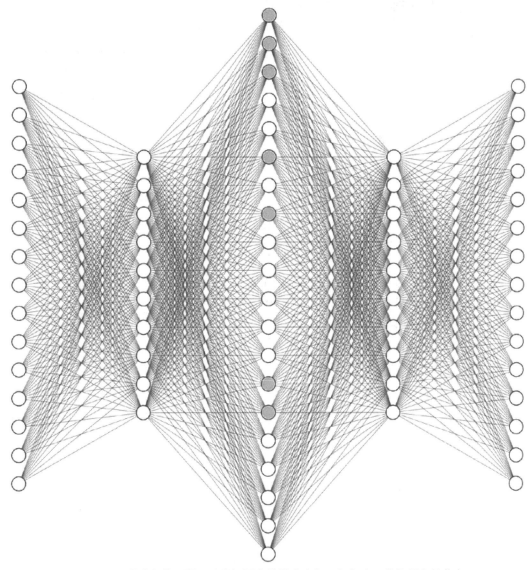

图 8 - 60 稀疏自编码器可以访问更大的潜在空间，但每次只能使用少数节点

为了实现这一点，需要对原始的 buildAutoencoder 函数进行轻微修改。可以构建自编码器，就好像要将输入从一个隐式的潜在空间大小扩展到另一个隐式的潜在空间大小，但实际上将这个隐式潜在空间大小替换为真实的（扩展的）潜在空间大小。例如，考虑一个输入具有 64 维的自编码器，其隐式潜在空间大小为 8 维。使用预先构建的自编码器逻辑构建的基础自编码器，每层的节点数量变化为 64→32→16→8→16→32→64。然而，由于计划对瓶颈层施加稀疏性约束，需要提供一组扩展的节点集来传递信息。假设真实的信息瓶颈大小是 128 个节点，则这个稀疏自编码器中每层的节点数量变化为 64→32→16→128→16→32→64。

为了实际实现稀疏性约束，注意 Keras 中几乎所有层都有一个 activity_regularizer 参数，在初始化时设置。该参数对层的活动（即输出）进行惩罚（见代码清单 8 - 26）。请注意，如果希望对学习到的权重或偏差进行惩罚，还可以设置 weight_regularizer 或 bias_regularizer 参数。在这种情况下，不关心稀疏自编码器如何得到稀疏编码，只关心稀疏自编码器是否创建了稀疏编码。因此，对层的活动进行正则化。参数接收一个 keras. regularizers 对象。使用 L1 正则化对象，它接收惩罚权重作为参数。设置权重非常重要，应经过思考和试验来确定，考虑模型能力、自编码难度和潜在空间大小。如前所述，在任何方向上设置不适当的权重（过大或过小）都会产生不良结果。

代码清单 8 – 26　使用 L1 正则化定义稀疏自编码器

```
from keras.regularizers import L1
def buildSparseAutoencoder(inputSize = 784, impLatentSize = 32, realLatentSize =
                           128, outActivation = 'sigmoid'):
    # 定义架构组件
    encoder = Sequential(name = 'encoder')
    encoder.add(L.Input((inputSize,)))
    for i in range(int(np.floor(np.log2(inputSize/impLatentSize))), -1, -1):
        encoder.add(L.Dense(impLatentSize * 2 ** i, activation = 'relu'))
        encoder.add(L.Dense(impLatentSize * 2 ** i, activation = 'relu'))
    encoder.add(L.Dense(realLatentSize, activation = ' relu ', activity _
                        regularizer = L1(0.001)))

    decoder = Sequential(name = 'decoder')
    decoder.add(L.Input((realLatentSize,)))
    for i in range(1, int(np.floor(np.log2(inputSize/impLatentSize))) + 1):
        decoder.add(L.Dense(impLatentSize * 2 ** i, activation = 'relu'))
        decoder.add(L.Dense(impLatentSize * 2 ** i, activation = 'relu'))
    decoder.add(L.Dense(inputSize, activation = outActivation))

    # 从组件定义模型架构
    ae_input = L.Input((inputSize,), name = 'input')
    ae_encoder = encoder(ae_input)
    ae_decoder = decoder(ae_encoder)
    ae = Model(inputs = ae_input, outputs = ae_decoder)

    return {'model': ae, 'encoder': encoder, 'decoder': decoder}
```

图 8 – 61 展示了稀疏自编码器在 MNIST 数据集上的性能，其中一个 64 维的潜在空间向量被重塑为一个 8 像素 ×8 像素的网格，以方便查看。与没有稀疏性约束的基础自编码器相比，重构结果并没有明显变差。请注意，每次只有 2 ~ 5 个节点处于活跃状态（而活跃的节点在每个图像中可能不同）。即使使用了 5 个节点的基础自编码器（没有稀疏性约束），其在重构方面的性能也会较差，这说明选择哪些节点是活跃的具有丰富的信息。

如果减小正则化参数 α 的值（L1 正则化惩罚相对于损失加权较小），则神经网络将在降低稀疏性的代价下获得更好的整体损失（即在任何一次通过时，会有更多节点处于活动状态）。如果增大 α，则神经网络将以提高稀疏性为代价获得更差的总体损失（即在任何一次通过时，会有更少节点处于活动状态）。

可以将相同的稀疏自编码方案应用于 Higgs Boson 数据集，将一个 28 维的输入向量编码成一个 64 维的潜在空间。在每次传递时，大约 1/4 ~ 1/3 的潜在空间是活跃的，虽然许多瓶颈节点是"准活跃"的——它们不是 0，但非常接近 0。图 8 – 62 展示了不同原始图像上稀疏自编码器的内部状态和重构图像，其中 28 维的输入向量被重新排列成 7 像素 ×4 像素的网格，以方便查看。

同样，图 8 – 63 展示了训练好的稀疏自编码器在小鼠蛋白表达数据集的各元素上的应用。

为什么要使用稀疏自编码器？主要原因是利用稀疏自编码器的鲁棒性。对抗性样本是为了有意地欺骗神经网络，这些图像最初被正确分类为 A 类，但通过微小、几乎不可见的输入更改，以高置信度将图像分类为 B 类。该领域中的典型示例是由 Ian Goodfellow 等人在论文 *Explaining and Harnessing Adversarial Examples* 中创建的图表。快速符号梯度（FSGM）方法生成一个置换矩阵，调整输入中的每个像素，从而显著改变神经网络的最终预测结果（见图 8 – 64）。

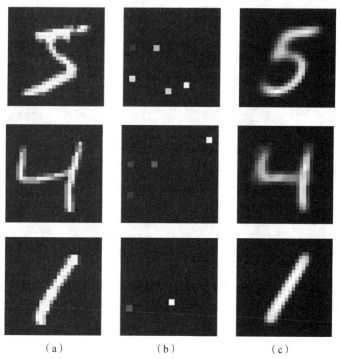

（a）　　　　　　　　（b）　　　　　　　　（c）

图 8 – 61　稀疏自编码器在 MNIST 数据集上训练的样本原始图像、潜在空间以及重构图像
（潜在空间是 256 个神经元重塑为一个 8 像素 ×8 像素的网格以方便查看，
实际的潜在空间并没有按照两个空间方向排列）

（a）原始图像；（b）潜在空间；（c）重构图像

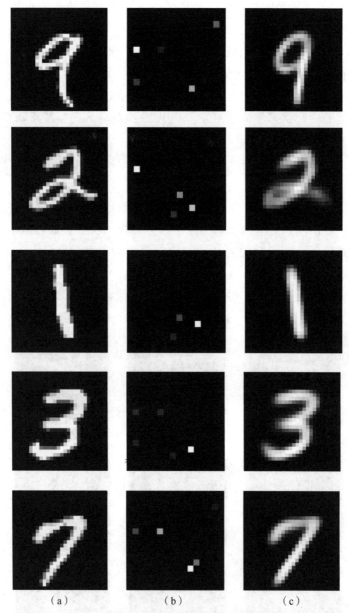

（a）　　　　　　　　　　（b）　　　　　　　　　　（c）

图 8 – 61　稀疏自编码器在 MNIST 数据集上训练的样本原始图像、潜在空间以及重构图像
（潜在空间是 256 个神经元重塑为一个 8 像素 ×8 像素的网格以方便查看，
实际的潜在空间并没有按照两个空间方向排列）（续）

（a）原始图像；（b）潜在空间；（c）重构图像

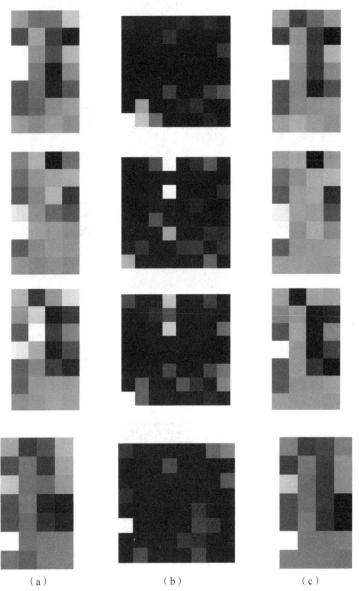

（a）　　　　　　　　　（b）　　　　　　　　　（c）

图 8 – 62　对 Higgs Boson 数据集训练的稀疏自编码器进行抽样的原始图像、潜在空间和重构图像
（潜在空间是 256 个神经元被重塑成 16 像素 ×16 像素的网格以方便查看；原始图像和重构图像
是 28 维的，被重塑成 7 像素 ×7 像素的网格）

（a）原始图像；（b）潜在空间；（c）重构图像

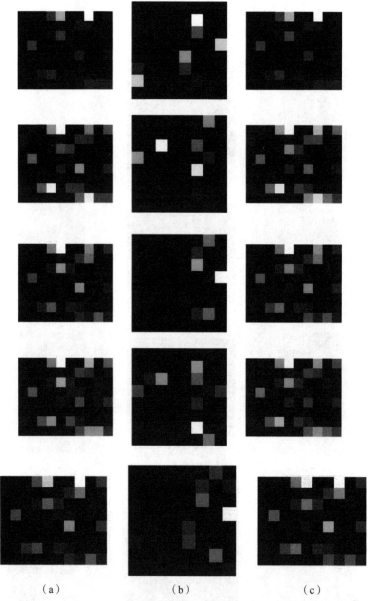

（a）　　　　　　　（b）　　　　　　　（c）

图 8 - 63　稀疏自编码器在小鼠蛋白表达数据集上的样本原始图像、潜在空间和重构图像
（潜在空间是 256 个神经元被重塑成 16 像素 ×16 像素的网格；原始图像和重构图像
是 80 维度的，被重塑成 8 像素 ×10 像素的网格）

（a）原始图像；（b）潜在空间；（c）重构图像

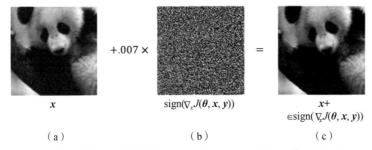

图 8-64 FSGM 方法的演示（引自 Ian Goodfellow 等人的论文）

（a）"熊猫"（57.7% 置信度）；（b）"线虫"（8.2% 置信度）；（c）"长臂猿"（99.3% 置信度）

对抗性样本发现者从连续性和梯度中获利。由于神经网络在非常大的连续空间中运作，所以对抗性样本可以通过在表面的平滑通道和脊线中"潜行"来找到。对抗性样本可能是安全威胁（一些自然发生的对抗性样本，例如将胶带放在特定方向的交通标志上会导致严重的错误识别），也可能是泛化能力差的潜在症状。

注释：这是该领域正在进行的一个研究课题，也是一个有争议的立场。作为对 Ian Goodfellow 等人具有里程碑意义的论文的补充，*Adversarial Examples Are Not Bugs，They Are Features* 一文值得一读。对于易受对抗性样本影响的神经网络，人们通常提出它们不能像人类那样具有泛化性（即人类可以观察未应用对抗性样本的图像和应用对抗性样本的图像，但却能将两者识别为同一类别，见图 8-64）。不过，华盛顿大学的 Alec Bunn 等研究人员认为，人类也可能容易受到对抗性样本的影响，即可以通过某种方式追踪大脑的感知和思维模式，故意设计出一些样本来欺骗系统的行为，但目前还没有从神经学角度为人类生成对抗性样本知识。

稀疏自编码器在可解释性方面也非常有用。本章后面将更详细地讨论专门的可解释性技术，但稀疏自编码器可以在不需要额外复杂理论工具的情况下轻松解释。

去噪自编码器和修复自编码器

到目前为止，只考虑了期望输出与输入相同的自编码器的应用，自编码器还可以执行另一个功能：修复或恢复损坏或有噪声的输入数据。

使用巧妙的方法实现这一目标：人为地向"纯净"数据添加逼真的噪声或损坏，然后训练模型从人为损坏的版本中恢复清晰的图像（见图 8-65）。

这种模型有许多应用。最明显的应用是对噪声输入进行去噪处理，然后可以将"干净"的输入用于其他目的。或者，如果开发一个已知会在大量噪声数据领域运行的模型，则可以使用去噪自编码器的编码器作为强大或鲁棒的特征提取器（类似自编码器预训练），接着利用编码器的去噪功能潜在表示（见图 8-66）。

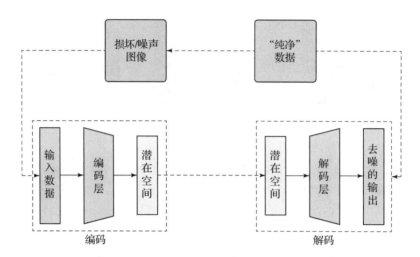

图 8 – 65　使用去噪自编码器，将噪声图像作为输入，将原始清晰图像作为期望的输出

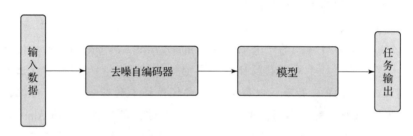

图 8 – 66　去噪自编码器的一个潜在应用（作为一种结构，
它在实际用于模型任务之前清理输入数据）

这些修复模型在智能或深度图像处理方面具有特别令人兴奋的应用。许多图像操作并不是简单的双向可逆的，即从一种状态转换到另一种状态容易，但反向转换却不容易。例如，如果将彩色图像或视频转换为灰度（例如第 2 章中介绍的逐像素方法），但却没有简单的方法将其逆转回彩色。另外，如果在一张旧的家庭照片上溅了咖啡，也没有简单的过程可以"擦除"污渍。

然而，自编码器利用从"纯净"状态到"受损"状态的简单性，通过在"纯净"数据上人为地引入损坏，迫使强大的自编码器架构学习"修复"。研究人员使用去噪自编码器生成历史黑白电影的彩色版本，并修复被撕裂、弄脏或出现条纹的照片。该技术在生物医学影像领域的应用尤为突出——当成像过程受环境条件干扰时，通过人工模拟此类噪声/图像损伤来训练自编码器，可显著提高模型对真实噪声的鲁棒性。

首先演示如何将去噪自编码器应用于 MNIST 数据集，方法是逐渐增加图像中的噪声量，并观察去噪自编码器的性能表现（类似第 4 章的练习）。

可以使用一种简单但有效的技术向图像中添加噪声：通过从均值为 0、指定标准差的正态分布中采样随机噪声。为了确保结果值仍在 0 和 1 之间（像素值的可行域），对结果进行裁剪。代码清单 8 – 27 实现并可视化了给定标准差 std 的人工噪声。

代码清单 8 – 27　显示被随机噪声损坏的数据

```
modified = x_train + np.random.normal(0, std, size = x_train.shape)
modified_clipped = np.clip(modified, 0, 1)

plt.set_cmap('gray')
plt.figure(figsize = (20, 20), dpi = 400)
for i in range(25):
    plt.subplot(5, 5, i + 1)
    plt.imshow(modified_clipped[i].reshape((28, 28)))
    plt.axis('off')
    plt.show()
```

图 8 – 67 展示了一个没有添加人工噪声的图像样本，可以作为对比来参考。

图 8 – 67　MNIST 数据集上未经修改的"纯净"图像样本（供参考）

图 8 – 68 所示为从标准差为 0.1 的正态分布随机噪声中采样的一组 MNIST 数据集图像样本。可以观察到边缘噪声，尤其是其对数字轮廓的一致性产生了影响。

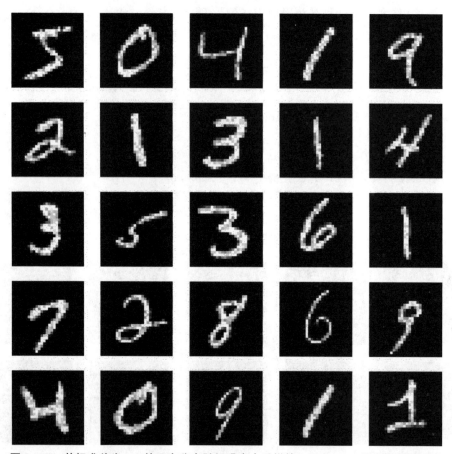

图 8 - 68 从标准差为 **0.1** 的正态分布随机噪声中采样的一组 **MNIST** 数据集图像样本

构建一个自编码器对数据进行降噪处理（见代码清单 8 - 28）。此处使用的自编码器的架构与之前应用中的并无差异，区别在于输入的数据——需要在输入数据上施加人工噪声。在该实现中，在每个训练 epoch 重新生成噪声，这种做法很有必要，因为它能提供"新鲜"的样本噪声的，迫使自编码器真正学习降噪能力，而不是简单地"接收"或"记忆"特定噪声模式。

代码清单 8 - 28 每个 epoch 在新的受损 MNIST 数据集上训练去噪自编码器

```
models = buildAutoencoder(784, 32)
model = models['model']
encoder = models['encoder']

model.compile(optimizer = 'adam', loss = 'mse')
TOTAL_EPOCHS = 100
loss = []
for i in tqdm(range(TOTAL_EPOCHS)):
    modified = x_train + np.random.normal(0, std, size = x_train.shape)
    modified_clipped = np.clip(modified, 0, 1)
```

```
history = model.fit(modified_clipped, x_train, epochs =1, verbose =0)
loss.append(history.history['loss'])
```

训练完成后，可以在一个新的带噪声图像的验证集上评估 MAE（见代码清单 8 – 29）。

代码清单 8 – 29 在一组新的带噪声图像的验证集上评估 MAE

```
modified = x_valid + np.random.normal(0, std, size =x_valid.shape)
modified_clipped = np.clip(modified, 0, 1)


from sklearn.metrics import mean_absolute_error as mae
mae(model.predict(modified_clipped), x_valid)
```

代码清单 8 – 30 和图 8 – 69 分别实现和展示了一组使用标准差为 0.1 的正态分布随机噪声的图像样本。通过使用此过程生成的带噪声图像进行训练的去噪自编码器，可以恢复原始版本，且验证集的 MSE 为 0.026 6。

代码清单 8 – 30 显示受损图像、重建图像和目标重建图像（即原始未受损图像）

```
plt.set_cmap('gray')


for i in range(3):
    plt.figure(figsize =(15, 5), dpi =400)

    plt.subplot(1, 3, 1)
    plt.imshow(modified_clipped[i].reshape((28, 28)))
    plt.axis('off')
    plt.title('Noisy Input')

    plt.subplot(1, 3, 2)
    plt.imshow(x_valid[i].reshape((28, 28)))
    plt.axis('off')
    plt.title('True Denoised')

    plt.subplot(1, 3, 3)
    plt.imshow(model.predict(x_valid[i:i +1]).reshape((28, 28)))
    plt.axis('off')
    plt.title('Predicted Denoised')


    plt.show()
```

将标准差增加到 0.2。图 8 – 70 展示了噪声对图像的影响，而图 8 – 71 展示了一组图像的重建性能。该去噪自编码器在验证集上的 MAE 为 0.028 9，略高于使用标准差为 0.1 的正态分布训练的去噪自编码器。

图 8 – 72 和图 8 – 73 展示了一组图像样本以及去使用标准差为 0.3 的正态分布随机噪声对图像进行扰动时去噪自编码器的性能。该去噪自编码器在验证集上获得了约为 0.034 3 的MAE。

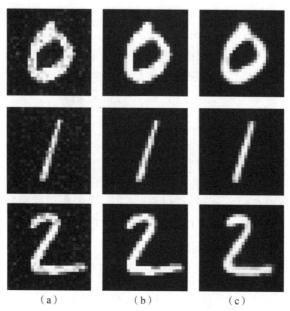

(a)　　　　　　　(b)　　　　　　　(c)

图 8 - 69　使用标准差为 0.1 的正态分布随机噪声训练的 MNIST 数据集上去噪自编码器的结果
（a）受噪声扰动的输入图像；（b）未受噪声损坏的期望输出图像；（c）基于噪声图像去噪后预测输出的图像

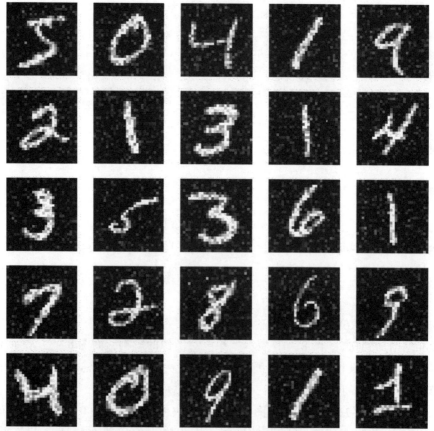

图 8 - 70　一组 MNIST 数据集上的图像样本（添加了标准差为 0.2 的正态分布随机噪声）

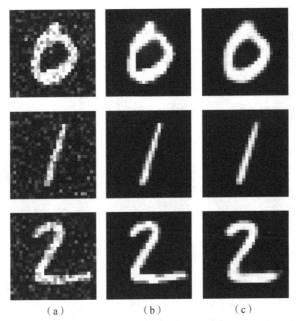

$$(a) \qquad\qquad (b) \qquad\qquad (c)$$

图 8 – 71　使用标准差为 0. 2 的正态分布随机噪声训练的 MNIST 数据集上去噪自编码器的结果

（a）受噪声扰动的输入图像；（b）未受噪声损坏的期望输出图像；（c）基于噪声图像去噪后预测输出的图像

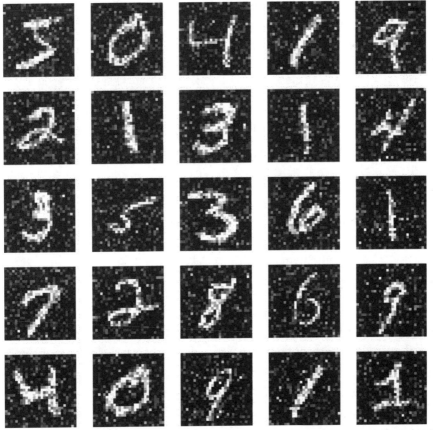

图 8 – 72　一组 MNIST 数据集上的图像样本（添加了标准差为 0. 3 的正态分布随机噪声）

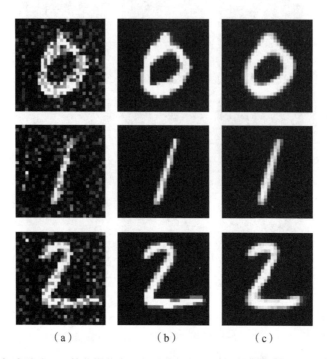

（a） （b） （c）

图 8-73 使用标准差为 0.3 的正态分布随机噪声训练的 MNIST 数据集上去噪自编码器的结果

（a）受噪声扰动的输入图像；（b）未受噪声损坏的期望输出图像；（c）基于噪声图像去噪后预测输出的图像

图 8-74 和图 8-75 展示了一组图像样本以及使用标准差为 0.5 的正态分布随机噪声对图像进行扰动时的去噪自编码器性能。该去噪自编码器在验证集上获得了约为 0.0427 的 MAE。

图 8-76 和图 8-77 展示了一组图像样本以及使用标准差为 0.9 的正态分布随机噪声对图像进行扰动时的去噪自编码器性能。该去噪自编码器在验证集上获得了约为 0.0683 的 MAE。请注意，这是一个非常困难的任务，即使对人类来说，对许多显示的样本进行去噪也会有一些困难！去噪自编码器的重建更加抽象，由于信息严重损坏，没有物理方式可以精确重建所有细节，所以去噪自编码器通过隐式的数字识别重建图像，将其作为具有特定位置和方向特征的"广义"数字。

可以看到，去噪自编码器能够以相当可观的程度进行重建。然而，在实践中，人们希望保持噪声水平相对较低。增加噪声水平可能破坏信息，并导致神经网络形成不正确和/或过于简化的决策表示。

类似的逻辑也适用于表格数据。在许多情况下，读者会发现表格数据集特别嘈杂。这在记录物理活动变量的科学数据集中特别常见，例如低层次的物理动力学数据集或生物系统数据集。

为小鼠蛋白表达数据集构建一个去噪自编码器。代码清单 8-31 加载小鼠蛋白表达数据集并将其拆分为训练集和验证集。

图 8－74　一组 MNIST 数据集上的图像样本（添加了标准差为 0.5 的正态分布随机噪声）

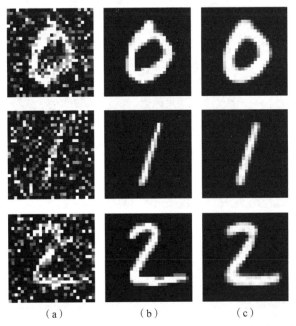

（a）　　　　　（b）　　　　　（c）

图 8－75　使用标准差为 0.5 的正态分布随机噪声训练的 MNIST 数据集上去噪自编码器的结果

（a）受噪声扰动的输入图像；（b）未受噪声损坏的期望输出图像；（c）基于噪声图像去噪后预测输出的图像

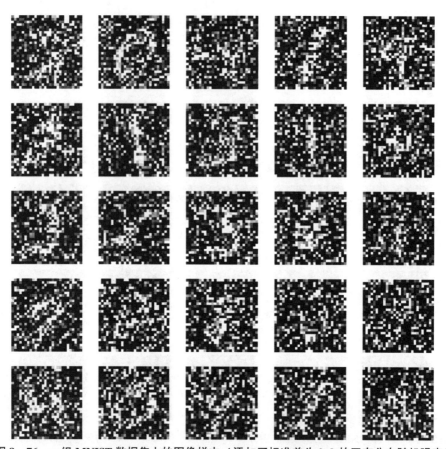

图 8 – 76　一组 MNIST 数据集上的图像样本（添加了标准差为 0.9 的正态分布随机噪声）

（a）　　　　　　　（b）　　　　　　　（c）

图 8 – 77　使用标准差为 0.9 的正态分布随机噪声训练的 MNIST 数据集上去噪自编码器的结果

（a）受噪声扰动的输入图像；（b）未受噪声损坏的期望输出图像；（c）基于噪声图像去噪后预测输出的图像

代码清单 8 – 31　　加载并拆分小鼠蛋白表达数据集

```
data = pd.read_csv('../input/mpempe/mouse - protein - expression.csv').drop
(['Unnamed: 0', 'class'], axis = 1)

train_indices = np.random.choice(data.index, replace = False,
                                 size = round(0.8 * len(data)))
valid_indices = np.array([ind for ind in data.index if ind
                          not in train_indices])

x_train, x_valid = data.loc[train_indices], data.loc[valid_indices]
```

代码清单 8 – 32 构建了一个适用于小鼠蛋白表达数据集基础自编码器架构。

代码清单 8 – 32　　构建适用于小鼠蛋白表达数据集的基础自编码器架构

```
models = buildAutoencoder(len(data.columns), 16)
model = models['model']
encoder = models['encoder']

model.compile(optimizer = 'adam', loss = 'mse')
```

　　训练时，对输入生成噪声，并训练模型从噪声输入中重建原始输入。在表格数据集中，通常不能以"一刀切"/"一揽子"的方式向整个数据集添加随机分布的噪声，因为不同的特征操作在不同的尺度上。相反，噪声应该依赖每个特征本身的标准差。在这个实现中，添加了从正态分布中随机采样的噪声，其标准差等于实际特性标准差的 1/5（见代码清单 8 – 33）。

代码清单 8 – 33　　向小鼠蛋白表达数据集的每列添加具有反射标准差的噪声

```
TOTAL_EPOCHS = 100
loss = []
stds = x_train.std()

for i in tqdm(range(TOTAL_EPOCHS)):
    noise = pd.DataFrame(index = x_train.index, columns = x_train.columns)
    for col in noise.columns:
        noise[col] = np.random.normal(0, stds[col]/5, size = (len(x_train),))
    history = model.fit(x_train + noise, x_train, epochs = 1, verbose = 0)
    loss.append(history.history['loss'])
```

代码清单 8 – 34 对新的噪声数据评估自编码器的性能。

代码清单 8 – 34　　对新的噪声数据评估自编码器的性能

```
noise = pd.DataFrame(index = x_valid.index, columns = x_valid.columns)
for col in noise.columns:
    noise[col] = np.random.normal(0, np.sqrt(stds[col]),
                                  size = (len(x_valid),))
```

```
from sklearn.metrics import mean_absolute_error as mae
mae(model.predict(x_valid + noise), x_valid)
```

训练完成后，可以使用去噪自编码器的编码器模块进行预训练或其他之前描述过的应用。

关键知识点

本章讨论了自编码器的架构以及它在 4 个不同的情境中的应用：预训练、多任务训练、稀疏自编码器和去噪自编码器。

- 自编码器是经过训练的神经网络架构，可以将输入编码到比原始输入更小的潜在空间，并从潜在空间中重构输入。由于这种强加的信息瓶颈，自编码器被迫学习数据的有意义的潜在表示。

- 经过训练的自编码器的编码器可以被分离出来，构建为监督网络的特征提取器。也就是说，自编码器可以用于预训练。

- 在很难进行的监督学习的情况下，可以创建一个多任务自编码器，通过执行监督任务和辅助的自编码任务来优化其损失，帮助克服初始的学习障碍。

- 稀疏自编码器使用了扩展的潜在空间，但在训练时对潜在空间的活动有限制，因此在任何一次传递中只有少数节点/神经元能够处于激活状态。稀疏自编码器被认为更具鲁棒性。

- 去噪自编码器经过训练，可以从人工损坏、带有噪声的嘈杂数据中重构"纯净"数据。在这个过程中，去噪自编码器学会寻找关键模式并"去噪"，这可以成为监督模型的有用的组成部分。

下一章将深入研究深度生成模型，包括一种特殊类型的自编码器——变分自编码器（Variational Autoencoder，VAE）。变分自编码器可以用于平衡不均衡的数据集、提高模型的鲁棒性以及在敏感/私密数据上进行训练，此外还有其他应用。

第9章

数据生成

我们的沙漠，即真正的沙漠本身才是真实的，而不是地图，虽然它的遗迹在沙漠中时隐时现。

——让·博德里亚（Jean Baudrillard），哲学家

数据生成可以定义为基于一个选定的、现有的数据集，创建类似原始数据集的合成数据样本的过程。在一定程度上，术语"类似"一词是模糊的，因为没有一种通用的指标可以定义一个样本与另一个样本的相似性。合成图像数据的评估可以完全通过人眼进行，而表格数据需要计算每个特征之间的双变量关系，并将其与原始数据集进行比较。

现在问题来了：既然有来自现实世界的数据，它们可能更能代表实际情况，为什么需要人工创造的数据样本呢？这是因为我们没有足够的数据。造成这种情况的原因有很多，例如缺乏可收集数据的资源，或者数据收集过程太耗费时间等。

机器学习模型，特别是与深度学习相关的模型，需要大量的数据才能达到良好的性能，因此需要合成数据来扩充潜在的小型数据集。此外，许多分类数据集存在不平衡的问题——它们的标签严重偏向一个或多个类别，导致剩余类别的样本很少。许多这样的情况出现在医学诊断数据集中，其中阳性病例明显少于阴性病例。利用条件数据生成，可以向医学诊断数据集中插入阳性病例，直到医学诊断数据集平衡，这样模型就能以相等的置信度和准确率对两个类别进行分类。

来自现实世界的数据集中还有一个问题是其中存在敏感信息。某些数据集中的一些信息是私人的，并受到法律的保护。为了在这些数据集上进行训练，可以通过合成这些敏感字段来生成新的数据样本，从而有效地保护隐私。本章介绍各种数据生成算法，包括变分自编码器和生成对抗神经网络。

变分自编码器

变分自编码器（Variational Autoencoder，VAE）是自编码器最令人兴奋的应用之一。VAE 能够生成新的数据，这些数据已被用于创建类似训练数据集中的逼真图像。与其他数据生成技术如生成对抗网络（Generative Adversarial Network，GAN）相比，VAE 的优势是可以进行精细控制：可以在生成的输出中控制想要得到的内容。例如，可以使用 VAE 在没有胡须的人的图像上绘制逼真的胡须。在表格数据集的情况下，通过 VAE 生成合成数据，可以增加表格数据集中少数样本的大小或表示，然后可以使用此数据集训练经典机器学习或深度学习模型，从而获得更好的验证或实际部署性能。

理论

为了理解 VAE，需要重新理解自编码器本身的逻辑以及编码器和解码器之间的关系。编码器将输入编码到潜在空间中，而解码器则学习从编码的潜在空间向量中解码样本。然而，解码器不能简单地记住每个潜在空间向量与相应输入之间的关联（至少在设计良好的自编码器中不行）。编码器必须通过一种方式来构建潜在空间，以便解码器能够推广重建的任务。例如，两个非常相似的数字"3"的图像应该具有非常接近的潜在空间向量，因为它们在结构上非常相似——解码器在解码这些输入时应该能够应用非常相似的机制。为了使自编码器成功，潜在空间必须被结构化，以使相似的元素彼此更接近，而不相似的元素彼此距离更远。在之前的许多应用和演示中，一直在利用自编码器潜在空间的这一特性。可以看到基础自编码器可以执行隐式聚类/分离，学习到的潜在空间对于预训练很有用，并且在多任务学习中，潜在空间可以同时被结构化用于自编码和任务训练。

在所有这些应用和演示中，解码器只允许解码由编码器给它的向量。然而，编码器和解码器的具体操作以及"单个输入编码对"并不像潜在空间的概念那样相关。这些"映射"有助于定义潜在空间，但最重要的是潜在空间本身，而不是潜在空间中特定的点。具体来说，应该能够通过解码潜在空间中的任何向量来获得真实输出，而不仅是与数据集中的元素对应的向量。

假设已经为 MNIST 数据集训练了一个自编码器（采用标准的减半/加倍的架构逻辑）。解码器在某种程度上已经学会了潜在空间周围的空间，而不仅是潜在空间本身。假设一个自编码器已经在 MNIST 数据集上训练过，现在演示当逐步"远离"与已知样本项直接对应的潜在空间编码时会发生什么。可以看到，解码在前几个步骤中保持不变，然后迅速变形成其他完全不同的东西（见代码清单 9 – 1 和图 9 – 1）。

代码清单 9 – 1 从潜在空间进行采样

```
encoded = encoder(X_train[0:1])

plt.figure(figsize =(10,10),dpi =400)
```

```
for i in range(5):
    for j in range(5):
        plt.subplot(5, 5, i * 5 + j + 1)
        modified_encoded = encoded + 0.5 * (i * 5 + j + 1)
        decoded = decoder(modified_encoded).numpy()
        plt.imshow(decoded.reshape((28, 28)))
        plt.axis('off')
plt.show()
```

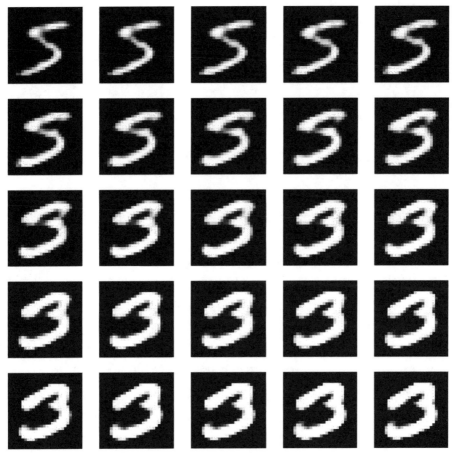

图 9 – 1　通过从"真实"潜在空间向量逐步偏移所解码出的数字样本（采用网格排列以便于观察）

可以将这样的潜在空间描述为"离散的"。请注意，在非常大的距离内，一切都是恒定的，但在临界阈值处，解码突然改变，并在此之后保持恒定。它并不是连续的，解码数字形状的变化与在潜在空间中距离原点多远并不成比例。

另外，也可以尝试对两个相对显著不同的样本进行线性插值解码：对潜在空间向量求平均，获取表示介于这两个样本潜在空间向量"中间"的点的向量。根据假设，即自编码器学习的是潜在空间而不仅是一组点集，因此输出应该是有效的，并且在理想情况下应该是两个真实样本之间某种"中间"的网格。现在随机抽取一些样本（见代码清单 9 – 2 和图 9 – 2）。

代码清单 9 – 2 使用线性插值从潜在空间进行采样

```
for i in range(10):
    encoded1 = encoder(X_train[i:i +1])
    encoded2 = encoder(X_train[i +1:i +2])

    modified_encoded = (encoded1 + encoded2) /2
    decoded = decoder(modified_encoded)

    plt.figure(figsize =(10, 3), dpi =400)
    plt.subplot(1, 3, 1)
    plt.imshow(X_train[i:i +1].reshape((28,28)))
    plt.axis('off')
    plt.subplot(1, 3, 2)
    plt.imshow(decoded.numpy().reshape((28,28)))
    plt.axis('off')
    plt.subplot(1, 3, 3)
    plt.imshow(X_train[i +1:i +2].reshape((28,28)))
    plt.axis('off')
    plt.show()
```

解码后得到的线性插值结果既不是有效的数字，也不是两个数字之间有意义的"中间"网格。

这里发生了什么？之前的假设/逻辑是否不正确？

答案是之前的假设/逻辑部分正确，部分不正确。基础自编码器不需要学习大部分相关的潜在空间，它们只需要学习类似样本的潜在空间即可。相反，自编码器利用潜在空间向量的离散分离以离散的方式"分类"样本（正如之前观察到的），然后解码器可以协调并解码。人们希望有一种方法可以在潜在空间中施加连续性，使解码器被迫学习大部分相关的潜在空间[1]（当然，对"相关"的限定是模糊的。如果读者对这一模糊性感到不理解，下面的注释很有帮助）。这样，就可以在相关的潜在空间中选择任一向量，并将其合理地解码为看起来逼真的数字。潜在空间必须被结构化为连续且逼真的可插值空间。

注释：相关潜在空间的直观定义是"介于样本之间的空间"。如果一维潜在空间只将输入映射为 –5 和 5 之间的值，那么相关潜在空间的值为 [–5, 5]，可能再多一点为 [–6, 6]。然而，正如 Balestriero、Pesenti 和 LeCun 在 2021 年发表的论文《高维度学习总是相当于外推法》中所证明的那样，这种直觉在高维空间中并不成立。在本书中，潜在空间的凸面足以被认定为相关潜在空间。

VAE 通过强制编码器预测潜在空间分布来代替每个潜在空间维度来实现这一点。编码器预测平均值和标准差以定义正态分布（而不是每个维度的单一标量值）。然后，解码器对从该分布集中随机采样的潜在空间向量进行解码，并尝试尽可能忠实地重建原始输入。通过以概率化方式（而非显式确定值）表征潜在空间，VAE 被迫学习整个相关潜在空间中可行的中间表示，从而无法构建离散的分箱方案（discrete binning scheme）。

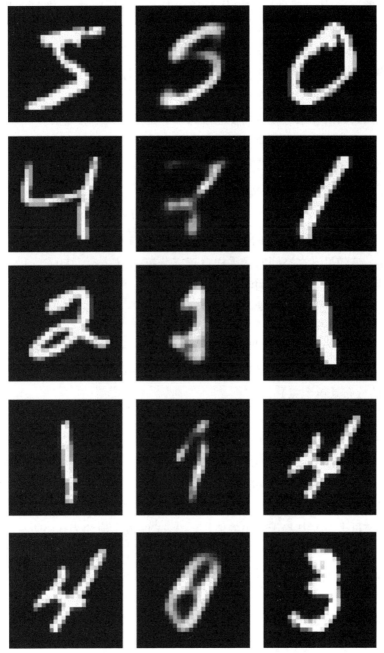

图 9－2 显示从左、右两列的两个图像的潜在空间向量之间线性插值得到的解码结果（中间列）

下面正式介绍 VAE。编码器产生两个输出 $\boldsymbol{\mu}$ 和 $\boldsymbol{\sigma}$，二者都是 n 维向量，表示 n 个正态分布的平均值和标准差，其中 n 是潜在空间的维度。希望从这个 n 维正态分布中采样一个潜在向量 z，其中 z 的第 i 个元素的采样方式如下：

$$z^{(i)} \sim \mathcal{N}(\boldsymbol{\mu}^{(i)}, \boldsymbol{\sigma}^{(i)})$$

接着，解码器对潜在向量 z 进行解码。

但是，这种公式形式不可微分。无法区分采样与由学习到的平均值和标准差所定义的正态分布。因此，使用一种重新参数化技巧，由 Diederik Kingma 和 Max Welling 在原始 VAE 论文 $Auto-Encoding\ Variational\ Bayes$ 中表达[2]：

$$z^{(i)} = \boldsymbol{\mu}^{(i)} + \boldsymbol{\sigma}^{(i)} \odot \boldsymbol{\epsilon}^{(i)}, \quad \boldsymbol{\epsilon} \sim \mathcal{N}(0, c)$$

这里，符号 $\odot$ 表示逐元素乘法，c 是任意常数。这种公式可以证明与直接从正态分布中采样具有相同的特性，但它重新表达了根据平均值和标准差采样，使所有参数都被写成彼此之间和常数的加法和乘法，从而使它成为一个完全可微分的方案。

因此，VAE 的目标可以表示如下，其中 y 表示真实值，z 表示从编码器输出中采样的向量，x 表示编码器的输入（在技术上，严格地说是整个神经网络的输入），E 表示编码器，D 表示解码器，$L(y, \tilde{y})$ 表示损失函数：

$$\min_{E,D} -\mathbb{E}_{z \sim \mathcal{N}(E(x)_\mu, E(x)_\sigma)} L(x, D(z))$$

这里，想要找到函数 E 和 D 的参数，使其最小化输入 x 和随机潜在空间向量的解码之间的平均差异，该随机潜在空间向量采样自正态分布 $\mathcal{N}(E(x)_\mu, E(x)_\sigma)$，该正态分布在由编码器提供的平均值和标准差的潜在空间中定义。

然而，鉴于自编码器倾向于学习潜在空间的离散表示，这里面临一个问题：对于神经网络而言，学习小的标准差使 $\boldsymbol{\sigma} \to 0$，并最大化平均向量之间的距离 $\sum_{i=1}^{n} \sum_{j=i+1}^{n} \|\boldsymbol{\mu}^{(i)} - \boldsymbol{\mu}^{(j)}\|$，这是有利的，因为这样的神经网络基本上等同于基础自编码器，在离散空间中只输出标量（标准差为 0 的分布是单个点）。

因此，可以制定以下惩罚项：

$$\boldsymbol{\sigma} - \log(\boldsymbol{\sigma}) + \boldsymbol{\mu}^2$$

首先，希望最小化平均值，因此添加 L2 型正则化，如果平均值过大，则神经网络会受到惩罚。其次，希望最大化标准差，但也希望它们在整个潜在空间中保持大致均匀，以确保潜在空间中分布的连续同质性。因此，$-\log(\boldsymbol{\sigma})$ 项严厉惩罚过小的标准差，但 $+\boldsymbol{\sigma}$ 项也会在标准差过大时使其趋于较小的值。$x - \log x$ 的最小值约为 0.797，大约在 $x = 0.434$ 处。一些变种的惩罚项会对标准差平方（这是不必要的，但在某些情况下可能改善收敛），并为美观起见减去一个常数（这样，该惩罚项在理论上可以为 0）：

$$\boldsymbol{\sigma}^2 - \log(\boldsymbol{\sigma}) + \boldsymbol{\mu}^2 - 1$$

优化问题的形式可以表述如下：

$$\min_{E,D} -\mathbb{E}_{z \sim \mathcal{N}(E(x)_\mu, E(x)_\sigma)} L(x, D(z)) + \mathbb{E}\left(E(x)_\sigma - \log E(x)_\sigma + E(x)_\mu^2\right)$$

代码实施

下面从演示 VAE 的规范介绍开始，通过在 MNIST 数据集中插值数字来实现。首先创建编码器架构（见代码清单 9-3）。这里不仅有一个潜在空间输出，而且有两个潜在空间输出：一个定义潜在空间的平均值，另一个定义标准差。请注意，在技术上学习标准差的对数（稍后将进行指数化），以便神经网络更容易处理较大尺度的标准差（预测的标准差越大，对潜在空间的连续性的约束就越严格和广泛）。这可以提供一个开放的线性激活，而不是一个零边界的激活。

代码清单 9 - 3 构建 VAE 的编码器架构，它输出潜在空间向量的平均值和对数标准差

```
# 编码器
enc_inputs = L.Input((784,), name = 'input')
enc_dense1 = L.Dense(256, activation = 'relu', name = 'dense1')(enc_inputs)
enc_dense2 = L.Dense(128, activation = 'relu', name = 'dense2')(enc_dense1)
means = L.Dense(32, name = 'means')(enc_dense2)
log_stds = L.Dense(32, name = 'log_stds')(enc_dense2)
```

请注意，mean 和 log_std 层的输出维度相同，因为它们必须相互对应。

接下来，定义一个采样层，该层将获取导出的平均值和对数标准差（见代码清单 9 - 4）。为了保持通过平均值和标准差传播信息的能力，采样一个以 0 为中心的小型正态分布噪声向量，将其乘以标准差，并将其加到平均值上（使用重新参数化技巧，而不是简单地仅从指定平均值和标准差的正态分布中采样）。

代码清单 9 - 4 定义一个采样层，从输出的潜在空间中采样一个随机向量

```
def sampling(args):
    means, log_stds = args
    eps = tf.random.normal(shape =(tf.shape(means)[0], 32), mean =0, stddev =0.1)
    return means + tf.exp(log_stds) * eps


x = L.Lambda(sampling, name = 'sampling')([means, log_stds])
```

这样即可完成编码器（见代码清单 9 - 5）。从技术上讲，编码器只输出采样的潜在空间向量 **x**，但为了计算惩罚项，还将输出 means 和 log_stds（将用它们计算损失，但不会传递给解码器）。

代码清单 9 - 5 定义编码器

```
encoder = keras.Model(inputs =enc_inputs, outputs =[means, log_stds, x], name =
                      'encoder')
```

解码器模型比较标准，它只是接收采样后的潜在空间向量并将其解码回原始输出（见代码清单 9 - 6）。

代码清单 9 - 6 定义解码器

```
# 解码器
dec_inputs = L.Input((32,), name = 'input')
dec_dense1 = L.Dense(128, activation = 'relu', name = 'dense1')(dec_inputs)
dec_dense2 = L.Dense(256, activation = 'relu', name = 'dense2')(dec_dense1)
output = L.Dense(784, activation = 'sigmoid', name = 'output')(dec_dense2)
decoder = keras.Model(inputs =dec_inputs, outputs =output, name = 'decoder')
```

为了构建完整的模型，将输入传递给编码器，并将编码后的潜在空间向量传递给解码器（见代码清单 9 - 7）。

代码清单 9 – 7 构建完整的 VAE

```
# 构建 VAE
vae_inputs = enc_inputs
encoded = encoder(vae_inputs)
decoded = decoder(encoded[2])
vae = keras.Model(inputs = vae_inputs, outputs = decoded, name = 'vae')
```

可以通过模型输出之间的关系计算损失值。由于这个自定义损失并不严格依赖属于主要模型输出的层（即平均值和对数标准差），所以将损失单独添加到编译过程中（见代码清单 9 – 8）。

代码清单 9 – 8 添加自定义损失并进行训练

```
from keras.losses import binary_crossentropy
reconst_loss = binary_crossentropy(vae_inputs, decoded)
kl_loss = log_stds - tf.exp(log_stds) + tf.square(means)
kl_loss = tf.square(tf.reduce_sum(kl_loss, axis = -1))
vae_loss = tf.reduce_mean(reconst_loss + kl_loss)


# 编译模型
vae.add_loss(vae_loss)
vae.compile(optimizer = 'adam')


# 训练模型
vae.fit(x_train, x_train, epochs = 20)
```

训练完成后，VAE 应该已经学习到了整个相关的潜在空间（相关潜在空间指的是由理论边界表面围成的整个空间）。可以可视化潜在空间的一个示例遍历。从一个基础潜在空间向量开始，该向量表示编码器学习到的数据集中存在的样本的表示。然后，"切割"一个平面截面，以可视化学习到的潜在空间的"切片"。有许多方法可以实现这一点，但在这种情况下，只需基于行和列值的网格创建一个线性加法（或减法），作用于基础向量（见代码清单 9 – 9）。

代码清单 9 – 9 通过"切割"学习到的潜在空间的交叉截面，获取一组空间插值和"连续"图像的网格

```
i = 0
base = encoder.predict(x_train[i:i +1])[2]


plt.figure(figsize = (10, 10), dpi = 400)
for row in range(10):
    for col in range(10):
        plt.subplot(10, 10, (row) * 10 + col + 1)
        add = np.zeros(base.shape)
        add[:, [0, 2, 4, 6]] = 0.25 * (row - 5)
```

```
        add[:,[1, 3, 5, 7]] = 0.25 * (col - 5)
        decoded = decoder.predict(base + add)
        plt.imshow(decoded.reshape((28, 28)))
        plt.axis('off')
plt.show()
```

如图 9 - 3 所示，这个结果显示了学习到的潜在空间的交叉截面。注意，在潜在空间的交叉截面上，空间位置更接近的图像表现出更相似的数字形态。可以选择任意两个可识别的数字，例如左上角的 7 和右上角的 1，在它们之间画一条线，并沿着这条线从一个数字到另一个数字进行插值。从功能上讲，除了左上角的基准情况之外，所有这些数字都是通过合成生成的，然而它们看起来大部分是逼真的。通过强制自编码器学习整个潜在空间，然后在潜在空间内进行插值，能够生成逼真的合成数据。

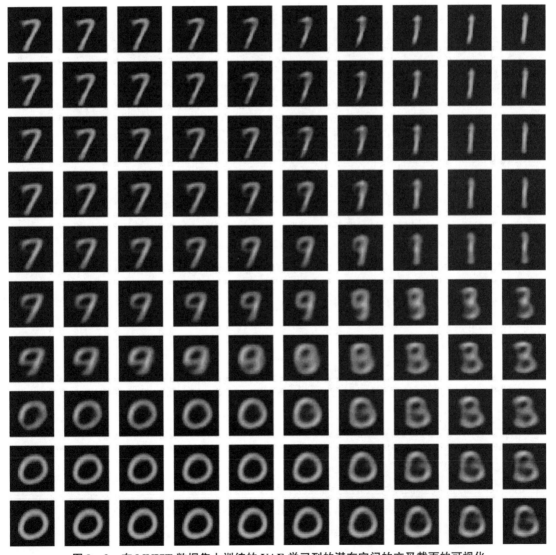

图 9 - 3 在 MNIST 数据集上训练的 VAE 学习到的潜在空间的交叉截面的可视化

VAE 同样适用于生成合成的表格数据。调整 VAE 的代码以适应 Higgs Boson 数据集（见代码清单 9-10）。

代码清单 9-10 构建适用于 Higgs Boson 数据集的 VAE

```
# 编码器
enc_inputs = L.Input((28,), name = 'input')
enc_dense1 = L.Dense(16, activation = 'relu', name = 'dense1')(enc_inputs)
enc_dense2 = L.Dense(16, activation = 'relu', name = 'dense2')(enc_dense1)
means = L.Dense(8, name = 'means')(enc_dense2)
log_stds = L.Dense(8, name = 'log - stds')(enc_dense2)


def sampling(args):
    means, log_stds = args
    eps = tf.random.normal(shape =(tf.shape(means)[0], 8), mean =0, stddev =0.15)
    return means + tf.exp(log_stds) * eps


x = L.Lambda(sampling, name = 'sampling')([means, log_stds])
encoder = keras.Model(inputs = enc_inputs, outputs =[means, log_stds, x],
                      name = 'encoder')


# 解码器
dec_inputs = L.Input((8,), name = 'input')
dec_dense1 = L.Dense(16, activation = 'relu', name = 'dense1')(dec_inputs)
dec_dense2 = L.Dense(16, activation = 'relu', name = 'dense2')(dec_dense1)
output = L.Dense(28, activation = 'linear', name = 'output')(dec_dense2)
decoder = keras.Model(inputs = dec_inputs, outputs =output, name = 'decoder')


# 构建 VAE
vae_inputs = enc_inputs
encoded = encoder(vae_inputs)
decoded = decoder(encoded[2])
vae = keras.Model(inputs =vae_inputs, outputs =decoded, name = 'vae')


# 构建损失函数
from keras.losses import mean_squared_error
reconst_loss = mean_squared_error(vae_inputs, decoded)
kl_loss = 1 + log_stds - tf.square(means) - tf.exp(log_stds)
kl_loss = tf.square(tf.reduce_sum(kl_loss, axis = -1))
vae_loss = tf.reduce_mean(reconst_loss + kl_loss)


# 编译模型
```

```
vae.add_loss(vae_loss)
vae.compile(optimizer = 'adam')
```

```
# 训练
vae.fit(X_train, X_train, epochs = 20)
```

有很多种方法可以从训练好的 VAE 中生成数据。其中一种典型方法是先获取学习到的编码作为潜在空间的"基向量"，然后在这些样本点周围进行随机扰动（见代码清单 9 – 11）。

代码清单 9 – 11　通过已知的潜在空间编码随机移动来生成新的表格数据样本

```
NUM_BASES = 40
NUM_PER_SAMPLE = 20
samples = []
```

```
for i in tqdm(range(NUM_BASES)):
    base = encoder.predict(X_train[i:i + 1])[2]
    for i in range(NUM_PER_SAMPLE):
        add = np.random.normal(0, 1, size = base.shape)
        generated = decoder.predict(base + add)
        samples.append(generated[0])
```

```
samples = np.array(samples)
generated = pd.DataFrame(samples, columns = X.columns)
```

通过可视化对比原始数据集与生成数据集的结构表征。使用配对图（pairplot）能有效展现数据集的结构特征。如代码清单 9 – 12 所示，该代码生成了图 9 – 4（生成数据集样本配对图）和图 9 – 5（真实数据集样本配对图）。值得注意的是，两组数据在多变量关系分布上展现出高度的相似性。

代码清单 9 – 12　在真实数据集和生成的数据集之间绘制两组 5 个变量的双变量关系

```
plt.figure(figsize = (50, 50), dpi = 400)
sns.pairplot(generated,
            x_vars = X.columns[:5],
            y_vars = X.columns[5:10],
            kind = 'kde')
plt.show()
```

```
plt.figure(figsize = (50, 50), dpi = 400)
sns.pairplot(X.iloc[np.random.choice(len(X), size = 800, replace = False)],
            x_vars = X.columns[:5],
            y_vars = X.columns[5:10],
            kind = 'kde')
plt.show()
```

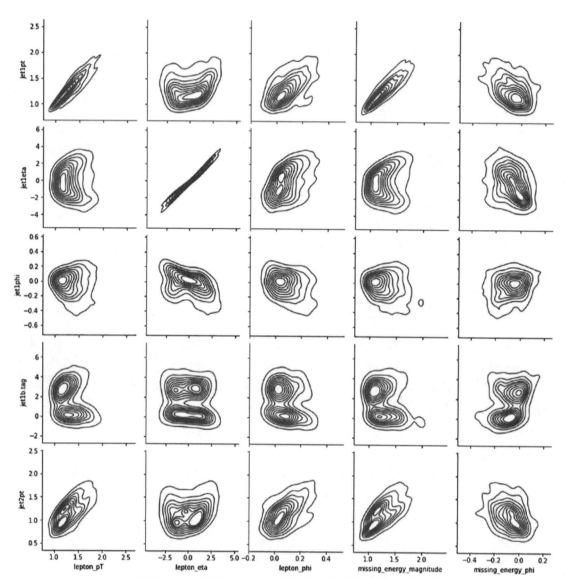

图 9 – 4　由在 Higgs Boson 数据集上训练的 VAE 生成的
两组 5 个特征之间的双变量关系／交互作用

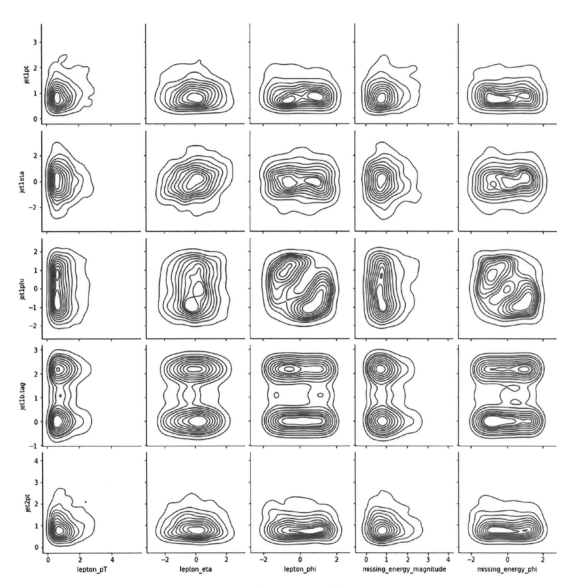

图 9 - 5 从 **Higgs Boson** 数据集中提取的两组 **5** 个特征之间的
真实双变量关系/交互作用

图 9 - 6 和图 9 - 7 展示了小鼠蛋白表达数据集的生成数据和真实数据的配对图。同样地，生成数据集中双变量关系的分布和形状与真实数据集非常相似。

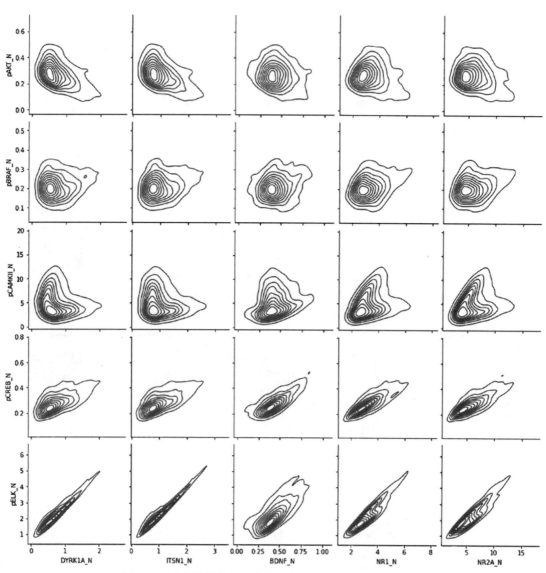

图 9 – 6　在小鼠蛋白表达数据集上经过训练的 VAE 生成的
两组 5 个特征之间的双变量关系/交互作用

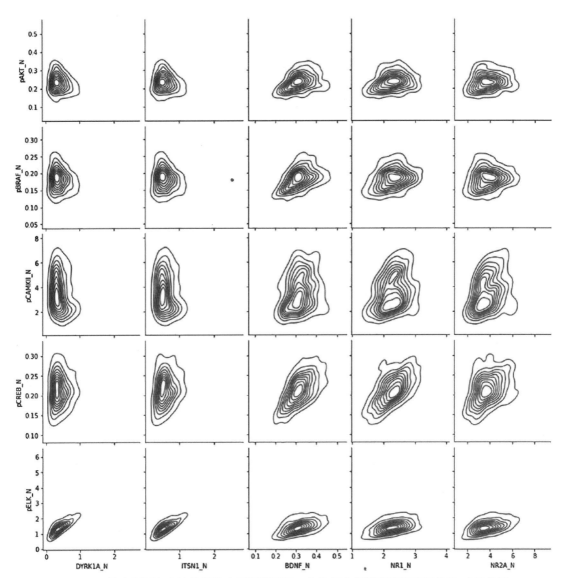

图 9 – 7　从小鼠蛋白表达数据集中提取的两组 5 个特征之间的真实双变量关系/交互作用

VAE 提供了复杂的数据生成能力，可以帮助在数据贫乏或质量不佳的情况下构建更成功的机器学习模型（神经网络或传统模型）。

生成对抗网络

绘画 *Edmond de Belamy* 看起来像一幅典型的 17 世纪和 18 世纪的作品。画面中有一个驼背的男人，他的衣服用宽大的黑墨笔勾勒，融入了深色的背景，他用阴影笼罩的眼睛茫然地看着观众。在右下角，代替艺术家签名的是一行优雅的表达式：

$$\min_{G} \max_{D} E_{x}\big[\log\big(D(x)\big)\big] + E_{y}\big[\log\big(1 - D\big(G(z)\big)\big)\big]$$

这是一个简化的表达式，代表了 GAN 模型的目标，它是除了 VAE 之外的另一种重要的深度生成模型。值得注意的是，GAN 已成为令人印象深刻的逼真艺术和图像生成的核心技术，但它也被应用于生成其他形式的数据，包括表格数据，这种应用虽然不常见，但同样具有很大的潜力。

理论

下面开始正式阐述在 *Edmond de Belamy* 中提出的表达式。

- 令 z 表示一个随机噪声向量。
- 令 x 表示从数据中抽取的数据样本。
- 令 G 为一个神经网络，它接收 y 并将其转化为类似从数据中抽取的样本的输出。
- 令 D 为一个神经网络，它输出给定样本来自数据的概率（而不是由 G 生成）。
- 令 $E_x f(x)$ 表示依赖变量 x 的函数 f 的平均值。

该表达式表示判别器的平均对数损失（注释：假设模型所暴露的合成样本和真实样本的数量相同），它由两项组成：$E_x[\log(D(x)]$ 和 $E_z[\log(1-D(G(z)))]$。判别器有两个任务：将从数据中抽取的样本（即 x）分类为源数据，并将由生成器从随机噪声向量（即 $G(z)$）创建的合成样本分类为非源数据。这两个目标分别由该表达式表示。

第一项表示判别器对从数据中抽取的样本的预测的平均对数。如果判别器工作完美，那么这个值将被最大化，因为 $D(x)$ 被预测为 1，$\log(D(x)) = 0$，并且 $E_x[\log(D(x)] = 0$。第二项表示判别器对生成的样本的反向预测的平均对数。如果判别器工作完美，那么这个值也将被最大化，因为 $D(x)$ 被预测为 0，$1-D(G(z)) = 1$，$\log(1-D(G(z))) = 0$，并且 $E_z[\log(1-D(G(z)))] = 0$。因此，当判别器工作完美时，这两个项之和被最大化为 0。

判别器的目标是最大化这个表达式，而生成器的目标是最小化这个表达式。将各部分组合起来，得到了以下系统，其中生成器和判别器彼此对抗：

$$\min_G \max_D E_x[\log(D(x))] + E_z[\log(1-D(G(z)))]$$

图 9-8 展示了之前表达式的直观表示。

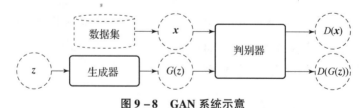

图 9-8　GAN 系统示意

Ian Goodfellow 等人[3]在原始论文中提出的更完整的表述如下，其中 z 是从分布 $p_z(z)$ 中抽取的随机向量，x 是从分布 $p_{data}(x)$ 中抽取的数据样本：

$$\min_G \max_D E_{x \sim p_{data}(x)}[\log(D(x))] + E_{z \sim p_z(z)}[\log(1-D(G(z)))]$$

为了更新判别器，使用其损失相对于判别器参数的梯度 θ_d：

$$\nabla_{\theta_d} E[\log(D(x) + \log(1-D(G(z)))]$$

梯度上升是因为判别器旨在最大化而不是最小化其性能。回想前面提到的，当判别器工作完美时，该表达式被最大化。其与梯度下降的唯一区别是优化朝着最大增长的方向移动，而不是相反方向（即最大减小的方向）。

在完成判别器的参数更新后，基于第二项损失对生成器参数 θ_g 的梯度，以梯度下降的方式更新生成器：

$$\nabla_{\theta_g} E\left[\log\left(1 - D\left(G\left(z\right)\right)\right)\right]$$

不需要关注第一项，因为生成器与之无关，它对梯度计算没有贡献。请注意，生成器被明确地更新为"欺骗"判别器，通过最小化判别器将生成的项目进行分类为生成的性能。

通过反复更新判别器和生成器，这两个模型进行对抗性游戏。

原始 GAN 论文中提出的训练算法如下。

（1）对于 k 步，执行以下操作。

①从噪声先验分布 $p_g(z)$ 中采样一个大小为 m 的小批量噪声样本 $\{z^{(1)}, z^{(2)}, \cdots, z^{(m)}\}$。

②从真实数据分布 $p_{\text{data}}(x)$ 中采样一个大小为 m 的小批量训练样本 $\{x^{(1)}, x^{(2)}, \cdots, x^{(m)}\}$。

③使用随机梯度上升（或其他使用相同损失函数的优化方法）更新判别器参数：

$$\nabla_{\theta_d} \frac{1}{m} \sum_{i=1}^{m} \left[\log D\left(x^{(i)}\right) + \log\left(1 - D\left(G\left(z^{(i)}\right)\right)\right)\right]$$

（2）从噪声先验分布 $p_g(z)$ 中抽取一个新的 m 个噪声样本 $\{z^{(1)}, z^{(2)}, \cdots, z^{(m)}\}$。

（3）使用随机梯度上升（或使用其他相同损失函数的优化方法）更新生成器：

$$\nabla_{\theta_g} \frac{1}{m} \sum_{i=1}^{m} \left[\log\left(1 - D\left(G\left(z^{(i)}\right)\right)\right)\right]$$

（4）重复上述步骤，直到完成指定次数的训练迭代。

请注意优化过程中的以下特点。

- 通过改变 k 的值，可以控制判别器相对于生成器的"移动"次数的比例。原始 GAN 论文的作者使用 $k=1$ 以最大化计算效率。

- 从计算图的角度来看，在技术上优化的是同一组操作，只是在任意时刻优化其中的不同部分。请注意判别器和生成器更新公式中梯度上升和下降的相应表达式涉及相同嵌套的 $D(G(\cdots))$ 表达式，但只有其中一部分被更新，而另一部分保持不变。

- 当更新生成器时，选择一个新的随机小批量噪声样本，而不是使用与判别器更新时相同的样本。

然而，GAN 的训练非常困难。GAN 系统通常不稳定，并且无法收敛。OpenAI 的 Tim Salimans 和其他研究人员在论文 *Improved Techniques for Training GANs* 中[4]提出了几个可行的训练修改方案，以提高 GAN 系统的收敛性和性能，其中一些总结如下。

- 特征匹配。在明确目标最大化判别器对生成样本的预测的情况下，生成器很难生成样本。相反，可以训练生成器来匹配判别器中间层的激活。如果生成器生成的输出总体上产生了判别器一些特征的激活值，而这些激活值与真实样本的激活值非常不同，那么生成器可能无法成功欺骗判别器。特征匹配是一种使用判别器的"内部思维过程"直接优化生成器的技术。

- 历史平均。对于每个参与者，其权重更新相对于历史时间段 t 的幅度进行惩罚：$\left\| \theta[0] - \frac{1}{t}\sum_{i=1}^{t}\theta[i] \right\|$。其中，$\theta$ 是模型参数的数组，而 $\theta[0]$ 代表最近、当前的一组参数。这提供了一个恒定的力，将参与者推向收敛：任何较大的更新都将受到此数量的惩罚，从而可以约束不稳定的、无法收敛的行为。

- 单侧标签平滑（one-sided label smoothing）。标签平滑是将离散的二元标签替换为概率近似值（例如，将 0 替换为 0.1，将 1 替换为 0.9）。可以将正判别器标签（即具有标签 1 的真实数据样本）替换为平滑的近似值（例如 0.9 甚至 0.8），这样生成器即使无法产生大输出，也可以更容易地在其"眼中"与"真实"样本达到等效。例如，设 x 为一个真实数据样本，$D(x)=1$。设 z 为一个随机向量，假设 $D(G(z))=0.9$。在这种情况下，判别器被欺骗了，但并非完全被欺骗。然而，如果应用单侧标签平滑，则判别器将学习到 $D(x)=0.9$。因此，$G(z)$ 和 x 是可比较的，因为判别器对它们都做出相同的判断。这可以使生成任务更容易。

随后人们提出了许多方法来扩展 GAN 的能力。在原始 GAN 论文发表之后不久，条件 GAN 由 Medhi Mirza 和 Simon Osindero 在 2014 年的论文 *Conditional Generative Adversarial Nets* 中提出[5]。条件 GAN 允许在某个属性的条件下生成输出。例如，与其只是生成任意的数字，条件生成模型可以生成特定类型的数字（例如 0，1，2 等）。

这通过对原始 GAN 系统优化目标进行简单修改来实现的：判别器接收原始输入（可以是数据集中的样本或由生成器合成的样本）以及条件信息 y。生成器的输出是由随机向量 z 和条件信息 y 生成的：

$$\min_{G}\max_{D} E_{x \sim p_{\text{data}}(x)}\big[\log(D(x \mid y))\big] + E_{z \sim p_z(z)}\big[\log(1 - D(G((z \mid y))))\big]$$

具体来说，考虑将条件 GAN 应用于生成数字图像。首先选择 n 个数字图像 x 及其对应的类别 y（例如，第一张图像的类别为 2，第二张图像的类别为 9，…，第 n 张图像的类别为 0）。接下来，随机采样噪声向量 z，并将 z 和 y 传入生成器。现在，已经生成了样本 $G(z \mid y)$。判别器通过访问相应的类，对原始样本和生成样本进行预测。即使生成器生成逼真的图像，在给定输入的情况下，如果给定的输入是数字"8"的图像，但相关的类（即 y）是 2，则判别器理论上也可以检测到是否生成了样本。因此，生成器必须根据给定的属性条件生成逼真的图像（见图 9-9）。

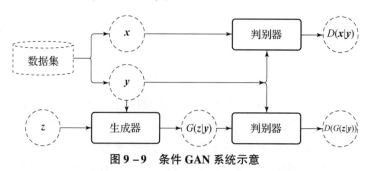

图 9-9 条件 GAN 系统示意

虽然 GAN 在图像生成方面取得了令人难以置信的成功，尤其是在基于文本条件的生成方面，但表格数据生成仍然是一个难题。表格数据的跨列异质性，即在值范围、稀疏性、分布、离散性/连续性、值不平衡等属性上的变化，使得在整个数据集范围内很难轻松地转移尺度和规则。

Lei Xu、Maria Skoularidou、Alfredo Cuesta–Infante 和 Kalyan Veeramachaneni 在 2019 年的论文 *Modeling Tabular Data Using Conditional GAN*[6] 中提出了非常成功的条件表格生成对抗网络（CTGAN），用于解决表格数据的深度生成对抗问题。

CTGAN 模型非常复杂，包含许多组成部分。这里总结了架构和训练过程的重要因素。请参阅原始论文获取详细信息。

每行通过将连续和离散列进行连接来表示。离散列采用独热编码，而具有复杂多模态分布的连续特征则使用随机抽样的模态进行归一化（此处的"多模态"指分布存在多个峰值/众数，与正态分布等单一集中趋势的分布不同）。假设行表示为 $\hat{r}$。

为了确保 GAN 系统能够相对均衡地学习离散序列中的不同取值（即使数据极度不平衡或稀疏），Lei Xu 等人提出了一个条件向量。这个向量简单地表示生成器必须在哪些离散列中复制哪些类型的值。设 m 表示这个条件向量。然后，将生成器的输出表示为 $G(z \mid m)$，给定一个随机抽样的向量 z 和条件向量 m。这类似第 6 章中讨论的注意力机制和 Transformer 中的 MLM 预训练范式。在 MLM 中，模型被呈现给句子中的一部分词，并且必须填充掩码标记。在 CTGAN 中，生成器呈现"句子的一部分"（即选定的列中的选定值），并且必须"填充"行的其余部分（即在提供的条件向量下，哪些连续列和未选定的离散列的值是有意义的）。给定一个相等的条件向量生成过程，生成器和判别器被暴露于更广泛的特征空间中，以适应更复杂的数据形式。

生成器模型由两个使用 ReLU 函数、批归一化和残差连接的隐藏层组成。有两个相关的输出——连续特征 c 和离散特征 d。可以近似地表述如下，其中 $\oplus$ 表示向量连接，Gumbel 表示 softmax Gumbel 函数[7]：

$$h_0 = z \oplus m$$
$$h_1 = h_0 \oplus \text{ReLU}(\text{BN}(\text{FC}(h_0)))$$
$$h_2 = h_0 \oplus \text{ReLU}(\text{BN}(\text{FC}(h_0)))$$
$$c = \tanh(\text{FC}(h_2))$$
$$d = \text{Gumbel}(\text{FC}(h_2))$$
$$G: z, m \mapsto c, d$$

注释：Eric Jang、Shixiang Gu 和 Ben Poole 在论文 *Categorical Reparametrization with Gumbel_Softmax* 中介绍了 softmax Gumbel 函数，这是一种从可变分布中离散采样的巧妙技巧。给定类别概率 π、温度参数 τ 和从 Gumbel 分布中采样的独立且同分布样本 g（概率密度函数为：$f(x) = e^{-(x+e^{-x})}$），可以从 π 中采样一个"离散"向量 y，其中第 i 个元素由以下公式给出（假设 k 代表唯一类别的数量）：

$$y_i = \frac{\exp\left(\dfrac{\log \pi_i + g_i}{\tau}\right)}{\sum_{j=1}^{k} \exp\left(\dfrac{\log \pi_j + g_j}{\tau}\right)}$$

CTGAN 模型在各种表格数据生成任务中表现良好，包括具有异构表格数据的任务，这在之前的表格生成尝试中是具有挑战性的。它在处理不平衡数据集和提供数据增强方面表现出了潜力。

接下来的部分将演示从头开始实现一个简单的 GAN 模型以及使用 CTGAN 的实现方法。

TensorFlow 中的简单 GAN 实现

为了演示简单 GAN 的建模和训练流程，采用 MNIST 数据集作为目标生成的图像。该数据集可以通过 tensorflow. keras. datasets 获得（见代码清单 9 – 13）。为了确保生成多样化的图像，从 MNIST 数据集中删除了数字"1"，以避免模式崩溃，因为生成器可能只需要生成一条线的倾斜图像就能欺骗判别器。

代码清单 9 – 13　导入库和获取 MNIST 数据集

```
import numpy as np
import pandas as pd
import tensorflow as tf
import os
import matplotlib.pyplot as plt

import tensorflow.keras.layers as L
import tensorflow.keras.models as M
import tensorflow.keras.callbacks as C
from tensorflow.keras.datasets import mnist

(X_train, y_train), (X_test, y_test) = mnist.load_data()

# 移除数字 1
X_train = X_train[y_train ! = 1]

# 重新调整形状为(28, 28, 1)
X_train = np.expand_dims(X_train, axis =3)

# 为后续操作准备
X_train = X_train.astype("float32")

# 归一化
X_train /= 255.0
```

接下来构建判别器。回想之前提到的，无论生成任务是什么，判别器都将是一个分类器，用于区分真实图像和生成图像。为了简化问题，下面展示的判别器模型架构将是一个 5 层 FCN（见代码清单 9 – 14）。还可以通过使用卷积层来进一步提高判别器的性能。

代码清单 9 – 14　定义判别器

```
# 判别器
# 简单的 FCN,可以修改为 CNN 以提高性能
# 展平二维图像
inp  = L.Input(shape =(28, 28, 1))
x = L.Flatten(input_shape =[28, 28])(inp)
x = L.Dense(512, activation = L.LeakyReLU(alpha =0.25))(x)
x = L.Dropout(0.3)(x)
x = L.Dense(1024, activation = L.LeakyReLU(alpha =0.25))(x)
x = L.Dropout(0.3)(x)
x = L.Dense(256, activation = L.LeakyReLU(alpha =0.25))(x)
x = L.Dropout(0.3)(x)
x = L.Dense(512, activation = L.LeakyReLU(alpha =0.25))(x)
x = L.Dropout(0.3)(x)
x = L.Dense(64, activation = "Swish")(x)
out  = L.Dense(1, activation = "sigmoid")(x)


# 在 Adam 中,将 beta_1 设置为 0.5,以获得更稳定的训练
discriminator  = M.Model(inputs = inp, outputs = out)
discriminator.compile(loss = "binary_crossentropy",
optimizer =tf.keras.optimizers.Adam(lr =0.0002, beta_1 =0.5),
metrics =["acc"])
```

生成器模型将接收潜在空间中任意数量的点作为随机高斯噪声。它负责根据从判别器反馈的梯度，生成无法被判别器正确分类为假的图像。潜在空间的维度对生成器模型的性能不重要。在下面的示例中，选择了 128 作为输入维度。生成器模型的架构采用逐渐扩展的方式定义，从 128 个神经元增加到 1 024 个。最后一层将重塑为图像大小（28, 28）。请注意，最后一层的激活函数将是 sigmoid 函数，因为将图像像素值归一化为 1 到 0 之间。

在适当的位置添加注释（见代码清单 9 – 15）。

代码清单 9 – 15　定义生成器

```
# 生成器
# 以 128 作为潜在空间维度
inp_gen  = L.Input(shape =(128))
y = L.Dense(224)(inp_gen)
y = L.LeakyReLU(alpha =0.2)(y)
y = L.Dense(256)(inp_gen)
y = L.LeakyReLU(alpha =0.2)(y)
y = L.Dense(512)(y)
y = L.LeakyReLU(alpha =0.2)(y)
y = L.Dense(664)(y)
y = L.LeakyReLU(alpha =0.2)(y)
y = L.Dense(1024)(y)
```

```
y = L.LeakyReLU(alpha = 0.2)(y)
# MNIST 数据集图像的形状
y = L.Dense(784, activation = "sigmoid")(y)
# 重塑为图像的维度
out_gen = L.Reshape([28, 28, 1])(y)
# 由于生成器不会单独进行训练,所以不需要编译
generator = M.Model(inputs = inp_gen, outputs = out_gen)
```

整个 GAN 模型由生成器和判别器按顺序组成（见代码清单 9 – 16）。在开始训练之前，将判别器的 trainable 属性设置为 False。在训练整个 GAN 模型之前冻结判别器的权重，因为从判别器返回的梯度在每次生成样本时必须保持不变（在学习方面）。判别器的分类部分作为一个独立的模型进行训练。

代码清单 9 – 16 定义 GAN

```
# 组合模型并使判别器不可训练
gan_model = M.Sequential([generator, discriminator])
discriminator.trainable = False
gan_model.compile(loss = "binary_crossentropy", optimizer = tf.keras.optimizers.
Adam(lr = 0.0002, beta_1 = 0.5), metrics = ["acc"])
```

与常规图像任务处理方式一样，使用 TensorFlow Datasets 将样本批量转换为生成器兼容的格式（见代码清单 9 – 17）。

代码清单 9 – 17 定义 TensorFlow 数据集

```
def build_dataset(data, batch_size = 32):
    AUTO = tf.data.experimental.AUTOTUNE
    dset = tf.data.Dataset.from_tensor_slices(data).shuffle(1024)
return dset.batch(batch_size, drop_remainder = True).prefetch(AUTO)


batch_size = 256
real_img_dataset = build_dataset(X_train, batch_size = batch_size)
```

训练主要通过两个嵌套循环完成，一个循环遍历所需的迭代 epoch，而对于每个迭代 epoch，会遍历数据集的每个批次。对于每个批次，生成器产生一个批次的伪图像和一个批次的真实图像。它们的标签通过 tf. constant 赋值，然后与图像连接起来创建用于判别器的训练数据集。为了便于说明，伪图像批次的标签为 0，与标签为 1 的真实图像批次进行连接，然后使用 train_on_batch 方法将其输入判别器进行训练（实际上是训练了 2 个 epoch 的数据）。然后，在冻结判别器权重的条件下，通过在整个 GAN 上调用 train_on_batch 来训练 GAN（见代码清单 9 – 18）。

代码清单 9 – 18 训练 GAN

```
# 获取 GAN 的每个单独的模型
generator, discriminator = gan_model.layers
epochs = 150
for epo in range(epochs):
```

```python
print(f"TRAINING EPOCH {epo +1}")

for idx, cur_batch in enumerate(real_img_dataset):
    #用于生成假图像的随机噪声
    noise = tf.random.normal(shape =[batch_size, 128])
    # 生成假图像和标签
    fake_img, fake_label = generator(noise), tf.constant([[0.0]] * batch_size)
    # 提取一批真实图像和标签
    real_img, real_label = tf.dtypes.cast(cur_batch,dtype =tf.float32),
    tf.constant([[1.0]] * batch_size)

    # 判别器的输入 X,包括一半的假图像和一半的真图像
    discriminator_X = tf.concat([real_img, fake_img], axis =0)
    # 判别器的标签 y,其中包含 1 和 0
    discriminator_y = tf.concat([real_label, fake_label], axis =0)
    # 设置为可训练
    discriminator.trainable = True
    # 作为独立的分类模型训练判别器
    d_loss = discriminator.train_on_batch(discriminator_X, discriminator_y)

    # 生成器的输入 X,噪声
    gan_x = tf.random.normal(shape =[batch_size, 128])
    # 生成器的标签 y,设置为"real"
    gan_y = tf.constant([[1.0]] * batch_size)
    # 将判别器设置为不可训练
    gan_model.layers[1].trainable = False
    gan_loss = gan_model.train_on_batch(gan_x, gan_y)

    # 释放内存,避免 OOM 错误
    del fake_img, real_img, fake_label, real_label,
    del discriminator_X, discriminator_y

    if (idx +1) % 100 == 0:
        print(f" \t On batch {idx +1} /{len(real_img_dataset)}
        Discriminator Acc: {d_loss[1]} GAN Acc {gan_loss[1]}")

if (epo +1)% 10 ==0:
    #每 10 个 epoch 绘制结果
    print(f"RESULTS FOR EPOCH {epo}")
```

```
gen_img = generator(tf.random.normal(shape =[5,128]))
columns = 5
rows = 1

fig = plt.figure(figsize =(12,2))
for i in range(rows * columns):
    fig.add_subplot(rows, columns, i +1)
    plt.imshow(gen_img[i], interpolation = 'nearest', cmap = 'gray_r')
plt.tight_layout()
plt.show()
```

经过几十个批次（batch_size）为 256 的训练 epoch 后，GAN 可以生成一些相当令人信服的手写数字（见图 9 – 10）。可以通过修改判别器或生成器以包含更多层或不同的激活函数，或切换到基于卷积的设计来进一步提高性能。由于 GAN 的不稳定性，模型的微小改变可能对结果产生重大影响。

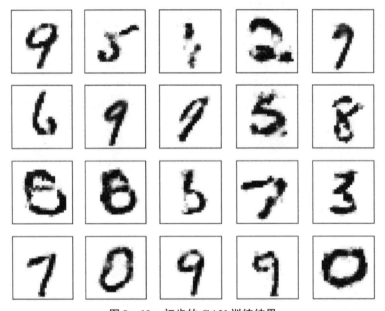

图 9 – 10　初步的 GAN 训练结果

CTGAN

CTGAN 的官方实现以一个方便易用的软件包的形式提供，需要通过 pip 命令安装，输入以下命令：pip install sdv。为了保持一致性和用于比较目的，Higgs Boson 数据集将在这里被重用，用于 CTGAN 生成人工样本。下面是一个简单的示例，演示了如何训练 CTGAN 并从中采样生成模拟数据（见代码清单 9 – 19）。

代码清单 9 – 19　简单的 CTGAN 演示

```
# 使用测试数据集,因为它具有更多样本
data = pd.read_csv("../input/higgsb/test.csv")
```

```
from sdv.tabular import CTGAN
ctgan_model = CTGAN(verbose = True)
ctgan_model.fit(data)
new_data = ctgan_model.sample(num_rows = 800)
```

　　在完全没有进行超参数调整的情况下，与之前讨论的 VAE 相比，CTGAN 的性能令人印象深刻。如图 9 - 11 和图 9 - 12 所示，通过对特征之间的双变量关系进行绘图，生成的合成数据和实际数据几乎无法区分。尽管特征之间的相关性并不是衡量生成模型性能的唯一方法或最佳方法，但仅通过 5 行代码就能产生如此惊人的结果。

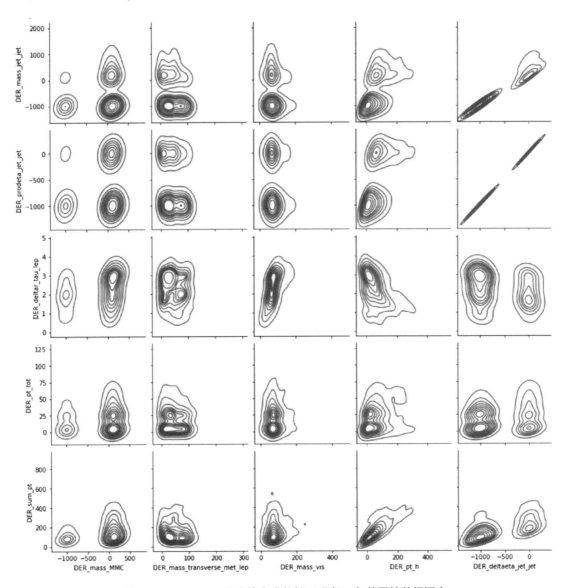

图 9 - 11　CTGAN 生成的合成数据（顶部）与从原始数据源中
随机抽取的 800 个数据点（底部）的并排对比

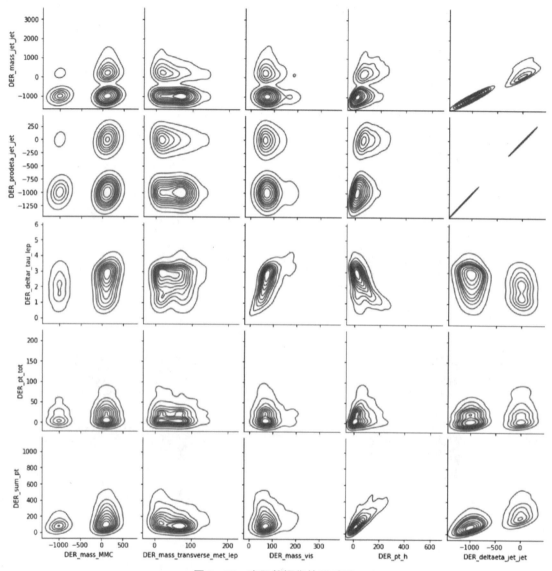

图 9 – 12   实际数据集的配对图

CTGAN 中的"C"（有条件地）确实在模型的灵活性方面发挥了作用。可以指定 "primary_key"来为特定特征生成唯一的数据，并使用"anonymize_field"选项生成纯粹的 人工样本，这些样本不包含在训练数据中（见代码清单 9 – 20）。对于"anonymize_field" 选项，有预定义的潜在数据类别可以被匿名化。根据传入的内容，CTGAN 将从一组预生 成的数据点中检索数据。

代码清单 9 – 20   条件生成

```
# 在数据集的上下文之外的示例
# 生成的 "DER_mass_MMC" 列将被视为名称,并根据其进行匿名化处理
# 完整的类别列表可以在以下网址找到
# https://sdv.dev/SDV/user_guides/single_table/ctgan.html#anonymizing -
```

```
personallyidentifiable-
    # information-pii
    ctgan_model = CTGAN(
        primary_key = 'EventId',
        anonymize_fields = {
            'DER_mass_MMC': 'name'
        }
    )
```

对于合成数据的采样也可以是有条件的。设置生成过程中的约束有两种常见方法。

（1）通过使用一个包含列约束信息的字典来初始化 Condition 对象。字典的键表示被约束的列，而其值则是模型将生成的唯一值。需要注意的是，对于连续特征，只能生成训练数据范围内的值。

（2）直接在 CTGAN 模型上调用 sample_remaining_columns 方法。顾名思义，可以传入一个包含已设置列的 Pandas 数据框，然后模型将生成剩余的列。

代码清单 9 – 21 中展示了这两种方法的示例。

代码清单 9 – 21　条件生成

```
from sdv.sampling import Condition
condition = Condition({
    'DER_deltar_tau_lep': 2.0,
    # 对于分类特征，可以使用字符串形式传入特定的值
})
constrained_sample = ctgan_model.sample_conditions(condition)

given_columns = pd.DataFrame({
    'DER_mass_MMC': [120.2, 117.3, -988, 189.9] # 随意指定的值
})
constrained_sample = ctgan_model.sample_remaining_columns(given_columns)
```

可以调整 GAN 的底层参数，如训练的 epoch 数、批次大小、潜在空间维度、学习率和衰减率等。更多详细信息可以在 CTGAN 的官方文档中找到：https://sdv.dev/SDV/user_guides/single_table/ctgan.html。

关键知识点

本章讨论了各种数据生成算法——从简单和快速的方法（例如 VAE），到复杂、精密的 GAN。表格数据生成方法的应用范围比大多数人所想象的要广泛。

- VAE 为潜在空间的每个维度预测相应的概率分布，而不是显式的标量值，这使它能够以连续的方式学习整个潜在空间。相应地，可以在潜在空间中进行插值，并将其解码

为逼真的输出，从而用于数据生成。

● GAN 系统由判别器和生成器组成。生成器接收随机向量并合成人工样本，而判别器确定输入样本是真实的（从数据集提取）还是伪造的（由生成器生成）。生成器的训练目标是最小化判别器的性能，而判别器的训练目标是最大化它的性能。

● 条件生成对抗网络（Conditional GANs）允许样本根据特定类别或属性进行条件生成（通过将样本属性信息传递给生成器和判别器）。

● CTGAN 使用条件生成来合成新的鲁棒性和有代表性的表格数据，即使在复杂、异构和不平衡的环境中也能如此。

下一章将探讨元优化。元优化涉及在整个训练过程中调整超参数，读者将意识到这对表格数据建模特别重要。

参 考 文 献

［1］Balestriero R，Pesenti J，LeCun Y. Learning in high dimension always amounts to extrapolation ［J］. arXiv preprint arXiv：2110. 09485，2021.

［2］Kingma D P，Welling M. Auto－encoding variational bayes［J］. arXiv preprint arXiv：1312. 6114，2013.

［3］Goodfellow I，Pouget－Abadie J，Mirza M，et al. Generative adversarial nets［J］. Advances in neural information processing systems，2014，27.

［4］Salimans T，Goodfellow I，Zaremba W，et al. Improved techniques for training gans［J］. Advances in neural information processing systems，2016，29.

［5］Mirza M，Osindero S. Conditional generative adversarial nets［J］. arXiv preprint arXiv：1411. 1784，2014.

［6］Xu L，Skoularidou M，Cuesta－Infante A，et al. Modeling tabular data using conditional gan ［J］. Advances in neural information processing systems，2019，32.

［7］Jang E，Gu S，Poole B. Categorical reparameterization with gumbel－softmax ［J］. arXiv preprint arXiv：1611. 01144，2016.

第 **10** 章

元 优 化

若执意追求事事完美，则终将陷于无尽苦恼。

——唐纳德·库努斯（Donald Knuth），计算机科学家

传奇人物唐纳德·库努斯在许多方面都是正确的，但元优化确实有力地证明了大多数人都可以非常愉快地优化大多数事情（当然，不是所有事情）。标准形式下的优化涉及在从参数到损失模型的直接层面上协调模糊和不确定性。但是，当构建这些模型时，也会遇到通常被忽视和遗忘的模糊和不确定性。元优化关注的是这些元参数（或称为"超参数"）的优化，其不仅可以提高性能，还可能比手动调整更加高效。

本章首先简要讨论了元优化的关键概念和动机，接着探讨了常用于元优化过程的无梯度优化方法。接下来的两个部分展示了如何使用 Hyperopt 库进行元优化，以优化模型和数据管道。最后，本章还简要介绍了 NAS。

元优化：概念与动机

如果读者一直按照本书中概述的脚本进行跟进，则有时会不可避免地遇到以下问题：需要决定如何构建一个系统，但选择哪种具体的可能性是随意的或同样不确定的。例如，使用 GradientBoostingClassifier 或 AdaBoostClassifier，最大树深度应该是 128 还是 64？特定神经网络单元应该有多少层？特定层中应该设置多少个节点？应该将放弃层的丢弃比例设置为多少？

事实上，对于大多数决策来说，选择哪条路径并不重要。一个特定层是否有 128 个节点或 256 个节点可能不会明显影响最终性能，因为深度学习系统非常庞大，而一个单独的

决策相对来说微不足道。优化器的类型可能产生影响，但不会是令人难以置信的影响（除非从一个原始的优化器切换过来）。可以将这些决策称为元参数，因为它们决定了模型的"形式"和"形状"，而不是决定其预测行为的具体权重参数。

然而，如果以某种方式同时为所有这些元参数做出决策，也就是说，设置每个元参数使其相对于其他所有元参数都达到最优，则可能显著提升整体系统的性能。

元优化有时也称为元学习或自动机器学习（Auto – ML），是"学习如何学习"的过程，一个元模型（或"控制器模型"）为候选模型验证性能找到最佳的元参数（见图 10 – 1）。可以使用元优化来找到最佳模型、最佳模型的元参数，以及最佳数据预处理和后处理方案，以适用于最佳模型和最佳元参数集合。

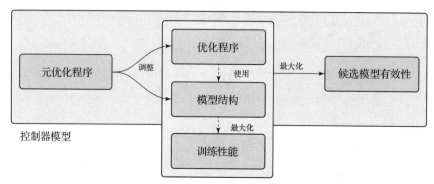

图 10 – 1　元优化中控制器模型和候选模型之间的关系

元优化活动有 3 个关键组成部分：元参数空间、目标函数和优化过程。

• 元参数空间描述了正在优化哪些元参数和优化过程如何对正在优化的元参数进行采样。一些元参数必须是整数（例如节点数），而另一些元参数则必须是比例（例如丢弃率）。此外，人们可能对元参数空间的某些领域的成功更有信心。例如，较低的丢弃率（例如 0.1 ~ 0.3）几乎肯定比较高的丢弃率（例如 0.7 ~ 0.9）在正则化方面更有效，因为高的丢弃率会显著阻碍信息传递。这种置信度分布必须在元参数空间的结构中指定。

• 目标函数描述了被采样的元参数如何组合成一个模型，并返回使用采样的元参数构建和训练的模型的性能。例如，如果想要优化仅有一个隐藏层的浅层神经网络中的隐藏节点数，则目标函数将接收采样的隐藏节点数，构建具有相应隐藏节点数的神经网络，拟合直至收敛，并返回其在验证集上的性能。元优化的目标是最小化这个目标函数。

• 优化过程是根据先前元参数组合的性能，从搜索空间中采样新的元参数组合的算法。在理想情况下，这样的算法应该是自适应的——如果一组元参数的性能非常差，则它应该采样相距较远的元参数；如果一组元参数表现异常好，则它应该采样附近的元参数以保持并利用良好的性能。通常用户不需要实施优化过程。

在深度学习中进行元优化通常被认为是一项昂贵的任务，因为与传统机器学习算法相比，神经网络有更多可能的元参数变化方向，并且神经网络通常训练时间比传统机器学习算法更长。在具体领域研究中，例如 NAS（这是元参数优化的一个子领域），其中一个控制器模型（通常是另一个神经网络）试图找到适用于任务的最优神经网络架构，可能需要在高性能硬件上进行几天的试验。

然而，相对于优化计算机视觉和自然语言处理任务的深度学习管道，结构化数据的深度学习元优化相对更容易。针对结构化数据的神经网络模型通常训练速度更高且规模更小，这使元优化过程能够在可行的时间内反复采样更广泛的神经网络元参数组合，而无须专门的硬件支持。

下面探讨各种应用中的元优化，包括优化经典机器学习模型、深度学习训练过程、深度学习架构、数据管道等。

无梯度优化

元优化工具大部分属于无梯度优化工具。

考虑某个函数 $f(x)$。在给定某个输入的情况下，只能访问它的输出，并且计算它是很昂贵的（即处理一个查询需要花费大量的时间）。任务是找到一组输入，尽可能最小化函数的输出。

这种任务被称为黑箱优化（见图 10 - 2），因为试图找到问题解决方案的算法或实体几乎没有或根本没有关于函数的信息。只能访问传入函数的任何输入的输出，但不能访问导数。这阻碍了基于梯度的方法的使用，该方法在神经网络领域已被证明是成功的。

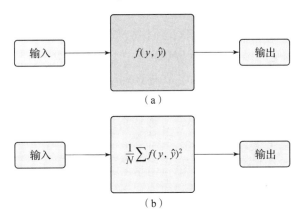

图 10 - 2 需要最小化的目标函数

（a）没有给出明确信息的黑箱函数；（b）明确定义的损失函数（在本例中为 MSE 损失函数）

一般而言，黑箱优化是可行的元优化的核心。虽然有几种不同的元优化方法，但黑箱优化是一个被长期研究的问题[1]。元优化过程除了采样元参数所训练的候选模型所产生的损失之外，无法获得任何其他信息。

注释：黑箱优化问题的直观例子之一是 DARTS（Differentiable Architecture Search）。

所谓的朴素元优化方法/过程使用以下一般结构来解决黑箱优化问题。

（1）选择候选模型的结构参数。

（2）获得在选择的结构参数下训练的候选模型的性能。

（3）重复以上步骤。

通常有两种被公认为朴素元优化方法的基本算法，它们被用作与更复杂的元优化方法进行比较的基线模型。

- 网格搜索。在网格搜索中，对每个结构参数的用户指定值列表的每个组合进行尝试和评估。假设有一个希望优化的模型，其包含两个结构参数 A 和 B。用户可以指定结构参数 A 的搜索空间为 $[1, 2, 3]$，结构参数 B 的搜索空间为 $[0.5, 1.2]$。这里，"搜索空间"表示每个结构参数将进行测试的值。网格搜索为这些结构参数的每个组合训练 6 个模型——$A = 1$ 且 $B = 0.5$，$A = 1$ 且 $B = 1.2$，$A = 2$ 且 $B = 0.5$，依此类推。

- 随机搜索。在随机搜索中，用户提供关于每个结构参数可能取值的可行分布的信息。例如，结构参数 A 的搜索空间可以是均值为 2、标准差为 1 的正态分布，结构参数 B 的搜索空间可以是值列表 $[0.5, 1.2]$ 中的均匀选择。然后，随机搜索会随机抽样结构参数值，并返回表现最佳的一组值。

网格搜索和随机搜索被认为是朴素元优化算法，因为它们在选择下一组结构参数时没有将先前选择的结构参数的结果纳入考虑；它们只是盲目地重复"查询"结构参数，并返回性能最佳的一组结构参数。尽管对于某些小规模元优化问题，网格搜索已经足够，而随机搜索在相对较便宜的模型上被证明是一种令人惊讶的强大策略，但是对于更复杂的模型，例如神经网络，它们无法产生一致的强大结果。问题不一定是这些朴素方法本质上不能产生好的结构参数组合，而是由于搜索空间庞大和黑箱查询很慢，它们需要花费的时间太长。

元优化区别于其他优化问题的关键在于评估步骤会放大整个系统中的任何低效环节。通常，为了量化某些选定的结构参数的好坏，会在这些结构参数下完全充分训练模型，并使用其在测试集上的性能作为评估指标。在神经网络的背景下，这个评估步骤可能需要几小时的时间。因此，一个有效的元优化系统应该尽可能在找到良好的解之前减少构建和训练模型的数量（与标准神经网络优化相比，模型会在几个小时的时间内数十万到数百万次地查询损失函数并相应地更新权重）。

为了防止在选择要评估的新结构参数时出现低效问题，对于神经网络这样的模型，成功的元优化方法还包括另一步骤——将先前的"试验"知识纳入确定下一组最佳结构参数的选择。

（1）选择候选模型的结构参数。

（2）获得在选择的结构参数下训练的候选模型的性能。

（3）将关于选择的结构参数和在这些结构参数下训练的候选模型性能之间的关系的知识纳入下一次选择。

（4）重复以上步骤。

这里使用流行的元优化框架 Hyperopt 进行元优化，它使用贝叶斯优化算法来解决黑箱优化问题。通过精心设计的搜索空间，Hyperopt 通常可以找到比手动设计更好的解决方案。

贝叶斯优化算法通常在黑箱优化问题中使用，因为它成功地通过相对较少的对目标函数的查询获得了可靠的结果。贝叶斯建模的精神是从一组先验知识开始，并不断根据新信息更新这组知识以形成后验知识。正是这种持续更新的精神——在需要的地方搜索新信息——使贝叶斯优化算法成为黑箱优化问题中一种强大而多功能的工具。

如图 10 – 3 所示，考虑一个假设的损失函数。在元优化的背景下，这个损失函数代表了使用采样参数（x 轴）训练的模型所产生的损失（y 轴）。目标是找到使损失最小化的 x 的值。

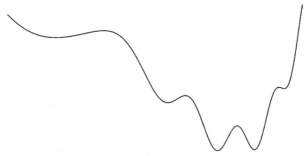

图 10 – 3　一个假设的损失函数，显示了带有某个参数 x 的模型所产生的损失［为了方便可视化，优化一个单参数模型或仅针对一个参数优化损失（即查看完整损失曲面的横截面）］

然而，对于元优化方法来说，损失函数是一个黑箱。它无法"看到"整个函数，如果可以，解决最小化问题将变得轻而易举。为了便于用户理解贝叶斯优化，将函数显示给用户，但一定要判断/区分在元优化过程中是否知道这个函数！

在元优化过程中只能访问一组采样点集合。利用这些采样点，对真实成本函数的形状提出一种假设。这在形式上被称为代理函数。代理函数近似地表示了目标函数，并代表了关于目标函数如何随着采样点/独立变量变化而变化的当前知识集合。

图 10 – 4 所示为使用两个采样点定义代理函数（虚线）。虽然模型无法"看到"完整的目标函数，但它可以"看到"完整的代理函数。代理函数是一个数学表示的函数，其属性可以通过已建立的技术轻松访问。在元优化过程中可以根据代理函数确定哪些点是有希望的或有风险的。如果某个提议的点 x 具有较大的代理函数值，那么它的风险更高。如果某个提议的点 x 具有较小的代理函数值，那么它更有希望。

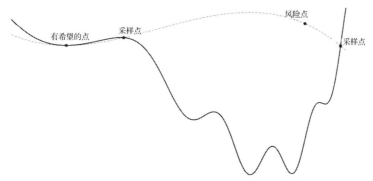

图 10 – 4　将代理函数拟合到两个采样点，并使用代理函数开发/估计未采样点的前景和风险性

由于代理函数仅由两个点定义，所以在元优化过程中采用严格的贪婪采样策略是不明智的。假设该过程决定评估这两个点的真实值（通过目标函数进行评估）。可以发现，风险点实际上比有希望的点更大幅度地最小化了目标函数，这意味着冒险是值得的！现在可以更新代理函数以反映这些采样点，并确定要采样的新的有希望的点（见图 10 – 5）。

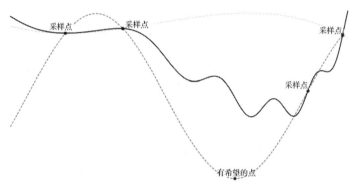

图 10 – 5　将代理函数重新拟合到新的采样点，并更新对未采样点的前景或风险性的估计值

不断重复这个过程：增加"智能"/有根据的采样有助于定义代理函数，使其成为对目标函数越来越准确的表示（见图 10 – 6）。

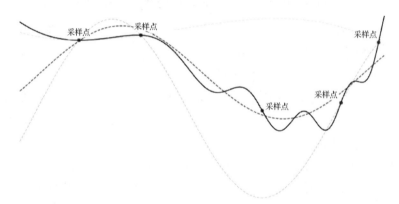

图 10 – 6　用新的采样点第二次重新拟合代理函数，并更新对未采样点的前景或风险性的估计值

请注意，这里对代理函数的可视化是确定性的，但在实践中使用的代理函数是概率性的。这些代理函数返回 $p(y \mid x)$，即给定 x 时，目标函数输出为 y 的概率。概率性的代理函数更容易以贝叶斯方式进行更新和采样。

因为随机搜索或网格搜索在确定下一组要采样的点时不考虑任何先前的结果，所以这些朴素算法在确定下一组要采样的点时节省了时间和计算资源。然而，贝叶斯优化算法使用额外的计算来确定下一个要采样的点，以更智能地构建代理函数，减少查询次数。总体而言，目标函数所需的查询次数的减少通常超过了确定下一个采样点的时间和计算量的增加，从而使贝叶斯优化算法更高效。

这个元优化过程被更抽象地称为基于模型的序列优化（SMBO）。它作为一个中心概念或模板，用来制定和比较各种模型优化策略。SMBO 包含一个关键特征：为目标函数构建的代理函数会随着新信息的更新进行更新，并用于确定新的采样点。区分不同的 SMBO 方法有两个关键属性：采集函数的设计（确定如何在给定代理函数的基础上采样新点的过程）和代理函数的构建方法（如何将采样点合并到目标函数的近似表示中）。Hyperopt 使用树状结构帕尔森估计器（Tree－Structured Parzen Estimator，TPE）作为代理函数和采集策略。

预期改进测量量化了要优化的参数 x 方面的预期改进。例如，如果代理函数 $p(y \mid x)$ 将所有小于某个阈值 $y*$ 的 y 值都评估为 0——也就是说，输入参数 x 产生的目标函数输出小于 $y*$ 的概率为 0——那么通过采样 x 可能无法改进。

TPE 的设计目标是找到能最大化预期改善的参数 x。与贝叶斯优化算法所使用的所有代理函数一样，它返回 $p(y \mid x)$，给定输入 x 时目标函数输出为 y 的概率。但是，与直接获取这个概率不同，它使用贝叶斯定理：

$$p(y \mid x) = \frac{p(x \mid y) \cdot p(x)}{p(x)}$$

其中，$p(x \mid y)$ 表示给定输出 y 时，目标函数输入为 x 的概率。为了计算这个概率，使用了两个分布函数：当输出 y 小于某个阈值 $y*$ 时使用 $l(x)$，当输出 y 大于某个阈值 $y*$ 时使用 $g(x)$。为了从能产生目标函数输出小于阈值的 x 中进行采样，策略是在 $l(x)$ 中进行抽取，而不是 $g(x)$（其他项 $p(x)$ 和 $p(y)$ 可以很容易地计算，因为它们不涉及条件概率）。通过目标函数评估具有最高预期改进的采样值。得到的值用于更新概率分布 $l(x)$ 和 $g(x)$，以获得更好的预测。

最终，TPE 通过不断更新其两个内部概率分布来最大化预测的质量，从而找到最佳的目标函数输入进行采样。

注释：读者可能会想，TPE 中的 T（即 Tree）是什么意思。在原始 TPE 论文中，作者指出 TPE 中的 Tree 部分源自元参数空间的树状特性：选择一个元参数的值将确定其他元参数可能的取值范围。例如，如果正在优化神经网络的架构，则首先确定层数，然后确定第三层的节点数。

下面通过寻找简单的标量到标量函数的最小值来探索无梯度优化的实现。

考虑以下问题：找到使 $f(x)$ 最小化的 x 的值（回顾第 1 章中类似的练习，用来演示梯度下降）：

$$f(x) = (x-1)^2$$

简单的数学运算表明，全局最小值出现在 $x=1$ 处。然而，该模型无法访问解析表达式——它必须通过从函数中迭代采样来找到最小值（见代码清单 10－1 和图 10－7）。

代码清单 10－1　绘制 $y=(x-1)^2$ 的图像

```
plt.figure(figsize=(10,5))
x = np.linspace(-5,5,100)
y = (x - 1)**2
plt.plot(x,y,color='red')
plt.scatter([1],[0],color='red')

plt.grid()
plt.show()
```

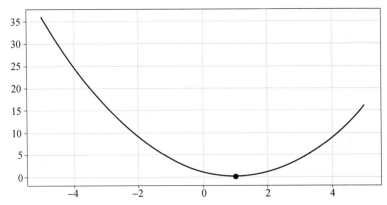

图10-7 函数 $y = (x-1)^2$ 的图像及其在 $x = 1$ 处的最小值

第一步是定义搜索空间。假设确信最小化函数 $y = (x-1)^2$ 的真实最优解 x 大致在0附近，而 x 距离0越远，对其最小化函数的置信度就越低。这反映了一个以0为中心的正态分布。标准差代表随着 x 远离均值，对其最小化目标函数的置信度降低的速度。

要在Hyperopt中定义搜索空间，需要创建一个字典，其中键是标识符/引用/名称参数，值是Hyperopt搜索空间对象（见代码清单10-2）。在这种情况下，使用hp. normal，它定义了一个将以高斯方式进行采样的参数。

所有hp. type空间都接收一个名称作为第一个参数。对于hp. normal，可以稍后指定平均值（mu）和标准差（sigma）。

代码清单 10-2 定义 x 的搜索空间

```
# 定义搜索空间
from hyperopt import hp
space = {'x': hp.normal('x', mu = 0, sigma = 10)}
```

目标函数接收一个名为params的字典作为输入。params的结构与搜索空间相同，只是每个键都被替换为采样的值。params['x']将返回一个从正态分布中采样的浮点数，而不是一个hp. normal对象。可以通过目标函数评估采样值（见代码清单10-3）。

代码清单 10-3 定义目标函数

```
# 定义目标函数
def obj_func(params):
    return (params['x'] - 1)**2
```

要进行优化，使用最小化函数fmin，该函数接收目标函数和搜索空间参数。还可以提供算法（建议使用之前讨论过的TPE）以及目标函数的最大查询/评估次数。请注意，如果Hyperopt达到了令人满意的解决方案，并确定不太可能存在其他未探索的更好的解决方案，则它可能提前停止评估，即使没有达到最大评估次数（见代码清单10-4）。

代码清单 10-4 执行最小化优化过程

```
# 执行最小化优化过程
from hyperopt import fmin, tpe
best = fmin(obj_func, space, algo = tpe.suggest, max_evals = 500)
```

经过几百次评估，Hyperopt 找到使 x 最小化的值为 1.005 837 877 270 380 4，非常接近真实值 1。成功了！

考虑另一个函数：

$$f(x) = \sin^2 x$$

该函数的最小值出现在 π 的倍数处，因为对于任意整数 k，$\sin(k\pi) = 0$。假设希望 Hyperopt 找到一个最小化该函数并位于 2 到 4 之间的解。已知 $2 < \pi < 4$，且 $\mathrm{argmin}(\sin^2 x) = k\pi$，因此，$\mathrm{argmin}(\sin^2 x \,|\, 2 < x < 4) = \pi$。解决这个优化问题可以很好地得到 π 的一个近似值（见代码清单 10 - 5 和图 10 - 8）。

代码清单 10 - 5　绘制函数 $y = \sin^2 x$ 的图像并在 $x = \pi$ 处找到最小值

```
plt.figure(figsize =(10,5), dpi =400)
x = np.linspace(2, 4, 1000)
y = np.sin(x)**2
plt.plot(x, y, color = 'red')
plt.scatter([np.pi],[0], color = 'red')
x = np.linspace(-2, 8, 1000)
y = np.sin(x)**2
plt.plot(x, y, color = 'red', alpha =0.3, linestyle = '--')
plt.scatter([np.pi],[0], color = 'red')

plt.grid()
plt.show()
```

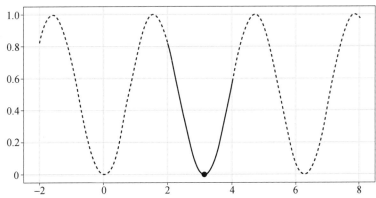

图 10 - 8　函数 $y = \sin^2 x$ 的图像（其中，在 $x = \pi$ 处标记一个极小值点）

不使用正态分布，而是使用最小值为 2、最大值为 4 的均匀分布，以反映对搜索空间的了解（见代码清单 10 - 6）。

代码清单 10 - 6　定义搜索空间和目标函数

```
# 定义搜索空间
from hyperopt import hp
space = {'x': hp.uniform('x', 2, 4)}
```

```
#定义目标函数
def obj_func(params):
    return np.sin(params['x'])**2
```

经过 10 次尝试，Hyperopt 得到的 π 的近似值为 3.254 149；经过 100 次尝试，近似值为 3.139 025；经过 1 000 次尝试，近似值为 3.141 426。作为参考，π 的实际值四舍五入到小数点后 6 位为 3.141 593，这里的无梯度近似只相差约 0.000 17！

然而，在通常情况下，函数并不在人们希望搜索的整个定义域上都有定义。Hyperopt 允许使用状态来指定参数或参数集何时无效。以最小化以下函数为例，它在 $x = 0$ 处未定义（见代码清单 10-7 和图 10-9）：

$$y = \frac{1}{x^2} + x^2$$

代码清单 10-7 绘制函数 $y = \frac{1}{x^2} + x^2$ 的图像

```
plt.figure(figsize=(10,5),dpi=400)
x = np.linspace(-3.99214, -0.25049,100)
y = 1/(x**2) + (x)**2
plt.plot(x,y,color='red')

x = np.linspace(0.25049,3.99214,100)
y = 1/(x**2) + (x)**2
plt.plot(x,y,color='red')
plt.scatter([-1,1],[2,2],color='red')


plt.grid()
plt.show()
```

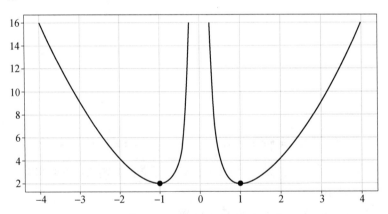

图 10-9 函数 $y = \frac{1}{x^2} + x^2$ 的图像及其在 $x \in \{-1, 1\}$ 处的最小值

在搜索空间中指定 x 不应为 0 并不容易，相反，如果目标函数接收无效值，则会从目标函数中返回 {'status':'fail'}。如果采样的参数是有效的，则会返回 {'status':'ok', 'loss': ...} - 在 "loss" 中输入由给定的采样参数产生的损失值 (见代码清单 10 - 8)。

代码清单 10 - 8　定义搜索空间和目标函数并处理无效的抽样输入

```
# 定义搜索空间
from hyperopt import hp
space = {'x': hp.normal('x', mu = 0, sigma = 10)}


# 定义目标函数
def obj_func(params):
    if params['x'] == 0:
        return {'status': 'fail'}
return {'loss': 1/(params['x']**2) + params['x']**2, 'status': 'ok'}
```

请注意，这个特定的函数有两个全局最小值，它们都是有效的。鉴于搜索空间是对称的，并且直接位于 x 的最小值之间，Hyperopt 在大约一半的时间内会随机得到一个特定的解决方案。

有时甚至无法准确描述哪些采样参数或参数集会产生无效的结果。例如，考虑以下函数，它在实数域上对于 $x < 0$ 和 $\sin(x^2) < 0$ （后者在 $x \to \infty$ 时更频繁地出现）都是无效的 (见代码清单 10 - 9 和图 10 - 10)：

$$y = \frac{1}{\sqrt{x}} - \sqrt{\sin(x^2)}$$

代码清单 10 - 9　绘制函数 $y = \frac{1}{\sqrt{x}} - \sqrt{\sin(x^2)}$ 的图像

```
plt.figure(figsize = (10, 5), dpi = 400)
x = np.linspace(0.1, 10, 10_000)
y = 1/(np.sqrt(x)) - np.sqrt(np.sin(x**2))
plt.plot(x, y, color = 'red')


plt.grid()
plt.show()
```

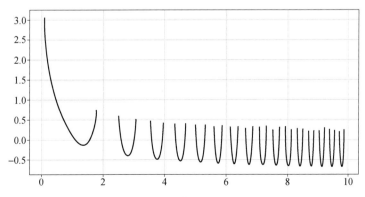

图 10 - 10　函数 $y = \frac{1}{\sqrt{x}} - \sqrt{\sin(x^2)}$ 的图像

假设要在 0 和 10 之间最小化这个函数。与其指定哪些采样参数值会导致无效结果（这是一个相当烦琐的代数任务），可以先进行计算，然后在计算结果出现异常时进行处理。在这种情况下，如果在 NumPy 中执行无效的操作，则结果将是 np. nan。可以执行目标函数的评估，并在结果为 nan 时返回失败的状态（见代码清单 10 – 10）。

代码清单 10 – 10　定义目标函数，使用状态设置对无效输入进行一般故障保护

```
# 定义目标函数
def obj_func(params):
    result = 1/np.sqrt(params['x']) - np.sqrt(np.sin(params['x']**2))
    if np.isnan(result):
        return {'status': 'fail'}
    return {'loss': result, 'status': 'ok'}
```

在另一种情况下，执行给定采样参数的目标函数会抛出错误（例如构建具有无效架构的神经网络），还可以使用 try/except 结构，如果在目标函数评估中出现任何错误，则返回失败的状态。Hyperopt 可以找到一个相当不错的最小值（见图 10 – 11）。

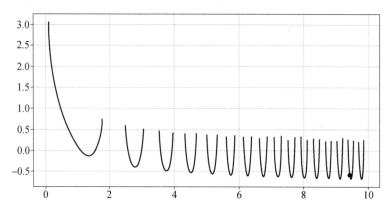

图 10 – 11　函数 $y = \dfrac{1}{\sqrt{x}} - \sqrt{\sin(x^2)}$ 的图像（**Hyperopt** 优化找到的最小值被标记为一个点）

优化模型元参数

本部分运用 Hyperopt 语法知识，对经典机器学习模型和深度学习模型进行元优化。与处理简单的 $f: x \rightarrow y$ 最小化问题不同，本部分构建大型搜索空间，用于在目标函数中构建和训练模型。

考虑一下 Higgs Boson 数据集，本书之前已经从多个不同的角度对其进行了处理。这个数据集通常伴随一个困难的建模问题，但也许通过使用元优化能够找到一个更好的解决方案（见图 10 – 12）。

下面从尝试找到最佳的经典机器学习模型开始：逻辑回归、决策树、随机森林、梯度提升、AdaBoost 和 MLP（见图 10 – 13）。这是建模流程中最为广泛的隐式元参数：选择用

于对数据集建模的模型本身就是一个元参数！然而，除此之外，每个模型内部还有需要优化的元参数。例如，构建决策树时有不同的深度值和准则，这些可以显著改变一个决策树相较于其他决策树的行为。随机森林和梯度提升模型还有一个额外的元参数：集成中的估计器数量。我们不仅想选择最佳的模型，还要选择该模型的最佳元参数集。

	class	lepton_pT	lepton_eta	lepton_phi	missing_energy_magnitude	missing_energy_phi	jet1pt	jet1eta	jet1phi	jet1b.tag	...	jet4eta	jet4phi	jet4b.tag	m_jj	m_jjj	m_lv	m_jlv	m_bb	m_wbb	m_wwbb
0	1	0.907542	0.329147	0.359412	1.497970	-0.313010	1.095531	-0.557525	-1.588230	2.173076	...	-1.138930	-0.000819	0.000000	0.302220	0.833048	0.985700	0.978098	0.779732	0.992356	0.798343
1	1	0.798835	1.470639	-1.635975	0.453773	0.425629	1.104875	1.282322	1.381664	0.000000	...	1.128848	0.900461	0.000000	0.909753	1.108330	0.985692	0.951331	0.803252	0.865924	0.780118
2	0	1.344385	-0.876626	0.935913	1.992050	0.882454	1.786066	-1.646778	-0.942383	0.000000	...	-0.678379	-1.360356	0.000000	0.946652	1.028704	0.998656	0.728281	0.869200	1.026736	0.957904
3	0	1.595839	-0.607811	0.007075	1.818450	-0.111906	0.847550	-0.566437	1.581239	2.173076	...	-0.654227	-1.274345	3.101961	0.823761	0.938191	0.971758	0.789176	0.430553	0.961357	0.957818
4	1	0.409391	-1.884684	-1.027292	1.672452	-1.604598	1.338015	0.055427	0.013466	2.173076	...	0.069496	1.377130	3.101961	0.869418	1.222083	1.000627	0.545045	0.698653	0.977314	0.828786
...	...	...	...	...	...	...	...	...	...	...	...	...	...	...	...	...	...	...	...	...	...
68631	0	0.631747	-1.732745	0.734498	0.647226	-0.795422	0.768035	0.966439	0.950915	0.000000	...	0.079490	-0.501350	3.101961	1.843042	1.384108	0.989323	0.978744	0.467157	1.412571	2.054788
68632	0	0.967752	-0.317568	-1.579379	0.512029	0.764061	0.684489	-0.537720	-0.855346	0.000000	...	0.173599	0.239561	3.101961	2.000598	1.331450	0.985605	0.880876	0.899824	0.978647	0.915264
68633	1	0.908091	-0.825006	-0.830871	0.736298	1.512713	0.881811	-0.363440	0.006813	1.086538	...	-0.187013	0.716785	0.000000	1.317681	1.010795	0.985962	0.957878	1.454672	0.903937	0.786069
68634	0	0.903099	0.261943	-0.429149	1.892855	0.313687	0.493397	-1.494282	-1.458506	0.000000	...	-0.283621	1.110772	3.101961	0.527038	0.607263	1.125286	0.634107	0.115543	0.425828	0.692506
68635	0	0.566047	-0.317568	0.062561	0.358186	-1.315823	0.691176	1.154583	-0.242759	2.173076	...	-0.844943	-0.294922	0.000000	0.747239	1.008975	0.989497	1.203147	0.892492	1.090807	0.888965

68636 rows × 29 columns

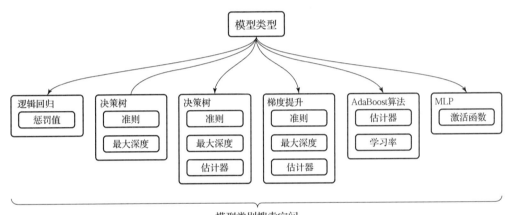

图 10－12　Higgs Boson 数据集

图 10－13　搜索空间以确定使用哪个模型以及与该模型相关的参数

导入所需的每个相关模型（见代码清单 10－11）。

代码清单 10－11　导入相关模型

```
from sklearn.linear_model import LogisticRegression
from sklearn.tree import DecisionTreeClassifier
from sklearn.ensemble import RandomForestClassifier,
                             GradientBoostingClassifier,
                             AdaBoostClassifier
from sklearn.neural_network import MLPClassifier
```

使用 F1 分数来评估最佳模型。回顾第 1 章，F1 分数是二分类问题中一个比准确率更平衡和全面的评估指标。此外，还需要导入空间定义模块（hyperopt. hp）、函数最小化工具（hyperopt. fmin）和 TPE 工具（hp. tpe）（见代码清单 10－12）。

代码清单 10－12　导入来自 scikit－learn 的 F1 分数指标和相关的 Hyperopt 函数

```
from sklearn.metrics import f1_score
from hyperopt import hp, fmin, tpe
```

现在可以开始构建搜索空间。首先决定使用哪个模型。键-值对'模型',即 hp. choice('model', models)告诉 Hyperopt,这个名为'model'的元参数必须从给定的模型列表中选择一个采样(这些模型是未实例化的模型对象)。如果选择的模型是线性回归模型,则选择是使用无正则化还是 L2 正则化;如果选择的模型是决策树模型,则选择使用基尼系数或熵准则(见第 1 章)以及最大深度。为了定义一个近似连续但只取离散值的元参数的采样空间,使用 hp. qtype。在这种情况下,quniform('name', 1, 30, q = 1)定义了 1 ~ 30 的均匀分布的量化值,量化因子为 1(将量化定义为 $x \to \frac{\text{round}(q \cdot x)}{q}$ 的均匀分布,其中 q 是某个量化因子)。如果要以 2 的倍数取样,则可以将量化因子设置为 $q = 2$。可以继续以类似的方式列出每个元参数(见代码清单 10 - 13)。

代码清单 10 - 13 设置一个潜在的搜索空间,优化使用哪个模型以及该模型的最佳超参数

```
models = [LogisticRegression,
          DecisionTreeClassifier,
          RandomForestClassifier,
          GradientBoostingClassifier,
          AdaBoostClassifier,
          MLPClassifier]
space = {
          'model': hp.choice('model', models),
          'lr_penalty': hp.choice('lr_penalty', ['none', 'l2']),
          'dtc_criterion': hp.choice('dtc_criterion', ['gini', 'entropy']),
          'dtc_max_depth': hp.quniform('dtc_max_depth', 1, 30, q = 1),
          'rfc_criterion': hp.choice('rfc_criterion', ['gini', 'entropy']),
          'rfc_max_depth': hp.quniform('rfc_max_depth', 1, 30, q = 1),
          'rfc_n_estimators': hp.qnormal('rfc_n_estimators', 100, 30, q = 1),
          ...}
```

然而,以这种方式构建搜索空间存在许多问题。从哲学上讲,这里的结构化方式与元参数的固有特性不一致。所有元参数都是线性排列的,而它们应该以某种方式进行嵌套(例如图 10 - 13 中的层次结构)。从技术和理论的角度来看,最终采样的大多数点对输出没有影响。例如,如果选择的模型是线性回归模型,那么只有一个元参数(lr_penalty)是相关的,其他 11 个元参数都是无关的。这里以一种使优化变得困难的方式构建搜索空间,因为大多数采样的参数根本不会对结果产生影响。从实现的角度来看,这种搜索空间结构迫使人们编写一个非常冗长的目标函数。不得不重复大量代码,并通过隐式方式强行建立参数关联(见代码清单 10 - 14)。

代码清单 10 - 14 按照与代码清单 10 - 13 类似的方式定义搜索空间时需要编写的目标函数

```
def objective(params):
```

```
if params['model'] == LogisticRegression:
    model = LogisticRegression(lr_penalty = params['lr_penalty'])
elif params['model'] == DecisionTreeClassifier:
    model = DecisionTreeClassifier(criterion = params['dtc_criterion'],
                                   max_depth = params['dtc_max_depth'])
elif params['model'] == RandomForestClassifier:
    model = RandomForestClassifier(criterion = params['rfc_criterion'],
                                   max_depth = params['rfc_max_depth'],
                                   n_estimators = params['rfc_n_estimators'])
...

model.fit(x_train, y_train)
return -f1_score(model.predict(x_valid), y_valid)
```

为了避免出现这种情况，使用嵌套的搜索空间。不仅选择一个模型目标，而且选择一个模型"捆绑包"（模型组合）。这个模型"捆绑包"不仅包括实际的模型本身，还包括针对所选模型的特定元参数的子搜索空间。通过在元参数之间嵌套字典，可以更准确地捕捉元参数之间的关系。从技术上讲，这里正在创建一个字典的列表，其中每个字典表示一个子搜索空间，可能包含更多搜索空间，而每个 hp.choice 在探索过程中采样出一个字典（见代码清单 10 – 15）。

代码清单 10 – 15　用于模型元优化的更好的嵌套搜索空间

```
space = {}
models = [{'model': LogisticRegression, 'parameters':{'penalty':hp.choice('
          lr_penalty', ['none', 'l2'])}},
         {'model': DecisionTreeClassifier,
          'parameters': {'criterion': hp.choice('dtc_criterion', ['gini',
                         'entropy']), 'max_depth': hp.quniform('dtc_max_
                         depth', 1, 30, 1)}},
         {'model': RandomForestClassifier, 'parameters': {
             'criterion': hp.choice('rfc_criterion', ['gini', 'entropy']),
             'max_depth': hp.quniform('rfc_max_depth', 1, 30, q = 1),
             'n_estimators': hp.qnormal('rfc_n_estimators', 100, 30, 1)}},
         {'model': GradientBoostingClassifier,
          'parameters':
         {'criterion': hp.choice('gbc_criterion', ['friedman_mse',
                                                   'squared_error',
                                                   'mse', 'mae']),
             'n_estimators': hp.qnormal('gbc_n_estimators', 100, 30, 1),
             'max_depth': hp.quniform('gbc_max_depth', 1, 30, q = 1)}},
         {'model': AdaBoostClassifier,
          'parameters': {
```

```
              'n_estimators': hp.qnormal('abc_n_estimators', 50, 15, 1),
              'learning_rate': hp.uniform('abc_learning_rate', 1e-3, 10)}
        },
        {'model': MLPClassifier,
         'parameters':{'activation': hp.choice('mlp_activation', ['logistic',
                                                                   'tanh',
         'relu'])}
        }]
```

```
space['models'] = hp.choice('models', models)
```

当以这种方式定义搜索空间时，目标函数变得非常清晰（见代码清单 10-16）。

代码清单 10-16 根据在代码清单 10-15 中设计良好的嵌套搜索空间所得到的简洁目标函数

```
def objective(params):
    model = params['models']['model'](**params['models']['parameters'])
    model.fit(X_train, y_train)
    return -f1_score(model.predict(X_valid), y_valid)
```

代码清单 10-16 在做什么？回想一下，模型被存储为一个未被实例化的对象，可以使用括号表示法实例化它（例如 model = DecisionTreeClassifier()）。此外，希望使用采样的参数集合构建模型。从代码清单 10-15 中定义的搜索空间中，可以看到 params['models']['parameters'] 生成一个字典，其中键是参数名称，值是参数的采样值。在 Python 中，"**" 运算符可以用于将这个字典"翻译"成对象构造，其中每个键是一个参数，每个值是参数值。在搜索空间的参数字典中使用的键的名称与模型构造函数的初始化参数相同，因此可以在一行代码中初始化模型和所有采样的参数。

然而，从实际的角度来看，需要进行一些调整。Hyperopt 对采样的输入进行量化（例如对决策树的深度进行量化）作为浮点数采样，即使实际值在数学上是整数（例如 2.0, 42.0）。当将浮点数传递给只接收整数的参数时，scikit_learn 会抛出错误。因此，可以在目标函数中添加一些"清理"代码，确保 n_estimators 参数被转换为整数，并且至少为 1（由于在技术上定义了一个量化正态分布，所以 Hyperopt 可能采样小于 1 的值）。可以像以前一样用这组清理后的参数初始化模型（见代码清单 10-17）。

代码清单 10-17 为潜在的无效采样添加额外的捕获（这在目标函数中比在其他位置更容易解决）

```
def objective(params):
    cleaned_params = {}
    for param in params['models']['parameters']:
        value = params['models']['parameters'][param]
        if param == 'n_estimators':
            if value < 1:
```

```
            value = 1
        value = int(value)
    cleaned_params[param] = value


model = params['models']['model'](**cleaned_params)
model.fit(X_train, y_train)
return -f1_score(model.predict(X_valid), y_valid)
```

```
best = fmin(objective, space, algo=tpe.suggest, max_evals=30)
```

另外需要注意的是，这里返回负的 F1 分数，因为 Hyperopt 会最小化给定的目标函数。如果省略了取负操作，则实际上 Hyperopt 将寻找最差的模型（纯粹从理论上来说，最差的模型与最佳模型非常接近——只需翻转标签即可）。

经过 30 次评估，Hyperopt 确定了最佳参数组合（存储在 best 中），如下所示：

```
{'models': 2,
 'rfc_criterion': 1,
 'rfc_max_depth': 16.0,
 'rfc_n_estimators': 69.0}
```

参数 'models' 的值选定为 2。在搜索空间中的模型列表中，索引 2 对应的模型是随机森林分类器。最佳模型是一个使用熵准则、最大树深度为 16 且有 69 个估计器的随机森林分类器。经过单独训练，该模型在 Higgs Boson 数据集上获得了约 0.73 的 F1 分数，这在该数据集中是相当高的。

还可以使用元优化来优化神经网络的训练过程。例如，可以选择最佳的优化器、优化器参数以及学习率管理器的衰减因子和耐心值。需要注意的是，需要以嵌套/分层的方式组织优化器，因为某些参数只有在另一个参数采样到特定值时才相关（即想要捕捉参数之间的依赖关系）。然而，通常需要采样学习率管理器的衰减因子和耐心值。因此，可以将它们作为参数添加到空间中的一个子字典中，以便进行组织，但不要通过嵌套选择来决定它们是否相关（见代码清单 10-18）。

代码清单 10-18　定义用于优化神经网络训练元参数的搜索空间

```
from tensorflow.keras.optimizers import Adam, SGD, RMSprop, Adagrad
from sklearn.metrics import f1_score
from hyperopt import hp
from hyperopt import fmin, tpe
space = {}


optimizers = [
    {
        'optimizer': SGD,
        'parameters': {
            'learning_rate': hp.uniform('sgd_lr', 1e-5, 1),
```

```
                    'momentum': hp.uniform('sgd_mom', 0, 1),
                    'nesterov': hp.choice('sgd_nest', [False, True])
                }
        },
        {
                'optimizer': RMSprop,
                'parameters': {
                    'learning_rate': hp.uniform('rms_lr', 1e-5, 1),
                    'momentum': hp.uniform('rms_mom', 0, 1),
                    'rho': hp.normal('rms_rho', 1.0, 0.3),
                    'centered': hp.choice('rms_cent', [False, True])
                }
        },
        {
                'optimizer': Adam,
                'parameters': {
                    'learning_rate': hp.uniform('adam_lr', 1e-5, 1),
                    'beta_1': hp.uniform('adam_beta1', 0.3, 0.9999999999),
                    'beta_2': hp.uniform('adam_beta2', 0.3, 0.9999999999),
                    'amsgrad': hp.choice('amsgrad', [False, True])
                }
        },
        {
                'optimizer': Adagrad,
                'parameters': {
                    'learning_rate': hp.uniform('adagrad_lr', 1e-5, 1),
                    'initial_accumulator_value': hp.uniform('adagrad_iav', 0.0, 1.0)
                }
        }
]

space['optimizers'] = hp.choice('optimizers', optimizers)

from keras.callbacks import ReduceLROnPlateau
space['lr_manage'] = {
    'factor': hp.uniform('lr_factor', 0.01, 0.95),
    'patience': hp.quniform('lr_patience', 3, 20, q=1)
}
```

由于构建神经网络需要编写大量代码，所以最佳实践是创建一个独立的方法来设计神经网络架构。在本例中，采用一个简单的静态7层神经网络架构（见代码清单10-19）。

代码清单 10 – 19　构建一个简单的静态 7 层神经网络的函数

```
def build_NN(input_dim = len(X_train.columns)):
    model = keras.models.Sequential()
    model.add(L.Input((input_dim,)))
    model.add(L.Dense(input_dim, activation = 'relu'))
    model.add(L.Dense(input_dim, activation = 'relu'))
    model.add(L.Dense(input_dim, activation = 'relu'))
    model.add(L.BatchNormalization())
    model.add(L.Dense(16, activation = 'relu'))
    model.add(L.Dense(16, activation = 'relu'))
    model.add(L.Dense(16, activation = 'relu'))
    model.add(L.Dense(1, activation = 'sigmoid'))
    return model
```

这里的目标是使验证二元交叉熵最小化。目标函数接收采样的参数，初始化神经网络，并使用给定的优化器参数和学习率管理器对其进行拟合（见代码清单 10 – 20）。

代码清单 10 – 20　定义目标函数以优化训练参数

```
from keras.callbacks import EarlyStopping


bce = tf.keras.losses.BinaryCrossentropy(from_logits = True)


def objective(params):
    model = build_NN()
    es = EarlyStopping(patience = 5)
    rlrop = ReduceLROnPlateau(**params['lr_manage'])

    optimizer = params['optimizers']['optimizer']
    optimizer_params = params['optimizers']['parameters']

    model.compile(loss = 'binary_crossentropy', optimizer = optimizer(**
                optimizer_params))

    model.fit(X_train, y_train, callbacks = [es, rlrop], epochs = 50, verbose = 0)

    pred = model.predict(np.array(X_valid))
    truth = np.array(y_valid).reshape((len(y_valid), 1))

    valid_loss = bce(pred.astype(np.float16), truth.astype(np.float16)).numpy()
```

```
    return valid_loss
```

```
best = fmin(objective, space, algo = tpe.suggest, max_evals =100)
```

请注意，由于这里使用的是相对轻量级的神经网络架构，并且表格数据集相对较小，所以在普通硬件上训练和评估 100 个甚至更多的神经网络并不会导致计算上的不可行性。

一次运行中得到的最佳解决方案如下：

```
{ 'lr_factor': 0.7749528095685804,
  'lr_patience': 14.0,
  'optimizers': 0,
  'sgd_lr': 0.23311588639160802,
  'sgd_mom': 0.5967800410439047,
  'sgd_nest': 1}
```

这个特定的神经网络模型达到了接近 0.74 的 F1 分数。

现在对 build_NN 函数进行参数化改造，使其支持不同维度的神经网络架构（见代码清单 10 – 21）。为了构建更复杂的非线性拓扑神经网络，使用多个分支（见图 10 – 14）。每个分支由一定数量的具有 28 个神经元的全连接层组成，然后是一定数量的具有 16 个神经元的全连接层。这些分支通过某种连接方法（相加或拼接）合并在一起，并由一定数量的 16 个神经元的层进行处理。这提供了 5 个维度的参数化。

代码清单 10 – 21 构建一个具有 5 个可调节架构参数的神经网络的函数

```python
def build_NN( num_branches,
              num28repeats, num16repeats,
              join_method, numOutRepeats):
    inp = L.Input((28,))
    out_tensors = []
    for i in range(int(num_branches)):
        x = L.Dense(28, activation = 'relu')(inp)
        for i in range(int(num28repeats - 1)):
            x = L.Dense(28, activation = 'relu')(x)
        for i in range(int(num16repeats)):
            x = L.Dense(16, activation = 'relu')(x)
        out_tensors.append(x)

    if num_branches == 1:
        join = out_tensors[0]
    elif join_method == 'concat':
        join = L.Concatenate()(out_tensors)
    else:
        join = L.Add()(out_tensors)
```

```
    x = L.Dense(16, activation = 'relu')(join)
    for i in range(int(numOutRepeats - 1)):
        x = L.Dense(16, activation = 'relu')(x)

    out = L.Dense(1, activation = 'sigmoid')(x)

    return keras.models.Model(inputs = inp, outputs = out)
```

可以相应地设计一个搜索空间（见代码清单 10 – 22）。除了对优化器和学习率管理优化之外，还将为 Hyperopt 提供 5 个字段来优化神经网络架构。quniform 函数对于除了连接方法外的所有字段都可以正常工作，连接方法在相加和拼接中选择。

代码清单 10 – 22 定义一个搜索空间，用于优化在代码清单 10 – 21 中定义的神经网络构造函数的架构参数

```
space = {}
space['optimizers'] = hp.choice('optimizers', optimizers)
space['lr_manage'] = {'factor': hp.uniform('lr_factor', 0.01, 0.95),
                      'patience': hp.quniform('lr_patience', 3, 20, q =1)}
space['architecture'] = {'num_branches': hp.quniform('num_branches', 1, 5, q =1),
                         'num28repeats': hp.quniform('num28repeats', 1, 5, q =1),
                         'num16repeats': hp.quniform('num16repeats', 1, 5, q =1),
                         'join_method': hp.choice('join_method', ['add', 'concat']),
                         'numOutRepeats': hp.quniform('numOutRepeats', 1, 5, q =1)}
```

要了解不同分支大小的表现情况，请参见代码清单 10 – 23 和图 10 – 14。

代码清单 10 – 23 将 num_branches 架构维度的变化可视化

```
for i in range(1, 7):
    model = build_NN(num_branches = i,
                     num28repeats = 2,
                     num16repeats = 2,
                     join_method = 'add',
                     numOutRepeats = 2)
    tensorflow.keras.utils.plot_model(model, dpi =400, to_file = f'branches{i}.png')

plt.figure(figsize = (7, 5), dpi =400)
for i in range(1, 7):
    plt.subplot(2, 3, i)
    plt.title(f'{i} branches')
    plt.axis('off')
    plt.imshow(plt.imread(f'branches{i}.png'))
plt.show()
```

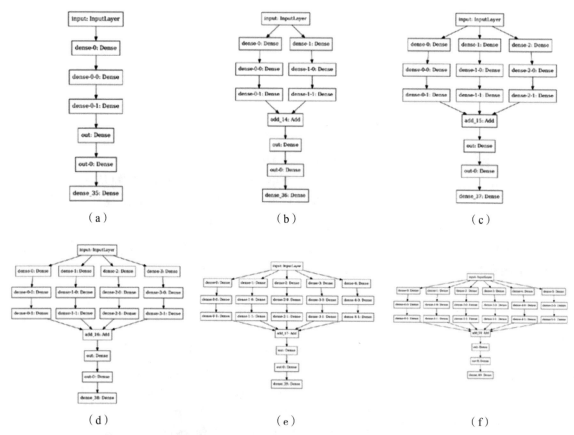

图 10 – 14 具有不同分支数量架构的可视化（保持架构的其他特征不变）

（a）1 个分支；（b）2 个分支；（c）3 个分支；（d）4 个分支；（e）5 个分支；（f）6 个分支

此外，为了展示通过 5 个架构参数化维度生成的架构拓扑的多样性，请参见代码清单 10 – 24 和图 10 – 15。可以将显示的每个架构视为占据搜索空间中某个点的表示。

代码清单 10 – 24 从搜索空间中随机采样不同的架构

```python
for i in range(35):
    model = build_NN(num_branches = np.random.choice([1, 2, 3, 4, 5, 6]),
                num28repeats = np.random.choice([1, 2, 3, 4, 5, 6]),
                num16repeats = np.random.choice([1, 2, 3, 4, 5, 6]),
                join_method = np.random.choice(['add', 'concat']),
                numOutRepeats = np.random.choice([1, 2, 3, 4, 5, 6]))
    tensorflow.keras.utils.plot_model(model, dpi = 400, to_file = f'{i}.png')

plt.figure(figsize = (15, 21), dpi = 400)
for i in range(35):
    plt.subplot(5, 7, i + 1)
    plt.axis('off')
    plt.imshow(plt.imread(f'{i}.png'))
plt.show()
```

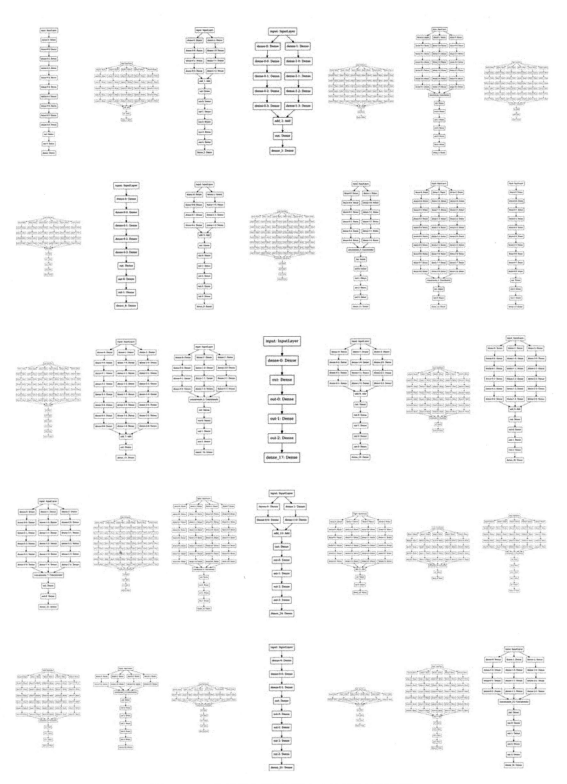

图 10-15 在搜索空间中可能存在的架构采样示例

由于精心设计搜索空间，所以编写目标函数并不困难。可以简单地提取相关的架构参数并将它们传递给 build_NN 函数，该函数即可实例化采样得到的架构（见代码清单 10 – 25）。

代码清单 10 – 25　为最佳架构搜索问题编写目标函数并执行优化操作

```
def objective(params):
    model = build_NN(**params['architecture'])
    es = EarlyStopping(patience=5)
    rlrop = ReduceLROnPlateau(**params['lr_manage'])

    optimizer = params['optimizers']['optimizer']
    optimizer_params = params['optimizers']['parameters']
    model.compile(loss='binary_crossentropy',
                  metrics=['accuracy'],
                  optimizer=optimizer(**optimizer_params))
    model.fit(X_train, y_train, callbacks=[es, rlrop], epochs=50, verbose=0)

    pred = model.predict(np.array(X_valid))
    truth = np.array(y_valid).reshape((len(y_valid), 1))
    valid_loss = bce(pred.astype(np.float16), truth.astype(np.float16)).numpy()
    return valid_loss


best = fmin(objective, space, algo=tpe.suggest, max_evals=100)
```

在示例运行中，可以发现最佳架构包括两个分支，每个分支有 3 个具有 28 个节点的层，接着是 3 个具有 16 个节点的层，并且通过加法合并后接 4 层 110 个节点的全连接层。Hyperopt 寻优找到的这个架构似乎是合理的：它利用了多个分支的非线性特性，同时整体上是一个良好平衡的拓扑结构（见图 10 – 16）。

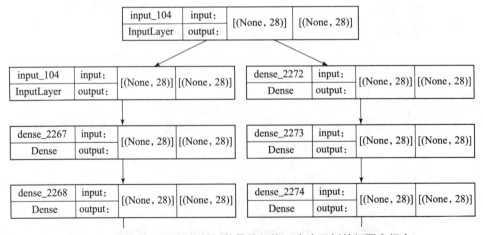

图 10 – 16　**Hyperopt 寻优得到的最佳架构（在本示例的问题空间内）**

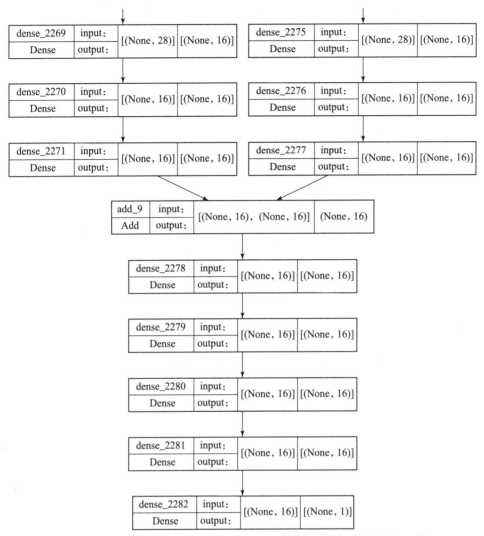

图 10 - 16 **Hyperopt** 寻优得到的最佳架构（在本示例的问题空间内）（续）

然而，需要注意的是，Hyperopt 并不是为进行大规模的架构搜索而设计的。本章的后面部分将探讨如何使用更专门的框架来执行 NAS 操作。

优化数据管道

构建模型本身只是整个建模过程中的一个相对较小的组成部分！数据清洗和准备等任务占据了大部分的工作和时间，这些任务是在数据管道中进行的。在这个过程中，人们会做出许多关于如何处理数据的决策，这些决策可能看起来是随意或未经过优化的。也可以使用元优化工具来优化这些决策。

下面使用 Ames Housing 数据集，该数据集具有许多需要进行深度数据编码的分类特征。回想一下，在第 2 章中使用这个数据集来尝试不同的分类编码技术（见代码清单 10 – 26 和图 10 – 17）。

代码清单 10 – 26 读取 Ames Housing 数据集

```
df = pd.read_csv('https://raw.githubusercontent.com/hjhuney/Data/master/
AmesHousing/train.csv')
df = df.dropna(axis=1, how='any').drop('Id', axis=1)
x = df.drop('SalePrice', axis=1)
y = df['SalePrice']
```

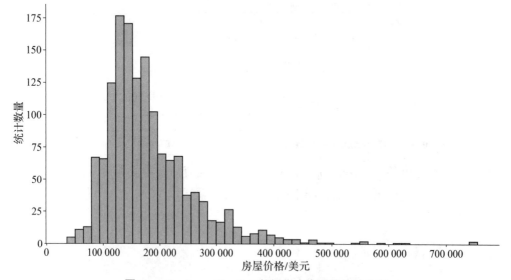

图 10 – 17 Ames Housing 数据集

绘制房屋价格的单变量分布图，显示出房价价格范围相当大，跨越了几十万美元的范围（见图 10 – 18）。

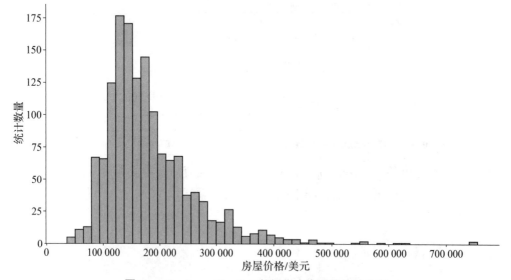

图 10 – 18 Ames Housing 数据集中房屋价格的分布

这里主要关心分类特征，因为这些分类特征需要进行预处理。希望找出对每个分类特征最优的分类编码方式。

分类特征需要以某种方式进行分类编码。与其猜测每个分类特征（或所有分类特征）应该使用哪种分类编码技术，不如定义一个搜索空间，在该搜索空间中，选择 Ames Housing 数据集中每个分类特征列的最佳分类编码器（见图 10 – 19）。

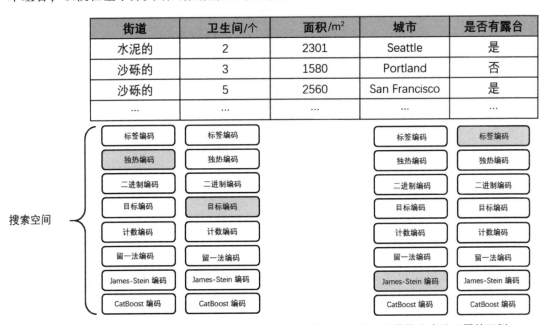

街道	卫生间/个	面积/m²	城市	是否有露台
水泥的	2	2301	Seattle	是
沙砾的	3	1580	Portland	否
沙砾的	5	2560	San Francisco	是
...	...	...	...	...

图 10-19　将一组可能的分类编码器映射到每个分类特征的示例

在理想情况下，在搜索结束时，元优化过程将选择每个分类特征列的最佳分类编码技术组合，以便在基于分类编码数据集训练的模型中获得最佳的验证性能（见图 10-20）。

街道	卫生间/个	面积/m²	城市	是否有露台
水泥的	2	2301	Seattle	是
沙砾的	3	1580	Portland	否
沙砾的	5	2560	San Francisco	是
...	...	...	...	...

图 10-20　从一组分类编码器中为数据集中的每个分类特征选择单个最佳分类编码器的示例

首先，需要确定数据集中哪些列的数据是分类变量，哪些不是。这并不是一项简单的任务，因为数据集中有几十个列，而且一些特征类别是数字。此外，有些特征既可以被合理地认为是分类特征，也可以被认为是连续特征，例如房屋的卫生间数量。这个数量在技术上是连续特征，但在本质上是类别特征，因为实际上只有 4~5 个可能的取值。定义一个分类特征满足以下条件：要么填充了字符串，要么包含5个或更少的唯一值（见代码清单10－27）。这并不完美，但已足够完成工作。

代码清单10－27 获取被认为是分类特征列的列表

```
cat_features = []
for colIndex, colName in enumerate(x.columns):
    # 查找要处理的分类变量
    if type(x.iloc[0, colIndex]) == str or len(x[colName].unique()) <= 5:
        cat_features.append(colName)
```

现在，需要实际构建搜索空间。首先，希望为每个分类特征选择一组可用的分类编码器（见代码清单10－28）。选择在第2章中讨论过的几种分类编码器，并创建一个可能的分类编码器列表。

代码清单10－28 创建可能的分类编码器列表

```
from category_encoders.ordinal import OrdinalEncoder
from category_encoders.one_hot import OneHotEncoder
from category_encoders.binary import BinaryEncoder
from category_encoders.target_encoder import TargetEncoder
from category_encoders.count import CountEncoder
from category_encoders.leave_one_out import LeaveOneOutEncoder
from category_encoders.james_stein import JamesSteinEncoder
from category_encoders.cat_boost import CatBoostEncoder
encoders = [
    OrdinalEncoder(),
    OneHotEncoder(),
    BinaryEncoder(),
    TargetEncoder(),
    CountEncoder(),
    LeaveOneOutEncoder(),
    JamesSteinEncoder(),
    CatBoostEncoder()]
```

为了构建搜索空间，只需要遍历数据集中的每一列，并确定它是否是分类特征列。如果它是分类特征列，则将其记录在 cat_features 中，并在搜索空间中创建一个参数，允许 Hyperopt 在任何分类编码器之间进行选择，以应用于该分类特定特征（见代码清单10－29）。

代码清单10－29 以程序方式生成分类编码器搜索空间

```
space = {}

cat_features = []
for colIndex, colName in enumerate(x.columns):
    # 寻找需要处理的分类变量
    if type(x.iloc[0, colIndex]) == str or len(x[colName].unique()) <= 5:
```

```
    cat_features.append(colName)
    space[f'{colName}_cat_enc'] = hp.choice(f'{colName}_cat_enc', encoders)
```

现在，搜索空间已为每个分类变量都设置了对应参数。通过前面的练习，读者应该已经能够想象出目标函数的基本结构。该目标函数将接收一个参数字典，然后会为每个特征应用选定的编码器（例如使用 encoder. fit_transform（data）这样的方法）。

然而，存在的问题是，某些分类编码器（例如计数编码器、目标编码器）在训练时除了需要分类特征 *x* 外，还需要目标特征 *y*；而其他分类编码器（例如独热编码器、序数编码器）仅需要分类特征 *x*。无法以相同的方式训练所有分类编码器。为了解决这个问题，可以将搜索空间中的每个分类编码器与元数据关联（类似之前介绍的嵌套搜索空间的"捆绑"方式）。在这种情况下，可以为每个分类编码器附加一个布尔值，指示它在训练过程中是否需要目标特征。当读取所选参数集时，可以根据该布尔值确定如何使用该分类编码器处理分类特征。

为了实现这一点，可以将分类编码器列表重新构建为分类编码器"捆绑包"的列表，其中每个"捆绑包"包含实际的分类编码器对象作为其第一个元素，布尔值作为第二个元素（见代码清单 10 - 30）。请注意，Hyperopt 对于选择搜索空间的结构并不关心，只要给它一个可选择的对象列表（例如集合、元组、列表）供其选择即可。

代码清单 10 - 30　使用修改后的分类编码器集合，对分类编码器与关于实例化对分类编码器的重要信息进行捆绑

```
encoders = [
    [OrdinalEncoder(), False],
    [OneHotEncoder(), False],
    [BinaryEncoder(), True],
    [TargetEncoder(), True],
    [CountEncoder(), True],
    [LeaveOneOutEncoder(), True],
    [JamesSteinEncoder(), True],
    [CatBoostEncoder(), True]
]
```

现在可以构建目标函数。循环遍历每个分类特征，并使用采样的分类编码器对它们进行编码，然后将它们添加到数据集中（见代码清单 10 - 31）。使用相同的随机种子进行训练集 – 测试集拆分，并在该数据集上训练一个随机森林回归模型。该模型在验证数据集上的 MAE 即该集合的性能。

代码清单 10 - 31　定义目标函数

```
from sklearn.ensemble import RandomForestRegressor
from sklearn.metrics import mean_absolute_error as mae
from sklearn.model_selection import train_test_split as tts

def objective(params):
```

```
x_ = pd.DataFrame()
for colName in cat_features:
    colValues = np.array(x[colName])
    encoder = params[f'{colName}_cat_enc'][0]
    if params[f'{colName}_cat_enc'][1]:
        transformed = encoder.fit_transform(colValues, y)
    else:
        transformed = encoder.fit_transform(colValues)
    x_ = pd.concat([x_, transformed], axis = 1)
nonCatCols = [col for col in x.columns if (col not in cat_features)]
x_ = pd.concat([x_, x[nonCatCols]], axis = 1)

X_train, X_valid, y_train, y_valid = tts(x_, y, train_size = 0.8, random_state = 42)

model = RandomForestRegressor(random_state = 42)
model.fit(X_train, y_train)
return mae(model.predict(X_valid), y_valid)
```

可以使用标准的目标函数进行拟合（见代码清单 10 – 32）。

代码清单 10 – 32　执行优化算法

```
best = fmin(objective, space, algo = tpe.suggest, max_evals = 1000);
```

最佳模型的验证损失为 825。这是一个不错的结果——因为在预测房层价格时，相较于更大的目标输出范围，误差为 825 美元。

此外，还可以输出最优编码方案的具体内容。Hyperopt 会显示各特征列对应的最佳编码器索引值，对这些结果的分析颇具启发性——通过观察哪些编码器类型对预测最有效，可以深入挖掘特征的本质属性，进行许多重要分析。

```
{ 'BldgType_cat_enc': 0,          # 序数编码器
  'BsmtFullBath_cat_enc': 2,      # 二进制编码器
  'BsmtHalfBath_cat_enc': 0,      # 有序编码器
  'CentralAir_cat_enc': 5,        # 留一法编码器
  'Condition1_cat_enc': 6,        # James – Stein 编码器
  'Condition2_cat_enc': 2,        # 二进制编码器
  ExterCond_cat_enc': 0,          # 序数编码器
  'ExterQual_cat_enc': 3,         # 目标编码器
  'Exterior1st_cat_enc': 0,       # 序数编码器
  'Exterior2nd_cat_enc': 5,       # 留一法编码器
  'Fireplaces_cat_enc': 2,        # 二进制编码器
  'Foundation_cat_enc': 3,        # 目标编码器
  'FullBath_cat_enc': 7,          # CatBoost 编码器
  'Functional_cat_enc': 5,        # 留一法编码器
  'GarageCars_cat_enc': 7,        # CatBoost 编码器
```

```
'HalfBath_cat_enc': 0,              # 序数编码器
'HeatingQC_cat_enc': 4,            # 计数编码器
'Heating_cat_enc': 5,              # 留一法编码器
'HouseStyle_cat_enc': 1,           # 独热编码器
'KitchenAbvGr_cat_enc': 5,         # 留一法编码器
'KitchenQual_cat_enc': 6,          # James-Stein 编码器
'LandContour_cat_enc': 0,          # 序数编码器
'LandSlope_cat_enc': 6,            # James-Stein 编码器
'LotConfig_cat_enc': 3,            # 目标编码器
'LotShape_cat_enc': 5,             # 留一法编码器
'MSZoning_cat_enc': 0,             # 序数编码器
'Neighborhood_cat_enc': 6,         # James-Stein 编码器
'PavedDrive_cat_enc': 3,           # 目标编码器
'RoofMatl_cat_enc': 2,             # 二进制编码器
'RoofStyle_cat_enc': 1,            # 独热编码器
'SaleCondition_cat_enc': 4,        # 计数编码器
'SaleType_cat_enc': 2,             # 二进制编码器
'Street_cat_enc': 1,               # 独热编码器
'Utilities_cat_enc': 5,            # 留一法编码器
'YrSold_cat_enc': 3                # 目标编码器 }
```

还可以优化所使用的模型。可能会出现这样的情况：对于随机森林回归器来说最佳的一组分类编码器，对于其他整体表现更好的回归器来说并不一定是最佳的分类编码器。这遵循了之前讨论过的类似逻辑。可以定义一个可能模型的搜索空间，这些模型将在目标函数内部被实例化并进行训练（代码清单 10-33）。

代码清单 10-33　导入各种相关模型

```
from sklearn.linear_model import LinearRegression, Lasso
from sklearn.tree import DecisionTreeRegressor
from sklearn.ensemble import RandomForestRegressor, GradientBoostingRegressor,
AdaBoostRegressor
from sklearn.neural_network import MLPRegressor
...
space['model'] = hp.choice('model', [LinearRegression, Lasso,
                                     DecisionTreeRegressor,
                                     RandomForestRegressor,
                                     GradientBoostingRegressor,
                                     AdaBoostRegressor,
                                     MLPRegressor])
```

在目标函数中，使用"()"实例化模型，并在编码后的特征集上进行拟合，最终返回验证集的 MAE 作为需要最小化的损失指标（见代码清单 10-34）。

代码清单10 – 34 定义目标函数

```
def objective(params):
    x_ = pd.DataFrame()
    for colName in cat_features:
        colValues = np.array(x[colName])
        encoder = params[f'{colName}_cat_enc'][0]
        if params[f'{colName}_cat_enc'][1]:
            transformed = encoder.fit_transform(colValues, y)
        else:
            transformed = encoder.fit_transform(colValues)
        x_ = pd.concat([x_, transformed], axis =1)
    nonCatCols = [col for col in x.columns if col not in cat_features]
    x_ = pd.concat([x_, x[nonCatCols]], axis =1)

    X_train, X_valid, y_train, y_valid = tts(x_, y, train_size =0.8, random_
                                              state =42)

    model = params['model']()
    model.fit(X_train, y_train)
    return mae(model.predict(X_valid), y_valid)
```

这个模型表现得更好,获得了373.589的MAE。最佳选定的模型使用了LASSO回归,这可能是你没有想到的表现最好的算法!

此外,可以优化模型的元参数。这将把之前讨论的所有内容综合起来:在更高的程度上优化了从编码到模型训练的整个数据管道。模型元参数搜索空间的定义与之前讨论的示例非常相似,但在这种情况下,使用的是回归模型而不是分类模型,因此优化了一组略有不同的元参数(见代码清单10 – 35)。

代码清单10 – 35 定义一个"终极"搜索空间(其中数据编码、模型类型以及模型的元参数同时进行优化)

```
space = {}
encoders = [
            [OrdinalEncoder(), False],
            [OneHotEncoder(), False],
            [BinaryEncoder(), True],
            [TargetEncoder(), True],
            [CountEncoder(), True],
            [LeaveOneOutEncoder(), True],
            [JamesSteinEncoder(), True],
            [CatBoostEncoder(), True]]
```

```python
models = [
        {'model': LinearRegression, 'parameters': {}},
        {'model': Lasso,
         'parameters': {'alpha': hp.uniform('lr_alpha', 0, 5),
                        'normalize': hp.choice('lr_normalize', [True, False])}},
        {'model': DecisionTreeRegressor,
         'parameters': {'criterion': hp.choice('dtr_criterion', ['squared_
                                    error', 'friedman_mse',
                                    'absolute_error', 'poisson']),
                        'max_depth': hp.quniform('dtr_max_depth', 1, 30, 1)}},
        {'model': RandomForestRegressor,
         'parameters': {
            'criterion': hp.choice('rfr_criterion', ['squared_error',
                                   'friedman_mse',
                                   'absolute_error',
                                   'poisson']),
            'max_depth': hp.quniform('rfr_max_depth', 1, 30, q=1),
            'n_estimators': hp.qnormal('rfr_n_estimators', 100, 30, 1)}},
        {'model': GradientBoostingRegressor,
         'parameters': {
            'criterion': hp.choice('gbr_criterion', ['squared_error', 'absolute_
                                   error',
                          'hubar', 'quantile']),
            'n_estimators': hp.qnormal('gbr_n_estimators', 100, 30, 1),
            'max_depth': hp.quniform('gbr_max_depth', 1, 30, q=1)}},
        {'model': AdaBoostRegressor,
         'parameters': {'n_estimators': hp.qnormal('abr_n_estimators',
                                        50, 15, 1),
            'loss': hp.choice('abr_loss', ['linear', 'square', 'exponential'])}},
        {'model': MLPRegressor,
         'parameters': {'activation': hp.choice('mlp_activation',
                        ['logistic', 'tanh', 'relu'])}}]
cat_features = []
for colIndex, colName in enumerate(x.columns):
    #查找要处理的分类变量
    if type(x.iloc[0, colIndex]) == str or len(x[colName].unique()) <= 5:
        cat_features.append(colName)
        space[f'{colName}_cat_enc'] = hp.choice(f'{colName}_cat_enc',
encoders)
    space['models'] = hp.choice('models', models)
```

```
def objective(params):
    x_ = pd.DataFrame()
    for colName in cat_features:
        colValues = np.array(x[colName])
        encoder = params[f'{colName}_cat_enc'][0]
        if params[f'{colName}_cat_enc'][1]:
            transformed = encoder.fit_transform(colValues, y)
        else:
            transformed = encoder.fit_transform(colValues)
        x_ = pd.concat([x_, transformed], axis=1)

    nonCatCols = [col for col in x.columns if (col not in cat_features)]
    x_ = pd.concat([x_, x[nonCatCols]], axis=1)
    X_train, X_valid, y_train, y_valid = tts(x_, y, train_size=0.8, random_
                                             state=42)

    cleanedParams = {}
    for param in params['models']['parameters']:
        value = params['models']['parameters'][param]
        if param == 'n_estimators':
            value = int(value)
        cleanedParams[param] = value

    model = params['models']['model'](**cleanedParams)
    model.fit(X_train, y_train)
    return mae(model.predict(X_valid), y_valid)


best = fmin(objective, space, algo=tpe.suggest, max_evals=1000)
```

使用以下参数字典，得到了约 145 的验证误差。与在此数据集上的第一次元优化过程相比，误差几乎减小为原来的 1/5，与手动设计的模型相比，误差可能减小得更多。

```
{'BldgType_cat_enc': 6,
 'BsmtFullBath_cat_enc': 3,
 'BsmtHalfBath_cat_enc': 0,
 'CentralAir_cat_enc': 2,
 'Condition1_cat_enc': 5,
 'Condition2_cat_enc': 1,
 'ExterCond_cat_enc': 3,
 'ExterQual_cat_enc': 6,
 'Exterior1st_cat_enc': 5,
 'Exterior2nd_cat_enc': 5,
```

```
'Fireplaces_cat_enc': 5,
'Foundation_cat_enc': 0,
'FullBath_cat_enc': 5,
'Functional_cat_enc': 5,
'GarageCars_cat_enc': 5,
'HalfBath_cat_enc': 4,
'HeatingQC_cat_enc': 4,
'Heating_cat_enc': 6,
'HouseStyle_cat_enc': 6,
'KitchenAbvGr_cat_enc': 3,
'KitchenQual_cat_enc': 6,
'LandContour_cat_enc': 2,
'LandSlope_cat_enc': 3,
'LotConfig_cat_enc': 4,
'LotShape_cat_enc': 6,
'MSZoning_cat_enc': 3,
'Neighborhood_cat_enc': 5,
'PavedDrive_cat_enc': 2,
'RoofMatl_cat_enc': 7,
'RoofStyle_cat_enc': 2,
'SaleCondition_cat_enc': 6,
'SaleType_cat_enc': 3,
'Street_cat_enc': 0,
'Utilities_cat_enc': 5,
'YrSold_cat_enc': 6,
'lr_alpha': 3.305989653851934,
'lr_normalize': 0,
'models': 1}
```

　　然而，需要注意的是，在少数情况下，元优化可能容易出现元过拟合，即过度地参数化了搜索空间，导致创建了一个在验证数据集上表现非常出色，但在新数据集上表现不佳的高度专业化模型。元过拟合只在搜索空间大小远远超过数据集大小时才相关，因为通过模型的输出在"次级"级别上过拟合是非常困难的。这可能发生在相对较小的数据集上优化非常大的神经网络元参数集的情况下，而在其他情况下很少发生。例如，想象一下，如果将人的手替换成具有自己意愿的猴子，来执行复杂、细致和高度协调的动作，例如拿起一杯咖啡（即让猴子的手拿起咖啡杯并送到人的嘴边），则这会非常困难。因为只能在"元层次"控制猴子，而不能直接控制猴子的手。在可能存在元过拟合风险的情况下，这可以减小搜索空间、增加数据集大小（例如通过数据生成技术，如 VAE），或者将验证集本身分成两部分，以评估元优化的最佳模型的"真实"性能。

　　对元优化一个常见批评是它需要很长时间。然而，元优化的效率是相对于用户自己的效率来评估的。可以定义效率如下：

$$效率 = \frac{模型的成功度}{创建模型所投入的时间和劳动}$$

注释：该效率公式中分子为模型的成功度，分母为创建模型所投入的时间和劳动，也就是说用尽量少的时间和精力获得的性能指标越高（即模型越成功），那么效率越高

在大多数情况下，使用元优化技术往往比手动创建模型具有更高的效率，因为手动创建模型通常需要大量时间和精力，但平均性能却一般。

在很多方面，元优化允许整合之前介绍的许多深度学习工具（以及读者将在以后学习的深度学习工具）。例如，可以使用元优化来确定在神经网络设计中是否以及如何使用人工、卷积和/或循环处理层。设计权在读者的手中！

NAS

前面演示了如何利用在 Hyperopt 中实现的通用贝叶斯优化算法来完成神经网络架构优化等任务。然而，神经网络架构优化是一项非常具体的任务，试图将通用工具应用于解决特定任务时，通常额外的开销会导致效率低下（就像在需要使用推土机这种专业工具来移动大型石堆时，却使用铲子这类通用工具）。

NAS 这个子领域的具体理论超出了本书的范围。本部分展示友好且高级的 NAS 库 AutoKeras 的客户端使用方法。正如其名所示，AutoKeras 是一个基于 Keras/TensorFlow 的神经架构搜索库，它使用了一种特别为 NAS 设计的贝叶斯优化算法的改进版本。

AutoKeras 的语法反映了 Keras 的语法特点：不同的块或层可以通过与函数式 API 类似的语法连接在一起。在 AutoKeras 中，这些块可以被视为"超级层"——用户可以指定块的一般性质，但块的具体组成是通过 AutoKeras 的 NAS 算法进行优化的。

假设要为 Higgs Boson 数据集找到最优的神经网络架构。使用 ak. StructuredDataInput 块接收结构化数据输入（即表格数据）。然后，链接 ak. StructuredDataBlock，这是一个处理结构化数据的抽象块对象。结构化数据块的输出被传递到 ak. ClassificationHead，因为这里需要执行分类任务（见代码清单 10 – 36）。

代码清单 10 – 36　在 AutoKeras 中创建神经网络搜索结构

```
import autokeras as ak
input_node = ak.StructuredDataInput()
output_node = ak.StructuredDataBlock()(input_node)
output_node = ak.ClassificationHead()(output_node)
```

然后，这些层可以被编译成 ak. AutoModel。overwrite 参数允许新的、表现更好的模型取代存储中旧的、表现较差的模型，推荐在大规模试验中使用。max_trials 参数确定 AutoKeras 在试验终止之前运行的最大样本神经网络架构数量。在搜索中可以使用标准的 Keras 语法进行拟合。请注意，AutoKeras 还将 X_train 和 y_train 进一步分成子训练集和子

验证集。训练完成后，可以使用 export_model( )导出最佳模型。由于输出是一个 Keras 模型，所以可以执行保存模型或绘制其架构等操作（见代码清单 10 – 37 和图 10 – 21）。

代码清单 10 – 37 将神经网络搜索结构整理成 AutoModel 进行拟合，并绘制最佳模型的架构

```
clf = ak.AutoModel(inputs = input_node, outputs = output_node, overwrite = True, max_trials = 100)
clf.fit(X_train, y_train, epochs = 100)
keras.utils.plot_model(clf.export_model(), show_shapes = True, dpi = 400)
```

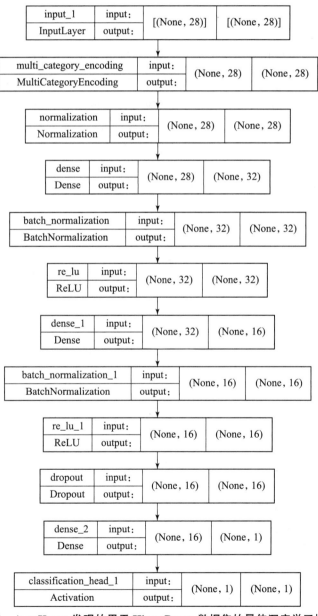

图 10 – 21 AutoKeras 发现的用于 Higgs Boson 数据集的最佳深度学习模型架构

也可以通过简单地将输出 ak. ClassificationHead 替换为 ak. RegressionHead，将搜索适配到一个回归问题——Ames Housing 数据集。在这种情况下，还可以传入 categorical_encoding = True，使 AutoKeras 学习最优的分类编码技术（见代码清单 10 − 38）。

代码清单 10 − 38　在 Ames Housing 数据集上进行 NAS

```
input_node = ak.StructuredDataInput()
output_node = ak.StructuredDataBlock(categorical_encoding = True)(input_node)
output_node = ak.RegressionHead()(output_node)
clf = ak.AutoModel(inputs = input_node, outputs = output_node, overwrite = True, max_trials =100)
clf.fit(x, y, epochs =100)
```

相对于之前在"优化数据管道"部分手动创建的模型，AutoKeras 的最佳解决方案表现相当差（虽然从绝对值上讲可以接受）（见图 10 − 22）。

AutoKeras 在搜索 Ames Housing 数据集的最优神经网络时表现不佳，这说明以下 3 个要点中的一个或多个：①神经网络并非适用于每个问题（在某些情况下可能表现非常差）；②定制优化的分类编码对于包含大量分类特征的数据集非常有效；③尽管 NAS 具有光鲜亮丽的外表，但它并不总是能够得到理想结果。

AutoKeras 还有许多适用于其他多输入和多输出头的特点，如果想构建类似第 4 章或第 5 章中的多模态模型，这将非常有用。它对于处理文本数据特别有帮助，因为处理文本数据可能需要大量的人力投入，而 AutoKeras 的文本头和嵌入层需要很少的手动工作。

总体而言，AutoKeras 和 NAS 既不是完全可靠，也不能完全被忽略。在许多情况下，由 AutoKeras 和 NAS 发现的架构可能是启发一个高性能的、部分手动设计的神经网络的灵感来源，这在深度学习研究中经常发生。

关键知识点

本章讨论了元优化及其在模型开发过程中各组件中的应用。
- 在元优化中，元模型搜索一组优化模型性能的元参数。
- 在贝叶斯优化中，概率代理函数既通过采样点进行更新，又用于指导下一个采样点的选择。
- 元优化可用于优化模型类型、模型的元参数（包括模型的架构和训练参数）以及数据编码（模型过程中的其他组件）。
- 与计算机视觉或自然语言处理模型相比，元优化在表格数据模型中特别可行，因为这些模型往往较小。

下一章将探讨如何有效地组合模型形成强大的集成和具有"自我意识"的系统。

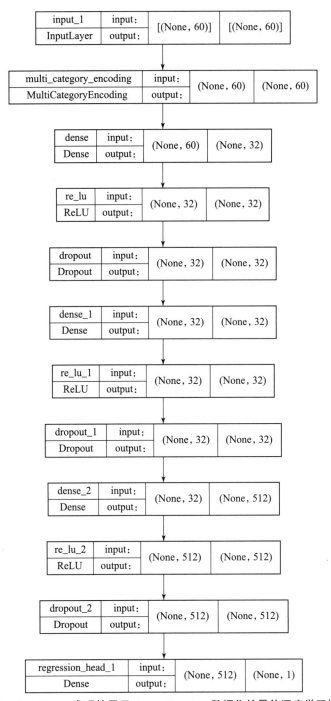

图 10 – 22 AutoKeras 发现的用于 Ames Housing 数据集的最佳深度学习模型架构

参 考 文 献

Liu H, Simonyan K, Yang Y. Darts: Differentiable architecture search[J]. arXiv preprint arXiv: 1806.09055, 2018.

第11章

多模型组合

除非人们愿意明智地做出选择，否则民主不能成功。因此，民主的真正保障是教育。

——富兰克林·D. 罗斯福，美国总统

由一个单一的模型来做最终的决定有点像独裁。独裁者可能效率很高，但通常成功的决策是由一个集体思考的团体做出的。多模型组合涉及构建模型系统，这些模型以不同的方式交互，以产生理论上更为明智的输出。

不同的模型在对任意数据集建模时提供不同的视角。即使两个模型可能获得相同的性能指标，它们的性能分布——也就是它们的优势和劣势在数据集和新数据空间上的分布，也可能是不同的。一个特定的模型可能更适合某些类型的样本或者更倾向于以宏观而不是微观的方式进行预测。一个模型可能在预测方面更加激进和不稳定，而另一个模型可能更加保守和谨慎。

与其只选择一个特定的模型，不如选择几个不同的模型形成一个多模型组合。将输入传递给整个系统，并聚合输出，形成由多个不同视角形成的预测，而不是传递到一个单一的模型。以精心设计的方式来聚合/集成模型可以非常有效，正如前几章中所示（特别是第7章中的"提升和堆叠神经网络"部分）。

本章介绍3种关键的多模型组合技术：平均加权、输入信息加权和元评估。其中，元评估是一种多模型组合技术，可以用于估计模型在概率不容易获得的情况下的置信度/误差。

平均加权

平均加权是一种相当直观和简单的方法，用于将多个模型的输出聚合在一起。给定一组模型输出 $\{\hat{y}_1, \hat{y}_2, \cdots, \hat{y}_n\}$，可以简单地取这些输出的平均值得到聚合结果 $\bar{\hat{y}}$（见图 11-1）：

$$\bar{\hat{y}} = \frac{1}{n} \sum_{i=1}^{n} \hat{y}_i$$

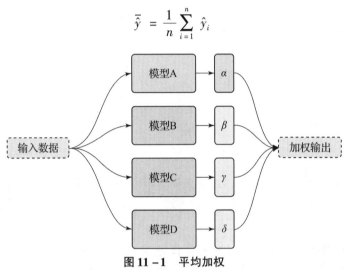

图 11-1   平均加权

例如，假设有一个在 Higgs Boson 数据集上训练的随机森林分类器、决策树分类器、梯度提升分类器和神经网络模型。可以取它们的输出的平均值，希望能够得到改进的性能。

然而，几乎总是存在一些模型的表现比其他模型的表现更好。表现更好的模型应该在输出中具有较大的权重。与简单平均值不同，可以通过将每个模型与一个权重系数关联来进行加权平均，表示该模型对最终系统输出的影响程度。给定一组模型权重 $\{w_i, w_i, \cdots, w_n\}$ 和模型输出 $\{\hat{y}_1, \hat{y}_2, \cdots, \hat{y}_n\}$，可以简单地得到加权平均/线性组合 $\bar{\hat{y}}$：

$$\bar{\hat{y}} = \frac{1}{n} \sum_{i=1}^{n} \hat{y}_i \cdot w_i$$

可以使用许多方法来找到最优的模型权重集合 w。如果模型是回归或二元分类问题，则可以训练一个线性回归模型，对于每个样本中给定的模型输出 $\{\hat{y}_1, \hat{y}_2, \cdots, \hat{y}_n\}$，可以预测对应情况下的真实值。这个方法实现和训练起来都很快。

请注意，通常在验证集上训练元模型被认为是一种很好的做法，尽管对此还有争议。其逻辑如下：当真正将模型部署到现实世界的环境中时，希望元模型能够整合在现实世界环境中运行的模型的预测（在这种环境中，模型可能犯错误），而不是仅在训练阶段的预测。然而，这可能需要不实际的数据划分，特别是在小数据集的情况下。如果模型没有过拟合，则可以训练一个聚合的线性回归模型，以根据由训练集输入生成的模型来预测训练集标记。

线性回归的方法不太适合多类别问题，因为模型对于每个样本输出的是多个可能的类别之一。不能简单地对预测结果进行平均。相反，可以使用贝叶斯优化框架为每个模型找到最优权重。

为了说明这一点，考虑 NASA 的野火数据集（Wildfire Dataset）。目标是根据收集到的卫星读数数据，将卫星观测到的野火归类为 4 种类型之一：植被火灾、活火山、其他静态陆地源或近海火灾。

首先创建一个分类器集合，每个分类器都在数据集上进行训练（见代码清单11 – 1）。

代码清单 11 – 1　创建并逐个拟合分类器集合

```
from sklearn.linear_model import LogisticRegression
from sklearn.tree import DecisionTreeClassifier
from sklearn.ensemble import RandomForestClassifier, GradientBoostingClassifier,
AdaBoostClassifier
from sklearn.neural_network import MLPClassifier

models = {
        'lr': LogisticRegression(),
        'dtc': DecisionTreeClassifier(),
        'rfc': RandomForestClassifier(),
        'gbc': GradientBoostingClassifier(),
        'abc': AdaBoostClassifier(),
        'mlpc': MLPClassifier()}

for model in models:
    print(f'Fitting {model}')
    models[model].fit(X_train, y_train)
```

为了方便起见，编写一个集成类，它只为所有模型的预测结果赋予相同的权重。首先为每个待预测的样本创建一个空白的投票集。每个模型都会对样本所属类别进行"投票"，表示它预测该样本属于哪个类别。然后，选择投票数最多的类别作为最终类别。在投票时，所有模型具有相同的权重，这使模型具有平均集成特性（见代码清单11 – 2）。

代码清单 11 – 2　定义一个平均集成学习模型类

```
class AverageEnsemble:
    def __init__(self, modeldic):
        self.modeldic = modeldic

    def predict(self, x, num_classes = 4):
        votes = np.zeros((len(x), num_classes))
```

```
    for model in self.modeldic:
        predictions = self.modeldic[model].predict(x)
        for item, vote in enumerate(predictions):
            votes[item, vote] += 1
    return np.argmax(votes, axis =1)
```

```
ensemble = AverageEnsemble(models)
```

正如人们可能预料到的那样，这样的集成模型性能一般，甚至比一些单独模型还差。

可以改进原有的 AverageEnsemble 类，使其支持模型权重参数。具体改进如下：不再为每个预测类别简单地累加 1 票，而是根据分配的投票权重进行累加。这使不同的模型在最终决策中具有差异化的影响力（见代码清单 11 – 3）。

代码清单 11 – 3 定义权重平均集成模型

```
class WeightedAverageEnsemble :

    def __init__(self, modeldic, modelweights):
        self.modeldic = modeldic
        self.modelweights = modelweights

    def predict(self, x, num_classes =4):
        votes = np.zeros((len(x), num_classes))
        for model in self.modeldic:
            predictions = self.modeldic[model].predict(x)
            for item, vote in enumerate(predictions):
                votes[item, vote] += self.modelweights[model]
        return np.argmax(votes, axis =1)
```

现在可以使用 Hyperopt 来优化模型权重集合。目标函数使用给定的模型集合和采样得到的参数集合创建一个权重平均集成模型。F1 分数越高，认为权重平均集成模型更好。由于这是一个多类别问题，且 F1 分数的原始形式是针对二分类问题定义的，所以需要传递一种机制将 F1 分数应用于多个类别。通过指定 average = 'macro'，直观地对 F1 分数进行了聚合：它只是各单独类别的 F1 分数的平均值（见代码清单 11 – 4）。

代码清单 11 – 4 使用元优化寻找最佳的模型权重集合

```
from hyperopt import hp, tpe, fmin
from hyperopt import hp

# 定义搜索空间
space = {model: hp.normal(model, mu =1, sigma =0.75) for model in models}

# 定义目标函数
```

```
def obj_func(params):
    ensemble = WeightedAverageEnsemble(models, params)
    return -f1_score(ensemble.predict(X_valid), y_valid, average = 'macro')
```

```
# 执行最小化过程
from hyperopt import fmin, tpe
best = fmin(obj_func, space, algo = tpe.suggest, max_evals = 500)
```

下面演示如何使用神经网络完成类似的任务。考虑以下 5 种不同的神经网络模型架构：modelA、modelB、modelC、modelD 和 modelE（见代码清单 11 – 5）。

代码清单 11 – 5 定义 5 种不同的神经网络模型架构

```
modelA = keras.models.Sequential(name = 'modelA')
modelA.add(L.Input((len(X_train.columns),)))
modelA.add(L.Dense(16, activation = 'relu'))
modelA.add(L.Dense(16, activation = 'relu'))
modelA.add(L.Dense(4, activation = 'softmax'))


modelB = keras.models.Sequential(name = 'modelB')
modelB.add(L.Input((len(X_train.columns),)))
modelB.add(L.Dense(16, activation = 'relu'))
modelB.add(L.Dense(16, activation = 'relu'))
modelB.add(L.Dense(16, activation = 'relu'))
modelB.add(L.Dense(16, activation = 'relu'))
modelB.add(L.Dense(4, activation = 'softmax'))


inp = L.Input((len(X_train.columns),))
dense = L.Dense(16, activation = 'relu')(inp)
branch1a = L.Dense(16, activation = 'relu')(dense)
branch1b = L.Dense(16, activation = 'relu')(branch1a)
branch1c = L.Dense(8, activation = 'relu')(branch1b)
branch2a = L.Dense(8, activation = 'relu')(dense)
branch2b = L.Dense(8, activation = 'relu')(branch2a)
concat = L.Concatenate()([branch1c, branch2b])
out = L.Dense(4, activation = 'softmax')(concat)
modelC = keras.models.Model(inputs = inp, outputs = out, name = 'modelC')


modelD = keras.models.Sequential(name = 'modelD')
modelD.add(L.Input((len(X_train.columns),)))
modelD.add(L.Dense(64, activation = 'relu'))
modelD.add(L.Reshape((8, 8, 1)))
modelD.add(L.Conv2D(8, (3, 3), padding = 'same', activation = 'relu'))
```

```
modelD.add(L.Conv2D(8, (3, 3), padding = 'same', activation = 'relu'))
modelD.add(L.MaxPooling2D(2, 2))
modelD.add(L.Conv2D(16, (3, 3), padding = 'same', activation = 'relu'))
modelD.add(L.Conv2D(16, (3, 3), padding = 'same', activation = 'relu'))
modelD.add(L.Flatten())
modelD.add(L.Dense(16, activation = 'relu'))
modelD.add(L.Dense(4, activation = 'softmax'))

modelE = keras.models.Sequential(name = 'modelE')
modelE.add(L.Input((len(X_train.columns),)))
modelE.add(L.Dense(64, activation = 'relu'))
modelE.add(L.Reshape((64, 1)))
modelE.add(L.Conv1D(8, 3, padding = 'same', activation = 'relu'))
modelE.add(L.Conv1D(8, 3, padding = 'same', activation = 'relu'))
modelE.add(L.MaxPooling1D(2))
modelE.add(L.Conv1D(16, 3, padding = 'same', activation = 'relu'))
modelE.add(L.Conv1D(16, 3, padding = 'same', activation = 'relu'))
modelE.add(L.Flatten())
modelE.add(L.Dense(16, activation = 'relu'))
modelE.add(L.Dense(4, activation = 'softmax'))
```

　　每个模型都具有独特的"处理风格"与"架构特性"——有的采用粗放型特征进行提取操作（如一维卷积核直接扫描时序信号），有的则进行精细化操作（如二维卷积核捕捉空间关联）；既有线性组合的简约风格，也不乏非线性激活的复杂处理。正是这种架构多样性铸就了平均集成模型的强大性能（见图 11－2～图 11－6）。

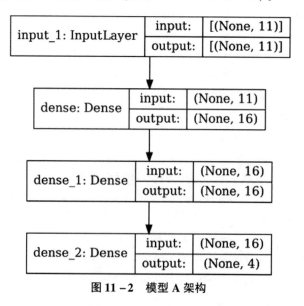

图 11－2　模型 A 架构

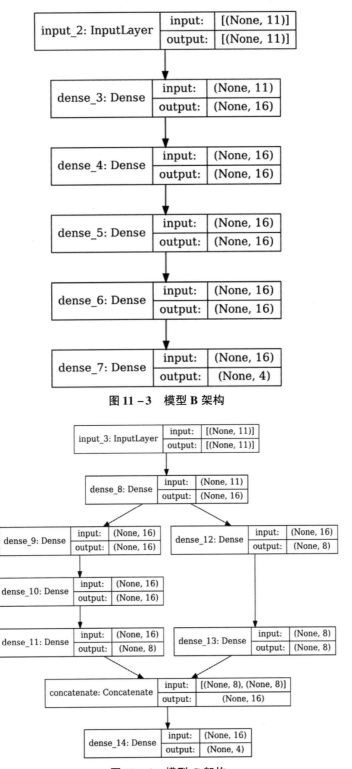

图 11 – 3　模型 B 架构

图 11 – 4　模型 C 架构

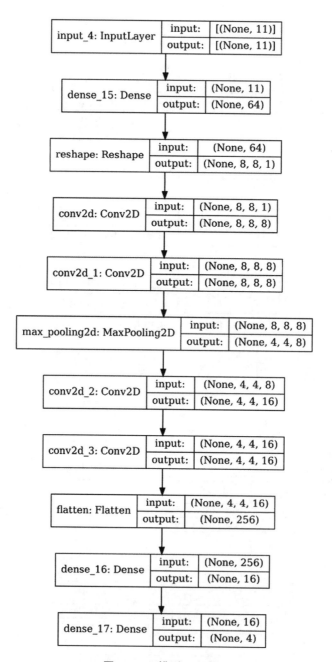

图 11 – 5 模型 D 架构

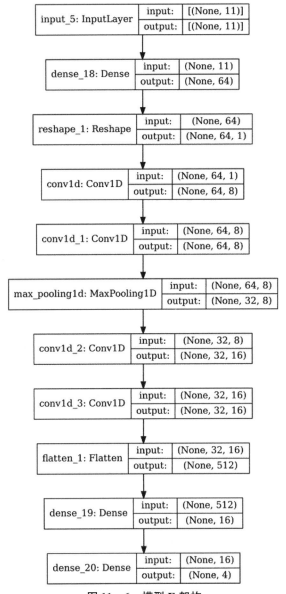

图 11-6　模型 E 架构

代码清单 11-6 展示了这些模型中每个模型的训练过程。

代码清单 11-6　训练集成中的每个模型

```
models = {'modelA': modelA,
          'modelB': modelB,
          'modelC': modelC,
          'modelD': modelD,
          'modelE': modelE}


for model in models:
```

```
models[model].compile(optimizer = 'adam',
                      loss = 'sparse_categorical_crossentropy',
                      metrics = 'accuracy')
models[model].fit(X_train, y_train, epochs = 30)
```

由于神经网络输出的是概率值（而不是 scikit-learn 模型中用于表示类别的有序整数），所以只需要将概率值及其对应权重相乘，然后累加预测的概率值，最后选择累加概率值最大的类别作为最终类别（见代码清单 11-7）。

代码清单 11-7 为适应概率神经网络输出而定义的权重平均集成模型

```
class WeightedAverageEnsemble:
    def __init__(self, modeldic, modelweights):
        self.modeldic = modeldic
        self.modelweights = modelweights

    def predict(self, x, num_classes = 4):
        votes = np.zeros((len(x), num_classes))
        for model in self.modeldic:
            predictions = self.modeldic[model].predict(x)
            votes += self.modelweights[model] * predictions
        return np.argmax(votes, axis = 1)
```

这里的优化过程与之前相似（见代码清单 11-8）。

代码清单 11-8 优化权重平均集成模型的最佳权重

```
from hyperopt import hp
# 定义搜索空间
space = {model: hp.normal(model, mu = 1, sigma = 0.75) for model in models}

# 定义目标函数
def obj_func(params):
    ensemble = WeightedAverageEnsemble(models, params)
    return -f1_score(ensemble.predict(X_valid), y_valid, average = 'macro')

# 执行最小化过程
from hyperopt import fmin, tpe
best = fmin(obj_func, space, algo = tpe.suggest, max_evals = 500)
```

然而，由于神经网络是一种高度灵活的计算结构，所以还可以使用其他方法。例如，可以将所有模型整合为一个大型模型。为了将每个模型的预测值加权/乘以一定的数值，可以使用一个"小技巧"，即应用长度为 1 的卷积操作，这个操作简单地将给定序列中的每个元素乘以相同的值（假设偏置被禁用）。之后，简单地将每个缩放后的模型预测结果相加，然后通过 softmax 函数，这样完整连接的模型结构的输出仍然为有效的类别概率值（见代码清单 11-9 和图 11-7）。

代码清单 11 – 9　一种替代方案：将每个模型重新组合为一个较大的元模型结构的固定子组件

```
for model in models:
    models[model].trainable = False
inp = L.Input((len(X_train.columns),))
mergeList = []
for model in models:
    modelOut = models[model](inp)
    reshape = L.Reshape((4, 1))(modelOut)
    scale = L.Conv1D(1, 1, use_bias = False)(reshape)
    flatten = L.Flatten()(scale)
    mergeList.append(flatten)

concat = L.Add()(mergeList)
softmax = L.Softmax()(concat)
metaModel = keras.models.Model(inputs = inp, outputs = softmax)
```

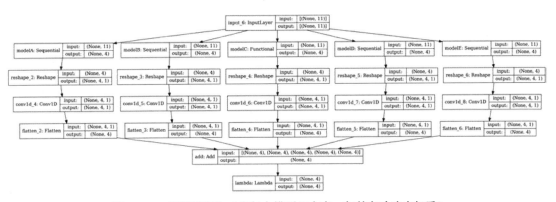

图 11 – 7　元模型架构（将每个模型组合在一起并自动确定权重）

另一种方法是将每个模型的输出沿着一个共同的轴连接起来，并在输出的每个维度上应用一个时间分布的全连接层。

如果调用 model.summary()，则会发现参数总数为 22 326 个，其中 22 311 个参数是不可训练的，因为它们属于模型 A、模型 B、模型 C、模型 D 或模型 E。剩余的 5 个可训练参数只是每个模型的输出权重。

拟合过程遵循标准流程（见代码清单 11 – 10）。

代码清单 11 – 10　编译和训练元模型

```
metaModel.compile(optimizer = 'adam',
                  loss = 'sparse_categorical_crossentropy',
                  metrics = ['accuracy'])
metaModel.fit(X_train, y_train, epochs = 10,
          validation_data = (X_valid, y_valid))
```

这种设计的一个优势是可以通过解冻每个模型并训练整个架构，进一步优化每个模型的权重，从而在它们之间进行更细致的微调（见代码清单 11 – 11）。

代码清单 11 – 11 解冻每个组件并进行微调

```
for model in models:
    models[model].trainable = True
metaModel.fit(X_train, y_train, epochs = 3,
            validation_data = (X_valid, y_valid))
```

这种基于广泛且多样化小型候选模型集成的方法不失为（Input – informed Weighting）构建高效大型神经网络的有效方法。

输入信息加权

平均加权使人们能够了解哪些模型通常更值得信赖，哪些模型不太值得信赖。理论上，更值得信赖的模型应该获得更大的权重，而不太值得信赖的模型则应获得较小的权重。然而，有些模型可能专门用于预测少数情况。由于它们在整体上表现较差，所以平均加权会把这些"专家"模型标记为不可信，并且在所有样本中减小它们的预测贡献权重（即使是在其"专长"的样本上进行预测）。

为了解决这个问题，需要使用一种更复杂的加权形式：输入信息加权。在输入信息加权中，指定的加权不是静态的，而是根据接收的输入进行调整。这样，如果特定模型或一组模型专门用于某个特定输入，则理论上它们的贡献将被赋予更大的权重（而对于其表现较差的其他输入，则赋予较小的权重）。

这种方案最适合神经网络，因为神经网络能够捕捉模型性能的"专业化"，或捕捉到性能分布与特定类型输入之间的复杂关系。下面创建一个输入信息加权模型，该模型接收一个输入，并为每个模型输出不同的输出（见代码清单 11 – 12）。

代码清单 11 – 12 创建输入信息加权模型

```
inp = L.Input((len(X_train.columns),))
dense1 = L.Dense(8, activation = 'relu')(inp)
dense2 = L.Dense(8, activation = 'relu')(dense1)
dense3 = L.Dense(8, activation = 'relu')(dense2)
outLayers = []
for model in models:
    outLayers.append(L.Dense(1, activation = 'sigmoid')(dense3))

weightingModel = keras.models.Model(inputs = inp, outputs = outLayers)
```

这个输入信息加权模型可以被整合到元模型中：每个模型的输出会与输入信息加权模型对应的权重相乘（输入信息加权模型本身根据输入信息预测权重）（见代码清单 11 – 13 和图 11 – 8）。

代码清单 11 – 13　将输入信息加权模型嵌入元模型架构

```
inp = L.Input((len(X_train.columns),))
weights = weightingModel(inp)
finalVotes = []
for weight, model in zip(weights, models):
    models[model].trainable = False
    modelOut = models[model](inp)
    expand = L.Flatten()(L.RepeatVector(num_classes)(weight))
    scale = L.Multiply()([modelOut, expand])
    finalVotes.append(scale)
out = L.Add()(finalVotes)

metaModel = keras.models.Model(inputs = inp, outputs = out)
```

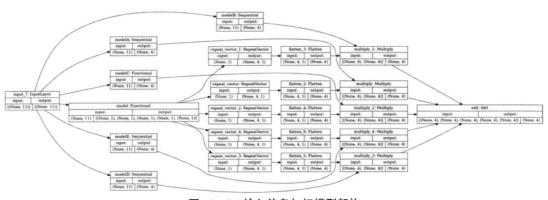

图 11 – 8　输入信息加权模型架构

在深度学习研究文献中，类似技术的一个很好的例子可以在 Melody Y. Guan、Varun Gulshan、Andrew M. Dai 和 Geoffrey E. Hinton 撰写的论文 *Who Said What：Modeling Individual Labelers Improves Classification*[1] 中找到。Melody Y. Guan 等人解决了专家协作标注的建模问题。在这种数据收集方案中，一组专门的数据由多个专业标记者进行标注。这种方案经常出现在医学数据集建模中，其中几位医学专业人员可能为同一样本进行标注。然而，有时可能遇到不同专业标注者对同一样本的标注存在分歧或差异。

对于协作标注不一致的问题，一种简单且主要的方法是以某种方式汇总不同的标注并对聚合标注建模。例如，如果 5 位医生将一个诊断的严重程度从 0 到 100 进行评分，分别为 {88, 97, 73, 84, 86}，那么该样本的整体标注将被列为 85.6。然后，该模型将被训练以预测该样本的诊断严重程度为 85.6。

相比之下，Melody Y. Guan 等人预测了每个专家对特定样本的标注。继续上述 5 位医生的例子，该模型将被训练以共同预测每个诊断标注 {88, 97, 73, 84, 86}。然后，该模型学习每个模型的最佳平均权重，类似之前讨论的模型预测的加权平均。Melody Y. Guan 等人还设计和训练了一个更复杂的模型，其中权重是基于输入信息加权的。最终，研究发现：对每个标注建模然后进行聚合，这种方法胜过对聚合标注的建模。这就是元模型的力量（见图 11 – 9）。

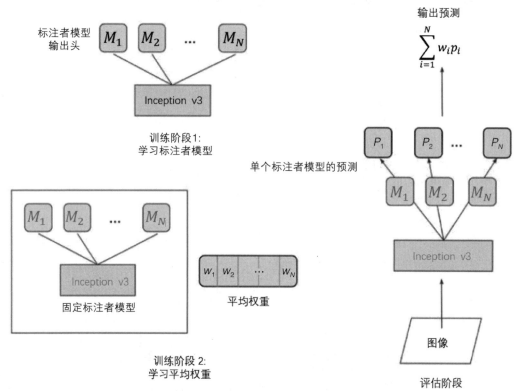

图 11 – 9　多模型集成的不同学习阶段/类型（引自 Melody Y. Guan 等人的论文）

元评估（Meta – Evaluation）

可以借鉴多模型组合的原理和思想来理解一种在机器学习和/或深度学习模型的实际部署中非常有用的技术：元评估。

对于某些问题来说，模型的置信度可以通过算法设计来轻松获得，因为它本质上嵌入在算法中。例如，逻辑回归直接提供了模型的置信度估计，即特定输入属于特定类别。在分类问题上训练的神经网络直接返回输入属于某个类别的概率。然而，在许多其他情况下，衡量模型的置信度和/或误差并不那么清晰明了。

注释： 在许多情况下，即使是分类神经网络的输出类别概率也无法提供有关神经网络预测的置信度/可信度的有意义信息，这是由于分类输出层中使用了 softmax 层。这会导致所有输出的概率总和为 1。为了解决这个问题，特别是针对分类神经网络，可以引入一个额外的类别来表示"以上都不是"，并可以用它来训练不属于原始数据集中任何类别的图像。

在模型开发过程中，人们通常只关心聚合级别上的模型误差。人们希望最小化模型在整个数据集上的聚合误差（例如 MSE、平均二元交叉熵等）。然而，当部署模型时，它们是逐个样本进行推理的。对于用于推理的每个样本，了解模型的预测何时可能正确或不正确以及正确程度非常重要。这可以用来判断根据模型的预测采取何种行动。例如，如果模型给出一个患者确实患有癌症的诊断, 则人们更想知道模型对这个样本的特定置信度, 而不仅是模型的一般错误率。

　　代码清单 11 – 14 定义了一个元评估模型架构 (见图 11 – 10), 用于估计基于原始输入和预测输出之间的误差。

代码清单 11 – 14　定义元评估模型架构

```
dataInput  = L.Input((len(X_train.columns),), name = 'data')
dataDense1 = L.Dense(16, activation = 'relu')(dataInput)
dataDense2 = L.Dense(16, activation = 'relu')(dataDense1)
dataDense3 = L.Dense(8, activation = 'relu')(dataDense2)

predInput  = L.Input((1,), name = 'pred')
predDense1 = L.Dense(1, activation = 'relu')(predInput)

combine = L.Concatenate()([predDense1, dataDense3])
preOut  = L.Dense(16, activation = 'relu')(combine)
out     = L.Dense(1, activation = 'relu')(preOut)

metaEval = keras.models.Model(inputs = [dataInput, predInput], outputs = out)
```

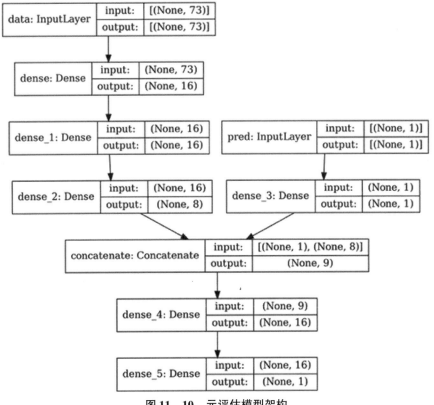

图 11 – 10　元评估模型架构

现在，可以对误差进行训练。在这种情况下，希望将原始输入和预测值都输入给模型，目标是得到预测的绝对误差（见代码清单 11 – 15）。

代码清单 11 – 15　使用预测残差训练元评估模型

```
preds = model.predict(X_valid)
metaEval.compile(optimizer = 'adam', loss = 'mse')
history = metaEval.fit([X_valid, preds],
                          np.abs(preds - y_valid),
                          epochs =1000,
                          verbose =0)
```

在预测阶段，可以通过元评估模型传入预测值（以及原始输入），从而了解可以信任单个预测的程度。

这种技术类似提升集成学习中使用的残差学习技术（参见第 1 章关于梯度提升和第 7 章关于 GrowNet 的内容）。

对于大型神经网络，另一种常用的技术是强制神经网络在进行正式预测的同时估计该预测的误差。通过这种方法，误差估计是由模型“自觉地”进行的，模型会利用形成预测所使用的内部状态来进行误差估计。然而，重要的是在训练初期要大幅降低误差估计输出的重要性（例如改变多任务自编码器中 α 值），以确保神经网络能够达到一个令人满意的性能水平，使估计误差变得可行且有意义。

关键知识点

本章讨论了各种多模型组合方法。

● 多模型组合提供了一组工具，可以将多个模型组合在一起。这可以使系统更加稳健、共同协作和具有自我意识。

● 在最简单的形式下，可以对集成模型中的所有模型的输出进行平均。然而，某些模型可能表现得比其他模型更好。在平均加权中，每个模型的预测与权重关联，捕捉了模型集合中的相对性能/可信度。输入信息加权使这种加权取决于输入类型，以适应模型在某些类型输入上的专业化。所有加权都可以通过元优化来学习，或者如果所有模型都是神经网络，则可以固定并组成一个元神经网络。

● 元评估是一种基于每个样本预测模型误差的框架。这允许在实时部署中表征模型的可信度和置信度。

本书的最后一章将研究深度学习的可解释性。

参 考 文 献

Guan M, Gulshan V, Dai A, et al. Who said what: Modeling individual labelers improves classification[C]//Proceedings of the AAAI conference on artificial intelligence. 2018,32(1).

第 **12** 章

神经网络的可解释性

我一直认为一个人的行为是对其思想最好的诠释。

——约翰·洛克（John Locke），政治理论家

神经网络是强大的工具，可以用来解决许多困难的表格数据建模问题。然而，与其他表格数据建模的替代方法（例如线性回归或决策树，从这些方法中，模型对数据的处理或多或少可以直接从学习的参数中读取）相比，神经网络的可解释性不那么明显。对于神经网络架构来说，情况并非如此，因为神经网络的复杂性更高，因此更难以解释。同时，重要的是要解释生产中使用的任何模型，以验证它是否使用了不当的技巧或其他操作手段，这可能导致它在生产中表现不佳。

本章简要探讨 3 种解释神经网络的技术：SHAP、局部解释性模型（Local Interpretable Model – Agnostic Explanation，LIME）和激活最大化（Activation Maximization）。前两种技术与模型无关，这意味着它们可以用于解释任何模型的决策，而不仅是神经网络。最后一种技术只能用于神经网络。一套完整的可解释性分析方案需要综合运用多种不同的解释技术。

SHAP

SHAP（SHapley Additive exPlanations）是一个流行的模型解释性框架[1]。该框架基于博弈论中的 Shapley 值概念，用于量化每个参与者在合作博弈中对整体价值的贡献。

举个例子，假设分析一个由 3 名球员组成的篮球队（以 3 对 3 的比赛为例）。3 人团队的总体成绩很容易获得，简单地说，它是 3 人团队得分与对手球队得分的差异，或者说 3 人团队比对手球队多进了几个球。然而，个人球员的贡献却不那么容易量化。可以通过

每个球员的得分来计算他们的个人贡献，但这忽略了防守球员阻止对方得分的作用。或者，也许只有当球员 C 在场时，球员 B 才能表现出色，或者球员 A 和球员 C 有互补的表现关系（其中一个表现好，另一个表现不佳）。最终，由于复杂的相互依赖性，仅通过观察原始比赛数据本身，很难估计个人球员的贡献（见图 12-1）。

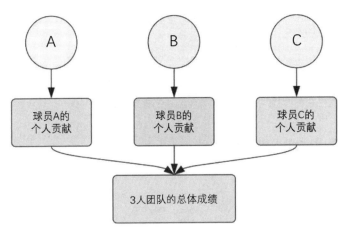

图 12-1　篮球比赛示意（其中每名球员对 3 人团队的总体成绩都做出了未知的个人贡献）

Shapley 值的关键思想是，为了确定每名球员的重要性，必须考虑每种可能的球员组合。在有 3 名球员的情况下，有 7 种球员组合。

- 1 名球员：
  - {球员 A}；
  - {球员 B}；
  - {球员 C}。
- 2 名球员：
  - {球员 A，球员 B}；
  - {球员 B，球员 C}；
  - {球员 A，球员 C}。
- 3 名球员：
  - {球员 A，球员 B，球员 C}。

作为参考，如果有 5 名球员，则有 31 种组合。

- 1 名球员：
  - {球员 A}；
  - {球员 B}；
  - {球员 C}；
  - {球员 D}；
  - {球员 E}。
- 2 名球员：
  - {球员 A，球员 B}；

- - {球员 A, 球员 C}；
  - {球员 A, 球员 D}；
  - {球员 A, 球员 E}；
  - {球员 B, 球员 C}；
  - {球员 B, 球员 D}；
  - {球员 B, 球员 E}；
  - {球员 C, 球员 D}；
  - {球员 C, 球员 E}；
  - {球员 D, 球员 E}。
- 3 名球员：
  - {球员 C, 球员 D, 球员 E}；
  - {球员 B, 球员 D, 球员 E}；
  - {球员 B, 球员 C, 球员 E}；
  - {球员 B, 球员 C, 球员 D}；
  - {球员 A, 球员 D, 球员 E}；
  - {球员 A, 球员 C, 球员 E}；
  - {球员 A, 球员 C, 球员 D}；
  - {球员 A, 球员 B, 球员 E}；
  - {球员 A, 球员 B, 球员 C}。
- 4 名球员：
  - {球员 A, 球员 B, 球员 C, 球员 D}；
  - {球员 A, 球员 B, 球员 C, 球员 E}；
  - {球员 A, 球员 B, 球员 D, 球员 E}；
  - {球员 A, 球员 C, 球员 D, 球员 E}；
  - {球员 B, 球员 C, 球员 D, 球员 E}。
- 5 名球员：
  - {球员 A, 球员 B, 球员 C, 球员 D, 球员 E}。

（对于数学方向的读者，可以注意到一个有 n 个元素的集合中的非空子集数量是 $2^n - 1$。）

然后，评估这些组合中每种组合的表现。先让球员 A 与其他球队进行比赛，并评估其表现，然后是球员 B，接着是球员 C，再然后是由球员 A 和球员 B 组成的 2 人团队，依此类推。最后，可以收集大量有关不同球员子集得分的数据。

这个数据集的重要特点是，可以在多个不同情境下，比较某名球员是否在场所带来的得分差异。例如，如果想评估球员 A 的个人贡献或重要性，则可以对以下情境下 3 个团队的得分增加进行汇总。

- 在 {球员 B} 和 {球员 A, 球员 B} 这两种情况下的得分增加。
- 在 {球员 C} 和 {球员 A, 球员 C} 这两种情况下的得分增加。
- 在 {球员 B, 球员 C} 和 {球员 A, 球员 B, 球员 C} 这两种情况下的得分增加。

这些构成了球员 A 的边际贡献。然后，将每个边际贡献按照其对整体问题的相关性进行加权，并求和得到球员 A 的 Shapley 值。可以对其他球员进行类似操作，以获得其他球员的 Shapley 值。

在机器学习中，特征就是球员，而比赛得分就是模型的得分！人们希望通过打乱特征组合，并测量每个特征的边际贡献，来了解哪些特征影响模型在对数据集进行准确建模方面的性能。请注意，这意味着计算 shapley 值可能很昂贵，因为在其纯形式下需要训练 $2^n - 1$ 个模型，其中 n 是特征的数量。幸运的是，SHAP 库有一些技巧可以提高计算特征相关性的效率。

下面导入 SHAP 库，并使用 shap. initjs 初始化 JavaScript 后端以进行可视化。这是为了生成许多可视化效果（这些可视化效果依赖于 Jupyter Notebook 中的 JavaScript）。可以通过 pip install shap 命令安装 SHAP 库（见代码清单 12 – 1）。

代码清单 12 – 1　导入并初始化 SHAP 库

```
import shap
shap.initjs()
```

为了演示，直接从 SHAP 库加载成年人普查数据集（Adult Census – dataset），这是一个经过预处理的准虚拟数据集，包含人口统计信息（通常适合进行有趣的解释性分析）（见代码清单 12 – 2）。

代码清单 12 – 2　将数据集拆分为训练集和验证集

```
x, y = shap.datasets.adult()
y = y.astype(np.int32)

from sklearn.model_selection import train_test_split
X_train, X_valid, y_train, y_valid = train_test_split(x, y, train_size = 0.8,
                                                      random_state = 42)
```

使用 AutoKeras 快速在这个数据集上找到一个不错的模型，并将 Keras 神经网络导出到一个名为 model 的变量中（见代码清单 12 – 3）。

代码清单 12 – 3　使用 AutoKeras 自动找到一个好的神经网络架构

```
import autokeras as ak
input_node = ak.StructuredDataInput()
output_node = ak.StructuredDataBlock(categorical_encoding = True)(input_node)
output_node = ak.ClassificationHead()(output_node)

clf = ak.AutoModel(
    inputs = input_node, outputs = output_node,
    overwrite = True, max_trials = 20
)

clf.fit(X_train, y_train, epochs = 50)
model = clf.export_model()
```

为了计算特征相关性的值，使用 shap. KernelExplainer。这是 SHAP 中最标准的与模型无关的工具。它接收两个强制参数：返回模型预测的函数和用于评估模型性能的数据集。在代码清单 12 – 4 中，在数据集的前 100 行上初始化内核解释器。

代码清单 12 – 4　使用通用的模型无关性内核解释器

```
def f(x):
    return model.predict(x).flatten()
explainer = shap.KernelExplainer(f, X_valid.iloc[:100, :])
```

一旦 SHAP 内核解释器对象被初始化，就可以使用它来解释模型对单个样本进行预测的过程。代码清单 12 – 5 展示了一个力导图的可视化（见图 12 – 2），其中各种特征被表示为向量，展示了它们对目标的方向和大小的影响。

代码清单 12 – 5　使用通用内核解释器为单个样本生成力导图

```
i = 100
shap_values = explainer.shap_values(X_valid.iloc[i], nsamples =500)
shap.force_plot(explainer.expected_value, shap_values, X_valid.iloc[i, :])
```

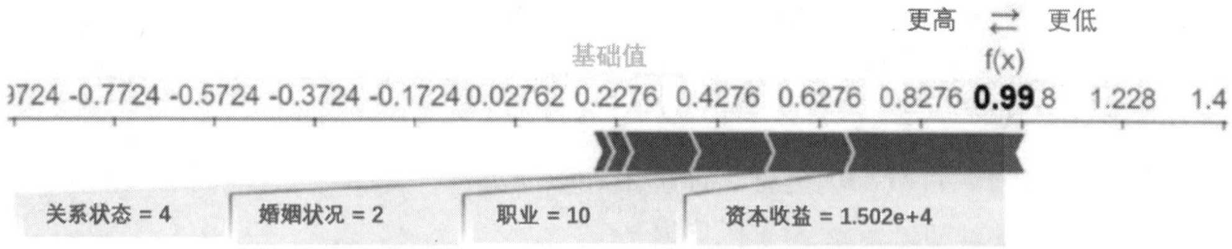

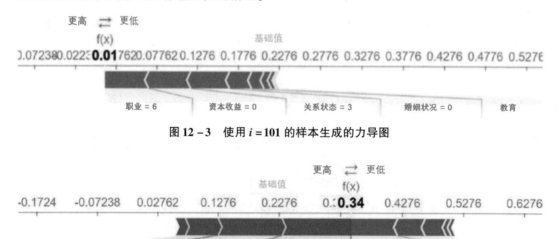

图 12 – 2　使用 $i = 100$ 的样本生成的力导图

通过更改选择要解释的样本的索引 i，可以获得力导图来解释模型如何处理其他样本。力导图显示了不同特征的权重以及它们的作用方向。图 12 – 3 展示了一个输出概率非常接近 0 的示例。在这种情况下，没有因素对目标输出产生积极的影响。图 12 – 4 展示了一个特征既正向又负向影响目标输出值的情况。

图 12 – 3　使用 $i = 101$ 的样本生成的力导图

图 12 – 4　使用 $i = 102$ 的样本生成的力导图

　　此外，SHAP 还允许在一个便捷的交互式可视化视图中一次查看多个样本的多个力导图。代码清单 12 - 6 生成了多个力导图（见图 12 - 5）。

代码清单 12 - 6　生成多个力导图

```
shap.force_plot(explainer.expected_value, shap_values, X_valid.iloc[:100])
```

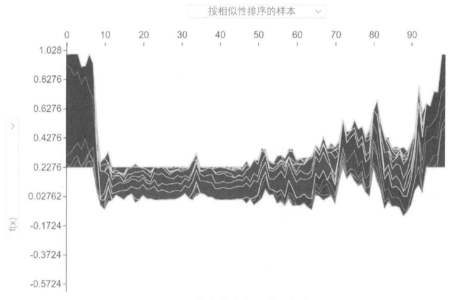

图 12 - 5　聚合的力导图的可视化

　　这是一个交互式应用程序，可以通过将鼠标指针悬停在水平线上来查看特定样本的力导图和相关特征（见图 12 - 6）。

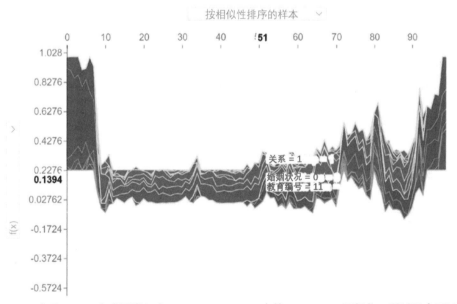

图 12 - 6　由于 SHAP 生成了嵌入在 Jupyter Notebook 中的 JavaScript 可视化，所以用户可以将鼠标指针悬停在水平线上，查看每个样本的最重要影响因素

另一种清晰的可视化方法是将多个不同样本的每列的 Shapley 值绘制出来。这样可以了解每个特征对预测输出的影响分布（见代码清单 12-7 和图 12-7）。

代码清单 12-7 绘制每列的 Shapley 值

```
shap.summary_plot(shap_values, X_valid.iloc[:100])
```

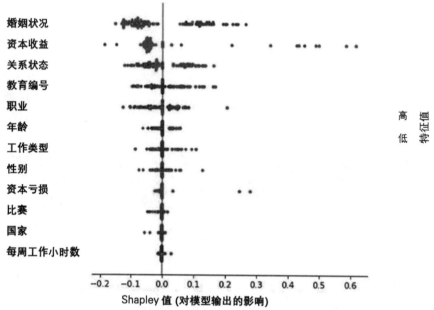

图 12-7 另一种展示 **Shapley** 值的可视化方法（帮助了解特征重要性和影响的分布情况）

内核解释器是与模型无关的，这意味着它仅根据输入和输出来解释模型的行为。也就是说，它将模型视为黑箱函数，因此可以应用于任何模型。

SHAP 还实现了特定于模型的解释器，这些解释器查看模型的"内部"，以计算 Shapley 值，其不仅基于预测输出，还考虑了用于生成预测的内部参数和过程。例如，TreeExplainer 可以应用于基于树的模型（例如 sklearn. tree. DecisionTree），通过"读取"已学习的判据来计算 Shapley 值。SHAP 还提供了 GradientExplainer，它通过利用神经网络的可微性来提供更好的解释。

代码清单 12-8 展示了在小鼠蛋白表达数据集（Mice Protein Expression dataset）上训练一个简单神经网络的构建过程。

代码清单 12-8 在小鼠蛋白表达数据集上训练和拟合模型

```
model = keras.models.Sequential()
model.add(L.Input((len(X_train.columns),)))
for i in range(3):
    model.add(L.Dense(32, activation = 'relu'))
for i in range(2):
    model.add(L.Dense(16, activation = 'relu'))
model.add(L.Dense(8, activation = 'softmax'))
```

```
model.compile(optimizer = 'adam', loss = 'sparse_categorical_crossentropy',
metrics =['accuracy'])
```
```
model.fit(X_train, y_train -1, epochs =100, verbose =0)
```

由于神经网络相当复杂，所以在解释整个模型的输出之外解释中间层的输出通常是很有价值的。回想在第 4 章进行的类似分析，当时可视化了学习到的卷积核如何与特征图进行卷积，以了解哪些特征被放大，哪些特征被减弱。为了将输入与特定层的输出联系起来，需要构建一个子模型。

对于最后的输出层，它有 8 个节点用于将样本分类到 10 个类别之一。对所需的层进行索引，创建一个将输入与该层连接的子模型，并将子模型连同特征数据集一起传递给梯度解释器（GradientExplainer，见代码清单 12 – 9）。在这种情况下，子模型的构建有点多余，因为它与原始模型相同。然而，这种表述方式允许将梯度解释推广到其他中间层。

代码清单 12 – 9　使用 SHAP 梯度解释器解释子模型

```
layer = -1
submodel = keras.models.Model (inputs = model.input, outputs = model.layers
                                [layer].output)
explainer = shap.GradientExplainer(submodel, np.array(X_train))
```

可以从解释器中获取在某个数据子集上的 Shapley 值（见代码清单 12 – 10）

代码清单 12 – 10　从梯度解释器中获取 Shapley 值

```
values = explainer.shap_values(np.array(X_train)[:200])
values = np.array(values)
```

调用 values. shape 得到的结果是（8，200，80）。可以理解为这个形状的格式是

（#层中的神经元数量,#在样本中评估的数量,#特征数量）。

SHAP 表明每个特征对每个样本的每个输出有多大的影响。这是非常丰富的信息！

可以从这些 Shapley 值中获得许多有意义的见解。一个明显的聚合方法是测量所有样本和输出中每个特征的平均 Shapley 值（见代码清单 12 – 11 和图 12 – 8）。

代码清单 12 – 11　对所有样本和输出计算每个特征的平均 Shapley 值

```
mean_importance = np.mean(values.reshape( -1, values.shape[ -1]), axis =0)
plt.figure(figsize =(8,8), dpi =400)
sns.heatmap(mean_importance.reshape((10,8)), annot =True,
        xticklabels =[], yticklabels =[])
plt.show()
```

或者，可以可视化每个特征对倒数第二层（见图 12 – 9）和倒数第三层（见图 12 – 10）输出的整体影响，以理解神经网络内部的动态计算情况。

还可以计算所有输出和样本上的 Shapley 值的标准差，以了解特征影响的变异性（见图 12 – 11）。

当然，通过隔离特定感兴趣的特征或一组特征，并跟踪它们在样本和输出中的影响变化和趋势，可以进行更精细和详细的分析。SHAP 是一个非常有用的工具，许多新的研究不断推动 SHAP 在实用性、效率和信息价值边界（尤其是对于深度学习）。

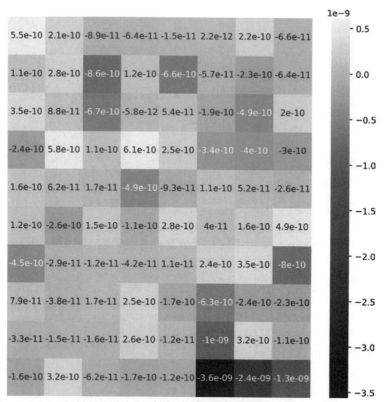

图 12 – 8　使用平均 Shapley 值计算的每个特征的重要性（针对最后一层输出）

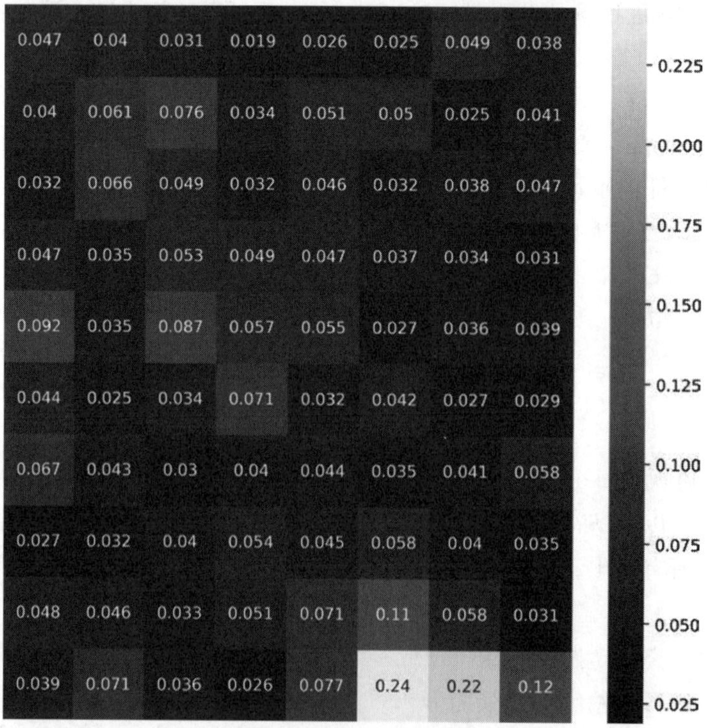

图 12 – 9　使用平均 Shapley 值计算的每个特征的重要性（针对倒数第二层输出）

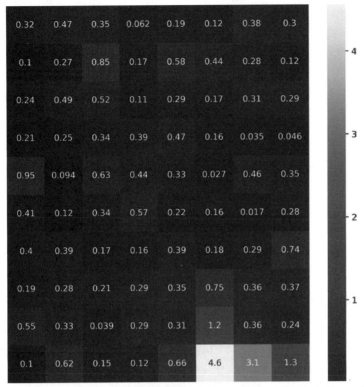

图 12-10　使用平均 Shapley 值计算的每个特征的重要性（针对倒数第三层输出）

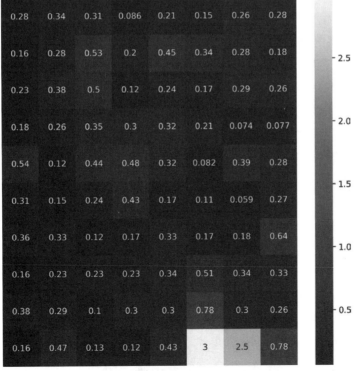

图 12-11　每个特征相对于最后一层的 Shapley 值的标准差

LIME

LIME[2]是另一种模型解释方法。与 SHAP 一样，LIME 也是模型无关的。LIME 将任何机器学习模型视为黑箱子函数，并通过局部、可解释的模型来解释或逼近其行为和预测结果。

LIME 的思想很简单直观。与 SHAP 使用不同的特征集的方法不同，LIME 将不同的样本集输入要解释的黑箱子函数。然而，LIME 不是简单地从改变后的数据集的输出中计算特征的重要性，而是生成了一个全新的数据集，其中包含扰动后的样本以及它们在黑箱函数中的预测结果。当 LIME 对数据集进行扰动时，连续特征的样本是从正态分布中随机选择的，然后对选定的样本进行平均值中心化和缩放的逆运算。相比之下，对于分类特征，它们会受到训练分布的干扰。然后，在生成的数据集上，LIME 训练一个可解释模型，并根据采样样本实例与感兴趣实例的接近程度进行加权。正如其名称所描述的，在修改后的数据集上训练的模型在全局范围内不会很好地近似黑箱子函数，但它在局部范围内是准确的。在这里，感兴趣的实例指的是需要 LIME 解释的样本，因为它可以解释每个特征如何影响样本的预测。

LIME 与 SHAP 的关键区别在于，LIME 侧重于局部可解释性，解释一个预测的影响，而 SHAP 更具有全局性，解释整个模型和数据集。此外，LIME 还有一个名为 SP-LIME 的特性，可以让模型生成原始数据集的一个解释性子集，从而获得对模型的全局理解。LIME 解释过程的基本概述如下。

（1）选择一个希望分析并希望 LIME 解释其预测的感兴趣样本。

（2）基于不同的特征集生成一个扰动数据集，这些特征集创建了一个数据代表子集。这些特征的目标值是黑箱子函数对这些样本的预测结果。

（3）根据样本与感兴趣实例之间的距离或接近程度，为样本分配权重。

（4）在扰动数据集上训练一个可解释的模型，例如 LASSO 或决策树。LIME 默认使用 Ridge 作为模型，但可以传入任何类似 scikit-learn 的模型对象。

（5）通过分析模型输出来解释预测结果。

尽管 LIME 在文本分析和图像识别方面表现出色，但本书只探索它在表格数据上的应用。

LIME 已经在其自己的库中实现。为了保持一致性和进行比较，在之前"SHAP"部分使用的相同数据集上使用 LIME。可以检索数据集并按照之前的描述定义一个 AutoKeras 模型（见代码清单 12-12）。

代码清单 12-12 获取数据集并拟合 AutoKeras 模型

```
import shap
shap.initjs()
```

```
x,y = shap.datasets.adult()
y = y.astype(np.int32)

from sklearn.model_selection import train_test_split as tts
X_train, X_valid, y_train, y_valid = tts(x,y,train_size=0.8,random_state=42)

import autokeras as ak
input_node = ak.StructuredDataInput()
output_node = ak.StructuredDataBlock(categorical_encoding=True)(input_node)
output_node = ak.ClassificationHead()(output_node)
clf = ak.AutoModel(
inputs=input_node, outputs=output_node,
overwrite=True, max_trials=20
)
clf.fit(X_train, y_train, epochs=50)
model = clf.export_model()
```

初始化 LIME 可解释对象的基本语法格式见代码清单 12 – 13。

代码清单 12 – 13　初始化 LIME 可解释对象

```
import lime
from lime import lime_tabular

explainer = lime_tabular.LimeTabularExplainer(
    training_data=np.array(X_train),
    feature_names=X_train.columns,
    class_names=["Income < 50k", "Income > 50k"],
    mode='classification'
)
```

大多数参数都是很容易理解的，但是可能让人感到困惑的是参数 class_names。如前所示，传入的是一个字符串列表，用于指定 LIME 在解释过程中使用的每个类别的名称。根据这里的数据集，对于分类为 0 的结果，它表示具有这些人口统计特征的人年收入少于每年 5 万美元，而对于分类为 1 的结果，表示对应的年收入超过每年 5 万美元。

初始化之后，可以简单地调用代码清单 12 – 14 中显示的 explain_instance 方法，让 LIME 执行所有繁重的计算和解释工作。

代码清单 12 – 14　解释感兴趣的样本

```
exp = explainer.explain_instance(
    data_row=X_valid.iloc[4],
    predict_fn=model.predict,
    num_features=8,
```

```
    num_samples = 1000,
    labels = (0,)
)
```

```
exp.show_in_notebook(show_table = True)
```

这里，data_row 参数指定了 LIME 将尝试解释的"感兴趣的样本"，model_fn 参数提供了 LIME 将使用的模型预测函数，最后 num_features 和 num_samples 参数分别确定了在解释过程中 LIME 将考虑的特征数和样本数。

由于 Keras 的 model. predict 函数仅返回在二元分类中类别预测的概率，所以 LIME 仅展示了各特征对于特定分类类别的影响。为了更好地可视化和解释，可以创建一个自定义预测函数，该函数返回预测类别的概率和从 1 中减去返回值的其他类别的概率（见代码清单 12 - 15）。然后，将该函数简单地传递给 predict_fn 参数。如前所述，基础的可解释模型设置为 Ridge，但可以通过在 explain_instance 方法中将 model_regressor 参数设置为 scikit - learn 模型对象进行更改。

代码清单 12 - 15　自定义预测函数

```
def pred_proba(x):
    p = model.predict(x)
        return np.concatenate([p, 1 - p], axis = 1)


exp = explainer.explain_instance(
    data_row = X_valid.iloc[4],
    predict_fn = pred_proba,
    num_features = 8,
    num_samples = 1000,
    labels = (0,)
)
```

```
exp.show_in_notebook(show_table = True)
```

在这个预测样本中（见图 12 - 12），模型对于"收入 > 50k"的置信度（即概率）是66% 或 0.66。左侧的条形图中的每个特征都按照每个类别的颜色进行了编码。在条形图中，那些向左延伸的橙色"条"表示这些特征对将目标分类为"收入 > 50k"的贡献程度。前面的表格也进行了颜色编码，其中值列显示了特征的值，颜色表示哪个特征对哪个类别的预测做出了贡献。

此外，LIME 还有一个小技巧，可以提高条形图的质量。通过在解释对象上调用as_pyplot_figure，返回的对象将会以 matplotlib 图形的形式绘制条形图（见代码清单 12 - 16）。

代码清单 12 - 16　使用 matplotlib 库绘制条形图

```
plot = exp.as_pyplot_figure(label = 0)
```

图 12 - 13 基本上显示了与图 12 - 12 所展示的相同信息，但格式更好，且对每个特征的影响进行了更清晰的比较。

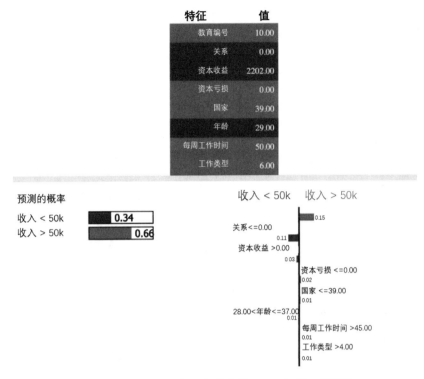

图 12 - 12　验证集中第 4 个样本的 LIME 解释（附彩插）

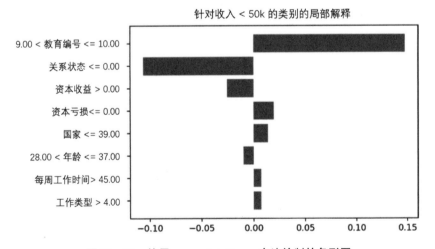

图 12 - 13　使用 as_pyplot_figure 方法绘制的条形图

与 SHAP 相比，LIME 在展示方面更受欢迎，它被那些可能对模型内部工作不太熟悉的人所使用，而 SHAP 在专业数据科学家中更受欢迎。虽然 LIME 不一定比 SHAP 更好，但对于快速解释模型并配以直观的可视化工具，LIME 绝对是首选。

激活最大化（Activation Maximization）

激活最大化[3]是一种巧妙的技术，可以用来理解神经网络具体在"寻找"什么组件。在标准的模型训练中，优化神经网络中的权重集，使预测值与真实输出之间的差异最小化（或这个差异的变体）。在激活最大化中，固定权重并优化输入，以便最大化选定权重中的激活值。也就是说，通过梯度上升的方式来人为地构建最优输入，以最大化一组模型激活值。

为什么这很有价值呢？模型激活表示了神经网络在前向预测过程中考虑的因素。通过使用激活最大化，可以看到哪些极端情况"最满足"神经网络正在"寻找"的条件或特征，从而可以隐含地理解神经网络如何广泛地解释数据集中不同的特征和模式。

可以通过使用 pip install tf_keras_vis 命令安装 tf_keras_vis 库，然后通过该库在 Keras/TensorFlow 模型上执行激活最大化。首先需要定义一个损失函数，它允许指定优化目标。可以返回沿着输出矩阵对角线行进的元组，表示模型对 8 个类别的输出。接下来，定义一个 model_modifier，将最后的激活层从 softmax 层改为线性层（见代码清单 12 - 17）。这使激活最大化过程更容易，因为相对于一组独立的线性激活来说，导航 softmax 层更加困难。由于神经网络本身的权重是固定的，所以这不会改变神经网络的基本预测属性。

代码清单 12 - 17　定义用于激活最大化的实用函数

```
def loss(output):
    return (output[0, 0], output[1, 1], output[2, 2], output[3, 3],
            output[4, 4], output[5, 5], output[6, 6], output[7, 7])


def model_modifier(model):
    model.layers[-1].activation = tensorflow.keras.activations.linear
```

此外，tf_keras_vis 库基于图像的神经网络实现了激活最大化（这是激活最大化的主要应用），但这里的数据是表格形式的，因此具有不同的空间维度。可以通过创建一个新模型来解决这个问题，该模型接收技术上呈现为图像形状的数据，将其重新调整为表格形式，然后将其传递到模型中（见代码清单 12 - 18）。

代码清单 12 - 18　创建一个将图像形状数据转换为表格形式的模型

```
inp = keras.layers.Input((80, 1, 1))
reshape = keras.layers.Reshape((80,))(inp)
modelOut = model(reshape)
act = keras.models.Model(inputs = inp, outputs = modelOut)
```

为了执行激活最大化，将模型和模型修改函数传递给 ActivationMaximization 对象（见代码清单 12 - 19）。然后，定义一个 seed_input 作为初始"猜测"。激活最大化过程随后按指定步骤数迭代更新这个初始输入，从而最大化损失函数定义的损失。在本示例中，试图找到 8 个类别中"最具代表性"的输入。

代码清单 12 – 19 Keras 激活最大化过程

```
from tf_keras_vis.activation_maximization import ActivationMaximization
visualize_activation = ActivationMaximization(act, model_modifier)
seed_input = tensorflow.random.uniform((7, 80, 1, 1), 0, 1)
activations = visualize_activation(loss,
                                   seed_input = seed_input,
                                   steps = 256)
```

一旦获得了这些映射，就可以对每个类别的输入进行可视化（见代码清单 12 – 20 和图 12 – 14）。现在已经得到了神经网络认为的每个类别中"最具代表性"的合成输入！

代码清单 12 – 20 可视化激活最大化结果

```
images = [activation.astype(np.float32) for activation in activations]
plt.set_cmap('gray')
plt.figure(figsize = (9, 9), dpi = 400)
for i in range(0, len(images)):
    plt.subplot(3, 3, i + 1)
    visualization = images[i].reshape(8, 10)
    plt.imshow(visualization)
    plt.title(f'Target: {i}')
    plt.axis('off')
plt.show()
```

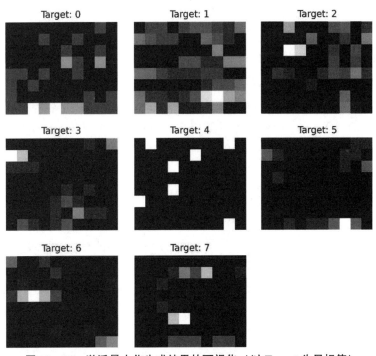

图 12 – 14 激活最大化生成结果的可视化（以 Target 为目标值）

当然，需要多次运行这个过程，因为可能的结果空间非常复杂，每一次的结果在很大程度上取决于初始化。可以分析得到的合成构造输入，以理解哪些列值和/或列值组是每个类别中最具代表性的。此外，可以通过将完整模型替换为子模型（例如前面演示的方式）来对中间层执行激活最大化。

关键知识点

本章讨论了 3 种深度学习可解释性方法。

- SHAP 是一套与模型无关的可解释性方法，它通过考虑大量的特征子集，估计每个特征对神经网络输出的单独贡献。SHAP 还可以适应利用神经网络的梯度的方法。

- LIME 也是一种面向模型解释的模型无关的工具，特别适用于表格和文本数据。LIME 使用具有代表性的扰动数据集，并通过训练额外的可解释模型产生可解释的结果。LIME 通常用于更快速、更直观的表示。

- 激活最大化是一种神经网络的特定技术，其中输入被优化以最大化神经网络某一层的激活。它可以生成多个"最优输入"，并进行比较，以形成对某些激活被"寻找"或被"触发"的分析。

本章仅触及了深度学习可解释性的表面，以展示可以从哪里开始解释表格深度学习模型。除了这 3 种方法外，本书鼓励读者探索其他针对表格背景开发的深度学习可解释性方法。以下是一些有趣的论文样本。

Agarwal, R., Frosst, N., Zhang, X., Caruana, R., & Hinton, G. E. （2021）. Neural Additive Models：Interpretable Machine Learning with Neural Nets. ArXiv, abs/2004. 13912.

Chang, C., Caruana, R., & Goldenberg, A. （2021）. NODE – GAM：Neural Generalized Additive Model for Interpretable Deep Learning. ArXiv, abs/2106. 01613.

Liu, X., Wang, X., & Matwin, S. （2018）. Improving the Interpretability of Deep Neural Networks with Knowledge Distillation. 2018 IEEE International Conference on Data Mining Workshops （ICDMW）, 905 – 912.

Novakovsky, G., Fornes, O., Saraswat, M., Mostafavi, S., & Wasserman, W. W. （2022）. ExplaiNN：Interpretable and transparent neural networks for genomics. bioRxiv.

Radenović, F., Dubey, A., & Mahajan, D. K. （2022）. Neural Basis Models for Interpretability. ArXiv, abs/2205. 14120.

Ranjbar, N., & Safabakhsh, R. （2022）. Using Decision Tree as Local Interpretable Model in Autoencoder – based LIME. 2022 27th International Computer Conference, Computer Society of Iran （CSICC）, 1 – 7.

Richman, R., & Wüthrich, M. V. （2021）. LocalGLMnet：Interpretable deep learning for tabular data. DecisionSciRN：Methods of Forecasting （Sub – Topic）.

参 考 文 献

[1] Lundberg S M,Lee S I. A unified approach to interpreting model predictions[J]. Advances in neural information processing systems,2017,30.

[2] Ribeiro M T,Singh S,Guestrin C. "Why should i trust you?" Explaining the predictions of any classifier[C]//Proceedings of the 22nd ACM SIGKDD international conference on knowledge discovery and data mining. 2016:1135 – 1144.

[3] Mahendran A,Vedaldi A. Visualizing deep convolutional neural networks using natural pre – images[J]. International Journal of Computer Vision,2016,120:233 – 255.

结 束 语

本书涵盖了大量的内容。第一部分详细介绍了机器学习和数据预处理管道、关键的机器学习概念和原理、几种经典的机器学习算法，包括梯度提升模型——深度学习在表格数据问题上的主要竞争对手、不同的数据存储和传递结构，以及各种数据编码和转换技术。第二部分分 5 章节深入介绍了深度学习——ANN、CNN、RNN、注意力机制和转换，以及基于树的神经网络。这一部分涵盖了数十种深度学习建模方法，应用于各种数据类型和背景，并探讨了近 20 篇研究论文。第三部分进一步扩展了工具包，不仅可以对表格数据建模，还可以预训练模型，开发抗噪声和抗扰动鲁棒的模型，生成表格数据，优化建模管道，将模型连接成集合和自我感知系统，并对模型进行解释。

如果读者希望更好地理解深度学习在表格数据中的作用，则我们希望这本书能够激发读者，也希望这本书能够为在不同领域使用深度学习的人提供参考。本书的指导原则始终是可访问性，我们希望注释、图表、代码和实践演示能够保持这一原则。

随着我们面临的问题变得更加复杂，从这些问题中收集到的数据也变得更加复杂，我们发现，在问题和用来解决问题的模型之间出现了更大的分歧，而不是趋于一致。因此，"哪个模型在表格数据上表现最佳"这个问题的答案是模糊的。我们应该始终保持开放的心态和敏捷的思维，随时准备获取、测试和综合新/旧方法。我们必须努力减少对必要，但具有限制性的基准的完全依赖，转而以问题的多元性为驱动力，探索技术上的更多可能性。

附录讨论 NumPy 和 Pandas。NumPy 可以说是 Python 数据科学生态系统中最重要的库之一，如果没有争议，那么它就是最重要的库。通过将数据封装到针对常见操作进行了优化的自定义 NumPy 对象中，NumPy 提供了"分子数据科学生态系统"的"基本元素"。Pandas 是另一个重要的数据科学库，它提供了快速的表格数据功能，例如存储、查询、操作等。了解这两个库对于理解和完成本书中的实现和练习是很重要的。

附录详细介绍 NumPy 和 Pandas，旨在为那些对这些库完全不熟悉的人提供有效的学习资料，帮助他们逐步掌握这些库背后重要操作的概念和语法。

NumPy 数组

NumPy 数组可能是 Python 数据科学生态系统中最重要、最普遍的非本地数据存储对象。下面介绍如何构建和操作 NumPy 数组。

NumPy 数组构建

可以通过将列表传递给构造函数 np. array 来构建一个 NumPy 数组。例如，arr = np. array（[0,1,2,3,4,5]），创建了一个包含值 0，1，2，3，4，5 的 NumPy 数组，名为 arr。

有许多情况下，人们希望按某种模式或特定规律组织元素的 NumPy 数组，但不想手动输入，例如一个包含 1 000 个 0 的数组，或者一个从 0 计数到 106 的数组。NumPy 提供了几个有用的函数，用于生成常见模式的数组。

- np. arange(start,stop,step)类似本地 Python 中的 range，它接收两个参数，表示开始和结束，以及一个可选的步长（默认为 1）。例如，np. arange(1,10,2)创建一个数组，其值为［1，3，5，7，9］。请注意，stop 值不包含在结果列表中（即它不包含在结果中）。使用负的 stop 值可以进行反向计数，即 start > stop。

- np. linspace(start,end,num)返回一个长度为 num 个元素的数组，从第一个数 start 到最后一个数 end（包括），以均匀间隔取值。例如，np. linspace(1,10,5)创建一个 NumPy 数组，其值为［1.，3.25，5.5，7.75，10.］。

- np. zeros(shape)接收一个元组（tuple），并用全 0 初始化该形状的数组。例如，np. zeros((2,2,2))返回内容为［［［0,0］，［0,0］］，［［0,0］，［0,0］］］的 NumPy 数组。

- np. ones(shape)接收一个元组，并用全 1 初始化该形状的数组。例如，np. ones((2,2,2))返回内容为［［［1,1］，［1,1］］，［［1,1］，［1,1］］］的 NumPy 数组。

- np. random. uniform(low,high,shape)接收一个下限和一个上限，并用从该范围中均匀随机抽样的值填充为具有给定形状的 NumPy 数组。如果没有为形状参数提供元组，则该函数返回单个值，而不是 NumPy 数组。

- np. random. normal(mean,std,shape)接收一个平均值和一个标准差，并用从具有该形状的正态分布中抽样的值填充为具有给定形状的 NumPy 数组。如果没有为形状参数提供元组，则该函数返回单个值，而不是 NumPy 数组。

NumPy 数组的类型为 numpy. ndarray，这里的"nd"[①] 表示数组可以是任意整数 n 维。本书已经探讨过的示例是一维 NumPy 数组，也可以构建更高维度的 NumPy 数组。二维 NumPy 数组的每个元素是另一个列表/NumPy 数组。三维 NumPy 数组的每个元素也是另一个列表/数组，该 NumPy 数组的每个元素都包含第三层列表/NumPy 数组，依此类推。NumPy 数组的形状表示其维度和每个维度的长度/大小。例如，形状（128，64，32）表示相应的 NumPy 数组是三维的，有 128 个列表，每个列表包含 64 个列表，每个列表又包含 32 个元素。

NumPy 数组可以被重新调整成任何所需的形状，只要在结果 NumPy 数组中元素的总数保持不变即可。例如，np. arange(100)返回一个值为［0，1，2，…，98，99］的 NumPy 数组，但 np. arange(100). reshape((10,10))将这 100 个元素组织成了 10 个 NumPy 数组，每个 NumPy 数组有 10 个元素，类似［［0,1,…,8,9］，［10,11,…,18,19］,…,［90,91,…,98,99］］（见图 A－1）。

注释： reshape 函数也接收负值，可以重新指定一个"未知"的维度，只要指定了所有其他已知的维度即可。例如，可以使用 reshape(－1,4,2,5)、reshape(3,4,－1,5)或其他任何排列方式，将一个包含 120 个元素的 NumPy 数组重新塑造为（3，4，2，5）的形状。不能使用超过一个缺失的维度，因为这会在结果形状中产生歧义。这通常很有用，并且有利于处理长度可变的数组"列表"，每个 NumPy 数组都有其独特的结构，其中－1 用于代替表示列表中 NumPy 数组数量的维度。

---

① 原书中写作"$n-d$"。

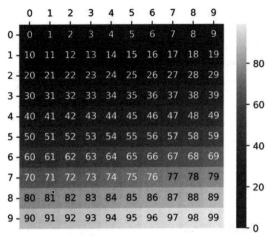

图 A-1　由 **arange** 和 **reshape** 函数生成的从 **0** 到 **99**（包括）的 **10×10 NumPy** 数组

简单的 NumPy 索引

对一维 NumPy 数组进行索引与原生 Python 的操作相同。例如，可以使用 arr[1:4]来选择 NumPy 数组 arr = [0,1,2,3,4]的第 2 到第 4 个元素。NumPy 也支持 Python 的负索引语法。索引 arr[1:-1]得到与 arr[1:4]相同的结果。

对于 n 维 NumPy 数组，索引遵循类似的结构，其中对 n 维 NumPy 数组的每个维度都定义了单独的索引语法。NumPy 数组 np. arange(100). reshape((10,10))[:5,:5]索引了 10×10 NumPy 数组的前 5 行和前 5 列（见图 A-2）。请注意，每个维度的索引规范之间用逗号分隔。

如果希望为某些维度设置索引规范，但不想为其他维度设置，则通过输入冒号":"来表示缺少

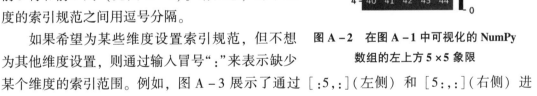

图 A-2　在图 A-1 中可视化的 **NumPy** 数组的左上方 **5×5** 象限

某个维度的索引范围。例如，图 A-3 展示了通过 [:5,:]（左侧）和 [5:,:]（右侧）进行索引的 10×10 NumPy 数组。

图 A-4 展示了通过 [:,:5] 和 [:,5:] 进行索引得到的结果。

另一个需要理解的重要概念是索引命令 [i] 和 [i:i+1] 之间的区别。从功能上讲，这两者索引相同的信息：调用 np. array([0,1,2,3])[1]索引到第 2 个元素（其值为 1）；调用 np. array([0,1,2,3])[1:2]是从第 2 个元素开始索引，停在第 3 个元素（不包括），这同样只索引第 2 个元素。然而，实际结果的区别在于，前一种索引语法索引单个元素，而后一种索引语法索引元素范围，即使这个范围只包括一个元素也是如此。因此，np. array([0,1,2,3])[1]返回 1，而 np. array([0,1,2,3])[1:2]返回 np. array([1])。

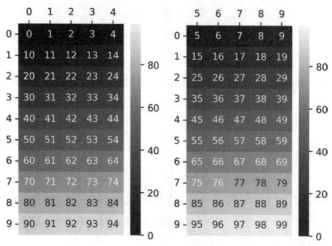

图 A–3　在图 A–1 中可视化的 **NumPy** 数组的上半部分（左侧）和下半部分（右侧）的索引

图 A–4　在图 A–1 中可视化的 **NumPy** 数组的左半部分（左侧）和右半部分（右侧）的索引

作为另一个练习，考虑用 np. zeros$((5,5,5,5,5))$ 初始化的 NumPy 数组，对于索引命令 $[:,0,3:,1:2,2:4]$，它的形状是什么？可以逐个维度跟踪索引规范对结果 NumPy 数组形状的影响，其形状为 $(5,1,3,1,2)$。读者可以通过在索引 NumPy 数组上调用 . shape( ) 来自行验证这一点。

数值操作

NumPy 提供了许多函数来操作 Python 的数值对象（例如整数和浮点数）和 NumPy 数组（见表 A–1）。Python 数学运算，例如加法、减法、乘法、除法、取模、指数运算、二进制运算和比较关系，可以逐元素应用（即如果涉及两个 NumPy 数组，则将操作应用于第一个 NumPy 数组的第 i 个索引和第二个 NumPy 数组的第 i 个索引）。

注释： 对于初学者来说，一个常见的错误是将插入运算符（^）与指数运算符混淆。相反，Python 使用"∗∗"表示指数运算，而使用"^"表示异或运算。Fortran 使用"∗∗"表示指数运算，因为当时大多数计算机使用 6 位编码，因此不支持插入符号。根据 C 语言的共同创作者 Ken Thompson 的说法，插入符号与异或操作的关联是任意的，是对其余字符的随机选择！在大多数其他情境中，"^"与指数运算普遍关联，这可能是从它作为 Tex 的上标符号开始的。这种语法在 20 世纪 80 年代末和 20 世纪 90 年代初被引入代数系统和图形计算器。

表 A – 1　在 NumPy 数组上执行的运算示例

NumPy 数组 1 内容	运算	NumPy 数组 2 内容	返回	结果
0, 1, 2	+	2, 1, 0		2, 2, 2
5, 4, 3	–	3, 2, 1		2, 2, 2
4, 2, 1	*	0.5, 1, 2		2, 2, 2
4, 2, 1	/	2, 1, 0.5		2, 2, 2
6, 8, 11	%	4, 3, 3		2, 2, 2
1, 2, 3	**	2, 2, 2		1, 4, 9
2, 3, 4	^	2, 2, 2		0, 1, 6
2, 3, 4	&	2, 2, 2		2, 2, 0
2, 3, 4	|	2, 2, 2		2, 3, 6
–1, 0, 1	<	0, 0, 0		True, False, False
–1, 0, 1	==	0, 0, 0		False, True, False

这与 Python 的语法不同。例如，如果使用标准列表而不是 NumPy 数组，$[0,1,2]+[3,4,5]$ 不会返回 $[3,5,7]$，而是返回 $[0,1,2,3,4,5]$。

参与操作的两个 NumPy 数组必须具有相同的长度，除非其中一个 NumPy 数组是相同值的重复。在这种情况下，该 NumPy 数组可以被一个包含该值的单元素 NumPy 数组替换，或者只是该值本身。例如，np. arange(100) * np. array([2, 2, …, 2]) 可以被替换为 np. arange(100) * np. array([2]) 或 np. arange(100) * 2。

否则，对于两个长度不同且不属于前面提到的情况的 NumPy 数组之间的关系运算，将产生错误 "ValueError：operands could not be broadcast together"（无法对操作数进行广播）。

NumPy 还提供了多个数学函数，可以应用于单个值或 NumPy 数组（在这种情况下，函数会逐元素应用，并返回一个相同长度的 NumPy 数组）（见表 A – 2）。

这些函数非常高效，并且在从 NumPy 数组中获得数学推导方面非常有帮助。例如，可以将 sigmoid 函数 $\left(\sigma(x)=\dfrac{1}{1+e^{-x}}\right)$ 实现为 sigmoid = lambda x：$1/(1+$ np. exp($-x$))。这个函数可以处理单个标量值和 NumPy 数组。

表 A – 2 NumPy 函数示例

函数	使用	函数	使用
正弦函数（Sine）	np. sin(0) −>0. 0	向下取整函数（Floor）	np. floor(2. 4) −>2
余弦函数（Cosine）	np. cos(0) −>1. 0	向上取整函数（Ceiling）	np. ceil(2. 4) −>3
正切函数（Tangent）	np. tan(0) −>0. 0	四舍五入函数（Round）	np. round(2. 4) −>2
反正弦函数（Arcsine）	np. arcsin(0) −>0. 0	指数函数（Exponential）	np. exp(0) −>1. 0
反余弦函数（Arccosine）	np. arccos(1) −>0. 0	自然对数函数（Natural Log）	np. log(np. e) −>1. 0
反正切函数（Arctangent）	np. arctan(0) −>0. 0	以 10 为底的对数函数（Base 10 Log）	np. log10(100) −>2. 0
最大值函数（Maximum）	np. max([1,2]) −>2	平方根函数（Square Root）	np. sqrt(9) −>3. 0
最小值函数（Minimum）	np. min([1,2]) −>1	绝对值函数（Absolute Value）	np. abs(−2. 5) −>2. 5
平均值函数（Mean）	np. mean([1,2]) −>1. 5	中位数函数（Median）	np. mean([1,2,3]) −>2

高级 NumPy 索引

简单的 NumPy 索引应该能够满足大多数用于操作 NumPy 数组的重要的和常见的操作。然而，如果有需要，则学习更高级的 NumPy 索引的语法将非常有帮助，它可以在语法上更加简洁地表达复杂的预期结果。

NumPy 的冒号和方括号索引接收第三个参数（除了起始和结束索引之外），表示步长。例如，np. arange(10)[2:6:2]表示每隔一个元素从 NumPy 数组中索引得到 [2, 4]。正如预期的那样，在不指定起始和结束索引的情况下，同时提供步长会用给定的步长索引整个 NumPy 数组，例如 np. arange(10)[::2]得到 [0, 2, 4, 6, 8]。

在处理包含大量轴（维度）的 NumPy 数组时，NumPy 提供省略号（...）来表示对某些维度不进行索引指定。例如，如果要索引 NumPy 数组 z 的第 1 个和最后一个维度，其形状为 (5, 5, 5, 5, 5, 5)，并保留其余维度不变，则可以写成类似 $z[1:4,:,:,:,:,:,1:4]$ 的形式，而使用省略号可以表示为 $z[1:4,...,1:4]$，这样写更加简洁。

NumPy 数组还支持重新赋值。可以通过 arr[index] = new_value 更改单个元素。多个元素可以被重新赋值。考虑一个由 arr = np. arange(6)定义的 NumPy 数组，将第 3 到第 5 个元素替换为 arr[2:5] = np. arange(3)将得到 arr 为 [0, 1, 0, 1, 2, 5]。此外，为索引所赋的值不需要是连续的值，例如 arr[::2] = np. arange(3)将得到 arr 为 [0, 1, 1, 3, 2, 5]。

如果不注意，则重新赋值可能很危险。考虑以下一系列 NumPy 数组操作（见代码清单 A-1）：初始化一个从 0 到 9（包括）的数字 NumPy 数组，将一个新的 NumPy 数组副本设置为该 NumPy 数组，然后将第一个 NumPy 数组的第一个元素重新赋值为 10。

代码清单 A-1 重新赋值的危险性

```
arr = np.arange(10)
copy = arr
arr[0] = 10
```

正如预期的那样，arr 的内容为 [10, 1, 2, 3, 4, 5, 6, 7, 8, 9]。然而，copy 的内容也是 [10, 1, 2, 3, 4, 5, 6, 7, 8, 9]! 当将 copy 设置为 arr 时，实际上并没有复制 arr 的内容，只是在内存中创建了对原始 NumPy 数组位置的另一个引用。因此，当对 arr 进行重新赋值时，copy 也会发生相应的变化。为了防止这种关联，必须物理复制一个 NumPy 数组。这可以通过 copy = np. copy(arr)或者 copy = arr[:]来实现。后一种方法对整个 NumPy 数组进行索引，但在内存中进行物理复制，从而避免了重新赋值和操作的关联。

需要注意的是，冒号和方括号语法（start:stop:step）中使用的索引只是根据一组规则生成的一组索引，这意味着完全可以指定自定义索引。如果要得到一个 NumPy 数组的第 2、第 4 和第 6 个元素，则可以使用 subset = arr[[1,3,5]]进行索引。读者一开始可能觉得双括号多余，但请将该命令视为两行代码的简写：indices = [1,3,5]和 subset = arr[indices]。对于特定的索引，可以通过编程生成自己的索引列表。

然而，对于某些特定的索引操作，NumPy 可以通过条件索引提供帮助。例如，如果要检索 NumPy 数组中所有大于 3 的元素，可以调用 arr[arr>3]。回想一下，arr>3 会返回一个布尔 NumPy 数组，其中每个元素要么是 True（如果 arr 中相应索引的元素满足大于 3 的条件），要么是 False。当使用这些逐元素的布尔规范对 NumPy 数组进行索引时，NumPy 会在相应布尔值为 True 时包含 arr 中的元素，在布尔值为 False 时不包含 arr 中的元素。

NumPy 数据类型

NumPy 提供了多种数据类型来存储 NumPy 数组中的值。以下是一些最重要的数据类型。

- 布尔型（np. bool_）。
- 无符号整数（np. uint8, np. uint16, np. uint32, np. uint64）。

- 有符号整数（np. int8，np. int16，np. int32，np. int64）。
- 浮点数（np. float16，np. float32，np. float64）。

当初始化 NumPy 数组时，可以通过 dtype 参数传入所需的数据类型，例如 np. array（[−1,0,1,2,3]，dtype = np. int8）。

可以使用 arr. astype(np. datatype)将一种数据类型转换为另一种数据类型。考虑以下 NumPy 数组（见代码清单 A − 2）。

代码清单 A − 2 数据类型转换

```
arr1 = np.array([1, 2, 3])
arr2 = arr1.astype(np.uint8)
```

调用 arr1. dtype 会得到 dtype('int64')，调用 arr2. dtype 会得到 dtype('uint8')。当首次构造 arr1 时，整数的表示为 np. int64。然后，它们被转换为无符号整数赋给 arr2，而不影响内容。然而，请注意，将数据类型转换为较小的表示可能改变 NumPy 数组的值。例如，将值为 [−1， −2， −3] 的 NumPy 数组转换为 np. uint8，会得到 [255，254，253]（通过从 2^8 减去相应值得出）。另一个例子是，将值为 [1. 123 456 789] 的 NumPy 数组转换为 np. float16，会得到 [1. 123]。

在通常情况下，需要将数据类型转换为较小的表示，而不是较大的表示，这是为了解决内存或存储问题。转换也经常用于准备图像，以供图像处理库使用，这些图像处理库可能需要将图像数据存储为 np. uint8 类型，以确保值仅包含来自 [0，255] 的整数。

函数应用和向量化

通常，人们希望对 NumPy 数组逐元素应用函数，而且这个函数可能还没有被原生支持（如果默认函数已经实现，则人们总是想使用它们以获得潜在的效率提升）。例如，假设想要绘制分段函数：

$$f(x) = \begin{cases} \dfrac{x^2}{25}, & x < 0 \\ \sin x \cdot x^2, & x \geqslant 0 \end{cases}$$

在 −5 ≤ x ≤ 5 范围内绘制分段函数，包含 x 轴值的数组可以通过 inputs = np. linspace（−5,5,100）生成。在这种情况下，从函数中采样 100 个点，这对于可视化来说精度已经足够。

可以如下实现这个函数（见代码清单 A − 3）。

代码清单 A − 3 自定义分段函数

```
def f(x):
    if x < 0:return x**2 /25
    else:return np.sin(x) * x**2
```

然而，简单地应用 f(inputs) 会产生一个 ValueError（值错误）：

```
ValueError                              Traceback (most recent call last)
/tmp/ipykernel_33/829457706.py in <module>
----> 1 f(np.linspace(-5,5,100))

/tmp/ipykernel_33/3998949136.py in f(x)
      1 def f(x):
----> 2     if x < 0: return x**2/25
      3     else: return np.sin(x) * x**2


ValueError: The truth value of an array with more than one element is ambiguous.
Use a.any()
or a.all()
```

这里的分段函数涉及一些相对复杂的逻辑（即 if 语句和比较），因此简单地应用该函数会失败。在这种情况下，ValueError 是在多个布尔值上使用 if 语句引起的。由于 x < 0 形成的布尔数组中的一些元素是 True，而另一些元素是 False，所以 Python 无法确定是否执行 if 语句内的代码，NumPy 数组的真值是不明确的。在这种情况下，Python 无法准确判断人们希望它逐元素应用函数，因此必须明确地传达这一点。

一种手动的方法是使用列表推导，并创建一个新数组，通过将函数单独应用于输入的每个元素来形成：outputs = np.array([f(element) for element in inputs])。更短，但在功能上等效的替代方法是使用函数矢量化。np.vectorize 接受一个 Python 函数，并返回另一个函数，该函数逐元素应用原始函数（outputs = np.vectorize(f)(inputs)），或者使用 vectorized = np.vectorize(f)，然后 outputs = vectorized(inputs) 以获得更长，但可能更易读的表示。

当希望对多个输入逐元素进行操作时，函数矢量化也很方便。例如，人们可能希望在 3 个输入 NumPy 数组的元素总和大于 10 时返回 True，否则返回 False（见代码清单 A - 4）。

代码清单 A - 4 一个多输入函数示例

```
def f(x, y, z):
    if x + y + z > 10: return True
    return False
```

可以按照以下方式应用这个函数（见代码清单 A - 5）。

代码清单 A - 5 在多个输入函数上使用函数矢量化

```
x = np.arange(0, 5)
y = np.arange(7, 2, -1)
z = np.arange(-1, 9, 2)
np.vectorize(f)(x, y, z)
```

```
# NumPy 数组 [False, False, False, True, True]
```

请注意，尽管一些人通过使用 np. vectorize 观察到了轻微的速度提升，但该函数"主要是为了方便而提供的，而不是为了性能"（引自 NumPy 文档网站）。

NumPy 数组应用：图像操作

下面运用 NumPy 数组的知识来体验图像处理的乐趣。skimage. io. imread 函数可以接收图像的 URL，并将其作为 NumPy 数组返回。这里的示例图像是纽约市天际线的风景照（见代码清单 A‑6 和图 A‑5）。

代码清单 A‑6　加载示例图像

```
from skimage import io
import matplotlib.pyplot as plt

url = 'https://upload.wikimedia.org/wikipedia/commons/thumb/2/2b/NYC_Downtown_
Manhattan_Skyline_seen_from_Paulus_Hook_2019-12-20_IMG_7347_FRD_%28cropped%
29.jpg/1920px-NYC_Downtown_Manhattan_Skyline_seen_from_Paulus_Hook_2019-12-
20_IMG_7347_FRD_%28cropped%29.jpg'
image = io.imread(url)

plt.figure(figsize=(10,5), dpi=400)
plt.imshow(image)
plt.show()
```

图 A‑5　示例图像（纽约天际线的风景照）

调用 image. shape 得到的元组是 (770, 1920, 3)。这意味着图像高度为 770 像素，宽度为 1 920 像素。这张图像是彩色的，因此按照标准它有 3 个通道，分别对应红色、绿色和蓝色（RGB）。可以通过独立地索引每个通道，并显示对应颜色的二维切片，将图像分离成其"颜色组成部分"（见代码清单 A‑7 和图 A‑6）。

代码清单 A‑7 从图 A‑5 中分离并可视化的单独红色、绿色和蓝色通道映射

```
for i, color in enumerate(['Reds', 'Blues', 'Greens']):
    plt.figure(figsize = (10, 5), dpi = 400)
    plt.imshow(image[:,:,i], cmap = color)
    plt.show()
```

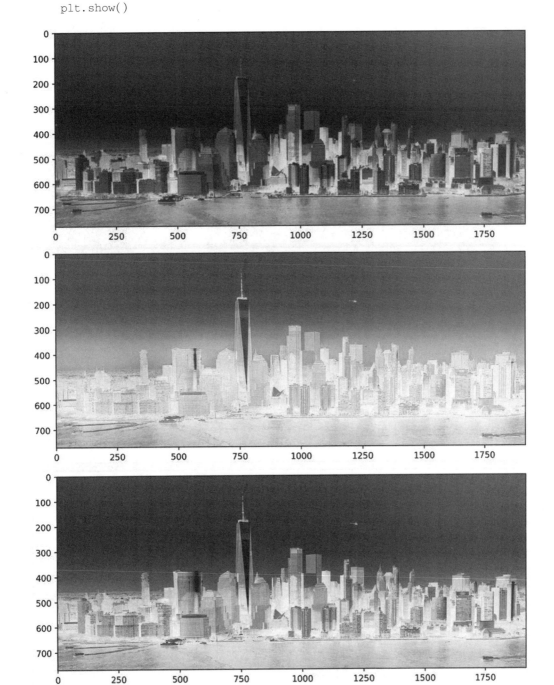

图 A‑6 查看图 A‑5 中的单独红色、绿色和蓝色通道映射

假设希望将三维彩色图像压缩为二维灰度图像。一个自然的方法是对每个像素的通道取平均值，可以使用 np. mean(image, axis = 2)来实现（见代码清单 A - 8 和图 A - 7）。这里 axis 参数表示沿着第 3 个轴取平均值，就像元组的第 3 个元素通过 2 进行索引一样。

代码清单 A - 8 可视化基于平均值的灰度表示

```
plt.figure(figsize =(10, 5), dpi =400)
plt.imshow(np.mean(image, axis =2), cmap = 'gray')
plt.show()
```

图 A - 7 通过在颜色深度轴上取图像的平均值（即用 RGB 值的平均值替换每个像素）获得图像的灰度表示

结果是一个相当不错的灰度表示！也可以通过使用 np. max(image, axis = 2)获取每个像素每个通道的最大值来产生类似的效果，这会产生一种复古的"过度曝光"灰度表示（见图 A - 8）。

图 A - 8 通过在颜色深度轴上取图像像素的最大值来获得图像的灰度表示

使用 np. min(image, axis = 2)计算每个像素的最小值，得到的是通常较暗的灰度表示（见图 A - 9），正如人们可能预期的那样。

图 A - 9 通过在颜色深度轴上取图像像素的最小值来获得图像的灰度表示

可以通过添加噪声来增强原始图像（见代码清单 A - 9 和图 A - 10、图 A - 11）。可以通过 noise = np. random. normal(0,40,(770,1920,3)) 生成与原始图像形状相同的正态分布噪声阵列。在这种情况下，将均值设定为 0，并使标准差为 40。请注意，图像通常被存储为介于 0 和 255 之间的像素值。较大的标准差将产生较大的视觉噪声，而较小的标准差将产生较少的可见噪声。另外，请注意，需要将带噪声的图像转换为无符号 8 位整数（介于 0 和 $2^8 - 1 = 255$ 之间），因为噪声向量是从连续分布中提取的，所以它产生的像素值不在图像显示可接受的所有整数（包括 0 ~ 255）的有效集合内。如果不将 NumPy 数组转换为无符号 8 位整数就尝试显示图像，则将产生奇怪的、大部分为空白的画布。

代码清单 A - 9 通过将从正态分布中随机提取的噪声添加到图 A - 5 中以生成噪声图像

```
noise_vector = np.random.normal(0, 40, (770, 1920, 3))
altered_image = image + noise_vector
display_image = altered_image.astype(np.uint8)
```

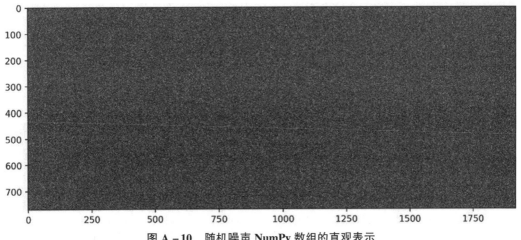

图 A - 10 随机噪声 NumPy 数组的直观表示

图 A – 11　将随机噪声 NumPy 数组与原始 NumPy 数组结合的可视化

　　还可以调整正态分布的平均值，影响噪声矩阵的取样值，从而从整体上改变图像的"感觉"（见图 A – 12 和图 A – 13）。

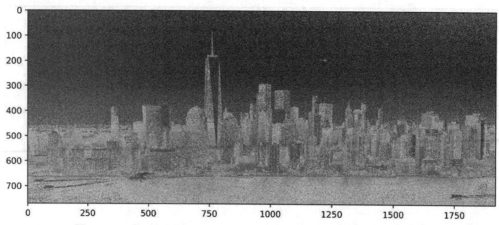

图 A – 12　将随机噪声 NumPy 数组与原始 NumPy 数组结合的可视化
（其中随机噪声 NumPy 数组是由平均值为 100 的正态分布生成的）

图 A – 13　将随机噪声 NumPy 数组与原始 NumPy 数组结合的可视化
（其中随机噪声 NumPy 数组是由平均值为 200 的正态分布生成的）

图像的特征也可以通过将图像中的所有像素值乘以某个常数 k 来增强或减弱，$0 \leq k < 1$ 以减弱图像，$k > 1$ 以增强图像，这称为对比度。请注意，需要类似地将更改后的图像转换为无符号 8 位整数，因为将每个像素值乘以非整数值不能保证满足图像显示所需的整数结果（见代码清单 A - 10）。可以观察到，高对比度图像是由加剧/夸大的定量值差异产生的，微小的差异会形成严格的、多彩的边界（见图 A - 14）。

代码清单 A - 10　通过将示例图像的像素值乘以不同的因子来生成和可视化不同级别的对比度

```
for factor in [0.2, 0.6, 1.5, 3, 8]:
    altered_image = image * factor
    display_image = altered_image.astype(np.uint8)

    plt.figure(figsize = (10, 5), dpi = 400)
    plt.imshow(display_image)
    plt.show()
```

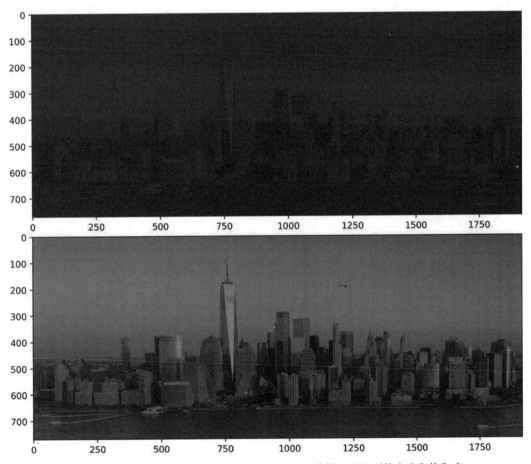

图 A - 14　通过将 NumPy 数组乘以一个因子来获得不同级别的亮度和饱和度

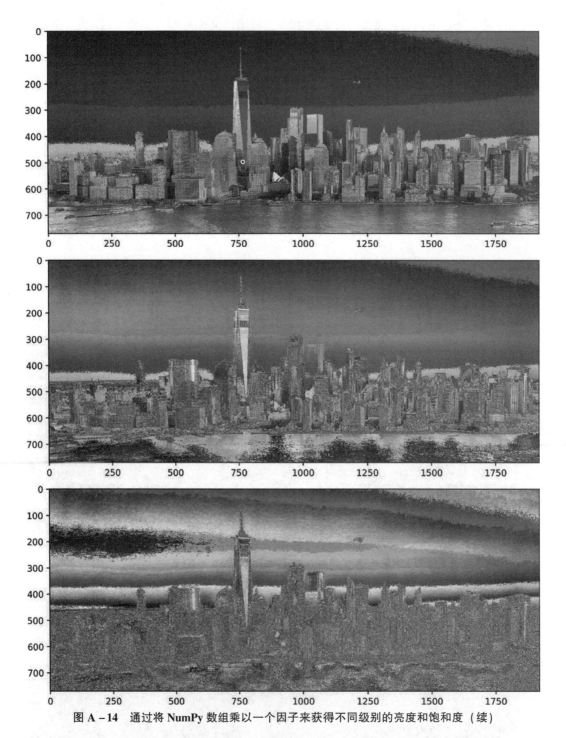

图 A‑14 通过将 NumPy 数组乘以一个因子来获得不同级别的亮度和饱和度（续）

　　图像编辑工具中的另一个人们熟悉的参数是亮度，可以通过向图像中的所有像素添加或减去相同的值来调整亮度，从而统一地增加或减小 NumPy 数组的值。

　　众所周知，如果没有金刚和哥斯拉的战斗，纽约市的天际线就是不完整的。下面加载一个相关场景的示例图像（见代码清单 A‑11 和图 A‑15）。

代码清单 A–11 加载并显示金刚与哥斯拉战斗的示例图像

```
url = 'https://upload.wikimedia.org/wikipedia/commons/thumb/f/f4/KK_v_G_
trailer_%281962%29.png/440px-KK_v_G_trailer_%281962%29.png'
beasts = io.imread(url)

plt.figure(figsize=(10,5), dpi=400)
plt.imshow(beasts)
plt.show()
```

图 A–15 金刚与哥斯拉战斗的示例图像

使用两个示例图像之间简单的按位与（bitwise AND）运算来合并它们。为了做到这一点，首先需要确保 NumPy 这两个图像具有相同的尺寸。确保 NumPy 数组形状等效的一种方法是将较高分辨率的图像（在这种情况下较高分辨率的图像是纽约天际线的风景照）形状调整为与较低分辨率图像的形状相同。这可以通过 Python 的 cv2 计算机视觉库实现，该库提供了一个有用的函数 cv2.resize：resized = cv2.resize(original, desired_shape)。

注释：不要混淆调整大小和调整形状这两种操作！调整大小是一种图像操作，它会降低/减小图像的分辨率/尺寸，而调整形状是一种广义的 NumPy 数组操作，它会在保持元素数量恒定的同时，改变 NumPy 数组中元素在维度之间的排列/分布方式。

最终合并的效果还不错（见代码清单 A–12 和图 A–16）！

代码清单 A–12 通过按位或（bitwise OR）运算生成并可视化"合并图像"

```
merged = cv2.resize(image, beasts.shape) & beasts
plt.figure(figsize=(10,5), dpi=400)
plt.imshow(merged)
plt.show()
```

图 A－16　使用简单的按位或运算合并两个图像的效果

（在第 4 章中可以看到更多使用卷积进行图像处理的有趣内容！）

这里仅通过操作 NumPy 数组，并且在最小程度上借助其他库的帮助，就能够完成许多工作！对 NumPy 有深入的理解不仅对处理以 NumPy 数组形式存储的数据非常有帮助，而且对 Python 数据科学生态系统中的几乎任何数据类型都非常有用。

Pandas 数据框（Pandas Dataframe）

虽然 NumPy 数组可以高效地存储从图像到表格再到文本的原始数据，但其通用性可能会限制处理特定类型数据的效率。也许处理基于表格数据最成熟的库是 Pandas，它建立在 DataFrame 数据类型上，这是一种用于表格数据的二维容器（实际上，Pandas 是建立在 NumPy 之上的）。使用 Pandas，可以从文件中读取和写入数据、选择数据、过滤数据和转换数据。在表格数据的情况下，Pandas 是一个基本工具。在本书撰写时，没有其他库像 Pandas 这样，能够如此良好地维护并适用于有效的表格数据操作。

构建 Pandas 数据框

从头开始构建一个 Pandas 字典，可以将一个字典传递给 pd. DataFrame 构造函数，其中每个键（key）都是表示列名的字符串，而值（value）则是表示其值的列表或数组（见代码清单 A－13 和图 A－17）。

代码清单 A－13　生成一个简单的虚拟 Pandas 数据框

```
df = pd.DataFrame({'a':[1, 2, 3],
```

```
'b':[4,5,6],
'c':[7,8,9]})
```

如果为每列提供的列表长度不同，则将遇到一个错误：
"ValueError：All arrays must be of the same length error"（所有数
组必须具有相同的长度）。

图 A-17　一个简单的虚拟
Pandas 数据框

在尝试创建小型 Pandas 数据框时，使用这种构建 Pandas
数据框的方法特别有帮助，例如将 Pandas 数据框作为一个虚
拟表格来测试操作，或者记录和收集数据以进行可视化。

可以先初始化一个空白的 Pandas 数据框（不向构造函数传
递任何信息），然后逐一创建列（见代码清单 A-14）来实现相同的结果。

代码清单 A-14　通过列的创建和赋值初始化一个虚拟 Pandas 数据框

```
df = pd.DataFrame()
df['a'] = [1,2,3]
df['b'] = [4,5,6]
df['c'] = [7,8,9]
```

需要注意的是，这个操作与 NumPy 数组的重新赋值机制非常相似（见代码清
单 A-15）。方括号表示法允许沿着给定对象的轴上对元素或元素集合进行索引。然而，
需要注意的是，在 NumPy 中，数组的某些元素或维度需要已经存在才能在 NumPy 中重新
赋值，而在 Pandas 中，数据框在赋值之前可以是空的。

代码清单 A-15　在 NumPy 中与代码清单 A-14 中列赋值操作类似的操作

```
arr = np.zeros((3,3))


arr[0] = [1,2,3]
arr[1] = [4,5,6]
arr[2] = [7,8,9]
```

Pandas 数据框的列可以使用方括号和列名进行索引（见代码清单 A-16）。这将返回
一个 Series（序列）对象，可以将其视为一个字典。在字典中，每个键都与一个值关联。
在 Series 中，每个索引都与一个值关联。

代码清单 A-16　在 Pandas 数据框架中对单列进行索引的结果

```
df['a']


'''
Returns:
0    1
1    2
2    3
Name: a, dtype: int64
'''
```

因此，可以通过 df['a'][0] 获取在代码清单 A – 16 中索引的序列的第一个项，这将返回 1。

Pandas 数据框更像一个字典，而不是一个列表，因为索引有显式的和可能的修改，尽管在默认情况下索引像列表一样是有序的，就像一个列表一样。

通常人们会从文件中读取数据。例如，如果想要读取 CSV 文件中的数据，可以使用 data = pd. read_csv(path)。根据 CSV 文件的组织方式，可能需要指定特定的分隔符。Pandas 对应的读取函数还包括用于 Excel 表格（pd. read_excel）、JSON(pd. read_json)、HTML 表格（pd. read_html）、SQL 数据（pd. read_sql）以及许多其他文件类型。相应地，也可以将 Pandas 数据框导出为所需的支持格式，例如 data. to_csv(path) 或 data. to_excel(path)。请参阅 Pandas 文档中的 IO 工具页面，了解完整且最新的 Pandas 文件读取和处理功能列表：https://pandas. pydata. org/pandas – docs/stable/user_guide/io. html。

Pandas 基础操作

可以编写一个函数来构建一个乘法表，用 Pandas 数据框来表示（见代码清单 A – 17 和图 A – 18）。乘法表是一个正方形的 Pandas 数据框，其中索引和列都包含 $[1, n]$（包括 1 和 n）的整数，乘法表中的每个元素是相应的索引和列坐标的乘积。该函数通过使用所需的索引和列值初始化一个空的 Pandas 数据框，然后使用标准的数组逻辑逐个填充所需的元素。

代码清单 A – 17 使用 Pandas 值重新赋值生成任意 $n \times n$ 大小的乘法表的函数

```
def makeTable(n = 10):
    table = pd.DataFrame(index = range(1, n + 1),
                         columns = range(1, n + 1))
    for num1 in table.columns:
        for num2 in table.index:
            table[num1][num2] = num1 * num2
    return table
```

```
table = makeTable(n = 100)
```

请记住，可以使用方括号对 Pandas 数据框中的列进行索引。当调用 table [5] 时，会得到以下序列（见表 A – 3）。在这里的上下文中，将返回从 1×5 到 100×5 的所有 5 的倍数。

（Name：5, Length：100, dtype：object）

假设想同时查看 5，10 和 15 的倍数，这里的操作不是传递一个列的引用，而是传递一个列引用的列表（table[[5,10,15]]），返回图 A – 19 所示的 Pandas 数据框。

	1	2	3	4	5	6	7	8	9	10	...	91	92	93	94	95	96	97	98	99	100
1	1	2	3	4	5	6	7	8	9	10	...	91	92	93	94	95	96	97	98	99	100
2	2	4	6	8	10	12	14	16	18	20	...	182	184	186	188	190	192	194	196	198	200
3	3	6	9	12	15	18	21	24	27	30	...	273	276	279	282	285	288	291	294	297	300
4	4	8	12	16	20	24	28	32	36	40	...	364	368	372	376	380	384	388	392	396	400
5	5	10	15	20	25	30	35	40	45	50	...	455	460	465	470	475	480	485	490	495	500
...	...	...	...	...	...	...	...	...	...	...	...	...	...	...	...	...	...	...	...	...	...
96	96	192	288	384	480	576	672	768	864	960	...	8736	8832	8928	9024	9120	9216	9312	9408	9504	9600
97	97	194	291	388	485	582	679	776	873	970	...	8827	8924	9021	9118	9215	9312	9409	9506	9603	9700
98	98	196	294	392	490	588	686	784	882	980	...	8918	9016	9114	9212	9310	9408	9506	9604	9702	9800
99	99	198	297	396	495	594	693	792	891	990	...	9009	9108	9207	9306	9405	9504	9603	9702	9801	9900
100	100	200	300	400	500	600	700	800	900	1000	...	9100	9200	9300	9400	9500	9600	9700	9800	9900	10000

100 rows × 100 columns

图 A – 18　生成的 100 × 100 乘法表（其中 100rows × 100columns 为 100 行 × 100 列）示例

表 A – 3　调用 table [5] 时得到的序列

1	5
2	10
3	15
4	20
5	25
...	
96	480
97	485
98	490
99	495
100	500

也可以使用 . loc 进行行索引。可以传入单个行索引或行索引的列表进行索引。table. loc [[5,10,15]] 返回图 A – 20 所示的 Pandas 数据框。

注释：在讨论 Pandas 数据框的索引时，请注意索引是选择数据子集的过程，而 indices（指标）是指数据框中的行级引用，有时也指索引操作中使用的参数，例如 Python 列表索引 list1 [3:5] 中的 3:5。

当然，如果想同时为列和行指定索引，则可以将单独的索引命令连接在一起（链式调用）：table[[5,10,15]].loc[[5,10,15]]。然而，更推荐的方法是利用.loc，它支持在.loc[行，列]格式中同时对行和列进行索引，因此比链式调用更高效。使用[5，10，15]对列和行进行索引的等效命令是 table.loc[[5,10,15],[5,10,15]]（见图 A-21）。

请注意，通过选择特定的索引，新表不再具有"标准"的索引 0，1，2，…。使用 data.reset_index 方法可以将原始索引弹出，并用新的"标准"索引轴替换它（见图 A-22）。

为了防止原始索引弹出作为新列，可以在 reset_index 方法中指定 drop = True 作为参数（见图 A-23）。

一般而言，要删除一列或一组列，调用 data.drop(col, axis = 1, inplace = True) 或 data.drop([col1，col2，…], axis = 1, inplace = True)。axis 为 1 代表列，而 axis 为 0 代表行。如果要删除特定的行，则将 axis 设置为 0。inplace 参数确定是在当前对象上执行删除命令，还是在它的副本上执行删除命令。如果将 inplace 设置为 False，则原始的 Pandas 数据框不会被修改，而会返回另一个带有被删除数据的 Pandas 数据框。

	5	10	15
1	5	10	15
2	10	20	30
3	15	30	45
4	20	40	60
5	25	50	75
...	...	...	...
96	480	960	1440
97	485	970	1455
98	490	980	1470
99	495	990	1485
100	500	1000	1500

100 rows × 3 columns

图 A-19　在图 A-18 中可视化的 100×100 乘法表中索引部分列（100 行×3 列）

	1	2	3	4	5	6	7	8	9	10	...	91	92	93	94	95	96	97	98	99	100
5	5	10	15	20	25	30	35	40	45	50	...	455	460	465	470	475	480	485	490	495	500
10	10	20	30	40	50	60	70	80	90	100	...	910	920	930	940	950	960	970	980	990	1000
15	15	30	45	60	75	90	105	120	135	150	...	1365	1380	1395	1410	1425	1440	1455	1470	1485	1500

图 A-20　在图 A-18 中可视化的 100×100 乘法表中索引部分行

	5	10	15
5	25	50	75
10	50	100	150
15	75	150	225

图 A-21　在 Pandas 数据框的列和行轴上同时指定索引

index	5	10	15
0	5	25	50	75
1	10	50	100	150
2	15	75	150	225

图 A-22　将原始索引弹出并作为新列重置索引（其中 index 意为索引）

注释：对于初学者来说，使用 Pandas 的一个常见的错误是仅调用 data.drop(col, axis =1)。这个命令对数据没有影响，因为 inplace 的默认值是 False。要修复这个问题，可以调用 data = data.drop(col,axis =1)，这将把变量 data 重新赋值为从由 data 引用的原始数据帧生成的已删除数据的数据帧。然而，如果不需要保留原始数据帧，则首选的解决方案是使用 inplace = True，这可以比生成副本和重新分配更有效地处理内部的所有操作。

为了对一系列列或索引进行索引，Pandas 也支持原生的 Python 索引。然而，与 Python 不同的是，Pandas 包括终止索引。例如，命令 table. loc [90:100,5:100:3] 包括索引 90 ~ 100（包括）的所有行，以及索引 5 ~ 100 中步长为 3 的所有列（见图 A – 24）。

	5	10	15
0	25	50	75
1	50	100	150
2	75	150	225

图 A – 23　重置索引时，原始索引不会弹出作为新列

假设要玩点小把戏，打乱乘法表。例如，可以将每列的名称重新赋值为不同的随机名称。为了实现这一点，需要向 Pandas 提供一个字典形式的原始列名和新列名之间的映射（见代码清单 A – 18 和图 A – 25）。然后，从 Pandas 数据框中调用 rename 方法，并指定 columns = dictionary_mapping。rename 方法有一个类似 drop 命令的 inplace 参数。

	5	8	11	14	17	20	23	26	29	32	...	71	74	77	80	83	86	89	92	95	98
90	450	720	990	1260	1530	1800	2070	2340	2610	2880	...	6390	6660	6930	7200	7470	7740	8010	8280	8550	8820
91	455	728	1001	1274	1547	1820	2093	2366	2639	2912	...	6461	6734	7007	7280	7553	7826	8099	8372	8645	8918
92	460	736	1012	1288	1564	1840	2116	2392	2668	2944	...	6532	6808	7084	7360	7636	7912	8188	8464	8740	9016
93	465	744	1023	1302	1581	1860	2139	2418	2697	2976	...	6603	6882	7161	7440	7719	7998	8277	8556	8835	9114
94	470	752	1034	1316	1598	1880	2162	2444	2726	3008	...	6674	6956	7238	7520	7802	8084	8366	8648	8930	9212
95	475	760	1045	1330	1615	1900	2185	2470	2755	3040	...	6745	7030	7315	7600	7885	8170	8455	8740	9025	9310
96	480	768	1056	1344	1632	1920	2208	2496	2784	3072	...	6816	7104	7392	7680	7968	8256	8544	8832	9120	9408
97	485	776	1067	1358	1649	1940	2231	2522	2813	3104	...	6887	7178	7469	7760	8051	8342	8633	8924	9215	9506
98	490	784	1078	1372	1666	1960	2254	2548	2842	3136	...	6958	7252	7546	7840	8134	8428	8722	9016	9310	9604
99	495	792	1089	1386	1683	1980	2277	2574	2871	3168	...	7029	7326	7623	7920	8217	8514	8811	9108	9405	9702
100	500	800	1100	1400	1700	2000	2300	2600	2900	3200	...	7100	7400	7700	8000	8300	8600	8900	9200	9500	9800

图 A – 24　通过切片索引 Pandas 数据框的列和行

代码清单 A – 18　一个"破坏性"重命名操作

将每个原始列随机分配给一个新的列。这是通过随机打乱列名，然后将每个列名设置为其后面的列名来实现的。模 100 运算（%100）允许循环（即最后一个元素的名称被重命名为第一个元素的名称）。

```
newCol = {}
nums = list(range(1,101))
np.random.shuffle(nums)
for i in range(len(nums)):
    newCol[nums[i]] = nums[(i +1) % 100]
table = table.rename(columns =newCol)
```

在机器学习和深度学习中，人们经常关注计算结构的缩放特性（有关深度学习的示例，请参见第 4 章中的"为什么我们需要卷积？"一节）。对于生成乘法表的情况，人们可能会想知道在内存中存储 Pandas 数据框所需的存储空间如何随着乘法表的维度 n 的升高而变化（见代码清单 A – 19 和图 A – 26）。

	65	23	81	34	93	30	63	11	74	100	...	28	24	67	1	33	21	76	90	54	42
1	1	2	3	4	5	6	7	8	9	10	...	91	92	93	94	95	96	97	98	99	100
2	2	4	6	8	10	12	14	16	18	20	...	182	184	186	188	190	192	194	196	198	200
3	3	6	9	12	15	18	21	24	27	30	...	273	276	279	282	285	288	291	294	297	300
4	4	8	12	16	20	24	28	32	36	40	...	364	368	372	376	380	384	388	392	396	400
5	5	10	15	20	25	30	35	40	45	50	...	455	460	465	470	475	480	485	490	495	500
...	...	...	...	...	...	...	...	...	...	...	...	...	...	...	...	...	...	...	...	...	...
96	96	192	288	384	480	576	672	768	864	960	...	8736	8832	8928	9024	9120	9216	9312	9408	9504	9600
97	97	194	291	388	485	582	679	776	873	970	...	8827	8924	9021	9118	9215	9312	9409	9506	9603	9700
98	98	196	294	392	490	588	686	784	882	980	...	8918	9016	9114	9212	9310	9408	9506	9604	9702	9800
99	99	198	297	396	495	594	693	792	891	990	...	9009	9108	9207	9306	9405	9504	9603	9702	9801	9900
100	100	200	300	400	500	600	700	800	900	1000	...	9100	9200	9300	9400	9500	9600	9700	9800	9900	10000

图 A-25　在 Pandas 数据框中随机重命名列的结果

代码清单 A-19　绘制当前乘法表函数的存储缩放特性

```
import sys

x = [1, 2, 4, 8, 16, 32, 64, 128, 256, 512, 1024]
y = [sys.getsizeof(makeTable(n=n))/1000 for n in tqdm(x)]

plt.figure(figsize=(10, 5), dpi=400)
plt.plot(x, y, color='black')
plt.grid()
plt.xlabel('$n$')
plt.ylabel('KB')
plt.title('Storage Size for Pandas $n \cdot n$ Multiplication DataFrames')
plt.show()
```

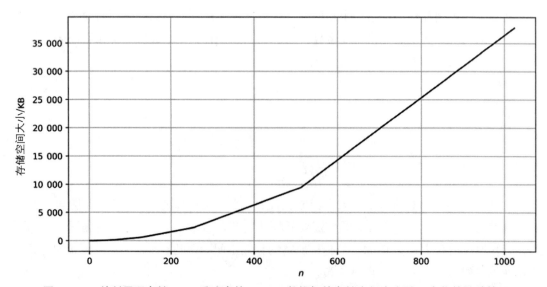

图 A-26　绘制用于存储 $n \times n$ 乘法表的 Pandas 数据框的存储空间大小随 n 变化的缩放情况

存储空间大小大致呈二次方增长，与预期相符。即便如此，对于较大的 n 值，存储空间大小也会变得非常大。尽管无法改变乘法表构建算法的计算复杂度，但通常可以通过识别和削减乘法表中的冗余来改善缩放效果。

首先，乘法表是对称的，即从左上角延伸到右下角的对角线是对称的（$a \cdot b = b \cdot a$）。因此，乘法表中略少于一半的部分包含重复的信息。修改乘法表函数，仅从当前列开始以索引方式填充，从而仅填入唯一的乘法方程（见代码清单 A-20）。

代码清单 A-20　将乘法表函数调整为仅填充一半乘法表

```
def makeHalfTable(n = 10):
    table = pd.DataFrame(index = range(1, n + 1), columns = range(1, n + 1))
    for num1 in table.columns:
        for num2 in table.index[num1 - 1:]:
            table[num1][num2] = num1 * num2
    return table
```

可以看到所有未填充的值都是 NaN（见图 A-27），这些值是由初始化产生的（在代码清单 A-20 的第 2 行创建）。

	1	2	3	4	5	6	7	8	9	10	...	91	92	93	94	95	96	97	98	99	100
1	1	NaN	NaN	NaN	NaN	NaN	NaN	NaN	NaN	NaN	...	NaN	NaN	NaN	NaN	NaN	NaN	NaN	NaN	NaN	NaN
2	2	4	NaN	NaN	NaN	NaN	NaN	NaN	NaN	NaN	...	NaN	NaN	NaN	NaN	NaN	NaN	NaN	NaN	NaN	NaN
3	3	6	9	NaN	NaN	NaN	NaN	NaN	NaN	NaN	...	NaN	NaN	NaN	NaN	NaN	NaN	NaN	NaN	NaN	NaN
4	4	8	12	16	NaN	NaN	NaN	NaN	NaN	NaN	...	NaN	NaN	NaN	NaN	NaN	NaN	NaN	NaN	NaN	NaN
5	5	10	15	20	25	NaN	NaN	NaN	NaN	NaN	...	NaN	NaN	NaN	NaN	NaN	NaN	NaN	NaN	NaN	NaN
...	...	...	...	...	...	...	...	...	...	...		...	...	...	...	...	...	...	...	...	...
96	96	192	288	384	480	576	672	768	864	960	...	8736	8832	8928	9024	9120	9216	NaN	NaN	NaN	NaN
97	97	194	291	388	485	582	679	776	873	970	...	8827	8924	9021	9118	9215	9312	9409	NaN	NaN	NaN
98	98	196	294	392	490	588	686	784	882	980	...	8918	9016	9114	9212	9310	9408	9506	9604	NaN	NaN
99	99	198	297	396	495	594	693	792	891	990	...	9009	9108	9207	9306	9405	9504	9603	9702	9801	NaN
100	100	200	300	400	500	600	700	800	900	1000	...	9100	9200	9300	9400	9500	9600	9700	9800	9900	10000

图 A-27　仅填充一半乘法表的结果

也许令人惊讶的是，这种仅填充一半乘法表的方法的缩放效果仅比填充完整乘法表略好（见图 A-28）。

然而，如果将所有 np. nan 替换为 0，则将节省相当大的存储空间。正如语法命名所示，通过返回 table. fillna(0) 将所有 NA/null/NaN 值填充为 0，可以得到一个更轻量级的缩放乘法表生成器（见图 A-29）。

一个简单的解释是，np. nan 是一个"庞大的高级对象"，而 0 是一个"原始的 Python 值"。因此，从直观上讲，Python 可以更有效地处理大量的 0，而不是大量的 np. nan。当然，还有许多被忽视的复杂低级细节，有助于优化存储和效率。然而，这个演示显示了一些快速的高级方法，可以用来削减冗余并改善缩放效果。

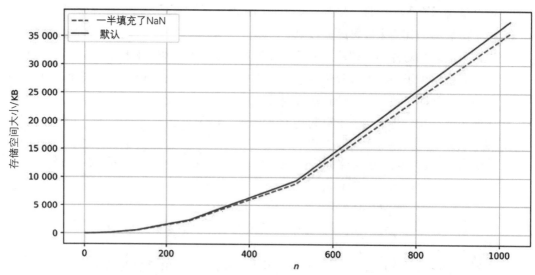

图 A-28　绘制用于存储 $n \times n$ 乘法表的 **Pandas** 数据框的存储空间大小随 n 变化的缩放情况
（比较默认方法和仅填充一半的方法）

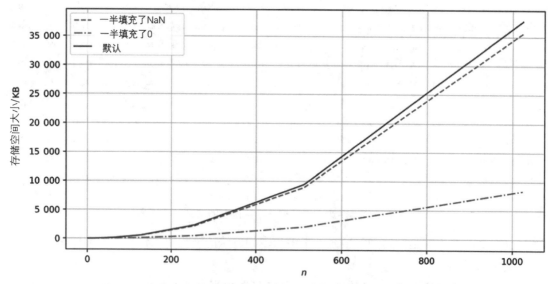

图 A-29　绘制用于存储 $n \times n$ 乘法表的 **Pandas** 数据框的存储空间大小随 n 变化的缩放情况
（比较默认方法和仅填充一半的方法）

Pandas 高级操作

Pandas 提供了多个函数，这些函数提供了操作 Pandas 数据框内容的高级功能。下面创建一个虚拟 Pandas 数据框并进行操作，以示范不同的操作函数（见代码清单 A-21）。

代码清单 A –21 构建一个虚拟 Pandas 数据框

```
construct_dict = {
                'foo':['A']*3 + ['B']*3,
                'bar':['I', 'II', 'III']*2,
                'baz': range(1, 7)}
dummy_df = pd.DataFrame(construct_dict)
```

虚拟 Pandas 数据框的内容显示在表 A –4 中。

表 A –4 代码清单 A –21 中构建的虚拟 Pandas 数据框的内容

	foo	bar	baz
0	A	I	1
1	A	II	2
2	A	III	3
3	B	I	4
4	B	II	5
5	B	III	6

透视（Pivot）

透视操作将数据中的两列投影为新透视表（索引和列）的轴。然后，它使用来自第 3 列或更多列的值来填充透视表的元素，这些值对应前两列的特定组合。考虑图 A –30 所示的方案：将 "foo" 和 "bar" 分别设置为新透视表的索引和列，并使用 "baz" 填充新透视表的值。因为当 "foo" 为 "A" 且 "bar" 为 "I" 时，"baz" 为 1，所以索引为 "A"、列为 "I" 的元素为 1。

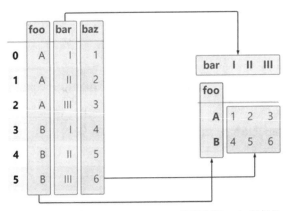

图 A –30 透视操作的可视化

透视操作可以通过 df. pivot(index =... ,columns =... ,values =...)实现。在图 A - 30 中，使用命令 dummy_df. pivot(index = 'foo', columns = 'bar', values = 'baz')。

如果通过列表将多个列传递给值参数（见代码清单 A - 22），则 Pandas 将创建一个多级列，以适应索引和列特征组合的不同值（见图 A - 31）。

代码清单 A - 22　执行透视操作

```
mod_dummy_df = dummy_df.copy()
mod_dummy_df['baz2'] = range(101,107)
mod_dummy_df.pivot(index = 'foo', columns = 'bar', values = ['baz', 'baz2'])
```

图 A - 31　Pandas 数据框上透视操作的可视化

如果在相同的索引和列特征组合上有多个条目，则正如人们所预期的，Pandas 将抛出错误："Index complains duplicate entries, cannot reshape"（索引存在重复条目，无法重塑）。

透视操作是一个方便的操作，用于自动查找两个特征组合的值。

融解（Melt）

融解可以被认为是"解除透视操作"的操作。它将基于矩阵的数据转换为基于列表的数据（即索引和列都是"显著的"，而不是将索引作为计数器），而透视操作则相反。可以将融解操作想象为将矩阵的刚性有序结构"融化"，变成一个原始的数据流，就像复杂的冰雕会融化成基本的水坑一样。

考虑一个包含 ID 特征"baz"以及值特征"foo"和"bar"的融解操作（见图 A - 32）。在融解后的 Pandas 数据框中创建了两列："variable"和"value"。"value"列保存了在原始 Pandas 数据框中"variable"列所引用的特征名称存储的值。"baz"列用于跟踪融解后的变量 - 值对所属哪一行。

融解可以通过 df. melt(id_vars = ["baz"] ,value_vars = ["foo", "bar"])实现。

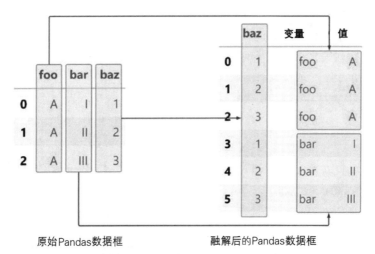

原始Pandas数据框　　　　融解后的Pandas数据框

图 A – 32　融解操作的可视化

展开（Explode）

展开操作将包含列表的列分解成融解形式。如图 A – 33 所示，原始 Pandas 数据展开后框在索引 0 处包含列表 [1, 2]，其中"foo"的值为"A"，"bar"的值为"I"，"baz"的值为 1。在列表展开后，Pandas 数据框将在索引 0 处包含两个条目，非展开列（"foo""bar""baz"）的值相同，但对应列表中的项的值不同（一行为 1，另一行为 2）。

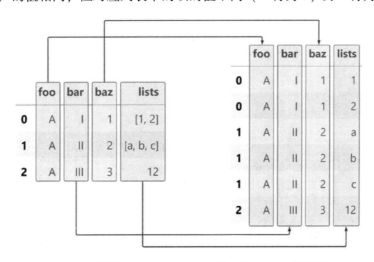

原始Pandas数据框　　　　展开后的Pandas数据框

图 A – 33　展开操作的可视化

通常情况下，不太可能遇到一个具有列表列的原始 Pandas 数据。然而，了解展开函数在人工构建 Pandas 数据框时非常有帮助。与其编写代码来创建元素的特定组织，不如创建一个包含相关列表值的列并将其分解。虽然最终结果可能相同，但这样的做法简单得多。

可以使用 df. explode('column_name') 实现展开。如果有多个包含列表元素的列，还可以传递一个列名称列表来展开这些列。

堆叠（Stack）

堆叠操作通过将元素重新排列为"垂直"形式，将二维 Pandas 数据框转换为具有多级索引和一列的 Pandas 数据框。

如图 A – 34 所示，"foo"列的第一行值被重新排列为第一级索引的第一行，以及列索引为 0 的第二级索引中的"foo"行。

要访问多级数据，只需调用基于索引的检索两次，例如 df. loc[0]. loc['foo']。进行堆叠操作的代码只需使用 df. stack。

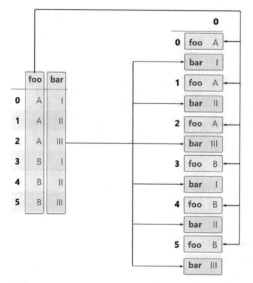

原始 Pandas 数据框　　堆叠后的 Pandas 数据框

图 A – 34　堆叠操作的可视化

取消堆叠（Unstack）

顾名思义，取消堆叠操作是堆叠操作的逆操作，它将具有多级索引的堆叠式 Pandas 数据框转换为标准的二维 Pandas 数据框。除了在堆叠时引入的"0"，执行堆叠操作后再进行取消堆叠操作对 Pandas 数据框没有影响（见图 A – 35）。

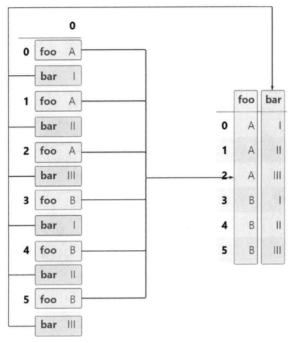

原始Pandas数据框　　　取消堆叠后的Pandas数据框

图 A – 35　取消堆叠操作的可视化

取消堆叠操作的代码只需使用 df. unstack。

结论

附录对 NumPy 和 Pandas 进行了简要介绍。正如读者可能已经看到或者已经知道的，这些对象构成了数据与模型进行交互的基础，例如在 scikit – learn 和 Keras/TensorFlow 等库中。在此祝读者编码愉快！

写在译后的话

在结束本书翻译之前，我想从两方面来进行工作总结，一是我个人在翻译过程中的体会；二是诚挚地向支持我的亲人朋友及在本书翻译过程中协助我工作的同事致谢。

在中国文化中，有个成语叫作"教学相长"，表示教与学相互促进。我在翻译本书的过程中也有同样的体会，我在内心时刻提醒自己，这本书可以作为高等院校理工科专业的教材，这是在向读者传递知识，是一种无声的教学，即使一个词语的翻译和一个公式的编辑表达不准确，都会给读者带来理解上的麻烦。因此，在翻译过程中，我总是战战兢兢，如履薄冰，力争完整准确地表达原作者的意思，原书中的错误我也力争校正——从文字、公式、图片、参考文献到代码及注释，我都精益求精，力争准确无误，希望为读者提供最好的阅读体验。

在翻译本书的过程中，我个人花费了很多业余时间进行加班，在此期间是我的爱人、母亲及岳母照料家庭，没有你们的支持，我的译作是无法完成的，在此感谢你们为家庭的付出。同时，我要对我的孩子们表示感谢，你们是我努力的动力，你们的陪伴给我带来无数欢乐，你们是我幸福的源泉。我还要向我的嫂子、姐姐、哥哥、姐夫表达我的谢意，是你们照顾父亲，承担起整个大家庭的责任，让我在上海无后顾之忧，安心工作，我很幸运拥有这样幸福和谐的家庭，这本书也献给你们！

在翻译本书的过程中，我还要感谢北京理工大学出版社的李炳泉社长和李思雨编辑，感谢你们对我的翻译工作的支持，感谢你们的专业和认真的工作；感谢大模型 GPT、文心一言、Kimi 及 CSDN 社区，没有人工智能技术和互联网社区的发展，我很难在一年内完成本书的翻译工作。另外，在本书的公式翻译校核中，感谢我的同事和好友白广德，你的工作非常专业高效；感谢我的同事王靳瞳，你帮助我加班绘制了本书的插图，使图片更清晰；感谢来自电子科技大学的实习生懂欢宁同学，你协助我完成了内容及图片的部分核对工作。

　　写到这里，本书的翻译工作就正式结束了，希望本书能够成为各位读者学习和实践机器学习、深度学习知识的有益工具，让我们一起在探索人工智能技术的道路上不断进步成长，通过人工智能技术不断为个人与社会赋能，希望"人工智能＋"为我们的社会与生活增加更多智能与美好！

译者

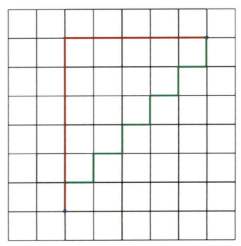

图 1 – 44　二维曼哈顿距离（红线和绿线都展示了曼哈顿距离，其距离值相同）

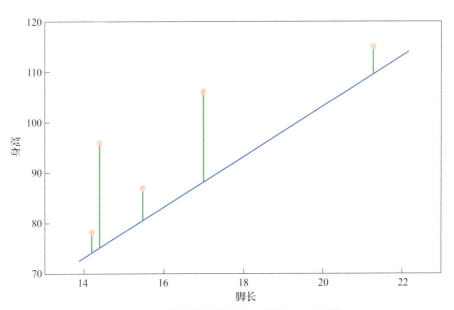

图 1 – 48　估计线和数据点之间的 MSE 计算

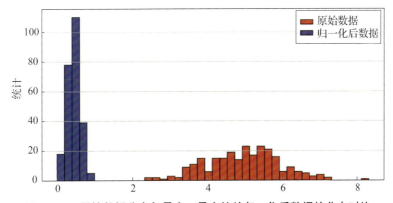

图 2 – 20　原始数据分布与最小 – 最大缩放归一化后数据的分布对比

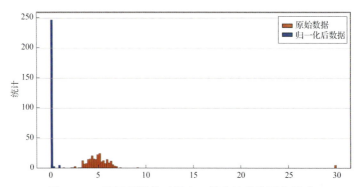

图 2 – 21　展示异常值对最小 – 最大缩放的不良影响

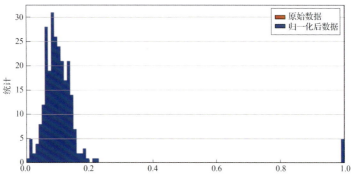

图 2 – 22　放大展示异常值对最小 – 最大缩放的不良影响

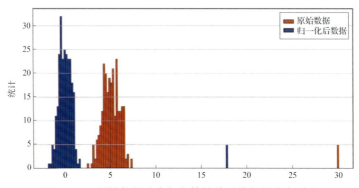

图 2 – 23　原始数据分布与鲁棒缩放后的数据分布对比

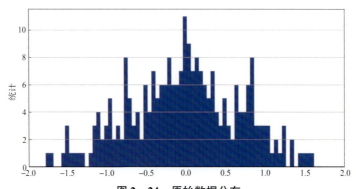

图 2 – 24　原始数据分布

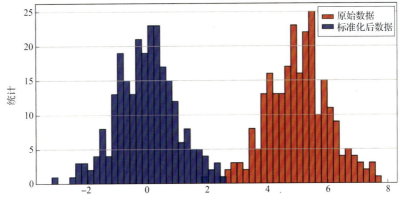

图 2－26　原始数据分布与标准化后的数据分布对比

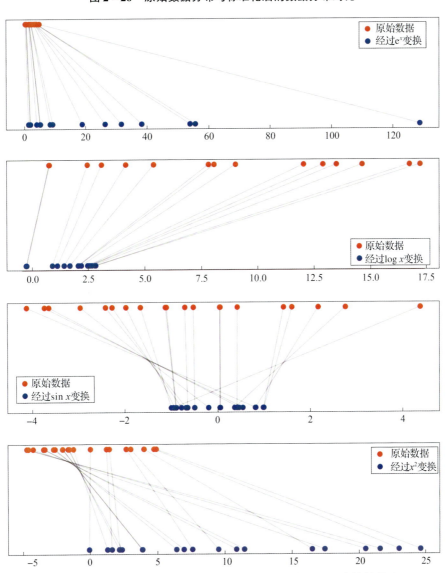

图 2－40　应用各种数学单特征对原始一维数据点集进行变换的效果

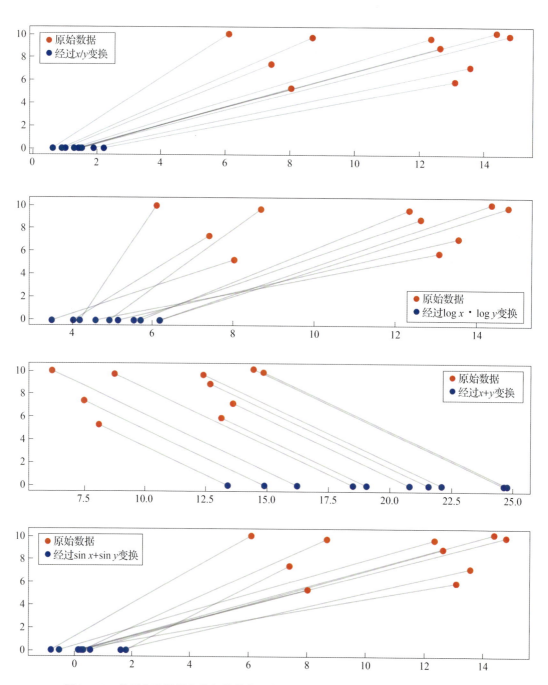

图 2-44 使用各种数学多特征转换将原始二维数据点集转换为单个新特征的效果

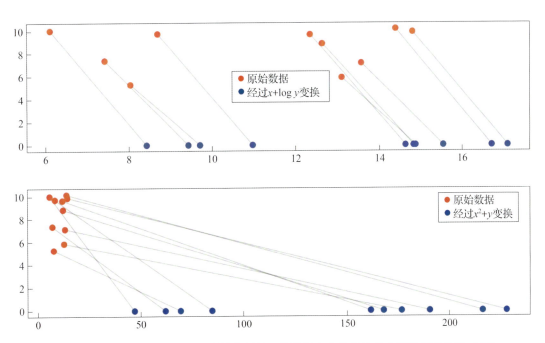

图 2−44　使用各种数学多特征转换将原始二维数据点集转换为单个新特征的效果（续）

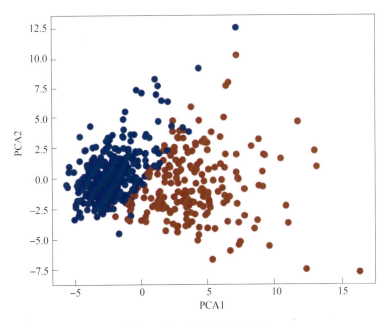

图 2−49　主成分的可视化

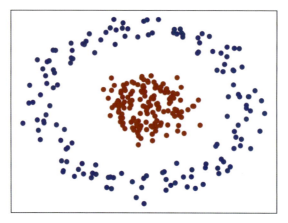

图 2 - 50　非线性可分数据

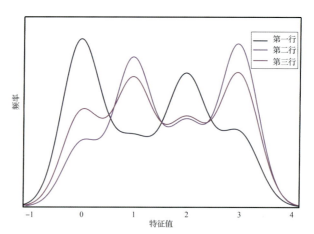

图 2 - 54　前三个样本每行的特征分布

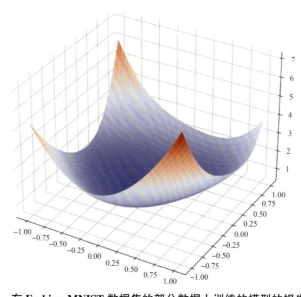

图 3 - 11　在 Fashion MNIST 数据集的部分数据上训练的模型的损失"景观"

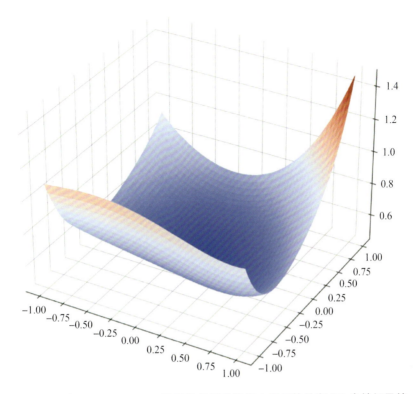

图 3 - 12　在 Fashion MNIST 数据集的部分数据上训练的具有 512 个神经元的单层模型的损失"景观"

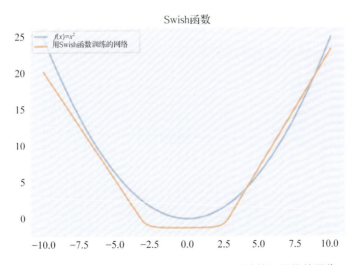

图 3 - 20　$f(x) = x^2$ 与使用 Swish 函数训练的神经网络的图像

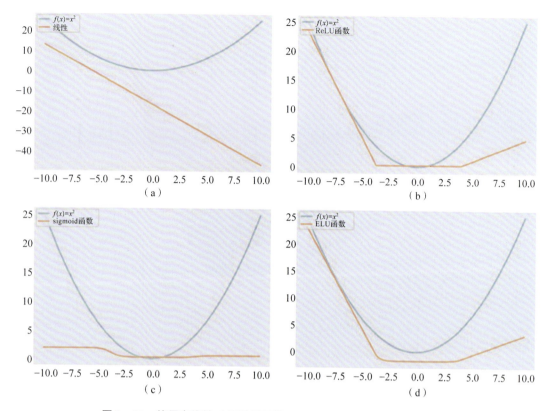

**图 3 – 21　使用在线性（无激活函数）、ReLU 函数、sigmoid 函数和
ELU 函数上训练的神经网络的图像**

（a）线性（无激活函数）；（b）ReLU 函数；（c）sigmoid 函数；（d）ELU 函数

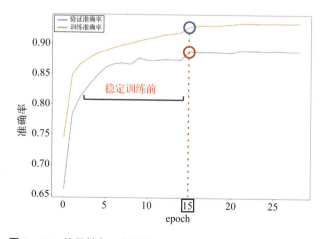

图 3 – 32　使用批归一化的模型与没有批归一化的模型的对比

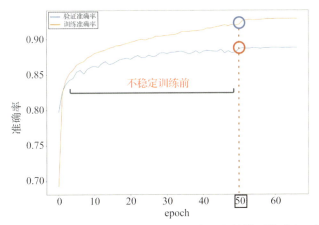

不稳定训练前

图 3-32　使用批归一化的模型与没有批归一化的模型的对比（续）

图 4-4　1 000 像素 ×750 像素分辨率图像示例（作者为 Error 420，来自 Unsplash）

图 4-6　两张图像表示相同的语义信息，但像素值差异很大（请注意，一个像素坐标可能在一张图像中
是狗的一部分，而在另一张图像中可能是海洋或天空的一部分。处理图像数据的
神经网络必须对这些改变像素值，但不改变图像语义内容的转换具有不变性。
图片由 Oscar Sutton 提供，来自 Unsplash）

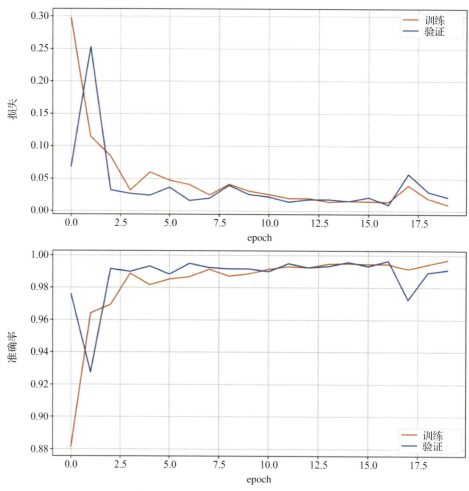

图 4 - 68 1 维 CNN 模型在函数识别任务中的损失和准确率表现

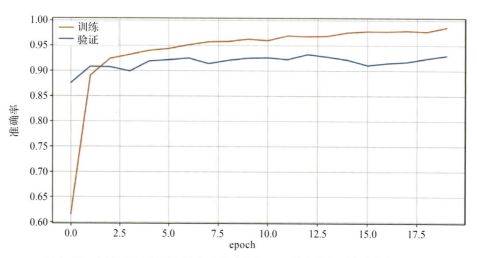

图 4 - 72 1 维 CNN 在噪声版本（标准差为 10）的函数识别合成数据集上的
准确率和验证性能

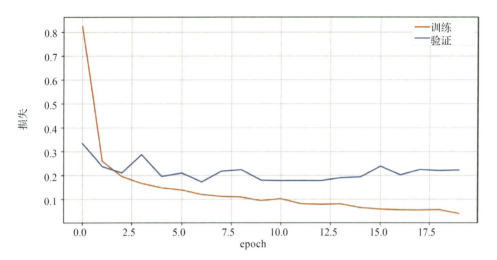

图 4 – 72 1 维 CNN 在噪声版本（标准差为 10）的函数识别合成数据集上的准确率和验证性能（续）

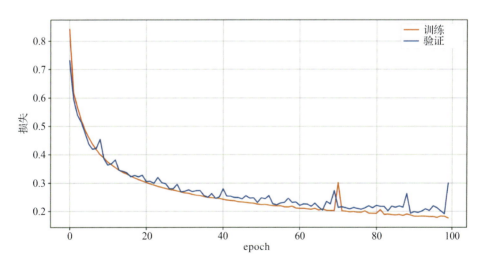

图 4 – 75 森林覆盖数据集上初始的软排序 1 维 CNN 模型的性能迭代历史

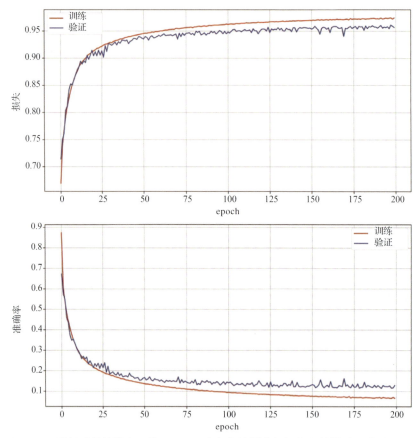

图 4 − 77　更新后的软排序 1 维 CNN 设计在森林覆盖数据集上的性能历史迭代曲线
（准确率和损失）

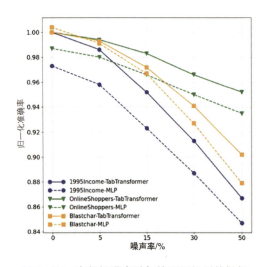

图 6 − 55　在数据噪声引起的不同级别的损坏
数据上训练模型，与在未受损数据上训练的
模型相比，可以看到性能的退化（引自
Xin Huang 等人的论文）

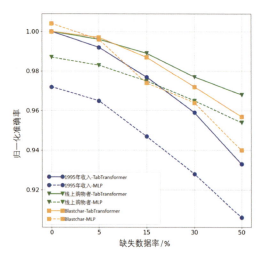

图 6 − 56　在数据缺失引起的不同级别的损坏
数据上训练模型，与在未受损数据上训练的
模型相比，可以看到性能的退化（引自
Xin Huang 等人的论文）

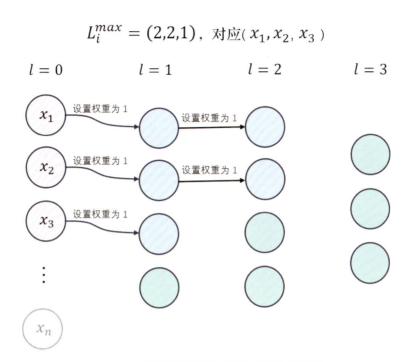

图 7 – 5　神经网络权重的初始化

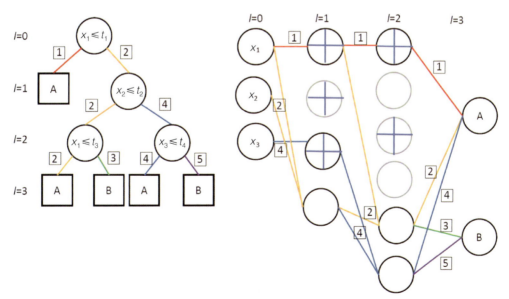

图 7 – 6　将决策树映射到神经网络，构建 DJINN 的可视化

（根据 K. D. Humbird

等人的研究稍作修改）

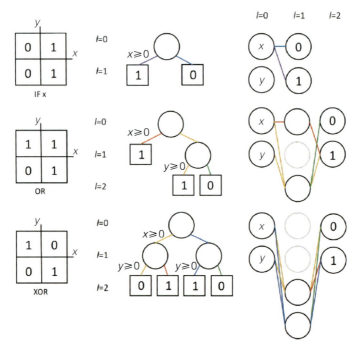

图 7 – 8 对逻辑操作进行训练的决策树被映射到神经网络中，提供了高度的结构可解释性
（引自 **K. D. Humbird** 等人的研究）

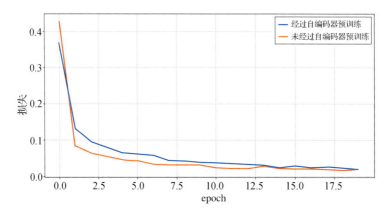

图 8 – 39 比较在 **MNIST** 数据集上进行训练的分类器的训练曲线 （其中一种分类器进行了
自编码器预训练，另一种未进行自编码器预训练）

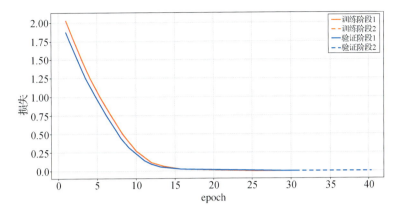

图 8 – 41　第一阶段和第二阶段的验证和训练曲线

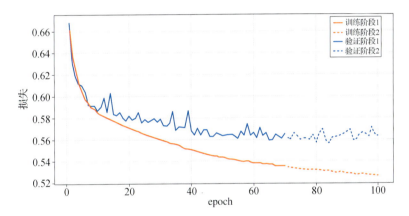

图 8 – 42　第一阶段和第二阶段的验证和训练损失曲线

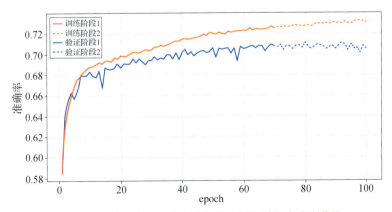

图 8 – 43　第一阶段和第二阶段的验证和训练准确率曲线

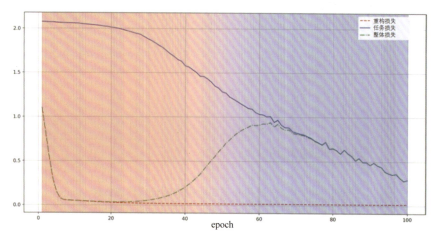

图 8 – 58　重构损失、任务损失和总体损失的图示
（现在是动态加权求和，背景中阴影表示权重梯度）

图 12 – 12　验证集中第 4 个样本的 LIME 解释